战·略·性

新兴领域

“十四五”高等教育教材

教育部高等学校材料类专业
教学指导委员会规划教材

国家级一流本科专业
建 设 成 果 教 材

高等学校功能材料专业系列教材

功能材料器件

Functional Materials and Devices

云斯宁 等 编著

本书配有数字资源与在线增值服务，
微信扫描二维码获取

化学工业出版社

·北 京·

内容简介

《功能材料器件》是一本系统阐述功能材料与器件设计、制备、应用及失效分析的综合性教材。本书以“电子运动”为主线，按电子的定向运动、自旋和轨道运动、跃迁等，共分为四篇、12章，内容涵盖电学器件、磁性器件、光学器件和能源器件四大领域，聚焦功能材料器件化应用，深入解析器件的核心原理、技术方法及行业应用，旨在培养学生从材料研发到工程落地的综合能力，培养学生解决复杂实际工程问题的能力。

主要内容包括：电学和磁性器件聚焦功能陶瓷电容器、电感器、磁传感器、电磁感应器件及旋磁铁氧体器件，从基础理论到设计工艺，结合低温共烧陶瓷（LTCC）技术、超导器件等前沿方向，展现电学和磁性器件的多维度发展。光学器件系统介绍光功能器件如激光器、LED、光纤红外传感器等，强调材料特性与器件性能的关联性，并融入制备技术与评价方法。能源器件覆盖光电器件、离子电池、超级电容器、燃料电池及先进能源器件（如柔性可穿戴电池、生物电池），突出新能源技术的创新与应用，结合案例解析设计原则与性能优化策略。失效分析与寿命预测针对锂电池、太阳电池、电子器件等典型场景，提供系统化的失效分析流程与寿命预测模型。

本书可作为高等院校功能材料、材料科学与工程、新能源材料与器件、新能源科学与工程、光电信息材料与器件、纳米材料与技术、微电子科学与工程等专业的教材，亦可作为材料、能源、化工、微电子等跨学科领域科研人员与工程师的学习参考书。

图书在版编目（CIP）数据

功能材料器件 / 云斯宁等编著. -- 北京 : 化学工业出版社，2025. 11. -- （教育部高等学校材料类专业教学指导委员会规划教材）. -- ISBN 978-7-122-49149-7

Ⅰ. TB34；TN103

中国国家版本馆 CIP 数据核字第 2025YD2272 号

责任编辑：陶艳玲　　文字编辑：邢苗苗
责任校对：张茜越　　装帧设计：史利平

出版发行：化学工业出版社
（北京市东城区青年湖南街 13 号　邮政编码 100011）
印　　装：大厂回族自治县聚鑫印刷有限责任公司
787mm×1092mm　1/16　印张 22½　字数 546 千字
2025 年 12 月北京第 1 版第 1 次印刷

购书咨询：010-64518888　　售后服务：010-64518899
网　　址：http://www.cip.com.cn
凡购买本书，如有缺损质量问题，本社销售中心负责调换。

定　　价：68.00 元

高等学校功能材料专业系列教材编委会

马晓华　西安电子科技大学
裴文利　东北大学
秦文静　天津理工大学
邱治文　宜春学院
任　宁　浙江超威创元实业有限公司
任小虎　西安建筑科技大学
孙剑锋　河北工业大学
孙可为　西安建筑科技大学
田瑞雪　内蒙古科技大学
王　超　沈阳工业大学
王　丹　华南理工大学
王　辅　西南科技大学
王　丽　河北工业大学
王连文　兰州大学
王庆富　青岛科技大学
王伟强　大连理工大学
王显威　河南师范大学
王亚平　河北工业大学
王育华　石家庄铁道大学
魏永星　西安工业大学
吴爱民　大连理工大学
吴朝新　西安交通大学
武四新　河南大学
肖聪利　北华航天工业学院
徐友龙　西安交通大学
杨春利　西安建筑科技大学
杨　枫　河南师范大学
杨　静　天津大学
伊廷锋　东北大学
袁　方　西安交通大学
云斯宁　西安建筑科技大学
张桂月　奥测世纪（天津）技术有限公司
张瑞云　中国华能集团清洁能源技术研究院有限公司
张善勇　哈尔滨工业大学
张晓丹　南开大学
张紫辉　河北工业大学
钟新华　华南农业大学
周　娜　石家庄铁道大学
朱玉梅　天津大学

本书编写人员名单

主编：云斯宁

参编人员（按章节排序）

第一篇

第 1 章　功能陶瓷电容器

徐友龙　西安交通大学

魏永星　西安工业大学

王显威　河南师范大学

高书燕　河南师范大学

马晓华　西安电子科技大学

陆小力　西安电子科技大学

冯双龙　中国科学院重庆绿色智能技术研究院

张善勇　哈尔滨工业大学

王育华　石家庄铁道大学

第二篇

第 2 章　电感器

孙可为　西安建筑科技大学

第 3 章　磁传感器

金　丹　西安建筑科技大学

第 4 章　电磁感应器件

孙可为　西安建筑科技大学

董旭峰　大连理工大学

任小虎　西安建筑科技大学

第 5 章　旋磁铁氧体器件

董旭峰　大连理工大学

第三篇

第 6 章　光功能器件

吴朝新　西安交通大学

袁　方　西安交通大学

高书燕　河南师范大学

苏仕健　华南理工大学

陈东成　华南理工大学

王　丹　华南理工大学

冯双龙　中国科学院重庆绿色智能技术研究院

张善勇　哈尔滨工业大学

第四篇

第 7 章　光电器件

张晓丹　南开大学

武四新　河南大学

郝玉英　太原理工大学

刘成元　太原理工大学

云斯宁　西安建筑科技大学

刘生忠　陕西师范大学

冯江山　陕西师范大学

钟新华　华南农业大学

吴朝新　西安交通大学

袁　方　西安交通大学

马晓华　西安电子科技大学

陆小力　西安电子科技大学

第 8 章　离子电池

杜希文　天津大学

李思佳　河北工业大学

伊廷锋　东北大学

任　宁　浙江超威创元实业有限公司

何　玲　兰州理工大学

刘卯成　兰州理工大学

贾赫男　兰州理工大学

王亚平　河北工业大学

刘喜正　江汉大学

第 9 章　超级电容器

刘　辉　天津大学

王显威　河南师范大学

第 10 章　燃料电池

田瑞雪　内蒙古科技大学

黄　昊　大连理工大学

刘　辉　天津大学

张瑞云　中国华能集团清洁能源技术研究院有限公司

杨春利　西安建筑科技大学

第 11 章　先进能源器件

黄　昊　大连理工大学

吴爱民　大连理工大学

丁　昂　杭州电子科技大学

田瑞雪　内蒙古科技大学

邱治文　宜春学院

第 12 章　功能器件失效分析与寿命预测

梁金生　河北工业大学

曹　斌　河北工业大学

王　丽　河北工业大学

王亚平　河北工业大学

张桂月　奥测世纪（天津）技术有限公司

陈　聪　河北工业大学

孙剑锋　河北工业大学

张紫辉　河北工业大学

总 序

材料是人类文明进步的基石。自 20 世纪 60 年代美国无线电科学家莫顿博士提出“功能材料”的概念以来，这一领域的发展始终与科技创新同频共振。相较于传统结构材料对力学性能的单一追求，功能材料以其独特的光、电、磁、热、声、化学等多元特性，不仅支撑着航天、国防等尖端领域的突破，更广泛渗透至智能穿戴、新能源、生物医疗等民生领域，深刻重塑着人类的生产与生活方式。功能材料已被纳入我国多项国家战略与政策体系中。从《中国制造 2025》到“十四五”规划纲要，从“双碳”目标引领到科技自立自强战略部署，功能材料均被明确列为战略性新兴产业的发展重点，是推动经济社会高质量发展、保障产业链供应链安全的关键领域。在这一时代背景下，对高层次、创新型功能材料专业人才培养提出了更为迫切的需求。

为响应国家战略性新兴产业发展规划，教育部于 2010 年批准设立功能材料专业，并于次年将其列入高等学校特色专业建设点。迄今，全国已有近 70 所高校开设该专业，更多院校在材料科学与工程大类下设立功能材料培养方向，逐步形成覆盖广泛、特色鲜明的专业布局。在教育部高等学校材料类专业教学指导委员会的指导下，2018 年由 12 所高校共同发起成立“全国高校功能材料专业联盟”，到 2025 年，联盟成员达到 40 个。在多年的合作过程中，联盟以服务国家战略、培养高层次人才为使命，秉承“共创、共融、共享、共赢”的理念，致力于推动专业标准、课程体系和教材建设，取得了显著的成效。

教材是教学之本，亦是人才培养的重要依托。长期以来，功能材料专业核心课程教材存在系统性不足、实践导向欠缺等问题。在教育部“面向未来的战略性新材料的教材研究与实践”项目支持下，联盟系统梳理了功能材料的知识体系，提出以电子运动为主线的专业框架，确立《功能材料基础》《功能材料合成与制备》《功能材料器件》及《功能材料性能测试方法》四门核心课程教材，并纳入教育部高等学校材料类专业教学指导委员会规划教材。后期，专业方向课程教材逐步建设，并加入本系列教材。

本系列教材以“宽口径、厚基础”为理念，整合国内外优秀教学资源，兼顾理论体系与工程实践，注重反映功能材料领域最新科研成果与产业趋势。在编写过程中，突出科学性、前沿性和适用性，力求内容编排贴合教学实际、难度适中，为全国高校功能材料专业提供一套体系完整、内容精良的教学用书。

我们期待本系列教材能够为推动我国功能材料教育高质量发展、服务国家战略需求贡献一份力量，也恳请广大师生和读者提出宝贵意见，共同促进专业教材体系的不断完善。

杜希文　天津大学
全国高校功能材料专业联盟
2025 年 7 月

前言

功能材料与器件作为现代科技的核心支撑，深度融合了材料科学、电子工程、能源技术等学科，是推动信息技术、新能源、高端装备等战略性产业发展的关键驱动力。近年来，随着“双碳”目标推进、智能化技术突破及新材料研发加速，功能器件领域涌现出诸多革新性成果：钙钛矿光伏电池效率突破 27%，锂硫电池能量密度显著提升，GaN 基高电子迁移率晶体管（HEMT）在 5G 通信中广泛应用，柔性可穿戴器件逐步实现商业化。然而，当前行业面临的核心挑战在于如何系统整合材料设计、器件工艺与可靠性分析，以应对复杂应用场景的需求。

全国高校功能材料专业联盟统筹规划了四本系列教材——《功能材料基础》《功能材料合成与制备》《功能材料性能测试方法》及《功能材料器件》，由天津大学、大连理工大学、西安建筑科技大学牵头，联合功能材料专业联盟单位，2021—2022 年先后申报“教育部高等学校材料类专业教学指导委员会规划教材”建设项目并获批立项。《功能材料器件》作为四本系列教材之一，聚焦功能材料的器件化应用，旨在打通从材料研发到工程落地的“最后一公里”。对于每种器件，首先讲述器件的工作原理，然后讲述器件的组成部件和作用，再进一步讲述组成部件对功能材料的性能需求，最后讲述为满足器件的应用需求，对功能材料的选择和设计原则。目的是教会学生：①如何设计器件；②如何组装器件；③如何评价器件性能。进而给出开发新材料的选择和设计依据。从器件化应用出发，面对实际工程需求，训练学生解决复杂实际工程问题的能力。

本书立足国家“十四五”新材料产业发展规划与高等教育新工科建设需求，紧密承接前三本教材的理论与实践基础，以“电子运动”为核心主线，系统阐述导电材料、磁性材料、光学材料、能源材料等功能材料在器件中的分类应用。编写过程中遵循以下原则。①体系化衔接：以《功能材料基础》的材料物理化学特性、《功能材料合成与制备》的工艺方法、《功能材料性能测试方法》的性能检测技术为基础，重点解析材料特性如何转化为器件功能，形成理论与实践基础，体现“体系化衔接”原则；②问题导向性：针对复杂工程需求，每章按“工作原理→部件组成→材料需求→设计原则”的逻辑展开，通过“器件-组装-评价”三位一体的教学模式培养学生的工程能力；③学科交叉性：例如，第 5 章“旋磁铁氧体器件”融合磁性材料的电子自旋特性与微波工程需求，第 7 章“光电器件”关联半导体能带理论、电化学基础理论与光伏器件的光电转换效率，体现多学科协同创新。

电学与磁性器件（第 1~ 5 章）从功能陶瓷电容器（第 1 章）的介电性能调控，到电感器（第 2 章）的温升优化、磁传感器（第 3 章）的霍尔效应应用，夯实基础元件设计理论；第 4 章“电磁感应器件”解析通信变压器与永磁直流电机的材料-结构-性能关系；第 5 章“旋磁铁氧体器件”覆盖低频到高频的技术场景。光功能器件（第 6 章）以“原理-材料-器件”三元互动为核心，涵盖激光器脉宽调控、磷光 OLED 器件组装、光纤传感器性能评估等内容，凸显光学器件在通信、传感、显示等领域的核心地位。能源器件（第 7~ 10 章）对比晶体硅、钙钛矿、量子点等光伏技术路径，剖析锂离子电池、超级电容器、燃料电池的“材料-结构-工艺-性能”全流程；第 11 章拓展至柔性可穿戴电池、生物电池等前沿领域，解析柔性可穿戴电池的耐弯折电极、军用电池的高低温适应性等特殊需求。第 12 章以锂电池、太阳能电池、GaN 器件、白光 LED、红外传感器为例，系统阐述失效分析流程与寿命预测模型。

本书核心优势体现在三个方面。①系列化定位：作为四本联盟规划教材的终端环节，本书与前三本教材形成“基础→制备→表征→应用”的完整知识链，填补功能材料专业课程体系的空白。②主线清晰：以电子运动（导电、磁化、光激发、离子迁移等）为逻辑纽带，串联导电材料、磁性材料、光学材料、能源材料的器件化路径，强化学生对材料-功能-器件关联性的认知。③工程实战性：每章按“工作原理→部件组成→材料需求→设计原则”展开，设置“设计实例”“组装工艺”“性能评价”模块，例如第 8 章软包电池制作工艺、极片涂布工艺与性能评价测试方法，第 10 章提供固体氧化物燃料电池堆性能测试与评价方法，助力学生解决复杂工程问题。

本书由云斯宁担任主编，负责全书架构设计与统稿，在全国高校功能材料专业联盟统筹协调下，由联盟成员单位和国内著名机构科研人员协同完成编写。参编团队分工如下。

电学器件：徐友龙和马晓华牵头主持。第 1 章功能陶瓷电容器：1. 1 半导体陶瓷电容器和 1. 2 低温共烧陶瓷器件由徐友龙完成；1. 3 热敏电阻由魏永星完成；1. 4 介质电容器由王显威和高书燕完成；1. 5 压电功能器件由马晓华、陆小力、魏永星完成；1. 6 热释电红外探测器由冯双龙和张善勇完成；1. 7 超导器件由王育华完成。

磁性器件：孙可为和董旭峰牵头主持。第 2 章电感器由孙可为完成。第 3 章磁传感器由金丹完成。第 4 章电磁感应器件：4. 1 通信变压器由董旭峰完成；4. 2 功率变压器由孙可为完成；4. 3 永磁直流电机和 4. 4 交流感应电机由任小虎完成。第 5 章旋磁铁氧体器件由董旭峰完成。

光学器件：苏仕健牵头主持。第 6 章光功能器件：6. 1 荧光器件由吴朝新、袁方完成；6. 2 磷光器件由高书燕完成；6. 3 激光器和 6. 4 发光二极管由陈东成、王丹、苏仕健完成；6. 5 光纤红外传感器由冯双龙和张善勇完成。

能源器件：云斯宁牵头主持。第 7 章光电器件：7. 1 光伏器件（光生伏特效应）由张晓丹、武四新、刘成元/郝玉英、云斯宁、冯江山/刘生忠、钟新华共同合作完成；7. 2 光电二极管由吴朝新/袁方完成；7. 3 光电导器件由马晓华、陆小力完成。杜希文牵头主持第 8 章离子电池。其中，8. 1 镍氢电池由李思佳完成；8. 2 锂离子电池由伊廷锋和任宁完成；8. 3 锂硫电池由何玲、刘卯成、贾赫男完成；8. 4 钠离子电池由王亚平完成；8. 5 金属空气电池由刘喜正完成。刘辉牵头主持第 9 章超级电容器。其中，9. 1 双电层电容器由刘辉完成；9. 2 赝电容器和 9. 3 超级电容器的组装由王显威完成；9. 4 组成部件对材料的性能需求由刘辉完成。黄昊牵头主持第 10 章燃料电池和第 11 章先进能源器件。其中，10. 1 固体氧化物燃料电池由田瑞雪和黄昊完成；10. 2 质子交换膜燃料电池由刘辉完成；10. 3 熔融碳酸盐燃料电池由张瑞云完成；10. 4 直接甲醇燃料电池由杨春利完成。11. 1 柔性可穿戴电池由黄昊完成；11. 2 生物电池由丁昂和吴爱民完成；11. 3 军用电池由田瑞雪和邱治文完成。

梁金生牵头主持第 12 章功能器件失效分析与寿命预测。其中，12. 1 功能器件失效分析理论与方法由曹斌、梁金生完成；12. 2 典型锂电池失效分析与寿命预测由王丽、王亚平、梁金生和张桂月完成；12. 3 太阳能电池失效分析与寿命预测由陈聪完成；12. 4 典型电子器件失效分析与寿命预测由张紫辉完成；12. 5 发光器件失效分析与寿命预测由孙剑锋完成；12. 6 典型红外传感器失效分析与寿命预测由曹斌完成。

本书的出版得益于全国高校功能材料专业联盟的顶层设计与联盟成员单位的通力协作。特别感谢天津大学、大连理工大学、西安建筑科技大学在系列教材体系规划中的主导作用，以及在跨校协同编写中的统筹支持。化学工业出版社编辑团队为教材的规范化出版付出了巨大努力。

最后，谨向所有参与本书编写的师生、企业专家致以诚挚谢意。

本书得到了西安建筑科技大学 2024 年度本科“十四五”规划教材项目的出版资助，以及西安建筑科技大学材料科学与工程学院“专业建设经费”的支持，在此深表感谢。

教材编写虽力求严谨，囿于编者水平，书中难免存在疏漏，恳请广大师生与业界同仁批评指正。

编著者

2025 年 8 月于西安

目 录

第二篇 功能材料磁性能器件化应用——电子的自旋和轨道运动

第四篇 新能源材料与器件

第一篇

功能材料电性能器件化应用——电子的定向运动

第 1 章

功能陶瓷电容器

导读

新型功能陶瓷电容器是以具有电、磁、光、声、热、力学、化学或生物功能等的介质材料构建的电容器，其种类繁多，用途广泛，涵盖了包括铁电、压电、介电、热释电、半导体、电光和磁性等功能各异的新型陶瓷材料。功能陶瓷电容器是电子信息、集成电路、移动通信、能源技术和国防军工等现代高新技术领域的重要基础元件，对信息产业的发展和综合国力的增强具有重要的战略意义。本章将介绍半导体陶瓷电容器、低温共烧陶瓷器件、热敏电阻、介质电容器等典型电容器结构及相关器件应用，进一步介绍功能陶瓷电容器在高性能、高可靠性、多功能、微型化和集成化等方面的相关进展。

1.1 半导体陶瓷电容器

陶瓷电容器（ceramic capacitor；ceramic condenser）又称为瓷介电容器或独石电容器。瓷介电容器是介质材料为陶瓷的电容器。根据陶瓷材料的不同，可以分为低频陶瓷电容器和高频陶瓷电容器两类。

陶瓷电容器的外形以片式居多，也有管形、圆形等形状。其品种繁多，外形尺寸相差甚大。按使用电压可分为高压、中压和低压陶瓷电容器；按温度系数，可分为负温度系数、正温度系数、零温度系数陶瓷电容器等；按介电常数不同可分为高介电常数、低介电常数陶瓷电容器等。此外，还有Ⅰ型、Ⅱ型、Ⅲ型的分类方法。

一般陶瓷电容器和其他电容器相比，具有使用温度较高，体积小，耐潮湿性好，介电损耗较小，电容温度系数可在大范围内调节等优点，广泛用于电子电路中，用量十分可观。

1.1.1 半导体陶瓷电容器介绍

半导体陶瓷电容器始于二十世纪中期，五六十年代相继出现了 $BaTiO_3$ 基阻挡层型半导体电容器、$BaTiO_3$ 基表面层型半导体电容器、$BaTiO_3$ 基晶界层型半导体电容器、$SrTiO_3$ 基晶界层型半导体电容器。在国际上形成产业化则是二十世纪八十年代的事。

目前实用化的半导体陶瓷电容器主要有表面层型半导体电容器和晶界层型半导体电容器两种，其特点是体积小、容量大。前者由于工艺性好、价格低廉，所以使用范围更广；后者则具有温度特性好、频率特性好、工作频率高等优点。表面层型半导体陶瓷电容器是指：通过在大气气氛高温条件下对施主掺杂的 $BaTiO_3$ 陶瓷进行烧结，获得晶粒细小均匀的瓷片，然后在还原性气氛下降低温度烧结，使陶瓷成为氧缺位的 n 型半导体，即瓷片半导化。然后在氧气氛下烧结，使其表面重新氧化而形成很薄的介质层，之后再在瓷片两面烧渗银电极而形成电容器。而晶界层型半导体电容器则是：沿着半导体化的瓷体晶粒边界处通过氧化或受主掺杂形成绝缘层，再在瓷片两面烧渗银电极，因而形成多个串、并联的电容器网。

1.1.2 主要的半导体陶瓷电容器

（1）表面层型半导体电容器

电容器的微小型化，即电容器在尽可能小的体积内获得尽可能大的容量，是电容器发展的趋向之一。对于分立电容器组件来说，微小型化的基本途径有两个：a. 使介质材料的介电常数尽可能提高；b. 使介质层的厚度尽可能减薄。在陶瓷材料中，铁电陶瓷的介电常数很高，但是用铁电陶瓷制造普通铁电陶瓷电容器时，陶瓷介质很难做得很薄。首先，由于铁电陶瓷的强度低，较薄时容易碎裂，因此难以进行实际生产操作；其次，陶瓷介质很薄时易于造成各种各样的组织缺陷，生产工艺难度很大。

表面层型半导体电容器是用 $BaTiO_3$ 等半导体陶瓷在其表面上形成很薄的绝缘层作为介质层，而半导体陶瓷本身可视为电介质的串联回路。表面层型半导体电容器的绝缘性表面层厚度，根据形成方式和条件不同，介于 0.01～100μm 之间。这样既利用了铁电陶瓷很高的介电常数，又有效地减薄了介质层厚度，是制备微小型陶瓷电容器一个行之有效的方案。表面层型半导体电容器的一般结构与其等效电路见图 1-1。

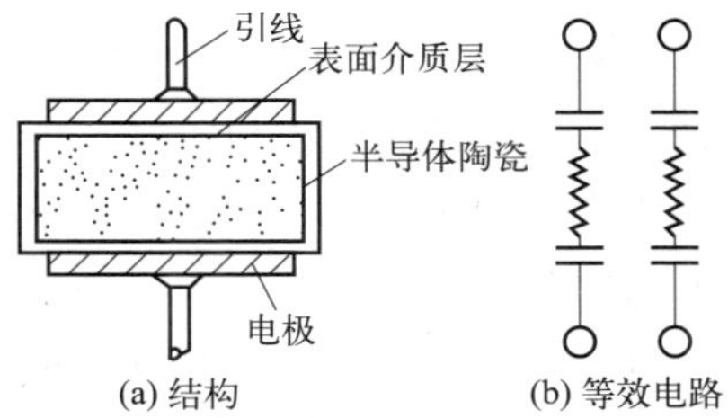

图 1-1 表面层型半导体电容器的一般结构与其等效电路

在半导体陶瓷表面形成表面介质层的方法很多，这里仅作简单介绍。在 $BaTiO_3$ 半导体陶瓷的两个平行平面上烧渗银电极，银电极和半导体陶瓷的接触界面就会形成极薄的阻挡层。由于 Ag 是一种电子逸出功较大的金属，所以在电场作用下，$BaTiO_3$ 半导体陶瓷与 Ag 电极的接触界面上就会出现缺乏电子的阻挡层，而阻挡层本身存在着空间电荷极化，即界面极化。这样半导体陶瓷与 Ag 电极之间的这种阻挡层就构成了实际上的介质层。

这种电容器瓷件，先在大气气氛中烧成，然后在还原气氛中强制还原半导化，再在氧化气氛中把表面层重新氧化成绝缘性的介质层。再氧化层的厚度应控制适当。若氧化膜太薄，电极和陶瓷间仍可呈现 PN 结的整流特性，绝缘电阻和耐电强度都得不到改善。随着厚度的逐渐增加，PN 结的整流特性消失，绝缘电阻增大，对直流偏压的依存性降低。但是，再氧化的时间不宜过长，否则可能导致陶瓷内部重新氧化而使电容器的容量降低。还原处理的温度为 800～1200℃，再氧化处理的温度为 500～900℃。经还原处理后的陶瓷材料，绝缘电阻率可降至 $10 \sim 10^3 \Omega \cdot cm$，表面层的电阻率低于内部瓷体的电阻率；薄瓷片的电阻率，一般比处理条件相同的较厚瓷体的电阻率低一些。由于再氧化处理形成的表面绝缘性介质层的厚度比较薄，所以尽管其介电常数不一定很高，但是经还原再氧化处理后，该表面层半导体电容器的单位面积容量仍可达 $0.05 \sim 0.06 \mu F/cm^2$。

（2）晶界层型半导体电容器

$BaTiO_3$ 基晶界层型半导体电容器在晶粒发育比较充分的 $BaTiO_3$ 半导体陶瓷的表面上，涂覆适当的金属氧化物（例如 CuO 或 Cu_2O、MnO_2、Bi_2O_3 等），在适当温度下，于氧化条件下进行热处理，涂覆的氧化物将与 $BaTiO_3$ 形成低共熔液相，沿开口气孔和晶界迅速扩散渗透到陶瓷内部，在晶界上形成一层薄薄的固溶体绝缘层。这种薄薄的固溶体绝缘层的电阻率很高（可达 $10^{12}\sim10^{13}\Omega\cdot cm$），尽管陶瓷的晶粒内部仍为半导体，但是整个陶瓷体表现为表观介电常数高达 $2\times10^4\sim8\times10^4$ 的绝缘体介质。用这种陶瓷制备的电容器称为晶界层型半导体电容器（boundary barrier layer capacitors），简称 BL 电容器。

$SrTiO_3$ 基晶界层型半导体电容器以顺电体 $SrTiO_3$ 为主成分，介质层则基本位于瓷体内各个晶粒的表面，与表面层型半导体电容器有很大的差别。就电性能而论晶界层型半导体电容器优于表面层型半导体电容器。表面层型半导体电容器虽有比体积电容较大、工艺较简单和价廉等优点，但其主要缺点是介电损耗偏大、工作电压偏低、绝缘电阻较小、电容值随温度变化较大及弛豫频率过低等。晶界层型半导体电容器一定程度地解决了表面层型半导体电容器的不足之处。

在 $BaTiO_3$ 和 $SrTiO_3$ 这两类钙钛矿型结构化合物中，由于相对于锶离子来说，钡离子的半径较大，且与锶氧键相比钡氧键之间有较大的共价成分，故 $BaTiO_3$ 的晶格结合能及熔点都比 $SrTiO_3$ 的低，这就是两者电物理特性不同以及制作工艺差异的根源和依据。由于氧及其他离子在前者中扩散、迁移所需的激活能较小，故在其中掺杂固溶、半导化都较容易；半导化之后的再氧化、介质化也较容易。在 $BaTiO_3$ 陶瓷中再氧化时可能从表面开始成片地再氧化成介质层，这就是在表面型半导体电容器中的情况。在 $SrTiO_3$ 陶瓷中，由于其结合能及熔点都比在 $BaTiO_3$ 中高，氧离子在其中扩散、迁移所需的激活能较大，故掺杂固溶、半导化要困难得多；单靠添加 La_2O_3、Nb_2O_5 一类施主杂质很难在高温下的空气中使其固溶成半导瓷，往往还需要还原性气氛的协同作用，才能获得比较理想的半导瓷。至于再氧化，也只发生在陶瓷体晶粒的表面。这是由于 $SrTiO_3$ 陶瓷晶粒表面的结合状态，相对地比晶粒内部较不紧密，氧离子在表面扩散比较容易，故易于完成陶瓷体晶粒的表面再氧化。此外 $SrTiO_3$ 陶瓷晶粒间界处的结合，比晶粒内部要松散得多，氧离子极为容易地经由陶瓷表面之晶粒间界逐步扩散渗入瓷体内层晶粒边界，进而使整个瓷体中各个晶粒的表面也再氧化形成介质层。即便在陶瓷体表面的晶粒的再氧化，也只限于晶粒表面薄层，而不是表面的成层晶粒被整个地再氧化。这是由于氧离子的扩散只能在比较容易调整的陶瓷体晶粒的表面层进行，却难于深入结构紧密的晶格内部。这就是在晶粒边界型半导体陶瓷电容器中的情况。

1.2 低温共烧陶瓷器件

1.2.1 低温共烧陶瓷技术

低温共烧陶瓷（low temperature co-fired ceramic，LTCC）技术，是一种先进的混合电路封装技术。它将四大无源器件，即变压器（T）、电容器（C）、电感器（L）、电阻器（R）集成，配置于多层布线基板中，与有源器件［如：功率金属-氧化物-半导体（MOS）管、晶体管、集成（IC）电路模块等］共同集成为完整的电路系统。因此，LTCC 技术又称为混合集成技术，它能有效提高电路的封装密度及系统的可靠性。

LTCC 技术是在 1982 年由美国的休斯公司开发的新型材料技术，就是将低温烧结陶瓷粉制成厚度精确而且致密的生瓷带，作为电路基板材料，在生瓷带上利用激光打孔、微孔注浆、精密导体浆料印刷等工艺制出所需要的电路图形，并将多个无源元件埋入其中，然后叠压在一起，在 900℃烧结，制成三维电路网络的无源集成组件，也可制成内置无源元件的三维电路基板，在其表面可以贴装 IC 和有源器件，制成无源/有源集成的功能模块。

LTCC 器件的尺寸很小，最小的只有 1mm×0.5mm。除此之外，与其他集成技术相比，LTCC 有着众多特点：第一，根据配料的不同，LTCC 材料的介电常数可以在很大范围内变动，这增加了电路设计的灵活性；第二，陶瓷材料具有优良的高频、高速传输以及宽通带的特性；第三，使用高电导率的金属材料作为导体材料，有利于提高电路系统的品质因数；第四，制作层数很高的电路基板，易于形成多种结构的空腔，内埋置元器件，免除了封装组件的成本，减少连接芯片导体的长度与接点数，并可制作线宽小于 50μm 的细线结构电路，实现更多布线层数，能集成的元件种类多，参量范围大，易于实现多功能化和提高组装密度；第五，可适应大电流及耐高温特性要求，具有良好的温度特性，如较小的热膨胀系数，较小的介电常数稳定系数，LTCC 基板材料的热导率是有机叠层板的 20 倍，故可简化热设计，明显提高电路的寿命和可靠性；第六，与薄膜多层布线技术具有良好的兼容性，二者结合可实现更高组装密度及更好性能的混合多层基板和混合型多芯片组件。

另外，LTCC 易于实现多层布线与封装一体化结构，进一步减小体积和重量，提高可靠性，且具有耐高温、高湿、冲振的特性，可以应用于恶劣环境；其非连续式的生产工艺，便于基板烧成前对每一层布线和互连通孔进行质量检查，有利于提高多层基板的成品率和质量，缩短生产周期，降低成本。

LTCC 可以实现将三大基础元器件（电阻、电容、电感）及其各种无源器件（如滤波器、变压器等）封装于多层布线基板中，并与有源器件（如晶体管、IC 模块、功率 MOS 管等）共同集成为完整的电路系统。

其现已广泛应用于手机、汽车、蓝牙、GPS 模块、无线局域网（WLAN）模块、Wi-Fi 模块等；此外，由于其产品的高可靠性，在汽车电子、通信、航空航天与军事、微机电系统、传感器技术等领域的应用也日益上升。LTCC 基板材料广泛应用于通信领域、车载电子设备、雷达、天线、滤波器等。

LTCC 技术在汽车电子领域的应用也非常广泛。由于 LTCC 器件具有密封性能优、耐高温和抗振动等性能优势，因此其可以被应用在汽车发动机电子控制单元（ECU）模块、制动防抱死（ABS）模块和各类传感器模块中。在医疗领域，LTCC 技术同样应用得很多。由于其具有体积小、可靠性高和对人体没有副作用等特点，因而可以广泛地应用在心脏起搏器和助听器等各类医疗检测仪器设备中。在燃料电池领域，LTCC 技术主要用在微电子机械系统（MEMS）中，作为实现燃料电池系统的技术载体，把驱动电路、单片机和其他电子元件等控制电路模块安装在 LTCC 器件中。

1.2.2 LTCC 变压器

（1）平面变压器

近年来，微电子技术的不断发展，推动着电子元器件不断向微型化、集成化和高频化方向发展。变压器中绕组变压器是目前最成熟的设计方案，但是鉴于体积、手工绕线等限制，变压器的体积不能有效地缩小。而且漆包线绕制必须使用塑料或其他绝缘材料的骨架，绕组的散热是一个突出的问题。因此，绕组变压器无法满足小型化、集成化、低成本化的应用需求，需要开发新型平面变压器。

平面变压器主要有印制电路板（PCB）变压器、压电陶瓷变压器和LTCC变压器三种。

PCB变压器采用的是玻璃化转变温度比较低的环氧玻璃布材料，该材料在高压下工作就会出现变形等力学性能下降的现象，会造成变压器的失效。而且，针对高压变换器的设计，变压器匝数比要大并且绕组要多。然而，多层PCB的制作层数有明显的限制，使得非常多圈的绕组很难实现，这样变压器很难升到高压。

压电陶瓷变压器的原理是利用压电陶瓷材料的正、逆压电效应，并以其谐振频率激发出电压。目前使用的压电陶瓷变压器多数为单片形或多层长条形，这种结构的器件制作工艺简单，升压比较高，但负载能力差，功率小，功率密度低，一般用于高电压、小电流、高阻抗负载。

相比较而言，LTCC变压器和压电陶瓷变压器的综合性能占有明显优势，尤其是小体积和轻质量对于提高系统抗过载能力具有显著作用。对于变压器而言，LTCC技术的优点体现在，材料系统包括物理和化学兼容的电介质浆料和导体材料，可与铁氧体LTCC基板共烧，产生具有优异磁耦合、高磁导率、高电阻率和良好饱和度的器件。共烧铁氧体和介电材料可以用作基板，用于附接或容纳作为电力电子系统的一部分的半导体部件和其他分立器件。

（2）LTCC平面变压器

LTCC平面变压器和传统铁芯式变压器在升压原理上是相通的，不同之处在于LTCC平面变压器没有闭合的铁芯，以多层铁氧体陶瓷为介质材料，将金属浆料丝网印刷在铁氧体陶瓷上形成初级、次级绕组，金属化通孔将对应瓷片上的金属线圈连接形成初级和次级绕组。LTCC平面变压器的体积和质量远小于传统铁芯式变压器，但是，目前的LTCC平面变压器还存在漏感大、转换效率不高等缺点。

多层片式变压器器件具有如下特点：

a. 磁路封闭，不会干扰其周边的元器件，漏磁小；

b. 一体化结构，体积小，可靠性高；

c. 可焊性好，适合于自动化表面封装技术。

因此，LTCC多层片式变压器具有很大的应用前景。其技术包含三个主要方面，一是低温共烧软磁铁氧体技术；二是以LTCC为基础的工艺制备技术；三是功能模块的设计技术。

（3）LTCC变压器材料设计

LTCC变压器材料设计，涉及两个方面：一是低温共烧铁氧体材料技术，包括可实现低温共烧的亚微米级NiZn软磁材料粉体设计和可供聚对苯二甲酸乙二醇酯（PET）流延的铁氧体浆料配方设计；二是可与铁氧体低温复合共烧的介质陶瓷浆料和通孔导体浆料的选用。

① 软磁铁氧体磁芯的选择

多层片式变压器所需要的软磁铁氧体材料能够低温烧结致密、平坦无裂纹且与介质陶瓷浆料、导体和通孔浆料共烧匹配，NiZn系铁氧体由于具有较高的磁导率（MHz频率以上）和电阻系数以及较成熟的制造工艺被优先选用。

选择Ag系浆料作为导体和通孔浆料，不仅成本低、热导率高，而且有利于铁氧体的晶粒生长，由于银的熔点为962℃，为避免银的扩散和收缩，铁氧体烧结温度要低于950℃。降低铁氧体烧结温度的方法主要有三种。

a. 引入低熔点物质或能与基料中某些成分形成低共熔物的添加剂，以便在较低温度下形成液相或过渡液相烧结，降低烧结温度。

b. 引入异价离子或配合适当气氛，使之在烧结过程中形成高浓度的离子缺陷以促进烧结。

c. 超细颗粒法——利用超细粒子具有的高表面活化能作为烧结推动力实现低温烧结。

常用的低温烧结软磁铁氧体主要是 NiZnCu 体系，它是利用低熔点的 CuO 部分替代 NiO，将相当数量的 CuO 作为化学组分而不是通常的助熔剂加入 NiZn 体系的铁氧体中，形成低熔点的 NiZnCu 铁氧体固溶体，从而将 NiZnCu 铁氧体的烧结温度降到 900℃以下。另外，通过在 $Ni_{0.2}Cu_{0.3}Zn_{0.5}$ 铁氧体中以硝酸盐的形式引入质量分数为 0.1%的 $AgNO_3$，形成液相 Ag，并进行液相烧结，形成 NiZn（Ag，CuO）铁氧体，烧结温度从 950℃降低到 875℃，并不降低其磁性能。把印刷了 Ag 浆料的铁氧体膜在相同条件下共烧，导体银和铁氧体表现出良好的兼容性。

② 介质浆料选择

介质浆料的选择是基于和铁氧体磁膜、银导体相互兼容的前提，其基本作用是在选择的位置上增大磁阻，并引导磁通量（简称磁通）流向，增大击穿电压，同时提高绝缘内阻，这和介质材料组成和烧结曲线都有密切关系。具有钙钛矿结构的 $Pb(Ni_{1/3}Nb_{2/3})O_3$-$PbTiO_3$ 铁电相结构的介质陶瓷材料由于其较高的介电常数和铁氧体材料的良好兼容性被优先选择。

（4）LTCC 变压器工艺

以日本 TDK 公司为代表的流延穿孔工艺（干法工艺）为例，此技术涉及陶瓷流延工艺和半导体厚膜印刷工艺。其工艺流程如图 1-2 所示，在低温烧结的 NiZn 系软磁铁氧体超细粉料中加入增塑剂、分散剂、黏结剂、去泡剂、表面活性剂、湿润剂等，经均匀混合、球磨、过筛制成流延浆料，再用陶瓷流延工艺制成磁膜（磁芯），切片，在铁氧体膜上设定的位置打孔，分别用厚膜银导体浆料和介质浆料印刷变压器主次级绕组线圈和磁通阻挡膜，同时在通孔处填充满通孔银浆料，再将印刷好的膜片精确对位，通过叠压形成一坯块，再精密切割成单个片式变压器生坯，经排胶烧结形成独石结构，并通过通孔互连和丝网印刷金属化工艺与其他电路元件连接。其关键工艺是实现低温共烧铁氧体/铁电体复合陶瓷技术和层间通孔与导体浆料填充互连技术。

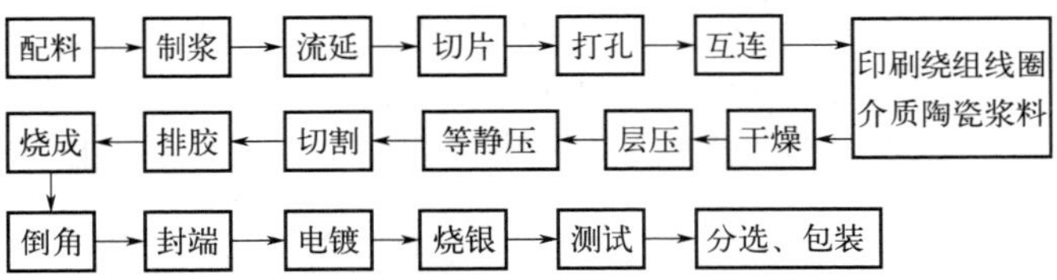

图 1-2　流延穿孔工艺流程

在传统的变压器中，磁路由磁芯形状、大小和截面积决定，线圈规则缠绕并且和磁芯完全隔离，当主线圈通过电流时，根据法拉第电磁感应定律，在磁芯中产生磁通，通过耦合作用传到次级线圈，该磁通的绝大部分是在磁芯中流通形成闭合路径，其中很小部分是经过周围介质形成闭合路径，确保有效耦合，前者为主磁通，后者为漏磁通，产生这一现象的原因是空气等周围介质的磁导率和磁芯的磁导率的差异程度。对自感（电感）和互感器（变压器）等感性器件，要求耦合系数越大越好。

1.2.3 LTCC电容器

在LTCC技术之中，电容的实现形式有多种类型。第一种类型是传统的平板电容，如图1-3（a）所示，为金属-绝缘体-金属（MIM）的结构，上下极板可以通过通孔进行连接，主要要求极板之间的电容介质具有较好的平整度，才能有准确的电容值，所以在制作有效值比较小的电容值时，准确度较低。第二种类型，即多层垂直叉指电容（vertically-interdigitated-capacitor，VIC），如图1-3（b）所示。垂直叉指电容将不同极板用两侧的通孔连接，增大了有效电容值，同时节约了芯片的面积，所以在实际中应用非常广泛。

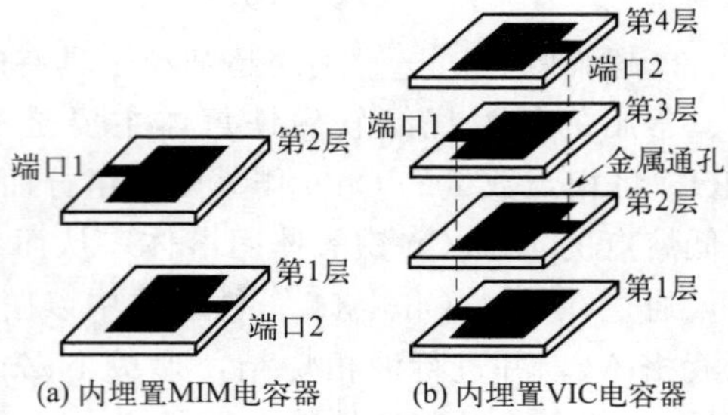

图1-3　内埋置电容结构

再由表1-1可知，VIC结构电容在谐振频率（SRF）、Q值等方面相对MIM结构电容较好，而且所占用的面积较小，但VIC所用的层数较多，会增加设计难度与工艺复杂性。

表1-1　两种不同结构的内埋置电容参数对比

项目	MIM	VIC
所占面积	大	小
SRF	略低	高
Q值	略低	高
所需层数	少	多

（1）电容参数提取

对应于低频的平行板电容器，电容量C（μF）初值公式可以表示为：

$$C=\varepsilon_0\varepsilon_r S/d \tag{1-1}$$

式中，ε_0为真空介电常数，$\varepsilon_0=8.85\times10^{-8}\mu F/cm$；$\varepsilon_r$为相对介电常数；$S$为电极有效面积，$cm^2$；$d$为电介质厚度，cm。然而在应用于高频时，利用该式计算有较大误差。一般在设计高频电容时先用此式粗略地估算一下，再通过参数提取出有效电容来进行反复验证。

电容设计中最重要的参数之一是静电电容，静电电容值取决于电容介质材料的介电常数、厚度和电极有效面积。如果进行简单提取，可采用图1-4（a）所示的单π拓扑结构，建立如图1-4（b）所示的内埋置电容等效电路模型来提取参数。此等效电路优点为电路简单、参数提取容易，可减少设计所需的时间，但缺点是该模型只适用于较窄的频带。

图1-4（b）内埋置电容元件的π型等效电路中，L为等效串联电感，表示电容引出端部分感性电抗；R为等效串联电阻，表示元件的损耗；C_1和C_2表示平行金属板对地寄生电容。LTCC电容元件中由于电容和寄生的电感形成自我谐振，限定了其作为电容功能的频率范围，其中L和C_{eff}构成该电路模型中的串联自谐振频率ω_{SRF}。

LTCC电容随着频率的升高，电容内部寄生电感效应不容忽视，因此需要对电容的连接

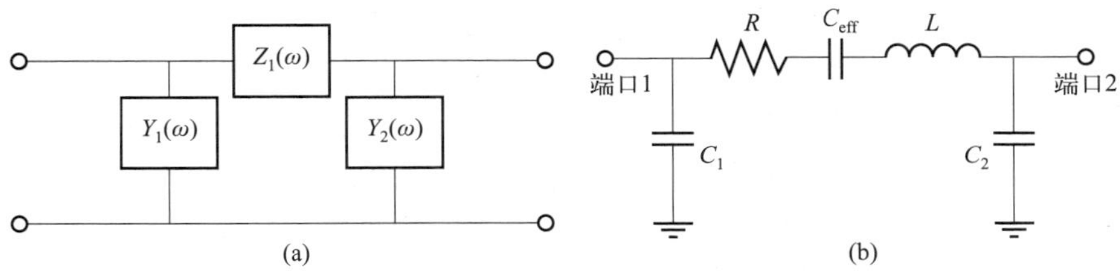

图 1-4　电容的单 π 拓扑结构图（a）与电容 π 型等效电路图（b）

和键合方式进行仿真，通过提取参数，得到它的等效电路模型，从而可以为实际运用提供参考，缩短优化时间。

由于 LTCC 电容在电路中主要是以键合的方式连接的，因此，分析电容的金丝键合方式对实际运用有很重要的意义。首先对电容内部电流流向与谐振频率、容值的关系进行仿真，然后详细分析电容的三维尺寸与电容各项特性参量的关系。由于实际电容在电路中需要以键合方式连接，因此，在电容的设计中还对金丝键合进行了仿真与分析。最后，在仿真工具中建立实际电路模型。

电容的等效电路模型，包括 π 型等效模型和耦合传输线模型。电容的 π 型等效模型设计简单、实用，耦合传输线电路模型设计复杂、精确。因此，实际电路的提取中大都用 π 型等效电路模型。

（2）LTCC 电容的制作

① 介质材料的制备

使用较多的是 Ferro、DuPont、Heraeus 粉料及生瓷带。LTCC 陶瓷材料的多样性丰富了电容产品。表 1-2 为各个产品的参数。

表 1-2　产品参数表

LTCC 陶瓷类型		2GHz 处 ε_r 值	18GHz 处 ε_r 值	谐振频率/GHz	
				2GHz 附近	18GHz 附近
DuPont	951	7.77	7.42	2.42	17.42
Ferro	943	7.4	7.18	2.21	17.66
	A6M	5.9	5.76	2.96	17.82
	A6S	5.9	5.79	2.94	17.79
	HL2000	7.4	7.28	2.68	17.51
	CT2000	9.1	8.94	2.66	17.24
	CT700	7.5	7.32	2.62	17.49
	CT800	7.5	7.29	2.60	17.48
	CT717	7.4	7.26	2.54	17.28

从表 1-2 可以看出 Ferro 的 A6M、A6S 产品谐振频率相对较高，在 1～100GHz 范围内，它的介电损耗角正切为 0.002。Ferro A6S 每层厚度为 0.0965mm，插入损耗＜0.18dB/25.4mm（10GHz）。陶瓷材料的高频损耗比较低，例如：在频率为 10GHz 处，DuPont 951 的介电损耗角正切为 0.5；Ferro A6M、A6S 的介电损耗角正切均为 0.2。由于陶瓷材料在

高频处的介电损耗角正切较小，因此适用于高频电容的设计生产。

LTCC 工艺流程中，首先是制备浆料，作为整个陶瓷基板制作的第一个步骤，应该尽量提高生坯密度。所以，在浆料的制作过程中，添加一定比例的增塑剂和黏结剂，以提高浆料的固相含量，从而增加介质的致密度。陶瓷介质的致密度影响它的介电性能，导致介电常数下降，影响电容的品质因数和电容值。在排胶过程中，温度太低，胶体不能完全排除，也会导致陶瓷的致密性下降。因此排胶过程中应保持一定的温度，使得胶体充分排出。

陶瓷的烧结过程是整个基板制备的重要一环，烧结的温度影响陶瓷的介电性能，因此，要控制温度上升速率。同时，烧结的温度上升过快会导致基板出现弯曲，甚至内部出现断层。

② 电容电极制备

在 LTCC 工艺中，电极的制备主要用丝网印刷电极的方式，但丝网印刷方式的电极表面较粗糙。为了改善电极的粗糙度，可以采用向介质表面溅射金属的方式来镀电极。采用溅射金属方式制作的电极表面相对较平滑，金属电极的损耗较小，增加了电容的 Q 值。

1.2.4 LTCC 电感

LTCC 技术实现的电感有平面螺旋电感和片式叠层电感等形式，如图 1-5 所示。两种形式中，片式叠层电感更加适用于 LTCC 加工工艺。

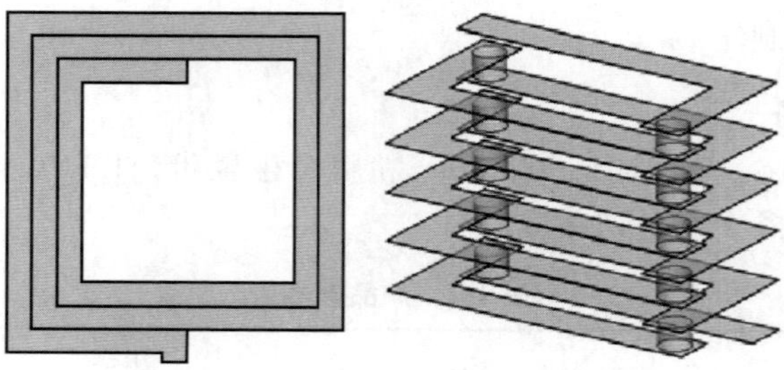

(a) 平面螺旋电感　　(b) 片式叠层电感

图 1-5　LTCC 电感结构

电感值的大小与很多参数有关，如印刷电感的绕线长度和宽度、介质层厚度、电感线圈的匝数以及上下保护层的层数、所使用材料的磁导率、介电常数、品质因子及介电损耗角正切。

(1) 电感的等效电路

电感的简化 T 型等效电路如图 1-6（a）所示，它主要由两个串联电感、一个互感、一个支路电容、一个耦合电容组成。这个等效电路模型代表电磁波沿着导体传播所引起的传输线效应。等效电路是由 LCR 组成的，等效电路中的 L 与磁场在电路中的变化有关，C 与电场在电路中的变化有关，R 与电路的功率消耗有关。由于电感元件具有自谐振和对地谐振，所以采用了若干的 LCR 谐振器连接在 T 模型上，构成电感的修正 T 型等效电路，如图 1-6（b）所示。此等效电路模型中 $L_{s1}-L_m$，$L_{s2}-L_m$ 与 L_m 三个电感与 C_{gn} 是等效电路的主要谐振频率点。与两个主电感并联连接的 L_{cn}、C_{cn} 和 R_{cn} 三个元件为次高阶谐振点，它表征不同线圈的耦合效应。对地支路的 L_{gn}、C_{gn} 和 R_{gn} 三个元件为更高阶谐振点，表征不同对地耦合效应。R_p 为并联电阻值，表征电感的银浆导体的损耗。R_{s1} 和 R_{s2} 为串联电阻值，表征电感的介质层损耗。

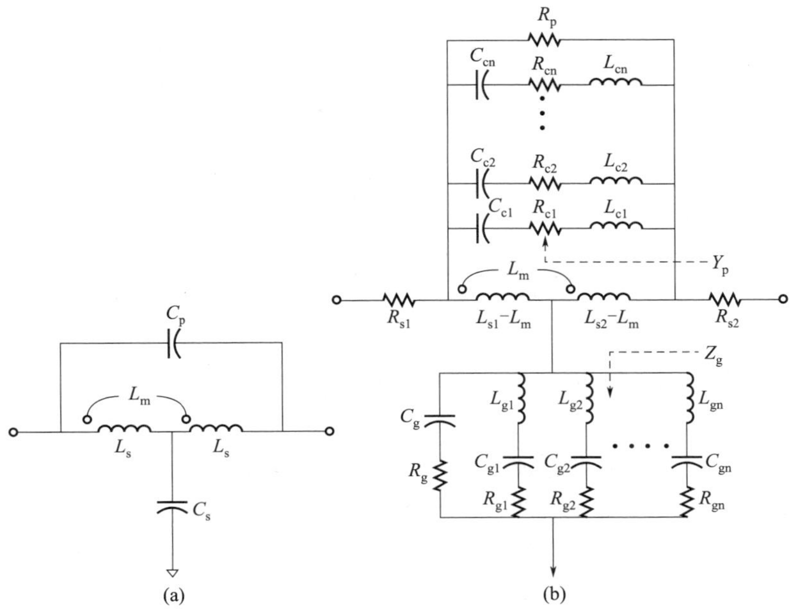

图 1-6　电感的简化 T 型等效电路（a）与修正 T 型等效电路（b）

Y_p—并联导纳；Z_g—接地阻抗

（2）LTCC 片式叠层电感的制作工艺

片式叠层电感是将导体与陶瓷材料按照一定的形状制成一层层的薄片，并将其叠层烧结而成。与绕线型电感相比，片式叠层电感由于其先进的封装工艺，不仅尺寸小、厚度薄，而且还能降低生产成本。

片式叠层电感结构细分下来由三个部分组成。基体主要由类似 NiCuZn 铁氧体的软磁材料制成，有时还会在其内部嵌入一些微波介电陶瓷材料来改善电感的某些性能；内导体，主要用金属铜或者金属银来制作，主要是因为它们的电阻率较小，当工作时，其导体损耗较小；外电极则分为三层结构，现在基本上都采用银、镍和锡。生产高性能的片式叠层电感，需要解决很多技术难题，首先就是优良的器件制作工艺。低温共烧陶瓷技术因其能满足电路小尺寸、密集化且适合批量生产的需求，被国内外的企业和研究机构采用。因此，在制作片式叠层电感时，首先考虑的制作工艺便是 LTCC 工艺。由于多层陶瓷电感（MLCI）的基体材料采用的是铁氧体材料，故采用的工艺又被称为低温共烧铁氧体（low temperature co-fired ferrites，LTCF）技术。LTCC 电感工艺步骤见图 1-7。

作为 LTCC 技术的一种，LTCF 是一种专门用来制作小尺寸电感或者变压器的封装技术。利用 LTCC 还可制作出其他如电阻、电容等器件。将这两者结合，就可以制作出滤波器等无源组件。这些器件可以单独使用，也可以将其制作到一个大的基板内。若是做到基板内部，就可以在基板外部表面制作好电路连线，将其与有源器件相连，做成一个有完整功能的电路系统，从而使得整个电路系统更加密集。

1.2.5　LTCC 电阻

LTCC 电阻是当前高密度集成封装中常见的一种小型化元件，不仅具有比表贴电阻元件

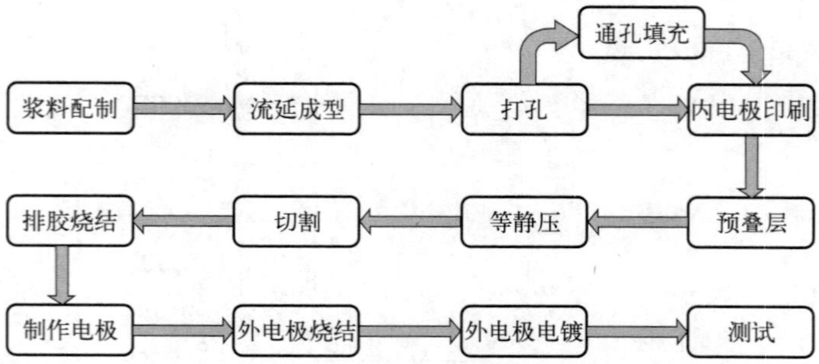

图 1-7　LTCC 电感工艺步骤示意图

更小的体积，而且随基板一起成型，具有更高的可靠性和稳定性。共烧电阻在制备工艺中包含成型与后期烧结收缩的过程，会受到印刷、等静压和烧结等工序的影响，一致性控制较难，这导致了高精度电阻的制备比较困难。LTCC 中的共烧电阻通常包含表面电阻和内埋电阻两种，而内埋电阻由于在基板内部，一旦烧制完成就无法再进行修调处理；表面电阻虽然在烧结后可进行调阻，但调阻后的切痕对陶瓷可能产生损伤，同时在特殊情况下会对电阻的稳定性有影响，特别是在可靠性要求较高的空间环境中，此类经过调阻的电阻应用受到很大的限制。

当前，高精度 LTCC 共烧电阻的制备工艺中，影响其精度的因素主要来源于两方面：一方面是电阻浆料中导电颗粒、玻璃相和有机成分的均一性差异造成的阻值固有性差异；另一方面是由于成型后的电阻图形最终尺寸差别造成的阻值波动。分析共烧电阻制备工艺可以发现，其中的丝网印刷工序质量直接决定了电阻成型后的外形和尺寸等关键指标，丝网印刷可能造成电阻厚薄不均、浆料溢出和缺失等缺陷，进而对电阻的阻值产生很大的影响。同时，层压、烧结工艺参数的改变对电阻内部显微结构具有决定性作用，进而影响到共烧电阻的最终阻值。

（1）LTCC 电阻的制造方法

在 LTCC 基板上制造电阻的方式有三种：顶层共烧、顶层后烧和埋层电阻。顶层电阻可以采用后烧和共烧两种方式。后烧是通常采用的方法，其优点是可以通过改变丝网印刷机的参数调整电阻膜厚的方法来调整阻值，成品率高；缺点是共烧后的不规则陶瓷表面难以获得均匀、正确的电阻膜厚，当制作面积小的电阻时，这个问题尤为突出。顶层共烧电阻的优点是可以较好地控制电阻的膜厚，烧后阻值离散性小，缺点是无法试阻。埋层电阻可以大幅度减少顶层的印刷面积，提高 LTCC 基板的集成度，由于极难实现激光修调，电阻精度不易控制。

（2）表层电阻的设计与制造

a. 顶层共烧电阻　由于共烧电阻不能试阻，因此必须一次烧结而成。在制作过程中应尽可能提高印刷的分辨率，以保证电阻膜厚度的均匀性。合适的网版的选择是保证膜厚均匀的重要条件。

b. 顶层后烧电阻　后烧电阻的印刷、干燥、烧结和普通厚膜电阻的制作方法一样，在 850℃/10min 的峰值温度烧结而成，烧结周期为 1h。

（3）埋层电阻的设计与制造

LTCC 技术的一个重要优越性在于埋层电阻可以印刷在生瓷上，并和其他部分共同烧结。此特点使设计人员可以把更多的表面区域留给有源器件而不是无源元件。由于埋层电阻极难进行激光调阻，其精度难以控制，通过实验将电阻的膜厚控制在一定范围内，可以减少埋层电阻阻值的离散性。

① 埋层电阻的精度计算

埋层电阻的基本精度范围可以通过电阻公式来计算，厚膜电阻的计算公式为：

$$R=\rho L/(tw) \tag{1-2}$$

式中，ρ 为材料体电阻率；L、t、w 分别为电阻长度、厚度、宽度。

电阻阻值 R 是 ρ、L、w、t 的函数即：

$$R=f(\rho,L,w,t) \tag{1-3}$$

式中的 ρ 是浆料本身的特征，它决定了电阻的准确度和可重复性，对于特定的浆料而言，这是一个定值。而 L、w、t 这三个变量是由浆料和丝网的一些特性决定的，它们界定了电阻的分辨率和可重复性的范围。这就意味着，电阻的厚度和丝网分辨率成为影响电阻公差的决定因素。

根据厚膜电阻的一般规则，ρ、L、w、t 的变化范围分别为 $\pm10\%$、$\pm2\%$、$\pm2\%$、$\pm10\%$，所以式（1-2）可表征为：

$$R=[(\rho\pm10\%)\times(L\pm2\%)]/[(t\pm10\%)\times(w\pm2\%)] \tag{1-4}$$

从式（1-4）可以计算出 R 的范围应为 $[(1-10\%)\times(1-2\%)]/[(1+10\%)\times(1+2\%)]\sim[(1+10\%)\times(1+2\%)]/[(1-10\%)\times(1-2\%)]=0.7861\sim1.2721$，即 R 的偏差一般可控制为 $-21.39\%\sim+27.21\%$，此偏差可以大致折合为 $\pm27\%$。也就是说，按常规的厚膜制版与成膜工艺技术，在不进行激光微调的情况下，埋层电阻的最高控制精度可以达到 $\pm27\%$。由式（1-4）可以看出，当通过实验测定 ρ 的值后再设计电阻时，可以有效地提高埋层电阻的精度。

② 埋层电阻的工艺影响因素

埋层电阻的方阻及工艺制作方法与表层电阻略有不同，在工艺设计中应注意，电阻阻值的大小还与层压压力及烧结峰值温度、周期等有关。当峰值温度增加时，埋层电阻的阻值会减小，峰值烧结周期加长，电阻会增大。

1.3 热敏电阻

热敏电阻是一种对温度极其敏感的电阻器，可应用于温度传感、温度补偿和电路保护，具有温度敏感、结构简单、响应快速、使用寿命长等诸多优点，是智能设备中必不可少的电子元器件。按照热敏电阻对温度的响应特性，可将热敏电阻分为正温度系数（positive temperature coefficient，PTC）热敏电阻和负温度系数（negative temperature coefficient，NTC）热敏电阻。

1.3.1 PTC热敏电阻

PTC热敏电阻的电阻值随温度的上升而增加，具有大的正温度系数，在温度补偿、过载保护、过流保护等方面具有重要的应用。PTC热敏电阻选用的材料一般为$BaTiO_3$基陶瓷材料。$BaTiO_3$本身为良好的绝缘体，但采用合适的稀土元素（La、Y…）氧化物改性，绝缘率显著下降并表现出半导体特性。20世纪50年代荷兰菲利普公司率先发现并报道了PTC效应，然而其真正实用化还得益于美国贝尔实验室和日本村田制作所的研究推广。

（1）基本特性

a.电阻-温度特性。$BaTiO_3$基热敏电阻通常存在一个明显的转变温度，即居里温度T_C。在室温到T_C之间，电阻变化不大。在居里温度以上，电阻随温度上升而剧增4～6个数量级，表现出正温度系数（图1-8）。

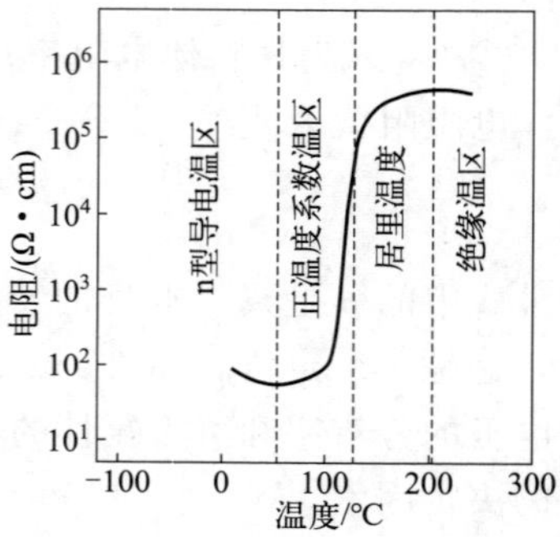

图1-8 典型PTC热敏电阻器件的电阻-温度特性

b.伏安特性。根据电流-电压关系，低温范围PTC热敏电阻的伏安特性可分为三个区域。(a)线性区：当电压在拐点电压V_K以下，热敏电阻阻值基本维持恒定，和固定电阻类似，遵循欧姆定律，表现出线性的伏安关系。(b)跃变区：当电压在V_K～V_{max}（最大工作电压）时，受自发热影响，热敏电阻阻值跃变上升，电流随电压的上升而下降。(c)击穿区：达到击穿电压后，热敏电阻被击穿损坏。

c.电流-时间特性。开始施加电压时，由于阻值较低，加压瞬间PTC热敏电阻会有大的电流经过。随时间延长，由于热敏电阻的自发热效应，阻值增加，流经的电流减少。

（2）PTC效应机制

一般认为，PTC效应的产生机制与晶界效应相关。在$BaTiO_3$基单晶中，并不存在PTC效应。Heywang-Jonker模型较好地解释了$BaTiO_3$基陶瓷的PTC效应。晶界处有空间电荷，存在表面受主态，表现出和晶粒不同的电学性质。表面受主态导致了晶界势垒的产生。电阻率的大小和势垒高度呈指数关系

$$\rho = A e^{\frac{E_0}{kT}} \tag{1-5}$$

式中，ρ代表电阻率；A为几何因子；E_0为势垒高度；k为玻尔兹曼常数；T为温度。势垒高度和晶界介电常数呈反比关系

$$E_0 = \frac{e^2 N_s^2}{8\varepsilon_0 \varepsilon_{gb} N_D} \tag{1-6}$$

式中，e为电子电荷量；N_s为表面电子浓度；N_D为载流子浓度；ε_0为真空介电常数；ε_{gb}为晶界相对介电常数。$BaTiO_3$为铁电材料，在T_C以上，相对介电常数ε遵循居里-外斯定律

$$\varepsilon = \frac{C}{T - T_C} \tag{1-7}$$

式中，T 代表温度；C 为居里常数。当温度上升到 T_C 以上时，$BaTiO_3$ 由铁电态转变至顺电态，晶界介电常数随温度的上升而下降，导致了势垒高度的增加，从而造成了电阻率的迅速上升，显示出 PTC 效应。当温度低于 T_C 时，$BaTiO_3$ 处于铁电态，表现出四方结构，自发极化沿 c 轴。由于每个晶粒的择优取向不同，晶粒的自发极化方向也不同。自发极化矢量 $\boldsymbol{P}$ 垂直于晶界的分量 $\boldsymbol{P}_N$，一部分补偿了晶界表面电荷的贡献，从而使得晶界势垒降低甚至消失，形成了低阻通道；而另一部分，则使得晶界表面电荷增加，导致晶界势垒升高。但由于载流子总是选择能量最低的路径，因此，材料保持了低的电阻率。

（3）PTC 热敏电阻器件的制备

① 掺杂元素的选取

掺杂元素取代位置由其半径来决定，而究竟表现出施主掺杂还是受主掺杂，由其化合价和所取代位置元素的化合价差别来决定。具体来说，当掺杂元素与 Ba^{2+} 半径接近，取代位置为钙钛矿 Ba 位，化合价高于 2 价时（例如 Bi^{3+}、La^{3+}、Nd^{3+} 等），一般表现出施主掺杂；而低于 2 价时（例如 Na^{+}、K^{+} 等），表现出受主掺杂。而当掺杂元素与 Ti^{4+} 半径接近时，取代位置为钙钛矿 Ti 位，化合价高于 4 价时（例如 Ta^{5+}、Nb^{5+}、W^{6+}、Sb^{5+}、Mo^{6+} 等），一般表现出施主掺杂；而化合价低于 4 价时（例如 Ni^{2+}、Cu^{2+}、Cr^{3+}、Mg^{2+}、Fe^{3+}、Co^{3+}、Mn^{2+} 等），一般表现出受主掺杂。

② 移峰剂的选取

为了满足实用要求，需要调节 $BaTiO_3$ 基热敏电阻的 T_C（−150～250℃）。研究发现，引入铁电活性离子 Pb^{2+} 或 Bi^{3+}，可使 T_C 向高温移动；而引入非铁电活性离子 Ca^{2+} 或 Sr^{2+} 取代 Ba 位，或引入 Zr^{4+}、Hf^{4+} 或 Sn^{4+} 取代 Ti 位，可使 T_C 向低温移动。

③ 制备过程

$BaTiO_3$ 基 PTC 热敏电阻通常采用固相反应法制备，具体制备流程如下。先根据 $BaTiO_3$ 化学通式，将 $BaCO_3$ 和 TiO_2 按化学计量比称量。将称量好的原料置于球磨罐中，加入磨球和球磨介质，在球磨机上球磨以达到充分混合。将混合好的浆料置于恒温干燥箱中烘干。将烘干后的粉料置于氧化铝坩埚中，于 1000℃下保温 2h 进行预合成得到 $BaTiO_3$ 粉料。将 $BaTiO_3$ 与施主掺杂元素的氧化物以一定比例混合，经球磨混合均匀后烘干。在烘干后的粉料中加入黏结剂并充分混合均匀造粒，造粒完成后，采用液压机将粉末压制成薄圆片素坯。将圆片素坯置于箱式高温电炉中排黏。将排黏后的素坯置于氮气气氛炉中升温至 1250～1350℃，保温 2h。将烧成的陶瓷进行电极封装，就可得到 $BaTiO_3$ 基 PTC 热敏电阻。目前，随着智能器件的小型化集成化要求，多层结构的热敏电阻器正成为趋势。多层结构的热敏电阻器制备工艺和片式多层陶瓷电容器（MLCC）相似。图 1-9 为日本村田制作所生产的 PTC 热敏电阻，尺寸仅为 0.6mm×0.3mm×0.3mm，可满足高功能智能手机和小型穿戴设备使用。

图 1-9 日本村田制作所生产的 PTC 热敏电阻

1.3.2 NTC 热敏电阻

NTC 热敏电阻的电阻值随温度的上升而下降，具有大的负温度系数。1833 年，英国科学家迈克尔·法拉第发现了硫化银的电阻的负温度系数。1930 年，科学家发现氧化铜、氧化亚铜同样具备负温度系数，并将其应用在了航空仪表的温度补偿电路中。1960 年，科学家研制出了 NTC 热敏电阻，并将其应用在测温、控温及温度补偿中。

（1）NTC 效应机制

NTC 热敏电阻具有典型半导体的特点，导电特点与 Si 类似。在温度较低时，载流子较少，电阻较高；随着温度的上升，载流子数目上升，电阻降低。NTC 热敏电阻材料的电阻与温度的关系，可呈现三种形式：a. 电阻阻值随温度升高指数降低；b. 电阻阻值随温度升高线性降低；c. 电阻阻值在特定温度范围内急剧降低。

（2）NTC 热敏电阻材料及制备方法

临界温度系数热敏电阻主要由钒的氧化物组成，可用于报警装置。线性负温度系数热敏电阻主要由钨、锑、铋的氧化物组成，可用于测温装置。指数 NTC 热敏电阻材料的使用温度和禁带宽度有着一定的关系。具有尖晶石结构的锰、钴、镍和铜等金属的氧化物，禁带宽度较窄，本征激发温度较低。以其为基的 NTC 热敏电阻，使用温度在－100～200℃。其中，Mn 容易产生变价，是尖晶石结构 NTC 热敏电阻的核心元素，Mn 含量高低对电阻率大小产生决定性影响。尖晶石结构材料的烧结温度在 1200℃左右，电阻率范围在 100～$10^7\Omega \cdot cm$，电阻温度系数大，是商业 NTC 热敏电阻的主要材料。而对于具有宽禁带的锆和钇的氧化物，使用温度在 700℃以上，但烧结温度极高，一般应用在高温场合。此外，具有钙钛矿结构的氧化物陶瓷，也在高温 NTC 电阻器件领域极具发展潜力。

由于商用的 NTC 电阻材料一般选用金属氧化物陶瓷，因此制备方法大多采用成本较低的固相烧结法。为了降低烧结温度，可以添加助溶剂。常见的助溶剂包括 CuO、Bi_2O_3、B_2O_3、V_2O_5、Li_2O。同样，随着器件小型化的发展趋势，具有多层结构的 NTC 热敏电阻市场份额也逐年增加。

1.3.3 热敏电阻性能参数

热敏电阻的主要性能参数包括标准电阻值、材料常数、额定功率、电阻-温度系数、转变温度等。

a. 标准电阻值 R_{25}：在室温 25℃下测得的电阻值，单位为 Ω。

b. 材料常数 B：衡量材料热敏感度的指标，跟材料的物理特性相关，B 值越大，材料热敏感度越高。材料常数 B 与温度相关。

c. 额定功率 P_E：热敏电阻在 25℃的温度下长期工作可以提供的最大功率，单位为 W。

d. 电阻-温度系数 α_T：温度每升高 1℃，电阻值的相对变化量。

e. 转变温度：PTC 热敏电阻的电阻-温度关系转变为正温度系数时的拐点温度，即居里温度。

1.4 介质电容器

介质电容器（dielectric capacitor）是一种利用绝缘介质材料（即介质）来分隔电极并存储电能的电容器。它是最常见的电容器类型之一，广泛应用于各种电子电路中。其基本工作原理是通过电场将电荷存储在电容器的电极之间。

介质电容器的结构主要由电极和介质材料组成。电极通常由导电材料（如铝、铜、银等）制成，其作用主要是与外部电路连接和存储电荷。介质材料处于电极之间，它的作用是增加电容器的电容值，并防止电极之间发生短路；常见的介质材料有陶瓷、塑料（如聚酯、聚丙烯等）、玻璃、云母等。介质材料的选择直接影响电容器的性能，包括电容值、耐压能力、温度稳定性等。不同的介质材料具有不同的介电常数（ε），介电常数越大，电容器的电容值也越大。在相同体积下，介电常数高的介质能储存更多的电荷。

介质电容器以其结构简单、工作稳定、性能可靠而广泛应用于各类电子设备中，尤其是在电源滤波、信号耦合和去耦等方面。本节主要介绍以铁电材料作为介质材料的铁电独石电容器和铁电存储器。

1.4.1 铁电独石电容器

1.4.1.1 独石电容器简介

在流延（或轧膜）工艺生产的陶瓷膜片（sheet）上，先印刷上几十个或几百个电极图案。然后把许多层这种膜片交错上下叠合（叠合时可以使用黏合剂），精确地定位叠层并加压形成一个整体，再通过切制，脱黏合剂，一次烧结使之形成独石（monolithic）结构。再在两侧制作端电极将内电极引出，就制成了独石电容器。独石电容器也被称为叠层电容器（multilayer ceramic capacitor，MLCC）。MLCC 是最早出现的一种电子片式元件，其无引出线，又被称为表面贴装元器件（surface mounting device，SMD）或片式元器件，其适用于表面贴装技术（surface mounting technology，SMT），使用时直接焊装在电路板上。目前，MLCC 的总体发展趋势是大容量、小型化、多层数、高电压、多个电路列阵、高性能、宽温度范围、环境友好、低成本等。

MLCC 品类繁多，分类方法多种多样，一般按照尺寸、额定工作电压、温度特性等进行分类，如高压 MLCC 产品（630V 以上）就是按照额定工作电压进行分类的，1206［长为 0.12in，宽为 0.06in（1in＝2.54cm）］就是按照 MLCC 的长宽尺寸进行分类的。根据 MLCC 瓷介质的电容量随温度、频率、电压及时间的变化，即稳定性，MLCC 可分为两类：第Ⅰ类温度补偿型固定电容器和第Ⅱ类固定电容器。第Ⅰ类温度补偿型固定电容器包括通用型高频电容器（如 CG、CH）和温度补偿型高频电容器（如 HG、LG、PH、RH、SH、TH、UJ、SL）。通用型高频电容器性能最稳定，几乎不随温度、电压和时间而变化，适用于低损耗、稳定性要求高的高频电路；温度补偿型高频电容器的电容量随温度而变化，适用于低损耗、温度补偿型电路中。第Ⅱ类固定电容器（如 X7R、X5R、Y5V、Z5U）一般用于低频环境，对稳定性要求不高的旁路、耦合等电路中。

第Ⅰ类 MLCC 的温度系数代码由两个字母组成，第一个字母表示标称温度系数，第二个字母表示温度系数允许的偏差（采用 20～85℃之间的电容量变化来确定），表 1-3 是第Ⅰ类 MLCC 瓷介代码的含义。第Ⅱ类 MLCC 的温度系数代码由三个符号表示，第一个是字母（表示最低温度），第二个是数字（表示最高温度），第三个是字母（表示特定温度范围内的电容量相对于 20℃的变化量），表 1-4 是第Ⅱ类 MLCC 瓷介代码的含义。表 1-5 列出了不同瓷介的温度系数和工作温度范围，需要注意的是第Ⅰ类瓷介的温度系数由标称温度系数和温度系数允许的偏差（20～85℃的电容量变化）确定，而第Ⅱ类瓷介的温度系数是按照工作范围的电容量相对于 20℃的电容量变化来确定的。

表 1-3 第Ⅰ类 MLCC 瓷介代码的含义

标称温度系数（20～85℃）/(ppm/℃)	代码	温度系数允许偏差	代码
+100	A	±30	G
0	C	±60	H
−33	H	±120	J
−75	L	±250	K
−150	P		
−220	R		
−330	S		
−470	T		
−750	U		
−1000	Q		
−1500	V		

注：ppm 表示百万分之一。

表 1-4 第Ⅱ类 MLCC 瓷介代码的含义

最低温度/℃	代码	最高温度/℃	代码	相对于 20℃的容量最大改变量	代码
+10	Z	+45	2	±1.0%	A
−30	Y	+65	4	±1.5%	B
−55	X	+85	5	±2.2%	C
		+105	6	±3.3%	D
		+125	7	±4.7%	E
		+150	8	±7.5%	F
		+200	9	±10%	P
				±15%	R
				±22%	S
				−33%～+22%	T
				−56%～+22%	U
				−82%～+22%	V

表 1-5 不同瓷介的温度系数和工作温度范围

介质种类代码	温度系数	工作温度范围
CG	(0±30)ppm/℃	−55～125℃
CH	(0±60)ppm/℃	−55～125℃
HG	(−33±30)ppm/℃	−25～85℃
LG	(−75±30)ppm/℃	−25～85℃

续表

介质种类代码	温度系数	工作温度范围
PH	(−150±60)ppm/℃	−25～85℃
RH	(−220±60)ppm/℃	−25～85℃
SH	(−330±60)ppm/℃	−25～85℃
TH	(−470±60)ppm/℃	−25～85℃
UJ	(−750±120)ppm/℃	−25～85℃
X7R	±15%	−55～125℃
X5R	±15%	−55～85℃
Z5U	−56%～+22%	10～85℃
Y5V	−82%～+22%	−30～85℃

第Ⅱ类固定电容器常使用的瓷介质是强介铁电陶瓷，其特点是介电常数特别高（一般是几千甚至上万），介电常数随温度和施加的外电场均呈非线性变化。使用铁电材料作为瓷料的这种独石电容器也被称为铁电独石电容器。

1.4.1.2 铁电独石电容器的结构和工作原理

铁电独石电容器的结构通常由电极、铁电陶瓷材料、保护层等几个主要部分组成。其中电极又包括内电极和端电极，这些电极是电容器的输入输出接口，用于连接外部电路和存储电荷；铁电陶瓷材料是电容器的核心部分，其可以在外加电场下极化并在去除电场后具有保持极化状态的特性；保护层则保护内部陶瓷电容器不受环境因素（如湿气、污染等）影响，同时确保器件的机械强度和稳定性。

铁电独石电容器主要利用了铁电材料的电容特性，其在电路中起电容器的作用。铁电材料具有更高的介电常数，同时由于其极化特性，铁电独石电容器能够在撤除外电场后仍能保持一定电荷。

铁电独石电容器具有一些特殊的优点：a. 其具有高电容值，由于铁电材料的极化特性，其可以在较小体积下获得较高的电容；b. 其具有非线性特性，铁电材料具有强烈的非线性电容特性，这使其在某些应用中具有特殊优势；c. 其耐高压能力强，陶瓷材料的结构相对坚固，能够承受较高的电压。同时，其也存在一定的缺点，如温度依赖性较强，铁电材料的性能受温度影响较大，在高温下其电容值可能会变化，仅适用于对稳定性要求不高的电路中；具有饱和效应，在某些电压范围内，电容器可能会出现饱和效应，导致电容值下降。

1.4.1.3 铁电独石电容器的分类及材料体系

在铁电独石电容器的制备过程中，材料体系对烧成温度有很大影响，因而需要使用不同的电极材料与之进行匹配。根据烧成温度的不同，铁电独石电容器可以分为高温烧结型（烧成温度高于1300℃）、中温烧结型（烧成温度为1000～1250℃）、低温烧结型（烧成温度低到900℃或以下）。

高温烧结型须采用Pt、Pd等可以耐受高温的金属作为电极，产品高温烧成的成本高，电极材料的成本也高，导致产品价格昂贵，其生产应用较少，只用于较特殊的整机中；中温烧结型通常采用 Ag/Pd 合金电极，降低了产品成本；低温烧结型采用全 Ag 电极或含低含量 Pd 的 Ag/Pd 合金电极，甚至是贱金属 Ni 电极，使产品的成本大幅度降低。中温和低温烧结型的应用较广泛，下面主要介绍这两类。

（1）低温烧结型铁电独石电容器

此类独石电容器主要采用铌镁酸铅体系的铁电材料，在实际应用中使用较多的主要是 $Pb(Mg_{1/3}Nb_{2/3})O_3$-$PbTiO_3$（PMN-PT）体系。

铌镁酸铅 $Pb(Mg_{1/3}Nb_{2/3})O_3$（PMN）是复合钙钛矿型的铁电体，烧成温度为 900℃左右，其居里温度为－15℃，居里温度下的介电常数为 12600，室温的介电常数和介电损耗角正切为 8500 和 0.01。虽然铌镁酸铅的烧成温度较低，可以单独作为低温烧结型铁电独石电容器的铁电材料，但其居里温度较低且负温度系数较大，不利于单独制作低温烧结型铁电独石电容器。

为了改善铌镁酸铅居里温度较低和负温度系数较大的弊端，可以使用 $PbTiO_3$（PT）作为移峰剂。如表 1-6 所示，相对于纯的 PMN，PT 的加入使得材料的居里温度往高温方向移动，并且还改变了介电常数的温度曲线，在适宜的掺杂量下可以获得高的室温介电常数和低的温度变化率，但是 PT 的加入也让烧成温度从 900℃升高到 1100℃，无法与银电极相匹配，故需要引入助熔剂将烧成温度降至 900℃以下。

表 1-6　$PbTiO_3$ 加入量对 PMN 瓷料居里温度和烧成温度的影响

样品编号	PT 加入量(摩尔分数)/%	烧成温度/℃	居里温度/℃
1	10	1100	15
2	14	1100	45
3	20	1100	55
4	30	1100	85
5	40	1100	125

Bi_2O_3 是一种常见的助熔剂，其也被用于降低 PMN-PT 的烧成温度，但是最后的烧成温度仍在 980℃左右，高于银电极的适宜温度。高烧成温度导致器件的抗老化性能较差，为了提高其抗老化性能，须进一步降低瓷料的烧成温度。

$Pb(Cd_{1/3}W_{2/3})O_3$（PCW）的熔点在 860℃左右，在 900℃时具有良好的流动性，可以作为烧结助剂用于 PMN-PT，同时再加入少量的玻璃作为烧结助熔剂以更进一步将烧成温度降至 900℃，使其可以和银电极良好匹配。

（2）中温烧结型铁电独石电容器

此类独石电容器中的铁电材料主要采用钛酸钡或含铅复合钙钛矿型化合物。$BaTiO_3$ 瓷料的烧成温度和瓷料的制备方法关系很大，但要达到 1100℃左右的烧成温度，还需要再加入一些助熔剂，特别是干式法制备的 $BaTiO_3$ 瓷料，助熔剂量往往需要添加更多。

含铅复合钙钛矿型化合物大多数属于扩散相变的弛豫型铁电体，其具有较高的介电常数（8000～34000）和低的介电损耗角正切，且其介电常数随温度的变化曲线较为平坦，在较宽温度范围内温度变化率可以满足 Z5U、Y5V 温度特性的要求，也很容易将烧成温度控制在 1000℃或以下，可采用银或含银量很高的银钯合金作为内电极材料。许多二元系或三元系含铅复合钙钛矿型陶瓷材料已相继问世，并已大量用于生产各种规格的独石电容器。

1.4.1.4 铁电独石电容器的制造工艺

独石电容器具有温度系数小、寿命长、可靠性高、高频阻抗低、耐高温、绝缘性好、成本低等特点，但是独石电容器在制造过程中对无尘等环境要求苛刻，比一般电容制造的要求更加严格。制作叠层电容器过程中的巴块结构和成品叠层电容器的结构如图 1-10 所示，样品中内电极交错排布，内电极分别与两端的端电极相连。MLCC 的结构很简单，但是其制造过程却很复杂，制造步骤多、难度大。MLCC 产品的制作过程如图 1-11 所示，主要包括陶瓷介质薄膜成型、内电极制作、电容芯片制作、烧结成瓷、外电极制作，之后再对所制备的 MLCC 进行分拣测试和包装发货等工序。

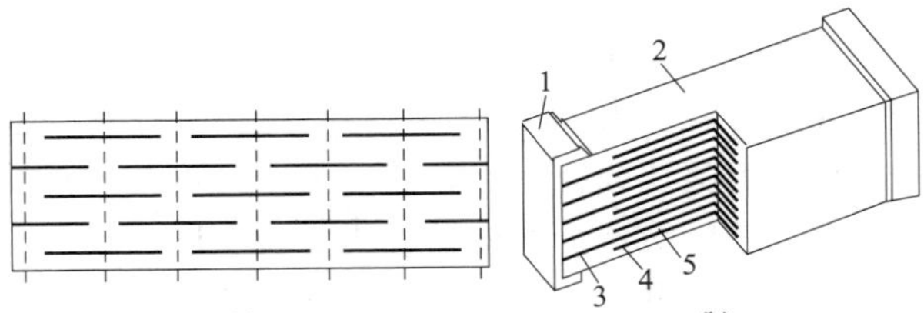

(a) (b)

图 1-10 独石电容器结构示意图。(a) 层压后的巴块截面中电极交错排布的示意图（虚线为巴块切割时的位置）；(b) 单个成品叠层电容器的结构示意图

1—端电极；2—保护层；3 和 4—电极层；5—介质

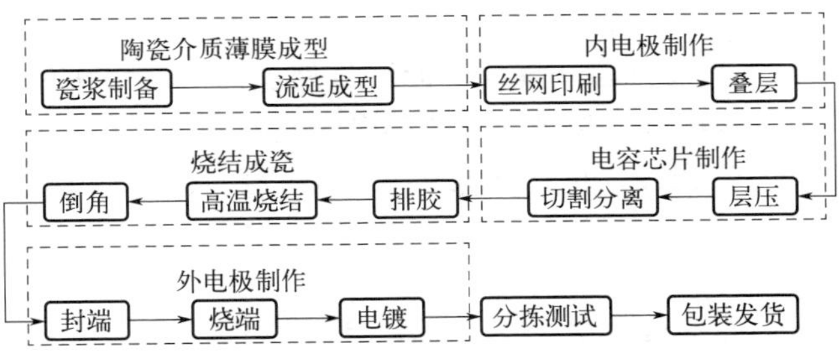

图 1-11 独石电容器产品的制作过程

(1) 陶瓷介质薄膜成型

早期采用轧膜工艺进行薄膜成型，轧膜法能保证瓷膜致密、气孔小，但得到的瓷膜较厚（30μm），难以更薄。现在主要采用流延成型技术进行制备，陶瓷介质薄膜的制备方法对于制造性能优良的 MLCC 产品具有重要的意义。

瓷粉体系需要按照工艺要求进行合适的选择，铁电独石电容器的铁电陶瓷粉体可以使用共沉淀法、溶胶-凝胶法等方法制备。用于 MLCC 的瓷料粒度通常为亚微米级（通常 0.3～1.0μm），小粒度瓷料具有高的比表面积，其高的表面能量和高的烧结活性有利于降低烧成温度和提高产品的致密性；但是比表面积大的瓷料在制作瓷浆时可能也会存在比较突出的分散问题。

将瓷料与有机溶剂、黏合剂、分散剂等按一定的比例混合，通过球磨等方式使之混合均匀，形成具有一定流动性能的陶瓷浆料，这个过程称为配料。在配料环节中，瓷浆配方十分重要，选择合适的分散剂、溶剂、黏合剂，并配合适当的工艺方法，对瓷料进行分散处理以制备得到分散均匀、黏度稳定且保持原有瓷粉物理形貌的瓷浆。配料是MLCC制造中极为关键的一步，瓷料粒度、物料配比、球磨时间和转速等方面的工艺参数会影响到陶瓷浆料的物理性能，并最终会影响MLCC的电气性能。

流延膜片是MLCC生产中的一道关键工序，其质量优劣对后续生产和最终产品质量影响极大，因而需要加强膜片质量的控制。将瓷浆通过流延设备的注浆口，涂布在环形钢带或塑料带上，形成一层均匀的浆料层，再经干燥后形成具有一定强度和弹性的陶瓷膜片，好的陶瓷膜片要求致密、平整、光洁，以方便进行后续的加工。陶瓷膜片的常见厚度为1～60μm，其厚度可由浆料的黏度、注浆口宽度及钢带（或塑料带）走带速度调节。

（2）内电极制作

利用丝网印刷方法将内电极浆料印刷在流延法制得的陶瓷膜片上，形成具有一定形状的MLCC内电极结构；再将印刷好内电极图形的瓷膜片按产品设计要求，借助膜片本身的黏性和叠层机的压力将一定数量的膜片叠在一起，其中上下两侧的最外层是没有印刷内电极图形的膜片以起保护层的作用，叠成的这个整体被称为巴块（bar）。

丝网印刷的质量好坏直接影响电容芯片的性能，如果印刷不均匀或电极层不平整，制备得到的芯片可能会在电场作用下损坏；内电极凹凸处会因为聚集过多的电荷而使内电极被击穿，或因形成板电阻而使内电极过度发热而烧坏。叠层环节对生产设备的对位精度有较高的要求，上下电极位置不能有移位，否则将直接影响MLCC产品的电容量和可靠性能。

（3）电容芯片制作

将叠层好的巴块（bar）装进层压袋并进行层压处理，先对层压袋抽真空，再采用热封的方式封好袋口，再用等静压方式加压使巴块的电极层与介质层压牢，使层之间彼此紧密结合，以提高烧结后瓷体的致密性。按照预先的设计，将层压后的巴块切割成一粒粒独立的MLCC芯片生坯。

（4）烧结成瓷

将切割后的MLCC芯片生坯进行排胶、高温烧结、倒角三道工序得到MLCC芯片。

排胶是指在一定的温度、气氛条件下，将芯片内部的有机物从芯片中排出的过程。在MLCC生坯的制备过程中通常使用有机黏合剂、增塑剂、分散剂等高分子有机物，这些有机物只是起到中间载体的作用，在烧成前需要把这些有机物排除干净；反之，残留的有机物在高温烧结时会在芯片中熔化、分解、挥发，会导致芯片变形、分层，无法保证烧结后芯片的形状、尺寸和质量要求。

高温烧结阶段是形成陶瓷的阶段，烧成制度（最高烧成温度、保温时间及气氛）十分重要，生坯在此阶段中进行充分的物理、化学变化，体积显著收缩，气孔大大减少，表面光泽改变，机械强度增加，最后获得晶粒细密均匀的致密陶瓷电容器芯片。为了避免内电极氧化，采用镍等贱金属做内电极的MLCC通常在还原性气氛下烧结，但还原性气氛会使瓷体在烧结过程中形成氧缺位，使得陶瓷电容器芯片的绝缘性能受到一定的影响，因而需要通过回火对氧空位进行补偿，控制回火的温度及氧含量非常重要。

倒角是指MLCC芯片通过与磨介高速滚磨以充分引出内电极层的过程，在该过程中，滚磨的磨削作用把MLCC芯片的边角滚磨圆滑，其目的是保证产品的内电极充分暴露，以方便下面的端接。倒角效果不佳除了影响产品的尺寸及后续的封端工序外，还会对产品的内部结构造成不可逆的损伤，导致电气性能的恶化，特别是层数高的大容量 MLCC 产品，需要制定特殊的倒角工艺，既要保证产品的倒角效果，又不能对产品造成损伤。

（5）外电极制作

将端浆涂覆在外露的内部电极的两端上，将同侧内部电极连接起来，再经过低温烧结确保内、外电极的连接，同时使端头与瓷体具有一定的结合强度。之后再用电镀的方式进行端头处理，在端头（Ag 端头或 Cu 端头）上分别镀一层镍和锡，使外电极不但连接了内电极，还实现了在表面贴装过程中的焊接功能。

（6）分拣测试

借助放大镜将表面具有缺陷的产品剔除出去，再对剩余产品进行电性能（容量、损耗、绝缘、电阻、耐压）测试，把不良品剔除。

（7）包装发货

编带包装是 MLCC 的常用包装方式，芯片被放置在纸带（或塑料袋）传送带的芯片孔中，传送带的背面有底胶，正面有面胶，这种包装方式非常适合于自动化表面贴装；也有少量采用散包装，即按照数量要求装在标识好的塑料袋中，非常简单，这种方式不可采用自动化表面贴装，适用于手动焊接方式。

1.4.1.5 铁电独石电容器的评价

可以参照国家标准、国际标准对 MLCC 产品的外观、尺寸、电气性能、可靠性进行检测评价，但需要特别注意的是产品的最终参数指标是否达标取决于产品制备过程的工艺参数，比如瓷料粒度、料浆组分、烧成制度等，严格控制制备过程中的参数至关重要，这是关系到产品质量及成品率的关键。

（1）外观检查

外观检查貌似是最简单的程序，但是却是保证器件具有良好的焊接性能、电气性能及可靠性的基础。MLCC 的外观包括陶瓷本体和金属部分，外观检查主要是检查这两个部分的状态。陶瓷本体的检查主要包括以下几点：陶瓷本体完整，无开裂或裂缝；MLCC 多层陶瓷之间连接紧密，没有看到明显的分隔或分层；MLCC 的内电极有无漏出。金属部分的检查则主要包括：引出端无暴露电极，金属无明显氧化，金属和陶瓷本体接触牢固，金属覆盖完整，金属无明显脱落等。

（2）内部结构分析

可利用超声波探伤仪（超声波可直接穿透均匀的物质，而在不均匀区域的界面处会发生反射，根据反射和透射情况可以探测样品中的缺陷情况）准确地找出 MLCC 产品中的微缺陷，并且能够确定缺陷的位置。为了进一步仔细研究缺陷的详细情况，可以对样品进行研磨，研磨至需要观察的剖面处，再经抛光处理，最后利用金相显微镜，甚至扫描电子显微镜进行缺陷观察。在高质量 MLCC 的内部，陶瓷体一般均匀致密、无开裂或空洞等缺陷，内电极一般排列规整无堆积、线条连续完整等。

(3) 电性能检测

一般可以通过测试绝缘电阻、击穿电压、电容量、介电损耗角正切等参数来表征MLCC的电性能。

在电容器上施加电场后除了产生感应电荷外，在电容器中还会存在电子或电荷的定向迁移，从而形成漏电流。介质两端的电压和漏电流之比为介质的绝缘电阻，而漏电流可以分为体漏电流和表面漏电流，进而绝缘电阻可以分为体绝缘电阻和表面绝缘电阻。体绝缘电阻和介质的状态及性质等有关系，但是表面绝缘电阻则和样品的洁净状态、测试环境的湿度等密切相关，因而测试绝缘电阻时需要按照标准的要求进行仔细测试。

击穿电压是指电容器中的电介质在工作状态下能够承受的最大电压（一般为直流电压），也就是电容器的极限电压。电容器的标称电压（即工作电压，一般为直流电压）远远低于其击穿电压，可以用耐压测试仪去测试击穿电压。

电容量是电容器最关键的参数指标，可以使用阻抗分析仪或LCR电桥等进行电容量的测定。将样品置于变温环境中，可以测试电容量随着温度的变化，进而可由工作温度范围内的电容量相对于20℃电容量的变化来确定第Ⅱ类瓷介的温度系数；测试样品电容量随时间的变化曲线，可得到电容的老化率；还可测试电容量随着外加直流电压或交流电压的变化曲线。

理想的电容器将外加的电能全部以感应电荷的形式存储在电容器的介质中，不发生其他形式的能量消耗。但在实际电容器中，漏电流等的原因会导致器件发热而消耗能量，损耗的能量和存储在电容器上的能量的比值（即有功功率和无功功率的比值）为电容器的介电损耗角正切；也可以用Q值（即介电损耗角正切的倒数）来衡量电容器存储能量的品质高低。

(4) 可靠性试验

可靠性试验是为了了解、评价、分析和提高产品的可靠性而进行的各种试验的总称。所进行的试验一般对标实际应用，模拟实际应用中的环境来测试样品的可靠性。其主要目的有两点，一是发现产品在设计、材料和工艺等方面的各种缺陷，并经分析和改进，使产品可靠性逐步得到增长，最终达到预定的可靠性水平；二是确认是否符合规定的可靠性标准。

MLCC是要焊接在电路中使用的，因而其可靠性试验也关注焊接方面的环境，焊接方面的可靠性试验主要包括可焊性试验、耐焊接热试验、端电极结合强度试验、焊接附着力试验、温度冲击试验、气候变化试验等。

1.4.2 铁电存储器

传统的主流半导体存储器可以分为两类：挥发性存储器（volatile memory，也称为易失性存储器）和非挥发性存储器（non-volatile memory，也称为非易失性存储器）。常见的静态随机存储器（static random access memory，SRAM）和动态随机存储器（dynamic random access memory，DRAM）都是挥发性存储器，在掉电的时候均会失去保存的数据。传统的非挥发性存储器均源自只读存储器（ROM）技术，包括可擦除可编程只读存储器（erasable programmable read only memory，EPROM）、带电可擦除可编程只读存储器（EEPROM）等。传统非挥发性存储器具有写入信息困难、写入速度慢、擦写次数有限、写入时功耗大等弊端。

铁电薄膜在存储器件方面的应用是铁电体最重要的应用，也是推动铁电薄膜研究的主要动力。目前铁电薄膜在存储器件上的应用主要有三种形式：动态随机存储器、铁电随机存储器、铁电场效应晶体管。其中，第一种是挥发性的，后两种是非挥发性的。一般说的铁电存储器仅包含后两种非挥发性的存储器，为了避免可能的歧义，也使用非挥发性铁电随机存储器或非挥发性铁电存储器的说法。

1.4.2.1 铁电存储器的原理及结构

(1) 动态随机存储器

图 1-12 是由金属-氧化物-半导体场效应晶体管（metal-oxide-semiconductor field-effect transistor，MOSFET）（简称为金氧半场效晶体管）和电容组成的 DRAM 的基本结构，MOSFET 的栅极和字线相连，漏极和位线相连，源极和电容的一端相连，电容的另外一端接地（电势固定）。图 1-13 是 DRAM 的结构示意图，图 1-14 是 p 型半导体组成的 MOSFET（N 沟道增强型 MOSFET）。在 p 型 Si 上挖了两个 n 型掺杂的区域作为 MOSFET 的源极和漏极，漏极和 Al 电极位线相连，MOSFET 的栅极和字线相连，源极通过内连接线和电容的电极相连，电容的另一端接地保持定电位。

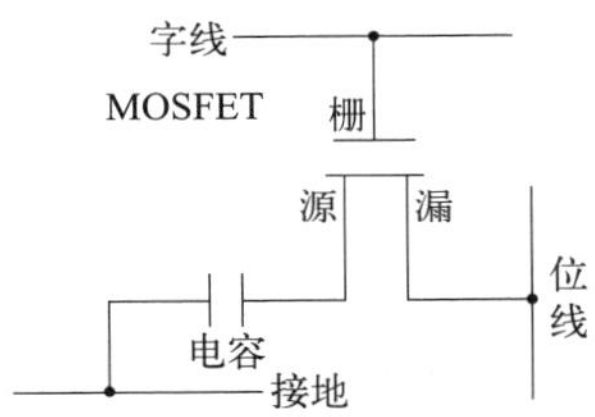

图 1-12　由 MOSFET 和电容组成的 DRAM 的基本结构

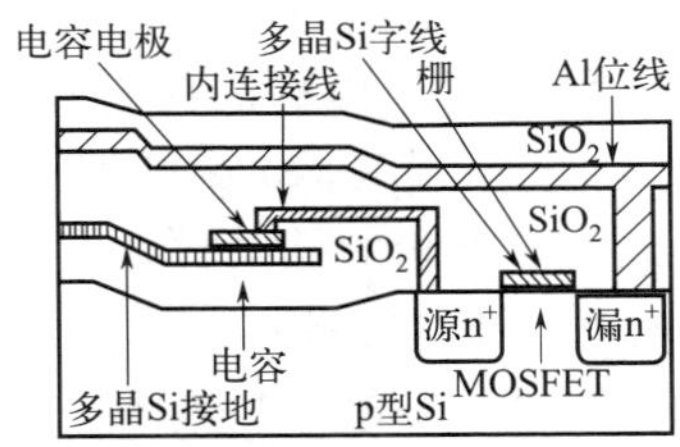

图 1-13　DRAM 的结构示意图

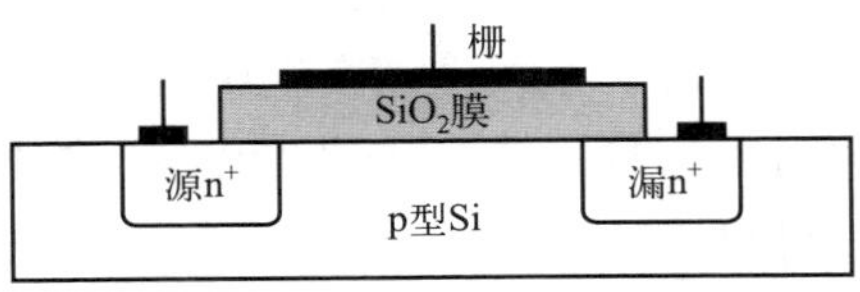

图 1-14　p 型半导体组成的 MOSFET（N 沟道增强型 MOSFET）

写入数据时，先提高字线电位，晶体管打开，通过位线往存储电容器中“写”入高/低电位，然后降低字线电位，晶体管关闭，电压/电荷被限制和保存在存储电容器中，完成数据存储动作。读取数据时，通常先进行字线预充电（介于高低电压之间），然后打开晶体管，感应存储电容器与寄生位线电容之间电荷分享引起的位线信号电压变化，从而完成信息的读取。存储在电容器上的电荷太小，无法直接读取，需要由感测放大器的电路进行测量。位线读取的动作迫使电荷流出电容器，因而 DRAM 中的读取是破坏性的，读取后需要将从位线读取的值放回到电容器中，这个过程被称为复位操作。另外，由于电容器或多或少存在漏电的情形，电容器中的数据会渐渐随时间流失，因而 DRAM 需要按照原来的状态重新为电容器充电以弥补流失的电荷，这个过程称为刷新，动态随机存储器的挥发性体现在其需要定期刷新才能保证数据不丢失。

普通的 DRAM 中的电容采用 SiO_2 薄膜作为电介质，器件的微型化要求器件面积不断减小，导致低介电常数的 SiO_2 薄膜（介电常数为 3.9）不足以维持一个充足的电容量(30fF)。铁电材料的介电常数一般都超过 1000，相同厚度的铁电薄膜若要获得相同电容，其所需电容器的尺寸将明显减小（理论上面积减为 SiO_2 薄膜的 1/250），电容器在线性尺度上将减为原来的 1/16。因而理论上来说，采用铁电薄膜材料作为电容电介质的铁电动态随机存储器可达到非常高的集成度，但是实际情形并不是如此简单。因为足够高介电常数的铁电薄膜需要一定的厚度，该厚度有时比正常 DRAM 中 SiO_2 薄膜的典型厚度要大很多。需要注意的是，在铁电动态随机存储器的应用中，寻求的是铁电材料的高介电常数，其典型的电滞现象是要避免的，即其基本原理和传统的 DRAM 一样，只不过其中的电容采用了具有更高介电常数的电介质材料，可以通过选用低居里温度的铁电材料（即应用铁电材料的顺电相）来避免电滞现象。介于 $SrTiO_3$ 和 $BaTiO_3$ 之间的固溶体 $Ba_xSr_{1-x}TiO_3$(BST) 具有低的居里温度和高的室温介电常数，可以使DRAM 的存储密度提高 50 倍左右，因而引起了较大关注。

（2）铁电随机存储器

铁电随机存储器（ferroelectric random access memory，FeRAM）是利用铁电薄膜的自发极化可以随着电场的转向而转向的特性，将其与硅基晶体管集成制作出的晶体管存储器。如图 1-15 所示，铁电随机存储器是将普通 DRAM 中的普通电容更换为铁电电容，其中的电介质为处于铁电相的铁电材料。

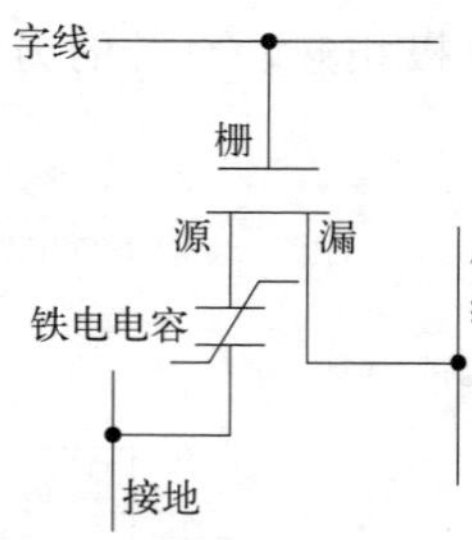

图 1-15　铁电随机存储器（FeRAM）的基本结构

根据铁电材料的基本特性可知，当在铁电材料（位移型铁电体）上施加外电场时，铁电体晶胞的中心原子和氧原子会在电场作用下运动以对外加电场进行响应，并达到一个能量的稳定状态，位移原子在电场撤去后也不会回到中心位置，故而整个晶胞中正、负电荷中心不重合，表现出极化特性，该极化即为铁电材料的剩余极化；施加反向外电场会使极化翻转，达到另外一个能量的稳定状态，进而产生反向剩余极化。分别撤去正、负电场后所具有的正、负剩余极化可以对应信息存储中“1”和“0”的状态。为了获得正、负剩余极化的状态，所加电场须大于铁电材料的矫顽场 E_c，因此，铁电随机存储器所需的阈值电压可根据其矫顽场而确定。

铁电随机存储器利用铁电薄膜的两种稳定状态来存储信息，因而是一种具有“记忆”功能的存储器，这体现的就是它的非挥发性。铁电随机存储器和 ROM 技术一样，是一种非挥发性的存储器，同时其还兼容 RAM 的一切功能，即兼具 ROM 和 RAM 的优势。同传统的非挥发性存储器相比，铁电随机存储器具有功耗小、读写速度快、抗辐照能力强等优点，因此受到很大关注。

铁电随机存储器利用铁电薄膜的极化翻转进行数据的写入和读出。在写的操作中，在字线上施加 $+V$ 或 $-V$ 的电压脉冲，$+V$ 驱动铁电体进入 0 状态，而 $-V$ 使它进入 1 状态；在读的操作中，同样在极板上施加 $+V$ 或 $-V$ 的电压脉冲，通过敏感放大器鉴别极化方向是否发生反转从而检测存储单元的内容是“1”或“0”，完成信号的读出。在实际应用中，器件并不需要用正、负电压脉冲驱动铁电体进入正、负极化状态实现 0 和 1，只需要实现两个状态就可以满足要求，实际是通过电荷电量（和极化直接相关）的大小来区分 0 和 1 的，电荷量小为 0，电荷量大为 1，而电荷又可以转化为一个读出电压，小于参考电压为 0，大于参考电压则为 1。铁电随机存储器的读取过程也是破坏性的，为了保持存储状态，每次读取后都需要一个类似于 DRAM 的重新写入过程进行复位操作；但是由于其非挥发性，并不需要类似于 DRAM 的高频刷新过程。

目前铁电随机存储器最常见的器件结构有 Planar（平面式）结构和 Stack（堆叠式）结构，二者的区别在于铁电电容的位置不同及铁电电容与 MOS 管互连的方式不同。在 Planar 结构中（和图 1-15 的结构类似），铁电电容在场氧区，电容的上电极和 MOS 管有源区通过铝内连接线相连，工艺相对简单，但单元面积较大，不利于高密度集成；而在 Stack 结构中，铁电电容放置于有源区，通过塞子（plug）将电容下电极和 MOS 管源端相连，塞子材料一般为金属硅化物、多晶硅或者钨。Stack 结构相当于将图 1-15 中的电容和 MOS 管进行叠放，单元占用的面积较小，可实现高密度集成，成为现今铁电随机存储器的主流器件结构，但是该结构需平坦化工艺，工艺相对复杂。

铁电随机存储器的电路结构主要有 1 晶体管/1 电容（1T/1C）、2 晶体管/2 电容（2T/2C）和 1 晶体管/2 电容（1T/2C）三种，也有教材或资料将铁电场效应晶体管作为 1T 列入其中，由于其与 1T 结构中的晶体管明显不同，本书将之单独列出论述。

图 1-15 中的铁电随机存储器即为 1T/1C 结构，每个存储单元由一个晶体管和一个铁电电容器组成，结构简单，面积小，这种设计极大地提高了铁电存储器的效率，降低了铁电存储器产品的生产成本，能实现更高的集成度，但是 1T/1C 结构可靠性较差，读出操作较为复杂。

图 1-16 为铁电随机存储器的 2T/2C 结构示意图，每个存储单元有两个晶体管（T）和两个相同的铁电电容器（C），它采用了两个极化方向总是相反的电容进行信号比较，容差范围较大，可靠性比较好，但是所占面积太大，不适合高密度的应用。

图 1-17 为铁电随机存储器的 1T/2C 结构示意图，每个存储单元有一个晶体管（T）和两个相同的铁电电容器（C）。1T/2C 结构是 2T/2C 和 1T/1C 两种结构的折中，是以非挥发随机存储器（NV-RAM）为原型开发的一种中间电路。

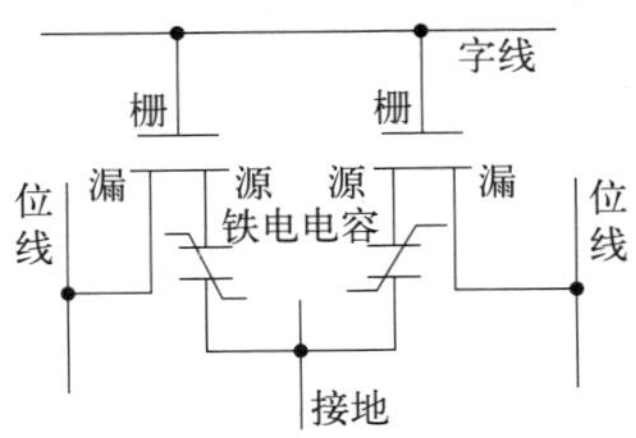

图 1-16　2T/2C 存储单元结构

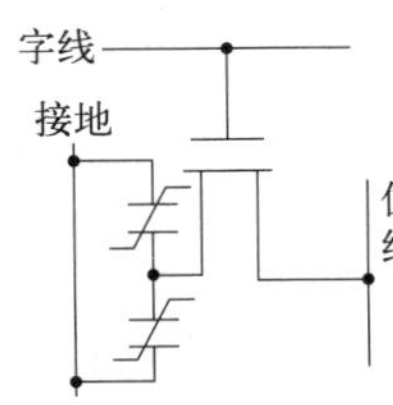

图 1-17　1T/2C 存储单元结构

（3）铁电场效应晶体管

通过前面部分讨论可以知道，动态随机存储器（包含应用铁电体顺电态的 DRAM）和铁电随机存储器都有破坏性读取操作，每读取一次都要进行复位操作以重新写入被破坏的数据，这种复位操作极大地缩短了存储器的使用寿命。存储器使用过程中需要读的次数远大于需要写入的次数。如需要读 10^{12} 次，假如一个存储器由于疲劳等原因只能写入 10^{6} 次，那读取数据后的复位操作则会导致存储器的读取次数不会超过 10^{6} 次，远低于期望的 10^{12} 次读取次数。因而开发非破坏性读取的存储器十分有必要。

铁电场效应晶体管就是一种非破坏性读取的存储器，它广义上说也属于铁电随机存储器的一种，也是利用铁电薄膜的自发极化可以随着电场的转向而转向的特性进行工作的存储器，它是利用铁电极化的翻转来控制沟道电流（源极和漏极之间的电流）的开关，进而沟道电流具有两个状态，从而实现信息的存储；不过前面介绍的铁电随机存储器都是最少包含一个晶体管和一个铁电电容，但是在铁电场效应晶体管的存储单元中仅包含一个晶体管，每个单元占用的面积更小，因而其可以具有更高的存储密度。

如图 1-18 所示，铁电场效应晶体管（FeFET）和普通的金属-氧化物-半导体场效应晶体管（MOSFET）的基本结构（图 1-14）类似，普通的 MOSFET 的栅极氧化物层一般采用 SiO_2 薄膜，而 FeFET 则使用铁电薄膜进行代替。

图 1-18　铁电场效应晶体管的基本结构

铁电场效应晶体管在读取过程中不需要大的电场加在铁电薄膜上，读取后不需要复位操作，另外控制 Si 表面势所需要的极化密度相对也很小，因而该结构对铁电薄膜的要求较低。有的教材或资料采用和 MOSFET 类似的命名方式，将该结构类型的晶体管称为金属-铁电-半导体场效应晶体管（MFSFET）。

然而，MFSFET 结构的铁电场效应晶体管的电荷长期保持性能较差，严重制约了其性能的进一步提升，其关键原因可能是很难在多晶铁电薄膜和 Si 基片之间形成一个性能优异的电学界面，即在半导体 Si 上直接制备出具有良好界面的高质量铁电薄膜存在较大挑战。

为了获取高质量的界面，最常用的策略是在铁电薄膜和 Si 基片之间插入一层绝缘的缓冲层，该绝缘层不但能阻止 Si 和铁电薄膜在高温下的界面反应和相互扩散，而且还可以提供一个较高的势垒以降低从 Si 到铁电薄膜的电荷注入，极大地提高器件的长期稳定性和可靠性。研究者对 MFSFET 的结构进行了逐步的调整，在铁电薄膜和半导体硅之间引入绝缘体（insulator）（如 CaF_2、CeO_2 和 SrF_2 等）作为缓冲，同时为了有效在铁电薄膜之间施加电场，有的还在铁电薄膜下方直接引入金属电极，陆续开发出了 MFISFET 和 MFMISFET 的结构。如在 Si 基板上蒸镀 CeO_2 薄膜后，再制备铁电薄膜和金属栅极（也是铁电薄膜的上电极），这种结构的薄膜构成的晶体管就是 MFISFET 结构的铁电场效应晶体管；在氧化处理的 Si 基片（即 SiO_2/Si）上制备 Ir 金属膜，然后再制备铁电薄膜和栅极，这种结构的薄膜构成的晶体管就是 MFMISFET 结构的铁电场效应晶体管。同时，如果其中使用的绝缘缓冲层是金属氧化物，这两种结构也被称为 MFOSFET 和 MFMOSFET。

1.4.2.2　铁电存储器的特点及应用

FeRAM（包含铁电场效应晶体管）是一种在断电时仍能够存储信息的非挥发性存储器。相对于磁存储器、半导体存储器等其他存储器，它具有高速度、低功耗、抗辐射等优点，极大地满足了当今时代对存储器的要求。表 1-7 比较了 FeRAM 与其他存储器的不同，相比之下，FeRAM 具有以下特点。

a. FeRAM 具有非挥发性存储的特点，在没有供电的情况下仍能保存信息，优于动态随机存储器（DRAM）和静态随机存储器（SRAM），特别适用于需要保持记录的应用场合。

b. FeRAM 可以达到近乎无限次读写，新一代 FeRAM 的读写次数已可达到 10^{13} 以上的寿命。

c. FeRAM 的写入速度极快，相对于其他非挥发存储器（如 Flash），FeRAM 存储器在写入后几乎无需等待时间，极高的写入速率和可擦写寿命非常适用于需要快速反应及反复读写的场合（如汽车导航系统）。

d. FeRAM 的功耗极低，不需要高电压，一般的工作电压就可以进行擦写。

e. FeRAM 可兼容 RAM 的一切功能，可将其他存储器整合在一个 FeRAM 中，节省了系统的功耗、成本和空间，更加可靠。

FeRAM 所具有的这些特点，使其在汽车、仪表、电子产品、通信及计算机等领域都具有广阔的应用，其相对于磁随机存储器（MRAM）具有读写方便的特点，缺点在于其存储密度和存储容量的限制。

表 1-7 FeRAM 与其他存储器的比较

项目	SRAM	DRAM	MRAM	FeRAM	闪存 Flash	HDD
存储特性	挥发性	挥发性	非挥发性	非挥发性	非挥发性	非挥发性
写循环	$>10^{15}$	$>10^{15}$	约 10^{16}	10^{12}	$10^{5\sim6}$	约 10^{9}
写入时间	约 50ns	<10ns	20ns	约 100ns	约 1ms	5～8ms
读循环	$>10^{15}$	$>10^{15}$	约 10^{16}	10^{12}	$>10^{15}$	约 10^{9}
读取时间	0.1～0.3ns	10ns	约 100ns	约 100ns	0.1ms	5～8ms
保持时间	加电时间	停刷新时	很多年	很多年	很多年	很多年
用途	计算机一二级缓存	计算机主内存	取代 DRAM 用作计算机和手机等的内存		U 盘、存储卡、固态硬盘	机械硬盘

1.4.2.3 铁电存储器中铁电薄膜材料

FeRAM 的每一个读取过程都需要在铁电薄膜上加一个电压，反复施加的电压会导致铁电薄膜的电滞回线特性逐渐降低，这是大部分铁电薄膜用于实际铁电存储元件所要克服的最严重问题之一，从实际应用的角度考虑，需要具有大于 10^{15} 个读取周期的寿命。

目前，铁电存储器中常用的铁电材料有 $PbZr_xTi_{1-x}O_3$（PZT）、$Sr_{1-x}Bi_{2+x}Ta_2O_9$（SBT）、$(Bi_{1-x}La_x)_4Ti_3O_{12}$（BLT）、$Sr_{0.8}Bi_{2.5}Ta_{1.2}Nb_{0.8}O_9$（SBTN）等，其中 PZT 和 SBT 广受关注。

PZT 是研究最多和使用最广泛的一种铁电材料，其剩余极化大，且制备温度低，可以用溅射或金属有机物化学气相沉积（MOCVD）的方法制备，易于与半导体工艺相结合，但其也有易疲劳退化的弊端，另外其所含的铅元素也与有的国家及地区的环保政策相违背，限制了其在铁电存储器件中的应用。

SBT 铁电材料最大的优点是没有疲劳退化的问题，而且不含铅，符合欧盟等地的环境标准，但其制备工艺需要较高的温度，使之与半导体工艺集成的难度增大，且剩余极化较小。从环境保护的角度来说，无法再继续使用 PZT，但是从铁电存储器的性能和工艺集成的难度及成本来说，SBT 和 PZT 相比又没有优势，因此铁电存储器中的铁电薄膜材料仍值得进一步的研究和探索。

1.4.2.4 铁电存储器制备工艺

除了其优越的性能外，铁电存储器被人们看好的另一个主要原因是铁电电容工艺与标准互补金属氧化物半导体（complementary metal oxide semiconductor，CMOS）工艺的兼容。1T/1C、2T/2C、1T/2C 的 FeRAM 都包含 MOS 场效应晶体管和铁电电容，制备时先利用

CMOS 工艺制备出铁电存储器中的 MOS 晶体管，然后再用铁电电容工艺制备出铁电电容，最后再进行挖孔引线和封装得到铁电存储器。铁电场效应晶体管（即 1T）只包含一个场效应晶体管，其在制备过程中将栅氧化物薄膜替换为铁电层或“铁电层/绝缘层”或“铁电层/金属层/绝缘层”，进而可以得到 MFSFET 或 MFISFET 或 MFMISFET 结构的铁电场效应晶体管。为了说明铁电存储器的制备工艺，将以 1T/1C 铁电随机存储器（Planar 结构）的单元器件的制备为例进行简要说明。

（1）CMOS 工艺

在（001）的 n 型 Si 上进行表面氧化得到一层 350nm 的 SiO_2，防止后续的光刻胶和 Si 直接接触；之后旋涂光刻胶、用掩模版曝光、显影、湿法腐蚀得到 p 阱窗口，相当于把一个区域的氧化硅选择性地腐蚀掉，在这个区域暴露出 Si 的本体；然后再在该窗口进行离子注入（注入硼），然后去胶，再进行退火处理使 B 掺杂的区域推进到更深区域，得到 p 阱，在退火驱进过程中还会形成 200nm 的 SiO_2，相应地 p 阱外的其他区域则有 550nm 厚的 SiO_2，得到的结构如图 1-19 所示。之后所要制备的场效应晶体管就在这个 p 阱窗口的区域。

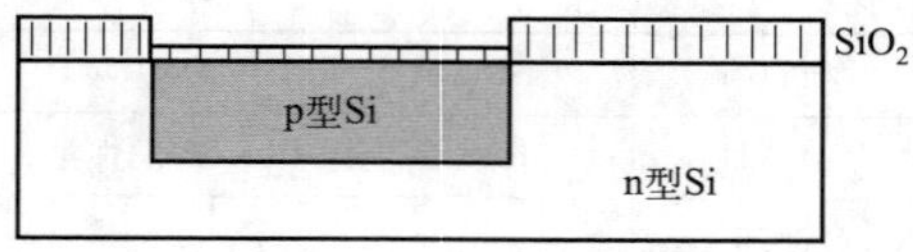

图 1-19　表面氧化的 n 型硅上光刻出的 p 阱

去除 SiO_2，预氧化得到 70nm 的 SiO_2，再溅射 70nm 的 Si_3N_4，经光刻工艺得到设计的图样，确定出场效应晶体管的有源区，同时暴露出后面要制备的场氧区，如图 1-20 所示。

生长场氧，漂去 SiO_2 和 Si_3N_4，然后进行栅氧化（40nm 的 SiO_2），沉积多晶硅，并光刻出多晶硅栅和多晶硅连线，得到如图 1-21 所示的结构。

旋涂光刻胶，显影漏出 p 硅阱中源极和漏极的位置，进行磷离子注入，然后去胶，再进行源、漏结的驱进，最后整个区域再沉积 400～500nm 的 SiO_2，至此就制备得到了一个 MOSFET 的单元器件。

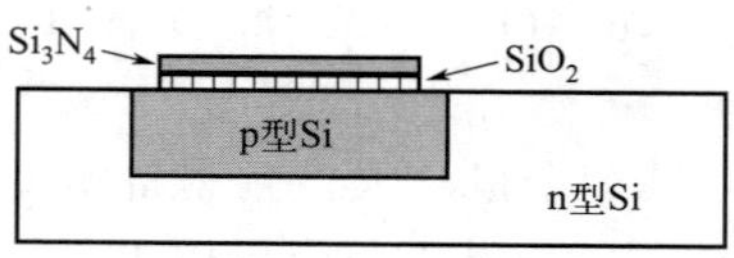

图 1-20　光刻确定出的有源区

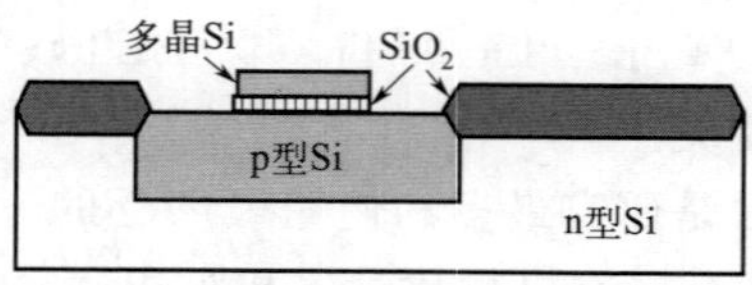

图 1-21　场氧后制备出栅氧化层和多晶硅栅的结构示意图

（2）铁电电容工艺

铁电电容工艺是在 MOSFET 的场氧区再接着制备一个铁电电容。在图 1-22 所示的 MOSFET 器件的场氧区进行光刻得到铁电电容的底电极图形，沉积 Ti/Pt 底电极，去胶，退火得到底电极；然后再进行铁电薄膜的沉积，再涂光刻胶，用掩模版曝光，显影得到铁电薄膜图形，如图 1-23 所示。之后腐蚀掉未被光刻胶保护的铁电薄膜，去胶得到图形化的铁电薄膜。之后再用光刻胶在铁电薄膜上显影出上电极图形，沉积上电极，去胶得到上电极。最后整个区域再沉积 SiO_2 层进行保护，如图 1-24 所示。

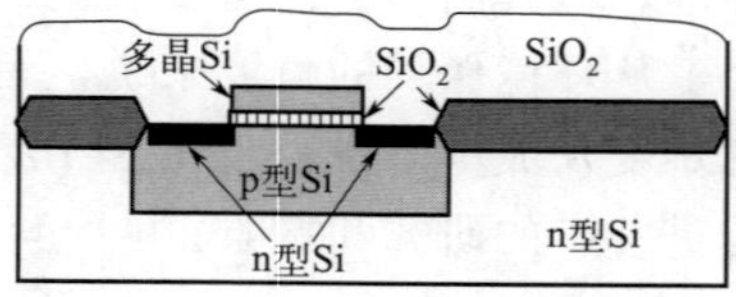

图 1-22　制备得到的 MOSFET 单元器件

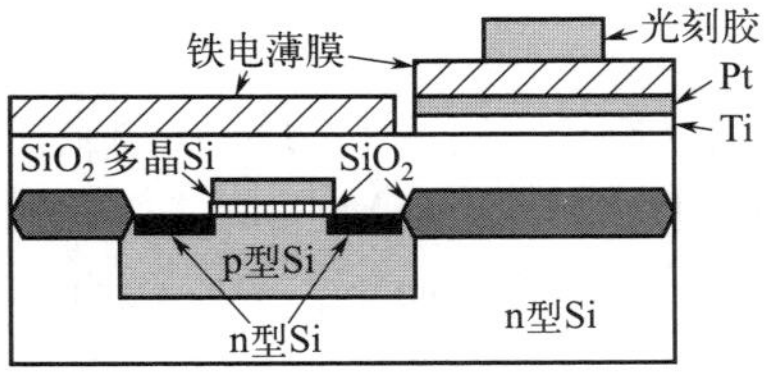

图 1-23　溅射铁电薄膜后制作的铁电薄膜图形

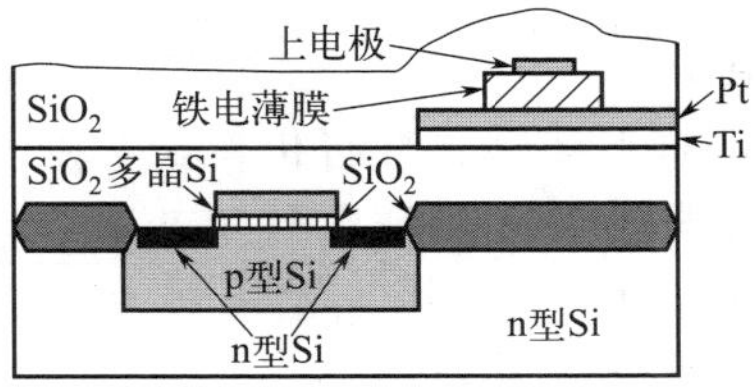

图 1-24　铁电电容制备完成后的结构示意图

（3）引线和封装工艺

在铁电电容的上、下电极处和晶体管的栅、源、漏极处分别刻蚀出孔，沉积 Al 并刻蚀得到 Al 引线，再整体沉积 Si_3N_4 钝化，再经光刻和刻蚀开出钝化孔，作为压焊区的接触区域。至此，一个完整 1T/1C 铁电随机存取器的单元存储元件就制作完成了。

1.4.2.5　铁电存储器的性能评价

由于铁电材料中存在的空间电荷、各种缺陷、晶格位错等，以及等离子刻蚀引入的损伤等各方面的原因，铁电存储器在应用过程中存在疲劳、退极化、印迹、老化等可靠性问题。

疲劳（fatigue）是指铁电材料可被反转的自发极化随反转次数增加而减小的现象。退极化是自发极化在静态过程中的减少，印迹行为则主要是偏置内电场导致的电滞回线在水平方向的偏移。保持（retention）是铁电电容单元中保持它所存储的电荷（即它存储的信息“1”或“0”）的能力，这是在无极化性循环的情况下，对单元进行存储寿命或老化的检测。

另外，铁电薄膜的典型评价方式，如电滞回线、漏电流等，对器件的性能评价也是至关重要的。

1.5　压电功能器件

1.5.1　压电水声换能器

（1）水声换能器

能将声波所携带的信号和能量与电信号和电能进行相互转换的器件称为电声换能器，将这种换能器应用于水中时，称为水下电声换能器，简称水声换能器。水声换能器的第一次研究热潮出现在军事领域，在世界大战期间，海军潜艇作战是一种重要的作战手段，第一次世界大战中德国的 U 型潜艇给盟军带来了很大损失。如何有效检测水中的信号成为作战的关键因素，而且在水中，电磁波和光波很快被吸收，难以远距离传播，声波是唯一能在水下存在的信号传播形式，水声换能器是一切水下信号发射、接收的最关键的前端设备，是水下“电台”，它的性能好坏直接影响用它进行水下通信、目标探测、识别、成像等技术的水平。但是，当时各国对水下声波的研究非常少，甚至无法在水下有效地发射和接收声波。尤其是水下声波发射难度更大，成为各国竞相研究的焦点。当时各国对水声换能器的重视水平堪比现在的芯片领域。

（2）压电水声换能器概述及分类

压电材料能够直接将机械能与电能进行转换，声波在水中传递造成的压强变化使得压电材料发生形变，随后压电效应产生的电信号经过技术处理后能够清晰地获取信息；相反，当给予压电材料电激励时将产生声辐射，通过声波在水中的运动而传递出信息，因此压电水声换能器是一个研究热门。

① 压电圆环换能器

压电圆环换能器是水声换能器中最常见的换能器之一，可用于发射和接收声波。由于其核心结构为压电陶瓷圆环，具有圆周对称结构，因此其具有水平无指向性的优点，常用作标准的发射换能器或水听器。压电圆环换能器具有结构简单、性能稳定、制作工艺成熟、有效机电耦合系数近于材料本身等优点，得到了广泛的应用。下面列举一种压电圆环换能器。

图 1-25（a）是由两个压电圆环元件复合而成的叠层压电水声换能器元件，压电圆环由压电陶瓷和硬性环氧树脂组成。通过精密切割机沿压电陶瓷圆环径向进行切割，制备出陶瓷骨架。配制环氧树脂，在阵列的切槽中浇注环氧树脂，固化后即可制得压电复合材料圆环。然后将壁厚分别为 4.0mm 和 3.5mm 的两个压电复合材料圆环进行轴向堆叠，在两环之间安置一个厚度为 1.0mm 的橡胶垫，橡胶垫起到柔性粘接和隔离作用。利用 ANSYS 软件对该模型在空气中进行谐响应分析，得到其电导曲线，如图 1-25（b）所示，堆叠后的双环在 364kHz 和 405kHz 附近产生了两个谐振峰，而复合材料单管的谐振频率分别为 372kHz 和 414kHz，堆叠后谐振频率普遍降低 2%左右。

图 1-25（b）所示的两环还未达到完全耦合，但考虑在水中，由于声辐射负荷加大，这时在空气中未完全耦合的双环就可能在水中完全耦合。因此合理控制两单环的频率差，可以通过它们的耦合得到拓宽带宽的作用。

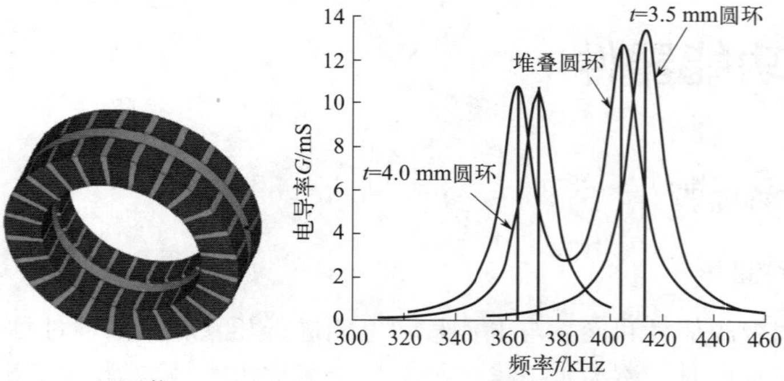

(a) 元件　　(b) 元件电导曲线

图 1-25　叠层压电水声换能器元件及电导曲线

压电圆环换能器用集总参数的等效电路法进行分析。压电陶瓷是电介质，其电端相当于有损耗的电容器；压电陶瓷环的径向振动可以相当于一个弹簧质量系统，弹簧刚度就是压电陶瓷环的径向刚度，质量就是陶瓷环的质量；压电圆环的声辐射可以用辐射阻抗 Z_s 模拟，这样就建立了如图 1-26 所示的压电圆环换能器集总参数等效电路模型。

压电圆环换能器有空气背衬或溢流圆环两种结构。如图 1-27 所示，换能器两边加端盖，内部形成空气腔，然后水密封装，就是空气背衬结构；两端不加盖，只把压电圆环水密封装，让流体自由进出圆环内部，即为溢流圆环结构。溢流圆环换能器由于两端开口，内外压力平衡，理论上可以工作在任何深度，适用于深水、深度变化工作的要求。溢流圆环在水下工作时除了换能器本身的径向振动外，还带动腔体内的液体振动。利用液腔振动模态和圆环径向振动模态的振动耦合，可得到较宽的工作频带。

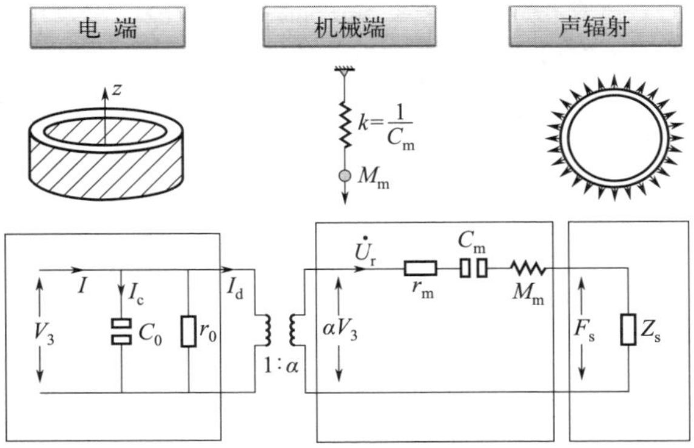

图 1-26　压电圆环换能器的等效电路图

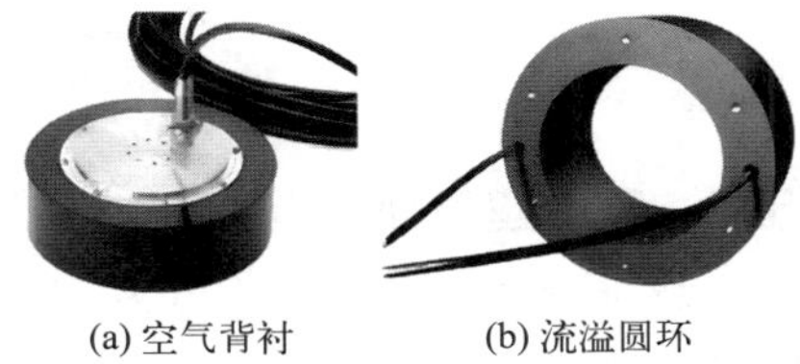

图 1-27　两种结构的压电圆环换能器

压电圆环换能器具有结构简单、工作性能稳定、水平无指向性、可深水工作、较高的接收灵敏度等诸多优异性能，因此在水声通信领域、水声探测等领域得到了广泛应用。如应用在舰艇的大型被动声呐基阵、主动拖曳声呐、各种通信节点、水下声信标、深海应答器、释放器等。

② 压电弯张换能器

压电弯张换能器是由纵向伸缩振动振子或径向脉动圆环驱动具有振幅放大效应的壳体，产生弯曲振动以辐射声能的一类换能器。由于利用了壳体弯曲振动模式和具有振幅放大效应的特殊结构，决定了该类换能器一般具有低频、小尺寸、大功率的工作特性，换能器的几何尺寸一般远小于工作波长，所以换能器基本表现为全向工作特性。在低频水声发射系统中往往也需要实现指向性波束，如水下目标低频探测、远程定向水声通信等，这些场合一般可通过设计基阵实现需要的指向性。

弯张换能器分为许多类型，其中Ⅳ型弯张换能器是由纵向振子驱动椭圆形外壳做弯曲振动的一类换能器结构形式，常被用于低频大功率发射声源或设计低频主动声呐。关于Ⅳ型弯张换能器设计的改进主要体现在对驱动振子的优化和宽带设计上。图 1-28（a）展示了一种长轴加长型结构，以新型弛豫压电单晶铌镁酸铅-钛酸铅（PMNT）材料叠堆为驱动元件，这种结构使换能器在保持频率低、响应高等优点的同时，显著拓宽了工作带宽。

这种长轴加长型弯张换能器以 U 形梁作为一种加长结构，由弧形梁和 U 形梁连接构成弯张壳体，如图 1-28（b）所示，其中 L 表示 U 形梁臂长。由于这种结构在外形上类似于在Ⅳ型（椭圆管）弯张换能器壳体的长轴两端增加了两个 U 形的加长结构，增加了换能器长轴方向的尺寸，因此称之为长轴加长型弯张换能器。这种结构具有的作用是：弯张换能器长轴方向尺寸的增加，降低了膜振动模态的频率，改变了其在频带内的相对位置，使之处于一阶、二阶弯曲振动模态频率之间；对换能器膜振动模态的控制主要通过对 U 形梁结构参数的调整来实现，而 U 形梁尺寸的变化对一阶、二阶弯曲振动频率的影响相对较小；利用膜振动的辐射能力在一阶、二阶弯曲振动之间的较宽频带内形成有效的声辐射谐振峰，利用一阶弯曲振动、膜振动、二阶弯曲振动之间的耦合形成宽带。

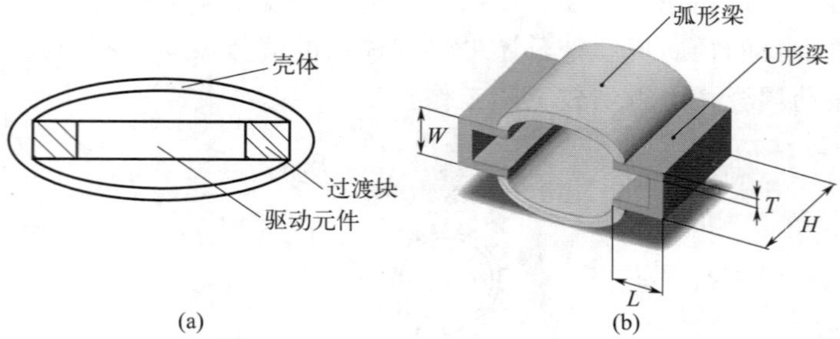

图 1-28　(a) Ⅳ型弯张换能器结构示意图；(b) 长轴加长型弯张换能器壳体图

1.5.2 压电超声换能器

自超声波这一概念提出以来，超声技术在各个应用领域尤其是医疗诊断与无损检测上扮演着非常重要的角色。超声换能器是超声技术的一个重要应用，其应用领域同样广泛，例如长距离钢轨检测、定位成像、精密制造、清洁保养等。仅对于压电超声换能器来说，压电材料是实现换能功能的核心材料，具有机电转换效率高、成本低廉、制备容易等优势，具有非常大的研究以及应用潜力。

(1) 基本概念

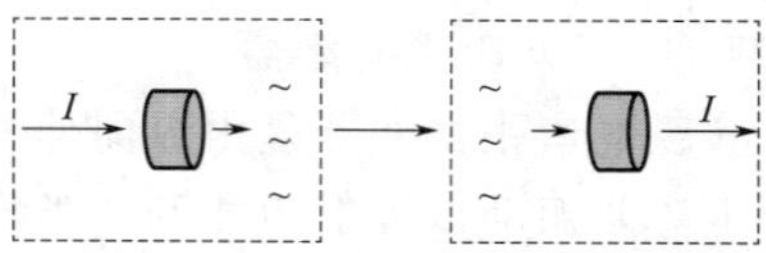

图 1-29　超声换能器工作过程

超声换能器是一种可以实现电能与声能之间相互转换的功能器件，对于压电超声换能器来说实际上还存在着一个机械能与电能的转换过程，即实际能量转换过程为：电能—机械能—声能。压电材料是使机械能可以产生的关键组成部分，基于压电陶瓷的压电效应，它可以在电激励下产生机械振动从而发射出超声波，或者将在超声波作用下产生的机械振动转换为电信号。器件的实际工作过程如图 1-29 所示，左侧为发射器实现电能到声能的转换，而右侧为接收器实现的是声能到电能的转换，它们可以各自独立地作为一个器件，但某些情况下也可以同时实现两种功能。

(2) 压电超声换能器的基本结构

事实上，几乎所有用于功率超声的压电换能器都是 Langevin 类型的，其结构为层叠的三明治结构，由一个或多个压电陶瓷在前驱动器和后驱动器之间进行机械压缩（预应力），具体结构如图 1-30 所示。两边是对称的金属块作为前后驱动器，中间开孔的两片压电陶瓷被夹持于金属块之间，并且压电陶瓷需要在相反的方向上极化，压电陶瓷之间由连接有高压引线的内电极隔开，这三部分由一个预紧螺栓进行组装形成完整的换能器。高频电流的引入使陶瓷发生机械振动，且工作于厚度伸缩振动模式下，再通过超声波变幅杆放大（减小）振幅，最终传送到工具头进行工作。

(3) 压电超声换能器的性能影响因素

压电超声换能器是超声振动系统的核心部件，其性能的优劣会极大地影响机器在实际运行中的工作效果。压电超声换能器的性能影响因素主要如下。

a. 压电陶瓷以及金属端的尺寸形状：换能器在无负载的情况下是以低于压电陶瓷的频率

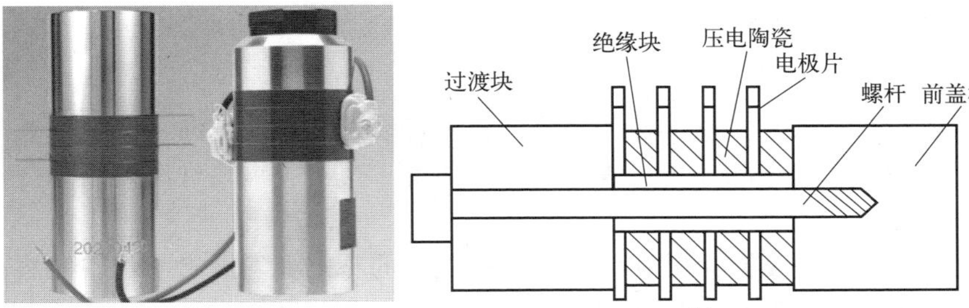

(a) (b)

图 1-30　(a) 三明治结构压电超声换能器实物图；(b) 三明治结构纵向振动压电超声换能器基本结构

共振，而且共振频率取决于金属端和压电陶瓷的尺寸和声学特性，根据具体的应用需求对陶瓷或者金属端进行合适的设计是非常重要的。压电超声换能器常用陶瓷为圆板或环形，以避免横向耦合；而对于金属端部，通常使用不同密度的金属，以增加辐射面处的振幅，并改善与负载的匹配，金属端的形状也有圆锥形、指数形、双曲线形、阶梯形等。

b. 预应力的大小：压电陶瓷的张力较弱，并且压电陶瓷是一种脆性材料，抗压强度大而抗张强度差，使其在大功率工作状态下容易发生破裂。因此当换能器超声振动时，必须施加静态压缩预应力以防止压电陶瓷承受拉应力，使压电陶瓷片在强烈振动时始终处于压缩状态，一方面可避免压电陶瓷片破碎，另一方面大大提高了换能器的输出功率及机电转换效率。同时，预应力也可以保证压电陶瓷与金属端界面形成良好的接触，从而使声波以最小的损耗良好地传输。压缩预应力必须足以防止压电陶瓷遭受超声拉伸应力和防止横向压电陶瓷滑移。在超声波换能器制作过程中预应力的大小对品质起决定性作用。

c. 换能器与输入信号的匹配：压电超声换能器工作时信号源输出一定频率和功率的电信号，通过导线传输到换能器上。但实际上由于信号源与换能器之间可能存在阻抗失配，会产生严重的信号反射，导致功率传输效率很低，这一问题通常可以通过在二者之间添加阻抗匹配电路来解决，但是这也同时对输入信号的调试以及压电陶瓷的本身特性提出要求。

d. 压电陶瓷的性能：换能器的能量转换效率、应用温度范围等是非常重要的评价标准，这通常是由压电陶瓷的性质决定的。为满足应用需求，压电陶瓷应具有高机电耦合系数、高居里点、高品质因数、高驱动下的低介电损耗角正切以及随时间和温度变化的稳定特性。实际应用中常用改性的 PZT 压电陶瓷作为压电超声换能器的核心材料。

e. 负载类型：超声换能器常见的负载类型为液体负载（如超声清洗）和固体负载（如超声波钻孔），而负载的类型或者大小会影响换能器谐振频率。

(4) 压电超声换能器的性能指标

a. 工作频率：工作频率就是换能器中压电陶瓷的共振频率或者说是引起陶瓷片开始振动的频率。超声波换能器与外部输入的高频电信号频率应该匹配，这样压电陶瓷片的振动状态才能更好，电能转换为机械能的效率也更高。

b. 工作温度：不同工作场景下的换能器使用的功率不同，对于小功率情况，器件发热较少可以使换能器长时间保持工作，但对于大功率使用时发热是不可避免的，温度升高会引起压电陶瓷的性能恶化从而进一步影响换能器工作状态。

c. 灵敏度：在外部电信号或者机械作用下产生对应响应的能力和快慢程度，通常与压电陶瓷的机电耦合系数 K_p 有关，大的 K_p 对应于高的灵敏度。

（5）压电超声换能器分类

① 纵向振动换能器

通过一定的组合方式将机械部件与压电陶瓷进行装配，振动方向平行于压电陶瓷的极化方向，这类压电超声换能器的应用场景包括超声清洗、焊接、钢轨健康监测等。

② 弯曲振动换能器

这类压电超声换能器实际上是在纵向振动换能器的基础上发展出来的，依然采用压电陶瓷多层纵向叠加的方式与其他机械部件装配在一起，主要的区别在于其中的压电陶瓷在纵向叠层的基础上同时进行了横向排列。其基本结构如图 1-31（a）所示，四个半圆形的压电陶瓷按照压电陶瓷的极化方向进行排列并叠为两层，在外加电信号时，上部两片叠加的半圆形陶瓷片以及下部两片叠加的半圆形陶瓷片一个收缩一个膨胀，总体上产生一个弯曲力矩从而出现弯曲振动的情况。此外弯曲振动压电超声换能器在此基础上还出现了二阶弯曲振动压电超声换能器，如图 1-31（b）所示。

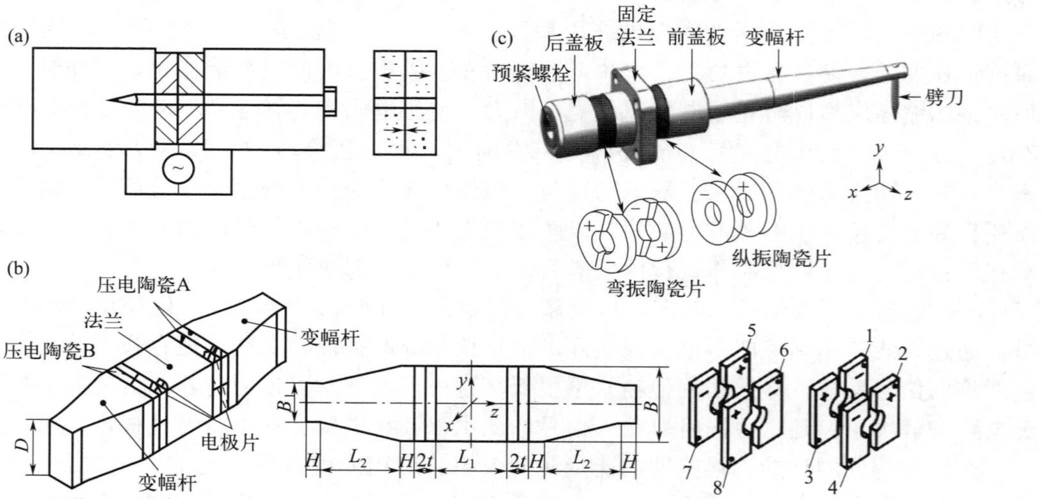

图 1-31 （a）一阶弯曲振动压电超声换能器基本结构；（b）二阶弯曲振动压电超声换能器基本结构；（c）纵弯复合振动压电超声换能器基本结构

③ 纵弯复合振动压电超声换能器

这种压电超声换能器的基本结构见图 1-31（c），弯曲振动陶瓷片与纵向振动陶瓷片通过预紧螺栓与其他机械部件一起固定组装。极化方向相反的两片完整的圆环陶瓷片为纵振陶瓷片，与前盖板相邻；四个半圆环形的陶瓷片拼装并叠层为弯振陶瓷片，与后盖板相邻。纵振与弯振的陶瓷片均沿轴向方向极化。这种换能器由两相交流电（存在 90°相位差）共同激励，并且纵振陶瓷片和弯振陶瓷片分别连接一相交流电，使用驱动电源进行纵弯换能器激励时，当激励频率与换能器固有频率相近时，纵振、弯振陶瓷片将分别产生对应的振动模式，促使变幅杆交替产生纵向振动与弯曲振动。

为了进一步提高压电超声换能器的性能，也出现了具有更高的机电耦合系数和更低的声阻抗的聚合物与压电材料相结合的方式来制造的压电复合超声换能器；在应用中为了获得更好的应用体验并拓宽应用范围，也出现了压电超声换能器阵列，可以在三维方向来引导超声，这在医学诊断中具有巨大的应用价值；随着当前科技发展，为了满足集成系统的需求，器件小型化已经是一个大的发展趋势，对于超声换能器来说也是如此。传统压电超声换能器也在逐渐向压电微机械超声换能器（PMUT）发展，其在血管内超声、传感器、空中测距仪等方面都有很大的应用潜力。

1.5.3 压电点火器、压电变压器、压电开关

1.5.3.1 压电点火器

压电点火器是一种以压电效应为理论基础、以压电陶瓷为介质而生产的手动点火装置。图 1-32 为家用压电点火器实物图，点火器通过两块压电陶瓷猛烈撞击（在按下按钮时）来产生瞬间的高压电流，进而产生电火花点燃气体，具有结构简单、使用方便、经济耐用等优点，多用于各种燃气具，如燃气灶、燃气热水器、燃气冰箱等。1958 年开始利用 $BaTiO_3$ 的压电性进行点火，但这种材料着火率低，且噪声大。1962 年开始试用 PZT 制作点火器，现已广泛用于日常生活、工业生产以及军事等方面。

点火器种类繁多，但工作原理相同，分为产生高压、放电点火和点燃气体三个过程。现以家用压电点火器为例来说明其结构和工作原理。图 1-33 所示为家用灶具点火器结构示意图，其工作原理是：利用转动凸轮开关 1 的凸出部分推动冲击块 3，并压缩冲击块后面的弹簧 2，当凸轮凸出部分脱离冲击块后，在弹簧弹力的作用下，冲击块将撞向压电陶瓷元件 4，使压电陶瓷元件两端产生高压，高压经过中间电极 5 向外输出，进而产生电火花点燃气体。

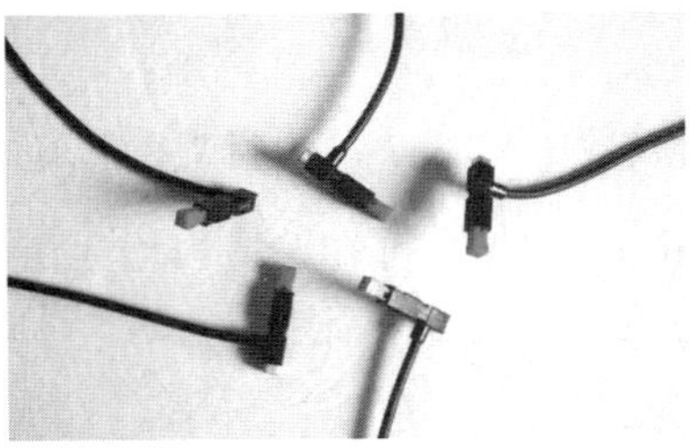

图 1-32 家用压电点火器

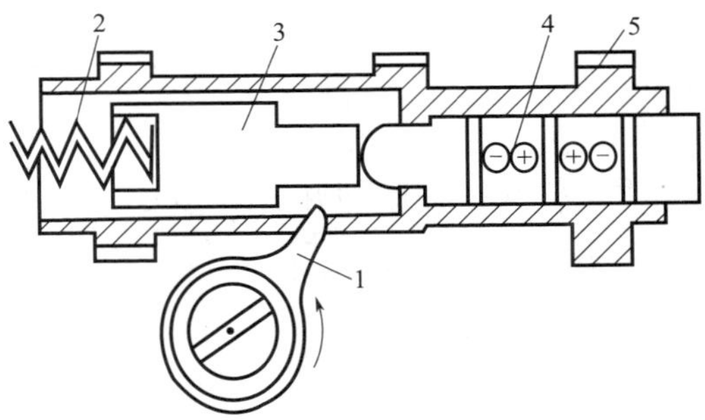

图 1-33 家用灶具点火器结构

1—转动凸轮开关；2—弹簧；3—冲击块；4—压电陶瓷元件；5—中间电极

从内部结构讲，这种点火器采用两个压电陶瓷串联的机械结构，形成并联的电气线路。这种结构的优点是：获得同等输出能量，元件上受到的打击力只有采用单个压电陶瓷元件时的一半，压电陶瓷元件不易损坏。除此之外，为了延长放电时间，防止电火花过快熄灭，以提高点燃率，可以在放电端串联一个适当电阻。

1.5.3.2 压电变压器

压电变压器是一种基于压电效应的固体电子器件，它利用压电陶瓷材料的正压电效应和逆压电效应，完成机械能与电能之间的相互转换，实现电压的高低变换。1956 年 Rosen 利用压电陶瓷材料首次研制出压电变压器。从 20 世纪 70 年代起，压电变压器开始发展，但受到压电材料缺少的限制，研究进展比较缓慢。近年来，随着电子领域的微型化和集成化发展，传统的电磁变压器面对这一新的挑战，显得有些力不从心，同时随着压电材料的发展，

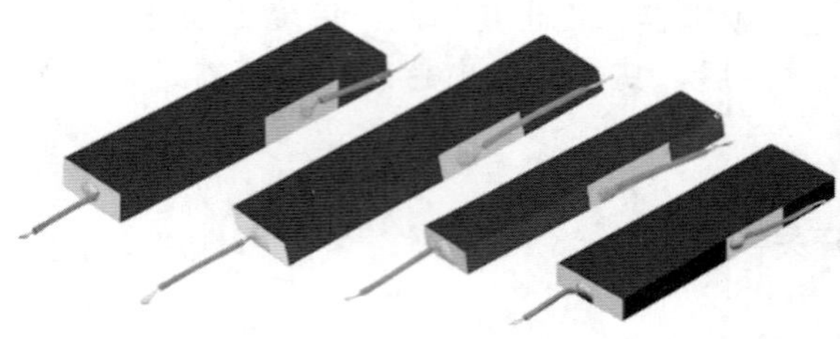

图 1-34　商用压电变压器实物图

压电变压器的研究越来越受关注。目前，Rosen 型压电变压器已经市场化（图 1-34），应用在静电复印机高压电源、负离子发生器、小功率激光管电源、警用电击器高压电源、液晶显示背景光源等场合。随着电子工业的不断发展，电子器件越来越小型化，国内外研究人员开始研究多层变压器、薄膜型变压器以及压电变压器与半导体芯片的集成技术。压电变压器将是未来的电路系统中一个很重要的应用部件。

尽管目前有各种各样的压电变压器，但在实用产品中最常用的仍为 Rosen 型（图 1-35）。整个压电变压器可分为两部分：左半部为输入端，其上下表面有烧渗的银极，沿厚度方向极化；右半部为输出端，沿长度方向极化，右端面有烧渗的银极。当输入端施加交变的电压时，通过横向逆压电效应，使压电变压器产生纵向伸缩振动。如果输入的交变电压的频率同压电变压器的谐振频率相同，则压电变压器内部形成驻波，产生较大幅度的应力和应变，二者的分布如图 1-36 所示。在压电变压器的右端（即输出部分），出现最大的应变，此应变经由正压电效应转换为电压输出。由于压电变压器的长度大于厚度，故输入端为低阻抗，输出端为高阻抗，以此达到升压的目的。目前的 Rosen 型变压器输入几伏到几十伏的交变电压就可得到几千伏以上的高压。空载情况下，压电变压器在谐振频率上的升压比为：

$$\frac{V_o}{V_i}=\frac{4}{\pi^2}Q_m k_{31} k_{33}\frac{L}{t} \tag{1-8}$$

式中，$\frac{V_o}{V_i}$为空载时的升压比；Q_m 为材料的机械品质因数；k_{31}、k_{33} 为材料的机电耦合系数；L 为压电变压器的全长；t 为压电变压器的厚度。由式（1-8）可知，适当增大压电变压器的长厚比及选择高 k_{31}、k_{33} 和 Q_m 的材料可提高压电变压器的升压比。

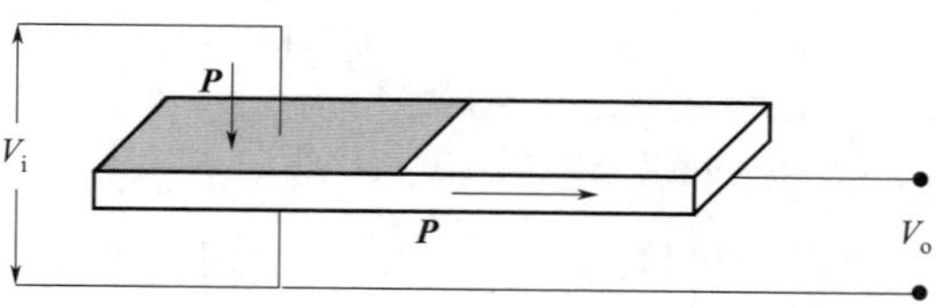

图 1-35　Rosen 型压电变压器

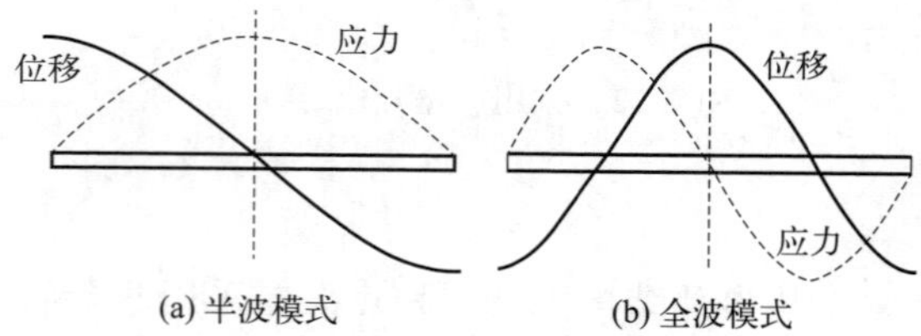

图 1-36　振动模式

1.5.3.3　压电开关

压电开关是一种较新的、基于压电效应的电气开关（图 1-37），它利用石英等压电材料在压力下自然产生的电荷进行工作。压电开关的特点是压电操作方式，它通常具有一个或多个按钮，当按下按钮时，压电元件会产生电压，然后该电压将打开或关闭相应的电路。压电开关所在的开关组成通常包括一个半导体设备，例如场效应晶体管（FET），

图 1-37　商用压电开关

作用是将电荷转换为可断开一组电触点的电流。

图 1-38 为门控电压源脉冲发生器原理图，其工作原理是：在开关元件上施加压力时，即产生压电电荷。此电荷可用于开启场效应晶体管（FET）等集成半导体器件，生成一个有源输出，当 FET 导通时，电流可以像传统的金属接触式开关一样流过它；在栅极电阻器中的电压脉冲消散后，FET 返回“关闭”状态，即其正常的高阻抗状态。对压电开关施加的压缩压力，将导致（通常是圆盘形）压电元件像鼓面一样轻微弯曲，因此压电开关产生一个单一的、短暂的“开启”脉冲，该脉冲可随施加的压力量而变化。较高的压力会产生较高的电压，而这需要较长的时间才能消散。可用电容器存储这些电荷以延长门电路的时间常数，从而延长脉冲的宽度，若通过附加电路，该脉冲可以进一步扩展，使触发器将输出状态从稳定“关闭”更改为稳定“开启”。

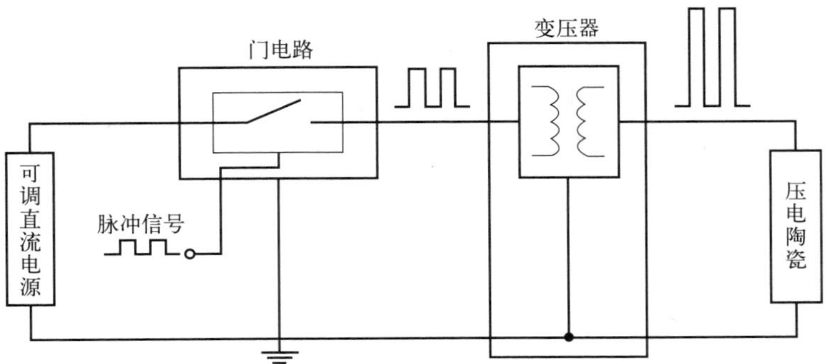

图 1-38　门控电压源脉冲发生器原理图

压电开关与传统机械开关相比具有一些显著的优势。一是没有移动部件，只有前板和压电元件上的小变形（通常为几微米），且磨损极小，这意味着这种开关的使用寿命比其他类型开关更长，可达数千万次操作。二是压电开关可以很容易地与环境完全密封，可以防止水汽和污染物进入开关内部。大多数开关在接触水、液体或其他污染物时都容易损坏，当湿气或污染物进入开关的电路时，会造成永久性损坏，使开关无法运行，但压电开关可以完全避免这种情况发生。

1.5.4　压电滤波器

（1）SAW 滤波器结构及基本工作原理

SAW 滤波器是声表面波（surface acoustic wave）滤波器的简称，其本质是采用石英晶体、压电陶瓷等压电材料，利用其压电效应和声表面波传播的物理特性而制成的一种滤波专用器件，广泛应用于电视机及录像机中频电路中以取代 LC 中频滤波器，使图像、声音的质量大大提高。一个基本的 SAW 滤波器由压电材料和两个叉指换能器（IDT）组成，如图 1-39 所示。

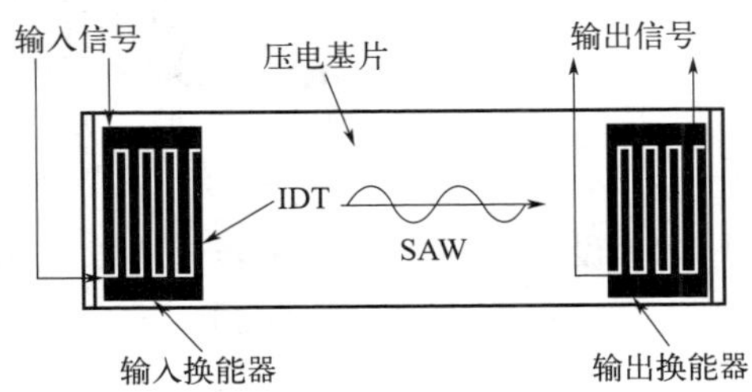

图 1-39　声表面波滤波器结构示意图

输入 IDT 将信号电压变化转换为机械声波，而输出 IDT 将机械声波振动转换回输出电压。如果向梳状结构施加交变电场，则由于两个相邻叉指之间的电压差，在下面的压电衬底中会引起周期性机械变形。因此，换能器激发压电材料的周期性机械变形并产生垂直叉指方向的机械波。该机械波沿表面在两个方向上传播。由于衬底的压电性，输出 IDT 接收入射波并将机械波转换为经过滤波后的电学信号。当声表面波沿着压电晶体表面传播时，声表面波器件通过以下方式实现滤波器的功能：

$$H(f)=H_1(f)H_2^*(f)L(f)=H_1(f)H_2^*(f)e^{-jkx(f)}=V_o/V_i \tag{1-9}$$

式中，$H(f)$ 为整个系统在频域的传递函数（频率响应）；$H_1(f)$ 为第一个子系统（或第一个传感器/换能器）的频率响应；$H_2^*(f)$ 为第二个子系统的频率响应 $H_2(f)$ 的复共轭，表示在频域里进行匹配滤波或互相关运算时的共轭操作；$L(f)$ 为系统中传播路径的传递函数（包含传播介质和距离的影响）；$e^{-jkx(f)}$ 为平面波在传播距离 x 时的相位延迟项，k 为波数（$k=2\pi f/v$，v 为波速），x 为传播距离，这个指数项描述信号传播过程中的相位变化；V_o/V_i 为系统的幅频传递比，即输出电压与输入电压的比值。

IDT 由交叉排列的金属电极组成，其之所以能够将电信号转成声波，原因在于 IDT 下方的压电材料。压电是指某些晶体受到外部压力时会产生电压，相反地，如果某些晶体两面存在电压，晶体形状会轻微变形。SAW 滤波器常用的压电材料有钽酸锂（$LiTaO_3$）、铌酸锂（$LiNbO_3$）、SiO_2 等。

（2）SAW 滤波器设计

以常用的多通道声表面波滤波器为例：如北斗通信在 1561MHz、1268MHz 等频率点形成通信频率链路，之后形成信道，在其他的频率点形成阻带。这就要求在两个通道之间有较深的阻带，以抑制、滤掉干扰信号，实现解除干扰的功能。

通过并联多个滤波器的方法可以实现多通道的频率响应。在通带方面，每个滤波器可通过普通的共线型结构来实现，分别对应上下两个带通滤波器来搭建结构。在阻带抑制方面，要求并联的两个声表面波滤波器在阻带频段处的损耗比较大，同时在脉冲响应方面，它们的第一个零点都要对应阻带频率，这样可以使得阻带抑制得到进一步加强。

从图 1-40 中可以看出 SAW 滤波器主要由 IDT 和压电基片以及汇流电极组成，其中输入输出换能器进行并联构成两个声道，此滤波器的综合频率响应就是两个子通道滤波器的频率响应之和。如果两个子通道滤波器在阻带频率处均呈零点的状态，通过两者的叠加，则滤波器的阻带频率处的抑制会得到进一步加强。

图 1-40　并联双滤波器结构示意图

对于设计加权叉指换能器，可以采用傅里叶变换和窗口切断的方法来实现。可以改变初始频率响应幅度 $H_{in}(f)$ 和相位因子 $h_{in}(f)$，使多通道声表面波滤波器综合频率响应的插入损耗、通带波纹、回波损耗、带宽、阻带衰减等特性基本达到指标要求。设计过程如图 1-41 所示。

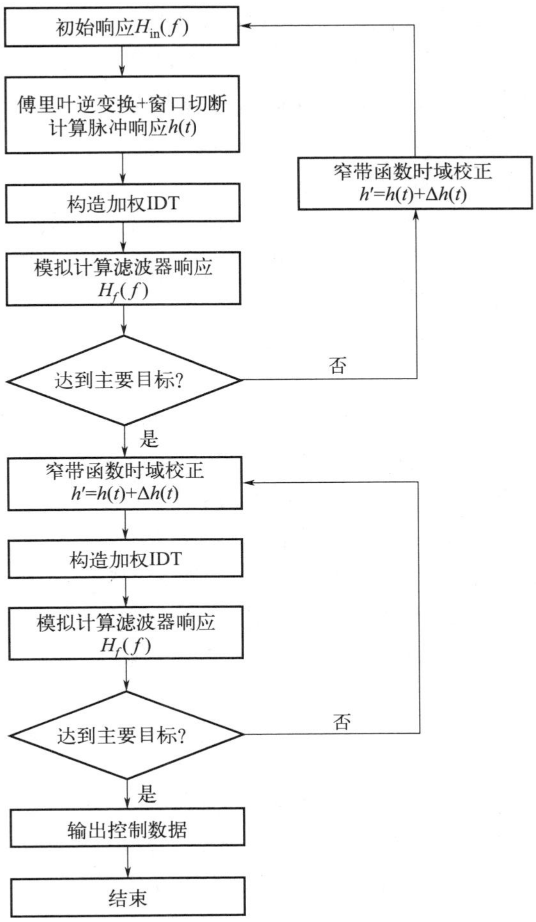

图 1-41　滤波器设计过程

(3) 滤波器的主要性能指标

a. 中心频率 f_0：滤波器通带的中心频率 f_0，一般取 $f_0=f_1+f_2/2$（f_1、f_2 分别为带通滤波器的幅频特性曲线的峰值左右相对下降 1dB 或 3dB 的边频点）。

b. 截止频率：对于带通滤波器，通常是以信号衰减 1dB 或 3dB 的频率点来定义，左右各一个截止频率。

c. 通带宽度（BW_{xdB}）：滤波器能够控制信号通过的频率范围，$BW_{xdB}=f_4-f_3$［f_4 和 f_3 分别是以中心频率 f_0 处的插入损耗为基准，滤波器的幅频特性曲线峰值左右下降 x(dB) 处对应的左、右频点］。

d. 插入损耗：电路中滤波器的引入使得电路中原来信号发生衰减，这个衰减量就是我们所说的插入损耗，通常用中心频率或截止频率处的损耗来表征。

e. 纹波：带通滤波器在 1dB 或 3dB 的带宽范围内，插入损耗在损耗均值曲线上波动的峰-峰值。

f. 带内驻波比：一般指的是电压驻波比，是驻波电压最大值 V_{max} 与驻波电压最小值 V_{min} 之比，驻波比是检验馈线传输效率的重要依据，驻波比越大，反射功率越高，系统阻抗越不匹配。

g. 回波损耗：回波损耗定义为传输线端口反射波功率与入射波功率之比，是描述滤波器性能好坏的一个重要参数，它代表的是一个滤波器的反射特性。在实际应用中，人们希望无线电波能够全部传输出去，是不希望有回波的，或者说希望回波损耗的绝对值愈大愈好，以有效地减少反射光对电缆线路和系统的直接影响。

h. 带外抑制 L_A：描述了滤波器在截止频率附近频响曲线变化的陡峭程度，用来表征滤波器频率选择性的好坏，指的是滤波器对通带以外干扰信号的衰减抑制作用，该带外抑制指标越高说明对带外干扰信号的抑制和衰减效果越好。一般对滤波器的要求是在带外的某一频率点或频率段抑制必须达到特定值 L_A。

1.5.5 压电驱动器

压电驱动器是一种利用逆压电效应将电信号（电能）转化成力信号（机械能）的器件，拥有百亿级美元的市场份额，在超精密驱动、相机、显微镜、喷油嘴、微泵、打印机墨盒、医疗手术器械等领域有着重要的应用。和通过温度控制的形状记忆合金（如 Ni-Ti 合金）或者通过磁场控制的磁致伸缩合金（如 Fe-Ni 合金、Fe-Al 合金和稀土 Fe 合金等）制备的驱动器相比，压电驱动器具有体积小、效率高、响应快等优点。按驱动方式，压电驱动器可分为刚性位移驱动器和谐振位移驱动器。从材料角度看，目前压电驱动器市场主要被 PZT 块体陶瓷占据，还有少部分为 PZT 薄膜、PZT 纤维复合材料及无铅压电材料。

（1）工作原理

和压电效应对材料对称性有着极其严格的要求不同，所有电介质材料，均具有逆压电效应。然而，只有在铁电材料和铁电弛豫材料中，才有可能表现出大的逆压电效应。

当铁电材料和铁电弛豫材料处于顺电态时，其表现出的场致应变行为和顺电线性电介质材料类似，电致应变-电场曲线不存在滞后，满足抛物线关系，

$$S=\beta E^2 \tag{1-10}$$

式中，S 代表应变；E 代表电场；β 为二阶电致伸缩系数。此时，场致效应为机电耦合二阶效应。

对于铁电体，双极电致应变曲线一般表现出蝴蝶状的曲线［图 1-42（a）］。以 La 改性的 PZT 为例（PLZT），在低电场驱动下，应变和电场呈线性关系；而在高电场驱动下，应变与电场表现出明显的滞后，这主要来源于铁电畴的定向。铁电体根据极化容易程度可分为硬铁电体和软铁电体。硬铁电体矫顽场高，居里点高，单极电致应变滞后小。而软铁电体矫顽场低，居里点低，单极电致应变滞后相对较大。和铁电体不同，弛豫铁电体的双极电致应变曲线可表现出极小的滞后［图 1-42（b）］，可应用在无滞后驱动场合，比如扫描隧道显微镜（STM）。21 世纪以来，科研工作者还展开了应用于压电驱动器的无铅压电陶瓷研究。其中，关于 $Bi_{1/2}Na_{1/2}TiO_3$-$BaTiO_3$（BNT-BT）的研究较为密集。尽管 BNT-BT 可表现出大的电致应变，然而，由于大应变与电场诱导的弛豫-铁电相变相关，经常伴随着较大的滞后，很难应用在对滞后要求比较高的场合。

（2）压电驱动器性能指标和设计

对于压电驱动器，要求具有如下特性：低驱动电压（100V）、大位移（10μm 以上）、大的力信号和短响应时间。以 1mm 厚度的 PMN-PT 陶瓷片为例，在 2200V 的电压驱动下，

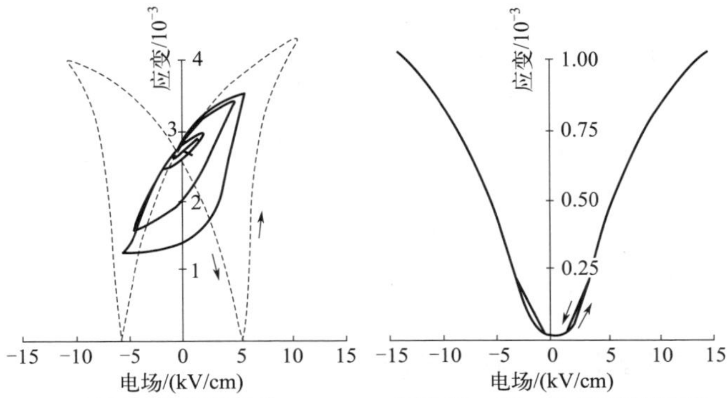

(a) PZT基典型铁电体　(b) $Pb(Mg_{1/3}Nb_{2/3})O_3$基弛豫铁电体

图 1-42　铁电体的双极电致应变-电场曲线

仅能产生 1μm 的位移，而更高的驱动电压会导致电击穿。在实际应用场合中，一般采用多层式结构。图 1-43 给出了一种典型的多层式陶瓷驱动器结构示意图，由大约 100 层压电陶瓷薄片单元并联组成。所施加的最高电压由压电陶瓷薄片的击穿电压和厚度决定。多层式陶瓷驱动器的位移量 ΔL 可通过下式计算，

$$\Delta L = N d_{33}^{*} U \tag{1-11}$$

式中，N 代表压电陶瓷单元层数；d_{33}^{*} 为陶瓷材料的逆压电系数，m/V；U 为电压，V。由式（1-11）可知，为了获得大的驱动位移，需选用具有高的逆压电系数的材料。除此之外，还要求压电材料单元在尽量高的电场下的形变保持线性关系。这种结构的陶瓷驱动器的形变量一般在几微米到几十微米范围，并具有响应速率快、输出压力高的优点。组装结构对驱动器性能影响较大，除多层式压电驱动器外（图 1-43），还存在“moonie”驱动器和双晶片驱动器，可应用在不同的场合。其中，双晶片驱动器可产生数百微米的位移，但是响应时间慢、输出力较低。

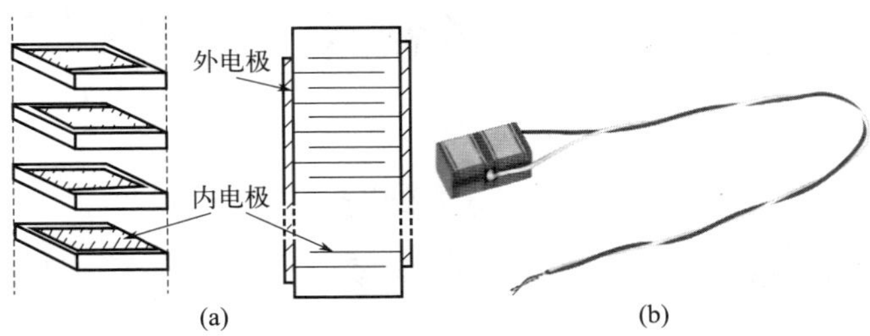

(a)　(b)

图 1-43　多层式陶瓷驱动器结构（a）与美国基美（Kemet）公司生产的多层式压电驱动器 AE0203D44H40DF（b）（可产生 44μm 的位移，3500N/cm^2 的力信号）

1.6 热释电红外探测器

1.6.1 热释电红外探测器工作原理

热释电红外探测器是基于热释电效应的无源红外传感器，利用热电材料极化强度随温度

改变而实现材料两端电荷释放，形成电压或交变电流，并以非接触形式检测出人体辐射的红外线能量的变化，并将其转换成电压信号输出。该技术已被广泛应用于日常用电安全、防盗防火报警、智慧楼宇、机器人、智慧医疗等领域。

热释电红外探测器的热敏感单元是由热释电薄膜材料组成的，当红外照射在热释电薄膜上时，材料表面产生表面电荷，随着温度变化，材料表面电荷形成压差，实现热-电转换。常见的热电材料有单晶（$LiTaO_3$ 等）、压电陶瓷（PZT 等）及高分子薄膜［聚偏氟乙烯（PVDF）薄膜等］。热释电红外探测器工作原理如图 1-44 所示。

1.6.2 热释电红外探测器设计及制作方法

（1）器件结构设计与制作

通常情况下热释电红外探测器的敏感单元由三个基本部件组成：热释电薄膜和沉积在该薄膜相对两侧的两个电极；而探测器的组成则需要元件支撑结构、密封外壳、光学窗口或滤光片、引脚等。热释电红外探测器结构如图 1-45 所示，热释电器件的制作流程如图 1-46 所示。

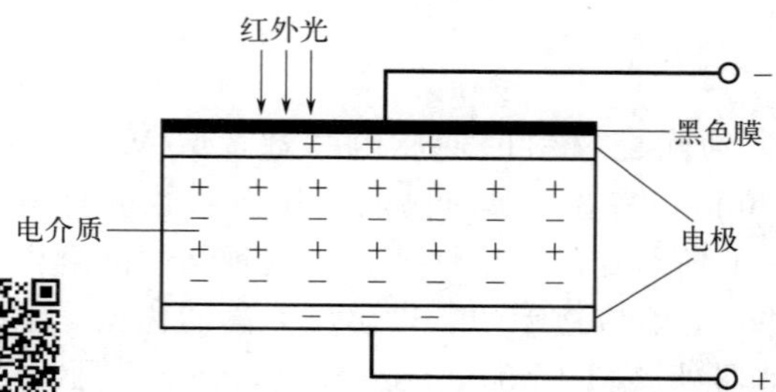

图 1-44 热释电红外探测器工作原理

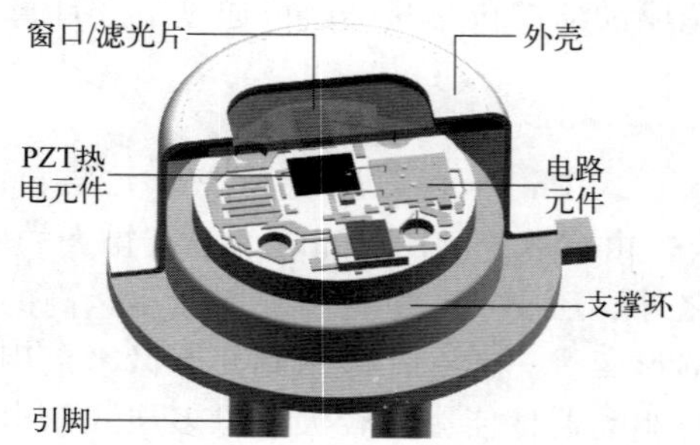

图 1-45 热释电红外探测器结构

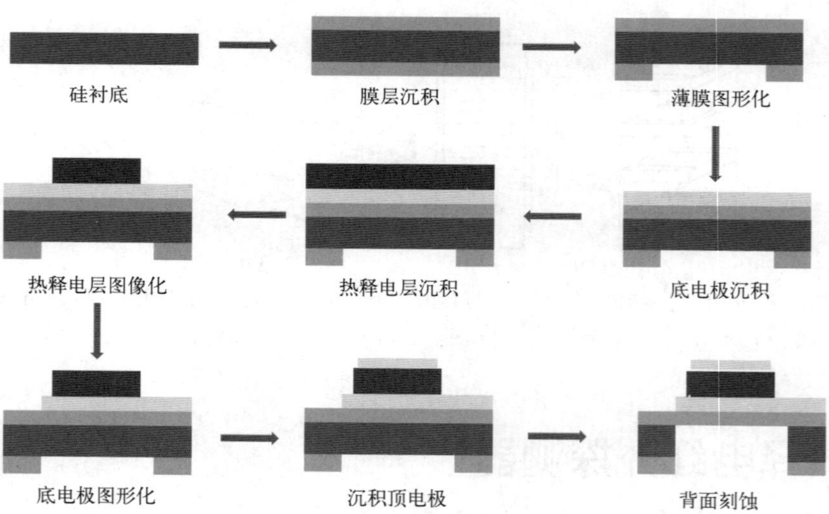

图 1-46 热释电器件制作流程

(2) 信号处理电路设计与制作

热释电红外探测器的电路设计图如图 1-47 所示。在通常情况下，电路进行差分设计，两个传感元件通过沉积两对电极形成单片热释电板，用于收集热敏单元产生的电荷。其中一个电极涂覆热吸收介质层或镍铬合金；而另一个电极涂屏蔽红外辐射的涂层或镀金，以获得更好的反射率。在实物的电路板上通常会预留外界导线的焊盘（pad），方便与底座上的引脚进行金属键合。

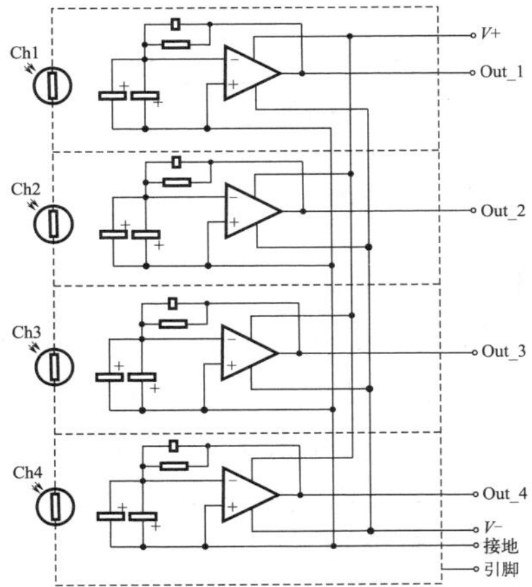

图 1-47　热释电红外探测器电路设计图

Ch1～Ch4—感光通道；Out _ 1～Out _ 4—输出通道

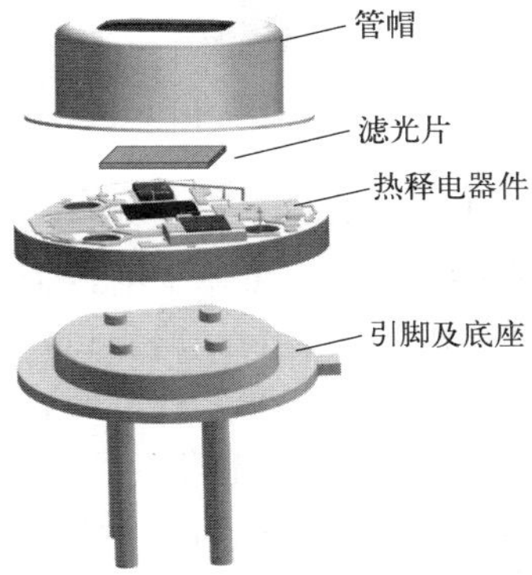

图 1-48　TO 封装过程示意图

(3) 探测器封装流程

热释电红外探测器的封装过程如图 1-48 所示，具体流程如下。

a. 不带控制电路的 TO 封装：芯片粘贴到管壳上（银浆或焊料）→固化（银浆）→金丝键合→烘烤→储能焊封装→参数检测及可靠性老练试验。

b. 带控制电路（前放、温控、高压控制等）的 TO 封装：芯片粘贴到控制电路板上（银浆或焊料，多用陶瓷基板）→金丝键合→激光光路对位→基板粘贴到管壳座上（一般用绝缘胶）→金丝键合（键合到 TO 引脚）→参数调试→烘烤→储能焊封帽→参数检测及可靠性老练试验。

1.6.3　探测器性能评估方法

热释电红外探测器主要分为：人体检测型、火焰检测型、温度检测型及气体检测型。每种类型对于传感器的技术性能参数要求有所不同。

测试系统由黑体辐射源、机械斩波器、信号收集及放大电路、数字示波器及测试夹具组成。按 GB/T 13584—2011，自制测试系统用于热释电红外探测器的测试。该系统的原理是：热释电红外探测器接收到黑体辐射源发射的经过斩波器的红外线，产生相应的电信号，电信号经过收集放大并在示波器上显示。

热释电红外探测器测试系统如图 1-49 所示，主要包括三部分：光学部分、机械部分和电路部分。光学部分包括一个黑体辐射源及相配套光路，使黑体辐射源发出的红外线通过光路可到达热释电红外探测器表面。机械部分主要为一个机械斩波器，将连续的红外线分割成

1Hz 的断续信号。电路部分主要包括信号的采集和放大及显示。

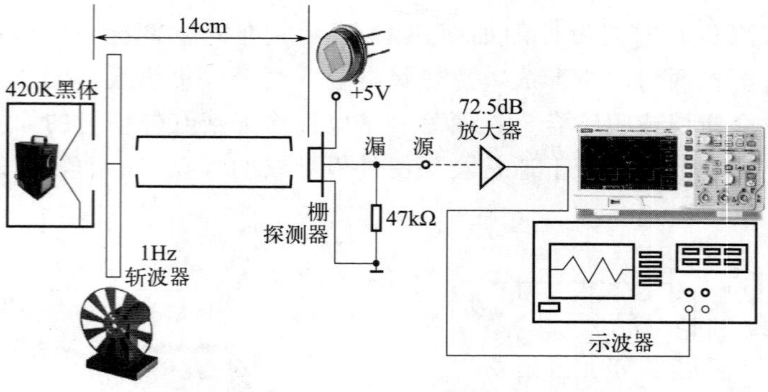

图 1-49　热释电红外探测器测试系统图

热释电红外探测器技术参数测试通常参考行业标准 JB/T 11624—2013。

a. 输出信号测量：将黑体辐射源温度设定为 420K，稳定时间至少 1h，方可进行测试。将热释电红外探测器安装到光路出口，与黑体辐射口对准。打开机械斩波器，频率 1Hz，热释电红外探测器接收到断续的红外线，产生信号，经过放大，在数字示波器上显示出类似正弦波的图像，测试它的峰-峰值，即为输出信号值，结果应符合传感器参数要求。

b. 噪声测试：关闭机械斩波器，没有红外线射到热释电红外探测器上，探测器不会对红外线产生信号，此时示波器上显示的小信号，取它的峰值即为噪声值，结果应符合传感器参数规定。

c. 传感器性能参数测量及计算，详见表 1-8。

表 1-8　传感器性能参数测量及计算

序号	参数名称	计算公式	备注
1	黑体辐照度计算	$E=\alpha\dfrac{\varepsilon\sigma(T^4-T_o^4)A}{\pi L^2}$	式中 E——黑体辐照度，W/m^2； α——调制因子； ε——黑体辐射源的有效发射率； σ——斯特藩-玻尔兹曼常数，取 5.67×10^{-8} $W/(m^2\cdot K^4)$； T——黑体温度，K； T_o——环境温度，K； A——黑体辐射源的光阑面积，cm^2； L——黑体辐射源的光阑至被测探测器之间的距离，cm
2	入射到传感器上的辐射功率	$P=A_\eta E$	式中 P——辐射功率，W； A_η——探测器标称面积，m^2
3	电压响应率	$R_{bb}=\dfrac{U_s}{P}$	式中 R_{bb}——电压响应率，V/W； U_s——输出信号，采用方均根值，V
4	探测率	$D_{bb}^*=\dfrac{R_{bb}/U_\eta}{\sqrt{A_\eta\nabla f}}$	式中 U_η——噪声，采用方均根值，V； ∇f——测试系统电路的频谱带宽，Hz； D_{bb}^*——探测率，$(cm\cdot Hz^{1/2})/W$

在热释电红外探测器领域，热释电薄膜与 MEMS 技术的集成将是未来的研究方向。虽然硅基 MEMS 在诸多技术领域都已经成功应用，但将它们与热释电薄膜工艺相结合，实现

焦平面阵列结构的可制造设计与制作仍然是当前急需解决的问题。比如：通过丝网印刷的方式实现 10～100μm 厚度热释电薄膜的可控制备，实现印刷工艺与 MEMS 加工工艺的高度兼容，能够有效解决原材料、制造设备、器件设计与加工等诸多关键技术，将为热释电红外探测器技术的应用带来新的突破。

1.7 超导器件

超导体的三大特性是零电阻效应、完全抗磁性的迈斯纳效应和约瑟夫森效应。由于低的超导临界温度和临界磁场，超导材料的应用受到限制。直到 20 世纪 60 年代，由于非理想第二类超导体以及约瑟夫森效应和量子干涉效应的发现，超导磁体和超导量子干涉器件研制成功，超导应用才逐步展开。1986 年，瑞士苏黎世的 IBM 研究员柏诺兹（J. G. Bednorz）和缪勒（K. A. Muller）发现了氧化物 La-Ba-Cu-O 在 35K 的超导现象，打破了具有 A15 结构的超导体转变温度 23.2K 的最高纪录。之后，高温超导的研究有了重大突破，超导临界温度达到了液氮的温度，超导大规模的应用研究真正开始了。超导器件的研发，正是基于超导体的零电阻效应、完全抗磁性的迈斯纳效应、约瑟夫森效应和量子干涉效应。超导器件的应用，基本上可以分为强电强磁和弱电弱磁两大类。超导强电强磁在节能方面有巨大的潜在应用前景，其应用包括超导发电机、超导变压器、超导电缆、超导磁体等。本节主要介绍超导发电机和超导变压器。

1.7.1 超导发电机

1.7.1.1 超导发电机的基本结构

所谓超导发电机是指常规发电机的励磁绕组导线采用超导体，或励磁绕组与电枢绕组均采用超导体的发电机。前者称为半超导发电机，后者又叫作全超导发电机。图 1-50（a）、（b）分别示出了超导发电机的基本结构及横截面示意图。

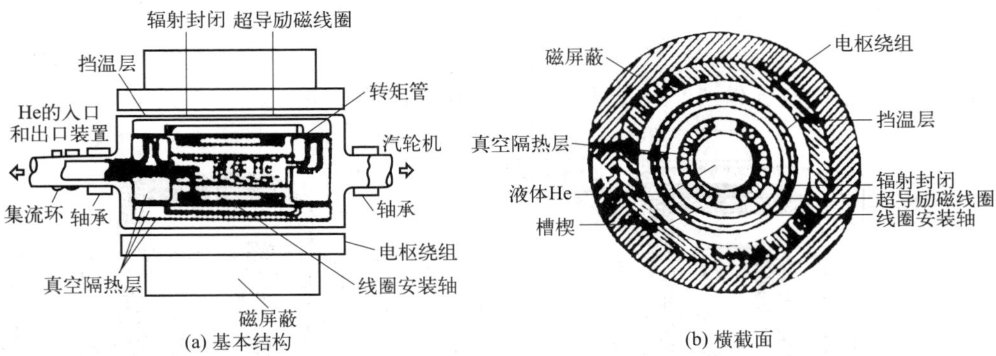

图 1-50　超导发电机

由图 1-50（a）和（b）可知，超导发电机由挡温层、真空外壳、超导励磁绕组、热辐射屏蔽筒、定子绕组、转矩管、密封轴承、电磁屏蔽、真空隔热层等部分组成。

a. 转子　转子采用铌钛超导丝对绞后嵌入铜质材料内作为励磁线圈，并用液体氦进行超低温（−269℃）冷却。为防止周围常温热量的侵入，特采用转矩管、辐射封闭与真空隔热。为屏蔽来自电枢绕组非同步磁场的影响，转子采用了多层屏蔽的圆筒形结构。

b. 定子　电枢线圈采用常导体。为避免铁心齿部的磁饱和，以便有效地利用转子内的巨大磁动势，电枢采用了空心下线的结构，并进一步做了水平换位处理。电枢线圈外还加一层磁屏蔽，在防止磁通向外部漏泄的同时也形成了主磁通的一个磁回路。

1.7.1.2　NbTi 超导体

NbTi 超导材料工作在 4.2K 的液氦环境温度下，临界磁场超过 8T，临界电流密度达到 3000 A/mm^2，比常规铜导体的允许运行电流密度高两个数量级。以 Bruker Energy & Supercon Technologies 公司为例，NbTi 线材产品参数如下。

a. 高铜比率 NbTi 线材。ⓐ通道型线材（wire in channel）：$a \times b = (1.10 \times 1.70)\text{mm}^2$ 或（2.15×4.25）mm^2，Cu-NbTi 比率为 10∶20；ⓑ整体型线材（monolith wire）：超导芯个数为 17～48，Cu-NbTi 比率为 3.2∶10。

b. 低铜比率 NbTi 线材。整体型线材：超导芯个数为 45～150，Cu-NbTi 比率为 1.3∶2.6。

c. 特殊 NbTi 线材。ⓐ用于绕制 ATLAS 磁体的 F306 型 NbTi 圆形线材：直径为 1.30mm，Cu-NbTi 比率为 1.15∶1，最小临界电流 $I_c = 1700\text{A}$(5T，4.2K)；ⓑ用于绕制 LHC 磁体的 F8670 型 NbTi 圆形线材，直径为 1.065mm，Cu-NbTi 比率为 1.65∶1，$I_c =$ 540A(7T，4.2K)。

1.7.2　超导变压器

1.7.2.1　结构

传统的油浸变压器和高温超导变压器的基本结构的比较：传统的油浸变压器是将铜导线绕制的一、二次绕组套装在铁心柱上，然后将器身装入钢制的油箱里，再将油箱注满变压器油。而高温超导变压器是将铋氧化物超导线材卷制的绕组，放入经玻璃纤维强化的玻璃钢（G-FRP）制成的隔热圆筒内，并注入 77K（−196℃）的液氮，以取代变压器油，其基本结构如图 1-51 所示。另外，从热设计角度考虑，可以把铁心放在室温空间里与液氮加以隔绝。

超导变压器根据有无铁心，又分为铁心式超导变压器和空心式超导变压器。

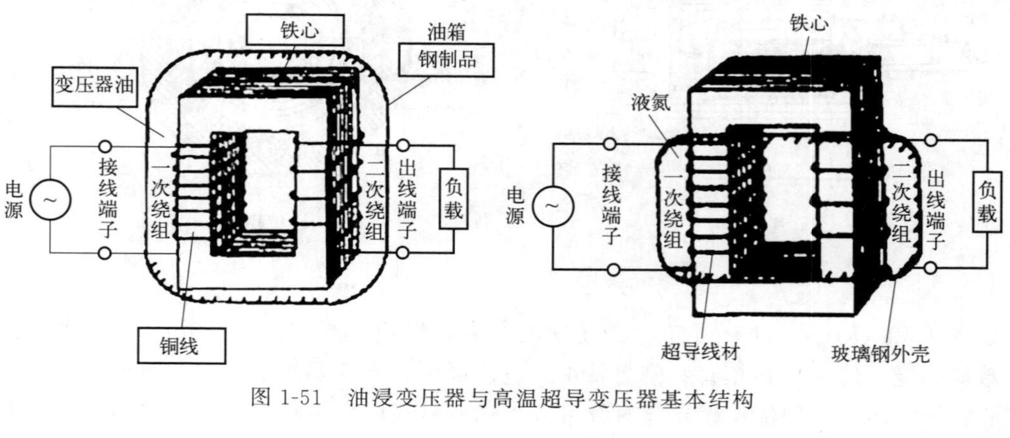

图 1-51　油浸变压器与高温超导变压器基本结构

(1) 铁心式超导变压器

这种变压器和传统的变压器一样，器身主要由铁心和绕组两部分组成，见图 1-52。铁心可以用传统的高导磁硅钢片制成，也可以采用非晶合金片。由于硅钢片的铁损比非晶合金片要大得多，因此，要想尽可能降低空载损耗，就必须尽可能降低硅钢片的用量，即制成“小铁心”。如果是采用非晶合金，由于其铁损只有硅钢片的 1/3，因此，铁心可以做得大一些，即所谓“大铁心”。至于绕组则一律采用超导绕组。由于超导绕组在超导状态下流经导线的电阻几乎为零，因此，其负载损耗极小，节能效果极为明显。

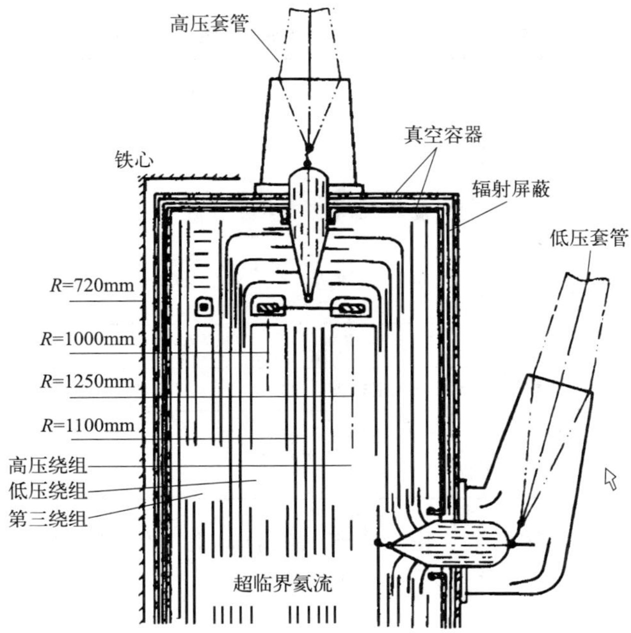

图 1-52 铁心式超导变压器的结构

(2) 空心式超导变压器

为提高输电效率，必须在超高压电缆输电或架空线输电线路中，安装大容量并联电抗器，以补偿其无功功率。如果将超导变压器设计成空心式，由于其励磁电流很大，可用作并联电抗器，补偿流经输电系统的很大的容性电流。因此，与超导发电机、超导电缆输电线路配合使用的超导变压器最好设计成空心式。

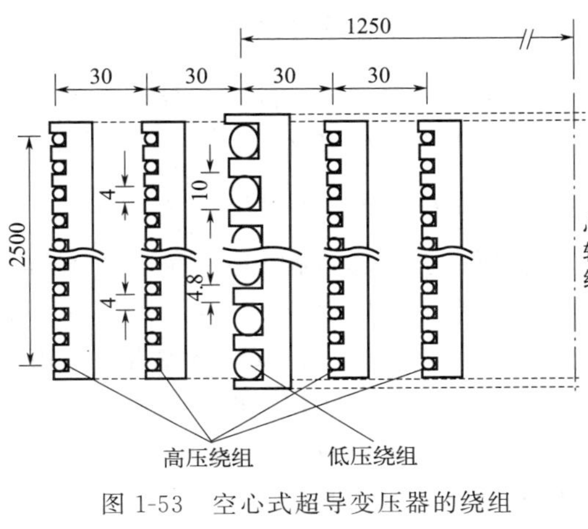

图 1-53 空心式超导变压器的绕组

空心式超导变压器的绕组如图 1-53 所示。在超导绕组出现之前，制造这样大的空心式电力变压器是不可能的。由于超导变压器的交流损耗几乎为零，因此大幅度增加励磁电流成为可能，也使得大型电力变压器可以取消铁心。由于取消了铁心，因此也就不存在空载损耗和磁饱和的问题，而且变压器兼有了并联电抗器的功能，做到了一机两用，从而提高了设备的利用率。

1.7.2.2 Bi系高温超导线材

Bi系高温超导线材（BSCCO线材）通常需要加工成由超导体和正常金属材料构成的多芯复合线或带。

以美国超导公司（AMSC）为例，其BSCCO线材的参数如表1-9所示。

表1-9 美国超导公司BSCCO线材的参数

项目		参数	
机械参数	平均厚度	0.255～0.285mm	
	平均宽度	4.2～4.4mm	
	最小弯曲半径	38mm（室温）	
	最大额定拉伸应力	200MPa（室温） 250MPa（77K）	
	最大额定线张力	21kg（室温）	
	最大额定拉伸应变	0.4%（77K）	
电气参数	最小临界电流（I_c）	145A	155A
	平均工程电流密度（J_e）	12440A/cm^2	13300A/cm^2

这种高强度BSCCO线材为多芯银合金基底线材，上下侧均有不锈钢加固处理，具有以下特性：

a. 可以承受较小的弯曲半径；

b. 高抗拉强度；

c. 高工程电流密度；

d. 适合于开发高电流密度、高机械强度的超导线圈和磁体。

1.7.2.3 Bi系高温超导线材优点

与常规变压器相比，高温超导变压器采用高温超导材料取代铜线，液氮取代油作为冷却介质，由此带来了许多优点。

（1）体积小、质量轻

高温超导带能够传输比常规铜线大10～100倍的电流，与同样容量的常规变压器相比，高温超导变压器的体积可以减小40%～60%。对于人口密度很高的我国各大城市来说，这一优点具有特别的意义，可以节省占地面积。随着城区用电量的不断增加，原来安装的变压器面临着容量更新的问题。许多设备安装于室内或靠近建筑物而限制了其进一步的改造。高温超导变压器体积小的特点将使这一问题得以解决。其体积小质量轻，使得制造更大容量的整体运输产品成为可能。

(2) 节能

传统电力变压器负载损耗占总损耗的80%，主要为焦耳热损耗。超导由于其直流情况下电阻为零，不再存在焦耳热损耗，因此在减小变压器的总损耗方面具有巨大的潜力。超导体在交流状态下存在交流损耗，会带来额外的制冷成本。但是即使加上制冷消耗，40MW以上量级的高温超导变压器在效率和经济性方面都高于常规变压器。

(3) 环保性能

近年来，随着我国电力事业的发展，越来越多的大型变压器需要安装在市区，这就要求降低其噪声，以达到城区环保标准。城网用变压器大部分都是采用强油风冷却器或吹风冷却散热器，这是变压器的主要噪声源。高温超导变压器采用液氮冷却，因此由冷却系统带来的噪声不再存在。其次，液氮具有安全、不可燃、对环境不会造成污染等优点，用它取代油作为冷却和绝缘介质，避免了爆炸和由于油泄漏造成的环境污染。无火灾隐患使得它可以安装于任何地方。

(4) 过载能力

常规变压器由纸和油提供绝缘担心的是发热问题。根据电气电子工程师学会（IEEE）/美国国家标准研究所（ANSI）标准，当过载为200%时，只能运行30min。相比之下，高温超导变压器的绕组和绝缘运行于液氮或更低的温度下，绝缘不会退化，在两倍于额定功率下运行也不会影响运行寿命。

(5) 内阻减小与故障限流能力

超导体在正常工作情况下呈现为零电阻，从而可以减小变压器的内阻，增大电压可调节范围。一旦发生异常的大电流时，超导体失超进入有阻状态，起到限制电流尖峰的作用。变压器在系统运行中难免要承受各种短路故障，包括三相短路、两相短路、两相接地和单相对地故障。短路将引起变压器绕组中巨大的“过电流”及数百倍的机械力。限流功能同时带来额外的经济效益，相应的电力系统元件也可以按限制后的电流来设计。这一点满足了用户对电力变压器提出的抗突发短路能力强的要求。

思考题

参考答案

1. 什么是陶瓷电容器？其与其他电容器相比，有哪些优点？
2. 什么是半导体陶瓷电容器，特点是什么？
3. 实用化的半导体陶瓷电容器主要有哪几类，各自特点是什么？
4. 为什么半导体陶瓷电容器可以实现电容器的微小型化？
5. 什么是LTCC技术，有何特点？
6. 平面变压器分为哪三种？各自有何特点？
7. LTCC多层片式变压器的特点有哪些？
8. 多层片式变压器的软磁铁氧体材料在烧结时，温度应控制在多少摄氏度之下，为什么？
9. LTCC变压器流延穿孔工艺中，哪两种技术最为关键，为什么？

10. LTCC 技术之中，电容的实现形式有哪些类型，各自特点是什么？

11. 电容的等效电路模型有哪两种？各自特点是什么？实际使用中，哪种模型更常用？为什么？

12. LTCC 技术实现的电感有哪两种形式？其中，哪一种更加适用于 LTCC 加工工艺？

13. 什么是 LTCF 技术？

14. LTCC 基板上制造电阻的方式有哪三种，各自特点有哪些？

15. 埋层电阻的基本精度范围由哪些因素决定，最具决定性的是哪些？为什么？

16. 请说明将 Sm_2O_3 引入 $BaTiO_3$ 后，Sm 的取代位置和掺杂类型分别是什么。

17. 如果要将 $BaTiO_3$ 基 PCR 热敏电阻的 T_C 移动到 0℃以下，可采取什么方式？

18. 根据铁电独石电容器中电介质材料的烧成温度，铁电独石电容器可以分为哪几类？这几类铁电独石电容器对电极有什么要求？

19. 简述独石电容器的制造工艺流程。

20. 铁电随机存储器有哪几种电路结构？

21. 简述 1T/1C 结构的铁电随机存储器的基本结构。

22. 简述铁电场效应晶体管的结构。

23. 简述铁电存储器的优点。

24. 简述 1T/1C 结构的铁电随机存储器的制造工艺流程。

25. 已知某多层式陶瓷压电驱动器的压电陶瓷单元薄片层数为 100，压电陶瓷的逆压电系数为 1000pm/V，在 100V 的驱动电压下，试估算该驱动器产生的驱动位移。

26. 分类对比无机非金属热释电材料与有机高分子热释电材料的差异性及应用范围。

27. 柔性热释电探测器设计及制作应注意哪些方面的问题？

28. 超导体的三大特性是什么？

29. 什么是超导发电机，其基本结构是怎样的？

30. 传统的油浸变压器和高温超导变压器的基本结构有什么不同？

参考文献

[1] 王振平，赵俊斌，李勇，等. 表面层型半导体陶瓷电容器[J]. 电子元件与材料，2000(5)：13-16.

[2] 李标荣，章士瀛. 半导体陶瓷电容器[J]. 电子元件与材料，1999，18(6)：31-33.

[3] 曲远方. 功能陶瓷及应用[M]. 2 版. 北京：化学工业出版社，2014.

[4] 梁力平，赖永雄，李基森. 片式叠层陶瓷电容器的制造与材料[M]. 广州：暨南大学出版社，2008.

[5] 刘维良. 先进陶瓷工艺学[M]. 武汉：武汉理工大学出版社，2004.

[6] 李标荣，王筱珍，张绪礼. 无机电介质[M]. 武汉：华中理工大学出版社，1995.

[7] 黄新友，高春华. 电子元器件及其材料概论[M]. 北京：化学工业出版社，2009.

[8] Scott J F. 铁电存储器[M]. 朱劲松，吕笑梅，朱旻，等译. 北京：清华大学出版社，2004.

[9] Uchino K. 铁电器件[M]. 2 版. 董蜀湘，译. 西安：西安交通大学出版社，2017.

[10] 王春雷，李吉超，赵明磊. 压电铁电物理[M]. 北京：科学出版社，2009.

[11] 方俊鑫，殷之文. 电介质物理学[M]. 北京：科学出版社，1989.

[12] 马良. 铁电存储器工作原理和器件结构[J]. 电子与封装，2008，8(8)：35-38.

[13] 符春林. 铁电薄膜材料及其应用[M]. 北京：科学出版社，2009.

[14] 韩居华，辛玲，周晓兰. 超导发电机研究综述[J]. 电力情报，1999(04)：3-6.

第二篇

功能材料磁性能器件化应用——电子的自旋和轨道运动

第 2 章

电 感 器

导读

电感是一种能将电能通过磁通量的形式储存起来的被动电子元件。和变压器一样，电感器是电子信息产业技术中不可代替的基础功能性磁性元件。电感器的结构类似于变压器，但只有一个绕组。电感器在电路中主要起到滤波、振荡、延迟等作用，还有筛选信号、过滤噪声、稳定电流及抑制电磁波干扰等作用。本章讲述常见电感器的类型及应用、电感器的性能参数及组成、直流和交流电感器的设计、电感器的组装。

电感器（inductor）是能够把电能转化为磁能而存储起来的元件，其是根据电磁感应原理制成的器件。实际上，凡是能够产生自感、互感作用的器件，均可称为电感器。

电感器是最简单的磁性器件，一般的电感器是用漆包线、纱包线或镀银线或铜线等在磁芯上缠绕一定的圈数而构成的，所以又称为电感线圈，在电路图中常用字母“L”表示。常见的电感器如图 2-1 所示。

图 2-1　常见的电感器

电感在电路中最常见的作用就是与电容一起，组成 LC 滤波电路。电容具有“阻直流，通交流”的特性，而电感则有“通直流，阻交流”的功能。

“通直流”指电感器对直流呈通路状态，如果不计电感线圈的电阻，那么直流电可以“畅通无阻”地通过电感器。对直流而言，线圈本身电阻对直流的阻碍作用很小，所以在电路分析中往往忽略不计。

“阻交流”是指当交流电通过电感线圈时，电感器对交流电存在着阻碍作用，阻碍交流电的是电感线圈的感抗。

如果把伴有许多干扰信号的直流电通过 LC 滤波电路，那么，交流干扰信号将被电感变成热能消耗掉。变得比较纯净的直流电流通过电感时，其中的交流干扰信号也被变成磁感和热能，频率较高的最容易被电感阻抗，这就可以抑制较高频率的干扰信号。

电感器具有阻止交流电通过而让直流电顺利通过的特性，频率越高，线圈阻抗越大。因此，电感器的主要功能是对交流信号进行隔离、滤波或与电容器、电阻器等组成谐振电路。

电感是导线内通过交流电流时，在导线的内部及周围产生交变磁通的物理特性。当电感中通过直流电流时，其周围只呈现固定的磁力线，不随时间变化；可是当在线圈中通过交流电流时，其周围将呈现出随时间变化的磁力线。

根据法拉第电磁感应定律，变化的磁力线在线圈两端会产生感应电势，此感应电势相当于一个“新电源”。当形成闭合回路时，此感应电势就要产生感应电流。由楞次定律知道感应电流所产生的磁力线总量要力图阻止磁力线的变化。

磁力线变化来源于外加交变电源的变化，故从客观效果看，电感线圈有阻止交流电路中电流变化的特性。电感线圈有与力学中的惯性相类似的特性，在电学上取名为“自感应”，通常在拉开闸刀开关或接通闸刀开关的瞬间，会产生火花，这是由自感现象产生很高的感应电势造成的。

总之，当电感线圈接到交流电源上时，线圈内部的磁力线将随电流的交变而时刻变化，致使线圈产生电磁感应。这种因线圈本身电流的变化而产生的电动势，称为“自感电动势”。由此可见，电感量只是一个与线圈的圈数、大小形状和介质有关的参量，它是电感线圈惯性的量度而与外加电流无关。

2.1 常见电感器的类型及应用

电感器按工作特征可分为固定电感器和可变电感器两类；按磁导体性质可分为空芯电感器和磁芯电感器；按结构特征可分为单层、多层、蜂房式或特殊绕组式的电感器；按有无骨架可分为有骨架和无骨架电感器；按封装可分为密封式和非密封式等。下面简单介绍几类常见的电感器。

(1) 色环电感

色环电感是指在电感器表面涂上不同的色环来代表电感量（与电阻器类似）的电感，也叫色码电感。如图 2-2 所示，色环电感通常用四色环表示，紧靠电感体一端的色环为第一环，露着电感体本色较多的另一端为末环。其第一色环是十位数，第二色环为个位数，第三色环为应乘的倍数，第四色环为误差率，各环颜色所代表的数值如表 2-1 所示。例如：色环颜色分别为棕、黑、金、金的电感器的电感量为 1μH，误差为 5%。

图 2-2　色环电感

表 2-1　色环电感各环颜色所代表的数值

颜色	标称电感量/μH			电感量偏差
	第一色环 第一数字	第二色环 第二数字	第三色环 第三数字	第四色环
黑	0	0	×1	M：±20%

续表

颜色	标称电感量/μH			电感量偏差
	第一色环 第一数字	第二色环 第二数字	第三色环 第三数字	第四色环
棕	1	1	×10	
红	2	2	×100	
橙	3	3	×1000	
黄	4	4	×10000	
绿	5	5	×100000	
蓝	6	6		
紫	7	7		
灰	8	8		
白	9	9		
金	—	—	$\times 10^{-1}$（0.1）	J：±5%
银	—	—	$\times 10^{-2}$（0.01）	K：±10%

色环电感具有以下特点：a. 电感结构坚固，成本低廉，适合自动化生产；b. 高 Q 值及自共振频率；c. 外层用环氧树脂处理，可靠性高；d. 电感范围大，可自动插件。

色环电感的工作频率为100kHz～50MHz，输出功率为0.05～3W，一般用于电路的匹配和信号质量的控制上，它也是一种蓄能元件，可用于LC振荡电路、中低频的滤波电路等。色环电感属于固定电感量的小电感，主要应用于手机、音响、收音机、电话机、数字机顶盒、蓝牙耳机、液晶电视、汽车电子、工业控制等领域，应用非常广泛。

（2）差模电感和共模电感

差模电感又称为扼流圈、阻流线圈，是用来限制交流电通过的线圈，分高频阻流圈和低频阻流圈。利用线圈电抗与频率成正比的关系，可扼制高频交流电流，让低频和直流通过。根据频率高低，采用空气芯、铁氧体芯、硅钢片芯等。用于整流时称“滤波扼流圈”；用于扼制声频电流时称“声频扼流圈”；用于扼制高频电流时称“高频扼流圈”。差模电感有结构性佳、体积小、高 Q 值、低成本等特点，适用于笔记本电脑、喷墨打印机、影印机、显示监视器、手机、宽频数据机、游戏机、彩色电视、录影机、摄影机、微波炉、照明设备和汽车电子产品等。

共模电感也叫共模扼流圈，是在一个闭合磁环上对称绕制方向相反、匝数相同的线圈。信号电流或电源电流在两个绕组中流过时方向相反，产生的磁通量相互抵消，扼流圈呈现低阻抗。共模噪声电流（包括地环路引起的骚扰电流，也称作纵向电流）流经两个绕组时方向相同，产生的磁通量同向相加，扼流圈呈现高阻抗，从而起到抑制共模噪声的作用。共模电感实质上是一个双向滤波器：一方面要滤除信号线上共模电磁干扰，另一方面又要抑制本身向外发出电磁干扰，避免影响同一电磁环境下其他电子设备的正常工作。共模扼流圈可以传输差模信号，直流和频率很低的差模信号都可以通过；而对于高频共模噪声则呈现很大的阻抗，发挥了一个阻抗器的作用，所以它可以用来抑制共模电流骚扰。

共模电感和差模电感都是抗电磁干扰有效的元器件之一，广泛应用于各种滤波器、开关电源等产品，但是共模电感是用来抑制共模干扰，而差模电感是用来抑制差模干扰，两种都是比较重要的滤波电感。虽然两种电感都是滤波电感，但是作用不一样也就决定了外观以及绕线方式会有所不一样。图 2-3 是差模电感和共模电感的实物图。对于共模电感，它是绕在同一磁芯上，并且两个绕组的线圈直径和圈数一样，但是绕向相反，一组线圈有两个引脚，因此共模电感会有四个引脚；而差模电感则是绕在一个磁芯上并且只有一个线圈，它只有两个引脚，因此可从引脚数量来区分共模电感和差模电感。

（3）贴片电感

图 2-4 是一些常见的贴片电感。贴片电感又称为功率电感、大电流电感、表面贴装高功率电感，具有小型化、高品质、高能量储存、低电阻和适用于表面自动贴装的特点。其主要应用于电脑显示板卡、笔记本电脑、脉冲记忆程序设计等。

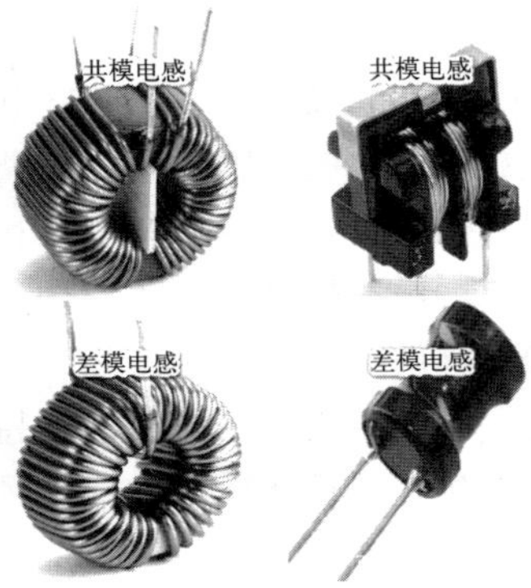

图 2-3　差模电感和共模电感

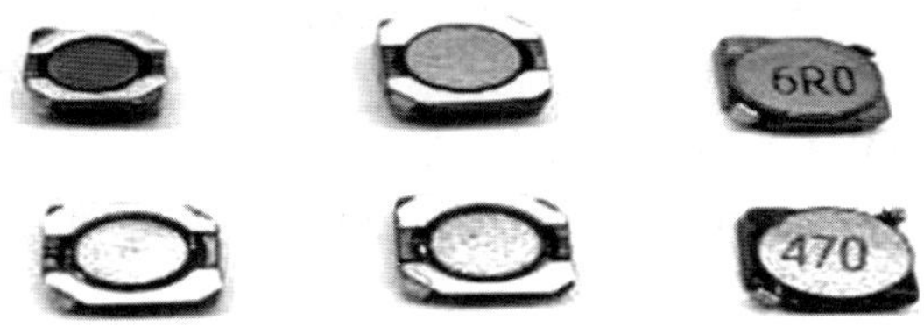

图 2-4　贴片电感

（4）多层片状电感

多层片状电感的制作工艺为：将铁氧体或陶瓷浆料干燥成型，交替印刷导电浆料，最后经叠层、烧结制成一体化结构。多层片状电感结构如图 2-5 所示。多层片状电感比绕线电感尺寸小，采用标准化封装，适合自动化高密度贴装；且为一体化结构，可靠性高，耐热性好。

（5）薄膜电感

随着电子系统向高集成度、低能耗方向发展，势必要求在更小的基片上集成更多的元器件。这除了要求发展高密度微电子集成技术外，从器件本身出发，研制小型化、薄膜化的器件，以减小系统的整体体积、质量，无疑成为一个可行的途径。而作为最重要的磁性元器件之一的电感，它不仅在滤波电路、扼流圈、天线中必不可少，而且是构成变压器的基本组成单元，其片式化、薄膜化将带动磁性元件向小型化发展。传统的线圈型电感器件在集成电路中占有很大的体积和质量，不利于电路的集成和小型化，因此发展与集成电路半导体工艺兼容的平面薄膜电感成为可行的方法之一。但是薄膜电感的单位面积上电感值较小，为达到应用要求，平面电感需占用较大面积，同样不利于电路的小型化；此外其制备工艺复杂，成本也高。因此，研究具有高单位面积电感值、高品质因数的薄膜电感成为当下迫切需求。

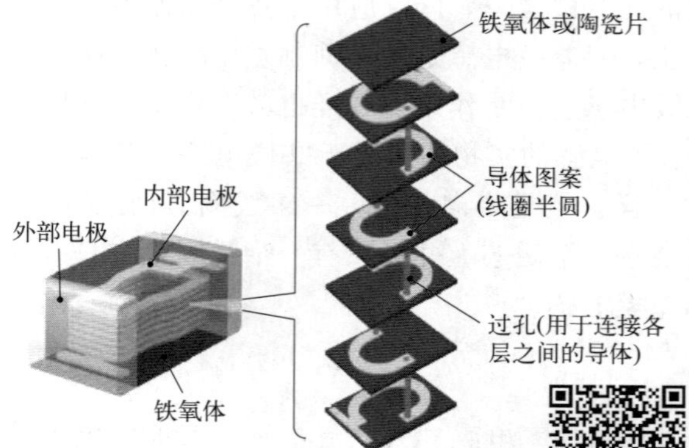

图 2-5 多层片状电感结构

图 2-6 TDK 开发的薄膜电感器 BCL322515RT

近年来，汽车越来越多地配备用于信息通信和自动驾驶的电子控制单元，这也使得单元中电源电路所用的电感器数量增加。电感器正向高功率小型化发展以满足汽车电子设备对功率电感器的需求。图 2-6 是 TDK 开发的在汽车电子设备中使用的新型功率薄膜电感器 BCL322515RT，用于插入汽车电子控制电路的电力线中。该产品于 2020 年 10 月开始量产。该电感器以 3.2mm×2.5mm×1.5mm 的小尺寸实现了 47μH 的高电感，饱和电流为 0.72A。此外，该电感器使用金属磁性材料作为核心材料，与使用具有相似属性的传统铁氧体材料的产品相比，尺寸缩小了约 35%。其额定电压为 40V，可在主电源电路中使用（由车载 12V 电池直接输入）。工作温度范围为－55～＋155℃（包括自身温度上升），支持恶劣的温度环境。此外，绕组电线与外部电极之间的连接结构设计降低了开路风险，保证了高可靠性。

2.2 电感器的性能参数及组成

2.2.1 电感器的性能参数

在许多选频电路以及通信设备中，电感器是一种基本元件，在电路中起着重要的作用。随着技术发展，对这种基本元件的质量、体积等指标要求越来越高，电感器的主要要求有以下几点：

a. 在一定温度下长期工作时，电感器的电感量随时间的变化率应保持最小；

b. 在给定的工作温度变化范围内，电感量的温度系数应保持在允许限度之内；

c. 电感器的电损耗和磁损耗都要很低；

d. 非线性畸变小；

e. 价格低、体积小。

下面介绍衡量电感器质量的具体指标，它们是设计电感器的重要依据。

（1）电感量

电感量也称自感系数，是表示电感器产生自感应能力的一个物理量，用符号 L 表示。电感器电感量的大小，主要取决于线圈的匝数、绕制方式、有无磁芯及磁芯的材料等等。通常，线圈圈数越多、绕制的线圈越密集，电感量就越大。有磁芯的线圈比无磁芯的线圈电感量大；磁芯磁导率越大的线圈，电感量也越大。电感量的基本单位是亨利（简称亨），用字母 H 表示。

电感量的大小为单位电流所产生的磁量大小，即

$$L=\frac{N\phi}{I}=\frac{N\mu_0\mu_e HA_e}{I} \tag{2-1}$$

式中，N 为线圈匝数；ϕ 为磁通量；I 为电流强度；μ_0 为真空磁导率；μ_e 为磁芯的等效磁导率；H 为磁场强度；A_e 为磁芯的等效截面积。

根据安培环路定理，有 $Hl_e=NI$，代入式（2-1）可得

$$L=\mu_0\mu_e N^2\frac{A_e}{l_e} \tag{2-2}$$

式中，l_e 为磁芯的等效长度。

因此，如果对于一个确定的磁芯，要计算由此磁芯绕制一个明确电感量的电感器所需要的绕线匝数，需要首先根据磁芯实际尺寸大小计算出该磁芯的等效长度 l_e 以及等效截面 A_e，然后根据磁芯材料的磁导率以及磁芯开气隙的大小，计算出磁芯的有效磁导率，然后代入式（2-2）计算所需的匝数。可以看出，采取这种方式来计算电感器的绕匝数还是比较麻烦的。如果对式（2-2）进行适当变形，得到

$$L=\mu_0\mu_e\frac{A_e}{l_e}N^2=A_L N^2 \tag{2-3}$$

式中，A_L 叫作电感因子。

$$A_L=\mu_0\mu_e\frac{A_e}{l_e} \tag{2-4}$$

每种磁芯电感都有唯一的 A_L，某些磁芯（特别是形状复杂的磁芯）不能解析计算电感因子，磁芯制造商在产品数据表中会提供 A_L 的值。

通过式（2-4）就可以看出 A_L 的物理意义，即对应一个确定的磁芯，每匝平方所具有的电感量即为电感因子。电感因子的概念相当于屏蔽了磁芯等效长度、等效截面以及有效磁导率的特征，将其共同影响统一用一个参数来进行衡量，因此用电感因子来进行电感器的计算就更为简单了。而且电感因子的测试非常方便，根据其物理意义，对于一个给定的磁芯，原则上只需要在上面绕一匝线圈，在 LCR 电桥上测出其电感值，则该电感值即为其电感因子。但是当只绕一匝线圈时漏磁通所占的比例较大，会影响测试的准确性，因此工程上测试电感因子时，一般都是采用绕 10 匝线，再用测出的电感值除以 100 可得到电感因子。在测算出磁芯的电感因子以后，再进行电感器的设计就非常方便了。

电感因子 A_L 可以用 H/匝、mH/1000 匝和 μH/100 匝表示。如果用 H/匝表示，则绕组匝数的表达式为

$$N=\sqrt{\frac{L(\mathrm{H})}{A_L}} \tag{2-5}$$

如果用 mH/1000 匝［$A_{L(1000)}$］表示，电感的表达式为

$$L(\text{mH})=\frac{A_{L(1000)}N^2}{(1000)^2} \tag{2-6}$$

同时线圈的匝数为

$$N=1000\sqrt{\frac{L(\text{mH})}{A_{L(1000)}}} \tag{2-7}$$

如果电感因子用 μH/100 匝 [$A_{L(100)}$] 表示，在这种情况下，电感的表达式为

$$L(\mu\text{H})=\frac{A_{L(100)}N^2}{(100)^2} \tag{2-8}$$

线圈的匝数为

$$N=100\sqrt{\frac{L(\mu\text{H})}{A_{L(100)}}} \tag{2-9}$$

(2) 感抗

电感对交流电流阻碍作用的大小称为感抗，符号是 XL，单位是欧姆。它与电感量 L 和交流电频率 f 的关系为

$$XL=2\pi fL \tag{2-10}$$

电感量越大，电感对交流电的阻碍作用越大；频率越高，电感的阻碍作用也越大。

(3) 品质因数

品质因数是表示线圈质量的一个物理量，符号是 Q。品质因数为感抗 XL 与其等效的电阻的比值，即

$$Q=XL/R \tag{2-11}$$

线圈的 Q 值愈高，回路的损耗愈小。线圈的 Q 值与导线的直流电阻、骨架的介电损耗、屏蔽罩或磁芯引起的损耗、高频趋肤效应的影响等因素有关。线圈的 Q 值通常为几十到几百。采用磁芯线圈、多股粗线圈均可提高线圈的 Q 值。

(4) 分布电容

线圈的匝与匝间、线圈与屏蔽罩间、线圈与底板间存在的电容称为分布电容。分布电容的存在使线圈的 Q 值减小，稳定性变差，因而线圈的分布电容越小越好。采用分段绕法可减小分布电容。

(5) 允许偏差

允许偏差即电感量的实际值与标称值之差除以标称值所得的百分数。一般用于振荡或滤波等电路中的电感器允许偏差为±0.2%～±0.5%；用于耦合、高频阻流等线圈的允许偏差为±10%～±15%。

(6) 额定电流

电感器长期工作不损坏所允许通过的最大电流是额定电流，也叫标称电流。通常用字母

A、B、C、D、E 分别表示，对应的标称电流值分别为 50mA、150mA、300mA、700mA、1600mA。

2.2.2 电感器的组成

电感器一般由骨架、绕组、磁芯、屏蔽罩、封装材料等组成。除线圈绕组外其余部分根据使用场合各不相同，如图 2-7 所示。

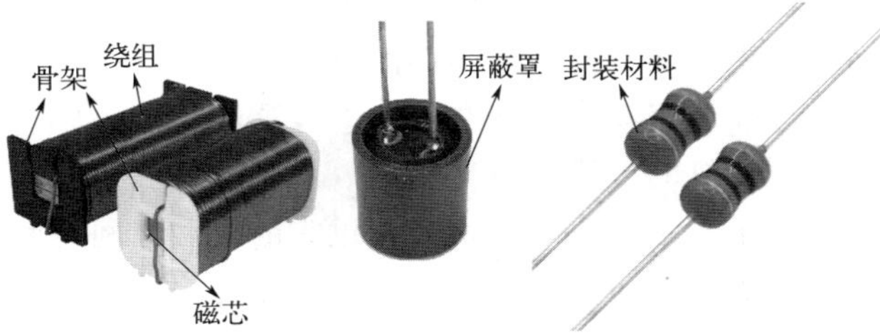

图 2-7　电感器的组成

（1）骨架

骨架泛指绕制线圈的支架。骨架和磁芯配套使用，根据磁芯形状不同，骨架也是多种多样的，如图 2-8 所示。

图 2-8　各种各样的骨架

一些体积较大的固定式电感器或可调式电感器（如振荡线圈、阻流圈等），大多数是将漆包线（或纱包线）环绕在骨架上，再将磁芯、铁芯等装入骨架的内腔，以提高其电感量。骨架通常采用塑料、胶木、陶瓷制成，根据实际需要可以制成不同的形状。小型电感器（如色码电感）一般不使用骨架，而是直接将漆包线绕在磁芯上。空芯电感器（也称脱胎线圈或空心线圈，多用于高频电路中）不用磁芯、骨架和屏蔽罩等，而是先在模具上绕好后再脱去模具，并将线圈各圈之间拉开一定距离。

（2）绕组

绕组是指具有规定功能的一组线圈，它是电感器的基本组成部分。绕组有单层和多层之分。

① 单层缠绕法

单层缠绕法就是将电感线圈的线匝以单层的方式缠绕在绝缘管道的外表面上。单层缠绕的方法又分为间接缠绕和紧密缠绕。间接缠绕一般用于一些高频谐振的电路中，因为这种缠绕方法可以将高频谐振线圈的电容减小，同时还能将其一些特性稳定。紧密缠绕方式一般用于谐振线圈范围比较小的线圈。

单层电感线圈是现今的电路应用中使用得较多的一种，通常它的电感量只有几个或几十个微亨。在很多电路中都能看到它的使用，虽然它的电感量不大，但 Q 值却比较高，是高频电路的最佳选择。在单层电感线圈的设计中，它的线路缠绕的方式通常采用密绕法、间绕法和脱胎绕法三种。而这三种绕法也适用于不同的电路电器当中。

密绕法其实就是将导线挨着密集地缠绕在骨架上，这种线圈电感通常都是在天线方面使用，比如收音机、半导体收录机的天线线圈等。

间绕法的缠绕方式大体跟密绕法差不多，只不过它的线圈之间有间隙，而不是像密绕那样紧挨着。这种电感分布电容小，高频性能好，很适合作为短波的天线来使用。

脱胎绕法的线圈其实就是空心线圈，也可以说是密绕法的变形，即将密绕法的骨架抽出，再根据所需要的指标来适当地调节每个线圈之间的空隙，或者直接改变线圈的形状。它一般是在高频电路中作为谐振电路来使用。

② 多层缠绕法

单层线圈只能应用在电感量小的场合，因此当电感量要求较大（如大于 300μH）时，就应采用多层线圈。多层线圈除了匝和匝之间的分布电容外，层与层之间也有分布电容，因此多层线圈存在着分布电容大的缺点。同时层与层之间的电压相差较多，当线圈两端有高电压时，容易造成匝间绝缘击穿。为了防止这种现象的发生，常将线圈分段绕制。

多层缠绕法又可分为多层密绕和蜂房式绕法两种。如果所绕制的线圈，其平面不与旋转面平行，而是相交成一定的角度，这种线圈称为蜂房式线圈。而其旋转一周，导线来回弯折的次数，常称为折点数。蜂房式绕法的优点是体积小，分布电容小，而且电感量大。一般的高频扼流圈，由于要求有较大的电感量和较小的体积，而对电感量的精度、Q 值及稳定性要求不高，大多都采用多层密绕。

对于在高压、大功率下运行的谐振电路用的电感线圈，绕制电感线圈时，必须考虑线匝能承受的电流值和匝间的耐压，同时还得注意线圈的发热问题，考虑是否采用耐高温线材或特种线材绕制。

电感线圈绕法注意事项。

a. 根据电路需求，选定绕制方法。在绕制空心电感线圈时，要根据电路的要求、电感量以及线圈骨架直径，确定绕制方法。间绕式线圈适合在高频和超高频电路中运用，在圈数少于 3 圈到 5 圈时，可不必使用骨架，就能具有较好的特性，Q 值较高，可达 150～400，稳定性也很高。单层密绕式线圈适用于短波、中波回路中，其 Q 值可达到 150～250，并具有较高的稳定性。

b. 确保线圈载流量和机械强度，选用恰当的导线。线圈不宜用过细的导线绕制，以免增加线圈电阻，使 Q 值降低。导线过细，其载流量和机械强度都较小，容易烧断或碰断线。所以，在确保线圈的载流量和机械强度的前提下，要选用恰当的导线绕制。

c. 绕制线圈的抽头应有显著标志。带有抽头的线圈应有显著的标志，这样对于安装与修理都很方便。

d. 不同频率特征的线圈，选用不同的磁芯材料。工作频率不同的线圈，有不同的特色。

在音频段作业的电感线圈，通常选用硅钢片或坡莫合金为磁芯材料。低频用铁氧体作为磁芯材料，其电感量较大，可高达几亨到几十亨。在几十万赫到几兆赫之间，如中波广播段的线圈，通常选用铁氧体芯，并用多股绝缘线绕制。频率高于几兆赫时，线圈选用高频铁氧体作为磁芯，也常用空心线圈。此状况不宜用多股绝缘线，而宜选用单股粗镀银线绕制。在100MHz以上时，通常已不能用铁氧体芯，只能用空心线圈；如要作微调，可用钢芯。使用于高频电路的阻流圈，除了电感量和额定电流应满足电路的要求外，还必须留意其分布电容不宜过大。

（3）磁芯

常用的电感磁芯有（纯）铁粉芯、高磁通磁粉芯（Hi-Flux）、铁硅铝磁粉芯（Super-MSS）、铁镍钼磁粉芯（MPP）和铁氧体磁芯等。它有环形、E形、罐形等多种形状。电感器常用磁芯材料的成分、形状、使用温度、磁导率、磁芯损耗等如表2-2所示。

① 铁粉芯

在粉芯中价格最低。饱和磁感应强度值在1.4T左右；初始磁导率 μ_i 随频率的变化稳定性好；直流电流叠加性能好；但高频下损耗高。

② 高磁通磁粉芯

在粉末磁芯中具有最高的磁感应强度，最高的直流偏压能力；磁芯体积小。主要应用于线路滤波器、交流电感、输出电感、功率因素校正电路等，在直流（DC）电路中常用，尤其在高DC偏压、高直流电和低交流电场景中用得多。价格低于MPP。

③ 铁硅铝磁粉芯

可在8kHz以上频率下使用；在不同的频率下工作时无噪声产生。主要应用于交流电感、输出电感、线路滤波器、功率因素校正电路等。有时也替代有气隙铁氧体作变压器铁芯使用。

表2-2 电感器常用磁芯材料比较

项目	（纯）铁粉芯	高磁通磁粉芯	铁硅铝磁粉芯	铁镍钼磁粉芯	铁氧体磁芯
磁芯材料基本成分组成	碳基铁 树脂碳基铁	50%镍和50%铁合金粉	85%铁、9%硅和6%铝合金粉	81%镍、17%铁、2%钼合金粉	锰锌、镍锌铁氧体
气隙形式	分布磁芯内部	分布磁芯内部	分布磁芯内部	分布磁芯内部	离散，单独的气隙开口
气隙自身构成	有机和无机黏合剂	无机黏合剂	无机黏合剂	无机黏合剂	空气
相对磁导率	3～100	14～160	26～125	14～350	由气隙开口尺寸决定
磁导率降低50%时的直流偏磁场数值/(A/m)	5600	9500	7200	8000	5600
典型磁导率变化百分比［交流（AC）磁场（0～0.4T）］	+260%	7%	−20%	−6%	—

续表

项目	(纯) 铁粉芯	高磁通 磁粉芯	铁硅铝 磁粉芯	铁镍钼 磁粉芯	铁氧体 磁芯
典型磁芯损耗(100kHz, 0.05T)/(mW/cm^3)	800	260	200	120	230
居里温度/℃	750℃	500℃	600℃	400℃	200℃
最大工作温度/℃	75～130℃	130～200℃			130～200℃
磁芯形状	环形或E形等	环形形状			环形、E形、罐形等
价格水平	低	高	中等	高	中等

④ 铁镍钼磁粉芯

在粉末磁芯中具有最低的损耗；温度稳定性极佳，广泛用于太空设备、露天设备等；在不同的频率下工作时无噪声产生。主要应用于300kHz以下的高品质因数Q滤波器、感应负载线圈、谐振电路、对温度稳定性要求高的LC电路、输出电感、功率因素补偿电路等，在AC电路中常用。

⑤ 铁氧体磁芯

Mn-Zn铁氧体的产量和用量最大，电阻率低，为1～10Ω/m，一般在100kHz以下的频率下使用。Cu-Zn、Ni-Zn铁氧体的电阻率为10^2～10^4Ω/m，在100kHz～10 MHz的无线电频段的损耗小，多用于无线电用天线线圈、无线电中频变压器。宽带铁氧体广泛应用于共模滤波器、饱和电感、电流互感器、漏电保护器、绝缘变压器、信号及脉冲变压器，在宽带变压器和电磁干扰（EMI）上使用较多。功率铁氧体广泛应用于功率扼流圈、并列式滤波器、开关电源变压器、开关电源电感、功率因素校正电路。

(4) 屏蔽罩

为避免有些电感器在工作时产生的磁场影响其他电路及元器件正常工作，就为其增加了金属屏蔽（如半导体收音机的振荡线圈），采用屏蔽罩的电感器会增加线圈的损耗，使Q值降低。

(5) 封装材料

有些电感器（如色环电感器）绕制好后，会用封装材料将线圈和磁芯等密封起来。封装材料通常采用塑料或环氧树脂等。

2.3 电感器的设计

2.3.1 电感器的气隙及温升

(1) 气隙对电感的影响

由于在磁芯中加了气隙，磁路的总磁阻增加，等效磁导率和电感值减小。在实际的电感磁芯中加气隙主要有 3 个作用。

① 稳定电感值

如果没有气隙，电感 $L=\mu_0\mu_e\dfrac{A_e}{l_e}N^2$，电感值与磁芯的磁导率成正比，其大小将受磁温度和绕组电流的影响，很难做成一个电感值稳定的电感元件。如果在磁芯中加点气隙，由于气隙磁阻远大于磁芯磁阻，则由线圈电流的变化而引起磁芯磁导率的变化将不会对电感值产生较大的影响。

②提高饱和电流

增加一个气隙 δ 需要在线圈中加更大的电流才能使磁芯饱和。磁通 $\Phi=BA_c$（式中，B 为磁通密度；A_c 为磁芯的横截面积）与磁势（$F=NI$）的关系曲线如图 2-9 所示，因为 Φ 正比于 B，且当磁芯不饱和时，磁势 F 正比于磁场强度 H，所以图中的磁化特性曲线的斜率变小。当磁芯不饱和时，Φ 与 F 的关系为

$$F=NI=\Phi(R_{mc}+R_{m\delta}) \tag{2-12}$$

式中，R_{mc} 为磁芯磁阻；$R_{m\delta}$ 为气隙磁阻。

当磁芯饱和时，相当于磁芯的磁导率为 μ_0，并有，

$$\Phi_s=B_sA_c \tag{2-13}$$

式中，Φ_s 为饱和磁通；B_s 为饱和磁通密度。

将式（2-13）代入式（2-12）中，可得到磁芯饱和点的电流为

$$I_s=\frac{B_sA_c}{N}(R_{mc}+R_{m\delta}) \tag{2-14}$$

图 2-9 中的 Φ-F 特性曲线是根据磁芯中有无气隙画出的，从图中可以看出，磁芯加了气隙后，使电感饱和的电流增加了，其代价是磁导率下降，电感值减小。

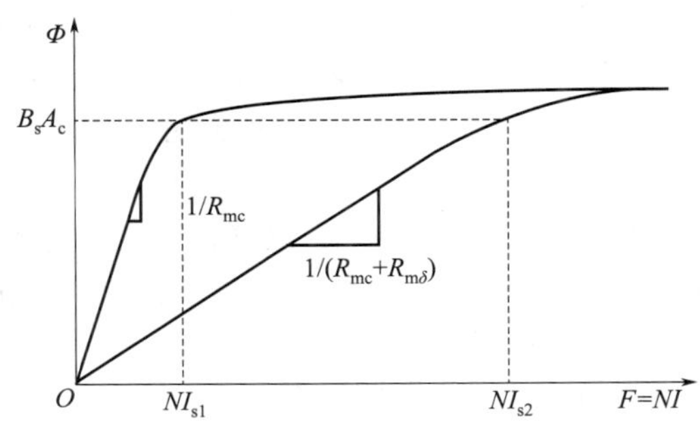

图 2-9　磁芯中气隙对特性的影响

③ 增强电感储能能力

磁芯加了气隙后，气隙中储存更多的能量。当然，除了设计电感满足电路要求外，直流电感中需要储存更多的能量。如果不开气隙，要使流过的电流大，必须加长磁路，从而使得磁芯的体积和质量增加。空心线圈要获得与有磁芯相同的电感，则需要线圈匝数很多，体积也很大。磁芯中存储的能量与磁芯体积 V、磁芯的 BH 乘积成正比，即与 VBH 成正比。磁芯体积要小，BH 乘积要大。因此，高磁导率材料，B 大 H 小，而空心线圈则 H 大 B 小，选用磁导率适中的磁粉芯，或开气隙降低磁芯磁导率。

（2）边缘磁通对电感的影响

在电感器中，设计一个嵌入磁路的小气隙 l_g，将获得减小和稳定的等效磁导率 μ_e。

$$\mu_e = \frac{\mu_m}{1+\mu_m \dfrac{l_g}{l_c}} \tag{2-15}$$

式中，μ_m 为磁芯材料的磁导率；l_c 是磁路长度；l_g 是气隙的长度。

这就能够有效抑制磁导率随温度和励磁电压变化而变化。电感器的设计一般要求较大的空气隙 l_g 以便控制直流（DC）磁通。通电电流为 I，缠绕 N 匝线圈的磁芯产生的磁通密度为

$$B = \frac{\mu_0 \mu_e NI}{l_c} \tag{2-16}$$

式中，l_c 是磁路长度；μ_0 为真空磁导率，$\mu_0 = 4\pi \times 10^{-7}$ H/m。物理量均采用国际单位制。磁芯尺寸参数的常用单位为 cm，如果式（2-16）中 l_c 的单位为 cm，并把 μ_0 的值代入，则

$$B = \mu_e \frac{0.4\pi NI \times 10^{-4}}{l_c} \tag{2-17}$$

当没有开气隙，或者气隙尺寸远小于磁路长度即 $l_g \ll l_c$ 时，等效磁导率 μ_e 等于磁芯材料的磁导率 μ_m。

将式（2-15）代入式（2-17）中，可得

$$B = \frac{0.4\pi NI \times 10^{-4}}{l_g + \dfrac{l_c}{\mu_m}} \tag{2-18}$$

式（2-18）中 l_c 和 l_g 的单位均为 cm，本章以下公式中磁芯的尺寸单位均为 cm。

无论何时把空气隙嵌入磁路中，在气隙处总会产生边缘磁通。它的最终影响效果是缩短了空气隙。边缘磁通使磁路的总磁阻减小，因此，使其电感比计算值增加一个边缘磁通系数 F。

边缘磁通系数 F 对电感器设计的基本公式有影响。当工程师开始设计时，必须确定不会产生磁饱和的 B_{DC} 和 B_{AC} 的最大值。已被选择的磁性材料将限定这个饱和磁通密度。最大磁通密度的基本公式是

$$B_m = \frac{0.4\pi N\left(I_{DC} + \dfrac{\Delta I}{2}\right) \times 10^{-4}}{l_g + \dfrac{l_c}{\mu_m}} \tag{2-19}$$

式中，I_{DC} 为直流电流强度；ΔI 为交流电流强度。

载有直流（DC）磁场且有空气隙的磁芯电感器电感为

$$L = \frac{0.4\pi N^2 A_c \times 10^{-8}}{l_g + \dfrac{l_c}{\mu_m}} \tag{2-20}$$

电感量取决于磁路的等效长度，它是空气隙长度与磁芯平均长度和材料磁导率比值

(l_c/μ_m) 的和。

空气隙尺寸的最后确定需要考虑边缘磁通的影响，这个影响是气隙的尺寸、磁极表面的形状和线圈的形状、尺寸和位置的函数。线圈长度即磁芯的绕组长度对边缘磁通有很大的影响。边缘磁通系数为

$$F=1+\frac{l_g}{\sqrt{A_c}}\ln\frac{2G}{l_g} \tag{2-21}$$

式中，G 是绕组的长度。C 形和 E 形磁芯的绕组长度即 G 尺寸，如图 2-10 所示。

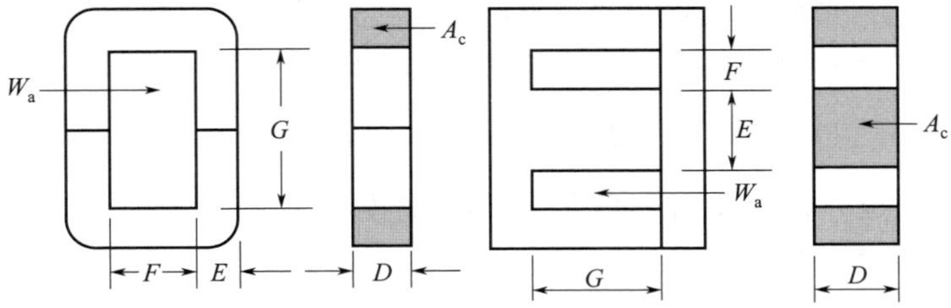

图 2-10 C 形和 E 形磁芯的尺寸

边缘磁通减小了磁路的总磁阻。因此其电感值以一个系数 F 增加到比计算的值要大，在用式（2-20）计算电感以后，应该把边缘磁通系数引入式（2-20）中。这样式（2-20）可改写如下

$$L=F\frac{0.4\pi N^2A_c\times10^{-8}}{l_g+\dfrac{l_c}{\mu_m}} \tag{2-22}$$

现在，可以把边缘磁通系数引入式（2-19），这样可以事先检查磁芯是否饱和。磁通密度的最大值为

$$B_m=F\left[\frac{0.4\pi N\left(I_{DC}+\dfrac{\Delta I}{2}\right)\times10^{-4}}{l_g+\dfrac{l_c}{\mu_m}}\right] \tag{2-23}$$

把式（2-22）改写以求解磁芯不会发生过早饱和时，所需要的线圈匝数

$$N=\sqrt{\frac{L\left(l_g+\dfrac{l_c}{\mu_m}\right)}{0.4\pi A_cF\times10^{-8}}} \tag{2-24}$$

当磁芯的磁导率很大时，$l_g\gg(l_c/\mu_m)$ 时，式（2-24）简化为

$$N=\sqrt{\frac{Ll_g}{0.4\pi A_cF\times10^{-8}}} \tag{2-25}$$

(3) 气隙损耗

随着气隙的增加，跨过气隙的磁通散开程度越来越大，某些边缘磁通穿出与穿入磁芯时

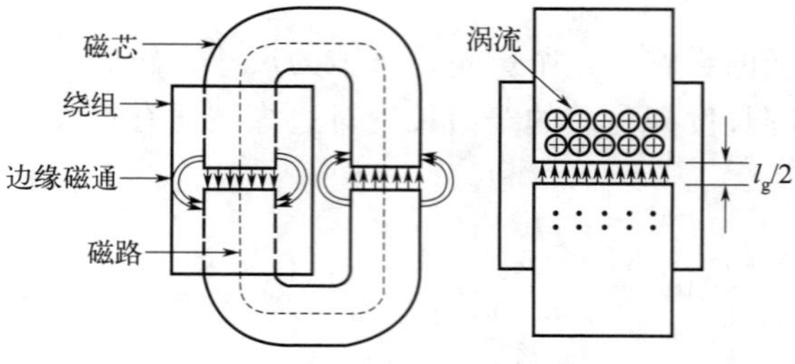

图 2-11　电感器气隙周围的边缘磁通

和磁材料带垂直且产生涡流，在磁芯引起附加损耗。如果气隙的尺寸太大，边缘磁通会穿过铜绕组并产生涡流，产生热，恰似一个感应加热器。边缘磁通将“跳过”气隙，在磁芯和绕组中同时产生涡流，如图 2-11 所示。

这个涡流引起了附加的损耗，这个附加的损耗就称为气隙损耗 P_g。边缘磁通的分布还受磁芯的几何形状与尺寸、线圈与磁芯的接近程度和是否有绕在两个芯柱的匝数情况的影响。气隙损耗的精确预测依赖于边缘磁通的大小

$$P_g = K_i E l_g f B_{AC}^2 \tag{2-26}$$

式中，f 是交流频率；E 是磁芯的带或舌的宽度，参照图 2-10；K_i 是气隙损失系数，与磁芯结构有关，如表 2-3 所示。

表 2-3　气隙损失系数

结构	K_i
双线圈 C 形磁芯	0.0388
单线圈 C 形磁芯	0.0775
叠片形	0.1550

（4）电感器的温升

磁元件的电气绝缘是保证其正常工作的根本，温升是影响绝缘的重要因素，只有经过严格测试并符合要求的磁元件才能使用。磁元件中产生热量的来源有磁芯和线圈，磁元件的热量是通过传导和辐射散发到空气中的。如图 2-12 所示是磁元件的热阻示意图，图 2-12（a）是磁元件的热流示意图，热源主要有线圈和磁芯，热阻包括了磁芯热阻、线圈热阻、磁芯和线圈之间的热阻、磁芯表面到空气的热阻、线圈的灌注层热阻及灌注层到空气的热阻，其磁元件等效热阻图如图 2-12（b）所示。

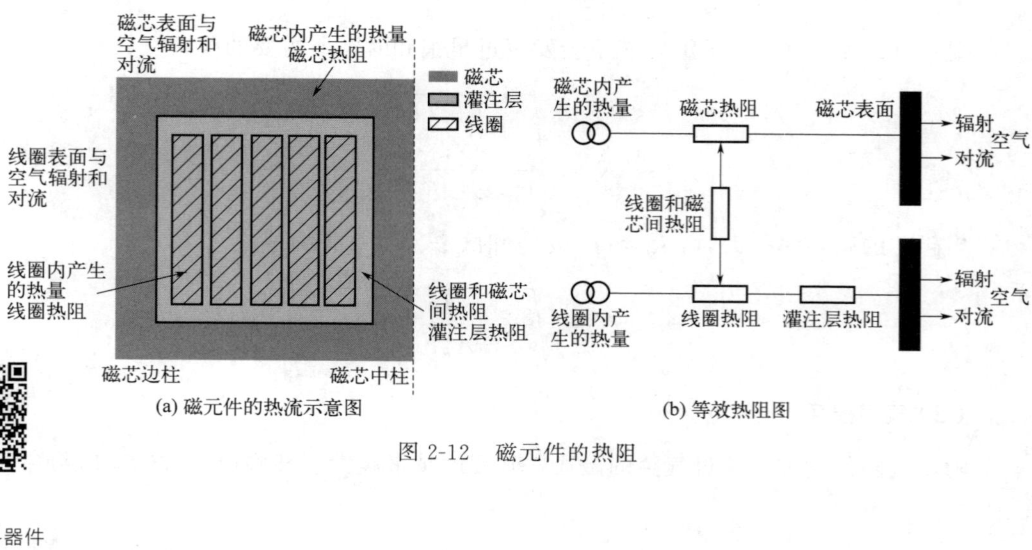

(a) 磁元件的热流示意图　　(b) 等效热阻图

图 2-12　磁元件的热阻

磁元件工作过程中的功率损耗所产生的热量一部分为磁芯及绕组所吸收，使磁芯及绕组的温度升高；另一部分热量则通过磁元件的表面以辐射、对流及传导等方式散发到周围介质中，最终达到热平衡。热平衡时，磁芯及绕组的温度超出环境温度的量，称为磁芯及绕组的温升。

达到热平衡时，磁元件的温度不再增加，产生稳定温升 T_r，为保证磁性元件寿命，稳定温升应当小于最大允许温升。

温升不可能完全精确地预计，尽管在文献中对它的计算叙述了很多方法。对于开放的磁芯和绕组结构的温升，一个比较合理的方法是把磁芯损耗和绕组损耗看成是磁元件的总损耗，损耗以热能形式释放出去，并假定热能被均匀地消耗在全部磁芯和绕组装配件的表面。即总损耗为

$$P_{\Sigma}=P_{Fe}+P_{Cu} \tag{2-27}$$

式中，P_{Σ} 是总损耗；P_{Fe} 是磁芯损耗，铁损；P_{Cu} 是绕组损耗，铜损。如果是交流电感器，总损耗还应加上气隙损耗，即 $P_{\Sigma}=P_{Fe}+P_{Cu}+P_g$。

磁芯损耗是固定的损耗，铜损是可变损耗，它与负载的电流需要量有关。铜损按电流的平方增加，也称为平方损失。铜损 P_{Cu} 除以输出功率 P_o 是变压器、电感器的调整率 α，即

$$\alpha=\frac{P_{Cu}}{P_o}\times 100\% \tag{2-28}$$

假定热能被均匀地消耗在全部磁芯和绕组装配件的表面上，那么单位面积所耗散的平均功率为

$$\psi=\frac{P_{\Sigma}}{A_t} \tag{2-29}$$

式中，ψ 为单位面积耗散的平均功率，也叫功率密度；P_{Σ} 是总的功率损耗，即被耗散的总功率；A_t 为表面积，由生产磁芯的制造商提供。

那么以℃为单位的温升 T_r 公式为

$$T_r=450\psi^{0.826} \tag{2-30}$$

2.3.2 直流电感器设计

载有直流的电感器常常用于各种各样的地面、航空和航天应用场合。例如用于正弦波整流的直流 LC 滤波电感、Buck（降压）型变换器电感等。

(1) 直流电感器的能量处理能力

电感是能量存储元件，储存能量的能力叫作电感器的能量处理能力，符号为 W，单位是 J。电感器的能量处理能力由电感量的大小和通过线圈的电流决定。

$$W=\frac{1}{2}LI^2 \tag{2-31}$$

电感器的能量处理能力与磁芯的面积积 A_p 有关，关系式为

$$A_p = \frac{2W \times 10^4}{B_m J K_u} \tag{2-32}$$

式中，W 为电感器的能量处理能力，J；B_m 为磁通密度最大值，T；J 为电流密度，A/cm^2；K_u 为窗口利用系数；A_p 是磁芯的面积积，cm^4。

由式（2-32）看出，磁通密度 B_m、窗口利用系数 K_u（它决定了窗口中可用于铜的最大空间）和电流密度 J（它控制铜损）诸因素都影响面积积 A_p。

电感器既可以根据面积积 A_p 来选择磁芯，也可以针对给定的调整率来设计。调整率和磁芯的能量处理能力与两个约束有关

$$\alpha = \frac{W^2}{K_g K_e} \tag{2-33}$$

式中，α 是调整率；K_g 是磁芯几何常数；K_e 是磁电工作状况系数。

磁芯几何常数 K_g 由磁芯的几何形状和尺寸决定

$$K_g = \frac{W_a A_c^2 K_u}{MLT} \tag{2-34}$$

式中，W_a 为磁芯的窗口面积；MLT 为一匝线圈的长度。

K_e 由磁和电的工作状况决定

$$K_e = 0.145 P_o B_{pk}^2 \times 10^{-4} \tag{2-35}$$

式中，P_o 是输出功率；B_{pk} 是工作磁通密度峰值，由下式决定

$$B_{pk} = B_{DC} + \frac{B_{AC}}{2} \tag{2-36}$$

式中，B_{DC} 和 B_{AC} 分别是直流和交流磁通密度。

由以上可以看出，磁通密度峰值 B_{pk} 是影响磁芯尺寸的最主要因素。

根据设计要求和所给出的技术参数，利用式（2-32）求出面积积 A_p，或者利用式（2-34）求出几何常数 K_g，再根据 A_p 值或 K_g 值来选定磁芯。磁芯的 A_p 值或 K_g 值由磁芯的生产商给出。

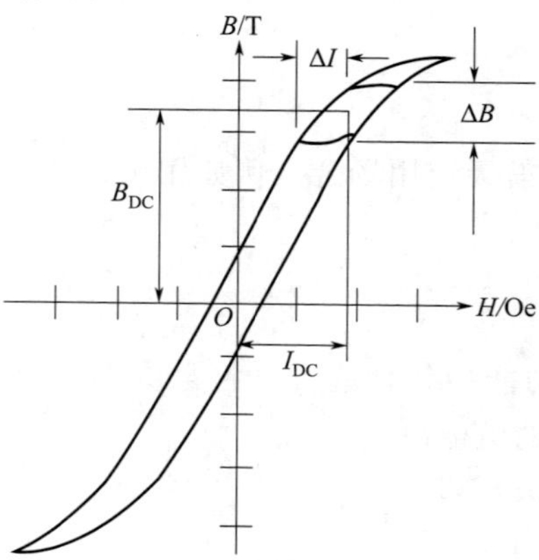

图 2-13　电感器的磁通密度与电流 $I_{DC}+\Delta I$ 的关系（1Oe=79.6A/m）

（2）直流电感器的限制条件

线性直流电感器的设计依赖于四个相关的因素：

① 要求的电感量 L；

② 直流电流 I_{DC}；

③ 交流电流 ΔI；

④ 功率损失和温升 T_r。

设计者必须依据上面建立的这些要求决定 B_{DC} 和 B_{AC} 的最大值，以使其不发生磁饱和。设计者必须作出折中，使其在给定体积下获得最大的电感量。电感器的磁通密度与电流 $I_{DC}+\Delta I$ 的关系如图 2-13 所示，工作磁通的峰值 B_{pk} 取决于电流 I_{DC} 产生的磁通 B_{DC} 和 ΔI

产生的磁通 ΔB，即 B_{AC}。

$$B_{pk}=B_{DC}+\frac{B_{AC}}{2} \tag{2-37}$$

$$B_{DC}=\frac{0.4\pi N I_{DC}\times10^{-4}}{l_g+\frac{l_c}{\mu_m}} \tag{2-38}$$

$$B_{AC}=\frac{0.4\pi N\frac{\Delta I}{2}\times10^{-4}}{l_g+\frac{l_c}{\mu_m}} \tag{2-39}$$

$$B_{pk}=\frac{0.4\pi N(I_{DC}+\frac{\Delta I}{2})\times10^{-4}}{l_g+\frac{l_c}{\mu_m}} \tag{2-40}$$

带有直流电流和有空气隙的磁芯电感器电感量可用下式表达

$$L=\frac{0.4\pi N^2 A_c\times10^{-8}}{l_g+\frac{l_c}{\mu_m}} \tag{2-41}$$

式（2-41）表明，电感量取决于磁路的等效长度，它是空气隙长度和磁芯平均长度与材料磁导率比值（l_c/μ_m）的和。如果已知电感量，由式（2-41）可以求得磁芯气隙的尺寸

$$l_g=\frac{0.4\pi N^2 A_c\times10^{-8}}{L}-\frac{l_c}{\mu_m} \tag{2-42}$$

当磁芯的磁导率很大时，$l_g\gg(l_c/\mu_m)$ 时，μ_m 的变化对总的等效磁路长度或电感量没有显著的影响，式（2-41）可简化为

$$L=\frac{0.4\pi N^2 A_c\times10^{-8}}{l_g} \tag{2-43}$$

如果是没有开气隙的直流电感器，或者气隙的影响非常小的话，则直流磁通 B_{DC}、交流磁通 B_{AC} 和工作磁通的峰值 B_{pk} 分别为

$$B_{DC}=\frac{0.4\pi N I_{DC}\mu_m\times10^{-4}}{l_c} \tag{2-44}$$

$$B_{AC}=\frac{0.4\pi N\frac{\Delta I}{2}\mu_m\times10^{-4}}{l_c} \tag{2-45}$$

$$B_{pk}=\frac{0.4\pi N\left(I_{DC}+\frac{\Delta I}{2}\right)\mu_m\times10^{-4}}{l_c} \tag{2-46}$$

（3）直流电感器的设计过程

任何一款磁性器件都包含多项指标要求。这些要求中有些是属于直接技术性的，如对于电感器的电感量要求、Q 值要求等；而有些要求则属于非技术性的，或者直接的技术关联性不太大，如对成本的要求、重量和体积的要求等。在实际设计一款磁性器件时，最开始一般很难同时兼顾到器件全部的要求，而是先基于一些重要参数要求设计出相应的器件，然后再验证其是否符合剩余参数的要求，如果验证未通过，再返回重新设计器件。一般通过设计—验证—改进设计—再验证的多次尝试，最后才能获得满足全部指标要求的磁性器件。电感器的设计过程分为选择磁芯、选取导线、确定绕组的匝数和验证其他参数是否满足要求四个部分。

① 根据已给出的设计要求，选择磁芯

磁芯的选取有两种方法，面积积（A_p）法和几何常数（K_g）法。根据设计要求和所给出的技术参数，求出面积积 A_p，或者求出几何常数 K_g，选取和 A_p 值或 K_g 值接近的磁芯。如果已知调整率，或者根据已给技术指标能够计算出调整率，就可以选择几何常数法。

② 计算导线截面，选取导线

选取导线的一种常用的方法是计算所需裸导线的截面。裸导线截面 $A_{w(B)}$ 和电流的有效值 I_{rms}、电流密度 J 的关系为

$$A_{w(B)}=\frac{I_{rms}}{J} \tag{2-47}$$

计算出所需裸导线的截面积 $A_{w(B)}$，然后根据导线的数据，选取截面积和计算值最接近的导线。

③ 确定绕组的匝数

缠绕 N 匝线圈磁芯可产生的电感量 $L=A_L N^2$，因此线圈匝数 N 为

$$N=\sqrt{\frac{L}{A_L}} \tag{2-48}$$

根据技术要求的电感量和已选定磁芯的电感因子 A_L，可以利用式（2-48）求得所需线圈的匝数。

如果是载有直流磁场且有空气隙的磁芯电感器，那么需要考虑气隙和边缘磁通的影响，可根据式（2-24）或式（2-25）来计算线圈匝数。计算得到的线圈匝数也要考虑磁芯窗口能否满足缠绕需求。

④ 验证其他参数是否满足要求

当电感器磁芯、绕组线径和匝数都确定后，就需要验证该电感器是否满足其他的目标要求，例如温升、窗口利用系数、最大磁通密度等等。

下面具体举例来进一步理解整个设计过程。

【例 2-1】 用面积积（A_p）法设计环形粉末磁芯电感器。

根据下列技术要求，设计环形粉末磁芯直流电感器：电感量 L 为 0.003H；直流电流 I_o 为 1.5A；交流电流 ΔI 为 0.4A；输出功率 P_o 为 100W；电流密度 J 为 $300A/cm^2$；纹波频率为 10kHz；工作磁通密度 B_m 为 0.3T；窗口利用系数 K_u 为 0.4；温升目标 T_r 为 25℃。磁芯为铁硅铝粉末环形磁芯。

设计过程如下。

a. 选择磁芯。

电流峰值 I_{pk}

$$I_{pk}=I_o+\frac{\Delta I}{2}=1.5+\frac{0.4}{2}=1.7(\text{A})$$

能量处理能力 W

$$W=\frac{LI_{pk}^2}{2}=\frac{0.003\times1.7^2}{2}=0.0043(\text{J})$$

面积积 A_p

$$A_p=\frac{2W\times10^4}{B_mJK_u}=\frac{2\times0.0043\times10^4}{0.3\times300\times0.4}=2.39(\text{cm}^4)$$

由面积积 2.39cm^4 选定铁硅铝粉末环形磁芯型号为 77076。磁芯数据为：磁路长度 l_c 为 8.98cm；磁芯质量 W_{tFe} 为 42.619g；平均匝长 MLT 为 4.80cm；磁芯面积 A_c 为 0.768cm^2；窗口面积 W_a 为 5.255cm^2；面积积 A_p 为 2.42cm^4；磁芯几何常数 K_g 为 0137877cm^5；表面积 A_t 为 68.00cm^2；材料相对磁导率为 60；千匝电感量为 56mH。

b. 计算导线截面，选取导线。

电流值的方均根（有效）值 I_{rms}

$$I_{rms}=\sqrt{I_o^2+\Delta I^2}=\sqrt{1.5^2+0.4^2}=1.55(\text{A})$$

所需要的导线裸面积 $A_{w(B)}$

$$A_{w(B)}=\frac{I_{rms}}{J}=\frac{1.55}{300}=0.00517(\text{cm}^2)$$

选择导线 AWG20。导线的数据为：裸导线截面积 $A_{w(B)}=0.00519$（cm^2），绝缘导线截面积 $A_w=0.00606$（cm^2），单位长度的电阻为 332μΩ/cm。

c. 确定绕组的匝数。

可能的绕组匝数 N

$$N=\frac{W_aK_u}{A_{w(B)}}=\frac{5.26\times0.4}{0.00519}=405(\text{匝})$$

所需的绕组匝数 N_L

$$N_L=1000\sqrt{\frac{L}{L_{(1000)}}}=1000\sqrt{\frac{0.003\times1000}{56}}=231(\text{匝})$$

所需的绕组匝数小于可能的绕组匝数，满足要求。

d. 验证其他参数是否满足要求。

计算损耗：

绕组电阻 R_L

$$R_L = MLTN_L \times 332 \times 10^{-6} = 4.80 \times 231 \times 332 \times 10^{-6} = 0.368(\Omega)$$

铜损 P_{Cu}

$$P_{Cu} = I_{rms}^2 R_L = 1.55^2 \times 0.368 = 0.884(\text{W})$$

交流（AC）磁通密度 B_{AC}

$$B_{AC} = \frac{0.4\pi N_L \frac{\Delta I}{2} \mu_m \times 10^{-4}}{l_c} = \frac{1.26 \times 231 \times \frac{0.4}{2} \times 60 \times 10^{-4}}{8.98} = 0.0389(\text{T})$$

磁芯损耗 P_{Fe}

$$\text{磁芯损耗密度} = Kf^{(m)} B_{AC}^{(n)} = 0.000634 \times 10000^{1.46} \times 0.0389^2 = 0.664(\text{mW/g})$$

$$P_{Fe} = 0.664 \times W_{tFe} \times 10^{-3} = 0.664 \times 42.62 \times 10^{-3} = 0.028(\text{W})$$

总损耗 P_{Σ}

$$P_{\Sigma} = P_{Fe} + P_{Cu} = 0.028 + 0.884 = 0.912(\text{W})$$

计算温升：

表面功率耗散密度 ψ

$$\psi = \frac{P_{\Sigma}}{A_t} = \frac{0.912}{68.00} = 0.0134(\text{W/cm}^2)$$

温升 T_r

$$T_r = 450\psi^{0.826} = 450 \times 0.0134^{0.826} = 12.8(℃)$$

计算窗口利用系数 K_u

$$K_u = \frac{N_L A_{w(B)}}{W_a} = \frac{231 \times 0.00519}{5.255} = 0.228$$

综上，电感器所选的磁芯型号为77076，导线为AWG20，线圈匝数为231匝，经验证，温升为12.8℃，窗口利用系数为0.228，均满足设计要求。

2.3.3 交流电感器设计

交流电感只通交流电流，其直流分量为零。这种电感通常应用在谐振电路和滤波器中。

（1）交流电感器的伏安能力

交流电感器中只有交流电通过，设计时需要计算伏安能力，伏安能力用视在功率（P_t）表示。视在功率是激励电压和电感器中电流的乘积，即

$$P_t = VI \tag{2-49}$$

交流电感器设计时选择磁芯也同样采用 A_p 法或者 K_g 法。磁芯的伏安能力与其面积的关系可由下式表示

$$A_p=\frac{P_t\times 10^4}{K_f K_u B_{AC} f J} \tag{2-50}$$

式中，K_f 为波形系数；K_u 为窗口利用系数；B_{AC} 为工作磁通密度，T；f 为工作频率，Hz；J 为电流密度，A/cm^2；A_p 是磁芯的面积积，cm^4。

由式（2-50）可以看到，磁通密度、窗口利用系数和电流密度等因素对电感器的面积积 A_p 都有影响。

和直流电感器一样，交流电感器也可以针对给定的调整率来设计。调整率 α 与磁芯伏安能力 P_t 的关系涉及两个常数，磁芯几何常数 K_g 和磁电工作系数 K_e

$$\alpha=\frac{P_t}{K_g K_e} \tag{2-51}$$

磁芯几何常数 K_g 由磁芯的几何形状和尺寸决定

$$K_g=\frac{W_a A_c^2 K_u}{MLT} \tag{2-52}$$

磁电工作系数 K_e 由磁和电的工作状况决定

$$K_e=0.145K_f^2 f^2 B_m^2\times 10^{-4} \tag{2-53}$$

式中，K_f 为波形系数，对于方波，$K_f=4.0$，对于正弦波，$K_f=4.44$。

由以上可见，磁通密度、工作频率和波形系数等因素对电感器的尺寸都有影响。

（2）交流电感器设计

线性交流（AC）电感器的设计依赖于五个有关的因素：

a. 希望的电感量。

b. 所加的电压（跨越电感器的两端）。

c. 频率。

d. 工作磁通密度。

e. 温升。

根据上面所建立的技术要求，设计师应该确定不会产生磁饱和的 B_{AC} 最大值，并且在给定体积的情况下，对获得最大电感量进行优化折中。所选择的材料决定给定设计中允许的最大磁通密度。

和直流电感器一样，交流电感器的设计过程也分磁芯的选择、选取导线、确定绕组的匝数和验证其他参数是否满足要求四个部分。大部分过程和直流电感器的一样，只是绕组的匝数计算和温升计算中损耗有所不同。

交流电感器必须承受所施加的电压 V_{AC}。根据电压可以通过法拉第定律来计算需要的匝数，其表达式是

$$N=\frac{V_{AC}\times 10^4}{K_f B_{AC} f A_c} \tag{2-54}$$

带空气隙的磁芯电感器电感值可由下式表示

$$L=\frac{0.4\pi N^2 A_c\times 10^{-8}}{l_g+\frac{l_c}{\mu_m}} \tag{2-55}$$

由式（2-55）可以确定气隙的长度

$$l_g=\frac{0.4\pi N^2 A_c\times 10^{-8}}{L}-\frac{l_c}{\mu_m} \tag{2-56}$$

当磁芯的空气隙 l_g 比 l_c/μ_m 大得多的情况下，电感量公式可简化为

$$L=\frac{0.4\pi N^2 A_c\times 10^{-8}}{l_g} \tag{2-57}$$

也就是说高磁导率材料的 μ_m 的变化对总的等效磁路长度或电感量没有显著影响。重新利用式（2-57）对气隙求解

$$l_g=\frac{0.4\pi N^2 A_c\times 10^{-8}}{L} \tag{2-58}$$

加上边缘磁通的影响，电感值修正为

$$L=\frac{0.4\pi N^2 A_c F\times 10^{-8}}{l_g} \tag{2-59}$$

现在，重新计算线圈的匝数

$$N_n=\sqrt{\frac{Ll_g}{0.4\pi A_c F\times 10^{-8}}} \tag{2-60}$$

在新的匝数 N_n 被计算出来以后，利用式（2-54）来重新计算工作磁通密度 B_{AC}

$$B_{AC}=\frac{V_{AC}\times 10^4}{K_f N_n A_c f} \tag{2-61}$$

重新计算得到的工作磁通密度用来计算磁芯损失 P_{Fe} 以及校验磁芯饱和裕量。

直流电感器的损耗包含铁损和铜损两部分，即 $P_\Sigma=P_{Fe}+P_{Cu}$，而交流电感器中的损耗由铜损、铁损和气隙损耗三部分构成，即 $P_\Sigma=P_{Fe}+P_{Cu}+P_g$。

下面具体举例来进一步理解整个交流电感器的设计过程。

【例 2-2】 请设计一个线性交流（AC）电感器，技术要求如下：施加的电压 V 为 100V；线电流 I 为 1.0A；电源频率为 60Hz；电流密度 J 为 250A/cm^2；效率目标 η 为 90%；磁性材料为硅钢，相对磁导率 μ_m 为 1500；磁通密度 B 为 1.4T；窗口利用系数 K_u 为 0.4；波形系数 K_r 为 4.44；温升目标 T_r 为 50℃。

设计过程：

电感器的视在功率 P_t

$$P_t=VI=100\times 1.0=100(\mathrm{W})$$

面积积 A_p

$$A_p=\frac{P_t\times10^4}{K_fK_ufB_{AC}J}=\frac{100\times10^4}{4.44\times0.4\times60\times1.4\times250}=26.8(\text{cm}^4)$$

选择EI叠片磁芯，与计算出的面积积 A_p 最接近的叠片磁芯是EI-100。磁芯的数据如下：磁路长度 l_c 为15.2cm；磁芯质量 W_{tFe} 为676g；平均匝长 MLT 为14.8cm；磁芯截面积 A_c 为6.13cm^2；窗口面积 W_a 为4.84cm^2；面积积 A_p 为29.7cm^4；磁芯几何常数 K_g 为4.93cm^5；表面积 A_t 为213cm^2；绕组长度 G 为3.81cm；叠片舌宽 E 为2.54cm。

电感器的匝数 N

$$N=\frac{V\times10^4}{K_fB_{AC}fA_c}=\frac{100\times10^4}{4.44\times1.4\times60\times6.13}=438(\text{匝})$$

感抗 X_L

$$X_L=\frac{V}{I}=\frac{100}{1.0}=100(\Omega)$$

所需要的电感量 L

$$L=\frac{X_L}{2\pi f}=\frac{100}{2\times3.14\times60}=0.265(\text{H})$$

所需要的气隙 l_g

$$l_g=\frac{0.4\pi N^2A_c\times10^{-8}}{L}-\frac{l_c}{\mu_m}=\frac{1.26\times438^2\times6.13\times10^{-8}}{0.265}-\frac{15.2}{1500}=0.0458(\text{cm})$$

边缘磁通系数 F

$$F=1+\frac{l_g}{\sqrt{A_c}}\ln\frac{2G}{l_g}=1+\frac{0.0458}{\sqrt{6.13}}\ln\frac{2\times3.81}{0.0458}=1.095$$

利用边缘磁通系数，计算新的绕组匝数 N_n

$$N_n=\sqrt{\frac{l_gL}{0.4\pi A_cF\times10^{-8}}}=\sqrt{\frac{0.0458\times0.265}{1.26\times6.13\times1.095\times10^{-8}}}=379(\text{匝})$$

利用新的匝数，重新计算磁通密度 B_{AC}

$$B_{AC}=\frac{V\times10^4}{K_fN_nA_cf}=\frac{100\times10^4}{4.44\times379\times6.13\times60}=1.62(\text{T})$$

所需要的裸导线面积 $A_{w(B)}$

$$A_{w(B)}=\frac{I}{J}=\frac{1.0}{250}=0.004(\text{cm}^2)$$

选择导线AWG21。导线的数据为：裸导线截面积 $A_{w(B)}=0.00412\text{cm}^2$，单位长度的电阻为418.9μΩ/cm。

绕组电阻 R_L

$$R_L=MLTN_n\times418.9\times10^{-6}=14.8\times379\times418.9\times10^{-6}=2.35(\Omega)$$

铜损 P_{Cu}

$$P_{Cu}=I^2R_L=1.0^2\times 2.35=2.35(\mathrm{W})$$

磁芯损耗 P_{Fe}

$$磁芯损耗密度=Kf^{(m)}B_{AC}^{(n)}=0.000557\times 60^{1.68}\times 1.62^{1.86}=1.33(\mathrm{mW/g})$$

$$P_{Fe}=1.33\times W_{tFe}\times 10^{-3}=1.33\times 676\times 10^{-3}=0.899(\mathrm{W})$$

气隙损耗 P_g

$$P_g=K_iEl_gfB_{AC}^2=0.155\times 2.54\times 0.0458\times 60\times 1.62^2=2.839(\mathrm{W})$$

总损耗 P_{Σ}

$$P_{\Sigma}=P_{Fe}+P_{Cu}+P_g=0.899+2.35+2.839=6.09(\mathrm{W})$$

表面积的功率耗散密度 ψ

$$\psi=\frac{P_{\Sigma}}{A_t}=\frac{6.09}{213}=0.0286(\mathrm{W/cm^2})$$

温升 T_r

$$T_r=450\psi^{0.826}=450\times 0.0285^{0.826}=23.9(℃)$$

窗口利用系数 K_u

$$K_u=\frac{N_nA_{w(B)}}{W_a}=\frac{379\times 0.00412}{4.84}=0.323$$

综上，电感器所选的磁芯为 EI-100，导线为 AWG21，线圈匝数为 379 匝，经验证，温升为 23.9℃，窗口利用系数为 0.323，均满足设计要求。

2.4 电感器的组装

根据安装方式，电感分为贴片电感和插件电感。从外形封装方式可以看出贴片电感没有引脚；而插件电感明显有很长的引脚。成本方面，虽然插件电感在成本上明显较有优势；但是贴片功率电感可以减少插件的人工。贴片功率电感最大的优势在于没有引脚，可以减少寄生电容，提升产品本身性能，使产品的品质大大提升。贴片电感较插件电感在功率功能实现上更突出，且磁屏蔽性更佳，有利于增加磁导率、增强磁性强度，保证产品使用性能；相较而言，插件电感自身的使用寿命较短。

2.4.1 插件电感的组装

各种形状插件电感的制作工艺过程大体相同，为：绕线→焊锡→组装磁芯→上套管（或含浸）→烘烤→切脚→测试→包装。各个工段及其目的和变压器的制备工艺相同或者相似，这里不再重复。在制作过程中要注意以下几点。

(1) 根据电路的需求，选好相应的绕制方法

制造电感线圈时，要根据电路的情况、电感量的大小和线圈骨架宽度的大小，选好绕制方式。间绕式在高频电感线圈使用较多；单层密绕式线圈适用于短波、长波回路之中；多层密绕的特点是分布电容比较大；蜂房式绕法的分布电容较小。一般来说自制电感线圈会要求有着比较大的电感量和小的体积，而对电感量的精度、Q 值及稳定性要求不高，因此多层密绕是最常用的绕线方式。

(2) 选用合适的绕线

没有选好合适的导线绕制电感线圈，会增大其电阻，Q 值也会降低。在低于 2MHz 的电路中，建议使用多股绝缘的导线绕制线圈，这样可以有效地抑制集肤效应，使 Q 值比相同截面积的单根导线绕制的线圈高出 35%～50%。在频率高于 2MHz 的电路中，建议使用单根粗导线绕制，可以选用直径在 0.28～1.5mm 的导线。

(3) 绕制骨架线圈的时候要选用优良的骨架

选用好的骨架能耐受线圈的最高温度，而且有良好的绝缘性能的同时也有利于加工成型。而且虽然骨架线圈中的磁芯缩小了电感线圈的圈数，但这不仅降低了电感线圈的电阻值，还有利于增强 Q 值和减少线圈的容积。在选择磁芯时，要根据工作频率和 Q 值要求进行匹配。在频率低于 1MHz 时，可以选用锰锌铁氧体做成的磁芯；在频率高于 1MHz 时，可以使用镍锌铁氧体做成的磁芯。要达到高的 Q 值和低的频率，应使用较大尺寸的磁芯。

(4) 相应减小绕制线圈的分布电容

使用无骨架绕制形式可使电感线圈的分布电容降低约 20%；而使用分段绕法可使多层线圈的分布电容减少 30%～50%。对于电感线圈来说，直径越小，其分布电容与绕组长度成正比，与绕组薄厚成反比。总之，绕制电感线圈，对 Q 值的控制是重点。

2.4.2 贴片电感的组装

贴片电感的制作分为两部分：卷线和积层。

(1) 卷线

卷线的具体工艺流程为：磁芯生产→卷线→框架加工→成型→端子加工。

a. 磁芯生产：经过粉体→成型→烧制过程，在生产的磁芯上形成电极。

b. 卷线：在磁芯上缠绕导线，将导线的末端与磁芯连接。

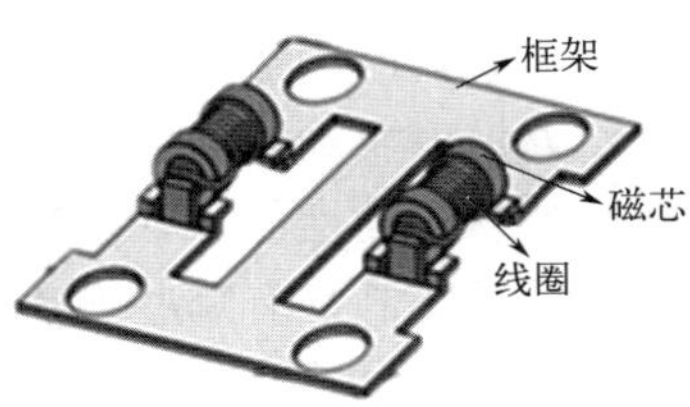

图 2-14　磁芯固定在框架上

c. 框架加工：将卷好的磁芯用框架夹住，如图 2-14 所示。

d. 成型：如图 2-15 所示，在被框架夹住的线圈内注入树脂，使得绕组磁芯完全绝缘包覆。

e. 端子加工：切开树脂包裹的线圈，将留在线圈上的框架部分折叠成电极，如图 2-16 所示。

（2）积层

积层的具体工艺流程为：制造胶状物→形成片状、印刷电极→叠层→切断、烧成→涂布电极、电镀。

a. 制造胶状物：将铁氧粉末与树脂混合，制成铁氧体胶状物。

b. 形成片状、印刷电极：将铁氧体胶状物制成薄薄的片状，并在上面印刷电极。

图 2-15　注入树脂成型

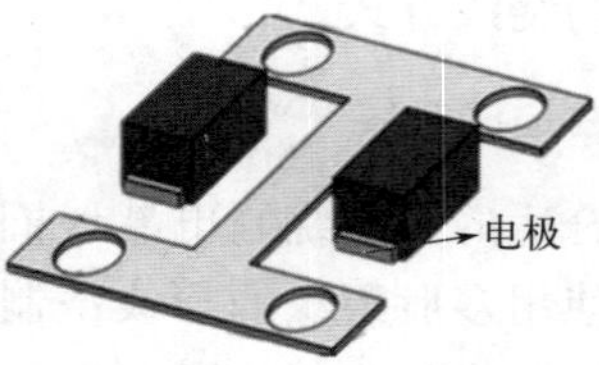

图 2-16　端子加工

c. 叠层：将印刷好电极的铁氧体胶状物的片状物叠放，并加压压制，如图 2-17 所示。

d. 切断、烧成：使用金属板刀将其切成规定的尺寸，放在烧成炉上烧制。

e. 涂布电极、电镀：如图 2-18 所示，将烧制好的线圈放入 JIG 板内，再将 JIG 板浸入电极糊，使线圈两端涂上电极，烧制后，将整个线圈浸入电镀液电镀，贴片电感制作完成。

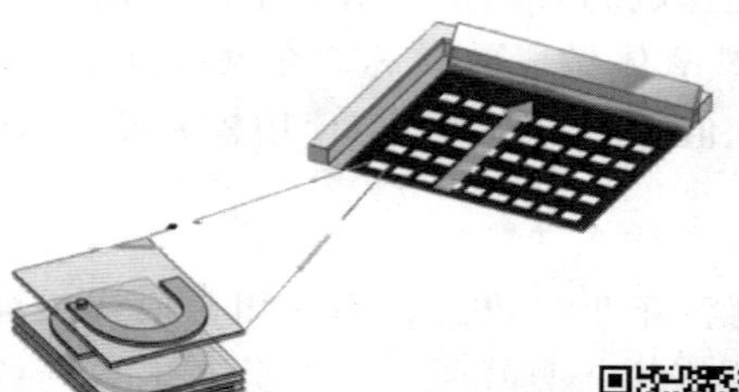

图 2-17　叠层

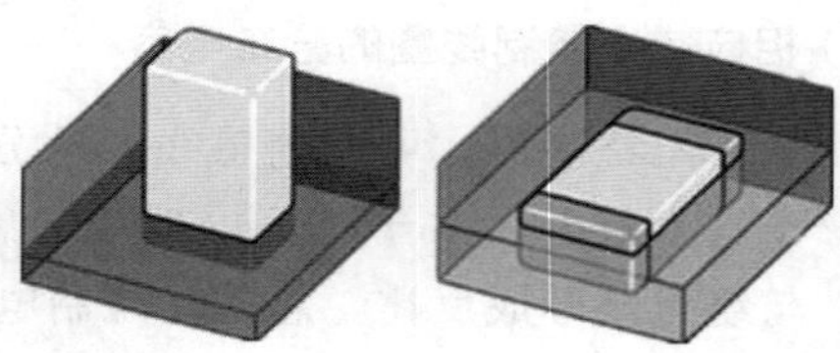

图 2-18　涂布电极与电镀

思考题

参考答案

1. 电感器的功能及其原理是什么？

2. 差模电感和共模电感有哪些异同点？

3. 电感器的性能参数有哪些？

4. 导线绕制都有哪些方法，分别对电感器性能有哪些影响？

5. 气隙对电感有哪些影响？

6. 什么是磁芯的电感因子？

7. 设计直流电感器和交流电感器时，限制条件分别有哪些？

8. 直流电感器的 $L=100\mu H$，$l_c=2.5cm$，$A_c=2cm^2$，求下列三种情况下绕组的匝数：（a）$\mu_m=1$ 不开气隙；（b）$\mu_m=25$ 不开气隙；（c）$\mu_m=25$，$l_g=3mm$。

9. 一个线性直流电感器的技术指标为：电感量 $L=0.04H$、直流电流 $I_{DC}=2.0A$、交流电流 $I_{AC}=0.3A$、纹波频率 $f=20kHz$、电流密度 $J=350A/cm^2$、$B_m=0.3T$、窗口利用

系数 $K_u=0.4$。求该电感器的能量处理能力和所需磁芯的面积积。

10. 插件电感和贴片电感对比，各有哪些特点？

11. 简述贴片电感的组装过程。

参考文献

[1] 周洁敏，赵修科，陶思钰. 开关电源磁性元件理论及设计[M]. 北京：北京航空航天大学出版社，2014.

[2] 苏桦，唐晓莉，张怀武. 软磁铁氧体器件设计及应用[M]. 北京：科学出版社，2014.

[3] Kazimierczuk M K. 高频磁性器件[M]. 钟智勇，唐晓莉，张怀武，译. 北京：电子工业出版社，2012.

[4] Mclyman C W M T. 变压器与电感器设计手册[M]. 周京华，龚绍文，译. 4版. 北京：中国电力出版社，2014.

[5] 宛德福，马兴隆. 磁性物理学[M]. 修订版. 北京：电子工业出版社，1999.

[6] 刘传彝. 电力变压器设计计算方法与实践[M]. 沈阳：辽宁科学技术出版社，2002.

[7] 王敬. 变压器试验技术[J]. 变压器，2000，37(12)：45-47.

第 3 章

磁传感器

导读

磁传感器是指对磁场参量敏感的元器件或装置，其具有把磁学物理量转换为电信号的功能。磁场参量主要包括磁场强度、磁感应强度、磁通、磁化强度、磁导率等。磁传感器种类繁多，本章重点介绍以霍尔效应为基础的霍尔磁传感器、以磁致电阻效应为基础的磁阻传感器及以压磁效应为基础的压磁式传感器的工作原理和应用。此类磁传感器广泛用于位移、速度、转数、应变、压力等多种非电量的测量。

3.1 霍尔磁传感器

3.1.1 霍尔效应

1879 年，美国物理学家霍尔在研究金属的导电机制时发现，当电流垂直于外磁场通过导体时，载流子会发生偏转，在垂直于电流和磁场的方向产生一附加电场，从而在导体的两端产生电势差，这一现象就是著名的霍尔效应，这个电势差称为霍尔电动势。由于当时金属材料的霍尔效应十分微弱，因此很长一段时间没有实用化。直到 20 世纪 30 年代末，随着三、五价化合物半导体材料的开发，人们才找到了电子迁移率非常大的材料如锑化铟（InSb）、砷化铟（InAs）、砷化镓（CaAs）等，为霍尔元件制造提供了良好材料，从而使霍尔元件进入了广泛应用的时代。随着半导体生产工艺的飞跃发展，目前集成霍尔元件水平大大提高，并发展到单晶、多晶薄膜化和硅霍尔集成化的阶段。

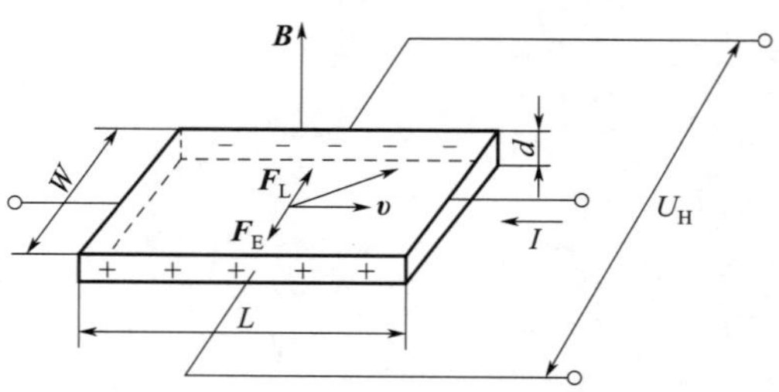

图 3-1 霍尔效应原理图

如图 3-1 所示，在与磁场垂直的半导体薄片（又称霍尔片）上通一电流 I，设磁感应强度为 $\boldsymbol{B}$，半导体内的运动载流子便受磁场的洛伦兹力 $\boldsymbol{F}_L$ 的作用而向垂直于电流和磁场的某一侧面偏转，使该侧面上形成载流子的积累。若霍尔片为 n 型半导体材料，载流子为带负电荷的电子，则会聚集在图中的“－”一侧，而在另一侧面上形成正电荷的积累，如图中所示“＋”的一侧，由此在两侧面之间形成电场 $\boldsymbol{E}$，该电场阻止电子继续向侧面偏移，当电子受到的洛伦兹力 F_L 与电场力 F_E 相等时，电子的积累达到动态平衡，从而在两个侧面之间建立一个稳定电场 $\boldsymbol{E}_H$，相应的电动势称为霍尔电动势 U_H。

设霍尔片的长度为 L，宽度为 W，厚度为 d。又设电子以均匀的速度 $\boldsymbol{v}$ 运动，则在垂直

方向施加的磁感应强度 $\boldsymbol{B}$ 的作用下，它受到的洛伦兹力为

$$F_L = qvB \tag{3-1}$$

式中，q 为电子电荷量；v 为电子运动速度。

同时，作用于电子的电场力可表示为：

$$F_E = qE_H = qU_H/W \tag{3-2}$$

当达到动态平衡时，则：

$$qvB = qU_H/W \tag{3-3}$$

由物理学可知：

$$I = jWd = -nqvWd \tag{3-4}$$

式中，j 为电子的电流密度；n 为电子浓度。

由式（3-4）可得：

$$v = -I/nqWd \tag{3-5}$$

将式（3-5）代入式（3-3）得：

$$U_H = -IB/nqd \tag{3-6}$$

若霍尔材料为 p 型半导体，则它的空穴浓度为 p，得：

$$U_H = IB/pqd \tag{3-7}$$

为简单起见，只考虑多数载流子的漂移和在磁场中的偏转，此时，用 R_H 表示霍尔系数，则 n 型和 p 型半导体的霍尔系数可表示为

$$\left.\begin{aligned} R_H &\approx -\frac{1}{qn} \quad (\text{n 型}) \\ R_H &\approx \frac{1}{pq} \quad (\text{p 型}) \end{aligned}\right\} \tag{3-8}$$

由式（3-6）～式（3-8）可知，霍尔电动势 U_H 与 I、B 的乘积成正比，而与 d 成反比。霍尔电动势 U_H 可表示为：

$$U_H = R_H \frac{IB}{d} \tag{3-9}$$

式中，R_H 为霍尔系数，m^3/C；I 为控制电流，A；B 为磁感应强度，T；d 为霍尔元件厚度，m。

设 $K_H = R_H/d$，则：

$$U_H = K_H IB \tag{3-10}$$

式中，K_H 为霍尔元件的乘积灵敏度，为霍尔元件的一个主要参数，它表示霍尔元件在单位磁感应强度和单位控制电流作用下霍尔电动势的大小，其单位为 V/(A・T)。

金属材料的自由电子的浓度 n 很高，则 R_H 和 K_H 很小，输出信号 U_H 极小，不宜作为

霍尔元件。而半导体材料的 n 较小，U_H 较大，且厚度越小 K_H 越大，所以半导体的薄膜材料被广泛用作霍尔元件。常用的材料有锗（Ge）、硅（Si）、砷化铟（InAs）和锑化铟（InSb）等。

3.1.2 霍尔元件的符号与基本电路

霍尔元件的结构简单，由霍尔片、引线和壳体组成。霍尔片是一块矩形半导体薄片，其两个端面焊接两根控制电流端线（电流极），在元件短边的中间以点的形式焊接两根霍尔输出端引线（霍尔电极），在焊接处要求接触电阻小，而且半导体具有纯电阻性质。霍尔片一般用非磁性金属、陶瓷或环氧树脂封装。图 3-2 为霍尔元件的外形，图 3-3 为霍尔元件的电路符号，图 3-4 为霍尔元件的基本电路。

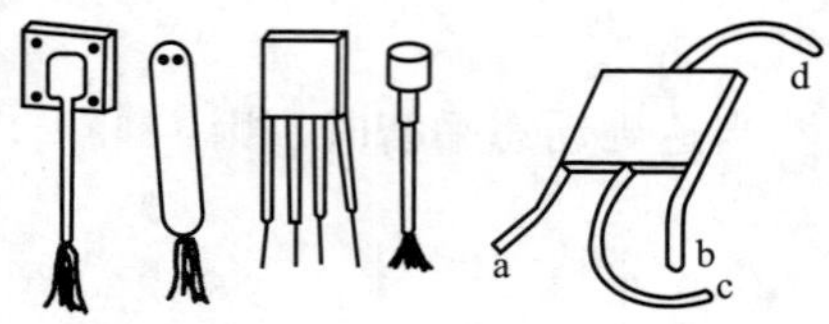

图 3-2 霍尔元件的外形

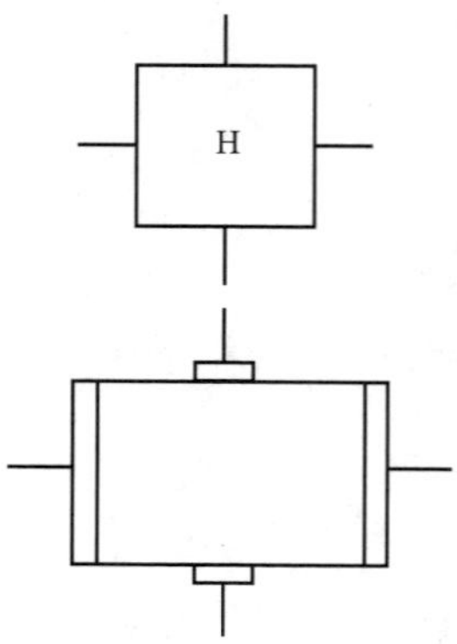

图 3-3 霍尔元件的电路符号

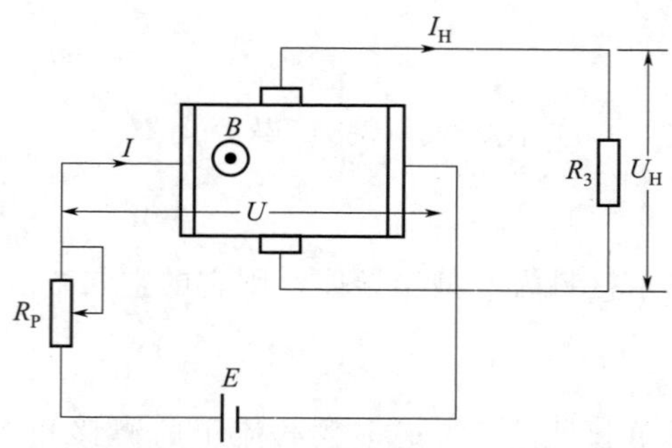

图 3-4 霍尔元件的基本电路

3.1.3 主要技术参数

a. 控制电流 I_c：在磁感应强度 $B=0$、环境温度为 25℃的静止空气中时，由焦耳热产生的允许温升条件下从霍尔元件电流电极输入的电流。

b. 输入电阻 R_1 和输出电阻 R_2：常将在规定技术条件下电流电极端子之间的电阻称为输入电阻 R_1，在规定技术条件且无负载情况下霍尔电压输出电极端子间的电阻称为输出电阻 R_2。此外，R_3 称为霍尔负载电阻。R_3 可以是一般电阻、放大器的输入电阻或表头内阻等。

c. 乘积灵敏度 K_H：在单位控制电流和单位磁感应强度作用下霍尔元件输出端开路时测得的霍尔电压，单位为 V/(A·T)。为提高元件的乘积灵敏度，需选用载流子迁移率大、霍尔系数大的半导体材料；且半导体元件的厚度 d 越小，则乘积灵敏度 K_H 就越高。

d. 霍尔电压温度系数 β：在一定的磁感应强度 B 和控制电流 I_c 的作用下，温度每变化 1℃时霍尔电压 U_H 的相对变化率，单位为%/℃，用于衡量元件的温度稳定性。

3.1.4 霍尔元件的电磁特性

通过大量实验可以测量出霍尔元件的电磁特性。例如，在不同磁场下霍尔元件的输出电

压 U_H 与电流强度的关系，在恒定电流下测量出 U_H 与磁场 B（恒定或交变）之间的关系，以及元件的输入或输出电阻与 B 之间的关系等。

（1）U_H-I 特性

对于一个确定型号的元件，在磁场 B 恒定、一定环境温度下控制电流 I（直流或交流）与霍尔输出电压 U_H 之间一般均呈线性关系，如图 3-5 所示，直线的斜率称为控制电流灵敏度（S_1），即 $S_1=U_H/I=K_HB$。可见，霍尔元件的 K_H 越大，S_1 也越大。若使用 K_H 小的元件，可选择在较大的磁场下工作，以得到同样大的控制电流灵敏度。当控制电流采用交流电时，由于霍尔电场形成所需时间极短（约 $10^{-12}\sim10^{-14}$s），因此交流电频率可高达几千兆赫，仍能得到较大的信噪比。

（2）U_H-B 特性

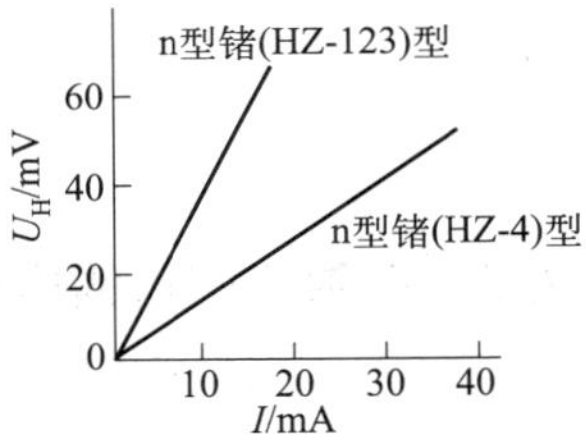

图 3-5　控制电流与霍尔电压的关系曲线

在控制电流恒定时，霍尔元件的开路霍尔输出电压随磁感应强度的增加并不完全呈线性关系。如图 3-6 所示。这是由于当磁场为交变磁场、电流是直流时，交变磁场在导体内会产生涡流而输出一个附加霍尔电势。只有当 $B<0.5$T（即 5000Gs）时，U_H-B 才呈较好的线性。因此霍尔元件不能在高频下工作，只能在几千赫频率的交变磁场内工作。

（3）R-B 特性

将霍尔元件的输入（或输出）电阻与磁场之间的关系称为 R-B 特性。实验得出，霍尔元件的内阻随磁场绝对值的增加而增加（见图 3-7），这种现象称为磁阻效应，此效应会使霍尔元件的电压的输出值降低，尤其是在强磁场下输出值降低较多，应用时必须采取措施予以补偿。

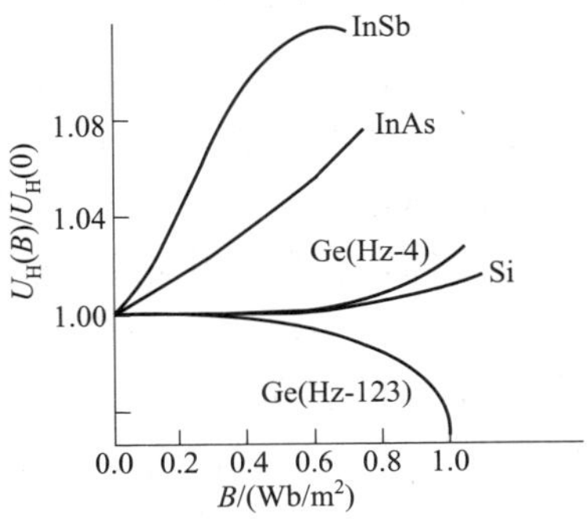

图 3-6　交变磁场下的 U_H-B 曲线

$U_H(B)$—磁感应强度 B 下，霍尔元件的霍尔输出电压；

$U_H(0)$—无外磁场时，霍尔元件的霍尔输出电压

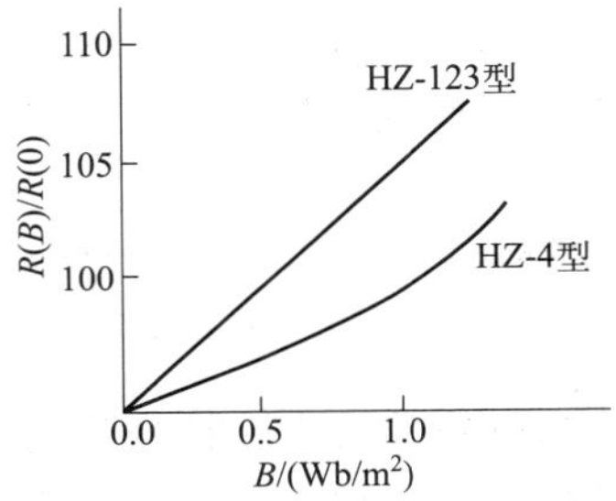

图 3-7　R-B 的关系曲线

（4）温度对霍尔元件电磁特性的影响

温度对半导体的各种特性均有很大影响，霍尔元件也不例外。霍尔元件的温度特性是指霍尔电动势或灵敏度的温度特性，以及输入阻抗和输出阻抗的温度特性。它们可归结为霍尔系数和电阻率（或电导率）与温度的关系。

在使用霍尔元件时，希望它受温度影响小。图 3-8（a）表示 InAs、InSb 两种材料的霍尔系数与温度间的变化关系，图 3-8（b）表示 InAs、InSb 的电阻率与温度间的关系。

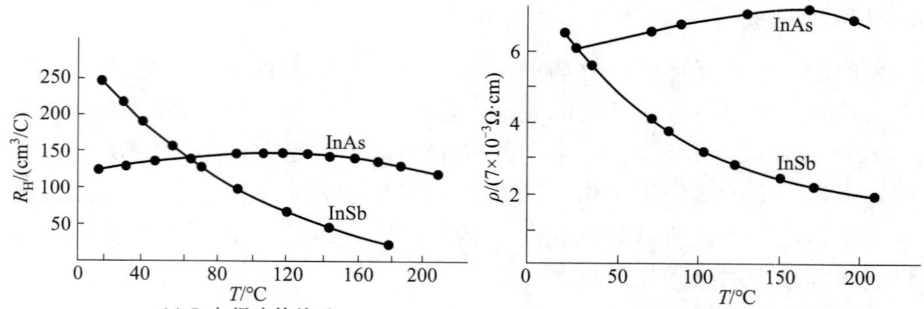

(a) R_H与温度的关系　　(b) ρ与温度的关系

图 3-8　霍尔元件的温度特性

3.1.5　霍尔传感器的应用

霍尔元件具有体积小、外围电路简单、动态特性好、灵敏度高、频带宽等许多优点，因此广泛应用于工业测量、自动控制等领域。

在霍尔元件确定后，K_H 为定值，控制 U_H、I、B 三个变量之一就可以通过测量电压、电流、磁场来检测非电量，如力、压力、应变、振动、加速度等，所以霍尔元件的应用有三种方式：a. 激励电流不变，霍尔电势正比于磁场强度，可以进行位移、加速度、转速测量；b. 激励电流与磁场强度都为变量，传感器输出电压与两者乘积成正比，可测量乘法运算的物理量，如功率；c. 磁场强度不变时，传感器输出电压正比于激励电流，可检测与电流有关的物理量，并可直接测量电流。

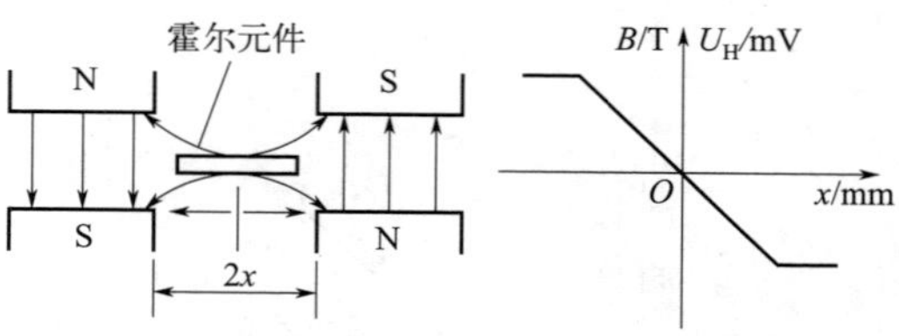

(a) 位移测量工作原理　　(b) 输出特性

图 3-9　霍尔位移传感器

（1）霍尔元件测位移

霍尔位移传感器工作原理如图 3-9（a）所示。霍尔元件测位移时，由一对极性相反的磁极共同作用，形成一个梯度磁场。由电磁学理论可知，在磁铁中心位置磁场强度为零时霍尔电势为零，可作为坐标原点。霍尔元件沿 x 轴方向移动时，其感应电势是位移的函数。霍尔电势的大小、符号分别表示位移变化的大小和方向，其输出特性如图 3-9（b）所示。这种测量方式特点是磁场的梯度越均匀，输出线性越好。由于霍尔电势的大小正比于电流和磁场强度，所以磁场越大，梯度越大，灵敏度越高。这种测量结构特别适合测量 ±0.5mm 小位移的机械振动，分辨率可达到 10^{-6}m。

（2）霍尔元件测转速

图 3-10 是霍尔元件测量转速的结构示意图。图 3-10（a）是利用金属齿轮或磁性齿轮的远近变化测量转速。小磁钢固定安装在霍尔元件一侧，当转盘随转轴转动时，每转一周（或经过一个齿纹）霍尔元件上的磁场变化一次，便检测出一个脉冲，若已知齿数便可计算出单位时间的脉冲数，从而求出测量的转速。另外也可通过检测磁转子进行转速测量，转子在轴

的周围等距离嵌有永久磁铁，相邻磁极的极性相反，霍尔传感器垂直安装在磁极附近的位置上，见图 3-10（b）。轴旋转时霍尔电压就是与转数成正比的脉冲信号电压，磁极变化使霍尔电压的极性变化，转速变化时，霍尔元件输出脉冲有周期性变化，通过测量信号频率检测转速。

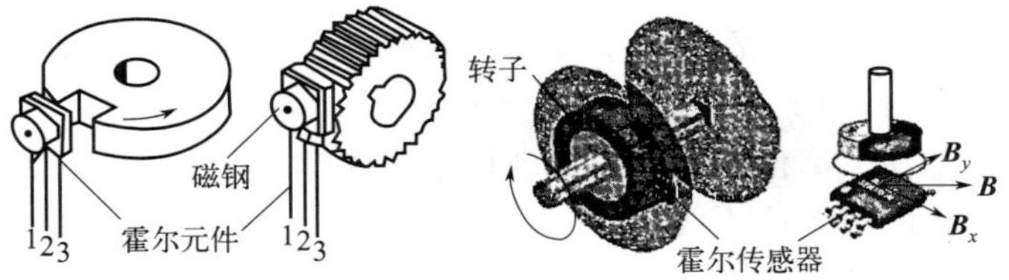

(a) 通过齿数测转速　　(b) 通过磁转子测转速

图 3-10　霍尔元件测转速

（3）霍尔元件测压力、压差

图 3-11 为霍尔压力传感器的结构原理示意图。霍尔压力、压差传感器一般由两部分组成：一部分是弹性元件，用来感受压力，并把压力转换成位移量；另一部分是霍尔元件和磁路系统，通常把霍尔元件固定在弹性元件上，当弹性元件产生位移时，将带动霍尔元件在具有均匀梯度的磁场中移动，从而产生霍尔电势的变化，完成将压力（或压差）变换成电量的转换过程。

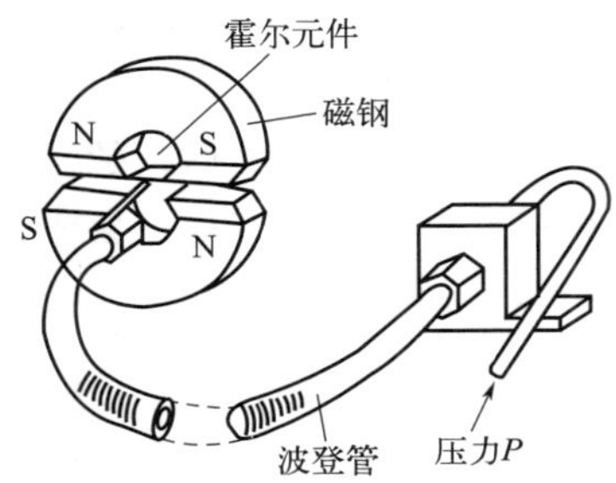

图 3-11　霍尔压力传感器

3.2　磁阻传感器

磁阻传感器是一种电阻随磁场变化而变化的磁敏元件，也称 MR 元件。它是根据材料的磁阻效应制成的。

3.2.1　半导体磁阻传感器

（1）磁阻效应

载流导体置于磁场中，除了产生霍尔效应外，导体中载流子因受洛伦兹力作用要发生偏转，而载流子运动方向的偏转使电子流动的路径发生变化，沿外加电场方向运动的载流子数目减少，起到了加大电阻的作用。磁场越强，载流子偏转越厉害，增大电阻的作用越强。外加磁场使（半）导体电阻随磁场增加而增大的现象称为磁致电阻效应，简称磁阻效应。利用这种效应制成的元件称磁敏电阻。

磁敏电阻的磁阻效应可表示为：

$$\frac{\rho-\rho_0}{\rho_0}=\frac{\Delta\rho}{\rho_0}=0.275\mu^2B^2 \tag{3-11}$$

式中，B 为磁感应强度；ρ 为材料在磁感应强度为 B 时的电阻率；ρ_0 为材料在磁感应强度为零时的电阻率；μ 为载流子的迁移率。

一般金属中的磁阻效应较弱，而电子和空穴都存在的半导体材料（如 InSb）中，磁阻效应很强，用半导体材料制作磁敏电阻更便于集成。

（2）半导体磁阻元件结构

半导体磁阻元件的阻值与制作材料的几何形状有关，称为几何磁阻效应。

a. 长方形样品，如图 3-12（a）所示。由于电子运动的路程较远，霍尔电场对电子的作用力部分（或全部）抵消了洛伦兹力作用，即抵消磁场作用，电子行进路线基本还为直线运动，电阻率变化很小，磁阻效应不明显。

b. 扁条状长方形，如图 3-12（b）所示。因为扁条形状，其电子运动的路程较短，霍尔电势 U_H 作用很小，洛伦兹力引起的电流磁场作用使电子经过的路径偏转厉害，磁阻效应显著。

c. 圆盘样品（Corbino 圆盘），如图 3-12（c）所示。这种结构与以上两种不同，它将一个电极焊在圆盘中央，另一个电极焊在外圆，无磁场时电流向外围电极辐射，外加磁场时中央流出的电流以螺旋形路径指向外电极，使电子经过的路径增大，电阻增加。这种结构的样品在圆盘中任何地方都不会积累电荷，因此不会产生霍尔电场，磁阻效应最明显。

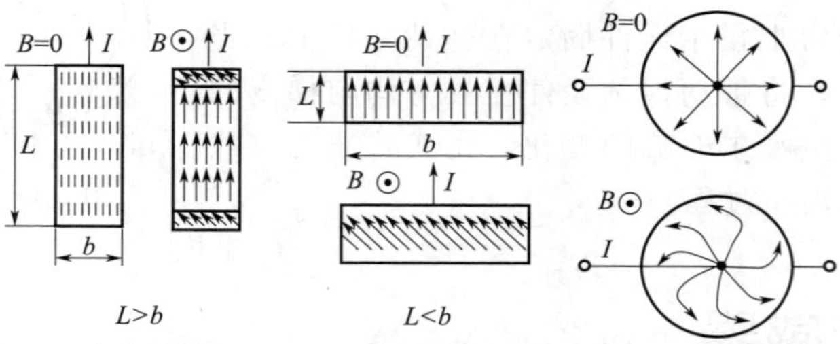

(a) 长方形样品　(b) 扁条状长方形　(c) 圆盘样品

图 3-12　受形状影响的磁阻效应图

为了消除霍尔电场影响，并获得大的磁阻效应，通常将磁敏电阻制成圆形或扁条状长方形，实用价值较大的是扁条状长方形元件，当样品几何尺寸 $L<b$ 时，磁阻效应较明显。

半导体磁阻元件通常使用的材料为锑化铟（InSb），此外还有共晶型的 InSb-NiSb 磁敏电阻元件。图 3-13 为几种 InSb 磁敏电阻元件结构及等效电路。

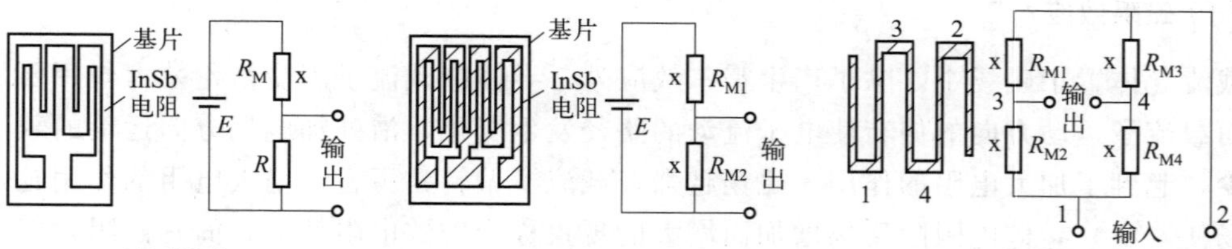

(a) 两端型　(b) 三端差分型　(c) 四端桥型

图 3-13　InSb 磁敏电阻元件结构及等效电路

（3）半导体磁敏电阻的输出特性

磁敏电阻与霍尔元件属同一类，都是磁电转换元件，两者的本质不同是磁敏电阻没有判断磁极性的能力，只有与辅助材料（磁钢）并用，才具有识别磁极的能力。无偏置磁场时磁敏电阻的输出特性如图 3-14 所示。磁敏电阻在无偏置磁场情况下检测磁场时与磁极性无关，磁敏电阻只有大小的变化，不能判别磁极性。无偏置磁场时磁敏电阻的磁场强度与磁阻关系为：

$$R=R_0(1+MB^2) \tag{3-12}$$

式中，R_0 为零磁场内阻；M 为零磁场系数；B 为磁通密度。

当外加偏置磁场时，相当于在检测磁场中外加了偏置磁场，其输出特性如图 3-15 所示。由于偏置磁场的作用，工作点移到线性区，这时磁场灵敏度提高，磁极性也作为电阻值的变化表现出来。磁敏电阻在附加偏置磁场时的阻值变化可表示为：

$$R=R_B(1+MB) \tag{3-13}$$

式中，R_B 为加入偏置磁场时的电阻；M 为加入偏置磁场时的系数。

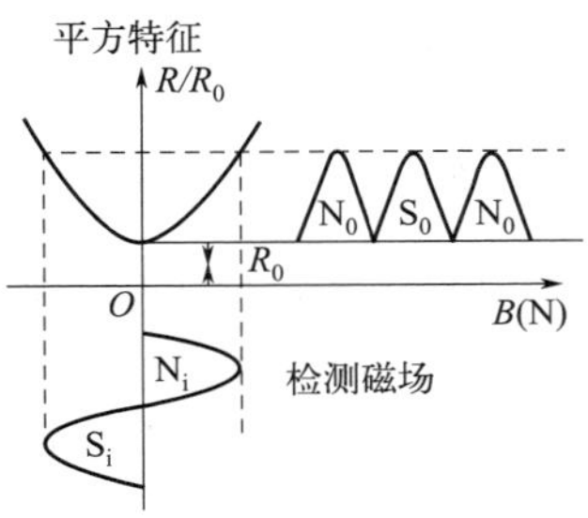

图 3-14　无偏置磁场时磁敏电阻的输出特性

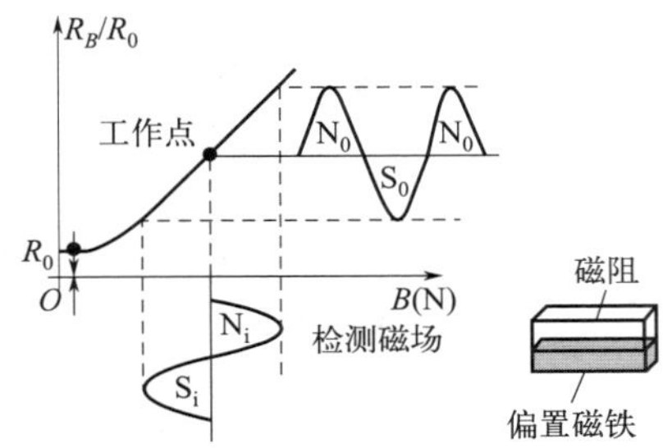

图 3-15　加偏置磁场时的磁阻特性

（4）半导体磁阻传感器的应用

半导体磁阻传感器由磁阻元件、磁钢及放大整形电路构成。利用磁敏电阻由磁场改变阻值的特性，可应用于无触点开关、磁通计、电流计、编码器、计数器、流量计及物体识别等。

在自动检测技术中，有许多微小磁信号需要测量，如录音机、录像机的磁带，防伪纸币、票据用的磁性油墨等。利用三端差分型磁敏电阻做成磁头检测微弱信号，这类磁头又称为图形识别器。图 3-16 所示为 MS-F-06 型磁敏传感器［日本产 InSb（锑化铟）图形识别传感器］的等效电路与外部结构。图 3-17 为 MS-F-06 型磁敏电阻传感器的电阻值与磁感应强度关系曲线。由图 3-17 可见 R_0 为 0.8kΩ，当磁感应强度 B 为 0.3T 时，磁敏电阻 R_B 约为 2.4kΩ，有较好的磁灵敏度，这种传感器主要用于识别磁性墨水的图形和文字。

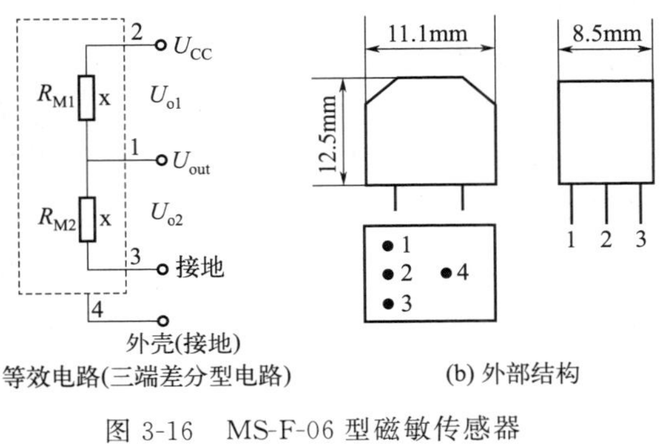

(a) 等效电路(三端差分型电路)　(b) 外部结构

图 3-16　MS-F-06 型磁敏传感器

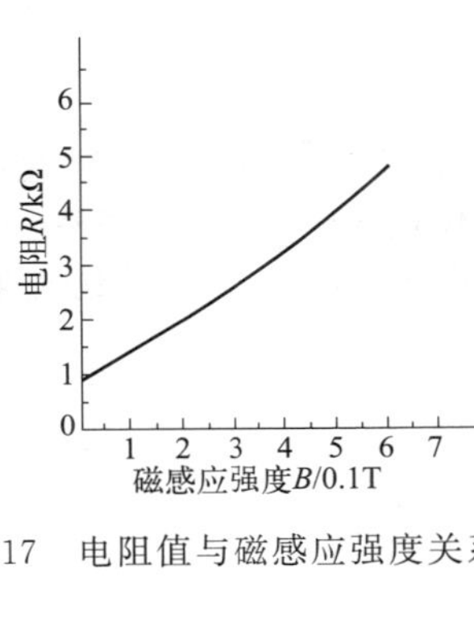

图 3-17　电阻值与磁感应强度关系曲线

磁迹信号阅读电路原理示意图如图 3-18 所示。磁图形识别传感器由磁敏元件 R_{M1}、R_{M2} 和放大器组成。TL072 是两级高增益放大整形检测电路，7805 为三端稳压器，为传感器提供高稳定度的 5V 直流电压源。磁敏电阻工作电压为 5V，输出电压为 0.3～0.8V，被检测物体的距离为 3mm。

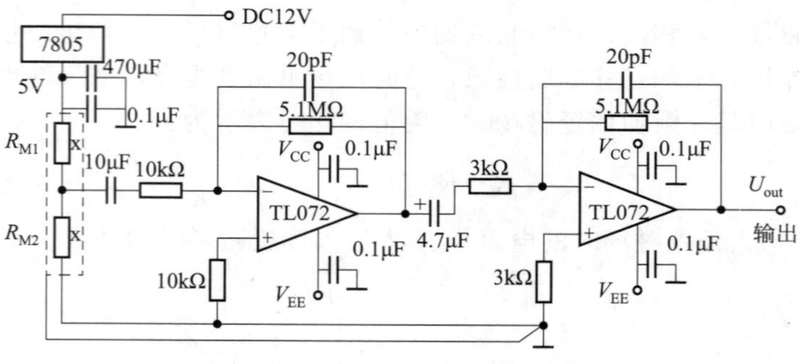

图 3-18 磁迹信号阅读电路原理图

由于磁墨的磁场强度较弱，根据磁阻元件特性需要加偏置磁场，使磁敏电阻工作在线性区域，如图 3-15 所示。磁敏电阻应用时一般采用恒压源驱动，分压输出，三端差分型电路有较好的温度特性。这种磁敏传感器呈纯电阻特性，输出信号的变化按字迹间距变化出现，可测磁性齿轮、磁性墨水、磁性条形码、磁带等。

3.2.2 巨磁阻传感器

(1) 巨磁阻效应

巨磁阻（GMR）效应是指磁性材料的电阻率在有外磁场作用时较之无外磁场作用时存在巨大变化的现象，在 1988 年由法国科学家阿尔贝·费尔和德国科学家彼得·格林贝格尔分别独立发现。巨磁阻效应是由于金属多层膜中电子自旋相关散射造成的。来自载流电子的不同自旋状态与磁场的作用不同，因而导致电阻值的变化。这种效应只有在纳米尺度的薄膜结构中才能观测出来。

多层膜结构及巨磁阻效应产生机理如图 3-19 所示。在多层膜 $(Fe/Cr)_N$ 中，在不加外磁场（$H=0$）的情况下，两个相邻铁磁层会产生反铁磁耦合，即一层中原子磁矩基本沿同一方向排列，而相邻层原子的磁矩反平行排列，如图 3-19（a）所示。两种电子所受到的总电阻 $R_a=(R+R_0)/2$（R 是自旋取向电子在受到相同方向磁矩散射时的电阻总和；R_0 是受到反方向磁矩散射时的电阻总和）。当加入外磁场 H 后，与外磁场反向的磁矩将趋向外磁场方向，当外磁场达到一定值时，所有铁磁层中的磁矩方向变得基本一致，如图 3-19（b）所示。则自旋方向与磁矩方向相同的电子受到的电阻很小（为 $2R_0$），反之电阻很大（为 $2R$），并联后的总电阻 $R'_a=2RR_0/(R+R_0)$，此时的总电阻比 $H=0$ 时小得多，于是在外磁场作用下，产生了巨磁阻效应。相对于各向异性磁阻，巨磁电阻的阻值特别大。一般

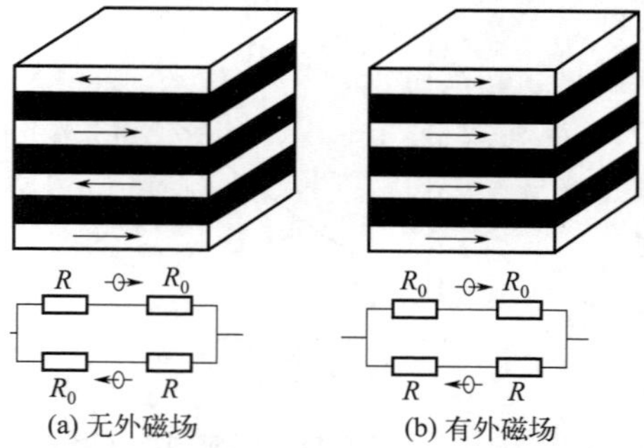

图 3-19 多层膜结构及巨磁阻效应产生机理

材料的磁阻变化通常小于1%，而巨磁电阻则可达到百分之几十，甚至高出一到两个数量级。磁阻变化因素的微小变化，即可使材料的电阻值产生大的改变，从而能够探测到微弱的磁场信息。

巨磁阻传感器芯片是利用具有巨磁阻效应的磁性纳米金属多层薄膜材料通过半导体集成工艺制成的一种集成芯片，因此可以将传感器芯片的体积做得很小。巨磁阻传感器芯片将四个巨磁电阻构成惠斯通电桥结构，该结构可以减少外界环境对传感器输出稳定性的影响，增加传感器灵敏度。

（2）巨磁阻传感器的应用

巨磁阻传感器具有集成度高、体积小、灵敏度高、抗干扰能力强、对工作环境要求不高等优点，目前已在电流互感器、汽车电子的转速测量、地磁场检测、金属材料无损检测以及电子罗盘中得到广泛应用。

电力系统的电能输送过程中，电力主管部门需要对电力线的电流、电压、频率和相位等参数进行实时测量。尤其现在的智能输电时代，实时准确测量以上参数，保证电力网络的安全运行和故障的实时监测、及时有效处理，对于继电保护和电力网的智能化发展意义重大。在该领域，巨磁阻传感器以其灵敏度高、测量范围大、恶劣条件下具有较高的工作可靠性、相比传统的线圈式电流互感器体积小等优点，广泛应用于电流参数的测量。

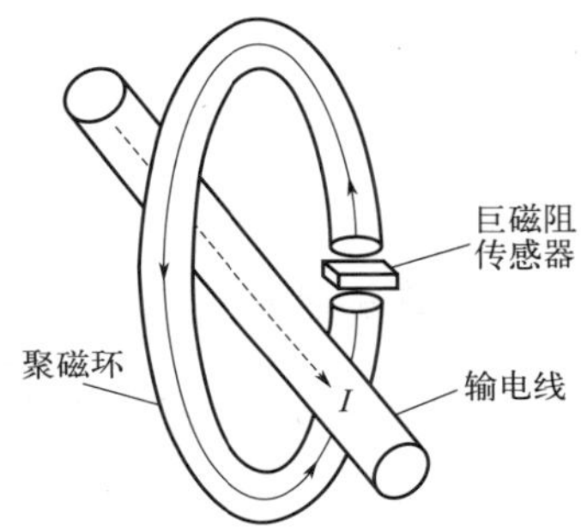

图 3-20　巨磁阻传感器制成的电流互感器结构示意图

图 3-20 为巨磁阻传感器制成的电流互感器结构示意图，聚磁环用于传导输电线中电流产生的磁场，巨磁阻传感器测量聚磁环缺口处的漏磁场，计算得到输电线中的电流。该电流互感器为非接触式测量方式，具有体积小、稳定性高、重量轻、安装方便等优点。

3.3 压磁式传感器

压磁式传感器也称磁弹性传感器，是利用铁磁材料的压磁效应制成的传感器。压磁效应是指一些铁磁材料在受到外力作用后，其内部产生应力，因此引起铁磁材料磁导率变化的物理现象。具有压磁效应的磁弹性体称为压磁元件。受到力的作用后，磁弹性体的磁阻或磁导率的变化量与作用力成正比，通过特定的测量电路测出磁阻的变化量即可测出作用力的大小。压磁式传感器可以实现力-电磁的变换，具有输出信号大、抗干扰性好、过载能力强、结构简单、经济实用、可在恶劣环境下工作等优点，可以进行大力值测量及大吨位称重，广泛用于重工业、矿山、化工部门。其缺点是反应速度较慢，测量准确度不够高。

压磁式传感器的结构按照其工作的电磁原理可分为阻流圈式、变压器式、桥式、应变式等。其中阻流圈式、变压器式及桥式使用较多。

3.3.1 压磁式传感器的基本原理

压磁式测力传感器的压磁元件由硅钢片叠成，其上冲有 4 个对称孔。孔 1、2 的连线与孔 3、4 连线相互垂直，孔 1、2 间绕有励磁线圈 N12，孔 3、4 间绕有输出线圈 N34，两个面夹角成 90°，如图 3-21（a）所示。若在励磁线圈 N12 中通入电流，则励磁线圈产生的磁力线无法在输出线圈 N34 中产生感应电动势，如图 3-21（b）所示。若工作时对压磁元件施加压力 F，则 A、B 区域将产生很大的应力，故此区域磁导率下降，磁阻增大；而 C、D 区域的磁导率基本不变。此时励磁线圈 N12 产生的磁力线就有部分穿过输出线圈 N34 而产生感应电动势，如图 3-21（c）所示。F 越大，与 N34 线圈交联的磁通量越多，感应电动势 e 值越大。通过测量电路可以用电流表或电压表测出力 F 的大小。

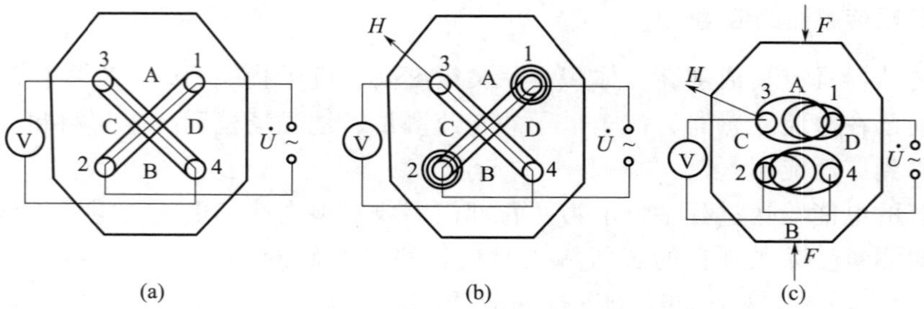

图 3-21　压磁式传感器工作原理

3.3.2　压磁式传感器的主要特性

（1）励磁绕组的安匝特性

压磁式传感器输出电压的灵敏度和线性度很大程度上取决于铁磁材料的磁场强度，而磁场强度又取决于励磁线圈的匝数。励磁过小或过大都会导致严重的非线性和灵敏度降低，这是因为在压磁式传感器中，铁磁材料的磁化现象不仅与外磁场的作用有关，还与各个磁畴内部磁矩的总和、外作用力在材料内部引起的应力有关。最佳条件是外加作用力所产生的磁能与外磁场产生的磁能之和接近相等，而且是工作在磁化曲线（B-H 曲线）的线性段，这样才可以获得较好的灵敏度和线性度。

（2）输出特性

压磁式传感器的输出电压 U_0 与作用力 F 之间的关系称为压磁式传感器的输出特性。通常在额定压力下，磁导率的变化为 10%～20%。一般对测力范围为 10～50kN 的压磁式传感器，励磁绕组在 8 匝左右，测量绕组在 1 匝左右；对测力范围为 50～500kN 的压磁式传感器，励磁和测量绕组均在 10 匝左右。

（3）频率响应

力在压磁元件（可以认为是一块铁芯柱）中的传播速度为声速，约为 5000 m/s，铁磁芯柱的高度一般不超过 10cm，其传播时间约为 0.2ms。大多数铁磁芯柱可以视为整块矩形金属柱，其自然频率可表示为：

$$f = nc/2l \tag{3-14}$$

式中，n 为谐波次数；l 为铁磁芯高度；c 为机械应力在磁芯柱中的传播速度。例如当 l＝6cm，c＝5000m/s 时，传感器的自然频率（基波 n＝1）约为 40kHz，因此，传感器测的动态负荷的最大频率不应超过 10kHz。

(4) 测量误差

压磁式传感器的测量精度不高，这是由以下测量误差影响所致的。

a. 温度误差。这是压磁式传感器的一项主要误差。主要原因是压磁材料的磁化特性受温度影响较大，使用时需加温度补偿。

b. 磁弹性滞环。这是压磁材料的磁弹性后效和磁滞作用引起的。对于压磁材料需选用软磁性材料并经老化处理来消除这种误差。

c. 电源影响。激励电源的电压幅值、频率波形及电源的内阻均是直接影响磁化特性的因素，因而对传感器的精度也有影响。对要求较高的场合，应选择稳频、稳压、恒流的电源。

3.3.3 压磁式传感器的应用

图 3-22 所示为一种典型的压磁式压力传感器的结构图。压磁式压力传感器具有输出功率大、抗干扰能力强、寿命长、维护方便、适应恶劣工作环境等优点，特别是寿命长、运行条件要求低的优点，与一般传感器相比显得更为突出。在工业领域的自动化控制系统中，压磁式压力传感器有着良好的应用前景。对于压磁式压力传感器，为了保证传感器有长期稳定性和良好的重复性，必须具有合理的机械结构。

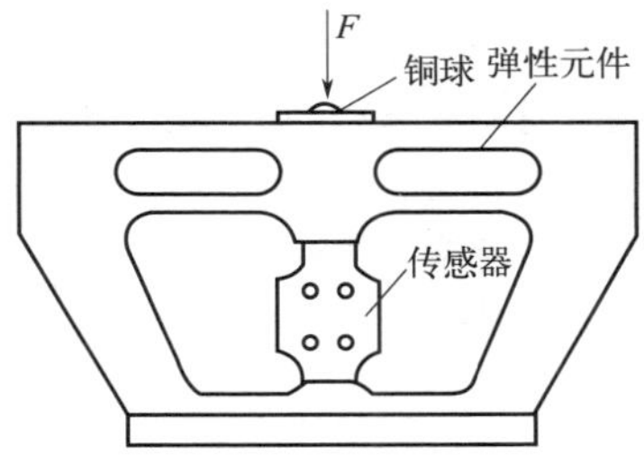

图 3-22 压磁式压力传感器结构图

思考题

参考答案

1. 何谓霍尔效应？霍尔元件由哪几部分组成？有哪些主要技术参数？

2. 某一霍尔元件尺寸为 $l=10\text{mm}$，$b=3.5\text{mm}$，$d=1.0\text{mm}$，沿 l 方向通以电流 $I=1.0\text{mA}$，在垂直于 l 和 b 的方向加有均匀磁场 $B=0.3\text{T}$，灵敏度系数为 22V/(A・T)，试求其输出霍尔电动势及载流子浓度。

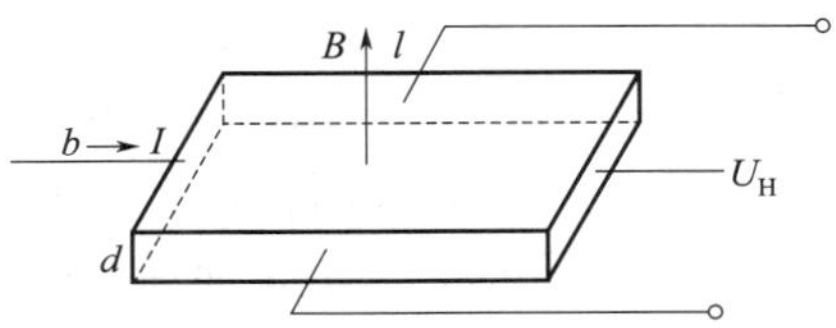

3. 何谓磁阻效应？利用磁阻传感器设计一个齿轮转速检测装置，画图并说明检测原理。

4. 何谓压磁效应？举例说明压磁传感器在实际生活中的应用。

参考文献

[1] 程德福，凌振宝，赵静，等. 传感器原理及应用[M]. 北京：机械工业出版社，2009.

[2] 张志勇，王雪文，翟春雪，等. 现代传感器原理及应用[M]. 北京：电子工业出版社，2014.

[3] 彭杰纲. 传感器原理及应用[M]. 2 版. 北京：电子工业出版社，2017.

[4] 吴建平，彭颖. 传感器原理及应用[M]. 4 版. 北京：电子工业出版社，2021.

第 4 章

电磁感应器件

导读

电磁感应器件是指以电磁感应为原理工作的磁性功能器件。常见的有变压器、电机等。变压器是利用电磁感应原理改变交流电压的电磁感应器件。电子线路中的变压器是电子变压器，起着电磁能量的转换、隔离和阻抗匹配的作用。电子变压器主要用于通信和电子设备中，在信息产业技术中是一种不可替代的基础磁性功能元件。电子变压器依照用途分为通信变压器和功率变压器。电机是依据电磁感应定律实现电能转换或传递的一种电磁器件。按工作电源种类可分为直流电机和交流电机。本章针对电子技术中应用的通信、功率变压器和小型直、交流感应电机，讲述其工作原理、组成结构、对组成材料的要求、组装和性能评价方法。

4.1 通信变压器

通信变压器是在电话终端电路和中继线产品线路中，用来调节通信电路的质量和状态的变压器，也叫低功率线性变压器或者宽带变压器。这类变压器广泛应用在双绞线、电缆线、无线、光纤、局域网领域中，起到电压变换、电流变换、匹配阻抗、信号传输、稳压、隔离直流、抑制共模信号等作用。

4.1.1 变压器的工作原理

各类变压器的基本工作原理是相同的，就是利用电磁感应原理，把一种电压的交流电能转换成另一种电压的交流电能。当变压器的原线圈接在交流电源上时，铁芯中便产生交变磁通，用 φ 表示。原、副线圈中的 φ 是相同的，φ 也是简谐函数，表示为

$$\varphi=\varphi_m \sin\omega t \tag{4-1}$$

式中，φ_m 为交变磁通的最大值；ω 为角频率；t 为时间。

由法拉第电磁感应定律可知，原、副线圈中的感应电动势分别为

$$e_1=-N_1\frac{d\varphi}{dt} \tag{4-2}$$

$$e_2=-N_2\frac{d\varphi}{dt} \tag{4-3}$$

式中，N_1、N_2 为原、副线圈的匝数。如图 4-1 所示，可知 $U_1=-e_1$，$U_2=e_2$（原线

圈物理量用下角标 1 表示，副线圈物理量用下角标 2 表示），其复有效值为

$$U_1=-e_1=\mathrm{j}N_1\omega\varphi \tag{4-4}$$

$$U_2=e_2=-\mathrm{j}N_2\omega\varphi \tag{4-5}$$

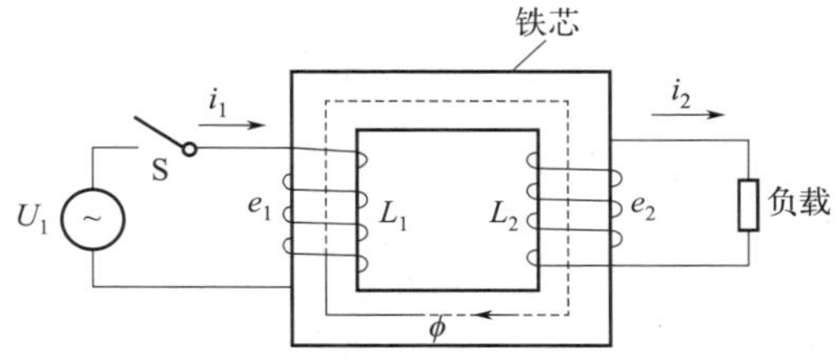

图 4-1　变压器工作原理

令 $k=N_1/N_2$，称变压器的变比。由上式可得 $U_1/U_2=-N_1/N_2=-k$，即变压器原、副线圈电压有效值之比，等于其匝数比，而且原、副线圈电压的位相差为 π，当输入电压一定时，可以通过改变线圈匝数比来改变副线圈的输出电压大小，这样就实现了交流电压大小的转换。当然这是理想变压器的情况，对于真实的变压器，其等效电路就更加复杂。

通信变压器中共模扼流圈工作原理如下：当工作电流流过两个绕向相反的线圈时，产生两个相互抵消的磁场，此时工作电流主要受线圈欧姆电阻以及可忽略不计的工作频率下小漏电感的阻尼。如果有干扰信号流过线圈，线圈即呈现出高阻抗，产生很强的阻尼效果，达到衰减干扰信号、抑制共模电流的作用。整个网络变压器就可以实现信号传输、杂波抑制、高电压隔离等功能。

4.1.2 通信变压器的结构

通信变压器的大致结构主要可以划分为骨架、线圈、铁芯、绝缘材料、外壳和 PIN 脚接口。通信变压器常用磁芯的形状有环形、E 型、EP 型、EPO 型、菱形等等，除了环形磁芯外，其余磁芯都是由两个对称的磁芯组成，每个芯面都经过研磨，以保证有良好的接触。

对于以 ADSL（非对称数字用户线路）和 LAN（计算机局域网络）变压器为典型代表的通信变压器来说，其对通信线路上的共模干扰信号没有任何抵御效果，因此这些变压器的结构除了包含正常的变压器部分外，通常还会包含一个共模扼流圈，铁芯是一个小的环形磁芯。

通信变压器应用广泛，种类繁多，其中，典型的 LAN 变压器结构如图 4-2 所示。上下两层线圈分别是变压器部分线圈和共模扼流圈。

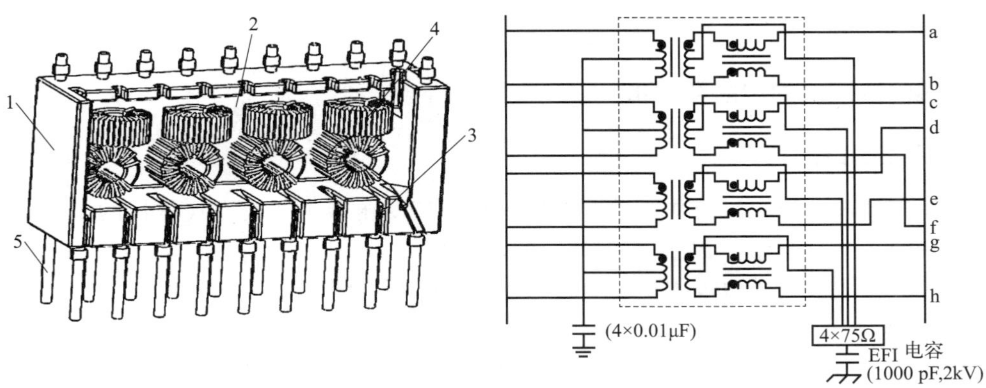

图 4-2　LAN 变压器结构示意图

1—胶体制成的外壳；2—凹槽；3—引线槽；4—线圈；5—PIN 脚；a～h—PIN 脚编号

4.1.3 通信变压器组成部件及部件作用

对于通信变压器来说，其组成部件可以分为磁芯、绕组、绝缘部分、接头及外壳，主要部件作用如下。

磁芯：为变压器提供磁回路，起到支撑绕组的作用，同时将由次级绕组所产生的磁通的绝大部分限定在磁路中，以便与次级绕组尽量完全耦合。

绕组：为电流提供通路，利用两侧线圈的工作绕组匝数不同就可以进行电流电压的调节。

绝缘部分：包裹在绕组导线外的绝缘层，起到隔离电流的作用。

接头：通信变压器的接头通常是指外壳上的 PIN 脚，在通信设备中起到与其他设备或者线路连接的作用。

4.1.4 通信变压器组成部件对材料的性能需求

变压器使用的材料可以分为四大类——铁芯材料、导电材料、绝缘材料、外壳材料，其主要部件对材料的性能需求如下。

对于铁芯材料，由于通信变压器工作频率很高，很容易产生涡流且工作在弱磁场下，其需要有高的电阻率和起始磁导率。同时其工作频率范围较大，要求输出信号谐波失真小，也需要铁芯具有低的矫顽力、磁滞常数，因此使用的铁芯材料大多是软磁铁氧体材料，最常见的为锰锌铁氧体软磁材料。其磁导率、饱和磁感应强度、损耗都可以在很大范围内调节。

对于导电材料，绕制变压器线圈所用的导线大部分都是有绝缘层的铜导线，这是因为铜导线有较好的机械强度和导电性能，不易折断，安全载流量高，对电能损耗小。除此之外对包覆导线的绝缘层也有一定的性能要求，绝缘层要有很高的绝缘强度和耐热性。

对于绝缘材料，最主要的就是指通信变压器中的绝缘导线皮，这些材料应用在变压器中需要有足够的绝缘能力，防止被电压击穿，需要有足够的强度和稳定性，在工作温度和预期寿命时间内能够保持其绝缘性能。

对于外壳材料，通信变压器尺寸较小，外壳通常为热固性阻燃材料，有着不错的耐热性能，能够在较高温度环境下保持强度。

4.1.5 通信变压器的组装和评价

（1）通信变压器的组装

通信变压器尺寸较小，结构简单。在这里对通信变压器中比较有代表性的 LAN 变压器的制备组装流程进行介绍，详细分为如下几步。

a. 裁线：将成卷的漆包线用工具拆开，切成规定的长度，同时应注意漆包线的存放，不能损伤漆包线。

b. 绕环：用规定的漆包线在规定的磁环上缠绕规定的圈数，以制成绕组。在绕制时需要注意，绕线不能重叠或者交错，否则会导致产品漏感增大，同时磁环的半径增大，不利于组装时成品的摆放。在绕制时应尽量拉紧绕线，这样能够减少漏感。

c. 打抽头：在绕组中接出供接线用的线头。

d. 磁环浸胶：由于工艺的要求，有些磁环要求预先浸上绝缘漆或硅胶以对磁环进行保护，以保障产品的某些特性。

e. 缠线组立：将绕组与外壳上对应的 PIN 脚连接起来。

f. 锡前整线：令每条引线平贴 PIN 针，不要与 PIN 针成交叉状，这样可以避免半成品焊接时，引线焊接过长。

g. 半成品焊锡：进行接头接触点的焊接。

h. 整线：将磁环引线理顺，避免断线、短路等不良问题。

i. 灌胶：使用黑胶进行胶壳的制造。

对于有骨架的通信变压器来说，需要首先将铁芯固定在骨架上，再用漆包线缠绕在骨架的绕线槽上制成线圈，其余组装流程与网络变压器相同。

（2）通信变压器的评价

对于成品的通信变压器，往往需要从电气性能、力学性能和环境性能对其进行测试评价。

性能测试评价中最重要的部分就是电气性能，电气性能通常包括如下内容。

a. 插入损耗：能量通过介质，在介质中所产生的损耗。插入损耗不良的产品在信号传送时会因为过度衰减或者异常增幅而影响信号传输质量。

b. 返回损耗：用来描述实测阻抗和标准阻抗不同或不匹配的程度，既包括幅值的不同也包括相位角的不同。返回损耗不良的产品会因为阻抗不匹配而发生信号反射，影响信号传输。

c. 串扰：一个通道的噪声信号耦合进邻近的信号通道。

d. 共模抑制比：差模信号的增益与共模信号的增益之比。共模抑制比不良的产品抗共模信号干扰能力较弱，容易受外部干扰而影响信号传输的质量。

对于通信变压器，最常用的力学性能测试和环境性能测试有高低温测试（可靠性测试）、跌落测试和盐雾测试，分别检验变压器的耐高低温能力、组装强度和产品表面抗腐蚀性。

4.2 功率变压器

功率变压器是现代电子整机设备中的重要组成部分，作用是传输各种信号的功率。功率变压器应用广泛，有些用来传输窄频信号的功率，如用作超声波发生器的输出变压器；还有些用来传输较宽频带信号的功率，如用作天线匹配变压器。开关电源的普及和发展，为功率变压器的应用提供了更为广阔的发展空间。相对通信变压器，功率变压器无论在功能上还是特点上都有很大不同，因此在设计方法以及对磁芯的具体要求上也完全不一样。通信变压器传输的功率低，不需要考虑磁芯的饱和现象和温度升高的问题；功率变压器是要传输较大的功率，必须将这两个问题作为设计时考虑的主要因素。此外，功率变压器是一种窄带或者单一频率应用的变压器，它主要要求在应用的频点上具有很高的功率传输效率。

4.2.1 功率变压器的结构

功率变压器由磁芯、绕组、骨架及绝缘部分组成。图 4-3 是开关电源功率变压器的结构。

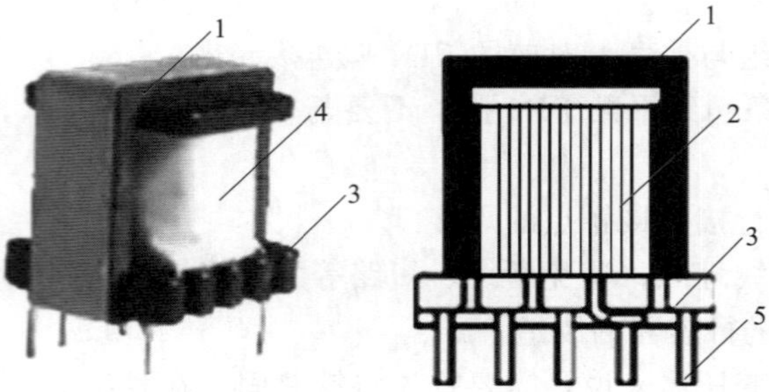

(a) 实物图　　(b) 示意图

图 4-3　开关电源功率变压器的结构

1—磁芯；2—绕组；3—骨架；4—绝缘部分；5—PIN 脚

磁芯为磁场提供磁路，加强两个线圈间的磁耦合。如果没有骨架，绕组缠绕到磁芯上，磁芯为线圈提供支撑。变压器的绕组是电流的通路，靠绕组通入电流，并借电磁感应作用产生感应电动势。功率变压器的骨架是绝缘材料和线圈的支撑材料，同时还具有安装和固定整个变压器的功能。绝缘胶带用于变压器线圈的层间、组间和外绝缘。

4.2.2　功率变压器的组成部件对材料性能要求

功率变压器的主要材料：磁芯材料、绕组材料、骨架材料和绝缘材料。

用于功率变压器的磁芯材料多为软磁铁氧体。主要有两类：锰锌铁氧体和镍锌铁氧体。镍锌铁氧体具有更高的电阻率，因此它适合工作在 1MHz 以上的场合；而锰锌铁氧体电阻率较低，通常工作在 1MHz 以下，但具有很高的磁导率（μ_I）和较高饱和磁感应强度（B_s）。对于某些特殊的应用，铁氧体可做成单晶，但通常主要以多晶体陶瓷形式存在。

绕组材料一般为漆包线。通常用于缠绕小型电子变压器的漆包线包括高强度聚酯漆包线和聚氨酯漆包线。根据油漆层的厚度，分为两种类型：类型 1（薄油漆类型）和类型 2（厚油漆类型）。前者的绝缘涂层为聚酯漆，具有优异的耐热性，绝缘强度可达 60kV/mm；后一层绝缘层为聚氨酯漆，具有很强的自粘和自焊性能（380℃），可直接焊接，无需去除漆膜。

绝缘材料一般用压敏胶带。绝缘胶带电气强度高，使用方便，力学性能好，广泛用于变压器线圈的层间、组间和外绝缘。其必须满足以下要求：良好的附着力、耐剥离性、一定的拉伸强度、良好的绝缘性能、良好的耐压性、阻燃性和耐高温性。

骨架材料：骨架除了支撑外，还需具有安装和固定整个变压器的功能。因此骨架材料除满足绝缘要求外，还应具有足够的抗拉强度；其热变形温度必须高于 200℃，以承受 PIN 脚的焊接热；材料必须是阻燃材料，并具有良好的加工性能，易于加工成各种形状。

4.2.3　功率变压器的评价

功率变压器性能参数有匝比、电感、电阻、耐压强度和绝缘电阻等。

① 匝比

匝比决定了功率变压器的工作电压比，即一次工作电压与二次工作电压之比。根据产品工艺标准，用变压器专用匝比相位测试仪测试已装磁芯变压器的匝数及相位，从而对整个绕线工序匝数、极性进行总检验；此工序是保证高频变压器质量的重要控制点之一。

② 电感、电阻

测试频率根据工艺要求制定，根据产品工艺标准用综合测试仪器测试半成品变压器的电感、电阻，它是对变压器磁芯装配工序工艺好坏的检验，是保证高频变压器质量的重要控制点之一。

③ 耐压强度和绝缘电阻

耐压强度和绝缘电阻是功率变压器的安全性能参数。根据图纸要求分别测试变压器初级对次级、初级对磁芯、次级对磁芯的耐压，应无击穿、飞弧及打火现象。在变压器初级与次级、初级与磁芯、次级与磁芯之间加 500V、50Hz 交流电，其绝缘电阻值大于 100MΩ。

4.3 永磁直流电机

直流电机是能实现直流电能和机械能互相转换的旋转电机。当它作电动机运行时是直流电动机，将电能转换为机械能；作发电机运行时是直流发电机，将机械能转换为电能。

直流电动机与交流电动机相比，具有优良的调速性能和起动性能。直流电动机有宽广的调速范围，平滑的无级调速特性；过载能力大，能承受频繁的冲击负载；可实现频繁的无级快速起动、制动和反转；能满足生产过程自动化系统各种不同的特殊运行要求。而直流发电机则能提供无脉动的大功率直流电源，且输出电压可以精确地调节和控制。但直流电机也有它的缺点：一是制造工艺复杂，消耗有色金属较多，生产成本高；二是直流电机在运行时由于电刷与换向器之间容易产生火花，可靠性较差，维护比较困难。因此，在一些对调速性能要求不高的领域中已被交流变频调速系统所取代。但是在某些要求调速范围大、快速性高、精密度好、控制性能优异的场合，直流电动机目前仍占有较大的应用比重。

本节主要针对换向器式直流电机，介绍其基本原理和基本结构，分析其不同运行状态时的电磁过程。

4.3.1 直流电机的基本工作原理

永磁直流电机的工作原理可用图 4-4 所示的模型进行说明。图中，两个空间位置固定的瓦形永磁体 N 极与 S 极之间，安放一个绕固定轴（几何中心）旋转的铁制圆柱体（通称为电枢铁芯，大多用冲制为圆形的硅钢片叠压而成）。铁芯与磁极之间的间隙称为气隙。设铁芯表面只敷设了两根导体 ab 和 cd，并连接成单匝线圈 abcd。线圈首末端分别与弧形铜片（通称为换向片）相连。换向片与电枢铁芯一道旋转，但换向片之间以及换向片与铁芯和转轴之间均相互绝缘。由换向片构成的整体称为换向器，而整个转动部分称为电枢，寓意为实现机电能量转换的中枢。为了把电枢与外电路连通，特别装置了两只电刷。电刷的空间位置也是固定的。

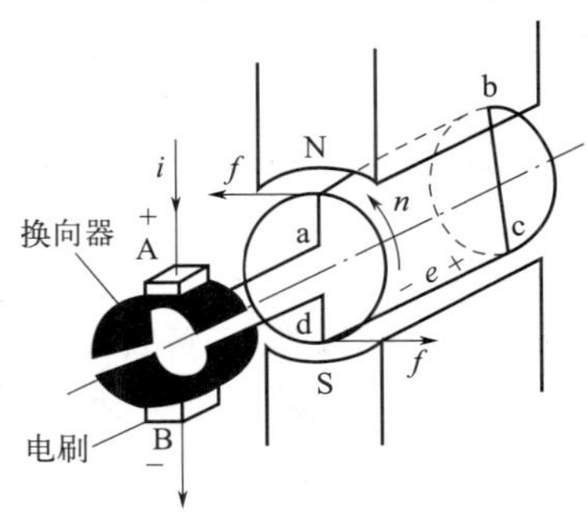

图 4-4 直流电机的模型

当原动机以恒定转速 n 沿逆时针方向拖动电枢旋转时，上述模型电机就成了一台直流发电机。由电磁感应定律，每根导体内感应电动势的瞬时值为

$$e = B_\delta l v \tag{4-6}$$

式中，B_δ 为导体所处位置的气隙磁通密度；l 为导体的有效长度，即导体切割磁力线部分的长度；v 为导体切割磁力线的线速度。

在已制成的电机中，l 不变，而 v 在 n 恒定时亦为常数，故 $e \propto B_\delta$。即导体内感应电动势随时间的变化规律与气隙磁场沿气隙的分布规律相同，也就是说，有了 B_δ 的分布曲线 $B_\delta(\theta)$，也就可以得到 e 的变化曲线 $e(\omega t)$。为分析方便，假设把电枢从外圆周上沿 N 极和 S 极的分界线（称为几何中性线）切开，并展开成以 θ 角为刻度的横坐标，并规定从电枢进入磁极的磁通方向为正方向，即 S 极下的磁通密度为正值，N 极下为负，则 $B_\delta(\theta)$ 曲线如图 4-5 所示。进而设 $t=0$ 时刻被观察导体位于几何中性线上，而电枢旋转角速度为 $\omega = pv/R$[p 为电机的磁极对数；R 为电枢（转子）的半径]，即 $\theta=\omega t$，则导体电动势 $e(\omega t)$ 或线圈电动势 $2e(\omega t)$ 仍可用图 4-5 表示，只是把刻度变换一下就可以了。由图 4-5 可知，直流电机线圈中的感应电动势是交变的。

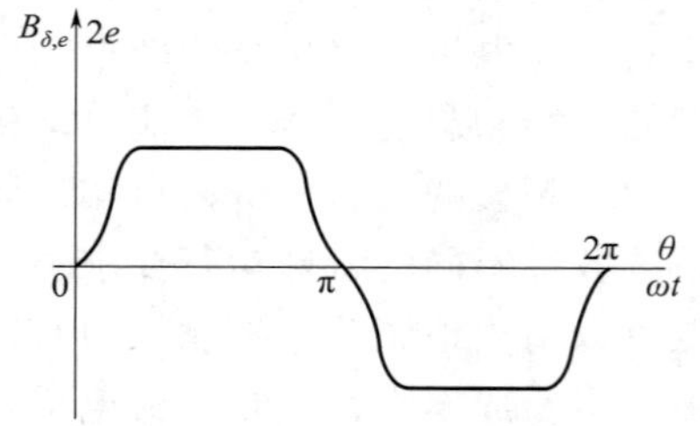

图 4-5　气隙磁场分布曲线及导体和线圈中的电动势波形

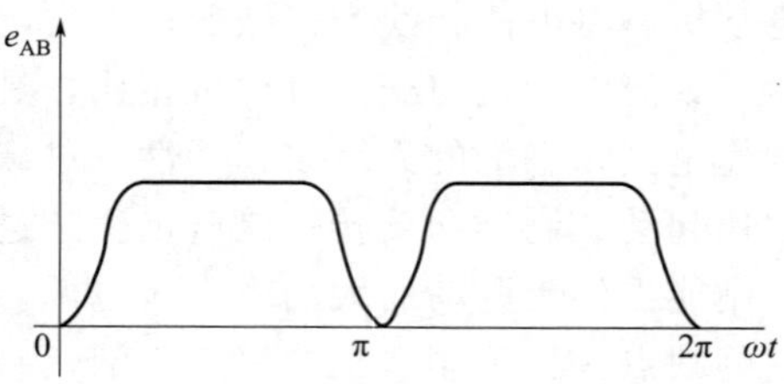

图 4-6　换向后的电动势波形（单线圈）

由于电刷与磁极保持相对静止，特别地，在图 4-4 中，它们都保持固定，即电刷 A 只与处于 N 极下的导体相接触，则当导体 ab 在 N 极下时，电动势方向由 b 到 a 引到 A，电刷 A 的极性为“+”；当导体 cd 转至 N 极下时，电刷 A 与导体 cd 接触，电动势改由 c 到 d 引到 A，A 的极性依然为“+”。由此可见，电刷 A 的极性永远为“+”。同理，电刷 B 的极性永远为“−”，故得电刷 A、B 间的电动势 e_{AB} 为直流电动势，其波形如图 4-6 所示。若把电刷 A、B 接到负载上，则流过负载的电流就是单向的直流电流。不过，对于图 4-4 所示的简单模型，因为只有一个线圈，所以其供电电压和电流波形的脉动都会比较大一些。

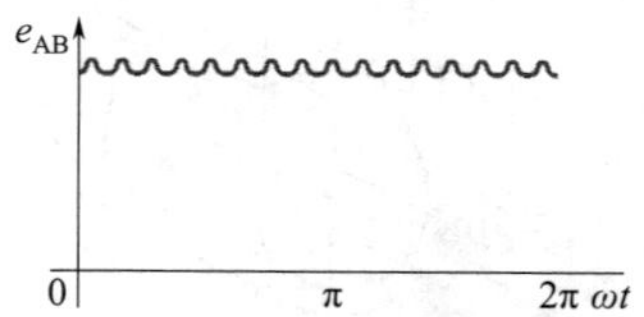

图 4-7　某多线圈电枢绕组的端口电动势波形图

为使电刷端电动势的脉动程度降低，实际电机中的电枢上就不只是敷设一个线圈，而是有合理设计的多个线圈均匀分布，并按一定规律连接起来组成电枢绕组。图 4-7 所示为某多线圈电枢绕组的端口电动势波形。一般情况下，若每极下均匀分布的线圈个数大于 8，则电动势脉动幅度将小于 1%。

综上可知，直流电机电枢绕组所感应的电动势是极性交替变化的交流电动势，只是由于换向器配合电刷的作用才把交流电动势“换向”成为极性恒定的直流电动势。因此，通常把这种类型的电机称为换向器式直流电机。

以上分析说明了直流发电机中电动势和电流产生的过程，现在再讨论其中的能量转换过程。当电流沿 dcba 方向流过线圈时，由左手定则可知，线圈所受电磁力是企图阻止电枢旋转的。原动机要维持电机以恒速旋转，就必须克服此电磁力做功，从而将机械能转换为电能输出供负载使用，电机作发电机运行。反之，若跨接于 A、B 两端的负载改为极性保持一致的直流电源，则线圈中的电流路径将变为 abcd，产生的电磁力及相应的电磁转矩的方向为逆时针方向，从而可拖动旋转机械逆时针旋转，将电能转换为机械能，电机作电动机运行。

从原理上讲，一台电机，不论是交流电机，还是直流电机，都可以在一种条件下，作为发电机运行，把机械能转变为电能；而在另一种条件下，作为电动机运行，把电能转变为机械能。这个原理称为电机的可逆原理。

4.3.2 直流电机的主要结构

直流电机的结构形式很多，但总体上不外乎由定子（静止部分）和转子（运动部分）两大部分组成。图 4-8 所示即为普通直流电机的结构。直流电机的定子用于安放磁极和电刷，并作为机械支撑，它包括磁极、换向器、电刷装置和外壳等。转子一般称为电枢，主要包括电枢铁芯、电枢绕组和换向器等。下面逐一作简要介绍。

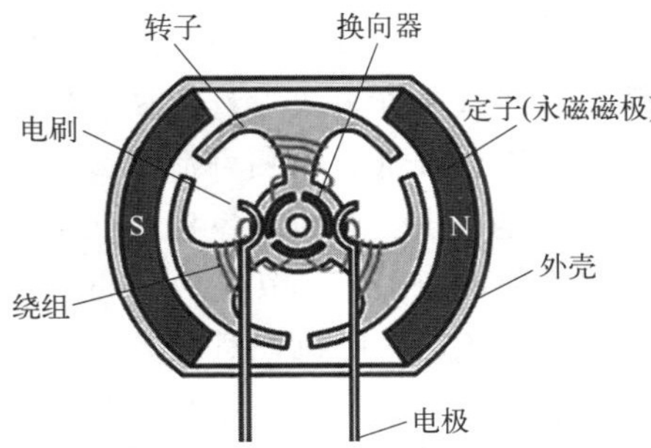

图 4-8　普通直流电机的结构

① 磁极

磁极用于产生气隙磁场。磁极与电枢表面形成的气隙通常是不均匀的，并有极靴中部圆弧与电枢外圆同心、两侧极尖间隙稍大的同心式气隙和极靴圆弧半径大于电枢外圆半径的偏心式气隙两种。由于电机中磁极的 N 极和 S 极只能成对出现，故磁极的极数一定是偶数，并且要以交替极性方式沿机座内圆均匀排列。

② 电枢铁芯

电枢铁芯是用来构成磁通路径并嵌放电枢绕组的。为了减少涡流损耗，电枢铁芯一般用厚 0.35～0.5mm 的涂有绝缘漆的硅钢片叠压而成。对于小容量电机，铁芯叠片（也叫冲片）尽可能采用整形圆片；而大容量电机则可能要多片拼接，并且还要沿轴向分段，段与段之间再设置径向通风道，以加强冷却效果。

③ 电枢绕组

电枢绕组是用来感应电动势、通过电流并产生电磁力或电磁转矩，使电机能够实现机电能量转换的核心构件。电枢绕组由多个用绝缘导线绕制的线圈连接而成。小型电机的线圈用圆铜线绕制，较大容量时用矩形截面铜材绕制，各线圈以一定规律与换向器焊连。导体与导体之间、线圈与线圈之间及线圈与铁芯之间都要求可靠绝缘。为防止电机转动时线圈受离心力作用而甩出，槽口要加槽楔固定。唯一例外的是无槽电机，此时电枢绕组均匀敷设在电枢表面，但依然需要牢固绑扎，并且只可能在小容量直流电机中采用。

④ 换向器

换向器的作用是把电枢绕组内的交流电动势用机械换接的方法转换为电刷间的直流电动势。换向器由多片彼此绝缘的换向片构成，有多种结构形式。

⑤ 电刷

直流电机电枢绕组和电流均通过电刷装置与外电路相接。电刷本身是由石墨等做成的导电块，放在刷握内，刷握再装于刷架上。根据电流大小的不同，每个刷架上装有一个电刷或一组并联的电刷，同极性刷架上的电流汇集到一起后，引向接线板，再通向机外。电刷组的数目一般等于主极的数目，各电刷组在换向器表面的分布应是等距的。在正常运行时，电刷有其一定的正确位置，为了便于对电刷的位置进行调整，在小型直流电机中，各刷架都装在一个可以转动的座圈上。

4.3.3 直流电机性能评价

直流电机具有可逆性，所谓直流电机的可逆性，就是同一电机既可作为发电机工作，又可作为电动机工作。这与电机本身的性质有关，它就是机械能和电能相互转换的设备。因此对于一台直流电机来说既要评价它的电气性能，同时还要关注它的机械特性。通常一台直流电机的综合性能可以通过以下参数来评价。

a. 额定电压：电机上加载的直流电压，所有电机的额定参数都是在此基础上测得的。这个数值一般都是在电机设计之初就确定了。电机允许高于或者低于额定电压使用，但是高于额定电压，会降低电机的寿命。

b. 额定电流：电机在室温 25℃时，在额定电压、额定转速和额定扭矩下绕组达到最高允许温度时的电流值。在持续运行中超过这个电流，会导致电机绕组烧毁。

c. 额定转速：电机在室温 25℃时，在额定电压和额定扭矩下的转速。

d. 空载电流：在额定电压下空载电机的电流，如果是有刷电机，取决于换向系统摩擦力的大小，对于其他电机，一般取决于转子的动平衡以及轴承质量的好坏，空载电流是一个综合性的指标，可以反映电机的质量高低。

e. 堵转扭矩：电机在堵转条件下的扭矩，电机绕组温度的上升会导致堵转扭矩下降，堵转扭矩其实表现为电机的过载能力。

f. 最大效率：在额定电压下输入的电功率和输出的机械功率的比值，效率越高表明电机性能越好。需要注意的是，电机一般并不是都工作在最大效率点。

g. 最大绕组温度：这个一般和电机设计的绝缘等级有关，例如，一般电机设计的绝缘等级都是 E，那么意味着绕组最高温度可以达 120℃。

从电气参数可以看出，电机的运行与环境温度息息相关，高温导致电机散热困难，输出扭矩减小，反之，在低温下运行，电机的散热条件良好，而且电机中磁芯的磁性也可增强。因此，通常电机惧怕高温环境。

4.4 交流感应电机

感应电机是一种交流电机，主要作电动机运行。感应电机可以是单相的，也可以是三相的。本节主要介绍三相感应电机。

4.4.1 感应电机的结构和工作原理

（1）感应电机的结构

感应电机主要由定子和转子两部分组成，定子、转子中间是空气隙。此外，还有端盖、轴承、机座、风扇等部件。按转子结构的不同，感应电机分为鼠笼型和绕线型两大类，图 4-9 为鼠笼型异步电动机的结构图。

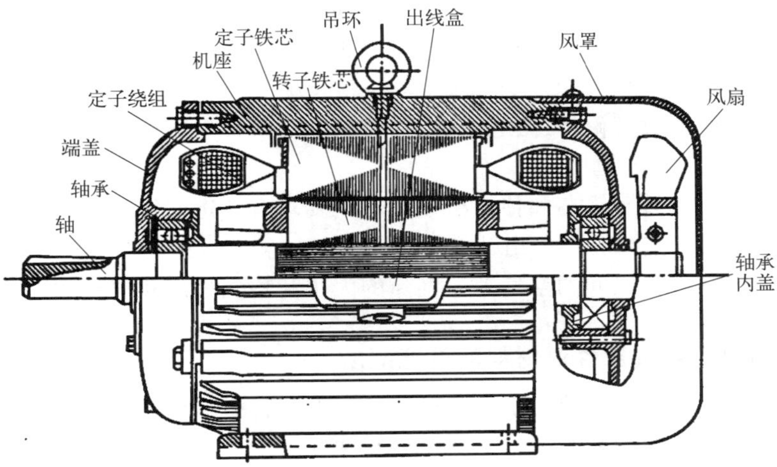

图 4-9　鼠笼型异步电动机的结构图

（2）感应电机的工作原理

感应电机的转子槽内嵌放有导体，导体的两端用短路环连接起来，形成一个闭合的绕组。当定子绕组加上对称的三相交流电时，产生旋转磁场，以同步速度 n_s 旋转，其磁力线将切割转子导体，转子导体中便产生感应电动势和电流，感应电动势的方向可用右手定则确定。由电磁力定律可知，有电流通过的转子导体在旋转磁场中受到电磁力的作用，电磁力的方向可由左手定则确定。在该电磁力的作用下，电动机转子就会转动起来，其转动的方向与旋转磁场的方向相同。此时，如果在转子轴上施加机械负载，电动机就拖动机械负载旋转，从而输出机械功率，即感应电机把电能转换成了机械能。

从工作原理可以看出，感应电机的转速不可能达到定子旋转磁场的转速，即同步转速，这是因为如果转子转速达到同步转速 n_s，转子导体与旋转磁场之间就不会有相对运动，转子导体中也就不会感应出电动势和电流，从而不能产生推动转子旋转的电磁力和转矩。因此，感应电机的转速 n 与同步转速 n_s 始终无法相同，故感应电机又称为异步电机。

4.4.2　感应电机的组成部件及部件作用

一般来说，感应电机是由定子、转子、端盖等主要部件组成的。

a. 定子：由定子铁芯、定子绕组和机座三部分组成。

定子铁芯是电机中磁路的一部分，由涂有绝缘漆的硅钢片冲片叠压而成。叠片上冲有定子槽，用于嵌放定子绕组。为了改善铁芯的散热条件，功率较大的感应电机定子铁芯上开有径向通风沟。

定子绕组由铝质或铜质绝缘导线绕制连接而成，嵌放在定子槽内，绕组与槽壁间用绝缘材料隔开。其作用是通过电流建立旋转磁场以实现能量转换。

机座主要用于支撑定子铁芯和固定端盖。中小型感应电机的机座采用铸铁铸成，封闭式感应电机的机座上还铸有散热片，以增大电机表面的散热面积；大型感应电机的机座则用钢板焊接而成。

b. 转子：由转子铁芯、转子绕组和转轴三部分组成。

转子铁芯也是电机磁路的一部分，也是由表面涂有绝缘漆的硅钢片冲片叠压而成。叠片上冲有转子槽，用于嵌放转子绕组。小型感应电机的转子铁芯直接压装在转轴上，大中型感应电机的转子铁芯借助转子支架压装在轴上。

转子绕组切割定子旋转磁场产生感应电动势及电流，并形成电磁转矩使电机旋转，转子绕组分为绕线型绕组和鼠笼型绕组。

转轴的作用是支撑转子铁芯和传递机械功率，要求有一定的机械强度和刚度。

c. 端盖：主要用来支撑转子，由铸铁铸成。

d. 气隙：定子和转子之间的空气隙，气隙的大小和均匀程度对电机的性能有很大影响。

4.4.3 感应电机的组成部件对材料的性能需求

铁芯：初始磁导率高、矫顽力小、损耗低，刚度好、振动小。

绕组：尺寸和形状的准确性高、绝缘的可靠性好。

机座：足够的机械强度和刚度、良好的吸振性能。

转轴：足够的机械强度和刚度。

4.4.4 感应电机的组装和评价

（1）感应电机的组装

以三相异步电动机为例，其组装流程为：转子—前轴承内盖—前轴承—后轴承内盖—后轴承—后端盖—后轴承盖—定子—前端盖—前轴承盖—扇叶—风罩。

（2）感应电机的评价

对电机进行性能评价的重要内容便是电机的测试，通过对电机的测试可以得到电机的性能参数，从而对电机的性能和质量进行评估。异步电动机电气性能的检查是判断电机是否符合要求的重要依据，试验内容主要包括：绝缘电阻测定、直流电阻测定、绝缘耐压试验、空载试验和短路试验等。通常利用电力测功机对电机各项性能参数进行测量。交流异步电力测功机在进行测量时，首先将电能转化为机械能，然后以转矩的形式加载到被测电机上，通过控制加载的转矩模拟被测电机的机械负载。

思考题

参考答案

1. 通信变压器的结构和功能有什么特点？

2. 为什么有的通信变压器除了有常规变压线圈外，还会有共模扼流圈线圈？有没有含有三种线圈的通信变压器呢？

3. 通信变压器的磁芯材料怎么选择？常用的磁芯材料是什么？

4. 功率变压器和通信变压器应用领域分别是什么？二者在设计时对磁芯的要求有什么区别？

5. 功率变压器的组成材料有哪些？

6. 评价功率变压器性能的参数有哪些？

7. 什么是直流电机的可逆性原理？

8. 在直流电机中，电刷和换向器的作用是什么？

9. 简述感应电机的基本工作原理。

10. 感应电机是否可以在同步转速下运行？为什么？

参考文献

[1] 周洁敏，赵修科，陶思钰. 开关电源磁性元件理论及设计[M]. 北京：北京航空航天大学出版社，2014.

[2] 苏桦，唐晓莉，张怀武. 软磁铁氧体器件设计及应用[M]. 北京：科学出版社，2014.

[3] Mclyman C W T. 变压器与电感器设计手册[M]. 4 版. 周京华，龚绍文，译. 北京：中国电力出版社，2014.

[4] 刘传彝. 电力变压器设计计算方法与实践[M]. 沈阳：辽宁科学技术出版社，2002.

[5] 胡启凡. 变压器试验技术[M]. 北京：中国电力出版社，2010.

[6] Umans S D. 电机学[M]. 7 版. 刘新正，苏少平，高琳，译. 北京：电子工业出版社，2014.

[7] 沙欣·费利扎德. 电机及其传动系统——原理、控制、建模和仿真[M]. 杨立永，译. 北京：机械工业出版社，2015.

第 5 章

旋磁铁氧体器件

导读

旋磁铁氧体器件可分为线性器件与非线性器件。其中，典型的线性器件包括：隔离器、移相器、环行器与调制器；典型的非线性器件包括：振荡器、倍频器、限幅器、放大器。本章将分别详细介绍各典型器件的分类及工作原理、组成部件及部件作用、组成部件对材料的性能需求以及器件的性能评价等方面。

5.1 隔离器、移相器、环行器、调制器等线性器件

5.1.1 隔离器

5.1.1.1 隔离器分类及工作原理

隔离器是一种无源的非互易二端口微波铁氧体器件。它只能单向传输，允许电磁波从一个方向传播，相反的方向则不能传播。

隔离器种类繁多，且有很多不同的分类标准。基于不同的旋磁效应隔离器可分为三类。

a. 法拉第旋转式隔离器：利用线偏振的微波在纵向磁化的铁氧体棒中传播时偏振面有法拉第旋转的原理制成的隔离器。

b. 场移式隔离器：当矩形波导中部分充填横向磁化的铁氧体时，波导中电磁场的分布产生变化，利用这种场移效应的原理制成的隔离器称为场移式隔离器。

c. 铁磁共振式隔离器：利用铁氧体的铁磁共振特性，对右圆极化波的高频磁场有共振吸收现象，而对左圆极化波不存在共振吸收的原理制成的隔离器。铁磁共振式隔离器可根据不同的传输功率的类型进行分类：波导式隔离器、同轴线式隔离器、带线式隔离器、螺旋线式隔离器以及集中参数隔离器等；按不同频段分类，主要有 L、S、X、Ku 等波段隔离器。除此之外，还包括以不同方式吸收并消除反向波为原理的边导模隔离器等。

不同种类隔离器的形式虽有差异，但其基本原理可总结为：正负极化波作为非互易张量磁导率的本质极化模式，两者之间有着最大化的非互易特性。这也是微波旋磁器件的理论基础。

隔离器的具体工作原理如图 5-1 所示，放大器前级信号从隔离器端口 1 输入，经过隔离器端口 2 输出到放大器后级，传输损耗较小。反过来，微波信号从端口 2 输入经过隔离器时，微波能量被负载吸收，到达端口 1 的信号能量较小，损耗较大。放大器后级的反射信号经过隔离器信号环行功能到达隔离器端口 3，这时端口 3 接入射频功率电阻，电磁能量将完

全被射频功率电阻吸收，而端口 1 则没有能量输出，即起到对能量隔离，保护输入端口前端系统的作用。这样放大器中就只有正方向的传输信号，避免了前级、后级信号的相互影响。

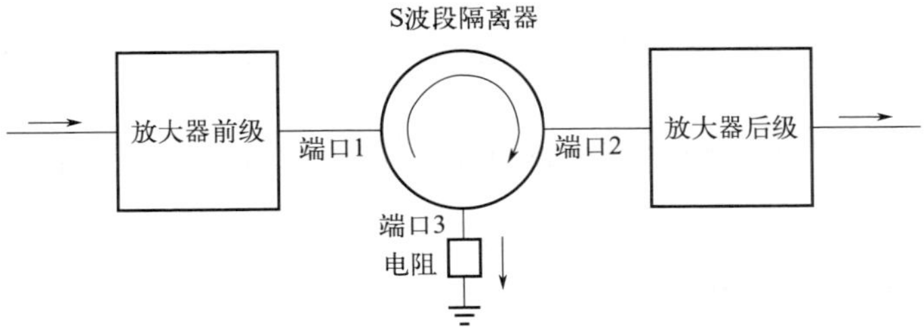

图 5-1　S 波段中功率铁氧体隔离器工作原理框图

5.1.1.2　隔离器组成部件及部件作用

隔离器内部的组成部件包括旋磁铁氧体基片、中心导体、永磁体、腔体、盖板、垫片和匹配负载等。中心导体放在两块旋磁铁氧体基片之间，永磁体垂直于旋磁铁氧体基片平面。具体结构组成如图 5-2 所示。

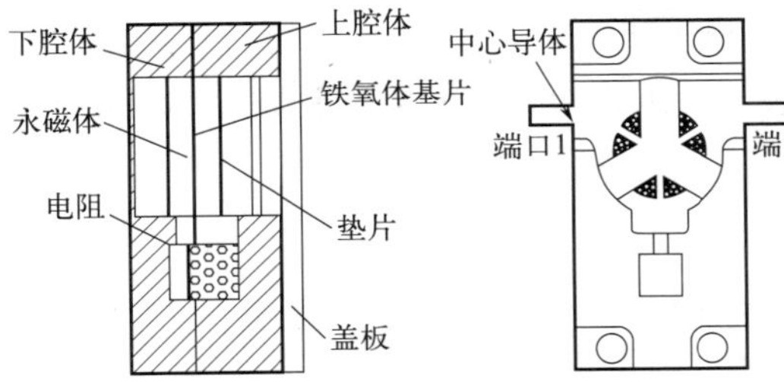

图 5-2　L 波段小型化铁氧体隔离器的结构

其中，中心导体、旋磁铁氧体基片、永磁体和匹配负载对隔离器的电气性能起着重要的作用。永磁体起着为旋磁铁氧体基片提供稳定的外加偏置磁场的作用，匹配负载是接在传输系统终端的单端口元件，它起到几乎无反射地吸收入射波的全部功率的作用。腔体、盖板、垫片等起着结构支撑、调节外加磁场的作用，为稳定性和工程应用的可靠性要求提供了保障。

5.1.1.3　隔离器组成部件对材料的性能需求

隔离器主要功用是保护一个振荡源不受负载影响。振荡源的功率可以通过隔离器输出，负载的反射不能通过隔离器进入振荡源。

为满足以上功用，隔离器各部件材料应具备以下性能需求。

(1) 对铁氧体材料的性能需求

a. 隔离器对材料的性能需求为隔离度与插入损耗之比越大越好，带宽越大越好。优值作为一个体现以上两者的综合表现的参量，被用来描述一个器件的演绩（工作表现）。

b. 要求器件的输入端口的驻波系数越接近 1 越好。

c. 由于铁氧体正常工作有一定的温度范围，因此，工作温度以及器件的散热也要考虑在内，最大限度地控制器件的温升，以保证器件正常工作。

d. 应选取居里温度高、饱和磁化强度尽可能大的旋磁材料。材料的居里温度愈高，饱和磁化强度愈大，对温度的稳定性就愈好，器件的电气性能受温度的影响就愈小，通过的平均功率也就愈大。

实际上，对于不同种隔离器的铁氧体材料的选择，应根据优值、带宽、偏场、功率、成本多方面因素综合决定。

（2）对永磁体材料的性能需求

微波铁氧体器件应用环境恶劣，因此对永磁体的物理性能有较高要求。永磁体材料应具备以下性质：

a. 温度系数较小，由此才会使得器件偏置磁场强度变化也较小，以满足器件使用温度范围变化大的性能需求；

b. 机械强度较高，由此才会使得器件能经受各种机械冲击，以满足其力学性能需求；

c. 永磁体的磁性能高，矫顽力要高，由此当器件周围出现铁磁性物质时，能耐受铁磁性冲击，以满足其磁性需求。

（3）对匹配负载材料的性能需求

匹配负载材料应具备较宽的工作频带、低输入驻波比和一定的功率容量。

5.1.2 移相器

5.1.2.1 移相器分类及工作原理

移相器是一种能够使波的相位进行改变的二端口微波铁氧体器件。其工作原理主要是利用铁氧体材料的磁化强度或张量磁导率随外加磁场的变化，只产生一定的相移而不产生能量衰减。它所受的外加磁场或由永磁体提供为固定值，或由绕组的电流提供而随绕组电流变化。改变相位的方法主要可分为两类：改变传输线的长度或改变传输线的相移常数。

移相器种类繁多，且有很多不同的分类标准。

根据所用微波传输线的不同，移相器可分为一般用于高功率使用的波导型移相器以及一般仅用于低功率使用的 TEM（横电磁模）波型移相器两类。

根据传输特性的不同，移相器可分为两类：互易移相器和非互易移相器。互易移相器可采用反射式与通过式两种形式。反射式利用电抗性负载，用开关变换负载的阻抗特性，从而产生相位移。而非互易移相器是根据正负圆极化磁导率不同，两个不同传输方向有不同的传播常数的原理制成的，正反方向相移量也不同，因此只能采用通过式工作。

根据铁氧体磁性的工作状态的不同可分为：闭锁式和非闭锁式。闭锁式移相器是通过调节激励器中的闭合磁回路的通量值来控制的，铁氧体环处于剩磁状态。非闭锁旋转场移相器的相移是通过旋转由偏磁场的角度方向控制的，其无剩磁状态。根据不同的控制方式，移相器又可分为两类：模拟式移相器和数字式移相器。模拟式移相器的电可控性能可在一定范围内按某种规律连续变化，即其相移量可在一定范围连续变化。相较模拟式移相器，数字式移相器的电可控性能是量子化的，只能选择预先设定的若干固定值或其组合。

5.1.2.2 移相器组成部件及部件作用

以一闭锁式传输型圆极化移相器为例，它主要由以下六部分组成：法兰盘、闭锁式磁轭、激励线、金属化薄膜波导、铁氧体移相段以及阻抗匹配交换器。具体结构如图 5-3 所示。法兰盘位于两端起固定、支撑的作用；外加的四块铁氧体磁轭紧贴在移相段的四面上，起增加剩磁的作用；移相段外均匀绕有导线，作为外电路的激励线，起控制相移量的作用。

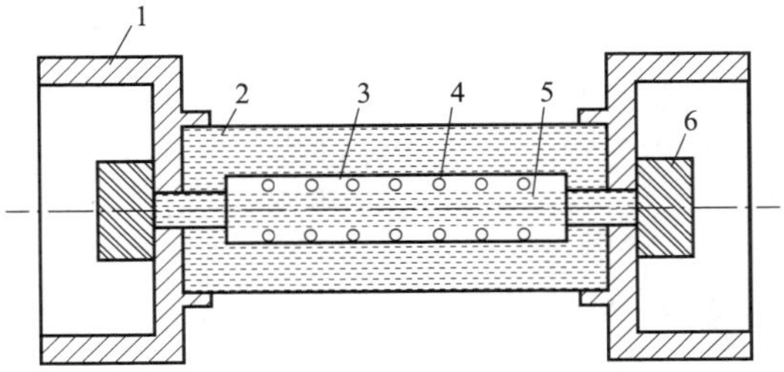

图 5-3 闭锁式传输型圆极化移相器

1—法兰盘；2—闭锁式磁轭；3—激励线；4—金属化薄膜波导；5—铁氧体移相段；6—阻抗匹配变换器

具体作用机理如下：在系统需要改变移相器相移量时，首先通过激励线圈发出一个能量较强的复位脉冲信号，再通过激励线圈发出一个能量较弱的置位脉冲信号，并通过调整置位脉冲能量的大小（即励磁能量的大小），控制铁氧体环处于不同的剩磁状态，从而实现不同的相移量。表面镀有金属化薄膜，起金属化方波导的作用。移相段与标准波导间载有阻抗匹配变换器，其作用为：当正负圆极化波传播时，若改变激励电流的数值，能够使得铁氧体移相段处于不同的剩磁点，就可以获得不同的相移。

5.1.2.3 移相器组成部件对材料的性能需求

（1）对磁轭材料的性能需求

作为磁轭材料，应具备以下性质：

a. 适当大的饱和磁化强度以保证其对于导磁能力的需求；

b. 尽量小的总各向异性常数以保证其对于温度性能的需求；

c. 与移相器铁氧体材料相近的矫顽力，较大的电阻率，较低的激活能，平坦且截止频率高的磁导率频谱曲线等特点以保证其对于性能稳定性的需求；

d. 绝对值较小的磁致伸缩系数以保证其对于应力敏感性的需求。

（2）对铁氧体材料的性能需求（旋磁材料）

铁氧体移相器为满足插入损耗及反向损耗较小，相移误差较小，相位转换速度快，能承受较高的峰值功率和平均功率，尺寸较小的性能要求，其材料性能需求如下：

a. 介电常数较小，降低电磁波的反射率，以保证与空间的阻抗匹配；

b. 介电损耗角正切值应尽可能小，以降低介电损耗，保证低插入损耗；

c. 饱和磁化强度越大，旋磁作用越强，以保证其缩小器件的体积的需求；

d. 铁磁共振线宽应尽可能窄，以降低磁损耗（特别是低场损耗），保证低插入损耗；

e. 自旋波线宽应尽可能宽，以快速衰减高峰值功率下激发的自旋波，抑制非线性损耗，提高器件承受的峰值功率能力；

f. 合适的居里温度，以同时保证其温度稳定性和损耗较小的需求；

g. 高剩磁比，低矫顽力，饱和磁矩尽可能高，以保证其电磁性能的需求。

（3）对永磁体材料的性能需求

其对永磁体材料的性能需求与隔离器一致，详见前文。

5.1.2.4 移相器的性能评价

移相器的性能参数很多，常见的主要有：频率范围、移相范围、移相精度、插入损耗、电压驻波比、线性度、移相器开关时间、功率容量等。具体说明如下。

（1）频率范围

移相器的频率范围是指移相器实际正常工作时，满足性能要求的频率最大值和最小值所决定的一个频率范围值。

（2）移相范围

移相范围是指移相器可以实现的输出信号与输入信号之间最大相位差值，典型的有0°～360°、0°～180°等。

（3）移相精度

移相精度是指移相器可以实现的最小的相位差值，也可以通过每一个移相状态下，实际相移值与理想相移值的差值表示。

（4）插入损耗

插入损耗（IL）指加入移相器前后负载端吸收的功率的变化情况，其数值等于前后两个状态下负载功率的比值。可由式（5-1）进行计算。

$$IL = -20\lg |S_{21}| \tag{5-1}$$

式中，S_{21} 为端口 2 输出电压波与端口 1 输入电压波之比。

（5）电压驻波比

电压驻波比（$VSWR$）是指电磁波传输时形成的驻波的电压波峰值和波谷值振幅之比，可由式（5-2）进行计算。当电路之间没有实现阻抗匹配，会使连接处入射波和反射波相互叠加，从而形成驻波。

$$VSWR = \frac{1+|\Gamma|}{1-|\Gamma|} \tag{5-2}$$

式中，Γ 为反射系数。

（6）线性度

线性度是表征电路线性程度的指标，通常采用 1dB 压缩点表示。当电路的输入功率增加时，电路的输出功率一开始随之线性增加，当达到某一值时电路不再线性，功率增益开始下降。当功率增益下降到线性增益的 1dB 处，对应的输入功率就称为输入功率的 1dB 压缩

点 $P_{in,1dB}$。

（7）移相器开关时间

移相器开关时间指移相器在不同的状态变化时，输出相位发生相应改变所需要的时间。它决定了移相器的开关速度，受移相器控制电路中的开关管的影响。

（8）功率容量

功率容量指开关元件所能承受的最大微波功率。需满足功率容量要求，以防在正常工作中移相器的开关元件被击穿或烧毁。其数值上等于最大导通电流 $I_{MAX,ON}$ 和最大截止电压 $V_{MAX,OFF}$ 的乘积。

5.1.3 环行器

5.1.3.1 环行器结构和工作原理

环行器是具有多个波导分支的元件，多用于高频功率放大器的输出端与负载之间，起到能量隔离、保护前端的作用。根据散射矩阵的性质，对于三端微波结来讲，任何一个具有无耗的、非互易的、匹配的性质的元件都是一个完善的环行器。三端结通常是对称的但不绝对，且对于多端口来讲，还需满足各端口间的波幅和相位关系。

环行器工作原理：从某一分支输入的能量，只能依次转到另一分支，而不能转到其他分支。因此，各个分支中的能量是按照顺序“环转”的，从 1 端输入的能量只能传输到 2 端，依次从 2 到 3，从 3 到 4，从 4 到 1，即 1→2→3→4→1。如果外加磁场反向，环行顺序也相反，即 1→4→3→2→1。

根据其结构不同，环行器可分为法拉第旋转式环行器、差相移式环行器以及结式环行器。

法拉第旋转式环行器结构如图 5-4 所示：法拉第旋转式环行器由方圆变换器、T 形接头、铁氧体圆棒、恒磁体以及支架五部分构成。一铁氧体圆棒位于器件中间，并用聚苯乙烯泡沫支架置于纵向磁化的圆波导轴线上。在圆波导两端各有一个矩形输出波导。两矩形波导的轴线在空间互成 45°，并各自与圆波导以一个方-圆波导过渡变换器相连接。这两个波导过渡变换器的矩形波导口也互成 45°，整个结构形成了具有四个矩形波导口的器件。

其中，方-圆波导过渡变换器是圆波导与矩形波导的过渡装置，它可采用包括阶梯过渡、渐变过渡、介质过渡在内的多种形式。T 形接头起到控制输入输出电磁波轴线方向的作用；铁氧体圆棒一般两端削尖以减小驻波，采用纵向磁化，起到使电磁波旋转 45°的作用；恒磁体起着提供外加磁化场的作用；支架起到将铁氧体棒固定于波导轴向的作用。

其原理为：微波于 1 端口输入，经方-圆波导过渡变换器时，其电场矢量维持原方向，到 3 端口处，电场矢量与该端口的矩形波导轴线一致，因此不能从 3 端口输出。经铁氧体区域旋转 45°后，与 4 端口轴线平行，因此不能从 3 端口输出。最终到达 2 端口，由于垂直于该端口宽边，因此能够从 2 端口输出。综上可得到微波于 1 端口输入仅能从 2 端口输出。同理可推出：1→2→3→4→1。

差相移式环行器通常由折叠双 T、差相移相器、3dB 定向耦合器（电桥）以及分支波导的组合构成。其核心为 3dB 定向耦合器、双 T（魔 T）以及 90°差相移相器三部分，其结构如图 5-5 所示。

其中，3dB 定向耦合器起到将功率平分、使相位相差 90°的作用；双 T 起到产生隔离端口的作用。如图 5-6 所示，2 端口和 4 端口是完全隔离的，当能量由 2 端口输入时，1、3 端口等幅等相输出，4 端口无能量输出。移相器也起到改变相位的作用，一般由未满高度横向磁化铁氧体薄片构成来提高承受功率容量。

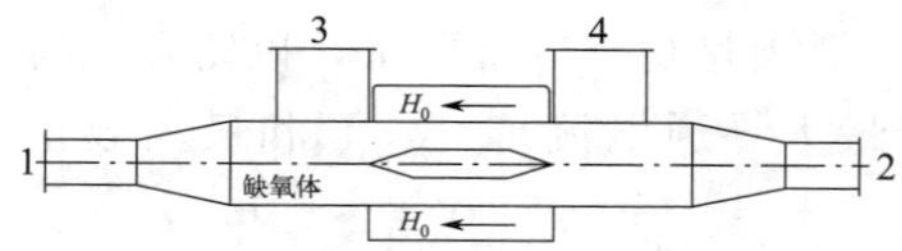

图 5-4　法拉第旋转式环行器结构

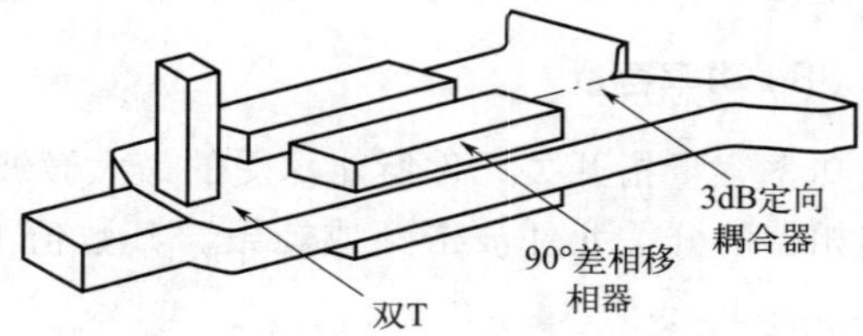

图 5-5　差相移式环行器结构

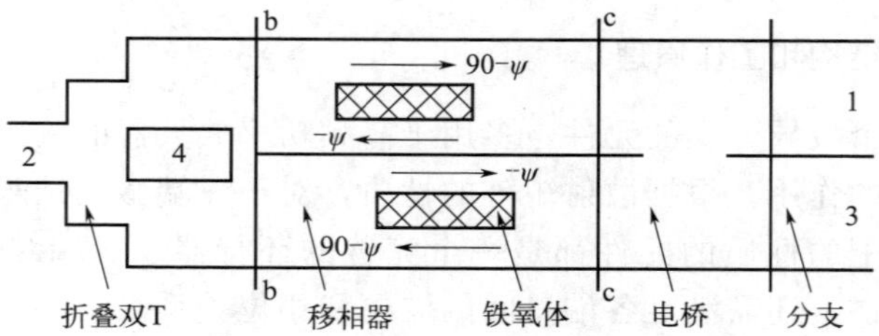

图 5-6　环行器工作原理

其原理如图 5-6 所示：微波于 1 端口输入，经 3dB 电桥，微波一分为二，下波导相位滞后 90°，上下波导分别经过两个差相移相器后到达 b 平面后同相，因此从 2 端口输出；当微波于 2 端口输入，上下波导经过移相器后到达 c 平面时相差 90°，若下波导通过 3dB 电桥滞后 90°到达 1 端口处，相位差达 180°不能输出，若上波导通过 3dB 电桥滞后 90°到达 3 端口处同相输出。4 端口是截止端口。同理可得：1→2→3→4→1。

结式环行器根据端口不同可分为 X 形、Y 形、T 形结环行器等，根据不同传输类型，又可分为波导、带线、微带、集中参数结环行器等。其中，集中参数、带线、波导结环行器依次适合于低、中、高频段使用。以一带线 Y 形结环行器为例，其三根带线互成 120°角对称分布相交于中心导板。在中心导板与上下两底板之间放置两块铁氧体圆盘，使其充满间隙。将以上各部件封装在一个金属盒内便形成了带线结结构。带线结边缘处分布三个同轴线插口，带线于此处与同轴线相接。外加偏压场 H_0 垂直于圆盘平面施加。

5.1.3.2　环行器组成部件对材料的性能需求

（1）对铁氧体材料的性能需求

铁氧体环行器为满足在一定工作频带范围内，正向插入损耗较小，邻臂隔离及对臂隔离较大且驻波比尽可能小的性质，其材料性能需求如下。

a. 适合的饱和磁化强度。饱和磁化强度越高，工作频带则越宽，但为避免因零场损耗导致其插入损耗较大，饱和磁化强度不能过高。因此，材料需满足：归一化饱和磁矩 $P \leqslant 0.8$。

b. 电阻率尽可能大。由于环行器是外加偏压场远远小于谐振磁场的低场器件，在样品尺寸较大情况下，电阻率较大以保证其介质损耗较小的需求。

c. 铁磁共振线宽尽可能小，以保证其插入损耗较小的需求。

d. 适合的居里温度。温度越高，材料的稳定性越好，但居里温度过高，会加剧弱磁场损耗。因此，应选用具有合适居里温度的材料。

（2）对永磁体材料的性能需求

其对永磁体材料的性能需求与隔离器一致，详见前文。

（3）对支架材料的性能需求

支架材料一般选用聚苯乙烯泡沫塑料，其介电常数和空气相近，耐热为 90℃；或选用聚四氟乙烯，耐热为 200℃，以保证引起的损耗较小的性能需求。

5.1.4 调制器

5.1.4.1 调制器结构和工作原理

由于在实际中磁化场调制频率远小于微波信号频率，调制器可近似看作一个微波铁氧体线性器件。铁氧体调制器的原理是：以持续电流、锯齿波、方波、正余弦等不同方法产生外加磁化场，从而控制铁氧体的旋磁效应，最终实现对电磁波的幅度、频率、相位、极化这四个参数的调制。

调制器主要可分为幅度调制器、相位调制器以及极化调制器三类。

相位调制器主要可分为：纵向场相位调制器、双模正余弦调制器以及 0/π 调制器。最基本的相位调制器由在矩形波导中的铁氧体棒及波导外的载流线圈构成。其结构如图 5-7 所示。当电磁波通过波导，沿轴线放置的铁氧体棒受到载流线圈产生的径向磁场的影响时，电磁波的相位也会随之发生变化。相位调制器常被用来补偿各支路间相位的相互平衡。频率调制器实际上也是一种特殊的相位调制器。

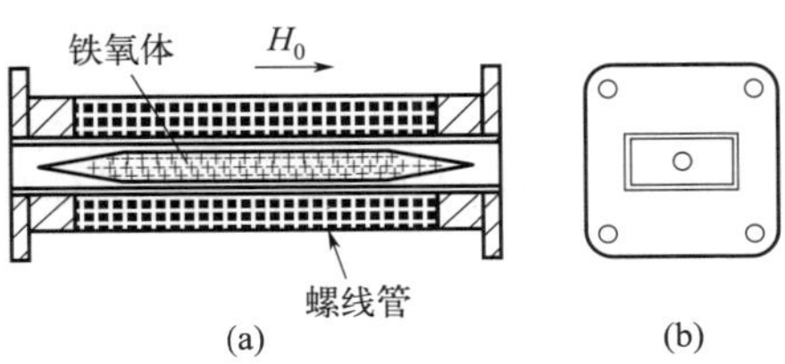

图 5-7 相位调制器结构

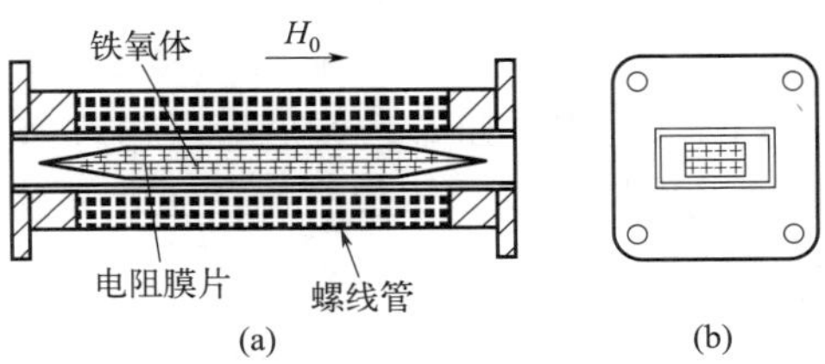

图 5-8 幅度调制器结构

幅度调制器主要可分为：纵向场幅度调制器、快速幅度调制器以及双模幅度调制器。其结构与相位调制器类似，如图 5-8 所示。不同的是在铁氧体中间夹有一吸收电磁波能量用的电阻膜片。当微波通过波导时，输出电磁波的幅度因被吸收能量产生衰耗而变化。双模幅度调制器的原理略有不同，它是通过在两个正交模耦合器间控制波形差相移值而产生相位变化。铁氧体开关也是幅度调制器的一种。

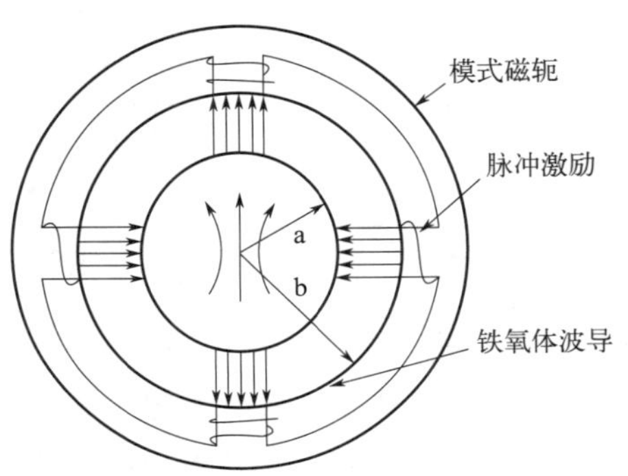

图 5-9 铁氧体圆管锁式四磁极磁化模型

铁氧体变极化器是一种典型的极化调制器。铁氧体圆管锁式四磁极磁化模型如图 5-9 所示。当改变外部磁回路线圈的驱动电流时，能够使铁氧体波导内产生不同强度的横向四磁极磁化场，以此来实现使输入的线极化波变成垂直极化波、水平极化波、正/负圆极化波或任意极化波输出的功能。

5.1.4.2 调制器组成部件及部件作用

调制器的外磁路选用四块锁式磁轭可极大限度地积聚静磁能量，从而提高器件相移并便于填充传导介质，改善器件温度特性。

调制器的内磁路选用金属化铁氧体部分填充圆波导，铁氧体圆管外表面真空镀膜金属层，能够提升器件承受功率、提高单位差相移；由于金属层与外层的磁轭吻合较好，因此也能起到提高转换速度的作用。

5.1.4.3 调制器组成部件对材料的性能需求

调制器对磁轭材料、铁氧体材料、永磁体材料的性能需求与移相器一致，详见前文。

5.2 振荡器、倍频器、限幅器、放大器等非线性器件

5.2.1 振荡器

5.2.1.1 振荡器结构和工作原理

振荡器是一种通过使用非线性器件以及确定频率的无源谐振元件，将DC转换为稳态微波信号的装置。根据微波频率源的产生机理，可分为自激式振荡源和合成式频率源两大类。自激式振荡源包括晶体振荡器、腔体振荡器、介质振荡器、压控振荡器、YIG振荡器和波形产生器等。这些频率源的输出频率范围、调谐带宽、近端相位噪声等适用条件见表5-1。其中，YIG（钇铁石榴石）振荡器（简称YTO）具有最宽的调谐带宽。它是一种基于铁磁共振原理，使用微波晶体管作振荡源，在外加磁场作用下，利用YIG单晶小球准确地放在电磁铁气隙中发生调谐的装置。

表5-1 自激式振荡器性能比较表

项目	频率范围	调谐带宽	相位噪声
晶体振荡器	1GHz以下	窄	很好
腔体振荡器	1GHz以上	较窄	一般
介质振荡器	几百MHz以上	窄	较好
压控振荡器	全频段	较宽	差
YIG振荡器	1GHz以上	宽	较好
波形产生器	几百MHz以下	宽	—

YIG振荡器基本结构如图5-10所示，主要由谐振、振荡、放大及输出匹配回路组成。其中谐振回路由YIG小球及电磁铁调谐回路组成，振荡回路由加上直流偏置的微波晶体振荡管组成。其工作原理为：调谐电压的变化经过驱动电路转变为激磁电流的变化，从而产生

了不同强度的偏置磁场。改变外加的偏置磁场的大小，小球的电子自旋磁矩将旋进，产生磁场-频率的线性调谐，进而产生调谐电压变化的输出频率，从而实现振荡、滤波的可控。

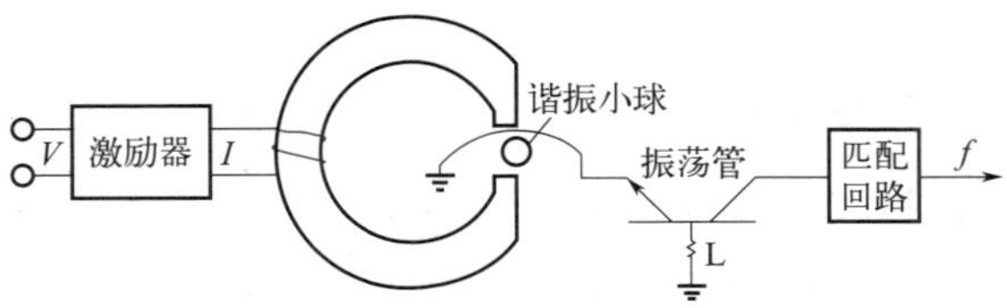

图 5-10　YTO 的基本组成结构

5.2.1.2　振荡器组成部件及部件作用

YIG 小球是磁场动态变化的反馈元件。在一定范围能利用 YIG 谐振子磁场-阻抗变化的特性来提供动态反馈。YIG 小球在电路中，一方面在频率高端作为串联反馈，另一方面在频率低端作为并联反馈，其结构如图 5-11 所示，主要由 YIG 调谐线圈、YIG 支撑杆、YIG 耦合环、MIC 衬底、YIG 加热器、YIG 小球等部分组成。以下是各部件的功用。

a. YIG 小球：YTO 的核心是 YIG 小球，其作为谐振子发生谐振现象。

b. YIG 调谐线圈：YTO 的调谐是通过两个线圈中的电流来决定的。主调谐线圈（TUNE）起到粗略地先设置到某一频点范围的作用。细调线圈（FM）具有足够高的调谐灵敏度，起到实现频率精确锁定的作用。

c. YIG 支撑杆：使 YIG 小球悬空在磁场中间。

d. YIG 耦合环：将射频能量耦合到 YIG 小球上并产生振荡回路的输出频率。

e. MIC 衬底：主要起到支撑整个二极管的作用，厚度在机械强度允许的情况下越薄越好。

f. YIG 加热器：起到保证 YIG 小球处于恒定温度下，减小温漂的作用，由此小球的饱和磁性强度和各向异性不随温度变化。

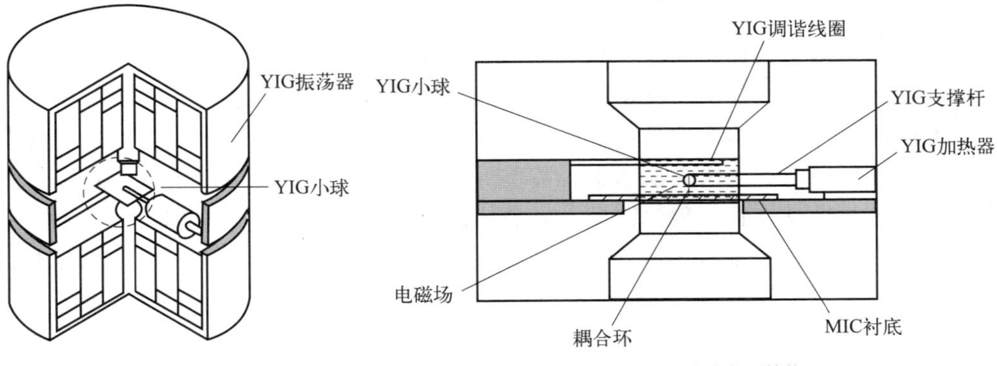

图 5-11　YTO 内部结构及其中 YIG 小球主要结构

除了 YIG 小球之外，振荡器还存在其他部件。

a. 永磁体：其作用是提供偏置，使得用于提供磁场的线圈匝数大幅度减少，从而有效地缩小了器件调谐间隙，以达到减小器件体积实现小型轻量化的目的。

b. 低通滤波器：其作用是组成匹配网络，利用低通在高端的反射为高频段提供足够的负阻。

5.2.1.3 振荡器组成部件对材料的性能需求

（1）对谐振子小球材料的性能需求

YIG 是一种铁氧体材料，常被用于谐振子小球，需满足以下性能要求：

a. 无载品质因数（Q 值）适中：Q 值避免过高影响频带宽度，又要保证器件具有很好频谱纯度及较小相位噪声。

b. 频率调谐范围较宽，以满足器件可以完成多倍频程的调谐的需求。

c. 调谐线性度较好，以满足谐振频率与偏置磁场有很好的线性关系的需求。

d. 可靠性较高，谐振子作为单晶材料，需保证其物理化学性能稳定，以适用于恶劣环境。

e. 饱和磁化强度适中，能够得到合适的阻抗，以保证其磁场-频率线性关系。

（2）对磁场材料的性能需求

磁场材料需温度膨胀系数较小，使得在温度变化时，磁路的相对相变较小，以满足温度稳定性高、均匀性好的需求。

（3）对耦合小环材料的性能需求

YIG 小球与环的耦合强弱可由耦合环的直径和宽度决定。

（4）对微波介质材料的性能需求

微波介质材料需介电常数较高、损耗较低。

5.2.2 倍频器

5.2.2.1 倍频器结构和工作原理

倍频器是利用固态器件的非线性特性实现输出信号是输入信号的 n 倍功能的二端口器件。具有非线性电阻、电抗的器件都可以实现微波倍频器倍频的功能。

非线性电阻器件的基本机理是利用电压与电流的非线性关系，把大幅度正弦波变成电流脉冲，再利用选频回路将某次谐波选出，实现倍频。常见的器件包括 PN 结二极管、肖特基二极管、异质结双极晶体管、砷化镓场效应晶体管和高电子迁移率晶体管等。其中，PN 结二极管利用静态非线性电流-电压关系实现倍频，晶体管利用跨导传输函数的非线性实现有源倍频。

非线性电抗器件的基本机理是利用电荷与电压的非线性关系，产生输入信号的谐波，再经滤波器选出所需要的频率。利用非线性电容实现倍频的器件包括变容管和阶跃恢复二极管，前者利用与电压有关的耗尽层电容，在负载偏压作用下呈高 Q 非线性电抗实现参量倍频，后者利用电荷储存与扩散电容之间的关系实现高次倍频。除此之外，也可利用雪崩二极管或铁氧体传输线的非线性电感实现倍频。铁氧体传输线结构如图 5-12 所示。

基于铁氧体的磁化强度与磁场，即磁导率呈非线性的性质，铁氧体传输线具有非线性电感，属于非线性电抗器件。由此得到，旋磁铁氧体倍频器是利用在均匀 TEM 传输线上周期

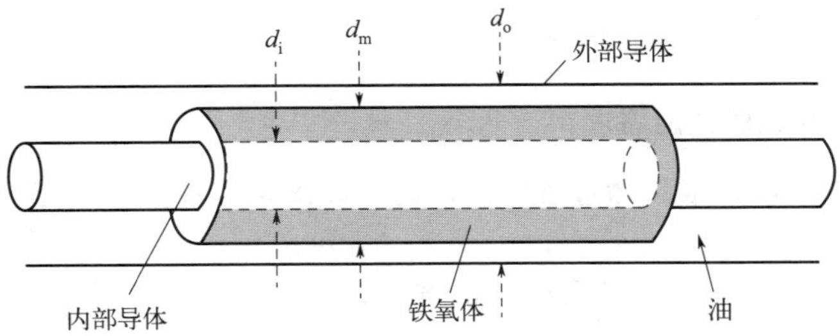

图 5-12　铁氧体传输线结构

地加载非线性电容，构成一段能产生孤波的非线性传输线，然后通过选频网络滤出孤波中感兴趣的谐波，即可实现较高效率的宽带倍频。用于传输线周期加载的器件既可以是对称的也可以是非对称的变容二极管。

5.2.2.2　倍频器组成部件及部件作用

倍频器由偏置低通滤波器、低通滤波器、输入匹配电路、非线性传输线、输出匹配电路、波导-微带过渡结构组成。在高倍倍频时，通常增加空闲回路。倍频器基片结构如图 5-13 所示。

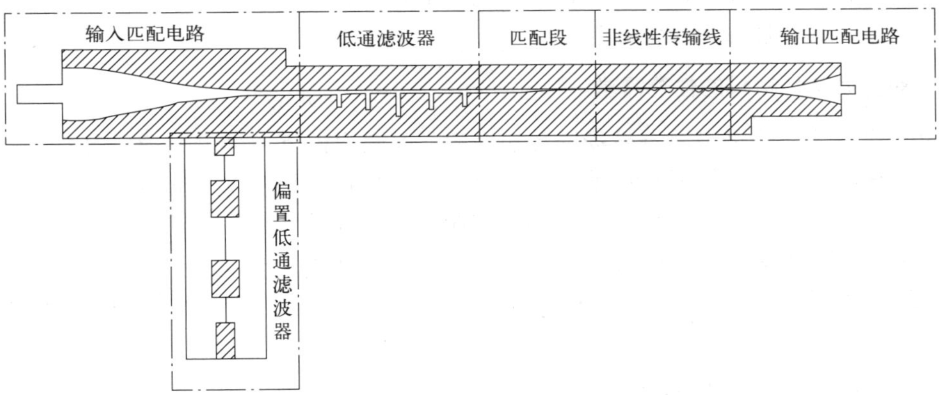

图 5-13　非线性传输线三倍频器基片结构

以下是各组成部件起到的作用：

a. 端口匹配电路起到在输入和输出上得到较大的功率和传输效率的作用。

b. 低通滤波器起到允许基波或低频分量通过，抑制高次倍频分量的作用。

c. 匹配段起到实现过渡转换的作用，能够满足不同特性阻抗传输媒介间的阻抗变换，使其反射尽可能小，以满足信号传输的需要。

d. 波导-微带过渡结构起到将输入信号转换为在微带电路上传输的作用。

e. 非线性传输线采用微带线加载变容二极管结构，改变 PN 结上反向偏压，起到低通的作用。

f. 空闲回路起到提高倍频效率的作用，能够将变容管产生的低次谐波能量送到二极管中去，再通过非线性变频作用，将其转换为高次谐波能量输出。

g. 偏置电路能够控制工作点位置，使倍频器正常工作。

5.2.2.3 倍频器组成部件对材料的性能需求

（1）对非线性传输线的性能需求

a. 为减小冲击电磁波形成传播过程中的反射，以满足实现宽带匹配的需求，需将源阻抗与负载阻抗均匹配到特性阻抗上。

b. 适当的布拉格频率可控制不同谐波的产生，以满足得到低次谐波而抑制高次谐波输出的需求。

c. 传输线的单元长度较小，单元节数较低以保证电路的损耗较小。

（2）对变容二极管的性能需求

变容二极管是非线性传输线的核心部分，其材料性能应满足：

a. 截止频率尽可能高，一般为输出频率最大值的八倍以上。由此，其工作频率上限较高，稳定性也较好。

b. 串联电阻尽可能小，以获得较大的品质因数 Q 及较高的倍频效率。

c. 变容比尽可能大，则结电容的相对变化量较大，由此可得到的倍频效率就较高。

d. 反向击穿电压要大，应至少大于 10V，从而提升变容二极管的功率容量。

e. 电容调制系数较大，以满足电容的变化范围较大的需求。除此之外，由于通常需要多个变容二极管，其特性参数也需尽量一致。

（3）对介质基片材料的性能需求

作为介质基片，既是微波电磁场的传输介质，又是电路支撑体，其应满足：

a. 介电常数较高，以保证其对维持电路尺寸较小且辐射损耗较小的需求。

b. 介质基片的厚度较小，以保证其能够抑制电路不连续性辐射损耗。

c. 若对温度特性要求高，应选用温度特性较好的石英硬基片。

d. 合适的硬度，以满足支撑电路的需求。若硬度过大，则不利于表面粗糙度及表面加工。

（4）对微带线材料的性能需求

通常的微带线是由导体带条和接地板构成的，用于连接各个元器件。它需要满足：电导率高、稳定不氧化、刻蚀性好、容易焊接、对基板附着力强等性能需求。

5.2.2.4 倍频器的性能评价

倍频器的性能指标主要包括：波形纯度、工作频率及倍频次数、输出功率、变频损耗（效率）、驱动功率、带宽以及输入输出驻波比等。具体说明如下。

（1）波形纯度

波形纯度用所需频谱幅度与杂波的频谱幅度之比表示，一般以 dB 为单位。

（2）工作频率及倍频次数

a. 工作频率：输入/输出频率；

b. 倍频次数：输出频率与输入频率的比值。

(3) 输出功率

输出功率指倍频器在一定输入功率情况下的输出频率。

(4) 变频损耗(效率)

变频损耗(效率)为输出所需谐波的功率与输入基波信号功率的比值,变频损耗的单位是 dB,用百分比来表示则称为倍频器的效率。

(5) 驱动功率

驱动功率指使倍频器可以正常工作时的输入基波信号的最小功率。

(6) 带宽

带宽一般以输出功率下降 3dB 的频率变化范围表示。

(7) 输入输出驻波比

输入输出驻波比表征倍频器输入、输出端口匹配性能的技术指标,是端口反射系数的另一种表示。理想情况下其值为 1,但实际情况下均大于 1。

5.2.3 限幅器

5.2.3.1 限幅器结构和工作原理

限幅器作为非线性的微波控制器件,其特点为:当低功率信号输入时不发生衰减;当信号功率超过门限电平并继续增大时,对输入功率的衰减也随之增加,直到输出功率保持不变。

限幅器种类繁多,根据工作方式的不同可以分为反射式限幅器及吸收式限幅器。其中,铁氧体限幅器、PIN 极管限幅器分别是典型的吸收式限幅器及反射式限幅器。以下对它们的工作原理分别进行介绍。

铁氧体限幅器是在波导或谐振腔中适当安置一定形状具有外磁场偏置的铁氧体,当微波功率超过某一偏置的铁氧体所确定的阈值时,铁氧体内出现铁磁共振的高功率效应,并发生共振吸收,从而保持恒定的输出功率达到限幅作用。

PIN 极管限幅器是目前最常见的限幅器,其工作原理是利用 PIN 二极管的电荷控制特性,来控制 PIN 二极管的导通和断开,从而实现输出信号功率的控制。具体如图 5-14 所示:双 T 接头的 4 端口为微波输入端;3 端口为微波输出端;1 端口处连接晶体二极管,未被二极管反射而通过的信号被终端的负载吸收;2 端口连接可变衰减器,终端短路,入射波经衰减器衰减后在终端全反射,再经过衰减器衰减返回。其中,可通过控制 1 端口分支与 2 端口分支的长度使两反射电压反相汇集并在 3 端口输出。

5.2.3.2 限幅器组成部件及部件作用

限幅器包含两个单元电路,分别是限幅单元电路和检波单元电路,如图 5-15 所示。其中定向耦合器的直通端与限幅电路连接,耦合端与检波电路连接。通过定向耦合器和直流放大电路,将检波单元电路与限幅单元电路连接形成闭环。

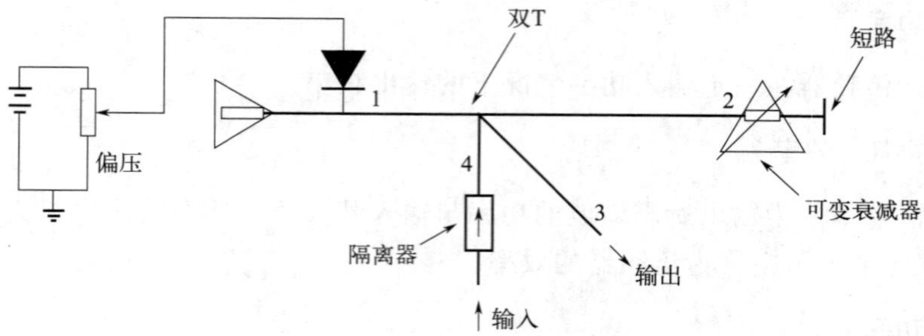

图 5-14　限幅器结构

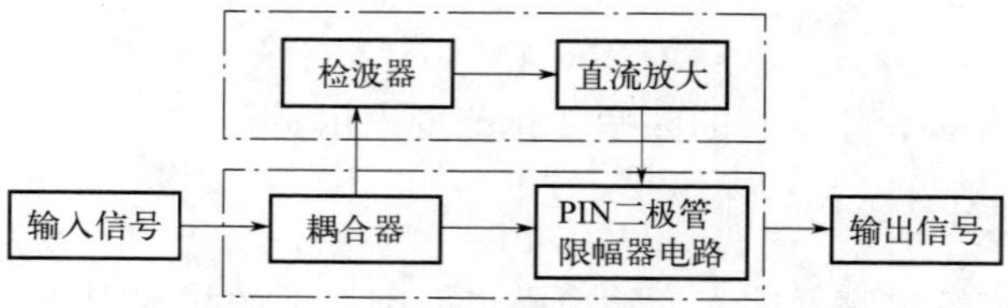

图 5-15　限幅器设计框图

限幅单元电路由波导微带过渡和限幅电路两部分构成。由于输入和输出端口均为波导，因此使用微带波导过渡与限幅电路连接。微带波导过渡波转换结构起到将输入信号转换为在微带电路上传输再转换为输出信号的作用。限幅电路由两只二极管与主传输线并联，起到整形、波形变换或过压保护的作用。

检波单元电路由定向耦合器、检波器、低通滤波器、直流放大电路四部分构成。按照连接顺序其各部件作用如下。

a. 定向耦合器：将主波导信号通过耦合结构按一定方向耦合，将功率分配或组合后生成副导波信号。

b. 检波器：检测输入信号中某种信息或变化。

c. 低通滤波器：滤除检波二极管产生的高次谐波信号和泄漏过来的被检测信号。

d. 直流放大电路：在可变大功率输入条件下，保证电压始终能够使 PIN 二极管导通。有时也使用运算放大器代替。

除此之外，有可能还需要以下元器件。

a. 隔直电容：实现隔断直流，保证射频信号无损通过。

b. 玻璃绝缘子：通过采用不同的形式及相应的介质基片，起到提高连接处的散热能力的作用。

c. PIN 管芯：第一级限幅管芯起到保证管芯的最大承受功率与输入功率相比有足够的余量的作用。后几级管芯主要保证限幅梯度和输出较低的限幅电平，从而起到保护后级放大器不被烧毁的作用。

5.2.3.3　限幅器组成部件对材料的性能需求

(1) 对微带基片材料的性能需求

a. 相对介电常数较大，以保证维持电路尺寸较小且辐射损耗较小的需求。

b. 电阻率和介质强度高。

c. 热传导率高，以满足散热性能较好的需求。

d. 合适的硬度，若硬度过大，则不利于表面粗糙度及表面加工。

e. 合适的基片厚度以兼顾电路体积和损耗。厚度较大能够使频率降低，损耗减小，实现更高的击穿电压。

(2) 对二极管材料的性能需求

PIN 二极管常用作限幅管，在检波管之前加入限幅管，限制输入检波管的功率，以保证采用较高的耦合度，但不烧毁检波管的需求。除此之外，还有以下要求：

a. PIN 二极管的Ⅰ层（本征半导体层）越厚，则反向击穿电压越高，能承受的功率容量越大。

b. 采用多组 PIN 二极管并联使用，可以降低平坦泄漏和反向脉冲，从而兼顾了抑制尖峰泄漏和承受高功率的需求。

(3) 对限幅器腔体材料的性能需求

a. 强度和刚度较高，以满足各工作条件下能承受应力的需求。

b. 质量较小，产品重量对系统重量的影响要尽量小。

c. 与基片、芯片等热膨胀系数近似，以保障焊接的可靠性。

d. 热导率较高，具有良好的导热性能，使热量能迅速通过腔体传导。

e. 可靠的密封性，以满足所需的气密条件。

5.2.3.4 限幅器的性能评价

实际限幅器的性能指标主要包括：门限电平、插入损耗、隔离度、工作频带、尖峰能量以及恢复时间等。具体说明如下。

(1) 门限电平

输入信号功率 $P_{in}<P_0$ 时，输出信号与输入信号成正比；输入信号功率 $P_{in}>P_0$ 时，输出信号功率 P_{out} 近似等于 P_0，保持不变。P_0 即为门限电平，其必须小于接收机能承受的最大功率 P_{MAX}。

(2) 插入损耗

插入损耗指系统中接入限幅器后，当输入信号在门限电平以下时，对传输信号的损耗，一般用 dB 表示。很显然，插入损耗越小越好。

(3) 隔离度

隔离度指限幅器处于限幅状态时的输入功率与输出功率之比。隔离度随输入功率增大而增加，当输入功率达到 P_{MAX} 时，隔离度达到最大。最大隔离度越大，限幅范围越大，即使在输入功率很大时也能起到限幅作用。

(4) 工作频带

工作频带指限幅器其他各性能指标都符合要求的工作频率范围。

(5) 尖峰能量

常用漏过的尖峰能量大小作为安全指标，以避免微波晶体管的烧毁。漏过的脉冲尖峰能量可近似表示，可用式（5-3）进行计算：

$$W_p = 10^7 \frac{P_{eV}}{f_0} \tag{5-3}$$

式中，W_p 为脉冲尖峰能量；P_{eV} 为平均漏功率；f_0 为脉冲重复频率。

(6) 恢复时间

当隔离衰减量恢复到比低电平时插入损耗值大 3dB 以内时，这段时间称为恢复时间。若恢复时间过长，近距离目标的回波信号将无法检测到。因此，恢复时间要尽量短。

5.2.4 放大器

5.2.4.1 放大器结构和工作原理

放大器是能够使输入信号的电压或功率不失真放大的半导体器件。放大器种类繁多，根据输入与输出信号的比例关系，功率放大器分为线性和非线性功率放大器。对于线性功率放大器，根据静态工作点可分为：A 类、B 类、AB 类。线性放大器均为传统类型放大器。非线性功率放大器主要包括：C 类、D 类、E 类、F 类。根据晶体管工作形式又可进一步分类。其中，C 类是传统类型功率放大器，其余包括 D 类、E 类、F 类在内的则均属于开关模式功率放大器。各类功率放大器的特性比较如表 5-2 所示。

表 5-2　各类功率放大器的特性比较

类型	A	AB	B	C	D	E	F
导通角/(°)	180	90～180	90	<90	90	90	90
理想效率/%	50	50～78.5	78.5	100	100	100	100
线性度	最好	较好	还好	差	较差	较差	较差
相对输出能力	0.125	0.125	0.125	—	0.318	0.098	0.159

根据基本放大原理的不同，固态功率放大器又可分为以两端器件作为放大单元的微波反射型放大器和以三端器件作为放大单元的微波晶体管放大器。常用的两端器件主要包括雪崩渡越时间二极管和耿氏二极管，三端器件主要包括晶体三极管和金属场效应管。

微波晶体管放大器的工作原理是利用三极管的电流控制作用或场效应管的电压控制作用将电源的功率转换为按照输入信号变化的电流，实现信号的放大，原理如图 5-16 所示。

5.2.4.2 放大器组成部件及部件作用

以某一晶体管放大器为例，具体介绍其各部件组成及功用。

(1) 串联、并联负反馈

串联负反馈：起到降低电路对晶体管性能变化的敏感度、改善驻波比、增加线性度、易

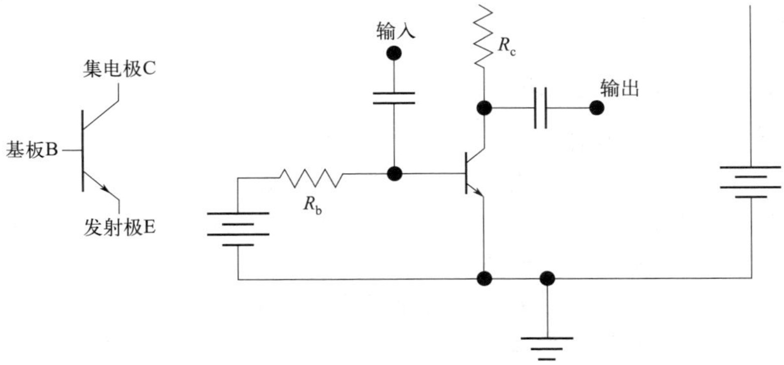

图 5-16　微波晶体管放大器原理图

与宽带噪声匹配的作用。

并联负反馈：漏极和栅极之间并联负反馈结构，起到调节输入阻抗、拓展带宽和增加稳定性的作用。

（2）偏置电路

偏置电路起到提供正确的直流工作点、电源去耦、参与匹配以及防止射频信号泄漏到电源的作用。除此之外，偏置电路应具有稳定静态工作点（Q 点）的作用，以减少外界因素对静态工作点的影响。偏置电路各元件具体功能如下。

a. 漏极电阻：起到降低漏极电压，为晶体管提供合适的偏置点的作用。

b. 漏极电感：起到射频扼流，防止射频信号进入电源的作用。

c. 去耦电容：起到滤除电源低频噪声，以防止噪声进入微波通路的作用。

d. 隔直电容：起到有效扩展放大器带宽的作用。

（3）匹配电路

匹配电路由输入输出匹配及级间匹配电路构成。匹配电路在一定频段内能将给定的阻抗值变为其他阻抗值，从而起到实现晶体管与源和负载的匹配的作用。其中，输入匹配电路：兼顾输入驻波比，同时满足最佳噪声匹配要求。输出匹配电路：提高增益，改善增益平坦度，满足放大器输出驻波比要求，改善放大器稳定性。级间匹配电路：使后级晶体管的输入阻抗与前级晶体管的输出阻抗匹配。

（4）晶体管

根据晶体管的特性，晶体管能够对微弱信号进行放大，使得输出信号的电压或电流幅度得到提升，输出信号的能量得到加强。除此之外，晶体管内部的反向传输系数较小，起到反向隔离的作用。

（5）屏蔽盒

由于功率放大器在高频、大信号的条件下工作，为避免受外界干扰，影响电路性能，一般都将功率放大器电路放入屏蔽盒中。屏蔽盒主要起到利于晶体管散热和屏蔽电路所受的电磁干扰的作用。

5.2.4.3　放大器组成部件对材料的性能需求

（1）对介质基板材料的性能需求

介质基板既是电路的支撑体，又是射频信号的传播介质，因此应满足以下条件。

a. 基板适用的频率，若超出适用频率，则基板的参数会发生变化。

b. 较低的介电损耗角正切，保证信号的损耗较低，基板各点相对介电常数一致。

c. 较高的热导率，有利于良好散热。

d. 热膨胀系数要与有源器件兼容，以避免有源器件破裂。

e. 良好的粘接强度及抗腐蚀能力。

（2）对晶体管材料的性能需求

晶体管作为最核心的部件，其选取应满足：

a. 为得到良好的功率放大器电路，应处于适用的频率范围。若超出适用范围，晶体管的增益、效率及寄生参数会恶化。

b. 晶体管的尺寸较小，可使电路尺寸较小。

c. 适合的噪声系数和驻波系数，能够保证对于其他器件的影响较小且得到更好的功率匹配。

d. 增益尽可能较大，以保证其具备较强的放大能力。

（3）对腔体材料的性能需求

为满足屏蔽盒有利于晶体管散热和屏蔽电路电磁干扰的功能，其应满足：

a. 尽量减小尺寸，盒体的横向宽度要小于最高频率的半波长。若屏蔽盒宽度过宽，电路可能引发振荡。

b. 底部材料较厚，以保证在大功率电路严重发热的情况下，能够承受较高的温度而不发生形变。

c. 腔体盖子与传输信号电路的距离大于电路板厚度的 5 倍以上，以避免金属壁对电路中电场的干扰。

d. 腔体顶点倒角处理，以保证电磁波反射连续。

5.2.4.4　放大器的性能评价

功率放大器的技术指标主要包括：效率、增益和增益平坦度、工作频率带宽、线性度、稳定性、输入输出驻波比、噪声系数等。具体说明如下。

（1）效率

功率放大器的效率体现了功率放大器将直流能量转化为交流输出的能力。效率又包括两种不同的表达：漏极效率和附加功率效率。其表达式分别为式（5-4）及式（5-5）。其中，漏极效率仅表示有源器件的输出功率与电源功耗的比值，而附加功率效率更加精准地反映了实际电路的效率，其考虑到了晶体管的功率放大能力。

$$\text{漏极效率：}\eta=\frac{P_{\text{out}}}{P_{\text{DC}}} \tag{5-4}$$

$$附加功率效率：PAE=\frac{P_{out}-P_{in}}{P_{DC}} \tag{5-5}$$

式中，P_{in} 为输入交流功率；P_{out} 为晶体管输出的交流功率；P_{DC} 为偏置电源提供的直流功率。

（2）增益和增益平坦度

功率放大器的增益表征了放大器放大信号的能力，可用式（5-6）计算。单级功率放大器电路的增益一般在15dB以下，要实现高功率增益可以采用多级放大的方式来实现。增益平坦度表征了功率增益的波动能力，可用式（5-7）计算。

$$功率增益：G=10\lg\frac{P_{out}}{P_{in}} \tag{5-6}$$

式中，G 为功率增益，dB；P_{out} 和 P_{in} 分别为输出和输入功率，W。

$$增益平坦度：\Delta G=\pm\frac{G_{MAX}-G_{MIN}}{2} \tag{5-7}$$

式中，G_{MAX}、G_{MIN} 分别为增益最大、最小值。

（3）工作频率带宽

工作频率带宽指能使全部指标都满足且性能优良的连续频率范围，可用式(5-8)计算。按照工作频率带宽将放大器分为宽带功率放大器和窄带功率放大器。

$$工作频率带宽：BW=f_{MAX}-f_{MIN} \tag{5-8}$$

式中，f_{MAX} 为最高工作频率；f_{MIN} 为最低工作频率。

（4）线性度

线性度是放大器在不改变输入信号的情况下，相对于给定的输入功率电平，以直接比例增加输出功率电平的能力。1dB输出功率压缩点和三阶交调失真是表征功率放大器的线性度的两个指标。

① 1dB输出功率压缩点（P_{1dB}）

1dB输出功率压缩点是指当输入信号较大，功率放大器的输出功率与输入功率不再成线性正比关系，逐渐进入饱和区时，低于小信号增益值1dB的点，一般用来直接显示发生失真的输入功率。1dB输出功率压缩点越大，其线性放大能力越强。

② 三阶交调失真（IMD_3）

交调失真是由于部分频率分量接近输出信号频率，而对其产生干扰的有害现象。三阶截断点 IP_3 表示三阶谐波的大小等于基波输出功率的大小。一般用三阶截断点的输入功率作为衡量放大器交调失真的指标。功率越大，放大器的三阶交调失真越小，则线性度越高。可用式（5-9）进行计算：

$$三阶交调失真：IMD_3=10\lg\frac{P_3}{P_1} \tag{5-9}$$

式中，P_3 为输出信号的三阶交调分量功率；P_1 为基波信号的输出功率。

（5）稳定性

稳定性表征了功率放大器抵抗自激振荡的能力。稳定性包括两种状态。

a. 绝对稳定状态：放大器电路对于任意无源负载和信号源阻抗，都能稳定工作。

b. 条件稳定状态：电路的负载阻抗和信号源不能随意选取，否则会引起电路自激振荡的产生从而导致晶体管损坏。

只有同时满足式（5-10）及式（5-11），才无条件稳定。实际上当负载阻抗已确定，只需保证放大器输入阻抗的实部在所有频率上均大于 0 即可。

$$K=\frac{1-|S_{11}|^2-|S_{22}|^2+|S_{11}S_{22}-S_{12}S_{21}|^2}{2|S_{12}S_{21}|}>1 \tag{5-10}$$

$$|S_{11}|^2<1-|S_{12}S_{21}| \tag{5-11}$$

式中，K 为罗莱特稳定因子；S_{11} 为输入反射系数；S_{22} 为输出反射系数；S_{12} 为反向传输系数；S_{21} 为正向传输系数。

（6）输入输出驻波比

输入输出驻波比表征了功率放大器输入输出阻抗和所要求的阻抗的匹配程度。其定义为端口最大电压与最小电压的比值，可以用式（5-12）计算反射系数，再如式（5-13）所示利用反射系数表示输入输出驻波比。

$$\text{反射系数}:\Gamma=\frac{Z-Z_0}{Z+Z_0} \tag{5-12}$$

式中，Z 为端口阻抗；Z_0 为系统的特性阻抗。

$$\text{输入输出驻波比}\ VSWR=(1+|\Gamma|)/(1-|\Gamma|) \tag{5-13}$$

（7）噪声系数

噪声系数是指信号通过放大器产生噪声，使得信噪比下降的倍数。由于噪声系数应该越小越好，为改善噪声性能，应该以合适的工艺方式、最佳的直流偏置点、合适的栅指数和总栅宽来设计电路。

思考题

参考答案

1. 铁氧体作为一种新型非金属磁性材料被广泛应用，请介绍其分类及性质，并具体分析其在任一器件中的主要功用。

2. 请分析微波在磁化铁氧体材料中的传播特性。

3. 本章的器件在实际情况下常常会组合使用，请查找资料并举例简要介绍，同时使用两种或两种以上器件的实例并分析。

参考文献

[1] 李成生，李雯．S波段中功率铁氧体隔离器设计[J]．磁性材料及器件，2008，39(5)：29-32.

[2] 刘永锋，温丹莉．S波段四端口差相移式大功率环行器设计[J]．磁性材料及器件，2019(2)：47-49.

[3] 李士根．新型微波铁氧体器件的开发和应用[J]．磁性材料及器件，2000，31(3)：26-30.

[4] 车文荃，沙侃，温勇武，等．圆波导介质加载锁式铁氧体变极化器的实验研究[J]．电子学报，1999，27(10)：143-144.

[5] 方旭，潘亚峰，丁臻捷，等．非线性铁氧体传输线的脉冲陡化作用[J]．强激光与粒子束，2014，26(11)：251-255.

[6] 黄振兴．微波传输线及其电路[M]．成都：电子科技大学出版社，2013.

第三篇

功能材料光性能器件化应用——电子的跃迁

第 6 章

光功能器件

导读

本章介绍各种光功能器件，所讲的光功能涉及光发射、光传感两大部分，光电转换将在其他章节讲到。按照发光类型的不同，可以分为荧光和磷光两种不同的机制；按照发光材料的不同，可以分为无机发光二极管和有机发光二极管；按照所发出光的不同，又可以分为普通发光和激光；此外，还有对红外光特别敏感的红外光纤传感器。

本章将详细介绍这些光功能器件的器件结构、工作原理、组成部件及作用，还包括相关材料的性能需求、器件设计的关键技术、器件制备工艺、器件性能参数等。从应用的角度来看，目前无机发光二极管（LED）已经在照明和显示领域占据了很大的市场份额；有机发光二极管（OLED）正在彩色显示领域成为即将取代液晶显示（LCD）的新型显示技术；激光技术发展迅猛，已经在社会各个领域有着广泛的应用；红外光纤传感器则在自动控制、在线检测、故障诊断等方面取得了卓有成效的发展和推广。

6.1 荧光器件

6.1.1 器件结构和工作原理

光致荧光是一种光致发光的冷发光现象。具体来说，当某种物质受到紫外线、X 射线或其他短波长的入射光辐照时，它会吸收光能并进入激发态。随后，这些处于激发态的分子或原子会立即退激发，并发出比入射光波长更长的出射光，这种出射光通常位于可见光波段，被称为荧光。荧光物质一旦停止接收入射光，其发光现象也会随之立即消失。此外，有些物质在入射光撤去后仍能较长时间发光，这种现象被称为余辉。荧光现象在日常生活中有着广泛的应用，如荧光灯、荧光笔、含有荧光漂白剂的复印纸等。这些物质在受到特定光线的照射时，会发出颜色鲜艳的可见光，从而呈现出独特的视觉效果。

电致荧光是一种利用电场作用使荧光材料发光的现象。在电致荧光过程中，物质中的电子和空穴在外加电场的作用下发生复合，释放出能量并以光的形式发射出来。这种现象与光致发光类似，都是基于激发态分子的跃迁原理，但两者的主要区别在于产生激发态的方式不同：光致发光是通过光照射来产生激发态，而电致荧光则是通过电场作用来实现。电致荧光技术被广泛应用于各种领域，如 LED 显示屏、荧光材料等。在 LED 显示屏中，电致荧光材料在电场的作用下发出明亮的光线，从而构成显示图像的基本元素。此外，电致荧光材料还因其独特的发光性能和广泛的应用前景而备受关注。

有机荧光发光二极管是利用分子激发态发光的电流驱动的器件，其核心在于其发光层由能够产生单线态激子辐射发光的有机荧光材料构成。这种器件不仅在显示和照明技术中有着广泛的应用，还因其独特的性能和设计灵活性而备受关注。如图 6-1 所示，有机荧光发光二极管的基本结构复杂而精细，包括阳极、空穴注入层、空穴传输层、复合发光层、电子传输层、电子注入层和阴极。每一层都发挥着至关重要的作用，共同协作以实现电能向光能的转换。其工作过程主要包括以下几个阶段，首先，在外界的电压驱动下，电子和空穴分别从阴极和阳极注入器件中，这是器件工作的第一步，也是关键的一步，因为注入效率的高低直接影响到器件的发光效率；随后，这些载流子通过跳跃和隧穿过程，克服各种势垒，如界面势垒、材料内部的陷阱等，向发光层迁移，这是一个需要精确控制的过程，因为载流子的迁移速率和迁移路径都会影响到器件的发光性能；在发光层中，空穴和电子发生复合，形成单线态和三线态分子激子，这是一个能量转换的关键步骤，因为激子的形成和辐射退激是器件发光的核心机制；其中单线态激子通过辐射退激的方式，从激发态回到基态，释放出能量并发射出光子，其波长由激发态和基态的能级差决定，这一步骤实现了电能向光能的转换，是器件发光的最终体现。

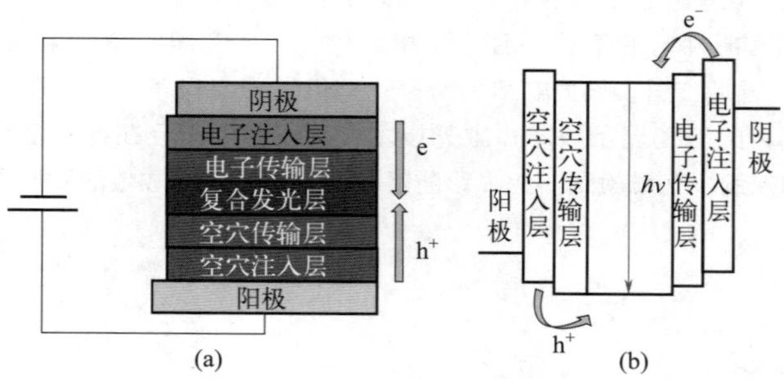

图 6-1　有机荧光发光二极管的（a）基本器件结构与（b）能级图

6.1.2　器件各功能层作用及对材料的性能需求

有机荧光发光二极管的卓越性能依赖于其精巧的结构设计以及各功能层的协同作用，而这些功能层对材料性能也有着严格的要求。如上所述，荧光器件的基本结构包括阳极、空穴注入层、空穴传输层、复合发光层、电子传输层、电子注入层和阴极。首先，阳极和阴极作为器件两端的电极，负责提供必要的电场以驱动载流子的注入和迁移。在电场的作用下，电子和空穴分别从阴极和阳极注入器件中，这是发光过程的基础。为了实现高效的载流子注入，阳极和阴极材料需要具有高导电性和稳定性，以降低器件的电阻，提高电流密度，并确保电极的长期可靠性，通常选用铝、银等金属作为阴极，选用透明导电氧化铟锡作为阳极。

紧接着，空穴注入层和电子注入层分别负责增强空穴和电子的注入效率，确保载流子能够有效地进入发光层。这两层是连接电极和传输层的桥梁，其性能直接影响载流子的注入和传输过程。为了实现高效的载流子注入，注入层材料需要具有高载流子注入效率，并与相邻的电极和传输层材料具有良好的界面相容性，以确保载流子的高效传输，减少界面处的能量损失和电荷积累。另外，空穴传输层和电子传输层则分别负责空穴和电子在器件中的传输，确保载流子能够顺利地到达发光层并进行复合发光。传输层是载流子迁移的通道，其性能直接影响载流子的传输效率和发光层的复合效率。为了实现高效的载流子传输，传输层材料需要具有优异的载流子传输性能，并与相邻的注入层和发光层具有匹配的能级结构，以降低界面势垒，确保载流子的顺畅传输和有效复合，降低能量损失，提高器件效率。

最后，复合发光层是器件的核心部分，负责产生光子并实现发光。在发光层中，空穴和电子复合形成单线态和三线态分子激子，其中单线态激子能够实现辐射退激，从分子激发态回到分子基态，并发射出光子。发光层的性能直接影响器件的发光效率和颜色。为了实现高效的发光，发光层材料需要具有高光致发光量子效率、良好的稳定性以及适当的能级结构。高量子效率意味着更多的激子能够实现辐射退激并发出光子，而稳定性可以确保发光层的长期可靠性，延长器件的使用寿命。适当的能级结构则可以提高复合效率并减少非辐射复合的损失。总之，有机荧光发光二极管的各功能层作用及对材料性能的严格要求共同支撑着器件的高性能运行。通过优化器件结构、选择合适的材料和精心的制备过程，可以实现高效、稳定的有机荧光发光二极管。

6.1.3 器件制备及性能评价参数

有机荧光发光二极管作为一种先进的显示和照明技术，其制备工艺参数的研究对于提高器件效率和工作寿命至关重要。有机荧光发光二极管主要包括真空热蒸镀和旋涂两种制备方式。

真空热蒸镀主要用于制备小分子薄膜，需要在高真空（10^{-4} Pa 左右）条件下完成。这种制备方式的优势在于能够精确控制薄膜的厚度和均匀性，这对于提高器件的性能至关重要。真空热蒸镀所用设备和内部结构如图 6-2 所示，主要包括真空系统、加热部分和膜厚检测部分等。真空系统用于创造高真空环境，防止薄膜在制备过程中受到污染。加热部分则负责将小分子材料加热至蒸发或升华点，使其转化为气态粒子。这些气态粒子随后由下到上输运，附着在基片表面，并经过原子重构或键合等过程，最终形成稳定的薄膜。在真空热蒸镀过程中，对加热温度、蒸镀速率和真空度的精确控制是确保薄膜质量的关键。加热温度需要根据材料的性质进行精确设定，以保证材料能够顺利蒸发或升华。蒸镀速率则影响着薄膜的厚度和均匀性，需要通过调节加热功率和蒸镀时间来实现精确控制。真空度则对薄膜的纯度和质量有着重要影响，需要在制备过程中始终保持高真空环境。除了对设备参数的精确控制外，真空热蒸镀工艺还需要注意一些细节问题。例如，在蒸镀前需要对基片进行严格的清洗和处理，以确保其表面质量和清洁度达到要求。同时，在蒸镀过程中还需要对设备进行定期的维护和保养，以确保其长期稳定运行。

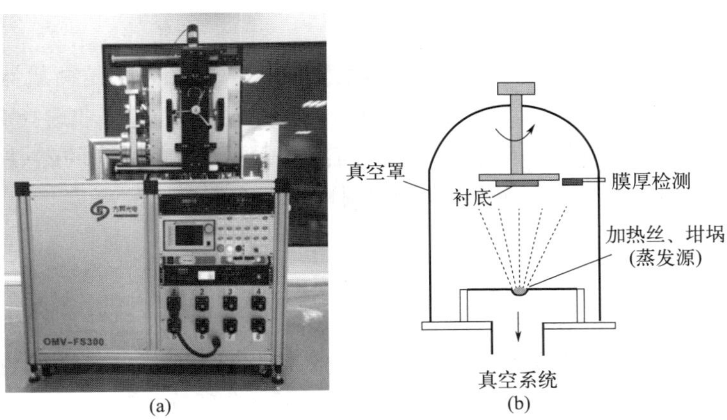

图 6-2 （a）蒸镀机及其（b）内部结构

图 6-3　匀胶机

旋涂适用于胶体或溶液，通过对匀胶机（图 6-3）设置一定的加速度使胶体或溶液均匀分散，多余的部分被甩离基片，从而在基片上形成均匀薄膜。在旋涂过程中，匀胶机的转速和旋转时间对薄膜的厚度和均匀性有着重要影响。一般来说，转速越快，薄膜越薄；旋转时间越长，薄膜越均匀。因此，需要根据具体材料和基片的性质进行转速和旋转时间的精确设定。此外，为了获得高质量的薄膜，旋涂法通常还需要进行高温退火处理。退火处理的温度和时间由具体材料决定，旨在促进薄膜中原子的重构和键合，进一步提高薄膜的稳定性和光电性能。退火处理需要在特定的温度和时间下进行，以避免对薄膜造成过大的热应力或破坏其结构。除了对设备参数的精确控制外，旋涂工艺也需要注意一些细节问题。例如，在旋涂前需要对胶体或溶液进行充分的搅拌和过滤，以确保其均匀性和纯度。同时，在旋涂过程中还需要对基片进行严格的固定和定位，以避免其移动或倾斜导致薄膜不均匀。

要实现高性能的有机荧光发光二极管，需要在设计和制备过程中综合考虑多个关键因素，包括载流子的注入、传输、输运平衡和阻挡。这些因素对于提高器件的整体性能至关重要，因为它们直接影响到器件的发光效率、稳定性和使用寿命。同时，选择光致发光量子效率优异的荧光材料作为发光层也是实现高性能器件的关键之一。这些材料能够有效地将电能转化为光能，不仅提高了器件的发光效率，还为其在显示和照明领域的应用提供了更广阔的可能性。

在制备荧光器件时，需要对其性能进行全面的表征评估。一般而言，有机荧光发光二极管的性能由电学性能和光学性能两大部分组成。其光学性能主要包括：发光光谱、发光亮度、发光效率和色度等；电学性能主要包括电流-电压关系、发光亮度-电压关系等。

① 发光光谱

发光光谱能够显示荧光各个组分的发光强度，直观表现为荧光强度随波长的分布，一般来说，发光光谱有光致发光（PL）光谱和电致发光（EL）光谱两种。PL 光谱是在光激发下产生的，而 EL 光谱则是在电激发下产生的。通过比较这两种光谱，可以得到实际发光层的相关信息，如发光材料的能级结构、发光机制等。这对于优化器件的发光性能具有重要意义，因为它可以帮助我们了解发光材料的基本性质，并指导我们如何选择合适的材料和结构来提高器件的发光效率。

② 发光亮度

发光亮度表示每平方米的发光强度，单位为 cd/m^2。发光亮度是衡量器件发光强度的重要指标，一般由亮度计进行测量。在实际应用中，需要根据具体需求选择合适的发光亮度，以实现最佳的视觉效果。例如，在显示领域，需要选择具有高亮度的器件，以确保图像清晰、色彩鲜艳；而在照明领域，则需要根据具体场景选择合适的亮度，以营造舒适的照明环境。

③ 发光效率

发光效率反映了器件将电能转化为光能的能力，一般关注量子效率和流明效率。其中量子效率可分为内量子效率和外量子效率。内量子效率即器件内部辐射光子数与注入电子数的比值，可以反映发光层的特性；而考虑到实际光输出时有部分被吸收，因此引入外量子效率 η_{qe} 来表示器件最终的发光效率：

$$\eta_{qe}=\frac{射出器件光子数}{注入器件电子数} \tag{6-1}$$

外量子效率越高，说明器件的发光性能越好，能够将更多的电能转化为光能。除了量子效率外，流明效率 η_l 也是衡量器件发光性能的重要指标，它是发射的光通量 L 与输入电功率 P_{in} 的比值，如式（6-2）所示。

$$\eta_l=\frac{L}{P_{in}}=\frac{\pi SB}{IV}=\frac{\pi B}{JV} \tag{6-2}$$

式中，S 为发光面积；B 为发光亮度；I、V、J 分别为测量的电流、电压和电流密度。发光效率的常用单位是 lm/W（1lm＝1cd・sr）。流明效率反映了器件在单位电功率下的发光能力。在实际应用中，需要选择具有高流明效率的器件，以实现更低的能耗和更高的发光效率。这对于延长器件的使用寿命和降低使用成本具有重要意义。

④ 色度

色度为对发光颜色的展示。光色通过坐标轴表示，根据光源的光谱分布由色度坐标的基本规定计算得出，一般由坐标（x，y）表示。在实际应用中，需要根据具体需求选择合适的色度，以实现最佳的色彩效果。例如，在显示领域，需要选择具有准确色度的器件，以确保图像色彩的真实性和准确性。

除了光学性能外，电学性能也是器件性能的重要组成部分。其中，电流-电压关系是器件电学性能的重要表征之一。与普通二极管类似，有机荧光发光二极管同样具有整流效应，即只有在正向偏压下，器件中才有电流通过。当加大电压时，器件中的电流会显著增加。这一特性使得有机荧光发光二极管在实际应用中具有更广泛的电压适用范围，可以根据具体需求选择合适的电压来实现最佳的发光效果。另外，发光亮度-电压关系也是有机荧光发光二极管电学性能的重要表征之一。在低电压下，器件的亮度随电压增加而小幅上升。然而，在某个阈值之后，亮度则会显著增加。这个阈值被称为有机荧光发光二极管的开启电压。开启电压的大小对于器件的实际应用具有重要意义。较低的开启电压意味着器件能在较低的电压下开始发光，提供较高的亮度，从而降低能耗和提高效率。这对于延长器件的使用寿命和降低使用成本也具有重要意义。

此外，为了进一步提高有机荧光发光二极管的各项性能和使用寿命，还需要在材料选择、结构设计、制备工艺等方面进行不断地探索和创新。例如，可以研发新型的有机荧光材料，以提高器件的发光效率和稳定性；还可以优化器件的结构设计，以提高其光提取效率和散热性能；同时，还可以改进制备工艺，以提高器件的均匀性和一致性。这些探索和创新将为有机荧光发光二极管的发展和应用提供更加广阔的前景。

6.2 磷光器件

6.2.1 器件原理

根据余辉的长短将晶体的发光分成两类：荧光和磷光。（余辉：激发停止后晶体发光消失的时间）。当处于基态的分子吸收紫外-可见光后，即分子获得了能量，其价电子会发生能级跃迁，从基态跃迁到激发单重态（S）的各个不同振动能级（图 6-4），并很快以振动弛豫的方式放出小部分能量，达到同一电子激发态的最低振动能级，然后以辐射形式发射光子跃迁到基态的任一振动能级上，会在极短时间内（10^{-8}s）发射出波长大于激发波长的光，这时发射的光子称为荧光。

如果受激发分子的电子在激发态发生自旋反转，当它所处单重态的较低振动能级与激发三重态的较高能级重叠时，就会发生系间窜越，到达激发三重态（T），经过振动弛豫达到最低振动能级，然后以辐射形式发射光子跃迁到基态的任一振动能级上，这时发射的光子称为磷光。当然，磷光也可以说成余辉时间≥10^{-8}s者，即激发停止后，发光还会持续一段时间。

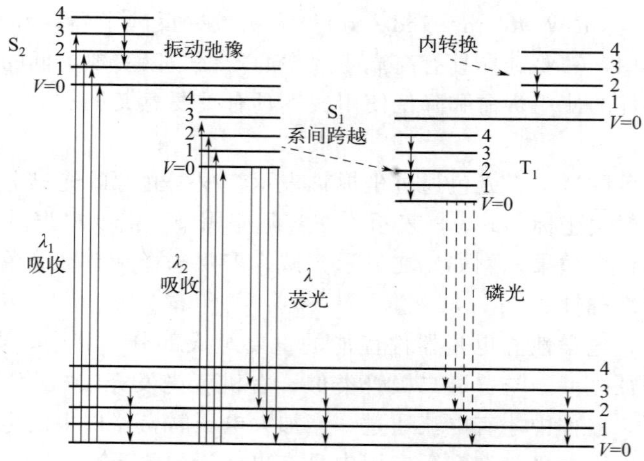

图 6-4　分子激发时磷光和荧光的基本描述

6.2.2　磷光材料的定义与组成

具有缺陷的某些复杂的无机晶体物质，在光激发时和光激发停止后一定时间内（>10^{-8}s）能够发光，这些晶体称为磷光材料。

磷光材料的主要组成成分是基质和激活剂。用作基质的有第Ⅱ族金属的硫化物、氧化物、硒化物、氟化物、磷酸盐、硅酸盐和钨酸盐等，如 ZnS、BaS、CaS、$CaWO_4$、$Ca_3(PO_4)_2$、Zn_2SiO_4 等。用来作激活剂的是重金属，其种类和浓度可根据基质的晶体结构及目标发光性能进行针对性选择。不是所有的重金属都可以用来激活选定的基质。例如对 ZaS、CaS 而言，Ag、Cu、Mn 是目前较好的激活剂。碱土磷光材料可以有更多的激活体，除 Ag、Cu、Mn 外，还有 Bi、Pb 和稀土金属等。

6.2.3　磷光材料在器件制备中的作用与意义

早在 20 世纪 60 年代，Pope 等就发现了有机半导体材料的电致发光现象，但因为采用单晶蒽作为发光层，器件驱动电压高，发光亮度低，并没有引起人们的重视。1987 年，美国 Kodak 公司的 Tang 等采用有机小分子半导体材料成功研制出低电压、高亮度的有机发光二极管（OLED），第一次展示出了有机发光器件广泛的应用前景。此后，OLED 成为学术界和产业界的研究热点，OLED 的出现和发展带动了有机光电材料和器件的迅速发展。目前，OLED 的发光效率和稳定性已满足中小尺寸显示器的要求，并广泛应用在仪器仪表和高端智能手机上，大尺寸 OLED 电视机已经开始进入市场。今后一段时期，OLED 大尺寸技术将不断完善，同时 OLED 照明产品也将逐步进入人们的日常生活。

作为一种新型的平板显示技术，OLED 具有宽视角、超薄、响应快、发光效率高、可实现柔性显示等优点，被业内人士称为“梦幻般的显示器”，是全球公认的液晶后的下一代主流显示器。同时由于具有可大面积成膜、功耗低等特性，OLED 还是一种理想的平面光源，在未来的节能环保型照明领域具有广阔的应用前景。国际上很多研究机构和跨国公司都投入巨大力量来发展 OLED 技术。OLED 技术的出现为我国在平板显示领域实现跨越式发展提供了宝贵的机遇。《国家中长期科学和技术发展规划纲要（2006—2020 年）》中明确指出“开发有机发光显示……各种平板和投影显示技术”为优先主题。多年来的技术积累以及国家产业政策的支持，将进一步推动有机光电产业的蓬勃兴起。

6.2.4 磷光 OLED 的分类

全磷光白光 OLED（WOLED）作为一种新型的固态光源，在照明和平板显示背光源等方面有着良好的应用前景，吸引了学术界和产业界的广泛关注。白光 OLED 的研究，根据材料发光过程的不同，可分为荧光、磷光以及荧光/磷光类的混合型白光 OLED；根据材料属性的不同，可分为小分子白光 OLED 和聚合物白光 OLED。这里重点了解一下磷光白光 OLED。

磷光发射充分利用了激发三重态 T_1 向基态 S_0 的跃迁，使得有机电致磷光器件的最高内量子效率可接近 100%。蓝色磷光材料由于其磷光寿命短和三线态能级要求较高，容易造成器件色稳定性差并影响器件寿命，尤其是在高工作电压下，三线态激子的猝灭，使得器件效率衰减得较快，仍是制约 WOLED 发展的主要因素。Kido 等研发出新型的蓝色磷光材料 Ir(dbfmi)，利用红绿蓝三原色成色原理，采用绿色磷光材料 $Ir(ppy)_3$ 和橘红色磷光材料 $PQ_2Ir(dpm)$，制备多发光层的全磷光白光器件，最大功率效率为 59.9lm/W，显色指数（CRI）超过 80，在亮度为 $1000cd/m^2$ 时，功率效率衰减到 43.3lm/W，器件效率衰减减缓。

优异新型的主体材料，应用于磷光器件中可有效提高器件的性能。杨楚罗和马东阁等合成了新型的四芳基硅类有机双极主体材料，并利用材料 *p*-OXDSiTPA 制备了单一发光层的 WOLED 器件，电流效率高达 51.4cd/A，最高功率效率为 51.9lm/W。由于此类主体材料有双极传输性能，器件表现出较低效率滚降现象。黄维等合成了新型的膦氧基主体材料 *o*-DBFPPO，分别掺杂蓝色磷光材料 FIrpic 和红色磷光材料 $Ir(bt)_2(acac)$ 来制备单一主体多发光层的全磷光白光器件。该材料具备了较高的三线态能级（3.15eV）和良好的电子传输能力，因此该白光器件表现出极低的驱动电压，在亮度为 $1000cd/m^2$，驱动电压低于 3.4V，功率效率为 30.5lm/W，且效率滚降现象较低。目前，缺乏高稳定性的蓝色磷光染料，仍是制约 WOLED 发展的重要因素。

WOLED 器件从结构上产生白光的方法有很多种，包括单发光层、多发光层、下转换及叠层等结构，这些结构都是基于颜色混合来获得白光。单发光层结构的 WOLED 最为简单，易于设计与制造；多发光层结构的 WOLED 使用最多，性能也相对较好，可通过单独控制各发光层来改善颜色质量，但颜色与稳定性随电压有所变化；下转换结构的 WOLED 制备也相对简单，但对蓝光材料依赖太强；叠层结构的 WOLED 对提高器件的性能有很大帮助，但会使驱动电压上升。

6.2.5 磷光器件的构建组装技术

（1）喷墨打印技术

荷兰研究机构 Holst Centre 的 Gorter 等人研究了喷墨打印制备小分子电致发光器件及其影响因素（图 6-5），器件结构为氧化铟锡（ITO）/聚（3,4）-乙烯二氧噻吩-聚苯乙烯磺酸盐（PEDOT：PSS）/*N*,*N'*-二(1-萘基)-*N*,*N'*-二苯基联苯胺（NPB）/三(8-羟基喹啉）铝（Alq_3）/LiF/Al。研究得出，喷墨打印小分子生产有机发光二极管可以替代真空沉积技术。打印层厚度以可复制的方式控制，甚至可以非接触的方式测量，这与卷对卷打印设置兼容。功能性小分子 OLED 器件，采用喷墨打印的 PEDOT：PSS 和喷墨打印的 NPD 层可以正常的效率进行堆叠。

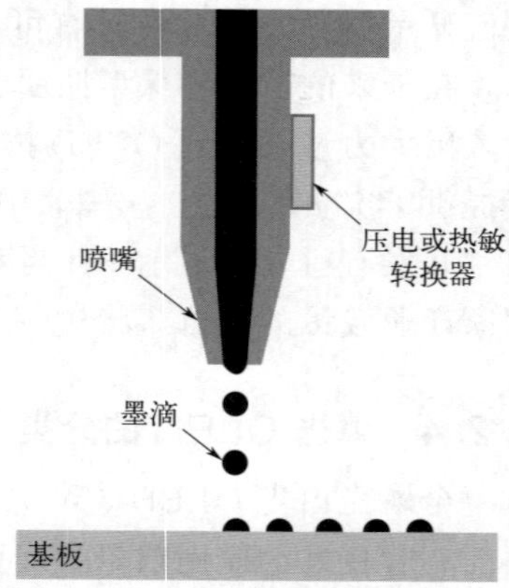

图 6-5 喷墨打印原理图

喷墨打印工艺具有非接触式技术的优点，在各种工业工艺中提供容易的图案与低成本的材料和设备。此外，在过去的几年里，可靠和坚固的喷墨打印机头/工艺的发展，使喷墨技术在单次生产打印中越来越成熟。这项技术的发展为工业喷墨技术在印刷电子产品的制造领域［包括 OLED 和薄膜晶体管（TFTs）］提供了许多机会。

器件在 30mm×30mm 的玻璃衬底上涂覆氧化铟锡，磷光材料的沉积采用了喷墨打印头进行喷墨打印。可以通过调整打印头相对于基材运动方向的方位角来改变相邻打印线的横向分离。一般情况下，材料图案印刷时相邻线条的中心到中心的距离要小于线宽，保证足够的重叠，从而形成均匀的薄膜层。通过调节电脉冲参数和驱动电压，可以实现稳定的液滴形成。

他们对比研究了蒸镀或打印方法制备的 NPB/Alq_3 功能层对器件性能的影响，并指出喷墨打印的有机薄膜形貌均一性差是制约器件效率$<$0.1lm/W 的重要因素。喷墨打印是通向小分子多层 OLED 器件的一条很有前途的道路，但要实现具有理想性能的工作 OLED 器件还需要进一步发展。

（2）凹版印刷技术

Hernandez-Sosa 研究组通过凹版印刷方法制备了柔性小分子 OLED（图 6-6）。凹版印刷技术因其耐不同类型溶剂、高通量和微米尺度上优秀的横向分辨率而脱颖而出。器件结构为：PET/ITO/PEDOT：PSS/发光层/Ca/Ag，发光层中加入超高分子量聚苯乙烯（UHMW-PS）起到调控黏度作用，并不影响器件电学性能。在涂膜器的帮助下，PET 基材被 PEDOT：PSS 覆盖。使用凹版印刷打样机在 PEDOT：PSS 上印刷不同的油墨配方，在印刷运行后，使用数码相机和偏振光显微镜在紫外光激发下检查干层。凹版印刷 SMOLED（小分子柔性有机发光二极管）是在 ITO 覆盖 PET 衬底上制备的。用异丙醇（IPA）清洁基板，并用氧等离子体处理 10min。在 ITO 图案顶部凹印 PEDOT：PSS 层，并在活性层沉积之前在 120℃下干燥 1h，产生 140～160nm 的厚度。之后，将印刷层在真空下干燥数小时，以允许溶剂蒸发。凹版印刷设备的效率比旋涂原始设备高 67%，为大面积、高通量生产 SMOLED 提供了一种有力工具。

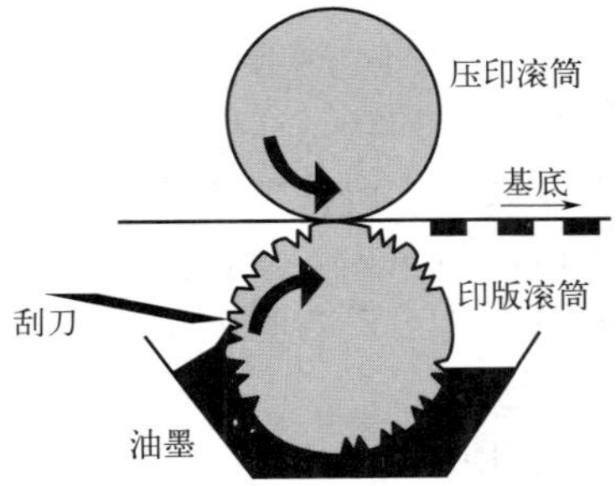

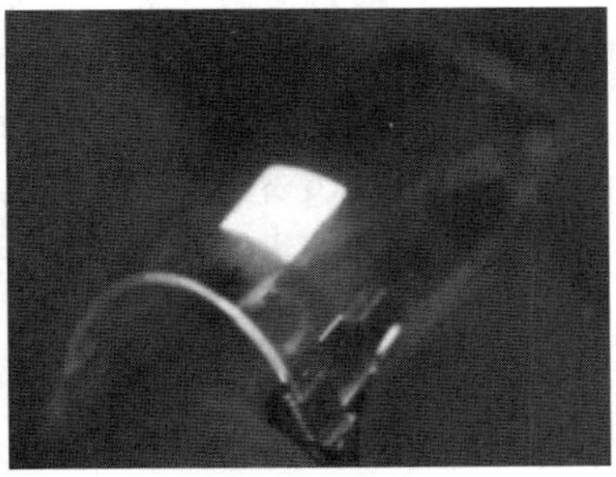

图 6-6 凹版印刷技术的示意图和一个工作中的柔性凹版印刷器件

（3）溶液旋涂法

以玻璃基片为衬底，为有效去除 ITO 玻璃表面上的有机杂质，减少界面影响，首先进行基片预处理：依次用超纯水、丙酮、异丙醇、超纯水超声清洗，高纯氮气吹干，氧等离子体处理 5min。然后在 ITO 玻璃基片上旋涂空穴注入材料，通过孔径为 0.45μm 的水溶性过滤器并滴覆到基片上，成膜后放置于真空烘箱内固膜一段时间。再将实验材料以一定的掺杂比例混合溶于溶剂中，控制好溶液浓度，在手套箱中旋涂发光材料，控制转速进行固膜。最后放置到真空镀膜机中，待真空度达标后依次蒸镀电子传输层、电子注入层和阴极。器件制作完成后在手套箱中用环氧树脂和玻璃盖板进行紫外固化封装。

（4）真空蒸镀法

真空蒸镀法，简称蒸镀法，是指在真空条件下，采用一定的加热蒸发方式蒸发镀膜材料（或称膜料）并使之汽化为粒子，粒子飞至基片表面凝聚成膜的工艺方法。蒸镀法是使用较早、用途较广泛的气相沉积技术，具有成膜方法简单、薄膜纯度和致密性高、膜结构和性能独特等优点。

蒸镀法的物理过程包括：沉积材料蒸发或升华为气态粒子→气态粒子快速从蒸发源向基片表面输送→气态粒子附着在基片表面形核、长大成固体薄膜→薄膜原子重构或产生化学键合。

具体过程如下：将基片放入真空室内，以电阻、电子束、激光等方法加热膜料，使膜料蒸发或升华，汽化为具有一定能量（0.1～0.3eV）的粒子（原子、分子或原子团）。气态粒子以基本无碰撞的直线运动传送至基片，到达基片表面的粒子一部分被反射，另一部分吸附在基片上并发生表面扩散，沉积原子之间产生二维碰撞，形成簇团，有的可能在表面短时停留后又蒸发。粒子簇团不断地与扩散粒子相碰撞，或吸附单粒子，或放出单粒子。此过程反复进行，当聚集的粒子数超过某一临界值时就变为稳定的核，再继续吸附扩散粒子而逐步长大，最终通过相邻稳定核的接触与合并，形成连续薄膜。

6.2.6 磷光器件的性能评价

（1）光致发光光谱

光致发光光谱（photoluminescence spectroscopy，简称 PL 谱）指：物质在光的激励下，电子从价带跃迁至导带并在价带留下空穴；电子和空穴在各自的导带和价带中通过弛豫达到各自未被占据的最低激发态（在本征半导体中即导带底和价带顶），成为准平衡态；准平衡态下的电子和空穴再通过复合发光，形成不同波长光的强度或能量分布的光谱图。光致发光过程包括荧光发光和磷光发光。

光致发光光谱分为两类：a. 发射光谱，固定激发光的波长，改变不同发射波长，记录强度随发射波长的变化；b. 激发光谱，固定发射光的波长，改变激发光的波长，记录强度随激发波长的变化。吸收光谱的纵坐标是吸光度（absorbance），反映物质吸收光的情况；磷光光谱的纵坐标是分子发出的磷光强度（intensity），其不仅与物质吸光能力有关还和量子效率有关。

测量半导体材料的光致发光光谱的基本方法是：用激发光源产生能量大于被测材料的禁带宽度 E 且电流密度足够高的光子流入射被测样品，同时用光探测器接收并识别被测样品发射出来的光（图 6-7）。

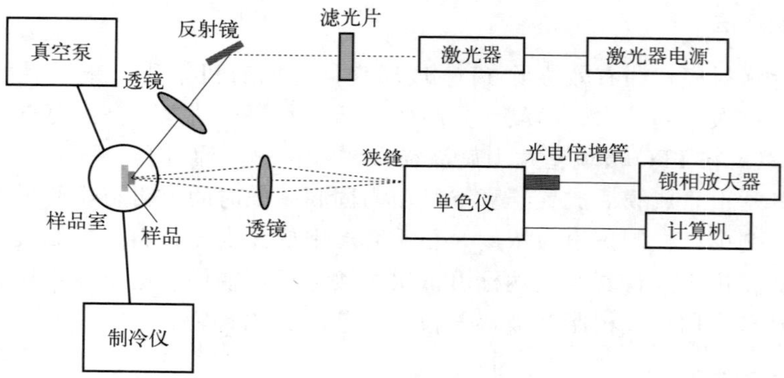

图 6-7　光致发光光谱测量装置

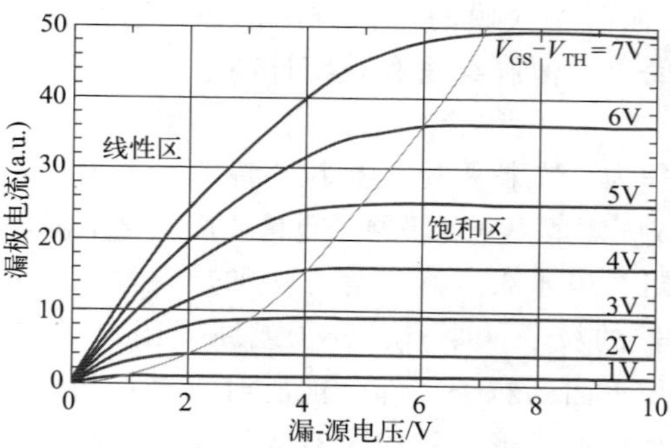

图 6-8　电流密度-电压特性曲线示意图

V_{GS}—栅-源电压；V_{TH}—阈值电压

（2）电流密度-电压关系

电流密度-电压关系是表征 OLED 性能的主要参数。在 OLED 器件中，电流密度随电压的变化曲线反映了器件的电气特性，它与 LED 的电流密度-电压的关系类似，具有整流效应。在低电压时，电流密度随着电压的增加而缓慢增加，当超过一定的电压时，电流密度会急剧上升（图 6-8）。

（3）亮度-电压关系

亮度-电压的关系曲线反映的是 OLED 器件的光学性能，与 LED 器件的电流-电压关系曲线相似，即在低驱动电压下，电流密度缓慢增加，亮度也缓慢增加，在高电压驱动时，亮度伴随着电流密度的急剧增加而快速增加。从亮度-电压的关系曲线中，还可以得到启动电压。（启动电压指的是 OLED 发光亮度为 $1cd/m^2$ 的电压。）

（4）发光亮度

亮度是指发光体（反光体）表面发光（反光）强弱的物理量。人眼从一个方向观察光源，在这个方向上的光强与人眼所“见到”的光源面积之比，定义为该光源单位的亮度，即单位投影面积上的发光强度。亮度用符号 L 表示，单位是 cd/m^2。

光源的明亮程度与发光体表面积有关，同样的光强的情况下，发光面积大，则暗，反之则亮。

亮度与发光面的方向也有关系，同一发光面在不同的方向上其亮度值也是不同的，通常是按垂直于视线的方向进行计量的。

(5) 发光效率

OLED 的发光效率包括量子效率、电流效率和功率效率（也称流明效率）。

量子效率分为内量子效率和外量子效率。内量子效率是器件内部电致发光产生的光子总数与注入载流子总数之比；外量子效率是出射光子总数与注入载流子总数之比，在光输出过程中，由于一部分光被吸收，还有一部分被反射，因此，器件的外量子效率远低于其内量子效率。

电流效率用于表示单位电流下的发光亮度，单位为 cd/A。功率效率或流明效率是指输出的光功率或光通量与输入的电功率之比，单位为 1m/W。发光亮度高于 $2000cd/m^2$、功率效率高于 100m/W 的 OLED 具有商用价值。

(6) 颜色质量

颜色是由亮度和色度共同表示的，色度是不包括亮度在内的颜色的性质，它反映的是颜色的色调和饱和度。发光色度用色度坐标（x，y，z）来表示，x 表示红色值，y 表示绿色值，z 表示蓝色值，通常 x、y 两个色品就可标注光的颜色。

OLED 的颜色质量主要由国际照明委员会（CIE）色度坐标、色温和显色指数（color rendering index，CRI）来表示。色度坐标和色温用来表示光源的颜色。CRI 用来表示人眼对色彩的正确感知程度，取值范围为 0～100，通常把卤钨灯、白炽灯的显色指数定义为 100，作为理想光源。CRI 是指物体用该光源照明和用标准光源（一般以太阳光作标准光源）照明时，其颜色符合程度的量度，也就是颜色逼真的程度。当光源光谱中很少或缺乏物体在基准光源下所反射的主波时，会使颜色产生明显的色差，色差程度越大，光源对该色的显色性越差。显色指数系数仍为目前定义光源显色性评价的普遍方法。两个拥有相同色度坐标的光源的出光颜色用肉眼直接观察时是一样的，这表明两个光源的发光是相同的。然而，当两个光源的光在同一物体上反射后却可能呈现出不同的颜色。对于高质量的白光，色度坐标应尽可能接近等能量白光（0.33，0.33），色温位于 2500～6500K，CRI 必须大于 80。

OLED 通常通过多种发光体混合实现发光，其色度坐标会随着器件驱动电压或者亮度的改变而变化；各种发光体的工作寿命不同，OLED 的色度坐标也会随着工作时间而改变，因此色稳定性是 OLED 的一个重要参数。

(7) 发光寿命

OLED 的寿命主要指发光寿命，发光寿命指器件亮度衰减到初始亮度的 50% 或 75% 的平均工作时间。传统白炽灯平均寿命为 750～2500h，而荧光灯可达 20000h。应用于固态照明时，OLED 的寿命需要达到 10000h。

6.2.7 磷光器件的设计思想与注意事项

（1）磷光器件的能带耦合

能带耦合除了有机功能层与电极之间的匹配，主要是各有机功能层之间的能带匹配。为了优化以及平衡器件的各项性能，引入了多种不同作用的功能层。载流子注入层、载流子传输层、载流子阻挡层、发光层这些有机功能层的 LUMO 和 HOMO 能级要相互之间满足一定的关系，方能保证载流子能在各层之间有效和顺利地传输，使器件实现高效率。在掺杂器件中，主体材料和染料之间的能带要满足主体材料的禁带宽度比染料的禁带宽度宽才能使主体材料向荧光染料进行有效的能量传递。从磷光染料的吸收光谱和 CBP[4,4′-二(9-咔唑)联苯，OLED 中的关键材料] 的发射光谱能很好重叠可以看出主体材料和染料能很有效地传递能量。

（2）磷光器件各层功能层的厚度选择

引入载流子注入层和传输层的目的是优化和平衡器件的各项功能，同时，这些功能层厚度的选择也会对器件的性能有较大影响。如果发光层过厚，会使得载流子被发光层本身的缺陷俘获的概率增大，从而降低了电子和空穴复合的效率；如果发光层过薄，会使平衡电子和空穴扩散速度及控制复合区域的难度增大。如果其他功能层太厚，载流子的迁移距离增大，被各层中杂质、缺陷等散射的概率就会增大，从而降低了载流子传输的效率；如果各功能层厚度太薄，就无法实现该功能层的预期作用。所以对各层厚度的选择需要通过经验参数和实验来不断优化。有机层的厚度也会对器件的开启电压和工作电压产生影响，因为只有在很高的电场强度（约 10V/cm）下才能使载流子有效注入和传输，所以 OLED 器件的总厚度一般不宜太厚，否则，器件的驱动电压太高，就失去了 OLED 的实际应用价值。

（3）有机层层数不宜过多

各有机功能层的界面处容易产生激基复合物，会使 OLED 的效率降低，同时有机层之间会产生各种缺陷，使薄膜的均匀性和薄膜之间的附着性降低，从而影响到整个器件的性能。有机层越多，出现上述问题的概率越大，同时层数越多，如果某一层出现问题，如不稳定，会给整个器件带来很大的影响，大大降低器件的效率和寿命等参数。薄膜层数越多，给工艺重复性带来更多困难，对工艺以及设备的要求也更高，提高了成本，不利于工业化。

6.3 激光器

6.3.1 工作原理

激光是一种特殊的光，这种特殊性体现在它是一种光子简并度很高的光。光子的简并度指的是在同一光子态上的光子数量。激光的定义来自它的实现方法——受激辐射光放大(light amplification by stimulated emission of radiation，首字母组合即 laser)。基于上述特点，激光可以具有一些独特的性质，体现为如下“四性”：高单色性、强的相干性、好的方向性、高亮度。要深刻理解激光的本质，必须要对光子的简并度以及相干性这两个术语有深入认识。

激光的高单色性、强的相干性、好的方向性，本质上都来自同一光子态的光子的特点。光的相干性可以用相干体积来衡量，相干体积（V_c）等于相干长度（L_c）和相干面积（S_c）的乘积；L_c 等于相干时间（τ_c）乘光速（c）。V_c、S_c、L_c、τ_c的表达式为：

$$V_c = S_c L_c = \left(\frac{\lambda}{\Delta\theta}\right)^2 \frac{c}{\Delta\nu} \tag{6-3}$$

$$S_c = \left(\frac{\lambda}{\Delta\theta}\right)^2 \tag{6-4}$$

$$L_c = \frac{c}{\Delta\nu} \tag{6-5}$$

$$\tau_c = \frac{1}{\Delta\nu} \tag{6-6}$$

式中，λ 为波长；$\Delta\theta$ 为光波列的发散角；$\Delta\nu$ 为光谱的频带宽度。$\Delta\theta$ 反映了光波的指向性，$\Delta\nu$ 表示单色性，而它们又一起影响光波列的相干性。激光可以具有很大的相干体积，这是它区别于普通光源光的一个特点。

热辐射、自发辐射、受激辐射是当前制备人工光源的常见方法。热辐射来源于微观粒子的热运动，热运动的混乱度高，因此产生的辐射相干性差；自发辐射是激发态的粒子自发地从高能级向低能级跃迁，从而对外放出自发辐射光子。自发辐射可以产生比热辐射相干性更好的光，正如发光二极管（LED）可以产生比白炽灯泡相干性更好的光。然而，由于自发辐射的发光粒子（原子、离子、分子等）性质各有不同，产生的光子在频率、初相、偏振态、传播方向等方面都不同。因而，其光子简并度仍然很低，相干性与激光相比仍然很差。受激辐射是在辐射场的作用下，激发态的粒子从高能态向低能态跃迁，从而辐射光子的现象。受激辐射是受到外加辐射场激发而产生的过程，由量子电动力学可以严格证明受激辐射光子与入射光子属于同一光子态，即具有相同的频率、相位、波矢和偏振等特性。因而，放大受激辐射，可以得到光子简并度很高的光，即激光。在辐射场的作用下，粒子从低能态向高能态跃迁从而吸收光子的过程，称为受激吸收，通常也简称为吸收。受激吸收、自发辐射、受激辐射、非辐射跃迁是物质中广泛存在的光电子跃迁过程。其中，后三者是激发态退激发的过程，受激吸收是激发态生成的过程。图 6-9 给出了二能级体系常见电子跃迁示意图，上能级记为 E_2、下能级记为 E_1。受激吸收、自发辐射、受激辐射、非辐射跃迁的速率常数分别用 W_{12}、A_{21}、W_{21}、S_{21} 表示，其中受激过程还与辐射场的能量密度（ρ_ν）有关。根据爱因斯坦的唯象理论，W_{12}、W_{21} 可以表示为：

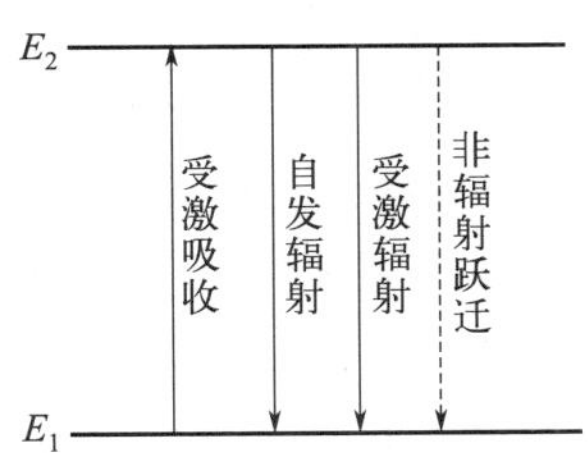

图 6-9 二能级体系工作物质自发辐射、受激辐射、非辐射跃迁、受激吸收的跃迁示意图

$$W_{12} = B_{12}\rho_\nu$$

$$W_{21} = B_{21}\rho_\nu$$

式中，B_{12} 和 B_{21} 分别称为受激吸收和受激辐射跃迁爱因斯坦系数，只依赖于物质本身的性质。

物质中，受激辐射和自发辐射发生的概率具有波长依赖特性，不考虑辐射场的影响时，频率越高，受激辐射的跃迁速率越小。以黑体为例，基于爱因斯坦的唯象理论，忽略非辐射跃迁，通过热平衡条件下的速率方程可以推导得到二能级体系中 A_{21} 和 B_{21} 的关系为：

$$\frac{A_{21}}{B_{21}}=\frac{8\pi h\nu^3}{c^3} \tag{6-7}$$

式中，h 为普朗克常数；ν 是频率。

可见，频率越高，自发辐射的发生概率越大，无外辐射场下的受激辐射的发生概率越小。物质辐射光子的简并度也与频率有直接的依赖关系。仍以黑体为例，根据普朗克的量子化假设，频率为 ν 的黑体辐射的光子简并度（$\bar{n}$）可以表示为：

$$\bar{n}=\frac{1}{e^{\frac{h\nu}{kT}}-1} \tag{6-8}$$

式中，k 是玻尔兹曼常数；T 是温度。当 $T=300\text{K}$ 时，对于 $\lambda=30\text{cm}$ 的微波辐射，$\bar{n}$ 约等于 10^3；$\lambda=60\mu\text{m}$ 的远红外辐射，$\bar{n}$ 约等于 1；$\lambda=600\text{nm}$ 的可见光辐射，$\bar{n}$ 约等于 10^{-35}。由此可见，对于光学波段的黑体辐射，光子态的简并度是很小的。

因而，要得到光子简并度高的光学波段的激光，需要采用特定的方法来放大受激辐射，从而得到强相干性、高强度的激光。为了实现受激辐射光放大的效应，工作物质需要具备合适的能级结构。

首先考虑二能级体系的工作物质。在热平衡状态下，根据玻尔兹曼统计，假设上下能级（E_2、E_1）的简并度相等，则上下能级之间的粒子数分布满足以下关系：

$$\frac{n_2}{n_1}=e^{-\frac{(E_2-E_1)}{kT}} \tag{6-9}$$

由于 $E_2>E_1$，所以 $n_2<n_1$。受激吸收的跃迁概率（B_{12}）与 B_{21} 相等，则在相同的辐射场下，受激辐射放出的光子数（$n_2B_{21}\rho_\nu$）恒小于受激吸收的光子数（$n_1B_{12}\rho_\nu$）。所以，在热平衡条件下，二能级物质通常无法实现激光输出。而三能级、四能级物质有可能在单位时间单位体积内实现受激辐射光子数大于受激吸收光子数。下面结合速率方程理论，阐述三、四能级工作物质在辐射场的作用下实现激光输出的机理。图 6-10（a）和（b）分别以各跃迁速率常数的形式给出了三能级和四能级工作物质实现激光输出的光电子过程示意图。

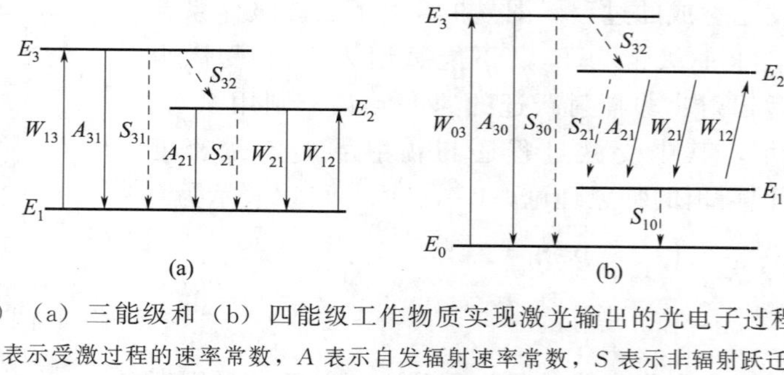

图 6-10 （a）三能级和（b）四能级工作物质实现激光输出的光电子过程示意图

其中，W 表示受激过程的速率常数，A 表示自发辐射速率常数，S 表示非辐射跃迁速率常数，下标的数字和顺序表示始态和终态的能级。非辐射跃迁过程用虚线箭头表示

首先分析三能级系统。以 n_1、n_2、n_3 表示 E_1、E_2、E_3 能级上的粒子数。在泵浦源的作用下，电子从 E_1 以跃迁速率 W_{13} 被泵浦到 E_3 能级，此时 E_3 能级的电子主要有三种退

激发路径，分别是以 A_{31} 速率进行自发辐射跃迁，以 S_{31} 和 S_{32} 的速率进行非辐射跃迁。对于一款优良的三能级工作物质，需要通过材料设计的方法，使得 $S_{31}<A_{31}<S_{32}$，从而使得大部分光电子转移到激光的上能级 E_2。由于 S_{31}、W_{31} 通常很小，可被忽略，则 E_3 能级的粒子数随时间的变化率可以写成：

$$\frac{\mathrm{d}n_3}{\mathrm{d}t}=n_1W_{13}-n_3(A_{31}+S_{32}) \tag{6-10}$$

E_2 能级除了接收从 E_3 能级以非辐射跃迁的形式转移过来的电子，还接收从 E_1 能级以受激吸收的形式转移过来的电子。这两者将是使 E_2 能级上光电子数增加的因素。E_2 能级有三种退激发的途径，分别是以 A_{21}、W_{21}、S_{21} 的速率常数进行自发辐射、受激辐射、非辐射跃迁。因此，E_2 能级的粒子数随时间的变化率可以写成：

$$\frac{\mathrm{d}n_2}{\mathrm{d}t}=n_3S_{32}+n_1W_{12}-n_2(A_{21}+W_{21}+S_{21}) \tag{6-11}$$

假设工作物质是理想的三能级系统，即粒子只能处在 E_1、E_2、E_3 能级上，则总粒子数的表达式可以写成：

$$n=n_3+n_2+n_1 \tag{6-12}$$

此时工作物质放出来的在光腔（后文介绍）内受激辐射的光子数密度（即单位体积的光子数）记为 N。从 E_2 能级以 W_{21} 速率进行的受激辐射，是光腔内受激辐射光子的来源。而腔内受激辐射的光子数密度有两个损耗途径，一是从 E_1 能级向 E_2 能级进行的受激吸收，二是光腔内损耗的光子，如逃逸到光腔外的光子等。光腔损耗光子的速率常数为 $\frac{1}{\tau}$（其中 τ 为光子在腔内的平均寿命），则腔内受激辐射的光子数密度随时间的变化率为：

$$\frac{\mathrm{d}N}{\mathrm{d}t}=n_2W_{21}-n_1W_{12}-\frac{N}{\tau} \tag{6-13}$$

由上可知，如果要实现受激辐射光放大的效应，实现激光输出，则要求 $\frac{\mathrm{d}N}{\mathrm{d}t}>0$，即要求

$$n_2W_{21}>n_1W_{12}+\frac{N}{\tau}$$

此条件在实际的器件制备中，是可能被满足的。主要采用的方法如下：a. 增大粒子在 E_2 能级的寿命，从而使得 n_2 的数值增大，此时 E_2 能级可称为亚稳态能级；b. 用强的泵浦源把 E_1 能级的粒子抽运到 E_3 能级，从而降低 n_1 值；c. 设计合适的光腔，降低光腔的损耗，使得 τ 数值增大。因而，相比二能级的工作物质，三能级的工作物质是可以实现激光输出的。事实上，公认的历史上第一个光学波段的激光器就是由梅曼以三能级的红宝石晶体作为工作介质来制备的。由于在三能级系统中，基态能级是 E_1 能级，布居的粒子数通常很多，因而 n_1W_{12} 比较大，需要很强的泵浦源才能把大量 E_1 能级的粒子抽运到 E_3 能级以降低 n_1 值，因此激光器的功率效率很低。四能级系统则可以解决此问题。

在四能级体系中，基态能级是 E_0 能级且系统的基态能级和激光的下能级分离，这使得

E_1 能级的粒子可以通过非辐射跃迁的形式快速转移给 E_0 能级。E_0 能级的粒子数记为 n_0。类比三能级的分析过程，可以写出四能级体系工作物质的速率方程组（S_{30}、W_{30} 通常很小，可忽略）：

$$\frac{dn_3}{dt}=n_0W_{03}-n_3(A_{30}+S_{32}) \tag{6-14}$$

$$\frac{dn_2}{dt}=n_3S_{32}+n_1W_{12}-n_2(A_{21}+W_{21}+S_{21}) \tag{6-15}$$

$$\frac{dn_0}{dt}=n_1S_{10}+n_3A_{30}-n_0W_{03} \tag{6-16}$$

$$n=n_0+n_1+n_2+n_3 \tag{6-17}$$

$$\frac{dN}{dt}=n_2W_{21}-n_1W_{12}-\frac{N}{\tau} \tag{6-18}$$

可见，四能级工作物质，要实现激光输出的条件与三能级类似，即 $n_2W_{21}>n_1W_{12}+\frac{N}{\tau}$。由于在四能级系统中，存在 E_0 能级，E_1 上的粒子可以被快速抽空到 E_0 能级，从而使得 n_1W_{12} 的数值比较小，通过合适的光腔设计，可以比较容易实现$\frac{dN}{dt}>0$。因而，四能级工作物质的激光器通常功率效率更高。在实际激光器中，由于存在复杂的能级结构、能级展宽以及多模振荡效应等因素，所以需要对速率方程进行更为细致的分析。涉及噪声以及线宽极限等特性时，还需要量子电动力学的理论才能对激光的基础原理进行详尽、完备的分析。

在激光器中，引发放大受激辐射效应的初始光子来自自发辐射，因而激光器体现了“自激”的特点。激光在光腔里面会持续振荡，因而激光器是一种典型的自激振荡器。

6.3.2 激光器的主要组成部件

基于激光机理的分析，可以发现激光器具有三个基本要素：泵浦源、增益介质以及谐振腔。激光器的设计与制造就是围绕上述三个基本组成部件来开展的。泵浦源的作用就是使工作物质中处于基态能级的粒子不断地被提升到较高的一些激发态能级上，使工作物质中形成粒子数反转分布。工作物质处于粒子数反转状态时，称为处于激活状态，此时工作物质具有增益效应，通常也称为增益介质。泵浦源的激励方法有光激励、电激励、放电激励、化学激励、核激励等。不同类型的激光器根据需要选择合适的泵浦源。谐振腔是激光器的重要组成部分，对大多数激光工作物质来说，适当结构的谐振腔是必不可少的。对于某些增益介质，可能不存在独立的谐振腔，但激光器一定会存在类似谐振腔对电磁波进行约束的因素，比如利用折射率差异构筑的介质波导腔等。

增益介质是泵浦源直接作用的对象，它提供了粒子数反转以及激光输出的物质载体。选择和制造合适的增益介质，是制备一款激光器的核心任务。增益介质的选择需要关注以下一些基本特性：a. 有关的激活粒子应有较宽的吸收带，利于较多的激活粒子在泵浦下被激发；

b. 激光工作物质的上能级最好为亚稳态能级，这一能级的寿命较长，可积累较多的粒子，利于粒子数反转的发生；c. 荧光谱线的宽度要窄，以保证荧光谱线有较大的增益；d. 荧光量子效率要高，以抑制不必要的非辐射跃迁过程，使大部分激发粒子转移到激光的上能级；e. 工作物质最好是三或四能级系统，利于建立粒子数反转；f. 工作物质具有较好的导热性能，利于激光器在大功率下工作；g. 在激光辐射频率内，材料的光吸收要少，以降低工作物质的吸收损耗；h. 具有良好的加工性能，便于制造不同的形状和尺寸，在表面进行镀膜等。

激光器的谐振腔是理解激光的相干性、方向性、单色性等一系列重要特性的基础，也是指导激光器件设计和装调的基础。谐振腔可以提供轴向光波模的反馈，以便在腔内建立和维持自激振荡。谐振腔的光学反馈作用取决于两个关键因素：a. 组成腔的两个反射镜面的反射率；b. 反射镜的几何形状和它们之间的组合方式。这两个因素对上一节讨论的光腔内光子的平均寿命有直接的影响。另外，谐振腔对控制腔内振荡光束的特性也有直接的影响，如影响激光输出的模式、光斑大小、谐振频率等。

谐振腔与激光的输出模式直接相关，谐振腔的特性直接决定了激光器的模式特征。一旦给定了腔的具体结构，则其中振荡模的特征也就随之确定下来。原则上，只要知道了腔的参数，就可以唯一地确定谐振腔振荡模的基本特征。由于不同类型和结构的谐振腔的边界条件各不相同，因此谐振腔的模式也将各不相同。首先解释谐振腔振荡模式的含义。光是一种电磁波，电磁波的特性可以用麦克斯韦方程组来描述。当存在谐振腔时，相当于在三维空间上对电磁波进行了约束，给麦克斯韦方程组施加了边界条件。此时，只有某些特性的电磁波才能够在腔内稳定振荡，这些可稳定存在的电磁波可以理解为驻波。激光是一种在传播方向上电场和磁场都是零的电磁波，因而用 TEM 标志激光模式。这些驻波在谐振腔内是呈现为三维分布的特性的，因而需要三个指数来描述它们在各个方向上强度为零的节点数量，其中沿着激光输出方向的节点数通常用 q 表示，称为激光的纵模指数。纵模指数反映的是激光的输出频率。而垂直于激光输出方向的两个指数称为横模指数，通常用 m 和 n 来表示，它们一起决定了激光电场在垂直于传输方向上的横截面形状。m、n、q 都只能取正整数值，它们一起表示一个激光的模式，通常 q 的数值是很大的。在谐振腔内，m、n、q 的可能组合是很多的。然而，考虑谐振腔内的增益介质和振荡条件后，只有满足以下两个条件的谐振腔模式才可能成为激光的输出模式：a. 纵模频率要落在增益介质的频谱范围以内；b. 这些模式的增益要大于损耗系数。满足这些条件的各模式之间还可能发生竞争，使得可能输出的模式数量大幅减小。在一些激光器中，通过合理设计激光的选模方法，可以获得单模式（即对应唯一的 m、n、q 取值）工作的激光器。理想单模激光的光子，也就是前文所述的同一量子态的光子。它们具有一致的传播方向、频率、偏振等属性。由于纵模指数与激光的输出波长有关系，可以通过输出波长来反映，因而通常只以横模指数来标注模式参数，即以 TEM_{mn} 表示。

从几何结构看，常见的谐振腔可以分为开放式光学谐振腔（简称开腔）和介质波导腔两种。绝大部分的固体激光器和气体激光器采取的都是开腔结构，而半导体激光器和光纤激光器通常采用介质波导腔。开腔指的是在侧面没有光学边界的谐振腔，而介质波导腔是指光的传播区横向尺寸可与波长相比拟的谐振腔。开腔又可以分为球面腔与非球面腔、两镜腔与多镜腔、简单腔与复合腔等。图 6-11 给出了一些常见开腔的结构。腔模理论是激光原理中重要的研究内容，具体的谐振腔与模式的特性需要在专门的课程中进行详细的分析。

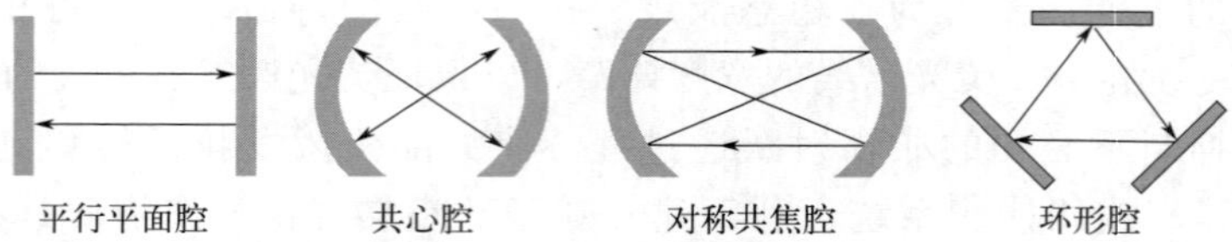

图 6-11 一些常见开腔的结构（箭头示意光束在腔内的传播方向）

6.3.3 常见激光器的种类

根据增益介质的不同，可以对激光器进行分类。从增益介质的类别上，大体可以分为固体激光器、气体激光器、染料激光器、光纤激光器、半导体激光器等。固体激光器包括红宝石激光器、钇铝石榴石激光器、钕玻璃激光器等。气体激光器包括氦-氖激光器、氩离子激光器、二氧化碳激光器、金属蒸气激光器、氮气激光器、准分子激光器等。染料激光器主要由各种有机染料作为增益介质构成。光纤激光器是利用光纤作为增益介质的激光器，各种离子如 Nd^{3+}、Er^{3+}、Yb^{3+}、Tm^{3+} 等都可以掺杂到光纤中作为增益粒子。半导体激光器是利用半导体材料来制备的激光器，通常工作于电泵二极管结构。半导体激光器的腔模理论与开腔的激光器有较大的不同，需要专题进行细致研究。这些不同增益介质的激光器都可以利用三能级或者四能级的系统作为简化模型来分析它们的工作机理。

从时间尺度看，也可以对激光器进行分类，可分为连续激光器和脉冲激光器等。脉冲激光器根据脉冲宽度的不同，可分为长脉冲激光器、纳秒脉冲激光器、皮秒脉冲激光器、飞秒脉冲激光器等。

从泵浦源的角度，可分为光泵浦激光器、电泵浦激光器、化学泵浦激光器等。从波长角度，可分为紫外激光器、可见激光器、红外激光器等。激光器的波长覆盖范围已经非常广，从 X 射线等短波段一直到微波等长波段。

拓展激光器的波长覆盖范围既可以通过开发更多类型的激光器来实现，也可以通过非线性频率变换的方法来获得更多波长输出的激光。表 6-1 给出了一些商用激光器的输出波长，以及它们的增益介质和类型。总之，激光器的种类已经非常丰富，并且还在不断发展当中，在不同的场景需要选择合适的分类方法来对它们进行讨论。

表 6-1 一些商用激光器的输出波长、增益介质、类型

波长	增益介质	激光器类型
157nm	F_2 缔合物	气体
193nm	ArF 缔合物	气体
213nm	Nd:YAG（5 倍频）	固体
222nm	KrCl 缔合物	气体
224.3nm	$He\text{-}Ag^{+}$	气体
248nm	KrF 缔合物	气体
266nm	Nd：YAG（4 倍频）	固体
235～330nm	Ti：蓝宝石（三倍频）	固体
248～270nm	$Ne\text{-}Cu^{+}$	气体

续表

波长	增益介质	激光器类型
282～292nm	$Ne\text{-}Au^+$	气体
308nm	XeCl 缔合物	气体
325nm	He-Cd	气体
332.4nm	Ne^+	气体
337.1nm	N_2	气体
347nm	红宝石（二倍频）	固体
351nm	XeF 缔合物	气体
355nm	Nd：YAG（三倍频）	固体
441.6nm	He-Cd	气体
488nm	Ar^+	气体
510.5nm	铜蒸气	气体
514.5nm	Ar^+	气体
532nm	Nd：YAG（二倍频）	固体
543.5nm	He-Ne	气体
578.2nm	铜蒸气	气体
628nm	金蒸气	气体
632.8nm	He-Ne	气体
694.3nm	红宝石	固体
670～1130nm	Ti：蓝宝石	固体
1064nm	Nd:YAG	固体
1315nm	碘蒸气	气体
2.01μm	Tm：YAG	固体
2.08μm	Ho：YAG	固体
2.90μm	Er：YAG	固体
10.6μm	CO_2	气体

注：YAG 表示钇铝石榴石。

6.3.4 脉冲宽度调控原理

脉冲激光器的应用领域非常广泛，因此有必要对脉冲激光器的原理进行专门介绍。某些增益介质，由于热损伤大等因素，不容易实现连续激光输出，只能应用在脉冲激光器中。下面分别介绍长脉冲激光器、纳秒脉冲激光器、皮秒脉冲激光器、飞秒脉冲激光器的脉冲宽度（脉宽）调控原理。

长脉冲激光器，主要是指在泵浦时间内，各能级粒子数及腔内的光子数密度可以达到稳定状态的激光器。长脉冲激光器的脉冲特性可以直接通过调制泵浦源的激励时间来实现脉宽控制。长脉冲激光器光电子过程的分析与连续激光器一致，通常采用速率方程理论进行分析。

纳秒脉冲激光器根据激光器的不同，采用不同的方法来进行脉宽调控。对于半导体激光器，可以使用电子电路中的振荡电路来获得短脉冲的激光输出，脉宽可以短至纳秒甚至几十皮秒量级。对于开腔类脉冲激光器和光纤激光器，则采用所谓调 Q 的原理来获得纳秒级的短脉冲。调 Q 原理中的 Q 值，指的是光腔的品质因子（quality factor）。品质因子正比于储存的总能量（E）与单位时间内损耗能量（P）的比值，Q 值的表达式为：

$$Q=2\pi\nu\frac{E}{P} \tag{6-19}$$

式中，ν 是腔内振荡的频率。Q 值是振荡腔用来衡量损耗大小的参数，Q 值越高，腔的损耗越小。所谓调 Q 原理，主要就是调节腔体内的损耗大小，使得腔内的振荡在某些时间间隔内，损耗很大，不能满足激光输出的阈值，因而没有激光输出，而在某些时间间隔内，把损耗途径关掉，激光满足输出阈值，瞬间放出很强的脉冲，而又快速地把损耗途径开启，激光停止输出，这个损耗关闭和开启的时间间隔就形成了激光的脉宽。通常利用电学脉冲作为最初的控制信号来实现损耗关闭和开启这两个步骤，受限于电子部件的带宽等因素，目前调 Q 的方法，通常只能实现纳秒量级的脉宽。

调 Q 的方法包括主动调 Q 和被动调 Q 两大类，主动调 Q 又包括电光调 Q、声光调 Q 等。电光调 Q 是利用电光效应进行工作的。电光效应指的是某些透明的各向同性的物质，在电场的作用下，显示出各向异性的现象，从而使得该物质的光学特性可以被电场调控。常见的电光晶体包括磷酸二氢钾（KDP）、铌酸锂（LN）晶体等。声光调 Q 是利用声光效应进行工作的。声音（通常是超声波）是一种机械波，通过介质时，会造成介质的局部延伸和压缩，进而出现周期性疏密相间的现象。这种周期性的结构会起到类似光栅的作用，即对通过介质的光产生衍射，这样就能通过控制声音调制经过的光。声光晶体包括掺钕石榴石晶体、蓝宝石晶体、碘酸锂晶体等。被动调 Q 技术通常利用可饱和吸收体的特性来实现，其原理是：可饱和吸收体被强光激发，使得基态的粒子逐渐处于漂白状态，在基态漂白完全之前，吸收了光的能量，使得光无法通过，而在基态漂白完全之后，激发态电子还没回复到基态时，便无法再进一步吸收光，此时可饱和吸收体处于透光状态，激光可以透过。激发光通过非辐射跃迁等复合方式回到基态后，可饱和吸收体再次处于可吸收状态。在此过程中，形成了光可通过和不可通过两种状态，可通过状态持续的时间形成了光的脉冲。这就是可饱和吸收体调 Q 的原理。常见的可饱和吸收体材料包括 Cr^{4+}：YAG、V^{3+}：YAG、有机染料、石墨烯等二维材料等。图 6-12 给出了一款利用 Cr^{4+}：YAG 可饱和吸收体作为被动调 Q 元件的纳秒脉冲激光器的结构和光路。

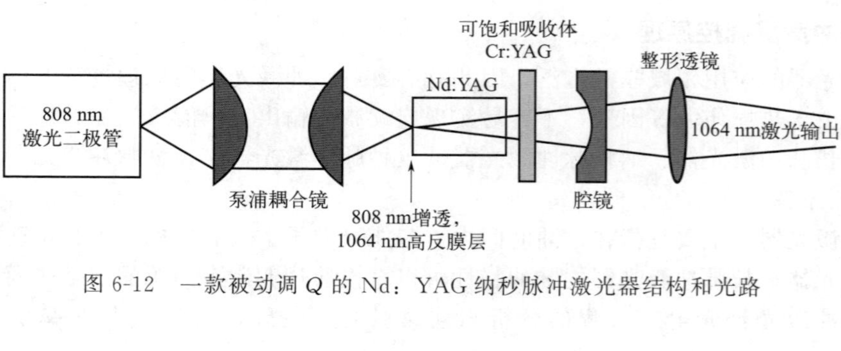

图 6-12　一款被动调 Q 的 Nd：YAG 纳秒脉冲激光器结构和光路

除了半导体激光器可以通过电子振荡电路来获得皮秒激光器之外，其他类型的皮秒和飞秒激光器大都采用锁模的原理来制备。锁模指的是多纵模相位锁定，方法是采取措施使腔内各个纵模的初始相位相同或各纵模间有确定的相位关系，又或者各纵模之间会自发形成锁模效应并输出等间隔短脉冲的序列。下面以初相位相同且等于零的纵模为例，说明这些电磁波之间形成确定的相位关系的锁模原理：

$$E_n = E_0 \cos(n\pi\nu t)$$

式中，n 为整数；$E_0=1\text{V}$；$\nu=5.8\times10^{14}$ Hz，即 600nm 波长的单色光对应的振动频率。图 6-13（a）给出了 $n=1$、2、3、4 时，几个纵模的电磁波时域图。可以看到随着 n 的数值增大，纵模的频率增加。图 6-13（b）给出了各纵模锁模后的电磁波时域图。可以看到，锁模后，形成了具有时间间隔的脉冲序列。锁模的数量越多，脉冲的强度越强，脉冲的宽度越窄。因而，锁模脉冲的宽度与增益介质的荧光谱线宽度有关，荧光谱线越宽，可用于锁模的纵模数量越多，得到的锁模脉宽就越小。锁模脉冲的周期等于光在腔内来回一次所需要的时间。在皮秒或飞秒激光器中，就是通过采用特定方法，使得各相邻纵模之间的初相位相同或者具有固定的相位差，从而实现极短脉冲的激光。

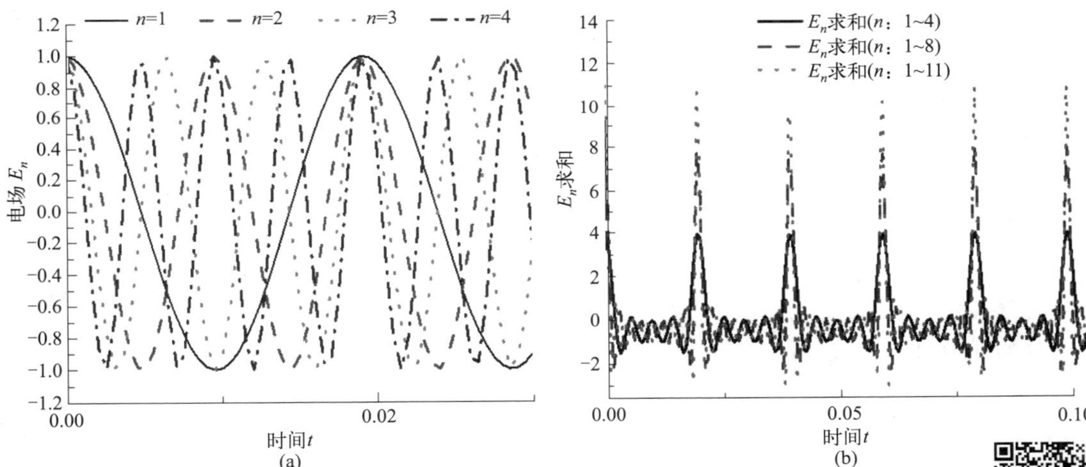

图 6-13 （a）几个纵模 $E_n=\cos(n\pi\nu t)$（$n=1$，2，3，4；$\nu=5.8\times10^{14}$ Hz）电磁波的时域图；（b）不同数量的纵模锁模后的电磁波时域图

锁模的原理也包括主动锁模和被动锁模两种，主动锁模包括振幅调制和相位调制两种方法，主要采用电光晶体或者声光晶体来实现，被动锁模则采用可饱和吸收体来实现。

6.3.5 常见性能的评价参数

下面介绍用来评价激光器性能的常见参数。

a. 中心波长（λ_{peak}）：激光输出频谱的中心波长。

b. 光谱带宽（$\Delta\lambda$）：激光频谱的谱线宽度，通常以半高全宽来定义，反映了输出激光的单色性。

c. 光束衍射倍率因子（M^2）：用来评价激光光束的空域质量，是以基横模的腰斑半径与远场发散角的乘积为参考构建的一个评价参数。$M^2=1$ 时，表明输出激光是基模光束。M^2

的表达式如下：

$$M^2=\frac{\text{实际光束的腰斑半径与远场发散角的乘积}}{\text{基模高斯光束的腰斑半径与远场发散角的乘积}}$$

d. 模式参数：主要标注横模指数，以 TEM_{mn} 表示，例如输出的是基横模时，标注 TEM_{00}。

e. 偏振状态：通常激光输出的是偏振光，需要标注清楚偏振态，如垂直偏振、水平偏振等。

f. 连续光功率：衡量连续激光器输出的激光功率。

g. 对于脉冲激光器，需要以下更多的参数来衡量它的性能。假设脉冲激光器每一个脉冲的能量是 E。

ⓐ 脉冲宽度（Δt）：激光输出的脉冲在时间上延展的宽度，通常利用半高全宽来衡量脉冲宽度。对于纳秒量级以上的脉宽，通常用快速探测器和数据采集部件（如示波器等）来测试；对于皮秒和飞秒激光脉冲的宽度，通常需要自相干仪来测试。

ⓑ 工作周期（T）：激光脉冲输出的时间间隔。

ⓒ 重复频率（f）：激光脉冲输出的频率

$$f=\frac{1}{T} \tag{6-20}$$

ⓓ 平均功率（P_{avg}）：

$$P_{\text{avg}}=\frac{E}{T}=Ef \tag{6-21}$$

ⓔ 占空比（D）：

$$D=\frac{\Delta t}{T} \tag{6-22}$$

ⓕ 峰值功率（P_{peak}）：

$$P_{\text{peak}}=\frac{P_{\text{avg}}}{D} \tag{6-23}$$

本节对激光原理与器件做了导读介绍，首先介绍了激光器的工作原理，着重介绍了激光不同于普通光的特点，阐明这些特性的理论来源，基于唯象理论的速率方程，阐述了激光器实现受激辐射光放大效应的原理；然后，概述了激光器的三要素（泵浦源、增益介质、谐振腔），侧重介绍了腔模理论；随后对常见激光器的种类进行了介绍；接着侧重说明了脉冲激光器的脉宽调控原理；最后，介绍了评价激光器常见性能的参数。

激光器的种类已经非常丰富，并且还在不断发展当中。激光器目前已经在人类社会的各个领域有着广泛的应用，将来在光信息、光量子计算等领域还有很多新的应用潜力。对于激光行业的研习和从业人员，还需要在专门的激光原理与技术的课程中进行深入学习。

6.4 发光二极管

发光二极管（light emitting diode，LED）是一种固体冷光源。其发光效率高，颜色从红色到蓝色覆盖了整个可见光谱范围，性能稳定寿命长，可以应用于各种指示灯（如汽车信号灯、交通信号灯）、室外全色大型显示屏、液晶显示器的背光源以及照明光源等多个领域。

6.4.1 发光二极管器件的发展历史

LED 可以发射各种颜色的光，所产生的光色依赖于制作 LED 的材料。最早问世的是红色 LED。1962 年，美国通用电气公司（简称 GE 公司）的 Holonyak 博士等人用化合物半导体材料磷砷化镓研制出第一批发光二极管，它们亮度不高（<0.1lm/W，大约为白炽灯效率的 1/150）。后来 Monsanto 和 HP 公司就在此基础上改进性能并降低成本，于 1968 年生产出 $GaAs_{0.60}P_{0.40}/GaAs$ 的红色发光二极管，其光效可达 1lm/W。20 世纪 60 年代末，LED 得到迅速发展。1964 年，Gvimmeiss 和 Scholz 以 GaP 间接带隙材料得到橙、黄、绿的 LED。80 年代，蓝光的 LED 研制出来，使用宽带隙 n 型或半绝缘的 GaN、ZnS 或 ZnSe 形成肖特基势垒，但是效率不高。这一时期的 LED 开始应用于文字点阵显示器、背景图案用的灯栅和条线图阵列等电子产品中。随着 LED 光效的提高，人们将其应用于室外显示系统、条形码系统、光电传导系统和医疗器械等领域中。自从 GaAsP LED 问世以来，LED 的发光效率以每 10 年提高 10 倍的速率增长，30 年间提高了 1000 多倍，以至于 LED 比白炽灯甚至卤素灯具有更高的效率。进入 20 世纪 90 年代中期后，红、绿、蓝全彩动态大屏幕显示技术的应用迅速发展。越来越多的广告、体育和娱乐场所开始应用 LED 大屏幕显示，并以此为特色。1992 年，中村修二等人实现了 InGaN/AlGaN 双异质结构的蓝光 LED，这一高效率蓝光 LED 的发明获得了 2014 年诺贝尔物理学奖。蓝色 LED 的发明，彻底革新了光源技术。蓝光 LED 出现后，可以通过激发出红光和绿光，从而混合产生白光和其他各种颜色的光；或者与原有的红光 LED 和绿光 LED 一起产生白光和其他各种颜色的光。

白光 LED 的问世，对 LED 成为 21 世纪新一代电光源具有决定性的意义。随着 LED 灯的出现，现代的灯不仅寿命长，而且更节能。目前白光 LED 的发光效率已经超过了 300lm/W，寿命可达 10 万小时。世界上大约四分之一的电能消耗都是用来照明，使用 LED 照明灯大大节省了能源和材料消耗，相比之下白炽灯的寿命是 1000 小时，荧光灯的寿命大概为 1 万小时。

白光 LED 问世后的最大应用亮点是在手机、个人数字助理（PDA）和数码相机等便携式电子产品的小尺寸彩色 LCD 显示屏中的背光照明。随着白光 LED 技术水平的提高及其发展，其开始在笔记本电脑、LCD 监视器和 LCD TV 中取代冷阴极荧光灯（CCFL）用作背光源，在数码相机中取代氙灯作为闪光灯，并且在户外照明、汽车和景观装饰照明等领域获得了日益广泛的应用。

6.4.2 LED 发光原理

LED 是一种 PN 结型器件，所用的材料基本上都是Ⅲ-Ⅴ族化合物的单晶，是利用半导体 PN 结或类似结构把电能转换成光能的器件。其工作原理如图 6-14 所示。LED 加正向电压后，在外电场的作用下，电子由 N 区注入 P 区，空穴由 P 区注入 N 区。进入对方区域的少数载流子（少子）一部分与多数载流子（多子）复合而发光。

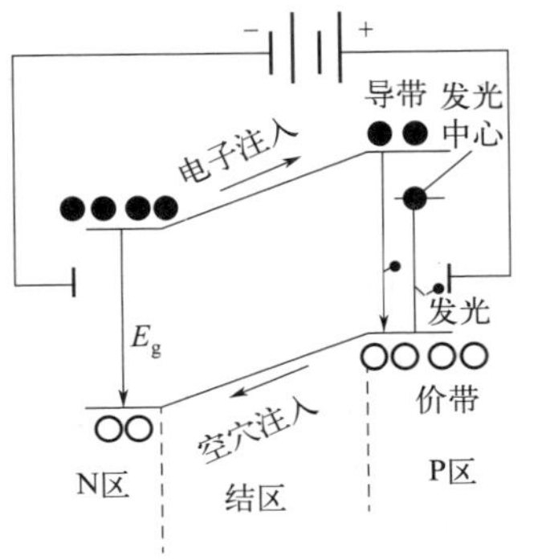

图 6-14 发光二极管的工作原理

假设发光是在 P 区中发生的，LED 的 PN 结通常由高掺

杂 N^+ 区和轻掺杂的 P 区构成。平衡时，P-N^+ 结存在一定的势垒，阻碍载流子的扩散。外加正向偏压，势垒降低，内建电场减弱，扩散运动继续进行。电子由 N^+ 区注入 P 区，空穴由 P 区注入 N 区，进入 P 区的电子和进入 N 区的空穴都是非平衡少数载流子。实际中，扩散长度远大于势垒宽度，电子和空穴在结区内因复合损失的概率很小，继续向结区外扩散，在一个扩散长度以内的叫扩散区。在结区和扩散区内，电子从导带跃迁到价带，与价带中的空穴复合，电子失去能量 E_g，转变为一个光子发射出去，光子能量 $h\nu=E_g$。见图 6-15。

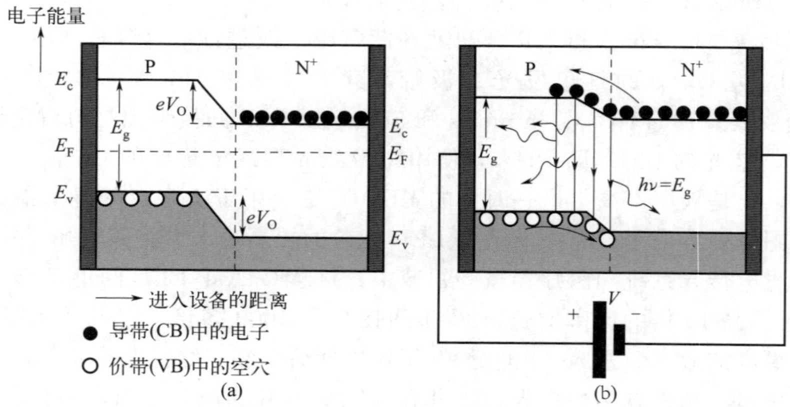

图 6-15　(a) 没有外加偏压和 (b) 外加正向偏压的 P-N^+ 结能带图

E_c—导带能量；E_F—费米能级；E_v—价带能量

LED 发光的性质：

a. 光子随机产生，形成自发辐射。

b. 因 N^+ 区的掺杂浓度较高，电子注入结区的量要大于空穴的注入量，因此发光区域主要在 P 区一侧。发光区域称为有源区。

6.4.3 LED 器件结构及设计

LED 的核心部分是 PN 结。按照半导体材料形成的 PN 结结构差异，可分为两类：同质 PN 结注入式电致发光和异质 PN 结注入式电致发光。

基于 P 型半导体和同种材料的 N 型半导体之间的结，称为同质结二极管。同质结二极管最大的缺点是注入电流大。原因有以下几点：

a. 载流子限制不好。器件用同一种材料制作，载流子注入结区后，还会继续向外侧扩散，使得有源区的粒子浓度减小，发光效率降低。

b. 光子限制不好。在有源区内产生的光子将向四周辐射，而同质结对光子没有限制作用，进入体内的光子会被吸收，使效率降低，电流增加。为了使光子脱离 P 区而不被吸收，P 区必须做得很薄，电子扩散到表面时，由于表面的晶格缺陷，会使电子产生非辐射复合，影响输出光功率。如果增大 P 区厚度，会使已经产生的光子又被半导体材料吸收。

要降低电流，必须改进发光二极管结构，使其能够有效限制光场和载流子。采用两种不同材料构成的异质结可以达到此效果。想要得到高效率的 LED 发光，更多采用的是异质结结构改善注入，提高外量子效率。

异质结由两种不同材料接触后形成。其具有不同的禁带宽度，形成势垒阻挡载流子的扩散；有较大的折射率差，可以很好地将光场限制在有源区中。根据异质结界面两侧材料的导电类型不同分为异型异质结和同型异质结。以 GaAs 和 AlGaAs 为例，AlGaAs 是在 GaAs 中掺入 AlAs 制作的，一般表示为 $Al_xGa_{1-x}As$，x 表示 Al 的原子数在 Al 和 Ga 原子总数中所占的百分比，简写为 AlGaAs。AlGaAs 的 $E_g=2eV$，GaAs 的 $E_g=1.43eV$。

图 6-16 为单异质（SH）结构的能带图。P 型导电区的禁带宽度小于 N 型区的禁带宽度。能带的不连续使向 N 型区扩散的空穴势垒高度增加了价带偏移量 ΔE_v。电子的势垒高度为 ΔE_c。N 型区对于 P 型区中产生的光子是透明的，这就减少了向结构中 N 型区一端传播的光的再吸收。

双异质结型 LED，其 P 区和 N 区由带隙不同的半导体组分组成。在异质结中，宽带隙材料叫势垒层，窄带隙材料叫势阱层。只有一个势垒层和势阱层的称为单异质层，有两个势垒层和一个活性层（即载流子复合发光层）的结叫双异质结。双异质结的两个势垒层对注入的载流子起到限制作用，即通过第一个异质结界面扩散进入活性层的载流子，会被第二个异质结界面阻挡在活性层中，因而双异质结的活性层厚度远小于同质结，有效地提高了注入载流子浓度和复合效率。图 6-17 为双异质（DH）结构的能带图，它是由一层窄禁带 P 型有源层夹在分别为 N 型和 P 型的宽禁带导电层中构成的。这样使过剩载流子可从两个方向注入有源层，电子和空穴在有源层中复合。此外，扩散过一个异质界面的少数载流子被第二个异质界面阻挡在有源层中不可能扩散出去。这就增加了有源区中过剩载流子的浓度，从而增加了辐射复合的速率。在这种结构中，两个导电层对于发射光是透明的，对于向两个方向传播的光的再吸收效应都最小化，但是在有源层存在再吸收。需要指出的是，单异质结构和双异质结构都要求材料具有良好的晶格匹配。如果晶格常数相差太大，则会在异质界面产生高缺陷（通常是线位错）浓度，引起无辐射复合。晶格匹配的要求对用于异质结 LED 的材料体系提出了严格的限制。

活性层变薄可以有效地提高辐射复合效率并且能够减少再吸收。另外，采用非常薄的有源层能够克服某些晶格匹配问题，因为这种薄层能顺应厚的限制层而不产生缺陷。但是，当活性层的厚度可以与晶体中电子的德布罗意波相比拟时，载流子会因为量子限域而发生能谱的改变。这种特殊的结构被称为量子阱（QW）。图 6-18 为量子阱能带结构。势阱中的载流子能带不再连续，而是取一系列的分立值。活性层可以是单层，也可以为多层。采用量子阱结构的活性层可以更薄，造成对载流子的进一步限域，更有利于效率的提高。当然活性层不能太薄，否则容易引起载流子隧穿到活性层之外。如果活性层太厚，载流子复合效率会降低。量子阱结构是高亮度 LED 最通用的结构。

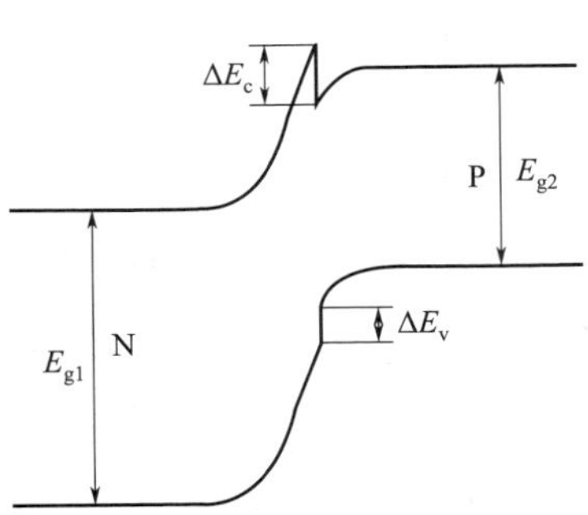

图 6-16　单异质结构的能带图

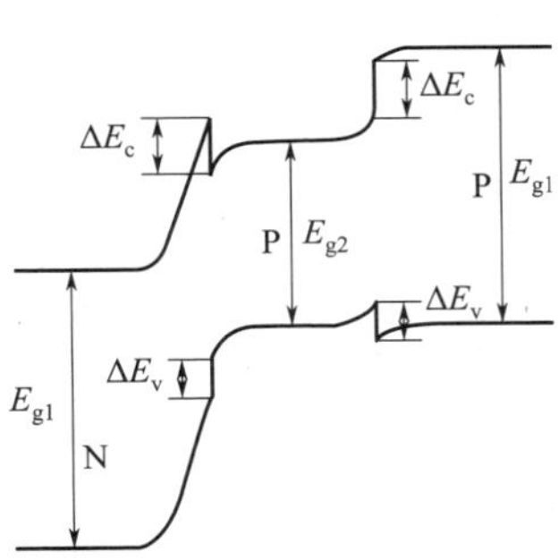

图 6-17　双异质结构的能带图

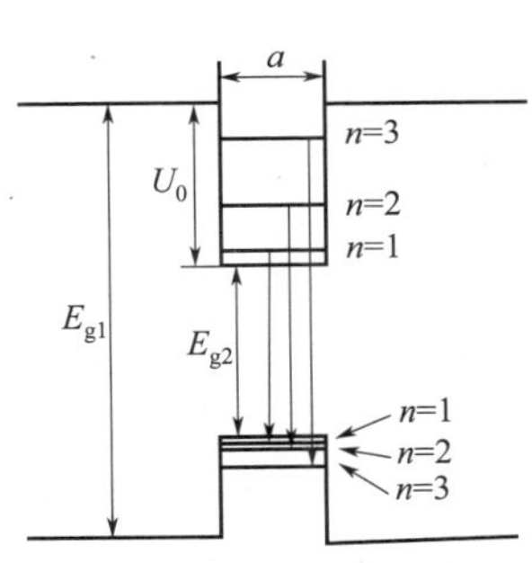

图 6-18　量子阱能带结构

6.4.4 LED的制备

LED的制备是一个比较复杂的过程。采用半导体工艺在衬底上制作PN结，然后制作Al电极，接着在半导体衬底一面蒸镀Au-Ge电极，制得芯片，封装芯片，焊到管座上，由超声波焊接或热压焊引出电极，最后涂覆透明的环氧树脂，其形状和折射率对LED发光有很大的影响。

半导体发光材料通常是用外延材料制作的，外延层需要生长在衬底上。LED衬底材料通常有蓝宝石、碳化硅（SiC）、GaN（氮化镓）和砷化镓（GaAs）等。生长外延材料的方法有液相外延（liquid phase epitaxy，LPE）、气相外延（vapor phase epitaxy，VPE）、金属有机物化学气相沉积（metal organic chemical vapor deposition，MOCVD）、分子束外延（molecular beam epitaxy，MBE）等。GaAsP基片是由气相外延制造，单晶晶片上切割下来的，而GaP和AlGaAs则采用液相外延技术。AlGaInN材料体系的主要生产技术就是MOCVD。MOCVD是目前生长Ⅲ-Ⅴ族、Ⅱ-Ⅵ族化合物及合金薄膜的主要方法。

LED的电极利用半导体光刻技术制备，相对比较容易。这里就不赘述了。

LED的封装技术具有很大的特殊性。除了具备常规封装功能（保护芯片不受外界环境影响和提高器件导热能力等）外，封装技术还有一个重要的作用是提高光效率，实现特定的光学分布。LED的封装材料和封装形状（尤其是顶部的形状）起透镜或漫反射透镜的作用，能控制光的发散角，使光线朝预定的方向发射。大功率LED顶部结构中常常使用凸透镜、凹锥透镜、球面镜、菲涅尔透镜及组合透镜等。透镜材料选择高透光率的玻璃或亚克力等合成材料，也可采用传统的环氧树脂模组式封装并结合二次散热设计。

LED的特性主要包含伏安特性、响应时间、发光强度及其角分布、发光峰值波长及其光谱分布、效率、寿命等。

（1）伏-安（V-I）特性

LED的伏-安特性是流过芯片PN结的电流随施加到PN结两端上的电压变化的特性，它是衡量PN结性能的主要参数，是PN结制作优劣的重要标志。完整的LED伏-安特性包含正向和反向特性两个方面。与普通整流二极管一样，LED同样具有单向导电性和非线性特性。图6-19所示为LED的伏-安特性曲线。

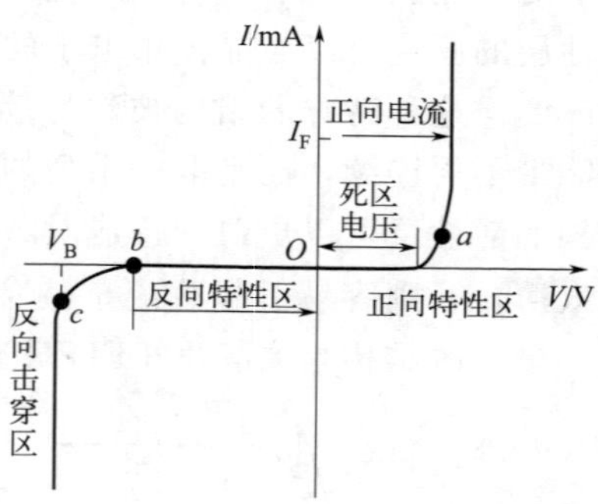

图6-19　LED的V-I特性

LED的伏-安特性曲线可以划分为正向特性区、反向特性区和反向击穿区三个区。

① 正向特性区

在LED两端加以正向电压，就产生正向电流。但是，当这个电压比较小的时候，由于外部电场还不足以克服内部电场对载流子扩散运动所造成的阻力，因此，通过LED的电流很小，LED呈现的电阻较大。当LED两端的电压超过一定数值（这个数值通常称为死区电压）以后，内部电场被大大削弱，LED的电阻变得很小，电流于是增长得很快（见图6-19中a点）。

LED是PN结二极管的一种，其正向伏-安特性可以表示为：

$$I_F = I_s(e^{e^{\frac{qV_F}{nkT}}} - 1) \tag{6-24}$$

式中，I_s 为反向饱和电流，A；q 为电子电荷量，$q=1.602\times10^{-19}$C；V_F 为正向电压，V；n 为常数，$n=1\sim2$；k 为玻尔兹曼常数，$k=1.38\times10^{-23}$ J/K；T 为热力学温度。在室温为 25℃时，$T=298$(K)，$\frac{kT}{q}\approx26$mV。由此式可见，LED 的正向电流 I_F 与正向电压 V_F 之间呈指数关系，而且当 V_F 为几百毫伏时，指数幂远大于 1，上式可简化为：

$$I_F = I_s e^{e^{\frac{qV_F}{nkT}}} \tag{6-25}$$

LED 的正向电流 I_F 是指 LED 正常发光时的电流值。如果正向电压 V_F 小于其门限电压，通过 LED 的电流太小而不会发光。在实际应用中，I_F 通常选择 LED 最大工作电流的 60%以下。LED 的正向电压 V_F 是在给定正向电流 I_F 下的实测电压值。对于普通 LED，这个给定正向电流通常为 20mA；而对功率级白光 LED，V_F 是在几百毫安（如 350mA）的正向电流下测得的，其值一般为 3～4V，远大于小功率彩色 LED 的 1.5～2.8V 的正向电压值。图 6-20 所示为 AlInGaP LED 和 InGaN LED 实际的伏-安特性曲线。

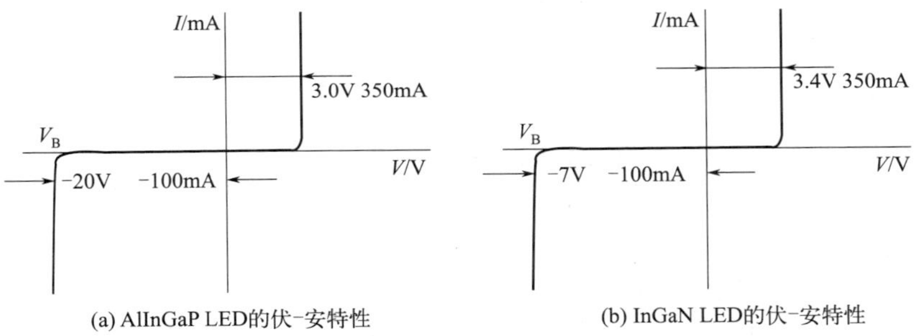

图 6-20　LED 实际的伏-安特性曲线

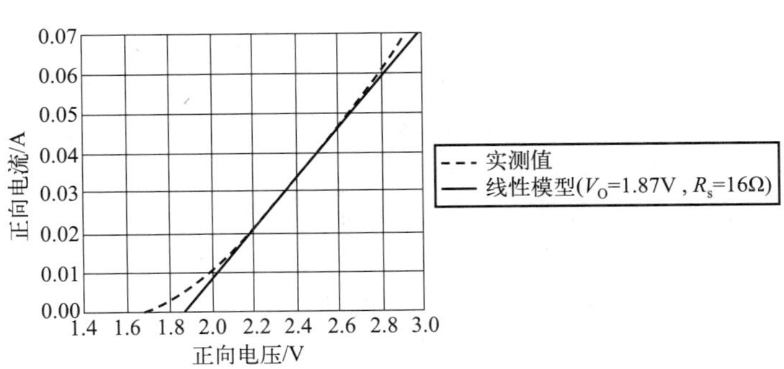

图 6-21　LED 的正向伏-安特性线性模型

LED 的正向伏-安特性利用图 6-21 所示的线性模型来描述更为简便和实用。从图 6-21 可见，伏-安特性曲线的电流较大区域基本上是一个线性区域，取两点作一条直线，这条直线的函数就可以用来描述该区域的伏-安特性曲线。因此，在线性区域，其伏-安特性可表示为：

$$V_F = V_O + R_s I_F + \left(\frac{\Delta V_F}{\Delta t}\right)(t_J - 25) \tag{6-26}$$

式中，V_O 为启动电压，是直线与 x 轴的交点；R_s 是 LED 的等效电阻，即该直线的斜率；t_J 为结点温度；$\Delta V_F/\Delta t$ 为电压温度系数，其值通常为-2 mV/℃，表示温度上升 1℃，正向压降减小 2mV。

② 反向特性区

当 LED 外加反向电压时，由于 P 型半导体中还存在着少数自由电子，N 型半导体中也还存在着少数空穴，这些少数载流子在反向电压作用下很容易通过 PN 结，因此形成反向电流。反向电流有两个特点：第一个特点是它随温度升高而增长得很快；第二个特点是只要外加的反向电压在一定范围之内，反向电流基本不随反向电压变化（如图 6-19 中的 *Ob* 段），因此在这种情况下的反向电流常被称为反向饱和电流。反向电流是 LED 的一个较重要的参数。反向电流越小，说明 LED 单向导电的性能越好。

③ 反向击穿区

当 LED 的反向电压增加到某一数值后，反向电流急剧增大，出现反向击穿现象（见图 6-19 中的 *c* 点），这个电压值（V_B）叫作反向击穿电压。由于 LED 所使用的材料种类不同，反向击穿电压也不一样。如图 6-20 所示，AlInGaP LED 的反向击穿电压是 20V，而 InGaN LED 的反向击穿电压仅为 7V。

（2）响应时间

LED 的响应时间是指通一正向电流时开始发光和熄灭的时间，是标志 LED 反应速度的一个重要参数。图 6-22 为 LED 的响应时间特性图。LED 的点亮时间（即上升时间）是指通电后亮度从正常值的 10%开始，到发光亮度达到正常值的 90%所经历的时间。LED 的熄灭（光衰）时间（即下降时间）是指 LED 从正常发光到发光亮度减弱到原来的 10%所经历的时间。响应时间是表征某一发光或显示器件跟踪外部信号变化的快慢。如 LCD（液晶显示）的响应时间为 $10^{-3}\sim10^{-5}$s，CRT（阴极射线管）、PDP（等离子体显示面板）、LED 的响应时间为 $10^{-6}\sim10^{-7}$s。

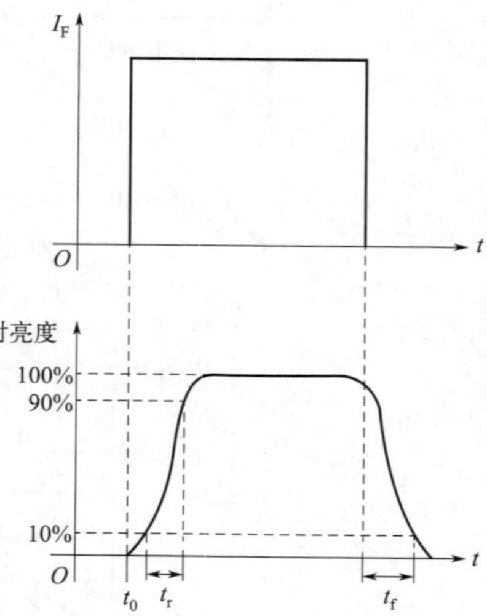

图 6-22 LED 的响应时间特性图

不同材料制得的 LED 的响应时间各不相同，GaAs、GaAsP 和 AlGaAs 等 LED 的响应时间可低至 1ns，GaP 等 LED 的响应时间通常不超过 100ns。LED 利用脉冲供电获得调制光或脉冲光时，调制频率达 10～100MHz，当 LED 用作汽车刹车灯时，因其响应速度比白炽灯快得多，可为司机争取宝贵的减少事故的时间，从而提供附加的安全余量。

（3）发光强度及其角分布

LED 发光强度表征它在某个方向上的发光强弱，由于 LED 在不同的空间角度发光强度相差很多，随之而来的是研究 LED 的发光强度分布特性。这个参数实际意义很大，直接影响到 LED 照明或显示装置的最小观察角度。

① 发光强度是表征发光器件发光强弱的重要参数

LED 一般采用的是圆柱、圆球形封装，由于凸透镜的作用，故都具有很强的指向性：位于法线方向发光强度最大，其与水平面交角为 90°。当偏离法向不同角度时，发光强度也随之变化。

② 光出射度

图 6-23 表明几种半导体 PN 结发射的光出射度与输入电流的关系。可见 $GaAs_{1-x}P_x$ 和 $Ga_{1-x}Al_xAs$ LED 具有良好的线性，其他两种则较差。

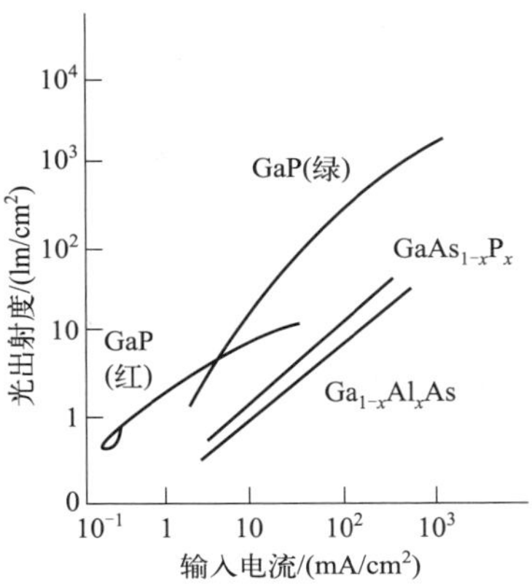

图 6-23　PN 结发射的光出射度与输入电流的关系图

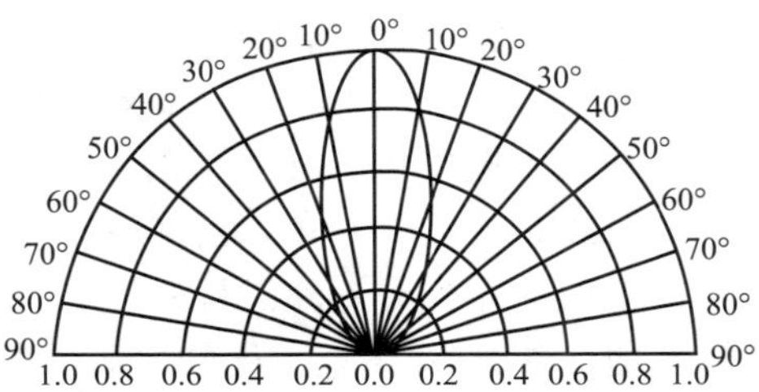

图 6-24　高指向性 LED 的光强角分布图

③ 发光强度的角分布

发光强度的角分布是描述 LED 在空间各个方向上发光强度大小的分布情况。它主要取决于封装的工艺（包括支架、模粒头、环氧树脂中是否添加散射剂）。为获得如图 6-24 所示的高指向性的角分布网，应采取以下措施：

a. LED 管芯位置应离模粒头远些；

b. 使用圆锥状（子弹头）的模粒头；

c. 封装 LED 的环氧树脂中勿加散射剂。

采取上述措施可使 LED 的散射角为 6°左右，大大提高了指向性。另外，采用不同的透镜封装结构，还能够得到特定的光强分布，目前使用较多的光强分布类型有：朗伯型、蝙蝠翼型、侧发光型等。

(4) 发光峰值波长及其光谱分布

LED 所发的光并非单一波长，其波长基本上按图 6-25 所示分布。由图 6-25 可见，无论什么材料制成的 LED，其光谱分布曲线都有一个相对发光强度最大处，与之相对应有一个波长，此波长叫峰值波长，用 λ_0 或 λ_p 表示。事实上，只有单色光才有峰值波长。

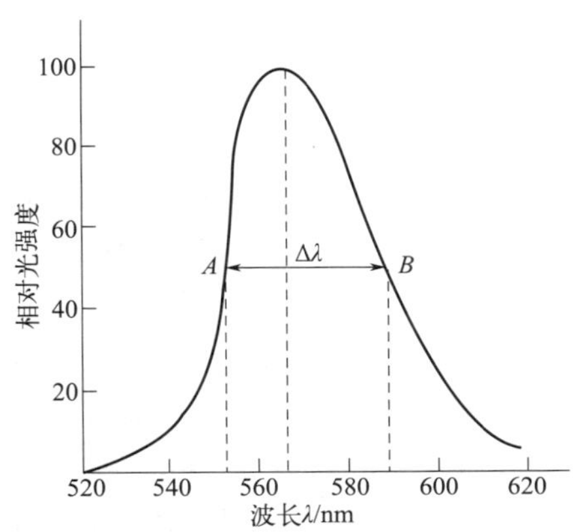

图 6-25　LED 光波长分布图

LED 单色光发射的光谱是典型的线光谱，其峰值波长是由所用发光材料的禁带宽度决定的，可表示为：

$$\lambda_p = \frac{1239}{E_g} \tag{6-27}$$

式中，E_g 为发光材料的禁带宽度，eV；λ_p 为峰值波长，nm。

在 LED 谱线峰值两侧，存在发光强度等于峰值一半的两个点（如图 6-25 中的 A 点和 B 点），这两个点之间的宽度叫作光谱半宽度（也称谱线宽度或半高宽），用 $\Delta\lambda$ 表示，单位为 nm。$\Delta\lambda$ 是 LED 的单色性参数，表示 LED 的光谱纯度。LED 的半宽度一般小于 40nm，具体由 λ_p 和热力学温度（T）决定，可表示为：

$$\Delta\lambda = 1.25 \times 10^{-7} \lambda_p^2 T \tag{6-28}$$

LED 的光谱分布与所用化合物半导体种类、性质及 PN 结结构（外延层厚度、掺杂杂质）等有关，而与器件的几何形状、封装方式无关。图 6-26 为几种不同化合物半导体及掺杂制得 LED 的发光光谱。在图 6-26 中：

a. 曲线 1 是蓝色 InGaN/GaN 的 LED，发光谱峰 $\lambda_p = 460 \sim 465$nm；

b. 曲线 2 是绿色 GaP：N 的 LED，发光谱峰 $\lambda_p = 550$nm；

c. 曲线 3 是红色 GaP：Zn-O 的 LED，发光谱峰 $\lambda_p = 680 \sim 700$nm；

d. 曲线 4 是红外 GaAs 材料的 LED，发光谱峰 $\lambda_p = 950$nm；

e. 曲线 5 是 Si 光电二极管，通常作光电接收用。

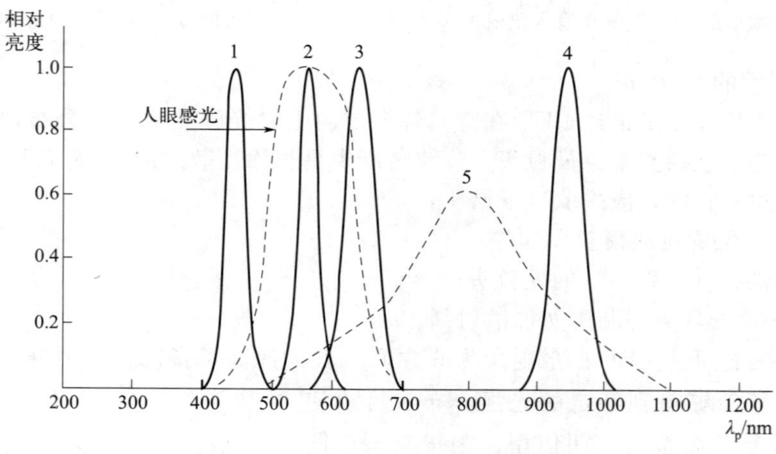

图 6-26　不同化合物半导体及掺杂制得 LED 的发光光谱

对大多数半导体材料来说，由于折射率较大，在光逸出半导体之前，往往已经过多次反射，由于短波光比长波光易于吸收，所以峰值波长所对应的光子能量比能隙 E_g 小些。例如，GaAs 发射的峰值波长所对应的光子能量为 1.1eV，比室温下的能隙 E_g 小 0.3eV。改变 $GaAs_{1-x}P_x$ 中的 x 值，峰值波长在 620～680nm 范围内变化。谱线半宽度为 20～30nm。由此可知，LED 提供的是半宽度很大的单色光。由于半导体的能隙随温度的上升而减小，因此它所发射的峰值波长随温度的上升而增长，温度系数为 2～3Å/℃（$1Å = 10^{-10}$m）。

对于 LED 的光谱特性主要看它的单色性是否优良，而且要注意到红、黄、蓝、绿 LED 等主要的颜色是否纯正。因为在许多场合下，比如交通信号灯对颜色就要求比较严格，不过据观察现在我国的一些 LED 信号灯中绿色发蓝，红色的为深红，从这个现象来看对 LED 的光谱特性进行专门研究是非常必要而且很有意义的。有的 LED 发光不是单一色，即不是仅仅有一个峰值波长，而是有多个峰值波长，并非单色光。为此描述 LED 色度特性而引入主波长。主波长就是人眼所能观察到的，由 LED 发出主要单色光的波长。如 GaP 材料可发出多个峰值波长，而主波长只有一个，它会随着 LED 工作时间的增加，导致结温升高而偏向长波。

（5）效率

LED 的效率有几种：发光效率、量子效率等。下面分别进行介绍。

① 发光效率

发光效率 η 的概念比较简单，它是单位电功率（W）下输出的光通量（lm）：

$$\eta=\frac{\Phi}{P_{\mathrm{I}}}=\frac{\Phi}{IV} \tag{6-29}$$

式中，I、V 分别为 LED 工作时的电流和电压；P_{I} 为输入的电功率；Φ 为 LED 输出的总光通量。通过 I、V、Φ 即可算出 η。

② 量子效率

量子效率是注入载流子复合产生光量子的效率。由于内吸收和内反射等原因，产生的光量子不能全部射出，因此，量子效率又分为内量子效率 η_{i} 和外量子效率 η_{e}，而 η_{e} 除了与内量子效率 η_{i} 有关之外，同时还与注入效率 η_{j} 和光出射效率 η_{u} 这两个因素有关。它们之间有如下关系：

$$\eta_{\mathrm{e}}=\eta_{\mathrm{i}}\eta_{\mathrm{j}}\eta_{\mathrm{u}} \tag{6-30}$$

a. 外量子效率。LED 发光是一个注入电子产生光子的过程，发出的光子数与注入电子数之比被定义为外量子效率。设 n_{e} 和 n_{q} 分别为单位时间内注入的电子数和 LED 发出的光子数，则外量子效率 η_{e} 可表示为：

$$\eta_{\mathrm{e}}=\frac{n_{\mathrm{q}}}{n_{\mathrm{e}}} \tag{6-31}$$

若此时 LED 输出的辐射功率 $P=n_{\mathrm{q}}h\nu$，注入的电功率 $P_{\mathrm{i}}=IV=n_{\mathrm{e}}qV$，则式（6-31）可写成：

$$\eta_{\mathrm{e}}=\frac{n_{\mathrm{q}}}{n_{\mathrm{e}}}=\eta_{p}\frac{qV}{h\nu}=\eta_{p}\frac{\lambda_{0}qV}{ch}=\frac{\lambda_{0}q\Phi}{\eta chI} \tag{6-32}$$

式中，λ_0 为 LED 发光的峰值波长；Φ、η 分别为 LED 的总光通量和发光效率；I 为工作电流；c 为光速；h 为普朗克常数。

b. 内量子效率。内量子效率 η_{i} 是一个和辐射复合的微观过程密切相关的参数。它被定义成每注入一个电子在 PN 结中产生的光子数。

直接跃迁过程比间接跃迁过程简单，其内量子效率主要取决于少数载流子的辐射复合与非辐射复合的寿命。直接跃迁的内量子效率可以表示为

$$\eta_i=\frac{\frac{1}{\tau_R}}{\left(\frac{1}{\tau_R}+\frac{1}{\tau_{NR}}\right)}=\left(1+\frac{\tau_R}{\tau_{NR}}\right) \tag{6-33}$$

式中，τ_R 和 τ_{NR} 分别为少数载流子的辐射复合寿命与非辐射复合寿命。从式（6-33）可见，降低 τ_R、增大 τ_{NR} 即能提高内量子效率，而这主要在于提高材料的纯度、完整性和改进 PN 结制作工艺，以降低非辐射复合中心的浓度。

间接跃迁的复合辐射过程是通过一些发光中心来实现的，这就使得过程复杂化，间接跃迁过程的内量子效率可粗略地表示为

$$\eta_i=\frac{\sigma n}{\sigma n+\sigma_0 n_0}\times\frac{1}{1+\exp\left(-\frac{E}{kT}\right)} \tag{6-34}$$

式中，σ 是复合截面；n 是发光中心的浓度；σ_0 是猝灭中心对载流子的俘获截面；n_0 是猝灭中心的浓度；E 是发光中心的离化能。从式（6-34）可以看出，发光中心的离化能 E 对 η_i 有很大的影响，离化能太小时，室温下不易俘获载流子，发光效率不高。如发现等电子陷阱氮之前的掺硫磷化镓绿光二极管，就因为硫的离化能只有 0.1eV，其发光效率极低。另外，增大发光中心的浓度，减小非辐射的猝灭中心的浓度，对于间接跃迁来说，比直接跃迁更为重要。除了外杂质可以形成猝灭中心外，晶体中的各种缺陷也都可能成为猝灭中心。由此看来，适当选择发光中心，使它具有较高的浓度及适当的电离能和大的复合截面，并尽可能提高材料纯度和完整性，以降低猝灭中心的浓度，对于提高其外量子效率有非常重要的意义。

为了提高外量子效率，可采取以下措施（图 6-27）：

a. 用球面发射表面结构。这种结构减小了界面发射，但使材料内部光程增大，增加了再吸收。

b. 用折射率较大的介质做成圆顶光窗，以增大半导体的全反射临界角。

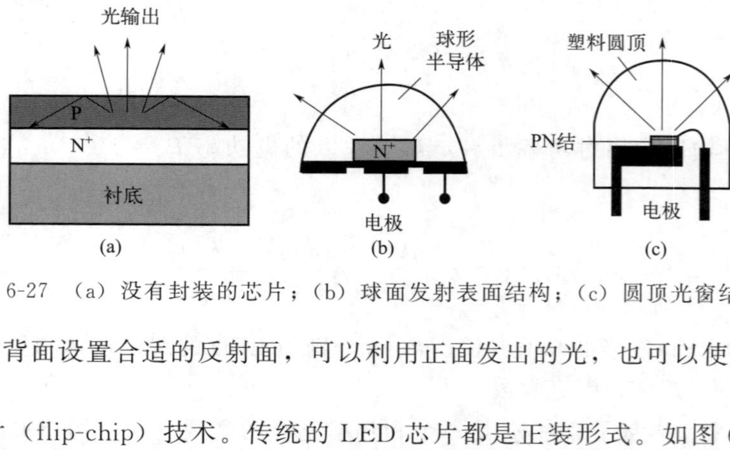

图 6-27 （a）没有封装的芯片；（b）球面发射表面结构；（c）圆顶光窗结构

c. 在 PN 结背面设置合适的反射面，可以利用正面发出的光，也可以使后面的光得到有效利用。

d. 倒装芯片（flip-chip）技术。传统的 LED 芯片都是正装形式。如图 6-28 所示。由于蓝宝石衬底是绝缘的，所以 P 型区电极和 N 型区电极只能置于外延材料表面的同一侧，芯片正面出射的光将有一部分被接触电极和键合引线所吸收和遮挡（通常 25%），影响器件的发光效率。而倒装芯片技术可解决此类问题。

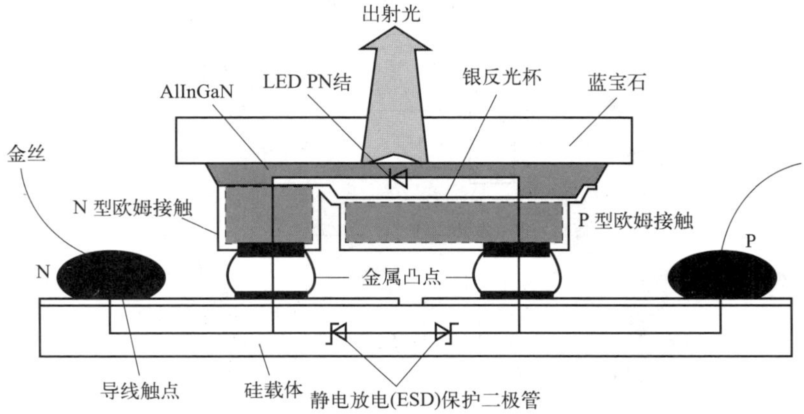

图 6-28　倒装结构的 LED 芯片结构

e. 表面和侧面粗糙化纹理结构。粗糙化纹理结构主要是将满足全反射定律的光改变方向，通过散射光的方向来减少反射，同时又不损伤材料的电学和光学特性。表面粗糙化后芯片的外量子效率可达 20%以上，侧面粗糙后芯片的外量子效率可以超过 30%。利用表面粗糙化加背面反射膜结构，芯片的外量子效率可达 40%。

（6）LED 的寿命

LED 的性能非常稳定，寿命很长。通常把 LED 的寿命定义为光通量衰减至初始值的 70%所需要的时间，即相对光输出降至 70%所经历的时间。一般来说，在室温、20mA 的电流驱动下，LED 的寿命可达 100000h 以上，这是目前其他任何光源都无法比拟的。实际上 LED 的寿命很大程度上依赖于驱动状况和环境条件，所以要适当定义 LED 的寿命。但就目前来说，功率型 LED 的寿命约为 50000h。

影响 LED 寿命的因素有：表面漏电流的增加、铜之类的沾污物的内扩散、在 PN 结附近形成非辐射复合中心等。对于前面两个因素，可采用合适的钝化、封装以及清洗技术予以消除；对于后一个原因可以在制作 LED 时尽量保证晶格的完整性，降低其缺陷密度，来达到减缓非辐射复合中心产生的速度，但不能完全消除。

6.5 红外光纤传感器

红外光纤传感器是近些年发展起来的新型传感技术，其由光源、入射光纤、出射光纤、光调制器、光探测器以及解调制器组成。其基本原理是将光源的光经入射光纤送入调制区，光在调制区内与外界被测参数相互作用，使光的光学性质（如强度、波长、频率、相位、偏振态等）发生变化而成为被调制的信号光，再经出射光纤送入光探测器、解调制器而获得被测参数。光纤传感器具有极高的灵敏度和精度、抗电磁干扰能力强、绝缘强度高、耐腐蚀、集传感与传输于一体、兼容数字通信系统等优点。在机械、电子仪器仪表、航天航空、石油、化工、食品安全等领域的生产过程自动控制、在线检测、故障诊断等方面，得到了卓有成效的应用和推广。光纤传感器基本工作原理如图 6-29 所示。

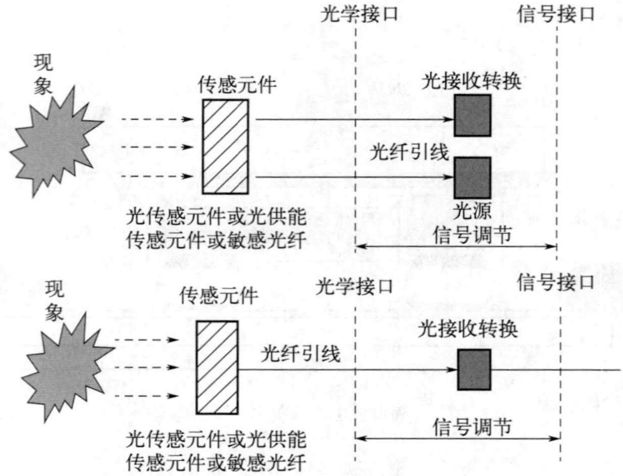

图 6-29 光纤传感器基本工作原理

为了实现红外测量，传统的硅基玻璃光纤在 2μm 波长范围内不透明，必须用红外发射光纤代替。而光纤传感器的研制，必须依据各种红外纤维的材料、结构、制备方法和特点，选择合适的光纤设计出与特定光纤特性相适应的光学系统，才能获得理想的传感器性能。

6.5.1 红外光纤传感器对材料属性的基本要求

光纤材料组分对光纤传输波长光谱范围有决定性作用，调整材料组成可以有效地调节传输波长。表 6-2 给出了几种具有代表性光纤的传输波长及传输损耗参数。从原理上来说，卤化物、氧化物、硫属化物的各种混合物都可用来制造光纤。具体而言，氟化玻璃纤维，例如 ZrF_4 或 AlF_3 基玻璃纤维，展现出比其他红外纤维更低的传输损耗。然而，它们的传输范围被限制在 4μm 波长范围之内。蓝宝石（Al_2O_3）光纤的传输范围也被限制在较短的波长区域。硫系玻璃（AsS、GeSeTe 等）和卤化物晶体［AgClBr、溴碘化铊（KRS-5）等］光纤可以在 10μm 波长区域内传输，在光纤传感器中更受欢迎。介质空心波导，如玻璃和 Al_2O_3 管，在光谱范围内表现出低损耗传输，其折射率比空心的折射率低。介电涂层金属空心波导，例如 ZnS/Ag 和 AgI/Ag 管，利用介质膜中的干涉来增强内表面反射率。因此，通过改变介质膜的厚度，可以在紫外到红外的宽光谱区域内调节传输范围。

表 6-2 各种红外光纤材料的传输波长及传输损耗系数

材料名称	传输波长/μm	传输损耗系数 α/(dB/m)
SiO_2	0.8～1.3	10^{-4}～10^{-2}
ZrF_4/AlF_3	1～4	10^{-3}～10^{-1}
Al_2O_3	0.5～4.6	1～10^1
AgClBr	3～12	1～3
PMMA	0.46～0.98	10^{-1}～10
AsS	1.1～6	10^{-2}～2
GeSeTe	5.2～11.6	10^{-1}～6

续表

材料名称	传输波长/μm	传输损耗系数 α/(dB/m)
空心 ZnS/Ag	2.6～12	2～10
空心 Al_2O_3	≥9	0.3～10

6.5.2 红外光纤传感器设计及制作

图 6-30 为光纤传感器的不同类型。如图所示，光纤传感器可实现对多种参数的测量，如光谱、强度、压力、相位等参数，由于完成不同功能测量所需要的光纤传感器的结构千差万别，因此传感器的设计与制作通常依据功能需求制作。

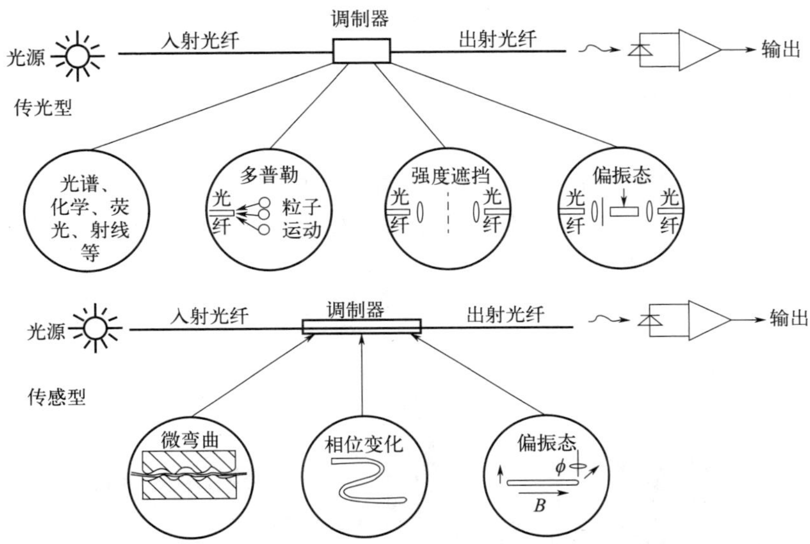

图 6-30　光纤传感器的不同类型

(1) 表面等离子共振型光纤传感器制作

表面等离子共振型光纤传感器具有灵敏度高、信号频带宽、抗电磁干扰、电绝缘、耐腐蚀、易于微型化设计等特点，被广泛应用于生物适配体检测方面。该类型光纤传感器制作的核心技术是调节金属纳米颗粒的尺寸大小或者薄膜厚度。通常情况下，金属涂层制备采用化学还原法、磁控溅射、热蒸镀及原子层外延技术实现。同时，还可以在金属表面进行分子修饰，以提升对分析检测物的选择性与灵敏度。图 6-31（a）为表面等离子共振型红外光纤传感器，其制作过程如图 6-31（b）所示：

a. 选取一定尺寸的多模石英光纤；

b. 光纤端面抛磨；

c. 光纤端面镀膜；

d. 去除光纤涂覆层和包层；

e. 光纤圆柱面镀膜；

f. 传感器端面胶封。

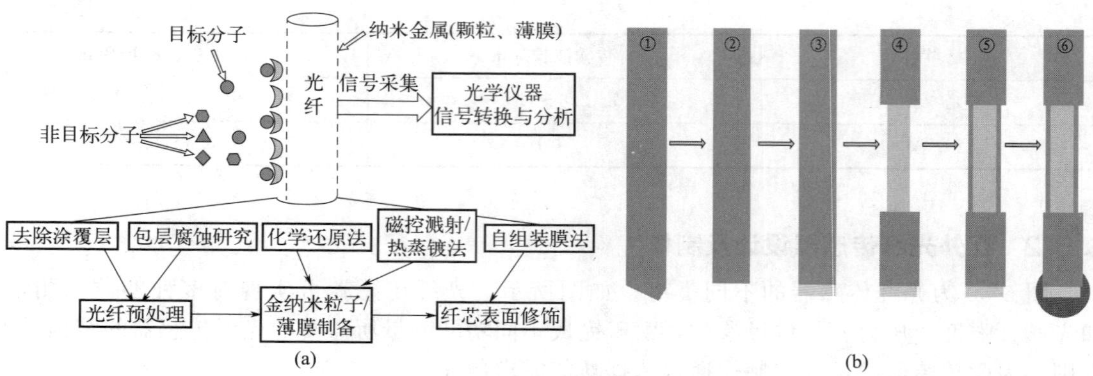

图 6-31 (a) 表面等离子共振型红外光纤传感器；(b) 器件制作过程

(2) 红外光纤光栅传感器的制作

红外光纤光栅传感器结构如图 6-32 所示，其主要是传光型结构，以小巧、绝缘、不受射频和微波干扰、测量精度高及与生物体亲和性好等优点备受青睐。比如用作医用光纤传感器能够通过最小限度的侵害方式对人体组织功能进行内部测量，提供有关温度、压力、血流速度、pH 值和声波场的精确局部信息。目前其制作流程通常包括如下步骤：结构设计—掩模版制作—涂胶—曝光—显影—反应离子刻蚀 (RIE)—去胶—清洗—干燥等。

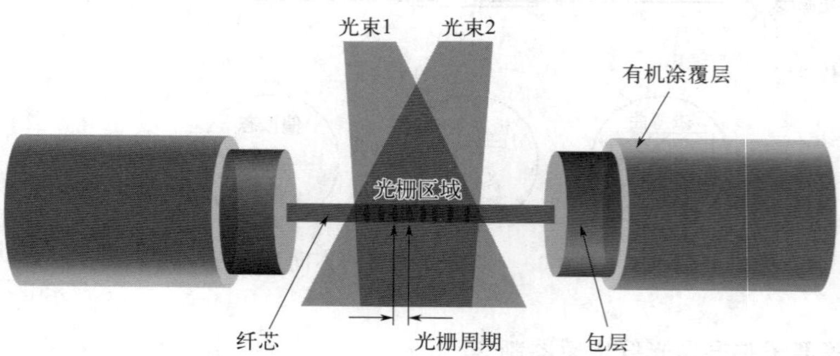

图 6-32 红外光纤光栅传感器结构

6.5.3 红外光纤传感器性能测量与评估

通常情况下，在传感器装配之前，应按照适用规范对所有的分立器件（光源、光探测器、光纤耦合器、光纤等）进行试验，以获得被测对象的物理量、化学量、生物量、性能或状态等数据。光纤传感器性能测试与评估流程如图 6-33 所示。具体过程为：按照图 6-33 示例对各个分立器件进行装配与封装，保证试样固定到适当材料的坚固支架上并获得完全支撑。在标准大气试验条件下进行试验之前，各个分立器件应根据相关规范进行精度调试与校准，并将传感器在标准大气试验条件下预处理一段时间，使各元件或者整个传感器达到热稳定；同时，目视检查元器件是否存在可能削弱传感器功能或减少其寿命的任何物理损伤或缺陷。最后，还应该对传感器进行电气试验和机械试验，确保传感器的设计符合电气安全设计准则与机械可靠性要求。

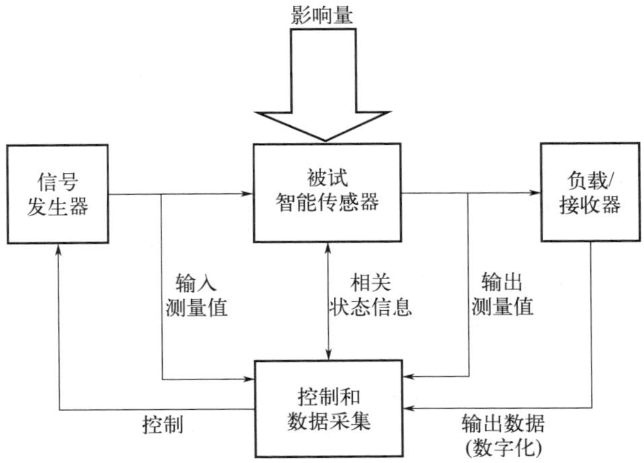

图 6-33　光纤传感器性能测试与评估流程

红外光纤传感器测试的对象种类复杂，方式方法各有不同。比如：光纤限位传感器探测超出预定点所产生的移动而引发探测光束的断开，进而控制运动停止，以避免损伤驱动装置，通常用于旋转或直线运动系统的同步或自动寻位传感。光纤接近传感器利用反射、红外发射/反射或压力原理进行探测，无需直接接触，可以利用微弯来响应压力或者振动激励。再如，用于测量化学品的红外光纤传感器能够探测化学品的存在/浓度和辨别黏合剂的固化等，可以通过由传输至光纤或者来自外部光源的光激发荧光，激发荧光被密封在光纤中并传导至光纤另一端的探测器。同时，通过改变周围溶液的酸度来中止或者抑制材料的荧光，这类器件可用作 pH 显示器或传感器。总而言之，红外光纤传感器的应用研究方兴未艾，正通过不断提升光纤材料性能、优化设计传感器结构及后端信号处理的方法等，积极拓展光纤传感器在化学、医学、生产等领域的应用。

思考题

参考答案

1. 有机荧光发光二极管的基本结构包括哪些功能层？
2. 请列举几项有机荧光发光二极管的性能参数。
3. 请说出 WOLED 的几大性能指标。
4. 真空蒸镀法的物理过程包括哪几个步骤？
5. 请列出几个磷光器件中的功能层。
6. 请简单概述一下各功能层厚度对 OLED 器件性能的影响。
7. 普通光源和激光器发出的光有什么区别？利用普通光源，可以获得强相干高强度的光吗？
8. 为什么异质结发光二极管的发光效率更高？
9. 发光二极管发光效率是如何定义的？提高 LED 效率的途径有哪些？
10. 光栅传感器与传统光纤传感器相比技术优势有哪些？
11. 光栅光纤传感器制作过程中应注意哪些事项？
12. 不同材料组分对传输波长影响的内在原因是什么？

参考文献

[1] 黄维，密保秀，高志强. 有机电子学[M]. 北京：科学出版社，2011.

[2] 黄春辉，李富友，黄岩谊. 光电功能超薄膜[M]. 北京：北京大学出版社，2001.

[3] 陈金鑫，陈锦地，吴忠帜. 白光 OLED 照明[M]. 上海：上海交通大学出版社，2011.

[4] D'Andrade B W，Thompson M E，Forrest S R. Controlling exciton diffusion in multilayer white phosphorescent organic light emitting devices[J]. Advanced Materials，2002，14(2)：147-151.

[5] Duan Y，Mazzeo M，Maiorano V，et al. Extremely low voltage and high bright p-i-n fluorescent white organic light-emitting diodes[J]. Applied Physics Letters,2008，92(11)：113304.

[6] 李亨. 颜色技术原理及其应用[M]. 北京：科学出版社，1994.

[7] 王传明，范曲立，霍岩丽，等. 有机电致磷光材料的分子设计：从主体材料到客体材料[J]. 化学进展，2006(5)：519-525.

[8] Sasabe H，Takamatsu J，Motoyama T，et al. High-efficiency blue and white organic light-emitting devices incorporating a blue iridium carbene complex[J]. Advanced Materials，2010，22(44)：5003-5007.

[9] Gong S L，Chen Y H，Luo J J，et al. Bipolar tetraarylsilanes as universal hosts for blue，green，orange and white electrophosphorescence with high efficiency and low efficiency roll-off[J]. Advanced Functional Materials，2011，21(6)：1168-1178.

[10] 赵坚勇. 有机发光二极管(OLED)显示技术[M]. 北京：国防工业出版社，2012.

[11] 周炳琨，高以智，陈倜嵘. 激光原理[M]. 7 版. 北京：国防工业出版社，2014.

[12] 陈家璧，彭润玲. 激光原理及应用[M]. 4 版. 北京：电子工业出版社，2019.

[13] Yariv A. 量子电子学[M]. 刘颂豪，译. 北京：科学技术出版社，1983.

[14] Siegman A E. Lasers[M]. California：University Science Books，1986.

[15] 陈鹤鸣，赵新彦. 激光原理及应用[M]. 北京：电子工业出版社，2022.

[16] 巩固. 超强超短激光器的实现原理调研[J]. 通讯世界，2018(11)：244-245.

[17] Nakamura S. The roles of structural imperfections in InGaN-based blue light-emitting diodes and laser diodes[J]. Science，1998，281(5379)：956-961.

[18] 文尚胜，姚日晖，吴玉香，等. 半导体照明技术[M]. 广州：华南理工大学出版社，2013.

[19] 田民波，朱焰焰. 白光 LED 照明技术[M]. 北京：科学出版社，2012.

第四篇

新能源材料与器件

第 7 章

光电器件

导读

本章主要介绍功能材料应用转化——光电器件。基于光生伏特效应，介绍了常见的光伏器件（如晶体硅太阳电池、无机薄膜太阳电池、有机光伏电池、染料敏化太阳电池、钙钛矿太阳电池、量子点敏化太阳电池等）、光电二极管器件和光电导器件。从这些器件的结构和工作原理、组成部件及部件作用、组成部件对材料的性能需求、器件设计、组装、性能评价等方面展开介绍。

7.1 光伏器件（光生伏特效应）

7.1.1 晶体硅太阳电池

太阳电池及其组件是光电转换器件的最典型代表，太阳电池的工作原理是光生伏特效应。1954 年美国贝尔实验室的 Chapin 等研制出世界上第一块硅 PN 结太阳电池，效率为 6%，拉开了太阳能光伏研发和利用的序幕。迄今为止，人们已研制了多种类型的太阳电池，一般分为晶体硅（c-Si）太阳电池和薄膜太阳电池，晶体硅太阳电池因其技术的成熟性和高性价比一直是地面光伏发电应用的主导。晶体硅太阳电池包括单晶硅太阳电池和多晶硅太阳电池，二者的电池结构基本相同，只是所采用的基体材料分别为单晶硅片和多晶硅片。在早期采用多晶硅片的原因是多晶硅片成本比单晶硅片低，因为提拉单晶的技术在当时还不成熟。但因多晶硅片内部存在晶界等缺陷，多晶硅电池的转换效率比单晶硅电池低。随着单晶硅片制备技术的进步，多晶硅片的成本优势已不明显，市场中晶体硅太阳电池正呈现以单晶硅电池为主的形势。单晶硅电池一般采用双面接触结构，从发展历史来看主要分为以下几类：铝背场（Al-BSF）电池、钝化发射极和背面电池（PERC）、钝化发射极背面定域扩散（PERL）电池、钝化发射极全背场扩散（PERT）电池、硅异质结（SHJ）电池和隧穿氧化层钝化接触（TOPCon）电池等。为减少迎光面金属电极遮光损失，可以将金属电极大部分或全部移到电池背面，由此又发展出背接触结构太阳电池的形式，主要有金属环绕贯穿（MWT）电池和叉指式背接触（IBC）电池等，具体可参见图 7-1。下面将对这几类电池进行介绍。

7.1.1.1 双面接触结构太阳电池

（1）铝背场（Al-BSF）电池

铝背场（Al-BSF）电池是最常规的单晶硅太阳电池，也是工业上最初大规模制造的 c-Si

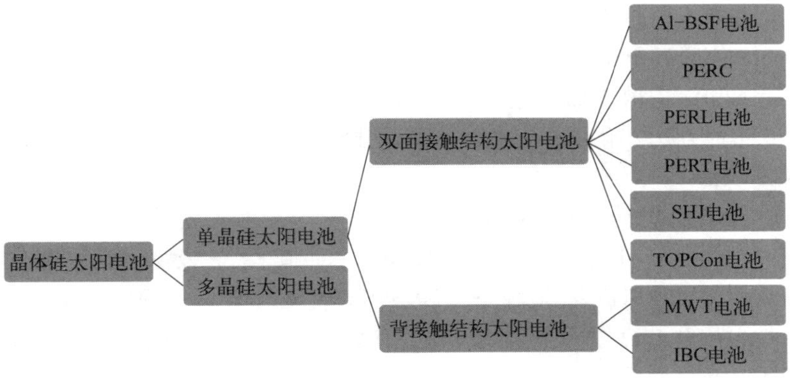

图 7-1　晶体硅太阳电池的分类

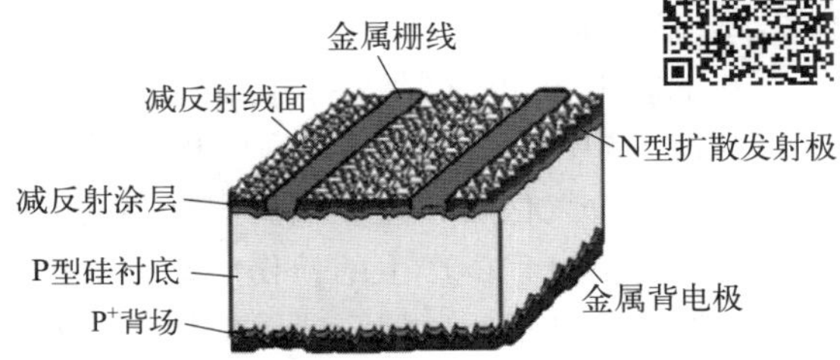

图 7-2　Al-BSF 电池基本结构示意图

太阳电池。它的基本结构如图 7-2 所示。通常采用 P 型硅为衬底，在 P 型硅衬底迎光面上是 N 型发射极，与 P 型硅衬底构成 PN 结，P 型硅衬底是太阳光的吸收区，也称为基区。在 N 型发射极的表面是金字塔结构，金字塔结构上沉积有减反射膜。穿透减反射膜与 N 型发射极接触的是收集电子的前金属电极。为了减少金属电极的遮光损失，前金属电极一般设计成栅线状，材料为银，银栅线需要穿透减反射膜与下面的 N 型发射极形成欧姆接触。在衬底的背面是掺杂浓度更高的 P^+ 背场，P^+ 背场与硅衬底之间形成浓度高低结，既可以在一定程度上提高电池的开路电压，也可以将在 P 型基区内产生的少子（“电子”）反推向 PN 结方向，对衬底内的光生少子起到场效应钝化的作用。P^+ 背场之后是与之形成欧姆接触的收集空穴的金属背电极，其材料一般是铝（Al）。由于电池背面没有光入射，所以 Al 背电极是全背面电极，一方面可以改善电学接触，另一方面，铝硅界面具有高的内反射率，可以起到一定的陷光作用。电池的制造流程如图 7-3 所示。主要分为五个关键步骤：a. 单晶硅片切割；b. 清洗制绒，即通过碱溶液腐蚀去除表面损伤层，并在表面进行制绒，形成绒面结构达到陷光效果，减少反射损失；c. 扩散制结，即通过热扩散的方式扩磷形成 PN 结；d. 镀减反射膜，即用等离子体增强化学气相沉积（PECVD）制备一层 SiN_x 薄膜，进一步提高对光的吸收，同时这层膜内部存在很多氢原子，也能起到化学钝化的作用；e. 制作电极，即在电池的正面丝网印刷银栅线电极，背面印刷 Al 背电极，并进行干燥和烧结，烧结过程中，银栅线穿透 SiN_x 与发射极接触，Al 背电极形成 Al 背场。

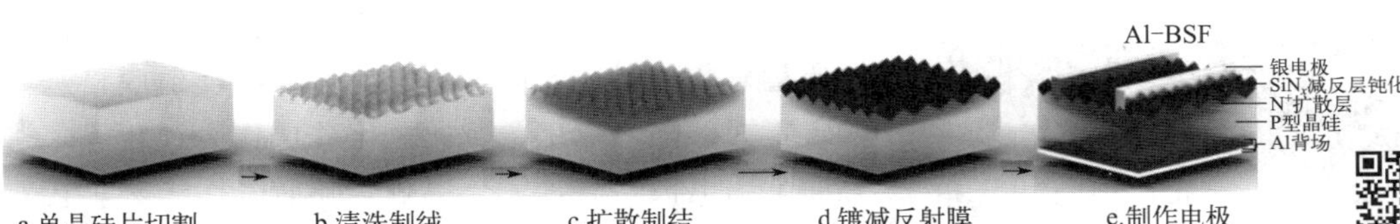

图 7-3　Al-BSF 电池制造流程示意图

一般来说，晶体硅太阳电池采用均匀高浓度掺杂的发射极。较高浓度的掺杂可以实现硅片和电极之间的欧姆接触，降低电池的串联电阻，但是同时高浓度掺杂会造成严重的俄歇复合，少子寿命大大降低，进而影响电池的转换效率。为了解决这一问题，研究人员提出了选择性发射极（selective emitter，SE）技术，即在金属栅线（电极）与硅片接触部位及其附近进行高浓度掺杂和深扩散，而在电极以外的区域进行低浓度掺杂和浅扩散。实现选择性发射极主要有以下几种方法：化学返刻蚀法、氧化掩模法、激光掺杂法和离子注入法等。

① 化学返刻蚀法

该工艺由德国康斯坦茨（Konstanz）大学开发，并由施密德（Schmid）公司商业化。工艺步骤如下：制绒→扩散→喷墨打印防刻蚀掩模→发射极返刻→去磷硅玻璃（phosphosilicate glass，PSG）和掩模→沉积 SiN_x 减反射膜→丝网印刷电极/烧结。其原理是在重扩（方块电阻约 40Ω/方块）之后，利用喷墨打印技术在金属区域打印与前栅线图案相同的石蜡作为掩模，然后利用 HF/HNO_3 的混合溶液将掩模以外的重掺杂层表层刻蚀掉几十纳米的薄层，形成浅扩散层（方块电阻约 90Ω/方块），最后清洗掉石蜡掩模。

② 氧化掩模法

其工艺步骤为：制绒→氧化物掩模生长→激光开孔→表面损伤去除→扩散→去 PSG→沉积 SiN_x 减反射膜→丝网印刷电极/烧结。具体过程如下：在清洗制绒后，通过热生长方法生长一层薄氧化层，然后根据丝网印刷前电极的图案在氧化层上开槽，随后，用弱碱溶液清洗激光开槽过程中产生的损伤层。在磷扩散时，没有开槽的区域由于氧化层的阻挡作用形成浅扩散区，开槽的区域形成重扩散区。开槽宽度控制在 250～300nm。

③ 激光掺杂法

该方法是在硅片表面利用激光辐照进行选择性重掺，主要包括激光磷硅玻璃（PSG）掺杂和激光化学法（laser chemical progress，LCP）。激光 PSG 掺杂工艺步骤为：制绒→扩散→PSG 为掺杂源激光掺杂→去 PSG→沉积 SiN_x 减反射膜→丝网印刷电极/烧结。该技术直接利用磷扩散工艺形成的磷硅玻璃作为激光掺杂源。激光化学法的工艺步骤为：制绒→扩散→去 PSG→沉积 SiN_x 减反射膜→丝网印刷背电极/烧结→化学导向激光掺杂→电镀前电极（Ni/Cu/Ag）。激光掺杂过程直接在含有磷源的液体中进行，通过液相诱导激光去除氮化硅并实现重掺杂。

④ 离子注入法

其工艺步骤为：制绒→离子注入形成 SE→退火激活→沉积 SiN_x 减反射膜→丝网印刷电极/烧结。该方法的关键是利用离子注入方法将高能的磷粒子注入硅体内，然后通过退火激活。

（2）钝化发射极和背面电池（PERC）

钝化发射极和背面电池（passivated emitter and rear cell，PERC）结构最早于 1989 年由新南威尔士大学 Martin Green 所领导的研究小组提出。图 7-4 是 PERC 的结构。该电池正面采用光刻工艺制备倒金字塔陷光结构，然后双面生长高质量氧化硅层。正面氧化硅层作为减反射膜，进一步改善正面的陷光效果。背面氧化硅层作为钝化膜，避免背面金属电极与硅片完全接触。随后采用光刻工艺对背面钝化层进行开孔，然后制备电极。Martin Green 等人开发的这种结构的 PERC 由于需要利用多次光刻和高温热氧化工艺，流程烦琐且成本高，最终没有走向产业化。真正推动 PERC 产业化突破的是氧化铝在太阳电池

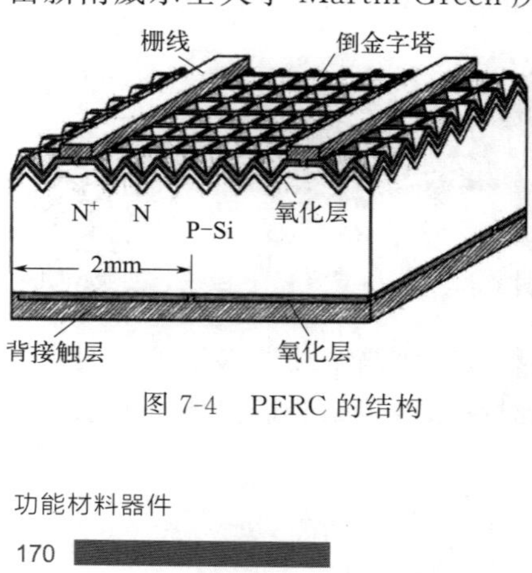

图 7-4　PERC 的结构

中作为界面钝化层的应用。制备工艺流程如图 7-5 所示。这种 PERC 只需在 Al-BSF 电池的生产基础上增加形成选择性发射极、沉积背面钝化膜和介质层开槽这三个步骤，效率即能得到大幅提升。

PERC 通过在电池背部沉积介质钝化层，解决了 Al-BSF 电池结构的先天缺陷：背面硅和 Al 直接接触导致的高复合速率、Al 背场对长波的反射能力较弱等。氧化铝钝化层对于 P 型硅表面来说是最佳的钝化材料，但单独的一层介质钝化膜不能满足背面钝化的需求，在介质钝化层表面需要沉积一定厚度的保护膜以保护背部钝化膜，使其与丝网印刷的金属铝浆隔离。采用沉积氧化铝并覆盖氮化硅结构的双层钝化膜来实现对 P 型硅表面的钝化和光学背反射的增强已经成为 PERC 的标准工艺。氧化铝薄膜可以通过溅射、常压化学气相沉积（APCVD）、PECVD 和原子层沉积（ALD）等技术制备。

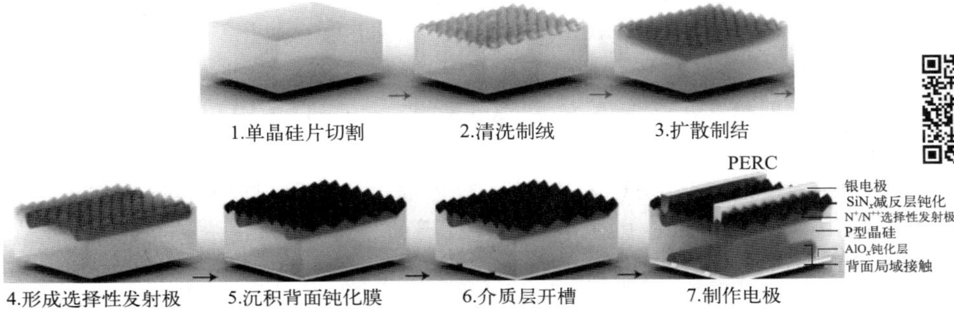

图 7-5　PERC 制备工艺流程

除了背面钝化技术的进步和发展，PERC 从实验室走向工业化的另外一个核心是背面局域金属接触技术的成熟，背面局域金属接触技术能够使金属穿透介质膜，并与基体硅形成良好的欧姆接触。实现背面局域接触的方法有光刻、腐蚀浆料开孔、激光开孔等。而激光开孔配合丝网印刷金属浆料烧结是最适合工业化的方法，采用激光开孔图形化设计对背面钝化膜进行开孔，可以实现背面不同图形的局域接触。在烧结过程中，开孔区域的铝浆与硅互溶，Al 对硅基体背面进行局域掺杂形成 LBSF（局部-Al BSF），提升了背面局域接触的场效应钝化。

（3）钝化发射极背面定域扩散（PERL）电池

为了进一步改善 PERC 性能，在电池背面增加定域掺杂，即在背面电极与衬底的接触孔处进行浓硼掺杂，制得钝化发射极背面定域扩散（passivated emitter，rear locally-diffused，PERL）电池，与上文中提到的 LBSF 类似。电池结构如图 7-6 所示。其工艺流程为：硅片→制绒（或正面倒金字塔的光刻制作）→背面局域硼扩散→栅指电极的浓磷扩散→正面的淡磷扩散→氧化铝钝化层沉积→SiN_x 减反射层→光刻背电极接触孔→光刻正面栅指电极引线孔→正面蒸发 Ti/Pd 薄栅指电极→背面蒸发 Al 电极→正面镀银加厚栅指电极→退火。

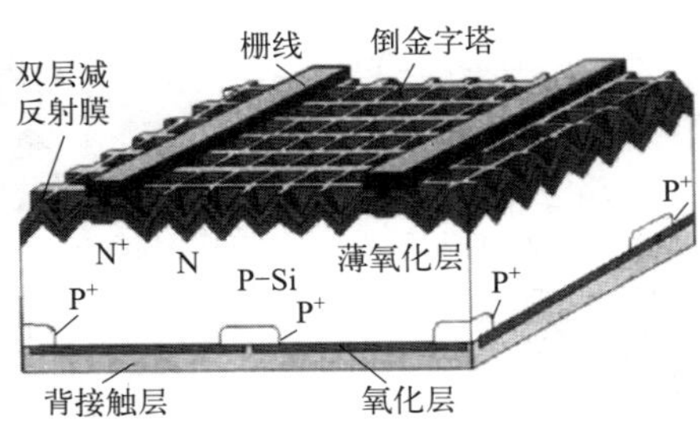

图 7-6　PERL 电池结构

（4）钝化发射极全背场扩散（PERT）电池

钝化发射极全背场扩散（passivated emitter，rear totally-diffused，PERT）电池和

PERL 电池的结构非常相似，背面电极与衬底的接触孔处实行浓硼掺杂，但是在背面的其他区域增加了淡硼掺杂。

（5）硅异质结（SHJ）电池

上文提到的晶体硅太阳电池的 PN 结都是由导电类型相反的同一种材料——晶体硅组成的，属于同质结。而异质结是由两种不同的半导体材料组成的结，如非晶硅/晶体硅异质结（silicon heterojunction，SHJ）。图 7-7 是 SHJ 电池的结构。SHJ 电池以 N 型单晶硅片为衬底，在经过清洗制绒的硅片正面依次沉积厚度为 5～10nm 的本征氢化非晶硅（i-a-Si:H）薄膜、P 型氢化非晶硅（P-a-Si：H）薄膜，从而形成 PN 异质结。随后，在硅片背面依次沉积厚度为 5～10nm 的 i-a-Si：H 薄膜和 N 型氢化非晶硅（N-a-Si：H）薄膜形成背表面场。在掺杂 a-Si：H 薄膜的两侧，再沉积透明导电氧化物（transparent conductive oxide，TCO）薄膜，最后通过丝网印刷技术在两侧的顶层形成金属电极，构成具有对称结构的 SHJ 太阳电池。在发展的初期，PN 结位于迎光面，为了进一步提升电池的效率，将 PN 结置于电池背面形成背结电池能够获得更宽的工艺窗口和更高的效率。SHJ 电池的工艺制作流程如图 7-8 所示，其工艺流程为：切割硅片→清洗→制绒→正面沉积非晶硅薄膜（包括 i-a-Si:H 和 N-a-Si:H）→背面沉积非晶硅薄膜（包括 i-a-Si：H 和 P-a-Si：H）→正反面沉积 TCO 薄膜→丝网印刷电极。SHJ 电池具有如下特点：a. 结构对称，工艺设备和步骤少；b. 低温工艺，由于采用硅基薄膜形成 PN 结，最高工艺温度就是硅薄膜形成的温度（约 200℃），从而避免了传统热扩散型晶体硅太阳电池形成 PN 结的高温工艺，节约了能源且有利于降低材料成本；c. 高开路电压，i-a-Si:H 薄膜的引入实现了对硅片表面良好的钝化效果，结合掺杂硅薄膜的场钝化效果，使得电池开路电压较高；d. 温度特性好，异质结电池由于其独有的结构，温度系数小；e. 光照稳定性好；f. 双面发电，由于 SHJ 电池的对称结构，正反面受光照后都能发电。

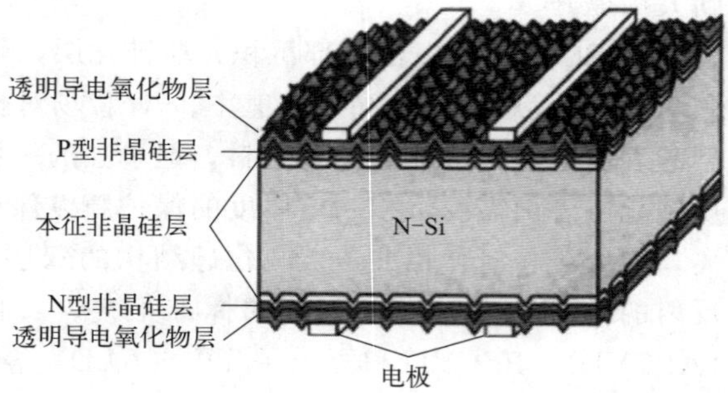

图 7-7　SHJ 电池结构

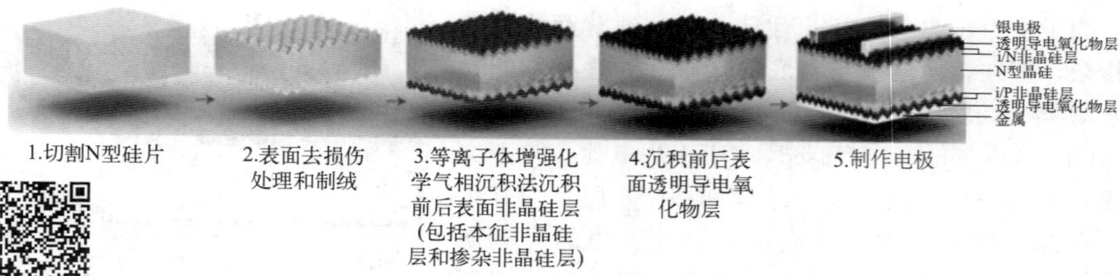

图 7-8　SHJ 电池的工艺制作流程

（6）隧穿氧化层钝化接触（TOPCon）电池

隧穿氧化层钝化接触（tunnel oxide passivated contact，TOPCon）电池结构如图 7-9 所示。在电池背面制备一层 1～2nm 的隧穿氧化层，再沉积一层掺杂多晶硅，二者共同形成了钝化接触结构，为硅片的背面提供了良好的界面钝化。该钝化结构可以使电子隧穿进入掺杂多晶硅层，同时阻挡空穴，降低了金属接触复合电流，而进入掺杂多晶硅层的电子进行纵向传输，并被背面全接触金属收集，因而该结构具有载流子选择性。其工艺流程大致如下：切割N型硅片→表面去损伤和制绒→硼扩散形成正表面PN结→HF/HNO_3溶液背表面单面刻蚀去背结和背表面酸抛光→背面隧穿SiO_x和低压化学气相沉积（LPCVD）多晶硅层→背表面单面磷热扩散→HF溶液去除正面硼硅玻璃（BSG）和背面PSG层→Al_2O_3/SiN_x（正面）和SiN_x（背面）→丝网印刷正背面金属浆料和高温金属化烧结。

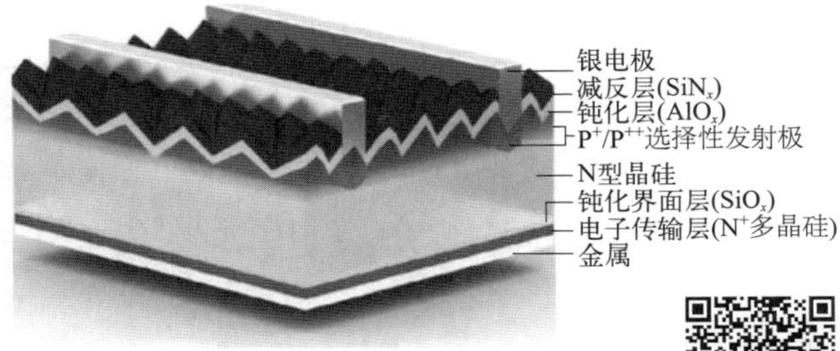

图7-9　TOPCon电池结构

7.1.1.2　背接触结构太阳电池

常规晶体硅太阳电池的发射区和发射区电极都位于电池的正面，尽管电池正面的栅线电极遮挡面积仅为电池面积的7%左右，但这部分栅线依然阻挡了电池对阳光的吸收。如果把正面电极转移到背面，使发射区电极和基区电极均位于电池背面，即背接触结构电池，则可以降低甚至消除正面栅线电极的遮光损失，提高电池的效率。

（1）金属环绕贯穿（MWT）电池

金属环绕贯穿（metal wrap through，MWT）电池是把正面主栅线电极转移到背面的一种背接触电池，结构如图7-10所示。基本工艺流程为：清洗→激光打孔→制绒→发射极扩散→去PSG→沉积SiN_x减反射膜→丝网印刷背面主栅和通孔→丝网印刷正面细栅→印刷背场→烧结→激光隔绝。MWT电池将正面主栅线移到了背面，仅保留了正面的细栅，遮光面积减小，接受光照的面积增大，有效增加了电池的短路电流。

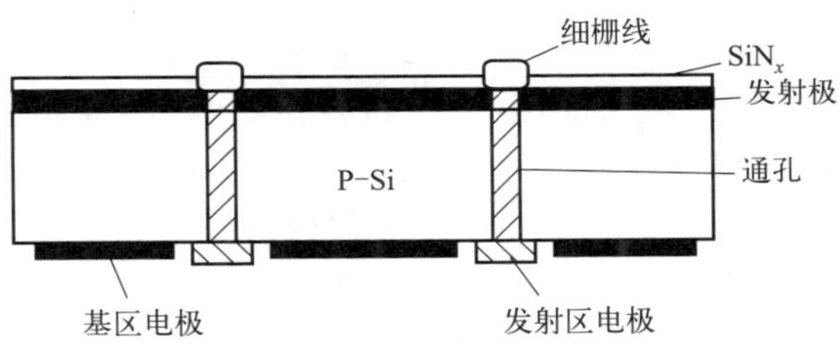

图7-10　MWT电池结构

（2）叉指式背接触（IBC）电池

叉指式背接触（interdigitated back contact，IBC）属于背结背接触。其电池结构如图7-11所示。工艺流程大致如下：清洗→制绒→扩散N^+→丝印刻蚀光阻→刻蚀P扩散区→扩散P^+→减反射镀膜→热氧化→丝印电极→烧结→激光烧结。IBC电池由于正面无栅线遮挡，能够吸收更多的入射光子，可以有效增加电池的短路电流密度。并且由于IBC电池正面无栅线，不必考虑正面的接触电阻问题，可以最大程度优化前表面的陷光和表面钝化性能。将正负电极都放在电池背面，不用考虑金属栅线对电池的遮挡问题，可以将栅线宽度加宽，降低金属接触的串联电阻。

7.1.2　无机薄膜太阳电池

无机薄膜太阳电池以无机化合物为主要原料，通过P型半导体以及N型半导体的组装

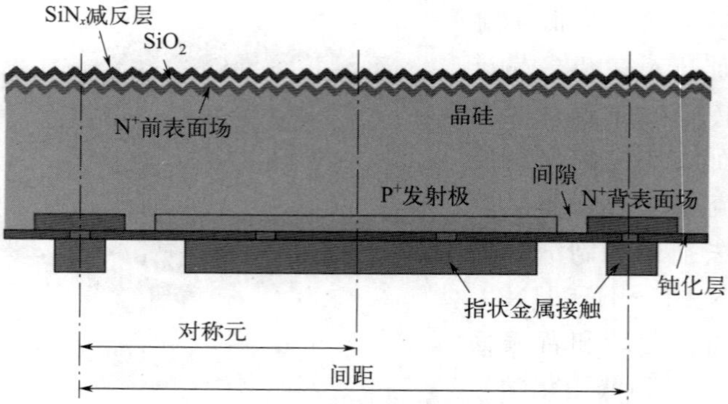

图 7-11 IBC 电池结构

来制备 PN 结。按照吸收层所使用的化合物材料可以分为：砷化镓、碲化镉、铜铟镓硒（CIGS）和铜锌锡硫硒薄膜太阳电池。无机薄膜吸收层材料具有以下特点：a. 属于直接带隙半导体材料，厚度在 1～10μm；b. 具有较宽的光吸收范围；c. 器件光电转换效率高，其中 GaAs、CIGS 和 CdTe 已经实现了不同程度的工业化；d. 制备成本低，易于实现大面积的工业化生产，并且由于器件本身的可轻质化、可柔性化，使其具有更广泛的应用场景。相比于其他电池，无机薄膜太阳电池的稳定性更好，器件的光衰减性极弱。以下将对几种无机薄膜太阳电池进行简要介绍。

（1）砷化镓薄膜太阳电池

砷化镓薄膜太阳电池是一种耐高温和机械强度较高的太阳电池，其带隙为 1.42eV，接近于最佳带隙。并且 GaAs 薄膜太阳电池保持了无机薄膜太阳电池的最高光电转化效率，可达 29.1%。此外，有实验数据表明，砷化镓电池在 250℃的高温下依旧可以正常工作，而硅电池在接近 200℃就几乎无法实现光电转换。由于 GaAs 太阳电池优异的耐高温性以及抗辐射性质，目前主要使用的领域为航天和军事。但是，GaAs 无法实现大规模的使用，一方面是因为其本身制备成本极高；另一方面是由于砷元素具有严重的生物毒性，必须有严格的器件封装以及回收程序来保障安全。

（2）碲化镉薄膜太阳电池

碲化镉太阳电池结构简单，带隙约为 1.45eV。目前其最高光电转化效率已经达到 22.1%，并且大面积组件效率达到 19.0%。与晶体硅和砷化镓太阳电池不同，碲化镉太阳电池对晶格缺陷的容忍度较高，可通过一些低成本工艺制备，如：磁控溅射、化学气相沉积、电化学沉积等。并且，CdTe 材料的本征缺陷形成能高，导致缺陷很难形成，所以载流子寿命较长，约 30ns。但是，由于 CdTe 中 Te 元素的稀缺性以及 Cd 和 Te 元素生物毒性问题，限制了 CdTe 进一步发展的潜力。

（3）铜铟镓硒薄膜太阳电池

铜铟镓硒电池具有低成本和高稳定性的优势，最高光电转化效率可达 23.35%，接近晶体硅电池，但是成本却远低于硅电池，因此成为越来越受欢迎的吸收层材料。CIGS 由 CIS（铜铟硒）发展而来，采用 Ga 原子部分替代 In 原子，使带隙增大，且在 1.02～1.68eV 可调。相对于 CdTe 来说，虽然 CIGS 解决了一部分元素毒性的问题，但是 CIGS 仍然面临着原材料 In 稀缺导致的发展问题。

(4) 铜锌锡硫硒薄膜太阳电池

铜锌锡硫硒（CZTSSe）太阳电池由 CIGS 发展而来，利用储量更丰富的 Zn 和 Sn 代替 In，同时解决了以上太阳能电池面临的元素储量、生物毒性以及成本问题。作为一种新兴的光伏技术，器件效率已经达到 13%。CZTSSe 材料的带隙约为 1.0～1.5eV，晶体结构与 CIGS 相似。但是，由于其多元性且相稳定区间窄，材料内部的缺陷性质复杂，导致严重的界面载流子复合，这增大了 CZTSSe 的开路电压亏损。

7.1.2.1 无机薄膜太阳电池工作原理

当 P 型半导体与 N 型半导体直接接触时，就会在接触的界面处形成 PN 结。所以当不同导电类型的半导体材料相互接触时，P 型中的多数载流子空穴就会向 N 型方向扩散，而 N 型中的多数载流子电子就会向 P 型方向扩散。最终，在界面处形成一个由 N 区指向 P 区的电场。在电场力的作用下，P 区接触界面处积累的扩散电子又会向 N 区做漂移运动，同样 N 区界面处积累的空穴又会向 P 区运动。最终，在半导体接触界面处载流子的运动达到平衡时，就会形成一个内建电场。因此，当有光线照射到薄膜表面时，PN 结受到光子激发，产生电子-空穴对。然后，电子和空穴在内建电场的驱使下定向移动，形成光生电流。光生电流使 PN 结两端积累大量的正负电荷促使光生电压的形成。见图 7-12。

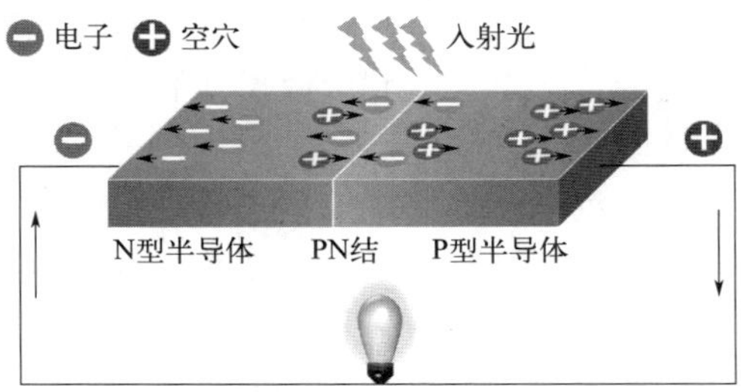

图 7-12　无机薄膜太阳电池工作原理示意

7.1.2.2 无机薄膜太阳电池器件结构及设计要求

无机薄膜太阳电池的结构大体可以分为以下几个部分：基底、Mo 背电极、吸收层、CdS 缓冲层、ZnO/ITO 窗口层和 Ag 顶电极。

基底：薄膜太阳电池基底一般采用钠钙玻璃（SLG）。这是由于钠钙玻璃原料易得而且便宜，耐高温。玻璃内部含有的钠元素能扩散到吸收层，有利于改善吸收层薄膜晶体质量，进而提升电池性能。

Mo 背电极：Mo 和 SLG 具有良好的热膨胀系数匹配度，能够保证在高温热退火过程中保持良好的接触。Mo 是当前无机薄膜太阳电池的理想背电极材料，具有两个方面的优点：一是良好的导电性，是一种优异的空穴收集材料；另一个是，高温退火过程中 Mo 与硫或硒形成一层薄的 $MoS(Se)_2$ 层，有利于改善 Mo 与吸收层之间的接触。

吸收层：无机薄膜吸收层具有吸光系数高、稳定性好、带隙可调、元素储量丰富的特点，这使它成为新一代太阳电池关注的重点。吸收层是整个电池结构中最为核心的一层，是组成电池 PN 结中的 P 型层，同时它也是空间电荷区与非平衡载流子产生的主要区域。因此，吸收层是整个电池中最重要的组成部分，是将太阳能转化为电能的最关键因素。其制备方法主要包括分子前驱体溶液法、磁控溅射法和电沉积法。

① 分子前驱体溶液法

相比于其他制备吸收层的方法，该方法具有工艺简单、成本可控、成本低廉和化学组分可精准调控等优点。主要采用溶剂溶解金属单质/金属盐最终生成吸收层前驱体溶液。在惰性气体环境中将前驱体溶液旋涂于 SLG/Mo 衬底上并进行高温预退火除去有机溶剂即可得到对应的吸收层前驱体薄膜。最后再经过高温退火处理得到吸收层薄膜。见图 7-13。

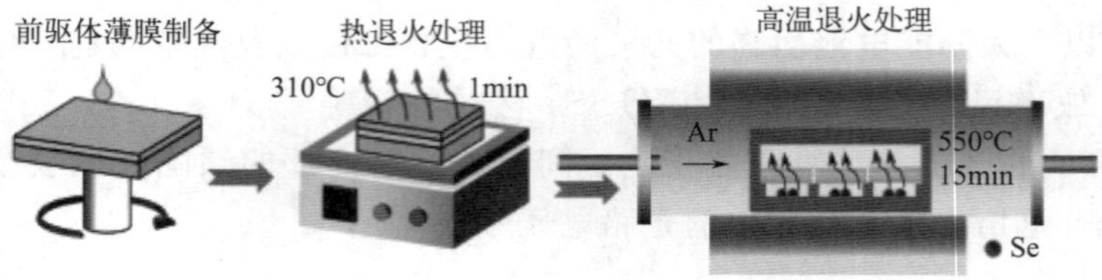

图 7-13 无机薄膜太阳电池吸收层制备流程

② 磁控溅射法

磁控溅射法是一种物理气相沉积镀膜的方法，沉积的薄膜具有高均匀性和良好的重复性，适用于各类金属单质、非金属化合物等。溅射过程的本质是高速气体阳离子经过多次碰撞进行能量交换，使得靶材内元素逃离靶并在基底上沉积［如图 7-14（a）］。溅射好的薄膜经过合金化退火得到吸收层薄膜。

③ 电沉积法

电沉积一般在常温下进行，不需要惰性气体环境、工艺简单、成本低，但是元素的化学比例难以控制且需要靠后期热处理。电化学沉积技术采用三电极体系：工作电极、铂电极和 AgCl 参比电极。在一定浓度配比的电解质溶液中，金属阳离子发生氧化还原反应在阴极变成金属单质，形成金属层前驱体［如图 7-14（b）］。最后退火处理得到理想的吸收层材料。

CdS 缓冲层：CdS 缓冲层在无机薄膜太阳电池中起到了调节吸收层与 ZnO 之间的晶格失配和能带带阶的作用，其带隙为 2.4eV。通常高效的无机薄膜太阳电池中 CdS 厚度约为 50nm，主要通过化学水浴沉积方法制备平整致密的 CdS 层，通常选用的镉源和硫源分别为硫酸镉与硫脲。在碱性、恒温条件下借助于搅拌的作用，促使 Cd^{2+} 和 S^{2-} 以间接离子的方式均匀沉积在吸收层表面［如图 7-14（c）］。

窗口层：电池的窗口层包括两层，分别是高阻 i-ZnO（50nm）层和低阻的 ITO（200nm）层。i-ZnO 属于六方纤锌矿结构，属于直接带隙（3.37eV）的 N 型半导体材料，与同晶型的 CdS 具有较好的晶格匹配。高阻的 i-ZnO 的存在有利于减少电池短路，低阻的 ITO 同时满足优良的导电性和高透过性。

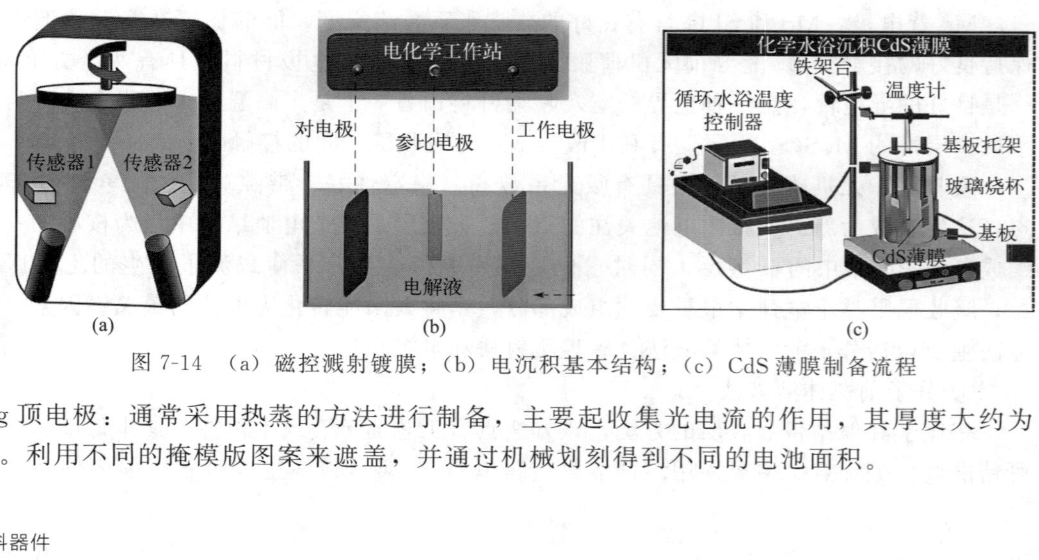

图 7-14 （a）磁控溅射镀膜；（b）电沉积基本结构；（c）CdS 薄膜制备流程

Ag 顶电极：通常采用热蒸的方法进行制备，主要起收集光电流的作用，其厚度大约为 100nm。利用不同的掩模版图案来遮盖，并通过机械划刻得到不同的电池面积。

7.1.2.3 无机薄膜太阳电池器件综合性能测试

无机薄膜太阳电池效率取决于器件的开路电压（V_{oc}）、短路电流密度（J_{sc}）和填充因子（FF），主要依靠器件的电流-电压（J-V）曲线来判断。通过外部量子效率来判断电池的光谱响应。影响无机薄膜太阳电池效率的主要问题在于以下两个方面。

a. 高质量吸收层的制备问题：吸收层薄膜在高温退火处理过程中，会受压力、温度以及气氛的影响在薄膜体相中容易形成一些杂相，这些杂相可通过 X 射线衍射（XRD）和拉曼（Raman）测试来分析；为了获得结晶性良好、晶粒尺寸大且致密的吸收层薄膜，需要通过扫描电子显微镜（SEM）进行分析。

b. 器件性能评价：异质结界面能带匹配问题可通过紫外-可见吸收光谱、紫外光电子能谱（UPS）和 PL 光谱来分析材料的带隙和准费米能级位置，进行综合性分析；电池的电学表征可以通过 C-V 测试来分析器件载流子浓度的变化；另外，吸收层中缺陷浓度可以通过微分线性电容谱（DLCP）、深能级瞬态谱（DLTS）来表征。

7.1.3 有机光伏电池

有机光伏（organic photovoltaic，OPV）电池是以有机材料作为吸光材料的固态光伏器件。其工作原理与无机光伏电池十分相似：电池吸收光能并产生自由移动的正负电荷，正负电荷分离开并分别从电池的正负电极导出，从而将光能转化成电势能。但有机材料的一些特点使得 OPV 的性能和制备方法等与无机光伏电池有很大不同。

a. 有机材料的主吸光曲线一般为一个半峰全宽（full width at half maximum，FWHM）50nm 左右的峰，这个吸收峰可以通过材料成分等的改变进行调节，且有机材料吸光能力强，一般 100nm 厚度的吸光层就可以将吸收峰范围内绝大部分的光吸收。这使得 OPV 可以做成非常薄的柔性膜，成本非常低。

b. 有机材料的介电常数一般较低，在 2～3，相比于无机光伏电池中占绝对优势的自由载流子，有机半导体材料中正负电荷之间强的吸引作用把绝大部分正负电荷束缚在一起，成为所谓的 Frenkel 激子（Frenkel exciton）。只有在激子能量转化为热量之前，将其激子分解成自由正负电荷，并分别从正负极导出，才能形成有效能量输出。

c. 有机材料的载流子传输距离一般只有几纳米至几十纳米，这使得 OPV 的有机层厚度一般非常小，这增加了材料设计和制备工艺的难度。

d. 光伏电池工作过程伴随着电子的得失，也就是氧化还原，这使得光伏电池（也是一切光电器件）对氧化非常敏感。与无机材料不同，有机材料的共价键被破坏是不可逆的；且有机材料分子间空隙非常大，环境中的水和氧气等极易进入，造成材料的劣化，因此 OPV 对水氧阻隔封装的要求非常高。

e. 有机分子的多晶薄膜或无定形薄膜在一百多摄氏度甚至更低温度下，会发生结晶或玻璃态的改变，造成薄膜内及表面的界面分离，引发载流子传输困难、局部电荷积累、氧化等问题。这对 OPV 的材料设计和使用场景选择造成一些限制。

7.1.3.1 OPV 的结构和工作原理

最早的 OPV 为 Al/蒽/Ag 结构，电压来源于铝和银电极的表面功函数差，电流来自蒽与电极接触面十几纳米范围的光激发激子，效率极低。1986 年，邓青云在无机光伏电池 PN

结的启发下，把电子给体（P 型）和受体（N 型）的概念引入有机半导体，发明了酞菁铜（P 型给体）/苝四羧酸衍生物（N 型受体）平面异质结结构的 OPV，能量转化效率接近 1%。1995 年，Alan J. Heeger 等人将给体和受体材料混合在同一溶液中制备成膜，形成两种材料的互相穿插的结构，被称为本体异质结。这一结构极大增加了激子运动到给受体界面的概率，提高器件的输出电流。材料方面，1992 年，C_{60} 作为电子受体被引入 OPV。此后，此类碳分子材料及其衍生物使 OPV 的性能得到大幅提高，效率一般为 5%左右，最高可超过 10%。2015 年，占肖卫团队报道了 A-D-A（A 代表受体，D 代表给体）结构的分子内给受体近红外光吸收材料 ITIC（一种非富勒烯受体）作为受体的 OPV，效率达到 11%。此后几年，邹应萍等基于此材料开发出 BZIC、Y6 等材料，使 OPV 的效率接近 20%。

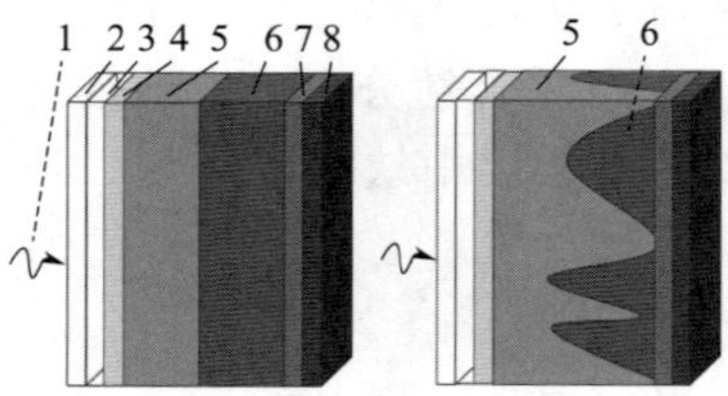

(a) 平面异质结OPV　(b) 体异质结OPV

图 7-15　平面异质结和体异质结 OPV 的结构

1—光辐射；2—透明基板；3—透明阳极；4—空穴传输层；5—电子给体层；6—电子受体层；7—电子传输层；8—金属阴极

平面异质结和体异质结 OPV 的结构如图 7-15 所示，其中体异质结的相分离形态是一种比较理想的手指状形貌。实际中给受体之间一般是互相穿插纠缠的，这种形貌中自由载流子在向正负极定向运动过程中容易遇到给受体界面，并增加了输运距离。

图 7-16 为平面异质结 OPV 电池的工作原理示意，其中水平方向为器件厚度方向，竖直向下方向为电子能级降低（空穴能级升高）方向。

OPV 的核心结构是有机电子给体（donor）材料和电子受体（acceptor）材料组成的吸光层（也叫光活性层），它们因其束缚电子能力的差异分别具有放出电子和吸收电子的性质，OPV 正是利用它们的这种性质差异在其接触界面进行电子和空穴分离的。如毛发与塑料摩擦会失去电子带正电荷，塑料获得电子，二者可分别看作给体和受体。OPV 工作过程可分为 4 个主要部分。

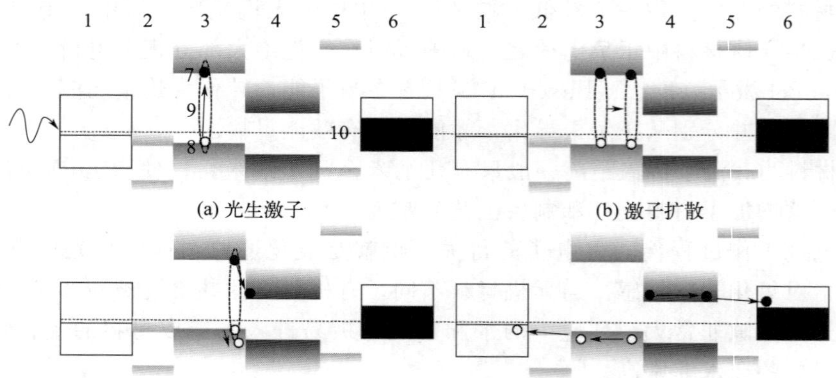

(a) 光生激子　(b) 激子扩散

(c) 激子解离　(d) 载流子收集

图 7-16　平面异质结有机光伏电池工作原理示意

1—透明阳极；2—空穴传输层；3—电子给体层；4—电子受体层；5—电子传输层；6—金属阴极；7—电子；8—空穴；9—激子；10—费米能级

a. 光辐射从透明电极一侧入射进电子给体层或电子受体层，给体或受体材料中的最高占据轨道（HOMO）能级电子被激发后释放多余能量，最终进入最低未占据轨道（LUMO）能级。分子材料中的 LUMO 能级和 HOMO 能级相当于无机材料中的导带底和价带顶能级。

在有机材料中，激发态电子和空穴几乎都被库仑作用束缚在一起，成为Frenkel激子，激子束缚能一般为0.3～1eV，不同功函数阴极和阳极间电势差形成的内建电场通常不足以将其分解。无法被宽带隙给体吸收的低能光子进入窄带隙受体层后，可被进一步吸收并产生激子。

b.激子整体是电荷中性的，在内建电场中随机运动，从高浓度区域向低浓度区域扩散。激子扩散距离遵循随机运动粒子的爱因斯坦公式，一般为5～20nm。为了在激子猝灭之前将其分解为自由载流子，活性层厚度必须与激子扩散距离相匹配。

c.当激子运动到给/受体异质结界面时，给体中的LUMO能级电子会进入受体LUMO能级，降低的电势能转化成动能，使电子和空穴克服电荷引力解离开，成为自由载流子。同理，受体中激子的空穴进入给体也可实现激子解离。

d.激子解离生成的自由载流子在内建电场作用下，从分解界面定向迁移并分别被电极收集。一般半导体给体或受体材料与电极的接触界面会产生能带弯曲，形成整流接触，阻碍电荷注入电极，因此在给体与阳极之间，受体与阴极之间分别插入空穴传输层和电子传输层，把金属/半导体接触变成欧姆接触，增加载流子收集效率，同时阻挡激子，防止其在金属/半导体界面猝灭。电子和空穴的能量在其运动过程中一般只能逐渐减少，显示在能级图中就是电子一般只能水平或向下运动，空穴只能水平或向上运动，电子和空穴一般是通过量子隧穿效应穿过电子和空穴传输层的，因此这两层一般要很薄，厚度通常只有几纳米。

相比于自由载流子，激子作为束缚在一起的电子和空穴对，显然更容易湮灭，激子运动方向又是随机的，进一步缩短其迁移距离，这使得激子分解效率是制约有机光伏电池效率的最主要因素之一。在平面异质结器件中，吸光层必须很薄才能有效分解激子，但这一般会导致吸光层无法充分吸收光。为解决这一矛盾，体异质结（bulk heterojunction）结构被发明出来，如图7-15（b）所示。给体和受体材料混合在一起互相穿插，共同形成吸光层，激子运动到给受体界面并解离的概率大大增加。

有机光伏器件对有机半导体材料的要求主要有两个：能级和载流子迁移率。从前面的原理介绍可知，能级决定了材料能否吸收合适能量的辐射，不同功能材料的能级排列决定了激发态载流子能否被电极有效收集，形成输出电流。载流子迁移率决定了载流子的传输距离，只有足够长的传输距离才能保证其在被电极收集前没有湮灭。有机光伏器件中典型的给体材料有P3HT、CuPc、PTB7、DTDCPB等；典型的受体材料有C_{60}、$PC_{61}BM$（一种富勒烯衍生物）、C_{70}、ITIC、BZIC、Y6等；常用的空穴传输材料有NPB、TPD［N,N'-二苯基-N,N'-双(3-甲基苯基)-1,1'-联苯-4,4'-二胺］、MoO_3等；常用的电子传输材料有Bphen(4,7-二苯基-1,10-邻二氮杂菲)、C_{60}等；常用的阳极材料有ITO、PEDOT：PSS等；常用的阴极材料有Al、Ag等。有机半导体分子最显著的特点是其中交替排列的单双键结构，被称为共轭结构，在OPV材料中常见的苯环结构和噻吩结构等都属于共轭结构，如图7-17所示。共轭结构中的成键电子因为交换对称性而具有离域性，由此导致其能级和导电性的变化。一般共轭结构尺度越大，电导率越高，带隙越小，吸收光谱红移。

7.1.3.2 OPV制作方法及材料性能要求

由于有机材料薄膜必须非常薄，因此其制备工艺要求非常洁净，薄膜必须非常均匀致密，这对制备工艺提出很高的要求。一般实验室制备使用的是真空热蒸镀（小分子和金属电极）和溶液旋涂（聚合物和小分子）的方法，也有研究者在开发低成本溶液成膜技术，如喷墨打印、丝网印刷、涂布等。

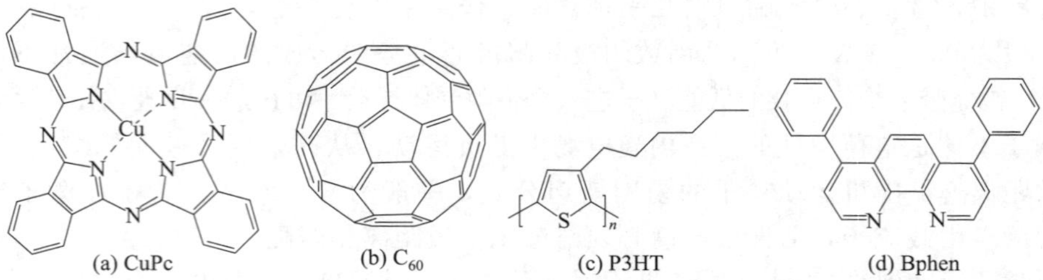

图 7-17 部分有机半导体材料结构示意图

按照活性层成分的区别，OPV 通常被分为小分子 OPV 和聚合物 OPV 两大类，因为二者在分子设计、材料合成、器件制备和优化等很多方面具有很大差异。小分子薄膜制备大多采用真空热蒸镀法，聚合物薄膜一般用溶液法沉积。

蒸镀法制备 OPV 器件的一般流程如图 7-18 所示。以一个典型 OPV 器件为例，器件的制备起始于商业购买的图案化玻璃基或 PET 基氧化铟锡（ITO）高透光导电薄膜。先用洗洁精对其进行初步清洁，冲洗后再用丙酮、去离子水和乙醇分别超声清洁 15min 以上，取出风干后用紫外臭氧处理表面以去除吸附在 ITO 表面的有机物，并提高其功函数。将衬底转移至真空蒸镀机的靶座上，并用掩模版遮挡。用机械泵/分子泵把蒸镀腔体的真空度抽到 10^{-5} Pa 左右，并在以后的蒸镀过程中一直保持足够的真空度。通过调节施加在钨舟电阻上的电压改变其温度，当不同蒸镀源的温度达到各自的真空升华点后，材料会在真空中以直线运动的方式沉积在靶上。依次在靶上沉积 5nm MoO_x、10nm CuPc、40nm C_{60}、2nm Bphen 和 150nm Al，这就制备出一个平面异质结的 OPV 器件。其中 MoO_x 和 Al 电极的沉积速率分别为 2 Å/s 和 6 Å/s，有机层的沉积速率在 0.1 Å/s 和 2 Å/s 之间变化，所有薄膜沉积或共沉积厚度均由石英晶振膜厚监测系统监控。对于掺杂的功能层，各组分的比例通过独立改变两种组分的沉积速率来控制。器件有效面积由 ITO 和 Al 电极的重叠面积确定。

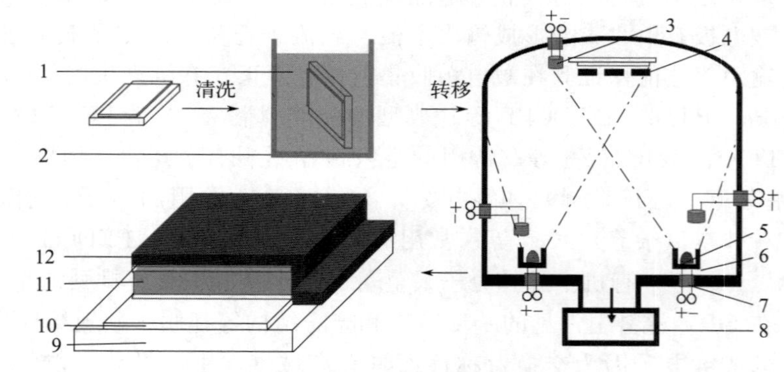

图 7-18 蒸镀法制备 OPV 器件一般流程

1—清洗剂；2—超声清洗机；3—石英晶振片；4—掩模版；5—蒸镀源；6—钨舟；7—密封绝缘体；8—真空泵；9—玻璃基板；10—ITO 阳极；11—有机层；12—金属阴极

聚合物材料一般用溶液工艺进行薄膜沉积，主要有旋涂法、丝网印刷、刮涂、卷对卷印刷等，其中旋涂法工艺成熟，控制容易，应用最广泛。图 7-19 给出了旋涂法薄膜沉积的原理示意。把衬底固定在旋涂机的托盘上并高速旋转，转速一般为 500～6000r/min。把小分子或聚合物单独或共同溶解于有机溶剂，依次滴加在高速旋转的靶上，就得到厚度均匀的薄膜。通过控制有机材料溶剂浓度、溶剂成分和旋转速度，可以精确控制薄膜厚度。需要注意的是，器件制备过程要在超净环境下进行，因为器件活性层厚度一般有几十纳米，平常环境中大量存在的灰尘会对器件造成严重的损害。后滴加溶液所用的溶剂一般要不能溶解前一层的溶质，防止旋涂后层时破坏前一层薄膜。

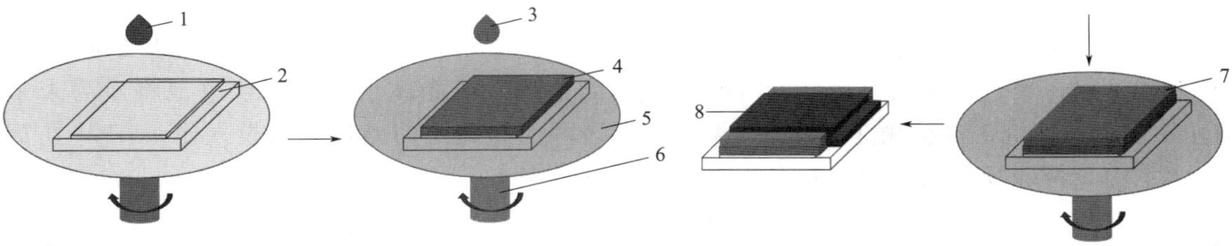

图 7-19　旋涂法薄膜沉积的原理示意

1—给体材料溶液；2—玻璃/ITO/PEDOT：PSS；3—受体材料溶液；4—给体薄膜；5—托盘；6—转轴；7—受体薄膜；8—金属阴极

7.1.3.3　OPV 器件设计和性能评价

OPV 最重要的性能指标是其能量转化效率，此外，开路电压、短路电流和寿命等参数也很重要。相比于无机光伏电池，OPV 的稳定性和寿命较差，是需要格外重视的。

选择 OPV 材料时，能级和载流子迁移率是最主要的参考点。

对材料能级的要求叫能级排列，这是 OPV 材料选择的基本原则之一。给体材料的 LUMO 能级和 HOMO 能级要分别高于受体的 LUMO 能级和 HOMO 能级，使得给体中的电子能注入受体，同时受体中的空穴能注入给体。给受体相应能级的差值既要足够大，超过材料中的激子束缚能，保证激子分解效率，又不能太大，导致电势损失过大，一般以 0.2～0.3 eV 为宜。给/受体材料的吸收光谱应该尽可能覆盖太阳光谱，以提高输出电流。但要注意平衡，材料带隙降低会增大短路电流但降低开路电压，带隙增大会提高开路电压同时减少光子吸收，降低短路电流。

有机半导体的载流子迁移率一般在 $10^{-4}cm^2/(V \cdot s)$ 量级，而无机半导体则一般在 $10^3cm^2/(V \cdot s)$ 量级。因此有机半导体中的载流子和激子的迁移距离比无机半导体小得多，一般都在 100nm 以内，这就是 OPV 必须采用透明电极的原因，也是目前其效率远低于无机光伏电池的原因之一。寻找高载流子迁移率有机半导体对提高 OPV 性能具有非常重要的作用。使用载流子和激子传输能力更好的材料，结晶性或成膜性更好的材料，都能增加器件效率。由于跃迁禁阻效应，三重态载流子和激子寿命一般高于单重态，所以通过使用三重态有机半导体材料也能增加器件的激子解离效率和载流子传输距离，进而提高其性能。

要提高器件的性能就要针对其工作机理的每一个过程进行改进。寻找性能更优的材料或材料组合，优化各功能层的厚度、成分比例、形貌状态和缺陷是最根本的。此外，提高 OPV 性能的方法还有制备叠层器件以获得更宽的吸收光谱，在器件进光窗口引入增透膜，在吸光层中添加半导体纳米材料或金属纳米颗粒，对一些功能层进行特殊处理以改变其表面性质，通过合金化或表面处理改变电极功函数等。

目前 OPV 的能量转化率已经接近 20%，在室内光照下效率约为 30%。随着新材料的开发，还会进一步提高。超材料（metamaterial）、纳米天线（nanoantenna）和表面等离激元（surface plasmon）等技术有望进一步提升 OPV 性能。一般估计，有机光伏电池的效率达到

15%，寿命达到20年，其发电成本约为0.5元/(kW·h)，相比之下，火力发电成本小于0.1元/(kW·h)。商业化的柔性OPV，效率只有约5%，寿命只有几年。据估计，2024年全球OLED显示面板的产值约为440亿美元，相比之下，同年全世界OPV产值只有约0.8亿美元，这一方面证明有机光电器件具巨大潜力，另一方面说明目前OPV相对于其他能源方式存在差距。

有机分子之间松散且随机的堆积使得载流子在非晶态小分子半导体中的传播非常困难，针对这一点，聚合物太阳电池（也叫塑料太阳能电池）或晶体小分子光伏电池将成为未来OPV的重要研究方向。由于OPV的柔性、光谱可调和高预期能量产出投入比，OPV在穿戴、室内等特殊场景的应用具有很大前景。

7.1.4 染料敏化太阳电池

7.1.4.1 DSSC的结构

染料敏化太阳电池（dye-sensitized solar cell，DSSC）的结构如图7-20所示。典型的染料敏化太阳电池由光阳极、染料、电解液和对电极四部分组成。也有文献将DSSC定义为三明治电池结构，分别为染料敏化的光阳极、对电极和夹在两者之间的电解液。光阳极通常由负载TiO_2的FTO导电玻璃组成，光敏染料吸附在介孔TiO_2表面；对电极由催化剂薄膜和氟掺杂二氧化锡（FTO）导电玻璃衬底组成；电解液是含有氧化-还原电对的有机溶液。

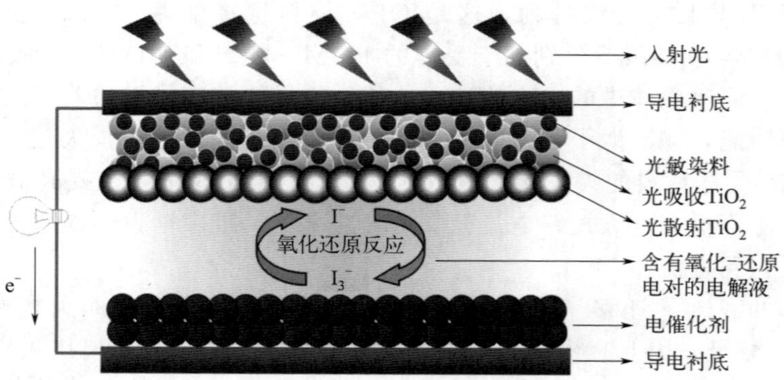

图7-20　DSSC的结构

7.1.4.2 DSSC的工作原理

DSSC的工作原理如图7-21所示。在太阳光的照射下，TiO_2光阳极表面吸附的染料分子受激发，由基态跃迁到激发态，激发态的染料分子将光生电子注入TiO_2导带中，电子在TiO_2纳米晶网络中传输，在导电层被收集，经由外电路输送到对电极，产生电流。氧化态的染料分子被电解液中的I^-还原成基态而再生，I^-自身被氧化而生成I_3^-；电解液中的I_3^-在对电极上得到电子而被还原成I^-，从而构成一个完整的氧化-还原闭合循环过程。显然，太阳光提供的能量$h\nu$是DSSC工作的驱动力。

在光电流产生过程中，光生电子传输通常会经历以下七个过程。

过程①：吸附在TiO_2表面的染料分子在入射光的照射下由基态（S）跃迁到激发态（S^*）。

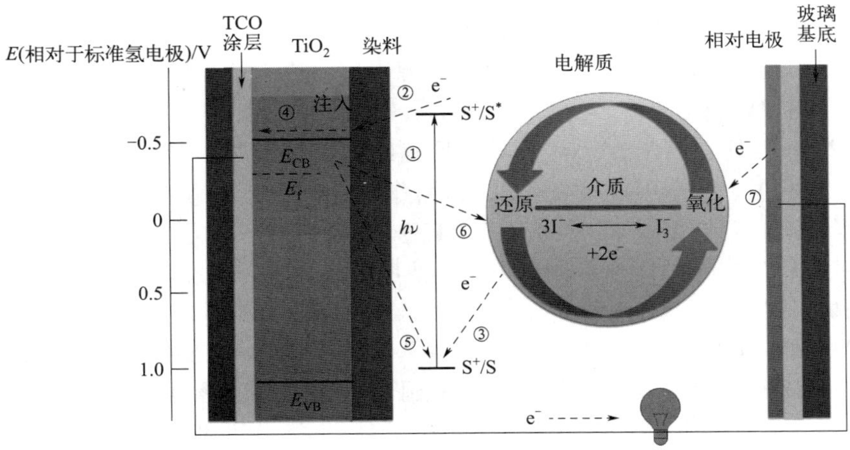

图 7-21　DSSC 的工作原理

$$S+h\nu \longrightarrow S^*$$

过程②：激发态的染料分子（S^*）将电子注入 TiO_2 导带。

$$S^* \longrightarrow S^+ + e^-_{(CB)} \tag{7-2}$$

过程③：氧化态的染料分子 S^+ 被电解液中的 I^- 还原而再生。

$$2S^+ + 3I^- \longrightarrow 2S + I_3^- \tag{7-3}$$

过程④：注入导带的电子在 TiO_2 纳米晶中传输至背接触（BC）面，而后流入外电路。

$$e^-_{(CB)} \longrightarrow e^-_{(BC)} \tag{7-4}$$

过程⑤：导带电子与氧化态染料分子复合。

$$S^+ + e^-_{(CB)} \longrightarrow S \tag{7-5}$$

过程⑥：导带电子与电解质中的 I_3^- 复合。

$$I_3^- + 2e^-_{(CB)} \longrightarrow 3I^- \tag{7-6}$$

过程⑦：I_3^- 扩散到对电极 CE 上得到电子被还原成 I^-。

$$I_3^- + 2e^-_{(CE)} \longrightarrow 3I^- \tag{7-7}$$

DSSC 内部电势的损耗主要来自电解液中染料分子的再生过程以及半导体中导带电子的复合。显然，抑制或阻碍界面电子与染料分子及界面电子与电解液的复合，是提高 DSSC 性能的有效策略。

7.1.4.3　DSSC 的组装

DSSC 光阳极、染料、电解液、对电极的制备和组装技术是影响器件能量转换效率的关键。

（1）光阳极

理想的光阳极应具备以下特征：a. 材料来源丰富、成本低和安全可靠；b. 呈现多孔状，具有高的比表面积以吸附足够多的染料分子；c. 材料的结晶性好，电子迁移率高；d. 能级电位与染料和电解质具有匹配性。其中，以具有纳米尺寸、宽禁带半导体氧化物居多，如 TiO_2、ZnO、SnO_2、Nb_2O_5 等。TiO_2 纳米晶作为 DSSC 最常用的光阳极材料，在电池效率和稳定性等方面都具有非常优异的表现。TiO_2 纳米晶的制备方法主要分为物理法和化学法。目前使用最多的 TiO_2 纳米晶制备方法是溶胶凝胶加水热处理，商业化的纳米晶 P25 是优选的光阳极材料。

丝网印刷制备 TiO_2 光阳极方法如下：在室温条件下，将 125mL 钛酸酯类化合物加入 750mL、0.1mol/L 硝酸溶液中进行水解，得到白色悬浊液。将悬浊液机械搅拌并加热到 80℃，随后持续强力搅拌 8h，得到透明的 TiO_2 溶胶。将得到的溶胶转移到高压反应釜内，200～250℃水热处理 12h 后便得到 TiO_2 纳米晶，温度的变化会改变 TiO_2 的粒径。将得到的 TiO_2 纳米晶离心分离出来后加入增稠剂、造孔剂等制备成具有一定黏度的浆料。接着使用丝网印刷技术将 TiO_2 浆料涂覆在导电玻璃上并转移到马弗炉中，在空气气氛、500℃的条件下烧结 1h，以除去 TiO_2 薄膜中残留的有机物并增加颗粒间的连接性。随后将 40mmol/L $TiCl_4$ 水溶液在 70℃下处理 30min，得到的 TiO_2 薄膜依次使用去离子水和乙醇清洗后再烘干。丝网印刷制备的 TiO_2 光阳极的实物如图 7-22（a）所示。另外，也可以直接购买采用丝网印刷制备的商业化的 P25 光阳极，纳米晶粒径尺寸一般约为 20nm。

为了改进光阳极在染料吸附、电子注入、传输等方面的性能，以保证电池器件具有较高的光电转换效率，TiO_2 纳米晶光阳极的制备需要以下几个步骤：a. 在 FTO 导电基底上预涂一层超薄致密的 TiO_2 阻挡层，可有效防止电解质与导电基底直接接触，以提高开路电压，厚度约 50nm；b. 选用尺寸在 20nm 左右的 TiO_2 纳米粒子作为光吸收层，保证光阳极具有足够大的比表面积来吸附染料，厚度一般为 10pm；c. 使用尺寸在 300～400nm 之间的 TiO_2 颗粒来制备光散射层，见图 7-20 和图 7-22（b），以增强光吸收，厚度约为 3μm；d. 对光阳极进行 $TiCl_4$ 溶液处理，这可以在 TiO_2 纳米晶表面形成超薄的 TiO_2 包覆层。在一些制备 TiO_2 光阳极过程中，有时会忽略致密阻挡层、散射层、包覆层等的制备工艺。

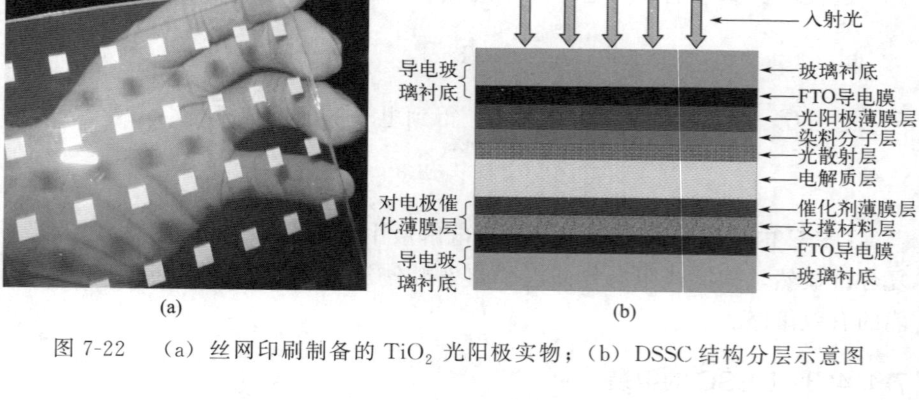

图 7-22 （a）丝网印刷制备的 TiO_2 光阳极实物；（b）DSSC 结构分层示意图

（2）染料

染料的作用是吸收光并引发最初的电子转移反应以产生载流子，理想的 DSSC 染料需要满足以下条件：

a. 染料能够吸收尽可能宽的太阳光波长范围；

b. 染料应当含有羧基（—COOH）、磺酸基（—SO_3H）等亲水性官能团，使其能够牢固地吸附在氧化物表面；

c. 染料激发态能级与半导体导带能级相匹配，以减少电子传递过程中的能量损失；

d. 染料吸收光子后将电子注入半导体导带的量子效率要足够高；

e. 染料的氧化态电势要足够高，以接收还原态电对和空穴导体的电子而再生；

f. 染料应该有足够的稳定性。

目前，最常用的染料包括金属配合物和有机染料。前者主要有钌系染料（N3、N719、Z907）、金属卟啉染料（锌卟啉化合物、铜卟啉化合物）、金属铂染料［Pt(dcbpy)(qdt)］、金属锇配合物染料［$Os(dcbpy)_2(CN)_2$、$Os(dcbpy)_3^{2+}$］等，其优点为光电转换效率较高，稳定性较好，缺点为制备成本较高，化合物提纯较复杂而且要用到贵重金属。后者种类繁多，而性能较好的染料一般由电子给体、π共轭桥和电子受体组成，例如基于三芳胺的D-π-A的有机光敏染料，如D35、Y123、D5，优点为制备成本低、结构设计较容易；缺点为光电转换效率和稳定性都比金属染料稍差。

染料敏化光阳极的制备过程如下：以N719染料为例，如图7-23所示，首先将避光保存的染料溶解在乙腈溶液中，制备出染料溶液。接着将TiO_2光阳极在加热台上500℃加热30min，待自然冷却到100℃左右，将光阳极完全浸泡在染料溶液中，并避光浸润24h，得到染料敏化的光阳极。

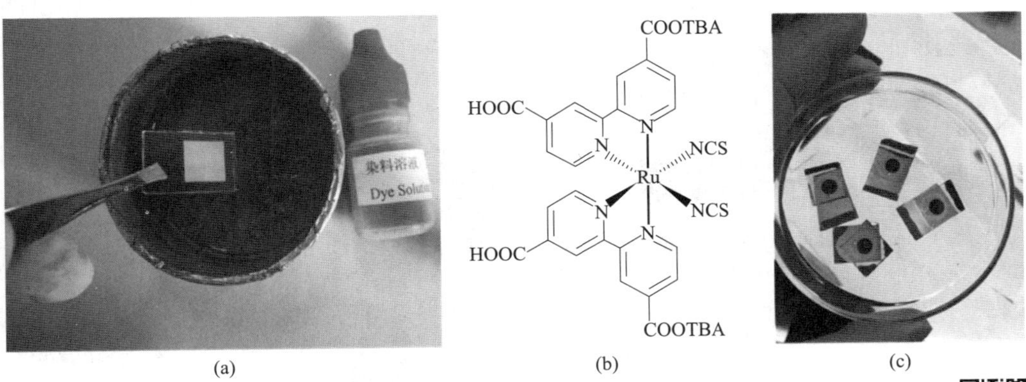

图7-23 (a) 光阳极和N719敏化剂溶液；(b) N719染料分子式；(c) N719染料敏化后的光阳极和对电极组装的电池（未填充电解液）

TBA—四丁基铵；NCS—异硫氰酸根

(3) 氧化-还原电解液

氧化-还原电解液在染料还原再生或空穴传输过程中发挥重要作用，常用的电解质为液态电解质。其由有机溶剂（乙腈、三甲氧基丙腈、离子液体等）、氧化-还原电对（如I^-/I_3^-、Co^{2+}/Co^{3+}、T_2/T^-、Cu^{2+}/Cu^+、SCN^-/SCN_3^-等）和添加剂三部分组成。典型的I^-/I_3^-电解液的组成为0.03mol/L I_2、0.06mol/L LiI、0.1mol/L硫氰酸胍、0.5mol/L 4-叔丁基吡啶和0.6mol/L 1-丁基-3-甲基咪唑碘化铵，乙腈为溶剂。

(4) 对电极

对电极通常由导电衬底和催化材料组成，起到收集外电路的电子和催化还原电解质的作用。优秀的对电极需要满足良好的导电性、催化活性、耐腐蚀性等。对电极材料除了贵金属 Pt 外，还包括碳材料（石墨烯、碳纳米管、生物炭、炭黑等）、过渡金属化合物（氧化物、氮化物、碳化物、硫化物、硒化物等二元或三元化合物）、聚合物［PEDOT、聚吡咯（PPy）、聚苯胺（PANI）等］，以及由碳材料、过渡金属化合物、导电聚合物等材料组成的复合材料等。

Pt 对电极的制备过程：首先将 1g 氯铂酸（$H_2PtCl_6 \cdot 6H_2O$）溶解在 100mL 去离子水中，得到 20mmol/L 氯铂酸溶液。随后将清洗好的导电玻璃（根据需要的尺寸，如 1cm × 2cm）在加热台上加热到 500℃，将 20mmol/L 氯铂酸溶液滴涂到导电面，持续加热 30min 后自然冷却到室温，就得到了 Pt 对电极。

非 Pt 对电极的制备过程：以制备生物炭材料对电极为例，如图 7-24（a）所示，首先将 50mg 对电极催化剂粉末装入西林瓶中，并加入 2g 锆珠和 1mL 异丙醇，随后封装好后放入行星球磨机，分散 4h 得到催化剂浆料。接着使用空气喷枪在清洗好的 FTO 导电玻璃导电面一侧均匀喷涂厚度为 10～40μm 的催化剂薄膜层［见图 7-22（b）］。待完全干燥后，在管式炉中氮气氛下退火 30min，冷却至室温后取出。再在导电面焊接铟电极接口，得到的对电极实物图如图 7-24（b）所示，可以裁剪为合适的尺寸备用。图 7-24（c）为复合材料对电极断面的 SEM 图（上）和对应断面的示意图（下）。以一种材料作为支撑层，以另一种材料作为催化层，有时支撑层材料也是催化材料，这种复合材料在 DSSC 中表现出优异的催化性能。

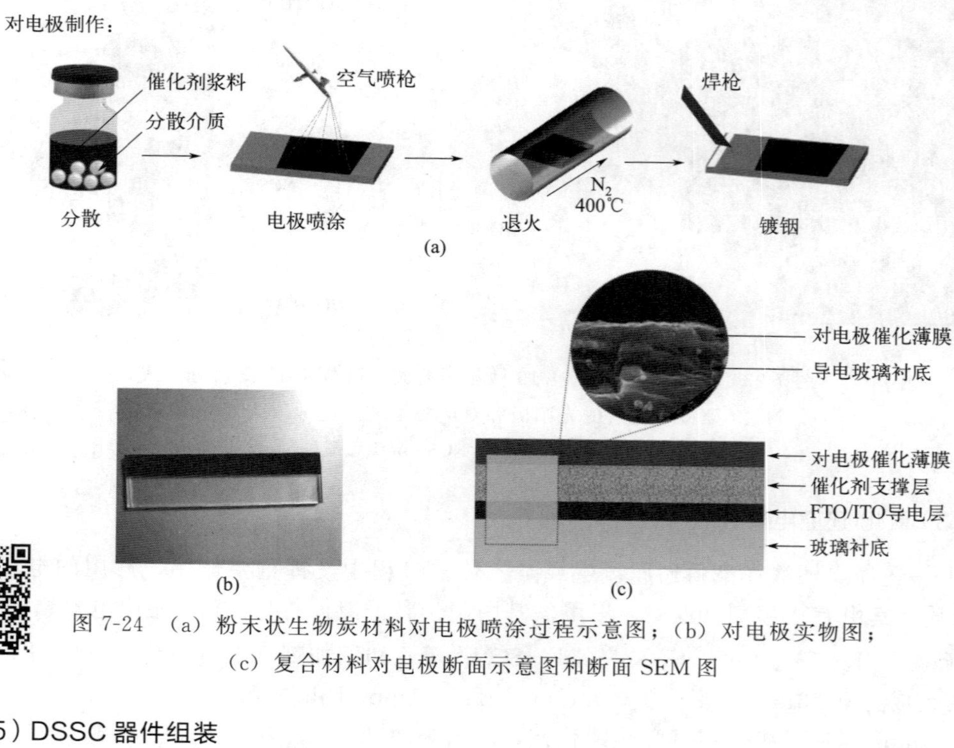

图 7-24 （a）粉末状生物炭材料对电极喷涂过程示意图；（b）对电极实物图；（c）复合材料对电极断面示意图和断面 SEM 图

(5) DSSC 器件组装

进行 DSSC 器件性能评价需要组装对称电池或者全电池，具体方法如下。

对称电池组装示意图如图 7-25（a）所示，将两块对电极导电面相对，组装后中间用注射器注入电解液，即为对称电池，其实物图见图 7-25（b），主要用于对电极的电化学表征，如阻抗测试和 Tafel 极化曲线测试。

DSSC 组装或全电池组装如图 7-25（c）和图 7-25（d）所示。首先，将对电极与染料敏化后的光阳极导电面相对进行组装；组装后进行封装处理；再利用毛细吸附原理注入含有氧化-还原电对的电解液；最后密封对电极上用于注射电解液的小孔，获得染料敏化太阳能电池器件，实物图见图 7-25（e）。组装成的 DSSC 用来进行光电性能测试，包括光伏性能、光谱响应性、稳定性、阻抗测试等光电化学性能测试。

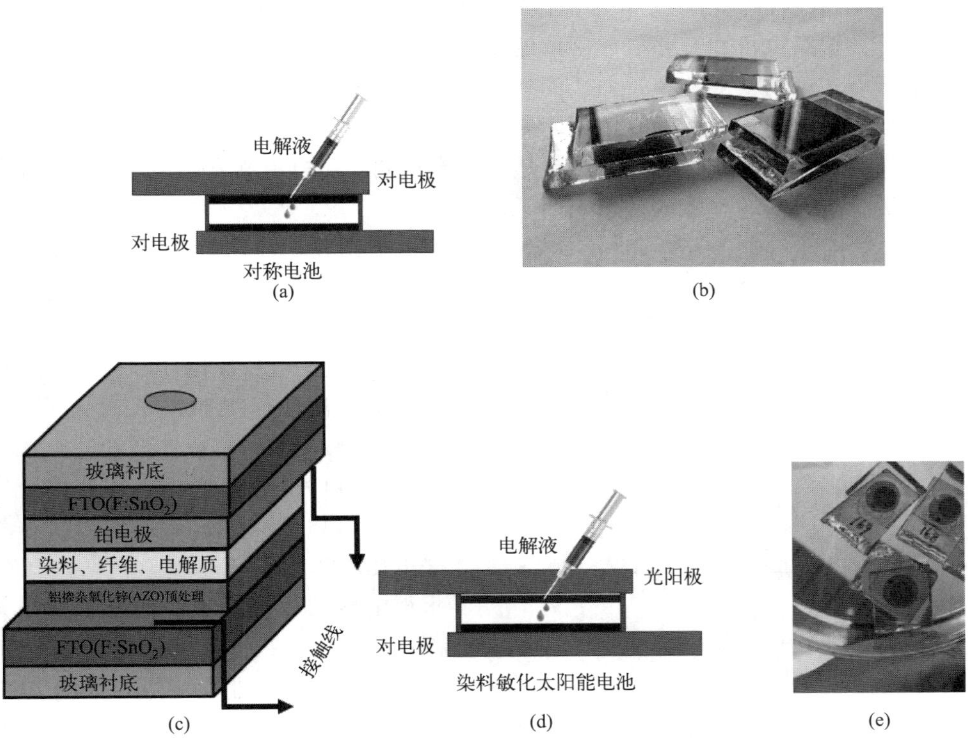

图 7-25　（a）对称电池组装示意图；（b）对称电池实物图；（c）全电池组装示意图；（d）全电池注入电解液示意图；（e）全电池实物图

7.1.4.4　DSSC 的性能评价

对器件的性能评价主要是通过以光电转换效率为主的电性能测试。例如，光伏器件的电流-电压特性测试、光谱响应测试及电化学性能测试等。对于新研制的不同组件、不同结构的 DSSC，尽管在研究阶段会有各种各样的测试，但是，最终的评估仍然是以光电性能为准。

（1）光伏性能（J-V 曲线）

DSSC 光伏性能测试通常在室内模拟太阳光下进行。测试光源具有标准的 AM 1.5 太阳光谱辐射分布，测试温度为（25±2）℃，入射光输入功率密度或光谱辐照度为 100mW/cm^2，光源稳定，光强可调。

四个关键光伏性能参数：短路电流、开路电压、填充因子及光电能量转换效率。在电流-电压特性曲线中，电路处于短路（电阻为零）时的电流称为短路电流；电路处于开路（电阻无限大）时的电压称为开路电压。短路电流和开路电压是光伏器件最重要的参数，较高的短路电流和开路电压值是产生较高能量转化效率的基础。填充因子为电池实际上和理论上能产生最大输出功率的比值。光电能量转换效率为电池实际最大输出功率与入射光输入功率的比值。习惯上，将白光下的能量转化效率称为总能量转化效率，也就是文献里常见的光电能量转换效率。

图 7-26 是标准电池校正模拟器光源后测试的 DSSC 电流-电压特性曲线。短路电流即为电压为零时电流-电压特性曲线上纵轴的截距；开路电压即为电流为零时电流-电压特性曲线上横轴的截距；短路电流和开路电压围成的矩形面积（图中虚线和两坐标轴围成的矩形）为电池理论上所能产生的最大功率；曲线的拐点（图中虚线圈）对应着最大输出功率时的电流和电压，该点所对应的矩形面积（图中阴影部分）为电池实际产生的最大功率；填充因子即为图中内、外两个矩形面积的比值。很显然，具有相同短路电流和开路电压的两个电池，制约其光电能量转换效率的参数就是填充因子。

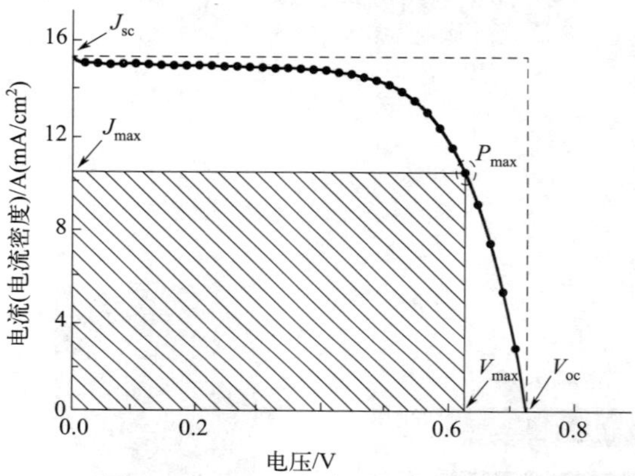

图 7-26　DSSC 电流（电流密度）-电压特性曲线示例

一般用电流密度来表示电流-电压曲线中的电流，得到的是电流密度-电压（J-V）特性曲线。在公开的学术出版物中，电池的光伏性能大多数用 J-V 特性曲线表示。通过对电池 J-V 特性曲线的测量，可以获得如图 7-26 所示的特性曲线。从中可以得到光伏器件的开路电压、短路电流密度和最大输出功率点。由最大输出功率处的开路电压和短路电流密度，根据式（7-8）可求得电池的填充因子。此外，在已知标准测试条件下入射光输入功率密度的前提下，利用式（7-9），进一步可求得光电能量转化效率。目前，大多数太阳光模拟器测试系统，带有计算光伏性能参数的程序软件，能够直接给出测试结果，如 J_{sc}、V_{oc}、FF 和 PCE 的值。

$$FF=\frac{P_{max}}{J_{sc}\times V_{oc}}=\frac{J_{max}\times V_{max}}{J_{sc}\times V_{oc}} \tag{7-8}$$

$$PCE=\frac{P_{max}}{P_{in}}=\frac{FF\times J_{sc}\times V_{oc}}{P_{in}} \tag{7-9}$$

式中　FF——填充因子；

J_{sc}——短路电流密度，mA/cm^2；

V_{oc}——开路电压，V；

P_{max}——最大输出功率密度，mW/cm^2；

P_{in}——入射光输入功率密度或辐照度，mW/cm^2；

J_{max}——最大输出功率密度对应的短路电流，mA/cm^2；

V_{max}——最大输出功率密度对应的开路电压，V；

PCE——光电能量转换效率，%。

（2）光谱响应（*IPCE* 曲线）

对于 DSSC 的光谱响应测试，或称量子效率测试，就是测量光电材料在不同波长光照条件下的光生电流数值，有时候也叫外量子效率，即入射单色光子-电子转化效率（incident photon-to-electron conversion efficiency，*IPCE*），定义为单位时间内外电路中产生的电子数与单位时间内入射单色光光子数之比，其数学表达式为式（7-10）。*IPCE* 与入射光波长之间的关系曲线即为光电流工作谱。

$$IPCE(\lambda)=\frac{n_{\mathrm{e}}}{n_{\mathrm{p}}}=\frac{J_{\mathrm{sc}}(t/\mathrm{e})}{P(\lambda)At/(hc/\lambda)}=1240\,\frac{J_{\mathrm{sc}}}{\lambda P_{\mathrm{in}}} \tag{7-10}$$

式中 λ——单色入射光的波长；

h——普朗克常数；

c——真空中光速；

A——待测电池的受光面积；

t——照射时间；

$IPCE$——入射单色光子-电子转化效率，%。

通常，我们所说的太阳能电池量子效率都是指外量子效率，也就是说器件中光电材料表面的光子反射损失是不被考虑的。电池的外量子效率或者 *IPCE* 可以通过实验直接测得。电池的内量子效率谱的确定需要考虑电池光电材料的反射、光学厚度、吸收、几何结构的因素。DSSC 对光的吸收主要取决于染料的吸收光谱。因此，根据所使用的染料的类型，正确选择标准光源是决定 DSSC 电性能测试准确性的主要条件之一。图 7-27（a）为以 TiO_2 半导体吸附 N719 染料作为光阳极，以 I^-/I_3^- 氧化-还原电对为电解质，分别以 NbO_2、$Nb_{3.49}N_{4.56}O_{0.44}$、NbN 和 Pt 作为对电极组装的不同 DSSCs 全电池的 *IPCE* 曲线。在 500～600nm 的可见光波长范围内，$Nb_{3.49}N_{4.56}O_{0.44}$ 作为对电极组装的电池 *IPCE* 可以达到 80%左右。图 7-27（b）为由 Pt 作为对电极，I^-/I_3^- 氧化-还原电对为电解质，分别采用 Indoline dyes 1（图中空心圆圈曲线）和 Indoline dyes 4（图中实心圆圈曲线）（两种吲哚类

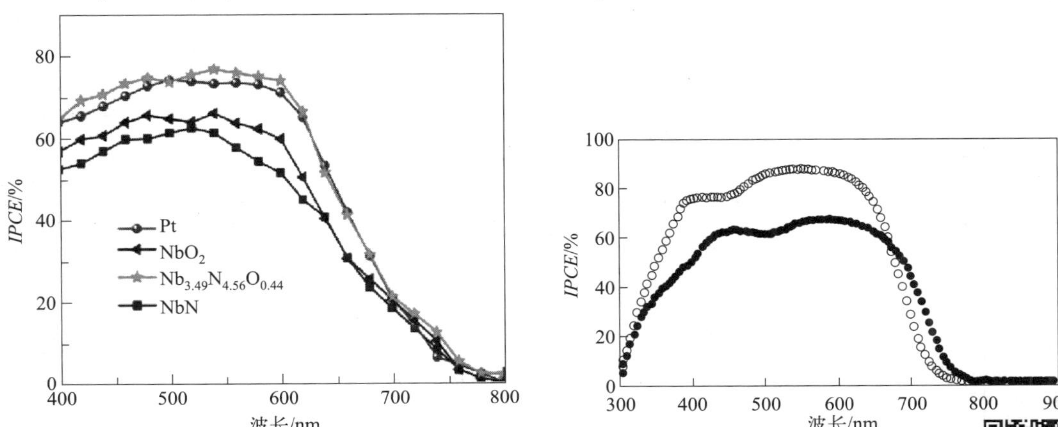

(a) 不同对电极　　(b) 不同吲哚染料

图 7-27　DSSC 全电池的 *IPCE* 曲线

染料）敏化的 TiO_2 半导体作为光阳极组装的 DSSC 全电池的 *IPCE* 曲线，Indoline dyes 1 组装的 DSSC 在 445～600nm 波长范围内 *IPCE* 值超过了 85%，而 Indoline dyes 4 作为敏化剂的 DSSC 在 415～510nm 范围内 *IPCE* 为 60%，Indoline dyes 1 作为敏化剂可以使 DSSC 获得更高的短路电流，从而提高器件的 *PCE*。

（3）器件稳定性

稳定性是衡量器件商业化应用价值的一个重要指标，主要是通过全电池的稳定性来评价。通过间断测试或者监控测试，可以获得电池 J_{sc}、V_{oc}、*FF* 和 *PCE*（η）随测试时间（通常 1000h）的变化关系，如图 7-28 所示，基于 C218、C268 和 C268/SC-4 染料敏化的 TiO_2 光阳极、I^-/I_3^- 电解质和 Pt 对电极的 DSSC 器件，在 60℃的全日照条件下连续工作 1000h 后表现出优异的稳定性，应用 C268/SC-4、C268 和 C218 染料的全电池，1000h 后，*PCE* 分别仅下降了 3%、5%和 2%。

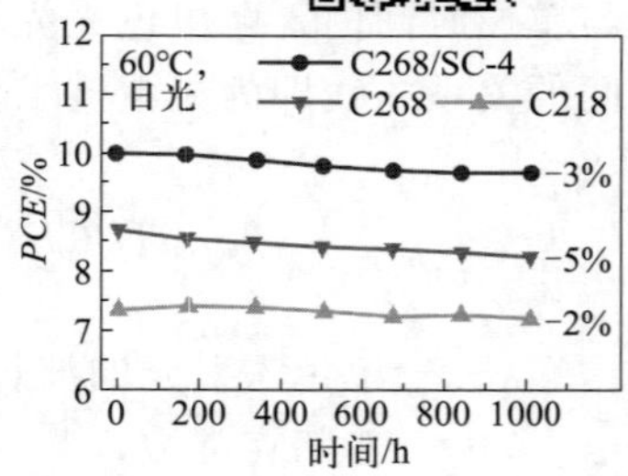

图 7-28　DSSC 全电池 *PCE* 的稳定性

过去几十年，DSSC 的光电能量转换效率 *PCE* 提升的代表性工作如表 7-1 所示。采用不同的染料、电解质、对电极组装的 DSSC，其光伏性能存在显著的差异。从 1991 年 Grätzel M 等首次提出 DSSC，其光电转换效率由 7.1%，发展到 2023 年的 15.2%的认证效率，DSSC 的发展取得了巨大的进步。目前，小面积 DSSC 的最高效率为 14.3%；碘电对（I^-/I_3^-）与 Pt 电极以及碳材料比较匹配；非碘电对 Co^{2+}/Co^{3+} 与导电聚合物（PEDOT）的匹配性比较好；而非碘电对 Cu^{2+}/Cu^+ 与染料 Y123、D35 等的匹配性比较好。对于 DSSC 未来的发展，开发能够与不同组件匹配的染料和氧化-还原电对对其商业化应用非常重要。

表 7-1　基于不同体系 DSSC 的光伏性能参数（AM 1.5，$100mW/cm^2$）

光阳极	染料	对电极	电解质	效率（*PCE*）/%	面积/cm^2	年份/年
TiO_2	Trimeric Ru	Pt	I^-/I_3^-	7.1～7.9	0.5	1991
TiO_2	N3	Pt	I^-/I_3^-	10.0	0.31	1993
TiO_2	N719	Pt	I^-/I_3^-	10.0	0.1697	1997
TiO_2	Indoline dye 1	Pt	I^-/I_3^-	8.0	0.16	2004
TiO_2	N719	Pt	I^-/I_3^-	11.18	0.158	2005
TiO_2	D149	Pt	I^-/I_3^-	9.03	—	2006
TiO_2	Black dye	Pt	I^-/I_3^-	11.1	0.219	2006
TiO_2	D205	Pt	I^-/I_3^-	9.52	—	2008
TiO_2	CYC-B11	Pt	I^-/I_3^-	11.5	0.158	2009
TiO_2	C106	Pt	I^-/I_3^-	11.7	0.158	2010
TiO_2	YD-2	Pt	钴（Ⅱ/Ⅰ）	11	0.16	2010
TiO_2	C219	Pt	I^-/I_3^-	10.1	0.158	2010
TiO_2	YD2-*o*-C8@Y123	Pt	钴（Ⅱ/Ⅰ）	12.3	0.36	2011

续表

光阳极	染料	对电极	电解质	效率（PCE）/%	面积/cm^2	年份/年
TiO_2	Black dye@Y1	Pt	I^-/I_3^-	11.4	0.231	2012
TiO_2	JF419	Pt	钴（Ⅱ/Ⅰ）	10.3	0.20	2013
TiO_2	SM315	GNP	钴（Ⅱ/Ⅰ）	13.0	0.28	2014
TiO_2	ADEKA-1@LEG4	GNP	钴（Ⅱ/Ⅰ）	14.3	0.1	2015
TiO_2	SL9@SL10	PEDOT	钴（Ⅱ/Ⅰ）	15.2	0.1155	2023

7.1.5 钙钛矿太阳电池

在光照下，钙钛矿材料内部产生光生电子和空穴，在电子传输层与钙钛矿材料界面处，电子和空穴发生分离，实现对电子的收集；在空穴传输层与钙钛矿材料界面处，实现对空穴的收集。此时在正负两极处产生空穴和电子的积累，从而产生电势差。在存在外界电路的情况下，电子和空穴通过电路传导完成循环，从而实现光能向电能的转换。

自从 20 世纪太阳能电池发明以来，已有太阳能电池的能量转换效率不断提高，开发新型的、价格低廉、能量转换效率高的新型太阳能电池成为太阳能电池发展过程中的研究热点。近十年来，该领域内发展最快、引起关注最多的是铅卤钙钛矿太阳能电池，其转换效率由最初的 3.8%已经提升至超过 26%，增长速度远远超过其他各种类型的太阳能电池。钙钛矿电池是一类以有机-无机杂化半导体材料［ABX_3，其中 A 为 $CH_3NH_3^+$（MA^+）、$NH_2CH{=}NH_2^+$（FA^+）、Cs^+ 等，B 为 Pb^{2+}、Sn^{2+} 等，X 为 Cl^-、Br^-、I^- 等］为光吸收层的全固态薄膜太阳电池。这类材料自身拥有着优异的光电性能，包括较长的载流子寿命（约 1μs）、较高的载流子迁移率［约 $100cm^2/(V \cdot s)$］、强的缺陷容忍度等，使得有机-无机杂化铅卤钙钛矿材料成为制作光电器件的理想选择。

7.1.5.1 钙钛矿电池的结构与设计

钙钛矿电池主要由透明导电玻璃、电子传输层（ETL）、钙钛矿活性层、空穴传输层（HTL）和金属电极五个部分组成。按照有无多孔层可将钙钛矿太阳能电池分为介孔型钙钛矿电池和平面型钙钛矿电池，见图 7-29。

（1）介孔型钙钛矿电池

介孔型钙钛矿电池的结构类似于染料敏化电池，在早期研究中出现较多。在制备此类电池时，首先需要在透明导电玻璃上沉积一层致密的 TiO_2 作为电子传输层，其次将介孔 TiO_2 沉积到致密层上形成支撑骨架，再次将钙钛矿溶液沉积到介孔层上，使其填充进孔隙中，然后在钙钛矿层上沉积空穴传输层，最后蒸镀上金属电极。除了 TiO_2 之外，还可以选用 Al_2O_3、ZnO_2 等介孔材料，它们可以支撑钙钛矿层、增大钙钛矿与电子传输层间的接触面积、提升电子传输效率、减少电子与空穴复合，从而获得高效率的电池器件。值得注意的是，制备介孔层，高温（400～500℃）处理过程必不可少，但这会增加器件制备的难度与成本。因此，随着电池制备工艺的发展，可通过低温处理制备的平面型钙钛矿电池应运而生。

（2）平面型钙钛矿电池

平面型钙钛矿电池是直接将钙钛矿层沉积到致密的 TiO_2、ZnO_2、SnO_2 等电子传输层上得到的。在这种结构中，钙钛矿活性层兼具吸收太阳光形成光生电荷、电荷分离和电荷传输的作用。根据电子和空穴传输层沉积顺序的差异，平面型钙钛矿电池又可以分为正式结构和反式结构两种。

正式结构电池的制备顺序和介孔结构电池类似，制备时需要依次在透明导电玻璃上沉积电子传输层、钙钛矿活性层、空穴传输层和金属电极。目前，在钙钛矿电池中，应用最广泛的正式电池结构为：TCO 导电玻璃/致密 TiO_2/钙钛矿/2,2′,7,7′-四[*N*,*N*-二(4-甲氧基苯基)氨基]-9,9′-螺二芴(Spiro-OMeTAD)/Au。电子传输材料（TiO_2 等）、钙钛矿和空穴传输材料（Spiro-OMeTAD 等）的制备方法会在下文进行详细介绍。金属电极（Au 或 Ag 等）的作用是传输电子或空穴、连通外电路，通常是通过热蒸发的方式制备的。

反式结构电池的传输层沉积顺序与正式结构相反，首先需要在透明导电玻璃上沉积空穴传输层，然后依次沉积钙钛矿、电子传输层和金属电极。最典型的反式电池结构为：TCO 导电玻璃/氧化镍/钙钛矿/[6,6]-苯基-C_{61}-J 酸甲酯(PCBM)/2,9-二甲基-4-二苯基-1,10-菲啰啉(BCP)/Ag。目前，反式结构钙钛矿电池的最高认证效率已经超过 27%。

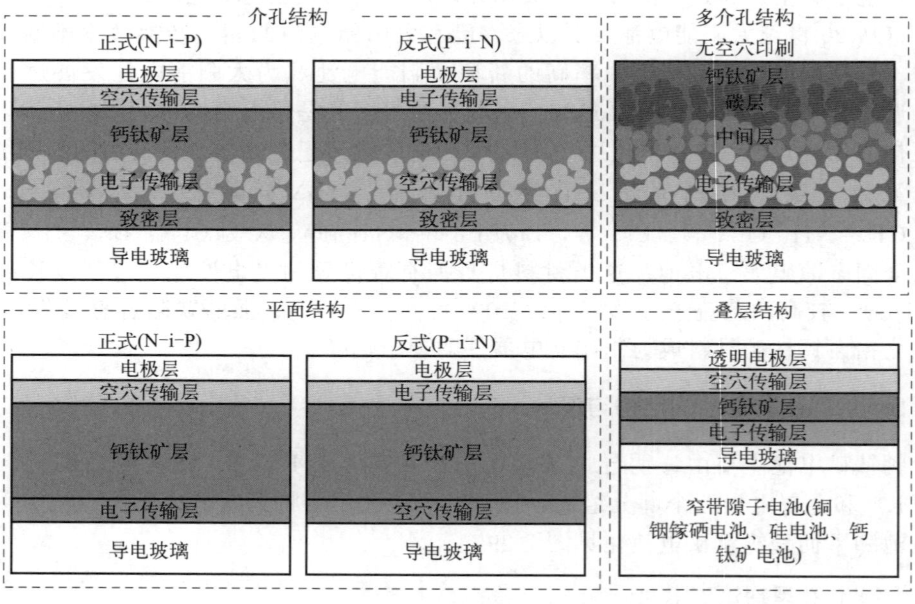

图 7-29　钙钛矿太阳电池结构

7.1.5.2　钙钛矿电池的组成部件制备

（1）钙钛矿层的制备

钙钛矿薄膜的形貌和结晶度对钙钛矿电池效率起着关键性作用，因此，获得均匀、大晶粒、致密无针孔的钙钛矿薄膜对于减少结构缺陷、实现高效率电池至关重要。钙钛矿薄膜的制备主要有气相沉积法和溶液法两大类，溶液法可以细分为旋涂法、刮涂法、狭缝涂布法、喷墨打印法、喷涂法等，具有成本低、易于操作的优点，在钙钛矿薄膜的制备和研究中应用广泛。气相沉积法需要使用昂贵的真空沉积设备，和溶液法相比，它的制备成本更高，但是它拥有非常好的重复性，适合大规模、大面积薄膜的制备，具有较大的工业发展潜力。

① 旋涂法

旋涂法，顾名思义，是通过旋涂仪将前驱体溶液沉积到衬底上形成均匀薄膜的方法。根据旋涂过程中溶液处理步骤的差异，旋涂法可以细分为一步旋涂法、两步旋涂法和反溶剂旋涂法。

一步旋涂法是预先配好含所有组分的前驱体溶液，将其直接旋涂到衬底上，经退火处理形成薄膜的方法。然而，在薄膜制备过程中，溶剂挥发和钙钛矿结晶这两个过程会同时发生。在介孔电池中，由于介孔层对钙钛矿层具有支撑作用，所以没有明显的影响；但是，在平面电池中，薄膜的不均匀收缩会导致表面覆盖度低、结晶性差的问题。

两步旋涂法是首先在衬底上旋涂 PbI_2 溶液，然后在 PbI_2 层上旋涂有机阳离子溶液［碘甲铵（MAI）和碘甲脒（FAI）等］，经退火处理得到钙钛矿薄膜的方法，是一个异相反应的过程。与一步法相比，两步法最大的优势是可以将晶体成核和生长过程分开，从而精确地控制钙钛矿的结晶动力学过程，因此它在高性能钙钛矿电池制备方面具有较大潜力，但它也存在一些缺点，比如薄膜的形貌粗糙、有 PbI_2 残留等。目前通过两步法制备得到的钙钛矿电池效率已经超过 25%。

反溶剂旋涂法是在旋涂钙钛矿前驱体溶液的过程中加入氯苯或甲苯等不能溶解钙钛矿原料的溶液，使溶质快速析出、结晶形成薄膜的制备方法，也是目前最常用的钙钛矿薄膜制备方法。目前反溶剂旋涂法制备得到的钙钛矿电池最高效率为 27.32%，也是实验室认证的最高效率。

需要注意的是，利用旋涂法制备的薄膜厚度均匀、重现性好且实验成本低，但是，若用此方法制备大面积器件，会出现沉积难度增大、原料浪费增多等问题。因此，旋涂法更适合实验室研究，而非大规模工业制造。

② 刮涂法

刮涂法是将一定量的钙钛矿溶液滴加到衬底上，让刮刀将溶液铺展开，刮去多余溶液，经退火处理形成薄膜的工艺。在刮涂制备中，钙钛矿薄膜的厚度和形貌与刮刀的形状及移动速率、刀口及衬底的距离、溶剂萃取策略、衬底的润湿性、钙钛矿溶液的浓度和表面张力等因素有关。刮涂法操作简单、溶液浪费少、成本低廉、兼容性好，可与卷对卷工艺结合，具有较大的发展潜力，广泛应用于薄膜光伏器件的制备。目前，刮涂法制备得到的小面积电池效率已经达到 25.8%，大面积（$52cm^2$）器件效率达到 19.8%。

研究表明，制备高质量的钙钛矿薄膜需要满足两个条件，一是溶液快速达到过饱和状态，开始成核；二是钙钛矿晶体缓慢生长，这样才能形成均匀连续、无针孔的钙钛矿薄膜。因此，合适的溶剂萃取策略对于获得高质量薄膜至关重要。目前，刮涂法制备钙钛矿薄膜的溶剂萃取方法主要有热铸造法、气体辅助萃取法、真空萃取法等。

热铸造法是在刮涂时将衬底放于一定温度的热台上，通过加速溶剂的挥发速率来加快成核过程，促进钙钛矿固相转化中的结晶过程。此时，如果衬底温度低于钙钛矿溶液的沸点，则需要较长的时间完成溶剂萃取过程，薄膜表面会出现针孔，同时增加制备成本。因此，综合考虑热铸造工艺与材料的化学成分（钙钛矿组成、添加剂和溶剂），热铸造温度通常高于 100℃。

气体辅助萃取法是利用干燥的空气或者氮气辅助，让刮刀和空气刀同时移动，将气体吹到钙钛矿湿膜上从而起到萃取溶剂、诱导溶液快速成核的目的，随后通过退火处理确保钙钛矿前驱体溶液完全转变成固态薄膜。

真空萃取法是将刮涂好的钙钛矿薄膜放置于真空环境中从而达到快速除去溶剂的目的。值得注意的是，这种方法可以在高湿度环境中（>70%）于 30s 内沉积表面光滑、结晶度超高的钙钛矿薄膜。

③ 狭缝涂布法

狭缝涂布法类似于刮涂法，它们都是通过涂布头将连续的钙钛矿溶液均匀地铺展到衬底上的工艺，不同的是，狭缝涂布属于非接触式涂布，钙钛矿溶液是从模具的缝隙压出来的。虽然狭缝涂布法想要实现图案化涂布相对困难，但是涂布过程中原料利用率高、油墨不会飞溅，获得的薄膜均匀性好、重现性高，是公认的清洁印刷技术，也是最具潜力的工业制备和卷对卷沉积技术之一。

狭缝涂布法制备得到的薄膜的厚度和形貌强烈依赖于溶液的浓度、狭缝的尺寸和涂布头的速度。在狭缝涂布中，溶剂萃取对于制备得到表面覆盖度大且均匀的钙钛矿薄膜至关重要。因此，类似于刮涂法，涂布时可采用热铸造、气体萃取等溶剂萃取方法提升薄膜的质量。目前，利用狭缝涂布法在刚性和柔性衬底上制备得到的小面积钙钛矿电池器件效率分别超过 21%和 14%，面积为 $65cm^2$ 的小型钙钛矿模组效率超过 19%。

④ 喷墨打印法

喷墨打印法是一种快速、简便、经济和高效的制备方法，也属于非接触式印刷工艺，可以根据所需的图案和形状进行印刷，适用于大规模光伏薄膜涂层制备。喷墨打印技术主要分为连续喷墨打印（CIJ）和按需喷墨打印（DoD）两大类。连续喷墨打印是指在印刷时连续喷射出液滴，让其在偏转电场的作用下准确滴落在衬底上，未打印的溶液会被回收再利用；按需喷墨打印则是按照需要喷出液滴。与连续喷墨打印相比，按需喷墨打印浪费的油墨量可以忽略不计，更适用于大规模生产和商业化发展。

一般来说，在喷墨打印过程中，控制液滴的大小对于制备厚度均匀且光滑的薄膜至关重要。溶液的浓度、墨滴的扩散和润湿行为、衬底的表面张力和粗糙度以及钙钛矿溶液的溶剂萃取策略等参数也会影响薄膜质量。与其他的大型沉积方法相同，加速溶剂萃取和减缓结晶生长过程对于获得高质量的钙钛矿薄膜同样重要。因此，热铸造法和真空萃取法等溶剂萃取策略也适用于喷墨打印法。

总的来说，喷墨打印法可同时适用于小面积器件和大面积图案。目前，喷墨打印法制备的小面积电池效率已经接近 20%，面积为 $4.04cm^2$ 的大面积电池效率超过 14%。

⑤ 喷涂法

喷涂法是利用喷枪将分散均匀的细微雾滴涂于衬底上的工艺，也属于非接触式沉积，相较于其他的溶液法，喷涂法节省原料，因此非常适合大批量生产，近几年来被广泛应用到光伏电池的生产之中。喷涂法制备钙钛矿薄膜会经历以下四个过程：首先，在空气或者氮气的辅助下形成微小液滴蒸气；其次，通过注入低压气流将雾滴转移到衬底上；再次，将雾滴分散到衬底上，合并形成湿膜；最后，湿膜中的溶剂挥发，结晶形成薄膜。

和其他的溶液制备方法类似，喷涂法制备中影响薄膜质量的关键因素有：溶液的浓度与黏度、液滴的大小与表面张力、喷嘴的喷射角度和扫描速度、应用电势和溶剂淬火工艺等。在喷涂过程中，溶剂萃取策略也会显著影响钙钛矿的结晶，因此，同样可以通过热铸造、真空萃取和快速喷涂等方法获得平滑、均匀的高质量薄膜。在喷涂法制备过程中，关键的挑战在于控制薄膜厚度。如果湿膜厚度过小，会导致雾滴在凝聚前固化，不能形成均匀连续的薄膜，表面覆盖率低；相反，若湿膜厚度过大，溶剂挥发较慢，会导致晶体自主生长，薄膜厚度不均。目前，喷涂法制备的小面积（$0.13cm^2$）电池器件效率已经超过20%，大面积（$112cm^2$）电池效率达到13%。

⑥ 气相沉积法

气相沉积法，也叫热蒸发法，是利用气相沉积系统，在真空环境中加热钙钛矿原料如碘甲铵（MAI）、碘甲脒（FAI）、碘化铅（PbI_2）等，使其蒸发汽化沉积到衬底上形成连续的钙钛矿薄膜。根据原料沉积顺序的不同，气相沉积法可以细分为交替沉积法和共蒸发沉积法。随着研究人员不断改进沉积工艺和升级设备，气相沉积法制备得到的电池效率也不断地接近溶液法制备的电池效率，尽管稍有差距，但是在制备过程中没有使用有机溶剂，减少了杂质引入的机会，同时气相沉积也是最接近工业化生产的方法之一。目前，气相沉积法制备得到的钙钛矿电池最高效率已经超过24%，表现出良好的长期稳定性。

（2）电子传输层的制备

常用于钙钛矿电池的电子传输材料分为金属氧化物电子传输材料和有机电子传输材料。

金属氧化物电子传输材料主要有TiO_2、SnO_2和ZnO_2等，主要制备方法有旋涂法、溶胶-凝胶法、喷雾热解法和热蒸发法等。以TiO_2的制备为例，三种方法都是以异丙醇钛为前驱液，旋涂法是直接将前驱液旋涂到玻璃衬底上，使其水解形成TiO_2；喷雾热解法是在短时间内将前驱液通过脉冲喷雾沉积到大约500℃的玻璃衬底上，原位生长得到TiO_2；溶胶-凝胶法是将前驱液滴加到持续加热和搅拌的稀硝酸中，从而得到二氧化钛纳米颗粒分散液。

有机电子传输材料主要是富勒烯及其衍生物，如C_{60}、C_{70}、$PC_{61}BM$等，通常利用热蒸发法和旋涂法制备。由于富勒烯及其衍生物可以通过低温溶液法制备，因此相应器件的制备成本较低。但是，与TiO_2相比，C_{60}和$PC_{61}BM$薄膜的电子迁移率较低、空穴阻挡能力较弱，且容易与水和氧反应导致器件性能衰减。

（3）空穴传输层的制备

在钙钛矿电池中，空穴传输层具有有效提取电荷、增强电荷传输并阻挡电子传输的作用。空穴传输材料也可以分为有机空穴传输材料和无机空穴传输材料两大类。

有机空穴传输材料主要有Spiro-OMeTAD、聚[双(4-苯基)(2,4,6-三甲基苯基)胺]（PTAA）、P3HT和PEDOT：PSS等。Spiro-OMeTAD是目前在钙钛矿电池中应用最为广泛的空穴传输材料，可以兼容多种溶液法，如旋涂、刮涂、狭缝涂布法等，但是由于Spiro-OMeTAD的导电性较低，所以通常会在前驱液中加入双(三氟甲基磺酰基)亚胺锂（LiTFSI）、4-叔丁基吡啶（TBP）和FK209等添加剂来提升迁移率，然而这同时也会降低器件的稳定性。PEDOT：PSS多用于反式钙钛矿电池中，也可以通过旋涂、刮涂、狭缝涂布、喷墨打印、丝网印刷等溶液法制备。得益于良好的导电性和稳定性以及易于制备等优点，PEDOT：PSS被广泛地应用到了能量转换和储存领域，是实际应用非常成功的导电化合物。

无机空穴传输材料主要有氧化镍（NiO_x）、硫氰酸亚铜（CuSCN）和碘化亚铜（CuI）等，其中氧化镍是目前钙钛矿领域应用得最广泛的无机空穴传输材料。与PEDOT：PSS相比，氧化镍与吸光层的能级匹配性更好，空穴提取效率更高，可以有效地替代PEDOT：PSS应用到P3HT和PCBM体系中。氧化镍的制备方法包括溶液法、热蒸发法和溅射法，其中溶液法是大规模、低成本的卷对卷生产的最佳选择。

7.1.5.3 钙钛矿电池的组装

钙钛矿太阳电池透明导电衬底、电子传输层、钙钛矿吸收层、空穴传输层和电极层每一层的制备与器件的组装都是最终太阳电池光电转化效率高低的决定性因素。

钙钛矿电池组装如图 7-30 所示，以旋涂法制备正式电池为例：在匀胶机中放入已经制备好 TiO_2 电子传输层的导电玻璃，将配制好的前驱体溶液通过移液枪转移至衬底表面，然后在一定转速下将其铺展开，并滴入反溶剂（如氯苯、乙醚、乙酸乙酯等）进行溶剂萃取；接着将旋涂好的钙钛矿薄膜放置在提前预热好的热台上面（100～160℃）退火 10～20min 后取下降温；待样品温度降至室温时，再进行空穴传输层 Spiro-OMeTAD 薄膜的旋涂制备；最后，在有确定面积掩模保护下蒸发金属电极材料后得到完整的钙钛矿太阳电池。组装成的钙钛矿太阳电池可进行光电性能测试，包括光伏性能、光谱响应性和稳定性测试等。

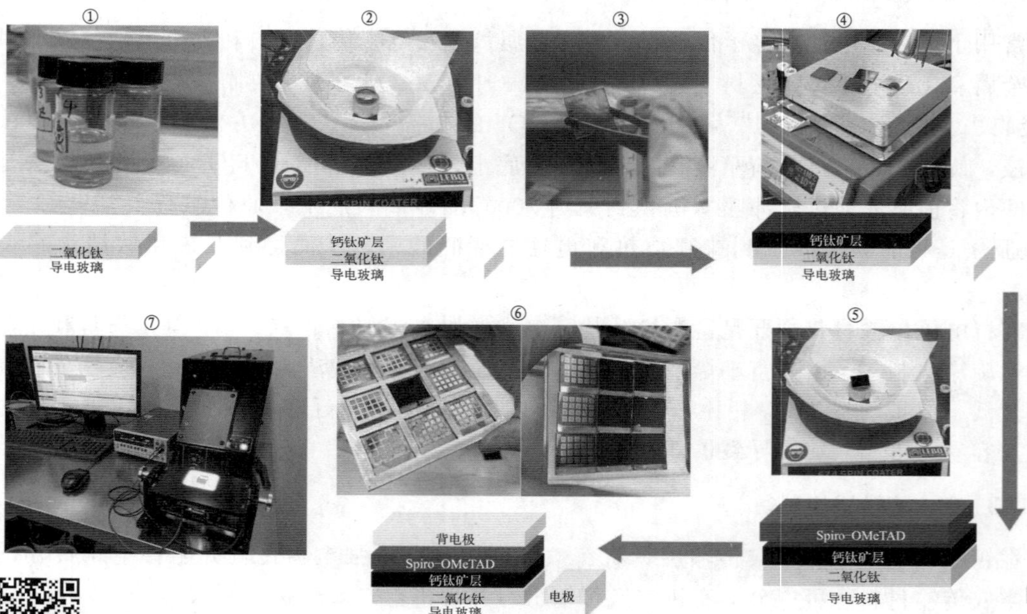

图 7-30 钙钛矿电池组装

7.1.5.4 钙钛矿电池的性能评价

评价钙钛矿电池性能与 DSSC 性能评价一样，关键性参数有开路电压（V_{oc}）、短路电流密度（J_{sc}）、填充因子（FF）、能量转换效率（PCE）、外量子效率（EQE）和稳态输出光电流等。

（1）电流密度-电压曲线

在光照条件下，太阳电池中会产生与外加偏压方向相反的光电流，通过测试电池在连续变化的外加偏压下的电流密度，可以获得相应的电流密度-电压（J-V）曲线，由此获得器件的开路电压、短路电流密度、填充因子和能量转换效率。实验室中，通常采用氙灯光源和滤光片组构成的太阳光模拟器模拟自然光的照射。测试太阳电池常用的光照条件为 AM

1.5G 模拟太阳光照射，辐照度为 $100mW/cm^2$。测试系统由太阳光模拟器和数字源表组成。通常，开始 J-V 曲线测试前需要用标准硅电池对太阳光模拟器进行校准，测试过程中可选用正向扫描和反向扫描两种方法。正向扫描测试的电压范围常为－0.1～2V，扫描速率为 0.1V/s，扫描步长为 0.02V。反向扫描测试的电压范围常为 2～－0.1V，扫描速率与步长不变。

(2) 稳态输出光电流

稳态输出（SPO）光电流（I-T）测试和 J-V 曲线测试类似，不同之处在于，稳态输出光电流测试是保持电池器件在连续光照下，外加偏压为最大功率点对应的电压（V_{max}）时的持续输出电流。测试时，首先测试电池的 J-V 曲线，找到电池的 V_{max}，然后设置偏压为 V_{max}，记录电池的输出电流即可得到稳态输出光电流。

(3) 外量子效率

能量转换效率只能获得太阳能电池总体的性能，无法获得其光谱响应范围和响应的强弱。光量子效率测量采用单色光照射太阳能电池器件，研究太阳能电池在不同波长光子的照射下的响应，从而获得太阳能电池的光谱响应特性。根据光量子效率测试中是否考虑光反射、光透射的影响，可将光量子效率测量分为内量子效率和外量子效率测试。外量子效率（EQE）是入射光照射到电池上产生的电子数与入射光子数的比值，反映了电池对不同波长光的利用率与电荷传输性能：

$$EQE = \frac{n_e}{n_p} \times 100\% = \frac{J}{P_{in}} \times \frac{1240}{\lambda} \times 100\% \tag{7-11}$$

式中，n_e 为收集的电子束；n_p 为入射的光子数；λ 为入射光的波长。

对 EQE 进行积分处理即可得到电池的短路电流，可以检测由 J-V 曲线测试得到的短路电流的可靠性：

$$J_{sc} = -e\int_{\lambda_1}^{\lambda_2} EQE(\lambda)\Phi_{ph,\lambda}\,d\lambda \tag{7-12}$$

式中，e 为元电荷；$\Phi_{ph,\lambda}$ 为波长 λ 对应的光子通量。

(4) 器件稳定性

钙钛矿电池是近十年来发展非常迅速的一类新型薄膜太阳电池，从研究开始到效率赶超硅基太阳电池用了不到十年的时间。然而，影响其产业化应用的主要原因仍然是器件稳定性差的问题。器件在运行过程中，功能层受到水、氧和紫外光照射等因素影响很容易发生相分离现象，进而造成器件效率的降低。近年来，随着研究的不断深入，科研工作者们想到各种办法来解决钙钛矿太阳电池长期运行稳定性欠佳的问题，例如：a. 添加剂工程，通过将各类具备稳定效应的官能团试剂引入前驱体溶液中或沉积至钙钛矿薄膜表面，进而达到稳定钙钛矿结构的目的，以此来提高器件稳定性；b. 加入上转换材料，通过稀土元素的引入，将具有破坏性作用的紫外光转化成可以利用的可见光，既可以提高器件效率又可以提高器件光照稳定性；c. 全真空蒸镀沉积钙钛矿太阳电池，减少溶剂残留对器件性能的影响；d. 另外发展全无机钙钛矿太阳电池、二维钙钛矿太阳电池、替代不稳定功能层等策略不断涌现，相信随着研究力量的不断投入，钙钛矿太阳电池商业化应用指日可待。

7.1.6 量子点敏化太阳电池

7.1.6.1 QDSCs器件结构与工作原理

量子点敏化太阳电池（quantum dot-sensitized solar cells，QDSCs）是采用量子点（QDs）作为光捕获材料进行光电转换的新型太阳电池。量子点是一种尺寸介于1～10nm之间的半导体纳米材料，由于其尺寸小于或近似于相应的激子玻尔半径，量子点具有独特的量子限域效应。量子点作为吸光材料具有吸光能力强、吸光范围方便可调、制备方便以及对水、光、热稳定性好等优势。此外由于量子点独特的多激子效应（即一个光子可以激发2个及以上电子空穴对），可以突破传统太阳电池光电转换效率Shockley-Queisser理论上限的31%而达到44%。QDSCs是在传统的染料敏化太阳电池的基础上发展起来的第三代太阳电池。QDSCs的器件结构及工作原理和染料敏化太阳电池相似，主要包括光阳极、电解液和对电极三部分。光阳极为量子点敏化的纳米半导体氧化物介孔膜（如TiO_2、ZnO、SnO_2等），氧化物介孔膜主要通过丝网印刷技术涂覆在氟掺杂二氧化锡（FTO）导电玻璃上。电解液是溶解了氧化还原电对的溶液（或固态空穴传输材料），其中最常用的是S/S^{2-}氧化还原电对电解液，主要作用是捕获空穴还原量子点。对电极负载催化材料，通过催化还原氧化还原电对中氧化态物质从而起到将电子从外电路传回到电解液的作用，常用的催化材料包括过渡金属硫化物和碳材料。QDSCs由于量子点吸光材料独特的光电特性以及器件结构简便等特点，具有高效率、低成本、高稳定性的潜质，是具有良好发展潜力的新型太阳电池，在近年来受到了广泛的研究关注。

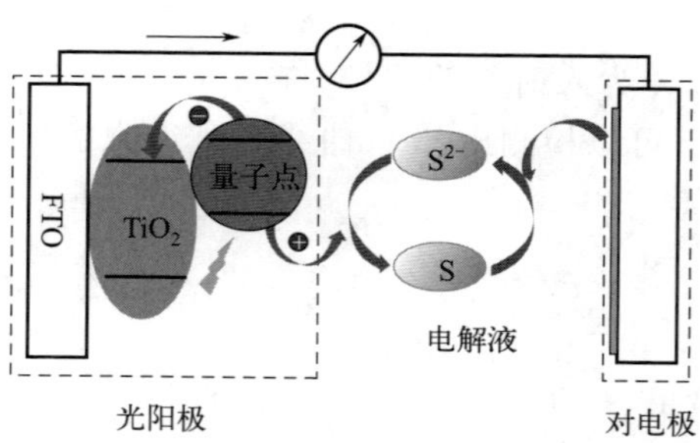

图7-31 QDSCs的结构及工作机理

QDSCs的结构及工作机理如图7-31所示，光阳极上的量子点吸收太阳光子被激发，产生电子空穴对，完成光捕获。随后光生电子注入TiO_2基底中（驱动力为量子点导带能位和TiO_2费米能级之间的能级差），同时光生空穴注入电解液中，实现电荷分离；光生电子经光阳极、外电路到达对电极，在对电极的催化作用下还原电解液，完成电荷收集过程以及实现光能到电能的转换。也就是说，光电转换主要包括光捕获、电荷分离和电荷收集三个过程。

7.1.6.2 QDSCs组成部件对材料的性能需求

在QDSCs中，理想量子点吸光材料需具备以下特点：

a. 宽的吸光范围（吸光波长覆盖紫外到近红外区）和高的吸光系数，以获得高的光捕获能力；

b. 足够高的导带能位，以实现高的电子提取效率；

c. 尽可能低的缺陷态密度，减少光生电荷的非辐射复合损失，获得高的电荷收集效率；

d. 性能稳定、价格低廉、环境友好，不含高毒性重金属元素等。

针对以上条件，研究者们先后设计开发了多种组分和结构的量子点敏化剂，包括二元量子点、核/壳量子点、合金量子点和掺杂量子点等。以$CuInS_2$和$CuInSe_2$为典型代表的Ⅰ-

Ⅲ-Ⅵ族量子点，由于其不含 Pb、Cd 等高毒性重金属元素、带隙窄和吸光系数高等突出优势，逐渐取代传统的铅、镉系量子点，成为 QDSCs 中的主流吸光材料。

此外，在 QDSCs 中金属氧化物基底用于负载光吸收材料并将光生电子传递到导电基底，是太阳电池构造中不可或缺的一部分。其选择需具备以下特性：

a. 带隙宽，对光的透过率高，使太阳光尽可能多地被量子点吸收利用；

b. 能带结构与量子点的能带结构相匹配，确保光生电子能注入金属氧化物中；

c. 比表面积大，孔隙率高，能吸附足够多的量子点，并有利于电解液的渗透；

d. 电子传输能力强，能够快速将光生电子传导至外电路。目前，QDSCs 中采用的金属氧化物半导体材料主要为 TiO_2、ZnO 和 SnO_2。

电解液作为 QDSCs 的重要组成部分，负责电池器件内部的电荷传输，电解液需具备以下特点：a. 对光生空穴具有高效的还原能力；b. 合适的氧化还原电位以提供较高的开路电压；c. 良好的渗透性、低挥发性、良好的稳定性及对量子点和对电极材料无腐蚀等。聚硫氧化还原电对 S/S^{2-} 是目前应用最为广泛的电解质材料。

在 QDSCs 中，对电极需具备以下特点：a. 良好的导电性，能保证电子的快速传输；b. 对光生电子具有高效的催化氧化能力，以保证将氧化态的电解质还原；c. 良好的稳定性，不易被电解液腐蚀；d. 较大的比表面积，使其表面催化活性位点较多等。目前，在 QDSCs 中，对电极催化材料主要有贵金属、金属硫化物、碳材料、导电聚合物和以上材料的复合体。其中，Cu_2S/黄铜片是常用的对电极，能实现器件良好的稳定性和可接受的光伏性能。

7.1.6.3 QDSCs 组件制备与器件组装

QDSCs 的制备一般包括量子点敏化的光阳极、氧化还原电对电解液、对电极的制备以及电池的组装等步骤，其工艺及流程如图 7-32（a）所示。其中 TiO_2 介孔膜是将 TiO_2 浆料（透明层浆料和散射层浆料）通过丝网印刷技术印刷到 FTO 透明导电玻璃上，然后经过高温煅烧制成的。量子点的沉积是将 TiO_2 介孔膜浸入量子点分散液中或将一定量的量子点分散液滴加到 TiO_2 介孔膜上，在室温或一定温度环境中静置一定时间（通常是 30min 到 1h 或 2h），待饱和吸附量子点后即可获得量子点敏化的光阳极。量子点通常采用高温热注入法合成，再通过配体交换方法得到含双官能团连接分子（如巯基丙酸）包覆的量子点，通过配体末端的 COO^- 与 TiO_2 的强配位能力引导量子点在 TiO_2 膜上自组装沉积而获得量子点敏化光阳极膜，具体过程见图 7-32（b）。常用的聚硫电解液是 2.0mol/L Na_2S 和单质 S 的水溶液。Cu_2S/黄铜对电极的制备方法是将黄铜片浸入稀盐酸溶液中并在 90℃ 水浴锅中浸泡 1h 左右，然后在聚硫电解液中原位生成 Cu_2S。在制备好的光阳极和对电极之间放置热塑膜环，通过热压将两个电极组装固定，最后将配制的电解液注入两个电极中间的空隙，即可组装得到一个完整的 QDSCs 器件。

7.1.6.4 QDSCs 器件性能评价

QDSCs 最重要的性能之一是光电转换效率（*PCE*）。*PCE* 定义为 QDSCs 最大输出电功率与入射太阳光功率的比值。1998 年美国 Nozik 教授等将 InP 量子点负载在 TiO_2 半导体薄膜上成功构建出了完整的 QDSCs，拉开了量子点太阳电池研究的序幕。但是，由于当时的工作缺少对量子点结构、表面和缺陷等性质的研究以及人们对敏化类太阳电池的电荷传输、分离等性质认识不充分等原因，QDSCs 在相当长的一段时间内发展缓慢，光电转换效率较

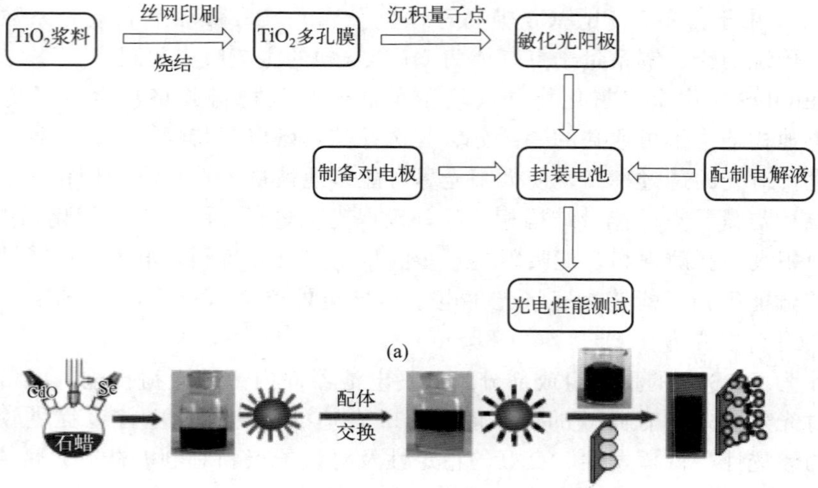

图 7-32 (a) QDSCs 组装工艺及流程；(b) 量子点敏化光阳极膜制备工艺

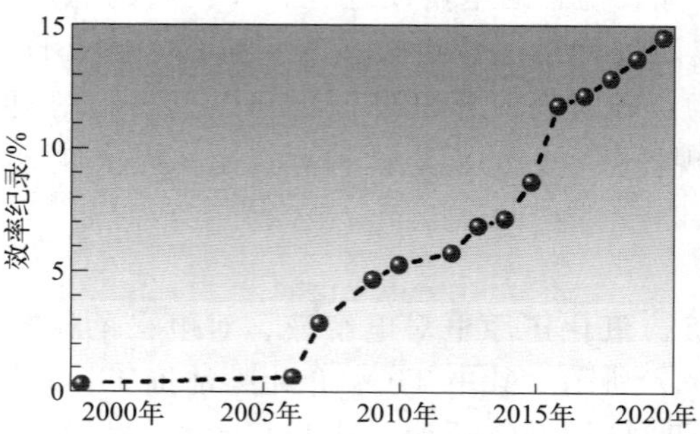

图 7-33 QDSCs 光电转换效率发展历程

低，有关 QDSCs 光电转换效率发展历程见图 7-33。直到进入新世纪，科学家们开发并合成了更多高质量的二元（CdSe、PbS 等）、三元（$CdSe_xTe_{1-x}$、$CuInS_2$、$CuInSe_2$ 等）、多元（Zn-Cu-In-Se、Zn-Cu-In-S、Cu-Zn-Sn-S 等）和核/壳结构（CdTe/CdSe、$CdSe_xTe_{1-x}$/CdS 等）的量子点敏化剂，对电池其他组成部分（含金属氧化物电子传输层、氧化还原电对电解液、对电极催化材料等）进行了优化改进，并对光电转换机理展开了深入研究，QDSCs 的光电转换效率有了大幅度的提升，成为新型太阳电池领域的一个研究热点。截至目前，华南农业大学钟新华课题组报道了认证效率超过 16% 的电池器件，这是 QDSCs 首次超越商业应用的门槛。

此外，电池器件的稳定性是性能的另一评判标准。对于太阳电池而言，长期、稳定、高效的功率输出是其迈向实际应用的必然要求，而不稳定因素会导致电池器件在长期使用过程中效率逐渐衰退。稳定性一般体现在两个方面：电极材料的稳定性以及器件结构的稳定性。纳米材料具有较大的比表面积，一般具有较大的反应活性，因此量子点材料与氧气、水、电解液的物理化学反应会逐渐腐蚀量子点本身。除此之外，常用的 TiO_2 光阳极材料具有一定的光催化活性，亦可在光照下催化降解量子点材料。为提高器件的长期稳定性，研究者需要开发更稳定的电极材料，通过表界面修饰等手段抑制不利反应的发生。在 QDSCs 中，器件结构的稳定性问题主要体现在两方面：液态电解质的渗漏、挥发，以及电解液与对电极（黄铜片）不间断的腐蚀反应。为此研究者需要对电池器件进行封装处理，隔绝水、氧并抑制电解液的挥发，同时将黄铜片替换为沉积在玻璃基底上的电镀铜或更稳定的硫化物以及碳材料。另外，材料毒性与成本是制约电池器件迈向商业化的又一瓶颈。为此，研究者需要避免使用毒性较大的 Pb、Cd 等元素，通过合适的材料选取以及优化材料合成、器件组装工艺路线等手段降低实际成本。

7.2 光电二极管

光电二极管是一个在反向偏置电压下工作的PN结二极管。在空间电荷区由入射光子产生的多余载流子被电场扫出，产生光电流；光电流与入射光子强度成正比。PIN和雪崩光电二极管是基本光电二极管的变体。本节将对PN结的概念、不同结构光电二极管的工作原理进行简要的介绍。

7.2.1 PN结简介

一块本征半导体的一部分掺杂受主杂质原子形成P型半导体区，相邻的另一部分掺杂施主杂质原子形成N型半导体区，它们的交界面处就形成了PN结，分隔P区与N区的界面称为PN结，其结构如图7-34（a）所示。

对于理想均匀掺杂的PN结来说，其P区与N区的掺杂分布如图7-34（b）所示。作为简化模型，我们首先讨论突变结的情况。突变结是指每个区域的掺杂浓度均匀，杂质浓度在界面处发生突变的结型结构。一开始，PN结附近的电子与空穴浓度梯度较大。P区的多数载流子空穴向N区扩散，而N区的多数载流子电子向P区扩散。若假设半导体与外界电路无连接，那么这种扩散过程并不能无限期地持续下去。

在PN结的交界面处两端空穴与电子载流子浓度存在一定的浓度梯度，会引起载流子的扩散运动。如图7-34所示，P区内的空穴多、电子少；N区内的电子多、空穴少。因此，P区内的空穴向N区扩散，P区一侧留下带负电的杂质离子，形成负电荷区。同时，N区内的电子会向P区扩散，在交界面附近的N区一侧留下一些带正电的杂质离子，形成正电荷区。这些正负电荷通常称为空间电荷，它们不能自由移动，不参与导电。P区的净负电荷与N区的净正电荷在PN结的交界处感生出一个内建电场，方向由正电荷区指向负电荷区，即由N区指向P区，如图7-35所示。PN结具有单向导电特性，即正向偏置电压下，呈低阻导通状态；反向偏置电压下，呈高阻截止状态。除了单向导电性，PN结还有感温、感光、发光等特性，这些特性经常得到应用，制成各种用途的半导体器件，是各类半导体元器件的核心基础结构。

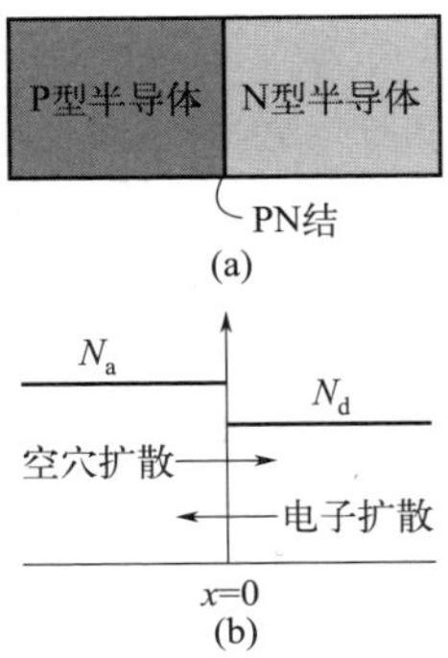

图7-34 （a）PN结的结构；（b）理想均匀掺杂PN结的杂质分布图

N_a—受主掺杂浓度；N_d—施主掺杂浓度

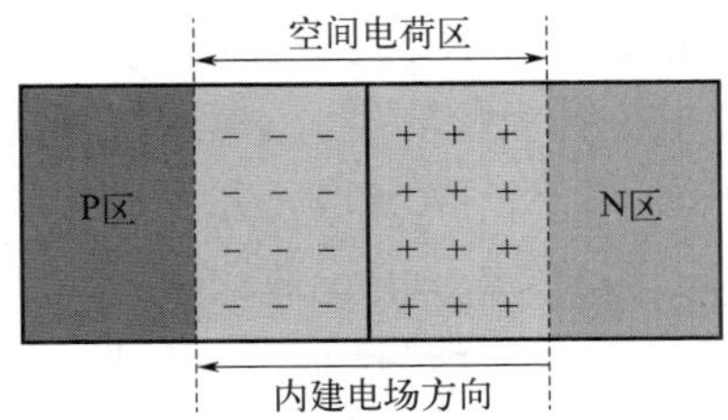

图7-35 PN结内的电荷及电场分布

7.2.2 PN 光电二极管

普通二极管在正向偏置电压作用下处于导通状态，在反向偏置电压作用下处于截止状态，仅仅能通过相当微弱的反向电流。光电二极管（photo-diode）和普通二极管一样，也是由一个 PN 结构建的半导体器件，同样具有单向导电特性。如图 7-36 所示，PN 光电二极管工作在反向偏置电压下，将无光照时产生的极微弱的反向电流称为暗电流，将有光照时器件中迅速增至几十微安的反向电流称为光电流。反向光电流的变化由光强的变化引起，即将光信号转换为电信号，可作为光电传感元器件存在于电路中。

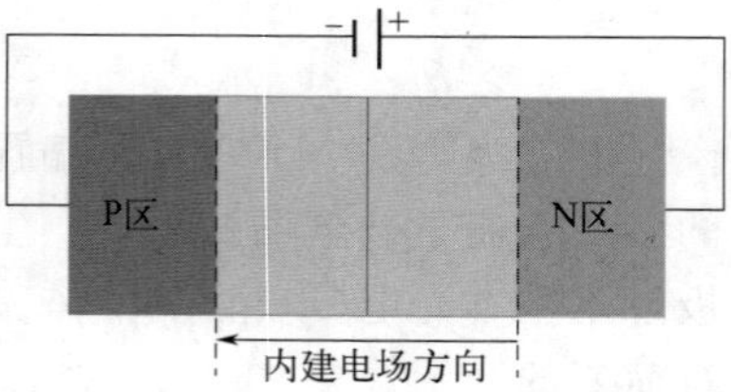

图 7-36 PN 光电二极管的结构

PN 光电二极管是如何将光信号转换成电信号的呢？当有光照时，反向电流又是如何增大的呢？光电二极管在设计和制作时尽量使 PN 结的面积相对较大，以便接收入射光。器件在光照条件下，携带能量的光子入射进入 PN 结，将能量传递给共价键上的束缚电子，束缚电子能量增至一定程度后就会挣脱共价键的束缚，产生光生载流子，同时形成电子-空穴对。载流子在反向偏置电压作用下发生漂移，从而使得反向电流迅速增大，且其增大的程度与光强成正比。PN 光电二极管其实就是经过特别的制作，拉长了 PN 结，同时使得光可以顺利照射到基底表面的一种二极管。在空间电荷区，没有载流子浓度差，光照生成的过剩载流子在 P 区和 N 区形成的电场下运动，从而形成漂移电流。因为空间电荷区内的电场很大，所以在这一部分所形成的光电流延迟很小，可以达到皮秒级别。而在其他的区域并没有电场，载流子只能依靠浓度差扩散生成扩散电流。但是载流子扩散的速度相对漂移较慢，所以扩散电流的延时是影响器件工作响应速度的主要因素。PN 光电二极管暗电流小、响应速度较低，可应用于彩色传感器、光电三极管、照相机曝光计等设备中。

7.2.3 PIN 光电二极管

在大多数情况下，PN 光电二极管空间电荷区所产生的漂移光电流是使用者最为关心和感兴趣的部分，因为这部分电流速度高，可以显著提高光电二极管的频率响应特性。上述的 PN 光电二极管存在响应速度低等问题，如果在光电二极管的 PN 结中间掺入一层浓度很低的 N 型半导体，就可以增大耗尽区的宽度，减小扩散运动的影响，提高响应速度，即增强反应灵敏性。由于这一掺入层的掺杂浓度极低，近乎本征半导体，故称 I 区，这种结构称为 PIN 光电二极管，也称 PIN 结二极管、PIN 二极管，其结构如图 7-37 所示。因此，PIN 光电二极管，即在 P 区与 N 区的两种半导体之间的 PN 结的邻近区域生成 I 型层，吸收光辐射而产生光电流的一种光检测器。它具有结电容小、渡越时间短、灵敏度高等优点。对于 PIN 光电二极管来说，I 区一般较厚，几乎占据了整个耗尽区。绝大部分的入射光在 I 层内被吸收并产生大量的电子-空穴对，从而很快将光能转化成电能。在 I 层两侧是掺杂浓度很高的 P 型和 N 型半导体，P 层和 N 层一般很薄，吸收入射光的比例很小。因而光产生电流中漂移分量占了主导地位，这就大大加快了响应速度。

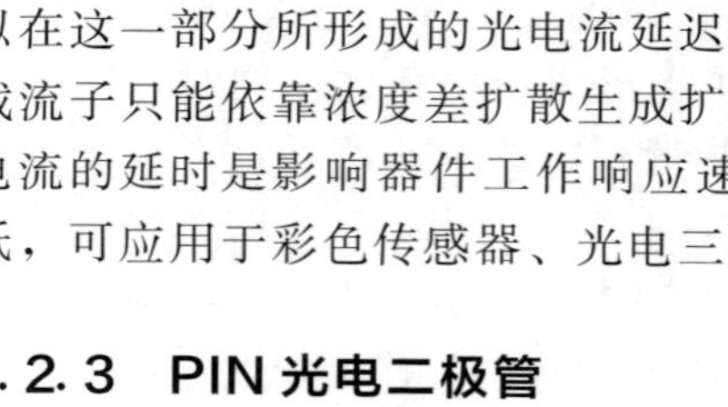

图 7-37 PIN 光电二极管的结构

对于 PIN 光电二极管来说，由于本征区是近似全耗尽的区域，这种结构就相当于将空间电荷区人为加长。这种结构有两个最显著的好处：a. 可以通过控制本征区宽度的方式来达到人为控制空间电荷区的宽度的目的，使得大部分的光子在这部分被吸收。b. 由于大部分光子在本征区被吸收，所以漂移电流的成分就远远大于扩散电流，光电二极管的响应速度就随之加快。由于这两个显著优势，这种结构的 PIN 光电二极管已成为使用范围最广的光电检测设备的内部核心组分之一。在工程应用的发展过程中，PIN 光电二极管的结构和材料被不断优化，使其更加有利于吸收光照。横向 PIN 光电二极管就是将 PIN 结构横向铺开，光照直接射在本征区的一种结构。这样减少了光在 N 区的损耗，增大了相同光照条件下的光电流。此外，现在光纤通信系统中广泛使用的光波长一般为 1.3μm 或者 1.55μm，这两个频段都超过了硅的响应截止波长（1.1μm），所以必须采用一些其他半导体材料所制作的 PIN 光电二极管来做这方面的光检测，比如，淀积在 InP 衬底上的 InGaAs 合金是较为常用的材料体系。PIN 光电二极管很早就被人们用来将光信号转换成电信号。PIN 光电二极管在设计时也会尽量增大 PIN 区的面积，以便能够接收更多的光信号，这样能转换和传输的电信号也会越多，光电传输就能更大效率地得到利用。PIN 光电二极管暗电流大、响应速度快，可应用于高速光的检测和遥控、写字笔、传真等设备中。

7.2.4 雪崩光电二极管

上面介绍的两种传统结构的光电二极管在理想状态下所吸收的光子与电子-空穴对是一一对应的，效率较低，并不适用于光照功率很低的场合。所以，研究者们又发明了雪崩光电二极管来解决这一问题。雪崩光电二极管是工作在高反向偏置电压下的一类光电二极管，其中利用了载流子的雪崩倍增效应来放大光电信号以提高检测的灵敏度。雪崩光电二极管是具有内增益的一种光电元件，它利用光生载流子在强电场下的定向运动产生雪崩效应，以获得光电流的增益。在雪崩过程中，光生载流子在强电场作用下高速定向运动，这些具有高动能的电子-空穴对与晶格原子碰撞，使其电离进而产生二次电子-空穴对；二次电子-空穴对在高电场下获得足够的动能，与晶格原子碰撞发生电离，再次产生新的电子-空穴对，此过程像“雪崩”似的不断继续下去。电离产生的载流子数量远远大于光激发产生的光生载流子数目，这时雪崩光电二极管的输出电流迅速增加。

雪崩光电二极管的基本结构如图 7-38 所示，通常采用容易产生雪崩倍增效应的二极管结构（即 N 区/N 或 I 区/P 区结构，P 区一侧接收光），工作时在 PN 结外加较大的反向偏压，使其达到雪崩倍增状态。雪崩倍增发生会产生内部电流增益。雪崩光电二极管的增益带宽积极高，因此该器件可以对微波频率调制的光进行响应。对于雪崩光电二极管来说，其量子效率和响应速度的标准与那些非雪崩光电二极管相似。然而，高增益往往伴随着高噪声的代价，因此在实际应用中，必须在考虑雪崩增益的同时考虑噪声特性。如果雪崩过程仅有一种载流子参与，则可有效降低这种噪声。比如对于 InGaAs 雪崩光电二极管，入射光被 InGaAs 层吸收，然后空穴漂移进倍增区（通常是本征或低掺杂的 InP 层），并在此发生雪崩倍增过程，在整个过程中仅有一种载流子参与，噪声可以得到有效抑制。由于不同材料的雪崩光电二极管可以满足不同的探测波长和应用场合，因此研究人员已经广泛地研究了不同材料的雪

图 7-38　雪崩光电二极管的基本结构

崩光电二极管，比如硅基、InP/InGaAs、GaN 基等。目前，基于不同材料的雪崩光电二极管探测波长范围涵盖了紫外到红外的所有波段。雪崩光电二极管响应速度非常快，具有倍速作用，可应用于高速光通信、高速光检测等领域。

7.2.5 光电二极管的评价参数

光电二极管的一些关键性能参数主要包括光电流、暗电流、最高工作电压、光电灵敏度与光谱响应范围等。

a. 光电流　指在一定反向偏置电压下，入射光强为某一定值时流过二极管的反向电流。光电二极管的光电流一般为几十微安，并且与入射光强度成正比。光电流大小主要受光照的影响，而受环境温度的影响不大；光电流几乎不受外加电压变化的影响。一般情况下，光电二极管的光电流越大越好。

b. 暗电流　指在一定反向偏置电压下，无光照时流过二极管的反向电流，通常在 50V 反向偏置电压下的暗电流小于 100nA。一般希望光电二极管的暗电流越小越好，暗电流小的二极管稳定性好、检测弱信号能力强。暗电流随环境温度而变化，比如，硅光电二极管的暗电流在环境温度高到 30～40℃时，将比参数表中规定值大 10 倍。

c. 最高工作电压　指在无光照、反向电流不超过规定值（通常为 100nA）时，允许的最高反向工作电压，一般在 10 ～50V。通常，最高工作电压较大的光电二极管，其性能较稳定。

d. 光电灵敏度　它是反映光电二极管对光的敏感程度的一个参数，指在规定波长的入射光照射下，光电二极管两端加上反向偏压时，输入单位光功率，二极管所输出的光电流值，用每微瓦的入射光能量下所产生的光电流来表示。光电灵敏度越高，说明该光电二极管对光的反应越灵敏。

e. 光谱响应范围　硅光电二极管的光谱范围为 400～1100nm，其峰值波长为 880～900nm，这与 GaAs 红外发光二极管的波长相匹配，可获得较高的传输效率。

7.3 光电导器件

7.3.1 光电导探测器

7.3.1.1 光电导效应

均匀半导体材料吸收入射光辐射中的光子，使材料中产生附加的自由电子和自由空穴，即产生了光生载流子，从而使半导体的电导率发生变化。光电导效应是多数载流子导电的光电效应。

对于本征半导体，其光电导

$$\Delta\sigma=e(\Delta n\mu_n+\Delta p\mu_p) \tag{7-13}$$

式中，Δn 和 Δp 分别是电子和空穴浓度的增量，即光生载流子浓度；μ_n 和 μ_p 分别是电子和空穴的迁移率。

本征半导体光电导的截止波长（μm）

$$\lambda_c = \frac{1.24}{E_g} \tag{7-14}$$

式中，E_g 为半导体的禁带宽度，eV。入射光子的能量需不低于本征半导体的禁带宽度，即存在“红限”。

对于杂质半导体，N 型和 P 型半导体的光电导分别为：

$$\Delta\sigma_n = e\Delta n\mu_n \text{(N 型)} \tag{7-15}$$

$$\Delta\sigma_p = e\Delta p\mu_p \text{(P 型)} \tag{7-16}$$

杂质半导体光电导的截止波长

$$\lambda_c = \frac{1.24}{E_i} \tag{7-17}$$

式中，E_i 为杂质电离能，eV。通常杂质电离能 E_i 远小于禁带宽度 E_g，所以非本征光电导的长波限远大于本征半导体的长波限。

7.3.1.2 光电导探测器

利用光电导效应可以制成各种用途的光电元件，如光敏电阻（光电导探测器）、光电管等。其中，光敏电阻具有体积小、坚固耐用、价格低廉、光谱响应范围宽等优点，广泛用于微弱辐射信号的探测领域。

光的探测是光学信息传输中不可缺少的重要组成部分，任何光电系统中都应包含光探测器件。光电导探测器中半导体材料吸收光子的能量，产生电子-空穴对，形成光电流，因此光电导探测器的工作过程也就是把光信号转变为电信号的过程。选用不同的半导体材料可以制备探测波长范围不同的光电导探测器。半导体光电导探测器的探测波长覆盖了可见光波段、红外波段、远红外波段，近年来又覆盖了紫色光和紫外波段。下面将具体介绍光电导探测器的结构、工作原理和特性。

（1）简单模型

图 7-39 是光电导探测器的简单模型。在均匀的具有光电导效应的半导体材料两端加上电极，便构成光电导探测器。当光电导探测器的两端加上适当的偏置电压后，便有电流流过，用检流计可以检测到该电流。改变照射到光电导探测器上的光度量（如照度），发现流过的电流将发生改变，说明光电导探测器的阻值随照度变化。当光电导探测器受到光照时，光生电子-空穴对增加，阻值减小，电流增大。

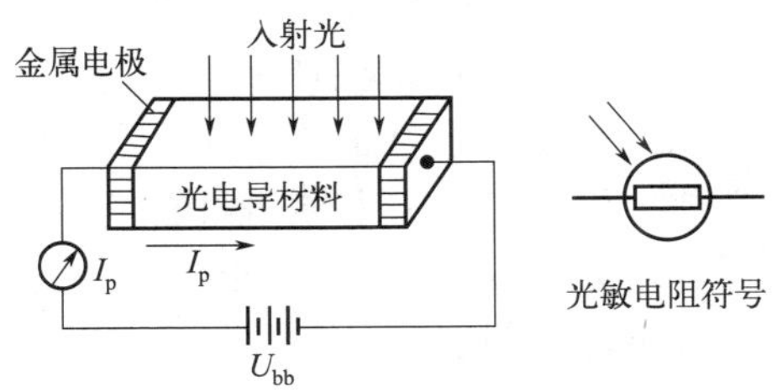

图 7-39　光电导探测器简单模型

（2）光电导探测器结构设计

光电导探测器（光敏电阻）的基本结构是：在一块光电导体两端加上电极，贴在硬质玻璃、云母、高频瓷或其他绝缘材料基板上，两端接电极引线，封装在带有窗口的金属或塑料外壳内。

光电导探测器的响应度与其两电极间的距离的平方成反比，为提高光电导探测器的响应度，要尽可能缩短其两电极间的距离。光敏面做成蛇形，在一定的掩模下向光电导薄膜上蒸镀金或铟等金属形成电极。梳状电极可以保证有较大的受光表面，也可以减小电极之间距离，从而减小极间电子渡越时间，提高灵敏度。导体吸收光子而产生的光电效应，只限于光照表面薄层，虽然产生的载流子也有少数扩散到内部去，但扩散深度有限，因此光电导体一般都做成薄层。此外，灵敏度易受湿度的影响，因此要将光电导体严密封装在玻璃壳体中。

图 7-40 是光敏电阻结构。图 7-40（a）为梳形结构，梳形电极间距很小，之间为光敏电阻材料，灵敏度高。图 7-40（b）为蛇形结构，光敏面为蛇形，两侧为金属导电材料，并在其上设置电极。图 7-40（c）为刻线式结构，在制备好的光敏电阻衬基上刻出狭窄的光敏材料条，再蒸涂金属电极。

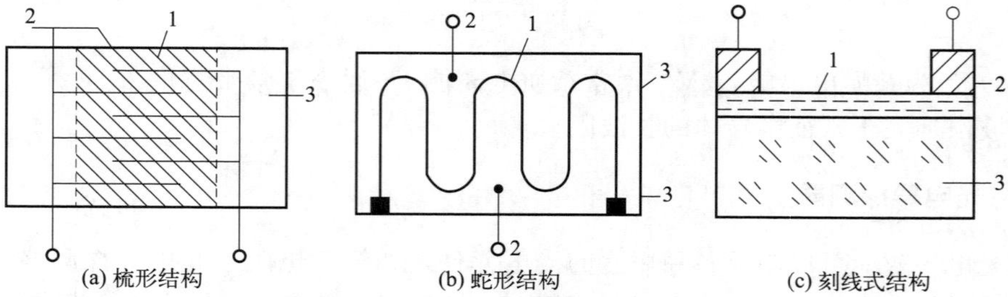

图 7-40　光敏电阻结构

1—光电导材料；2—电极；3—衬底材料

（3）光电导探测器材料设计

根据半导体材料分类，光电导探测器可分为本征型半导体光电导探测器与杂质型半导体光电导探测器。本征型半导体的光吸收以吸收光子能量大于带隙宽度 E_g 的本征吸收为主，材料中电子吸收能量直接从价带跃迁到导带。而杂质型半导体中还能观察到吸收光子能量小于 E_g 的杂质吸收，材料中电子需借助杂质能级进行跃迁。因此，本征型半导体光电导探测器的长波长要短于杂质型半导体光电导探测器的长波长。根据光电导探测器的探测波段需求确定半导体材料的种类，本征型半导体可用于可见光波段的探测，杂质型半导体可用于红外波段甚至于远红外波段的探测。

无论是直接带隙还是间接带隙半导体都能用于制备光电导探测器件，这与半导体发光器件必须采用直接带隙半导体材料的要求有很大不同。目前紫外波段有 InGaN、金刚石等探测器，可见光波段有 Si 等探测器，红外波段有 Ge、GaAs、InGaAs 等探测器，远红外波段有碲镉汞等探测器。

在光电导探测器中对电极材料主要有以下要求：a. 具有良好的导电性，能保证电信号的快速传输；b. 与半导体材料能形成稳定可靠的接触；c. 与半导体形成的接触具有较高的载流子收集效率。目前一般采用 Al、Ag、Au、Ti、Ni、Cr 等金属或多层金属合金作为光电导探测器的金属电极，并应用高温退火工艺以形成良好的金属-半导体接触。

（4）光电流

我们讨论光电导探测器在弱辐射下的光电流。设模型为 N 型材料（P 型同此分析），若光功率沿 x 方向均匀入射，光电导材料的吸收系数为 α，则入射光功率在材料内部沿 x 方向的变化为：

$$P(x)=P\exp(-\alpha x) \tag{7-18}$$

式中，P 为 $x=0$ 处入射功率。

x 处光生载流子的浓度设为 $n(x)$，稳态条件下，光生载流子的产生率和复合率相等，有：

$$\frac{\alpha P(x)}{WLh\nu}=\frac{n(x)}{\tau_0} \tag{7-19}$$

式中，W、L 分别对应器件的宽度和长度；$h\nu$ 代表光子能量；τ_0 代表光生载流子寿命。

将式（7-18）代入式（7-19），得：

$$n(x)=\frac{\alpha P(x)\tau_0}{WLh\nu}=\frac{\alpha P\tau_0}{WLh\nu}\exp(-\alpha x) \tag{7-20}$$

外加电场下，光电子的漂移电流密度为：

$$J(x)=en(x)\mu \tag{7-21}$$

式中，μ 为载流子迁移率。

光电流平均值为：

$$i_{\mathrm{p}}=\int_A J(x)\mathrm{d}A=We\mu\int_0^d n(x)\mathrm{d}x=\frac{\alpha P\tau_0 e\mu}{h\nu L}\int_0^d \exp(-\alpha x)\mathrm{d}x \tag{7-22}$$

式中，d 为探测器的高度。

若入射光功率 P 全部被吸收，探测器内平均光生载流子浓度为：

$$n(x)=\frac{\alpha P\tau_0}{WLdh\nu} \tag{7-23}$$

光电流平均值为：

$$i_{\mathrm{p}_0}=\frac{P\tau_0 e\mu}{h\nu L} \tag{7-24}$$

量子效率为：

$$\eta=\frac{i_{\mathrm{p}}}{i_{\mathrm{p}_0}}=\alpha\int_0^d \exp(-\alpha x)\mathrm{d}x \tag{7-25}$$

光电流为：

$$i_{\mathrm{p}}=\frac{e\eta P}{h\nu}\frac{\tau_0\mu}{L}=\frac{e\eta P}{h\nu}\frac{\tau_0}{\tau_{\mathrm{d}}}=G\frac{e\eta}{h\nu}P \tag{7-26}$$

式中，$\tau_{\mathrm{d}}=L/\mu$ 为载流子在电极间的渡越时间；$G=\tau_0/\tau_{\mathrm{d}}$ 为光电导探测器的内增益，等于载流子平均寿命与渡越时间之比，表示一个光电载流子对探测器外回路电流的有效贡献。

提高光电导内增益的方法有：选用平均寿命长、迁移率大的半导体材料；减少电极间距离；增大偏压。

(5) 光电导探测器的基本特性

① 光照特性

如图 7-41 所示的特性曲线，反映了流过光敏电阻的电流 I_p 与入射光照度 E 之间的变化关系，由线性渐变到非线性。

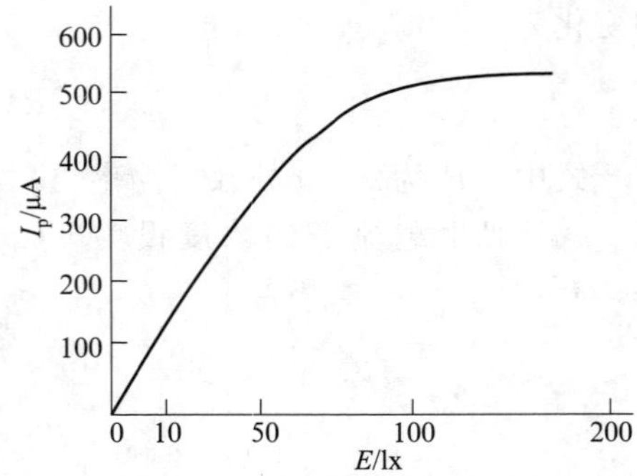

图 7-41　CdS 光敏电阻的光照特性曲线

1lx=1lm/m²

在实际使用中，常将光敏电阻的光电特性曲线改用如图 7-42 所示的两种坐标。图 7-42（a）为线性直角坐标系中光敏电阻的阻值 R 与入射照度 E_v 的关系曲线，而图 7-42（b）为对数直角坐标系下的阻值 R 与入射照度 E_v 的关系曲线。

② 伏安特性

加在光敏电阻两端的电压 U 与流过的电流 I 的关系曲线，称为光敏电阻的伏安特性。图 7-43 是典型 CdS 光敏电阻的伏安特性曲线，图中虚线为额定功耗线。使用光敏电阻时，应使电阻的实际功耗不超过额定值。

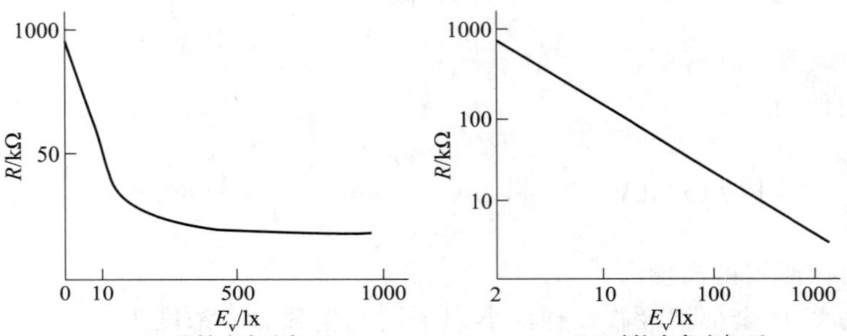

(a) 线性直角坐标系　　(b) 对数直角坐标系

图 7-42　光敏电阻的光照特性曲线

③ 频率特性

光敏电阻依靠非平衡载流子效应工作，非平衡载流子的产生与复合都有一个过程，这个过程在一定程度上影响了光敏电阻对变化光照的响应。采用交变光照时，光敏电阻的输出将随入射光频率的增加而减小。图 7-44 是光敏电阻的频率特性曲线。通常，CdS 的响应时间在几十毫秒至几秒；CdSe 的响应时间约为 10^{-2}～10^{-3}s；PbS 约为 10^{-4}s。由此可见，要达到稳定输出，频率响应不会超过 10kHz，一般为 1kHz。

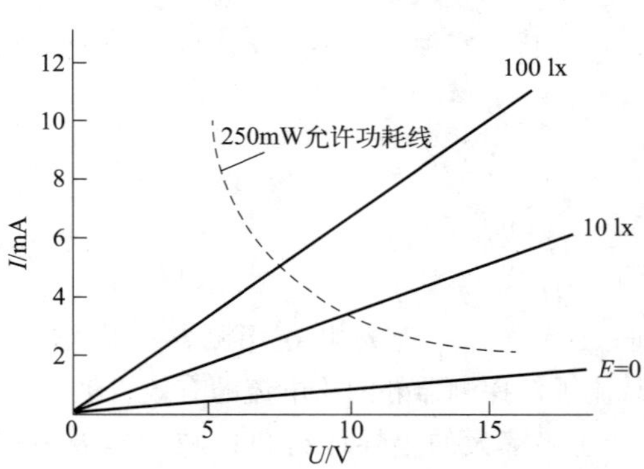

图 7-43　典型 CdS 光敏电阻的伏安特性曲线

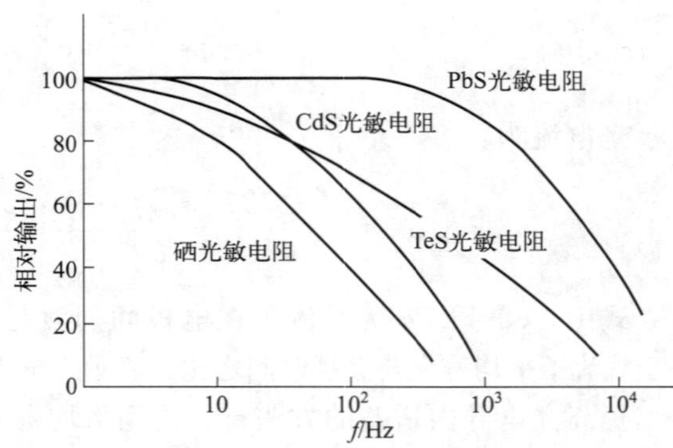

图 7-44　光敏电阻的频率特性曲线

④ 温度特性

光敏电阻温度特性（图 7-45）是指在一定的光照下，光敏电阻的阻值、灵敏度或光电流受温度的影响。随着温度的升高，暗电阻和灵敏度都下降。

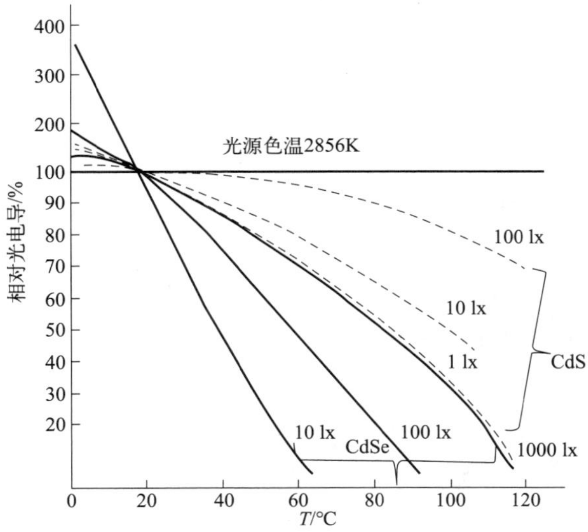

图 7-45　光敏电阻的温度特性

光敏电阻的温度特性很复杂，在一定的照度下，亮电阻与温度系数（有正有负）的关系为

$$\alpha=\frac{R_2-R_1}{R_1(T_2-T_1)} \tag{7-27}$$

式中，R_1、R_2 分别为与温度 T_1、T_2 相对应的亮电阻。光敏电阻在某一光照下的阻值，称为该光照下的亮电阻。光敏电阻的温度系数越小越好，但不同材料的光敏电阻，温度系数是不同的。使用光敏电阻时应考虑采用降温措施，改善光敏电阻的温度系数。例如，可利用制冷器使光敏电阻的温度降低。

⑤ 响应度

$$\mathscr{R}_i=\frac{e\eta}{h\nu}G \text{ 或 } \mathscr{R}_v=\frac{e\eta}{h\nu}GR_{\mathrm{d}} \tag{7-28}$$

式中，$\mathscr{R}_i$ 为电流响应度；$\mathscr{R}_v$ 为电压响应度；R_{d} 为载体电阻。其中光电导内增益为：

$$G=\frac{\tau_0}{\tau_{\mathrm{d}}}=\frac{\tau_0}{L}\mu=\frac{\tau_0}{L}\mu_{\mathrm{n}}\frac{V_{\mathrm{A}}}{L}=\frac{V_{\mathrm{A}}\mu_{\mathrm{n}}\tau_0}{L^2} \tag{7-29}$$

式中，V_{A} 指外加偏置电压。

响应度与偏压和载流子平均寿命有关，可通过加大偏压来提高响应度，但是要受器件所能承受的最大功耗的限制。此外，响应度与光敏面积有关。

⑥ 光谱特性

光电导探测器属于选择性探测器。图 7-46 是三种典型光敏电阻的光谱响应曲线，峰值响应一般位于中波段，而无论向长波（光子能量不够，量子效率不高）或短波（光子能量太大，多数在表面被吸收，载流子易被复合，寿命降低）方向延伸，响应度（S_{λ_f}）都会降低。

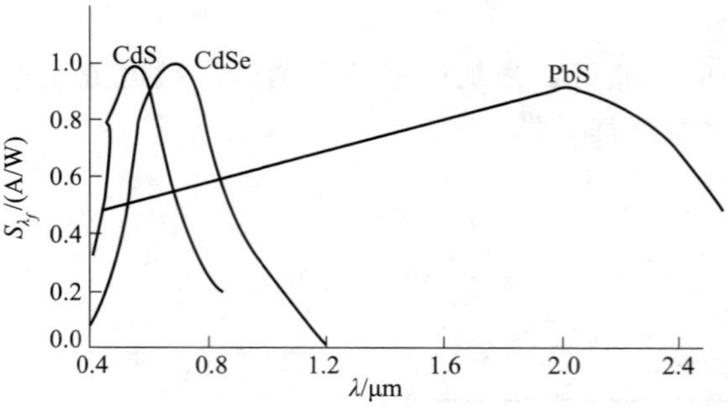

图 7-46　三种典型光敏电阻的光谱响应曲线

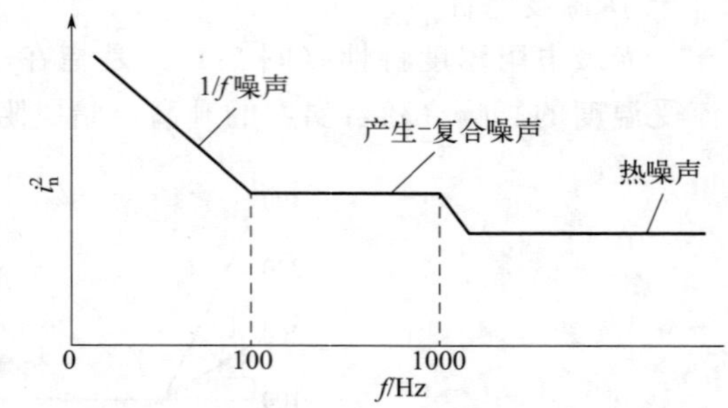

图 7-47　光敏电阻的噪声电流与调制频率的关系

⑦ 噪声特性

光电导探测器主要有三种噪声源：热噪声、产生-复合噪声、$1/f$ 噪声。如图 7-47 所示，其分别在不同的调制频率下起主导作用。

总的均方噪声电流为：

$$\overline{i_{\mathrm{n}}^2}=\overline{i_{\mathrm{nT}}^2}+\overline{i_{\mathrm{ng\text{-}r}}^2}+\overline{i_{\mathrm{n}f}^2}=\frac{4kT\Delta f}{R}+4eGI_{\mathrm{s}}\Delta f+A\ \frac{I_{\mathrm{s}}^{\alpha}}{f^{\beta}}\Delta f \tag{7-30}$$

式中，$\overline{i_{\mathrm{nT}}^2}$ 为热噪声的均方电流；$\overline{i_{\mathrm{ng\text{-}r}}^2}$ 为产生-复合噪声的均方电流；$\overline{i_{\mathrm{n}f}^2}$ 为 $1/f$ 噪声的均方电流；Δf 为测量带宽；R 为探测器电阻；I_{s} 为暗电流；A 为材料经验常数；α 为电流指数；β 为频率指数。

⑧ 比探测度

红外光电导探测器中，最常用的性能参数为比探测度 D^*：

$$D^*=\frac{(S\Delta f)^2}{NEP} \tag{7-31}$$

式中，S 为探测器的表面积；Δf 为带宽；NEP 为噪声等效功率。单色源：$D^*(\lambda,f,\Delta f)$；黑体辐射：$D^*(T,f,\Delta f)$。

⑨ 响应时间和频率响应

在忽略外电路时间常数的影响时，响应时间 τ_0 等于光生载流子的平均寿命，可由 $f_{\mathrm{c}}=\frac{1}{2\pi\tau_0}$，求出光电导探测器的频率响应截止频率 f_{c}。

7.3.2 光电开关器件

7.3.2.1 背景介绍

在实际器件应用中常见的开关有火花隙开关（spark gap）、半导体晶闸管（thyristor）、整流器（rectifier）、场效应管（field effect transistor，FET）、光控开关（optically controlled switch，OCS）等。对于电子系统中的实用器件，它们正逐步向高功率、高频率、微型化的方向迅速发展，因此对高集成、高性能元器件的需求越来越紧迫，但传统开关并不能完美地满足上述要求，研究光导开关意义重大。

随着电力电子技术的发展，对于开关的检验标准愈加严苛。希望开关可以满足更高的工作电压、更大的电流容量、更快的响应速度、更高的工作频率、更小的体积等要求，甚至在军事、航空航天等特殊领域，开关需满足更高的抗辐射、抗冲击等要求。传统的火花隙开关、半导体晶闸管、整流器、场效应管并不能完美地满足上述要求，在表 7-2 中对比了四种常见传统开关的优缺点。

表 7-2　传统开关优缺点对比

开关	优点	缺点
火花隙开关	速度快，可控制高压大电流的通断	寿命短，频率低，制冷困难
半导体晶闸管	速度快	易击穿
绝缘栅双极型晶体管（IGBT）	耐高压	频率特性差
MOSFET	工作频率高	输出功率受限

光导半导体开关（photoconductive semiconductor switch，PCSS）是超快脉冲激光器和光电半导体相结合形成的新型器件，通过触发光对半导体材料电导率的控制，实现开关的关断和导通。与传统的开关相比较，光导开关具有极快的关断时间（ps 量级）、极小的时间抖动（ps 量级）、低开关电感（亚纳亨量级）、高重复频率，且不受电磁干扰、重量轻、体积小等优点。光导开关的发展与半导体材料技术的发展密切相关，随着半导体材料的发展，相继出现了 Si 材料光导开关、GaAs 材料光导开关和 SiC 材料光导开关，目前，第三代半导体材料的 GaN、SiC、Ga_2O_3 以及金刚石材料的光导开关已经有相关人员在进行研究。

如今，光导开关的应用已经不再局限于简单的“开”和“关”，而是拓展至许多重要领域，在军事、通信、医疗等领域广泛应用。光导开关作为目前性能最为优异的高速大功率开关，可以制作更为紧凑的脉冲功率源、触发多种开关、制造超宽带高功率微波、提升点火装置安全性、制作高精度的光敏采集探针以及制造太赫兹脉冲发生器等。

(1) 光导开关在军事领域的应用

光导开关在军事上应用于反隐形冲击雷达系统，主要进行目标识别定位，常规的雷达系统发出的窄频带波会被其中的吸波材料有效吸收，导致雷达的回波大幅度减少，使最终定位失败。而如果将光导开关应用到雷达系统中，如图 7-48 所示，雷达的发射系统由激光器、光导开关、直流电压偏置和射频天线组成，当使用满足条件的激光脉冲触发光导开关后，就会产生超宽频带电磁脉冲。基于光导开关的超宽带雷达能够发出包含多种丰富频率的电磁波，而吸波材料涂层不可能对所有频率的电磁波都能有效吸收，因此光导开关在反隐形冲击雷达系统中发挥了重要作用。在军事上，PCSS 除了可以成为上述反隐形冲击雷达的重要组成部分外，还可用于制作探地雷达和树叶穿透雷达的脉冲发生器，抗干扰雷达微波炸弹，多种军械的低阻抗、高电流点火装置驱动器。此外光导开关在激光核聚变系统、高精度卫星定位和跟踪系统，导弹拦截系统，电子对抗及电子战系统中也有着重要的应用。

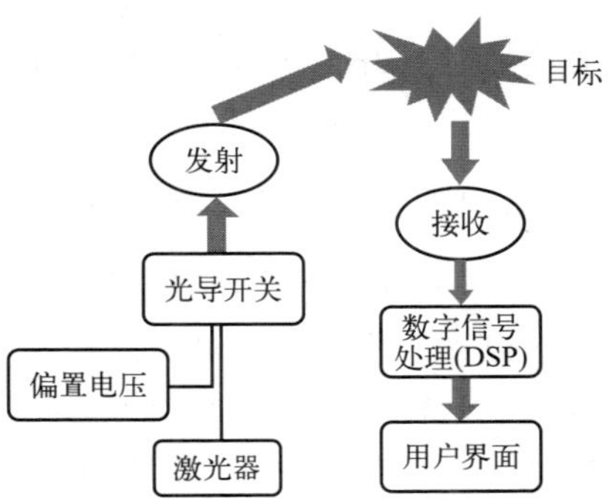

图 7-48　光导开关组成的雷达系统

(2) 光导开关在脉冲功率领域中的应用

光导开关在脉冲功率领域中的应用是其主要应用之一。脉冲功率技术的本质是将能量在时间和空间上进行压缩，从而得到高功率输出和高能量密度。脉冲功率技术研究的主要内容一般包括三个方面，即能量的存储、脉冲形成以及开关技术。开关是脉冲功率系统的核心器件，它将电源系统、储能系统和负载系统联系成一个有机整体并实现能量转换，开关决定着脉冲功率装置的输出特性，在某种程度上也决定着脉冲功率系统的成败。就开关功率和开关速率与几种常规的大功率开关进行比较，比较结果如图 7-49 所示。

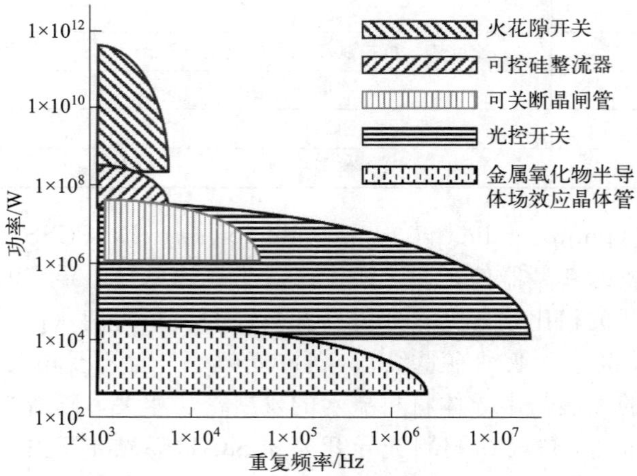

图 7-49 不同开关的功率和重复频率的比较

从图 7-49 中可以看出，光导开关的开关频率和动态范围都是最高的，而开关功率也大于多种器件。这论证了光导开关在脉冲功率系统的重要地位，也展示出其广阔的应用前景。除此之外，光导开关在其他很多方面也优于常规的功率开关，这不仅在于它有很宽的动态范围，还在于它是一种体效应器件，能够按所需的功率容量灵活地设计器件的几何结构、尺寸大小；更为重要的是，其响应快、触发过程几乎无抖动，可实现控制系统和受控系统的完美电隔离，并且开关状态的改变受光脉冲指令控制等。另外，光导开关还很易于实现多个开关的组合应用，从而实现更大的开关功率。

(3) PCSS 在超快瞬态电子学领域中的应用

PCSS 在超快瞬态电子学中最主要的应用有：超高速电光采样，超快瞬态信号和无损伤检测。电光采样的核心是泡克耳斯效应，泡克耳斯盒和最新的锁模激光技术相结合便构成了超快电光采样。用光导开关可以测量超快电子材料和器件的瞬态响应。如频率达 94GHz 的高电子迁移率晶体管（HEMT），200GHz 的异质结双极晶体管（HBT），260GHz 的 schottky 混频器及响应时间达 0.8ps 的金属-半导体-金属（MSM）光探测器。使用光导开关可降低探测价格、扩展探测范围。光导开关在信号测量中的应用，抓住了光导开关响应速度快的特点，利用这一特点可以记录在 ps 量级时间内所发生的变化，所以可以将光导开关应用到电光采样和一些检测瞬态现象的装置中，比如运用光导开关能够进行高精度的电子材料测量以及获得器件的瞬态响应信息。

以上列举的仅仅是光导开关目前最主要的应用领域。事实上，光导开关应用范围十分广泛，并且还在不断地拓展。如近年来，PCSS 已逐渐被应用于超宽带通信、医疗、工业加工、地下探测、农业等领域。

7.3.2.2 光导开关的基本原理

了解光导开关的基本工作原理，是对光导开关进行相关研究与使用的前提。光导开关的全称是光控光导半导体开关，是基于半导体材料的光电效应理论（又称光生伏特效应理论）所发展形成的一种新型超高速器件，是利用超快脉冲激光来控制半导体材料中光生载流子的产生与复合的开关。这涉及一个重要的物理现象，即在常态下，半绝缘的半导体材料在特定波长的激光脉冲照射下可产生大量可移动的自由载流子，使得材料由高阻态变成低阻态。从物理本质角度对比光导开关和家电开关，家电开关是通过金属导线的简单连接与断开来实现导通和关断的，而光导开关则是通过光生载流子的产生与复合来实现导通和关断，因而光导开关响应更加高速和精准、易实现高频率工作。与家电开关类似，光导开关也具有导通和关断这两种工作状态，在给定的光照条件下，其可完成在导通与关断之间的切换。

在无外加光照、高温等条件下的半导体材料内部的自由载流子数量极少，半导体材料电阻率较高（一般$>10^5\Omega\cdot cm$），可认为此时的半导体材料几乎不导电，即使施加高的外加偏置电压，通过光导开关的电流也非常小，可认为光导开关处于关断状态（即阻断态）。开关由关断转为导通，需要给光导开关适合波长的光照触发条件。当一定波长的光照射于半导体材料使其处于非平衡状态时，只要光子的能量大于半导体材料的禁带宽度，价带顶的电子会被光子激发到导带上去，产生电子和空穴对；对于掺杂半导体，当光子的能量满足一定条件时，禁带中的杂质能级上的电子能够被激发到导带上去，导带上也会多出一部分载流子。导带上额外多出的载流子 Δn、Δp 被习惯性地称为非平衡载流子，它们满足以下关系：

$$\Delta n=\Delta p \tag{7-32}$$

在一般情况下，光注入的非平衡载流子的浓度比平衡时的多数载流子浓度小得多，但比平衡时的少数载流子浓度要大很多。因此，实际上在光照条件下对半导体的性质起决定性作用的往往是非平衡少数载流子。非平衡载流子的增加带来的直接结果就是半导体材料的电导率增大，所引起的附加电导率可以表示为：

$$\Delta\sigma=\Delta nq\mu_{\rm n}+\Delta pq\mu_{\rm p}=\Delta nq(\mu_{\rm n}+\mu_{\rm p}) \tag{7-33}$$

式中，$\mu_{\rm n}$、$\mu_{\rm p}$ 分别为半导体中电子和空穴的迁移率；q 为电子电量。这种电导率的增加在光电器件的测量中可以被观察到，它直接反映在半导体电压降的变化上。

由于光的注入，材料中可产生大量的光生电子-空穴对使半导体材料的电阻率迅速降低，这些可自由移动的光生电子-空穴对在外加偏置电压作用下定向移动，产生回路电流。此时，材料中因存在浓度极高的可移动光生载流子而呈现出低阻态，开关也从原来的关断态变成导通态。当撤去光照条件后，光生载流子会通过直接复合或间接复合等各种复合机制迅速复合，原来被激发到导带上的电子重新回落到价带，电子-空穴对成对消失。半导体材料内的电子-空穴对在纳秒级甚至更短的时间内迅速复合，材料恢复为原来的半绝缘特性，开关又回到阻断态。

光导开关的工作原理可简要概括为：光控制光生载流子，光生载流子控制半导体材料的电阻率，进而完成对光导开关工作状态的控制，如图 7-50 所示。由于在给光导开关施加触发条件后，半导体内部产生光生载流子的时间非常短，该时间通常在皮秒甚至亚皮秒量级，故光导开关由关断转为导通的时间也在皮秒甚至亚皮秒量级，所以我们称光导开关是一种新型超高速器件。需要值得我们注意的是，光导开关基体材料的特性参数、外加光脉冲的特性参数、光导开关结构及电极结构等都会影响光导开关两种状态之间的转换时间。

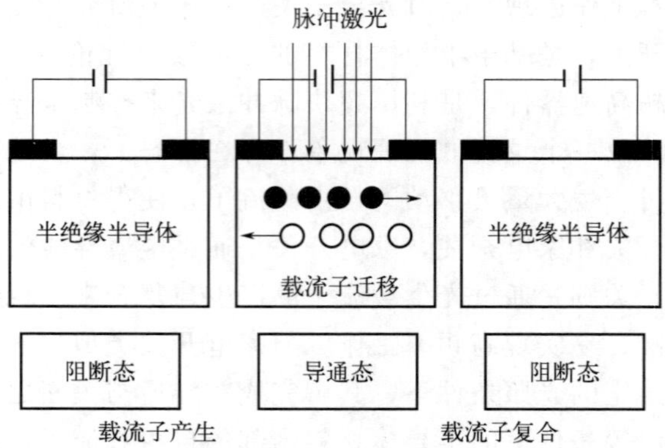

图 7-50　光导开关工作原理

7.3.2.3　光导开关的结构

光导开关由光导材料和电极、传输线这两个基本组成部分构成。光导材料（即光导开关的基体材料）通常选用 Si、GaAs、SiC、GaN 等半导体材料。将 Au、Ti、Al 等金属或 Ti/Al/Ni/Au、Ti/Al/Mo/Au、Ti/Al/Pt/Au、Au/Ge/Ni 等合金镀于光导材料上，以形成欧姆接触来制备光导开关的阴极、阳极。为了进一步保证光导开关在高频下平稳工作，通常采用微带线充当传输线。

由于光导开关在工作时需要偏置电场与触发激光脉冲的协同作用，根据电极相对于器件的位置，通常可以分为以下三种类型：同面电极结构、异面对称电极结构、斜异面非对称电极结构。见图 7-51。

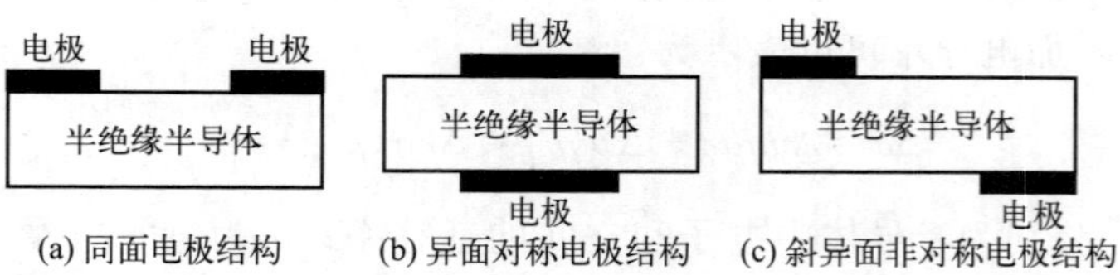

图 7-51　三种光导开关结构

同面电极结构又称横向型结构，其阴阳电极处于半导体材料同一侧位置，此种结构制作工艺简单，具有输出稳定、响应迅速等优点。入射光源可以从顶部照射器件，也可以从器件侧面入射光源，可以获得大面积照明和有效的功率转换，从而产生高密度的电子-空穴对，但该种结构电流密度主要集中于器件表面，电极边缘易产生较大电场从而发生击穿。

异面对称电极结构又称垂直型结构，阳极与阴极处于半导体材料上下两侧。此时激光应从窄边入射，即激光方向垂直于载流子运动方向，此种结构绝缘耐压性很好，表面不易发生闪络，材料拥有更高的击穿场强，功率传输能力提升，基于此在满足所需条件下可减小光导开关的体积，有助于集成度的提高。然而，这种激光入射方式的光电转换效率不高，需要对半导体材料的厚度有较高的要求，同时因为光子能量随着波长的增长而降低，就需要更短的入射波长激光（紫外波段）让器件正常工作，对于激光发生器而言有更高的要求。通过非本征光电导方式，电极之间产生大量的自由载流子，产生电脉冲信号。

斜异面非对称电极结构阴极与阳极分别位于衬底材料的对角两侧，这种电极制作方式兼顾了上述两种结构的优点，取长补短，既可以在制作工艺过程中轻易改变电极的间距，又能在器件工作时快速控制激光光源的照射角度和范围，最重要的是还可以增加器件的耐压特性。

7.3.2.4 光导开关工作模式

由光导开关的基本工作原理可知，光导开关是一种光敏器件，是依赖光生载流子对器件电阻率的控制来实现其功能的。然而，光对器件的控制作用在不同的工作条件下可以表现出两种截然不同的作用模式，即线性工作模式和非线性工作模式。这两种工作模式所呈现出的特性存在很大的差异，其工作机制也存在很大的差别，两种输出脉冲波形如图 7-52 所示。

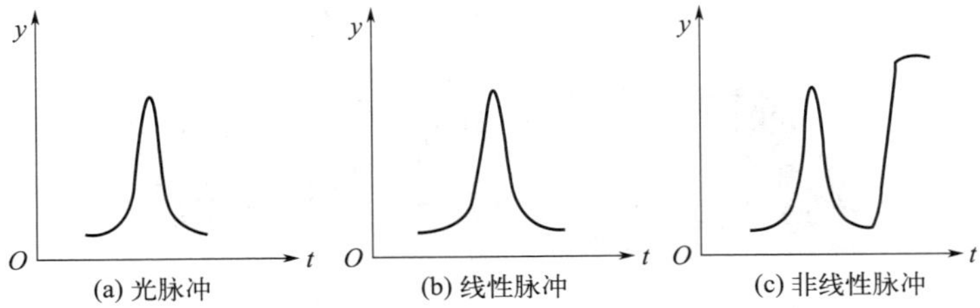

图 7-52　光脉冲、线性和非线性输出脉冲波形

（1）线性工作模式及其特点

在相当长的一段时间内，人们都认为光导开关的导通完全是由光生载流子决定的，光电导材料每吸收一个光子产生一个电子-空穴对，器件的电导率和电脉冲输出的幅度都与光脉冲的强度呈线性关系。当光脉冲熄灭后，光导开关将很快恢复到其原来的高阻暗态。输出电脉冲的上升时间主要取决于激励光脉冲的宽度，而下降时间则主要取决于载流子的寿命。然而，后来实验发现，实际情况并非完全如此，这种情况只是在器件被偏置在较低的电场模式下才成立。这就是所谓的“线性工作模式”（也称光电导模式）。线性工作模式的光导开关吸收的光子与光生载流子一一对应，开关的电导率与触发光的脉冲强度呈线性关系，开关导电波形与触发光脉冲的形状近似，当光脉冲被移除后根据载流子寿命，开关会以特征时间常数指数形式截止。线性工作模式的开关在快速开启和快速关断即高频领域的应用十分重要。

（2）非线性工作模式及其特点

20 世纪 80 年代后期，人们发现当给 GaAs 光导开关偏置在较高电场的时候，光导开关的导通并不是主要依赖于光生载流子，而是依赖于一个类似于载流子的雪崩倍增过程，光在此过程中仅仅起触发和引导的作用。一旦 PCSS 导通，即使光脉冲熄灭，开关也不会立即恢复到原高阻状态，只要能维持供给器件的能量，器件就能保持其导通。这时开关内的平均电场维持在某一个值上，该值与外电路所加的偏置电压无关，与触发光的能量也无关，但与材料本身的性质有密切的关系，并将这种现象称为“锁定现象”。这种工作模式就是所谓的“非线性工作模式”（也称锁定工作模式或高增益开关模式）。非线性工作模式的开关通过光学吸收在半导体内产生少量载流子，再倍乘载流子的雪崩效应，即吸收一个光子激发多个电子-空穴对，从而实现导通。非线性工作模式的器件内部会形成高密度电流丝，尤其在电极区域产生局部过热的问题，而线性工作模式下能够使电流分散传输，有效保护了器件的电极接触。

7.3.2.5 器件导通电阻的计算

光导开关是通过光照射电极间区域来实现导通的，材料中光电流流经的区域的电阻值是一个重要参数。图 7-53 中给出了光导开关在导通状态下的电流路径。

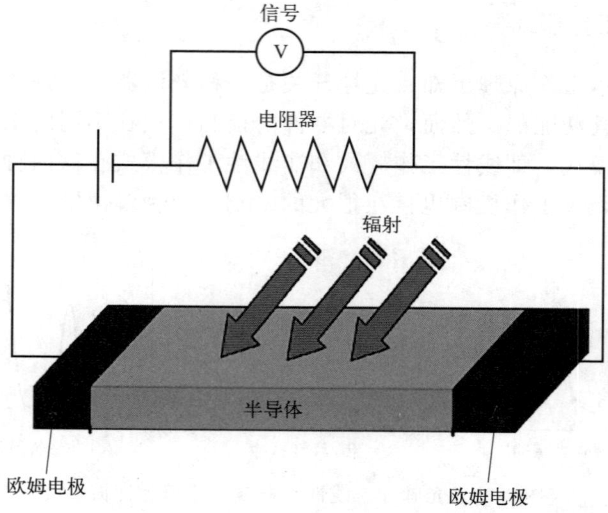

图 7-53 光导开关导通状态下的电流路径

将电流沟道设想成一长为 l（即电极间距）、电流横截面积为 A 的长方体，实际情况里，电流沟道的形状通常不是规则的长方体，但这不影响公式的推导。此时，开关导通电阻等于电流沟道电阻，它可以写成：

$$R_{on}=\frac{\rho l}{A} \tag{7-34}$$

式中，ρ 为导通态时半导体的电阻率。其表达式为：

$$\rho=\frac{1}{\sigma}=\frac{1}{nq\mu_n+pq\mu_p} \tag{7-35}$$

式中，σ 为半导体的电导率；μ_n、μ_p 为电子和空穴迁移率；n、p 为电子和空穴浓度。此时 $n=n_0+\Delta n$，$p=p_0+\Delta p$。对于半绝缘半导体，热平衡时可以自由移动的载流子浓度非常低，有 $\Delta n=\Delta p\gg n_0$，p_0，此时，导通时的电阻率可以简化为：

$$\rho=\frac{1}{\sigma}=\frac{1}{\Delta nq(\mu_n+\mu_p)} \tag{7-36}$$

导通电阻可以写为：

$$R_{on}=\frac{l}{\Delta nq(\mu_n+\mu_p)A} \tag{7-37}$$

当光照射在半导体材料上，非平衡载流子的浓度变化量 Δn 取决于载流子有效寿命 τ_{eff} 和入射光的能量 G_{opt}，载流子的有效寿命 τ_{eff} 越长，入射光的能量 G_{opt} 越大，非平衡载流子的浓度就越大，Δn 也就越大，由此有：

$$\Delta n=\tau_{\text{eff}}G_{\text{opt}} \tag{7-38}$$

将式（7-38）代入式（7-37）有

$$R_{\text{on}}=\frac{l}{q(\mu_{\text{n}}+\mu_{\text{p}})\tau_{\text{eff}}G_{\text{opt}}A} \tag{7-39}$$

除了沟道电阻外，两端金属材料与半导体材料接触时还存在接触电阻，若考虑接触电阻，光导开关导通电阻的表达式应该写为：

$$R_{\text{tota}}=R_{\text{on}}+R_{\text{contact}}=\frac{l}{q(\mu_{\text{n}}+\mu_{\text{p}})\tau_{\text{eff}}G_{\text{opt}}A}+R_{\text{contact}} \tag{7-40}$$

思考题

参考答案

1. 硅异质结电池的制备过程是怎样的？每个制备步骤的目的分别是什么？
2. 简述 PERX（X=C，L，T）电池的区别。
3. 在无机薄膜太阳能电池中，铜锌锡硫硒太阳能电池具有哪些优势？
4. 以半导体硅为例，解释 P-N 结的形成。
5. 同学们可以讨论并估算，使用廉价容易获得的工具和材料，制备出一个效率 1%以上 OPV 器件的物料成本最低可以达到多少？
6. 试从能量转化效率、使用寿命和成本等角度分析有机光伏电池相比于无机光伏电池的优缺点。
7. 含有多个能隙的多结光伏电池可以实现更高的光电效率，试探讨除了使用大量不同物质，还有哪些方法可以制备出近似无穷多结 OPV？
8. 请简述 DSSC 的组成部分及光阳极在器件中的作用。
9. 请分析 DSSC 对电极催化剂的性能需求。
10. 钙钛矿有哪些优异特性？
11. 钙钛矿电池的常用制备方法有哪些？
12. 钙钛矿电池主要有哪些结构？
13. 量子点相较于有机染料作为吸光敏化材料用于构建敏化太阳电池有何优点？
14. 量子点敏化太阳电池为什么不宜选用最常用的 Pt 纳米颗粒作为对电极催化材料？
15. 请画出 PN 结内的电荷及电场分布。
16. 请简述 PN 结的单向导电特性。
17. 何为 PN 光电二极管中的暗电流与光电流？
18. PN 光电二极管是如何将光信号转换成电信号的？当有光照时，反向电流如何增大？
19. 何为 PIN 光电二极管？它的优点是什么？
20. 简述雪崩二极管中的光生载流子雪崩过程。
21. 请列举几项光电二极管的关键性能参数。
22. 相较于光电二极管，MSM 结构的光电导探测器在光电探测应用上有哪些优劣？
23. 光电导探测器中主要有哪些噪声？它们的来源分别是什么？

参考文献

[1] 沈文忠，李正平. 硅基异质结太阳电池物理与器件[M]. 北京:科学出版社，2014：3.

[2] 王文静，李海玲，周春兰，等. 晶体硅太阳电池制造技术[M]. 北京：机械工业出版社，2014：16.

[3] Allen T G，Bullock J，Yang X B，et al. Passivating contacts for crystalline silicon solar cells[J]. Nature Energy，2019，4(11)：914-928.

[4] 丁建宁. 高效晶体硅太阳能电池技术[M]. 北京：化学工业出版社，2019：24-32.

[5] Blakers A W，Wang A H，Milne A M，et al. 22. 8% efficient silicon solar cell[J]. Applied Physics Letters，1989，55(13)：1363-1365.

[6] Wang A，Zhao J，Green M A. 24% efficient silicon solar cells[J]. Applied Physics Letters，1990，57(6)：602-604.

[7] Granek F. High-efficiency back-contact back-junction silicon solar cells[M]. Munich：Verlag Dr. Hut，2010：18.

[8] Ma J，Kuciauskas D，Albin D，et al. Dependence of the minority-carrier lifetime on the stoichiometry of CdTe using time-resolved photoluminescence and first-principles calculations [J]. Physical Review Letters，2013，111(6)：067402.

[9] Burst J M，Duenow J N，Albin D S，et al. CdTe solar cells with open-circuit voltage breaking the 1V barrier[J]. Nature Energy，2016，1(3)：16015.

[10] Gong Y C，Zhu Q，Li B Y，et al. Elemental de-mixing-induced epitaxial kesterite/CdS interface enabling 13%-efficiency kesterite solar cells[J]. Nature Energy，2022，7(10)：966-977.

[11] Zhou H P，Song T B，Hsu W C，et al. Rational defect passivation of $Cu_2ZnSn(S，Se)_4$ photovoltaics with solution-processed Cu_2ZnSnS_4：Na nanocrystals[J]. Journal of the American Chemical Society，2013，135(43)：15998-16001.

[12] Wang W，Winkler M T，Gunawan O，et al. Device characteristics of CZTSSe thin-film solar cells with 12. 6% efficiency[J]. Advanced Energy Materials，2014，4(7)：1301465.

[13] 黄维，密保秀，高志强. 有机电子学[M]. 北京：科学出版社，2011.

[14] Pagliaro M，Palmisano G，Ciriminna R. 柔性太阳能电池[M]. 高扬，译. 上海：上海交通大学出版社，2010.

[15] 张正华，李陵岚，叶楚平，等. 有机太阳电池与塑料太阳电池[M]. 北京：化学工业出版社，2006.

[16] 樊美公，姚建年，佟振合. 分子光化学与光功能材料科学[M]. 北京：科学出版社，2009.

[17] 熊绍珍，朱美芳. 太阳能电池基础与应用[M]. 北京：科学出版社，2009.

[18] Choy W C H. Organic solar cells：materials and device physics[M]. London：Springer，2013.

[19] Pope M，Swenberg C E. Electronic processes in organic crystals and polymers[M]. Oxford：Clarendon Press，1999.

[20] Atwater H A，Polman A. Plasmonics for improved photovoltaic devices[J]. Nature Materials，2010，9(3)：205-213.

[21] 戴松元，刘伟庆，闫金定. 纳米科学与技术：染料敏化太阳电池[M]. 北京：科学出版社，2015.

[22] 马廷丽，云斯宁. 染料敏化太阳能电池——从理论基础到技术应用[M]. 北京：化学工业出版社，2013.

[23] 云斯宁. 新型能源材料与器件[M]. 北京：中国建材工业出版社，2019.

[24] 林原，张敬波，王桂强，等. 染料敏化太阳电池[M]. 北京：化学工业出版社，2021.

[25] 孟庆波，花建丽. 新型薄膜太阳能电池[M]. 北京：科学出版社，2022.

[26] Yun S N, Lund P D, Hinsch A. Stability assessment of alternative platinum free counter electrodes for dye-sensitized solar cells[J]. Energy & Environmental Science, 2015, 8(12): 3495-3514.

[27] Hagfeldt A, Boschloo G, Sun L C, et al. Dye-sensitized solar cells[J]. Chemical Reviews, 2010, 110(11): 6595-6663.

[28] Yun S N, Freitas J N, Nogueira A F, et al. Dye-sensitized solar cells employing polymers[J]. Progress in Polymer Science, 2016, 59: 1-40.

[29] Wang P, Yang L, Wu H, et al. Stable and efficient organic dye-sensitized solar cell based on ionic liquid electrolyte[J]. Joule, 2018, 2(10): 2145-2153.

[30] Wu J H, Lan Z, Lin J M, et al. Electrolytes in dye-sensitized solar cells[J]. Chemical Reviews, 2015, 115(5): 2136-2173.

[31] Wang M K, Grätzel C, Zakeeruddin S M, et al. Recent developments in redox electrolytes for dye-sensitized solar cells[J]. Energy & Environmental Science, 2012, 5(11): 9394-9405.

[32] Cong J Y, Yang X C, Kloo L, et al. Iodine/iodide-free redox shuttles for liquid electrolyte-based dye-sensitized solar cells[J]. Energy & Environmental Science, 2012, 5(11): 9180-9194.

[33] Yun S, Hagfeldt A, Ma T L. Pt-free counter electrode for dye-sensitized solar cells with high efficiency[J]. Advanced Materials, 2014, 26(36): 6210-6237.

[34] Yun S, Hagfeldt A. Counter electrodes for dye-sensitized and perovskite solar cells[M]. Weinheim: Wiley, 2019.

[35] Hao F, Dong P, Luo Q, et al. Recent advances in alternative cathode materials for iodine-free dye-sensitized solar cells[J]. Energy & Environmental Science, 2013, 6(7): 2003-2019.

[36] Wu J H, Lan Z, Lin J M, et al. Counter electrodes in dye-sensitized solar cells[J]. Chemical Society Reviews, 2017, 46(19): 5975-6023.

[37] Zhang T H, Yun S N, Li X, et al. Fabrication of niobium-based oxides/oxynitrides/nitrides and their applications in dye-sensitized solar cells and anaerobic digestion[J]. Journal of Power Sources, 2017, 340: 325-336.

[38] Horiuchi T, Miura H, Sumioka K, et al. High efficiency of dye-sensitized solar cells based on metal-free indoline dyes[J]. Journal of the American Chemical Society, 2004, 126(39): 12218-12219.

[39] Asghar M I, Miettunen K, Halme J, et al. Review of stability for advanced dye solar cells[J]. Energy & Environmental Science, 2010, 3(4): 418-426.

[40] Park J, Kim J, Yun H S, et al. Controlled growth of perovskite layers with volatile alkylammonium chlorides[J]. Nature, 2023, 616(7958): 724-730.

[41] Bu T L, Li J, Li H Y, et al. Lead halide-templated crystallization of methylamine-free perovskite for efficient photovoltaic modules[J]. Science, 2021, 372(6548): 1327-1332.

[42] Burschka J, Pellet N, Moon S J, et al. Sequential deposition as a route to high-performance perovskite-sensitized solar cells[J]. Nature, 2013, 499(7458): 316-319.

[43] Cassella E J, Spooner E L K, Thornber T, et al. Gas-assisted spray coating of perovskite solar cells incorporating sprayed self-assembled monolayers[J]. Advanced Science, 2022, 9(14): e2104848.

[44] Chen C S, Chen J X, Han H C, et al. Perovskite solar cells based on screen-printed thin films[J]. Nature, 2022, 612(7939): 266-271.

[45] Feng J S, Jiao Y X, Wang H, et al. High-throughput large-area vacuum deposition for high-performance formamidine-based perovskite solar cells[J]. Energy & Environmental Science, 2021, 14(5): 3035-3043.

[46] Xiao K, Lin Y H, Zhang M, et al. Scalable processing for realizing 21.7%-efficient all-perovskite tandem solar modules[J]. Science, 2022, 376(6594): 762-767.

[47] Yang M J, Li Z, Reese M O, et al. Perovskite ink with wide processing window for scalable high-efficiency solar cells[J]. Nature Energy, 2017, 2(5): 17038.

[48] Pan Z X, Rao H S, Mora-Seró I, et al. Quantum dot-sensitized solar cells[J]. Chemical Society Reviews, 2018, 47: 7659-7702.

[49] Nozik A J, Beard M C, Luther J M, et al. Semiconductor quantum dots and quantum dot arrays and applications of multiple exciton generation to third-generation photovoltaic solar cells[J]. Chemical Reviews, 2010, 110(11): 6873-6890.

[50] Sambur J B, Novet T, Parkinson B A. Multiple exciton collection in a sensitized photovoltaic system [J]. Science, 2010, 330(6000): 63-66.

[51] Song H, Lin Y, Zhang Z Y, et al. Improving the efficiency of quantum dot sensitized solar cells beyond 15% *via* secondary deposition[J]. Journal of the American Chemical Society, 2021, 143(12): 4790-4800.

[52] Zhang Z Y, Song H, Wang W R, et al. Dual ligand capped quantum dots improving loading amount for high-efficiency quantum dot-sensitized solar cells[J]. ACS Energy Letters, 2023, 8(1): 647-656.

[53] Nabet B. Photodetectors: materials, devices and applications[M]. Cambridge: Woodhead publishing, 2023.

[54] Michel J, Liu J F, Kimerling L C. High-performance Ge-on-Si photodetectors[J]. Nature Photonics, 2010, 4(8): 527-534.

[55] Ai J L, Qin M L, Xue M D, et al. Recent advances of photodetection technology based on main group Ⅲ-Ⅴ semiconductors[J]. Advanced Functional Materials, 2024, 34(48): 2408858.

[56] Majda-Zdancewicz E, Suproniuk M, Pawłowski M, et al. Current state of photoconductive semiconductor switch engineering[J]. Opto-Electronics Review, 2018, 26(2): 92-102.

[57] Neamen D A. An Introduction to semiconductor devices[M]. New York: McGraw-Hill Education, 2006.

[58] Neamen D A. Semiconductor and devices, basic principles[M]. 4th ed. New York: McGraw-Hill Education, 2012.

[59] Sze S M, Ng K K. Physics of semiconductor devices[M]. 3th ed. Hoboken: John Wiley & Sons, Inc., 2007.

[60] Pierret R F. Semiconductor device fundamentals[M]. 北京：电子工业出版社，2004.

[61] 刘恩科，朱秉升，罗晋生. 半导体物理学[M]. 7版. 北京：电子工业出版社，2017.

第 8 章 离子电池

导读

随着风力/太阳能发电、新能源汽车和智能手机等电子产品的发展，开发能够满足上述各领域储能需求的新型高性能二次电池，是世界各国科技发展的核心竞争领域之一。本章节聚焦以镍氢电池、锂离子电池、锂硫电池、钠离子电池和金属空气电池为代表的高性能离子电池，详细且系统地介绍了它们的工作原理、电池结构、电池设计与组装、对材料性能的需求及性能评价标准，展示了几种具有很好发展和应用前景的能源器件。

8.1 镍氢电池

8.1.1 镍氢电池简介

镍氢电池是一种碱性电池，其正极活性物质为氢氧化镍［$Ni(OH)_2$］，负极活性物质为储氢合金，电解液为碱性水溶液（如氢氧化钾溶液）。充电时，正极发生 $Ni(OH)_2 \rightarrow NiOOH$ 的转变，负极则发生水分解反应，合金表面吸附氢，生成氢化物。放电过程是上述过程的逆反应，即正极发生 NiOOH 转变为 $Ni(OH)_2$，负极储氢合金脱氢，在表面生成水。镍氢电池主要有圆柱形、方形和扣式三类，均由外壳、正极片、负极片以及正负极极耳（导电带）、密封圈、放气阀帽（正极）、隔膜等组成。

8.1.2 镍氢电池的设计与组装

电池设计就是根据仪器设备的要求，为其提供具有最佳使用性能的工作电源或动力电源。因此，电池设计首先必须满足用电器的使用要求，并进行优化，使其具有最佳的综合性能，以此来确定电池的电极、电解液、隔膜、外壳和其他零部件的参数，并将它们合理搭配，制成具有一定规格和指标的电池或电池组。

在进行电池设计前，首先要了解以下几个方面的情况：a. 电池的工作电压；b. 电池的工作电流，即充放电电流和峰值电流；c. 电池的工作时间，包括连续放电时间、使用期限或循环寿命；d. 电池的工作环境及环境温度；e. 电池的最大允许体积。同时还应综合考虑材料来源、电池性能、电池特性的决定因素、电池工艺、经济指标和环境问题等方面的因素。

根据用户需求，电池设计的思路主要有两种：一种是为用电设备和仪器提供额定容量的电源；另一种则只是给定电源的外形尺寸，研制开发性能优良的新规格电池或异形电池。具体步骤如下。

（1）确定组合电池中单体电池数目、工作电压与工作电流密度

① 确定组合电池中单体电池数目

$$单体电池数目=\frac{电池组工作电压}{单体电池工作电压}$$

② 确定单体电池工作电压与工作电流密度

根据选定系列电池的伏安曲线，确定单电池的工作电压与工作电流密度，同时应考虑工艺的影响，如电极结构形式的影响等。

（2）计算电极总面积和电极数目

a. 根据要求的工作电流（mA）和选定的工作电流密度（mA/cm^2），计算电极总面积（以控制电极为准）。

$$电极总面积=\frac{工作电流}{工作电流密度}$$

b. 根据要求的电池外形最大尺寸，选择合适的电极尺寸，计算电极数目。

$$电极数目=\frac{电极总面积}{极板面积}$$

（3）计算电池容量

a. 根据要求的工作电流和工作时间，计算电池的额定容量。

$$额定容量(A \cdot h)=工作电流\times工作时间$$

b. 确定设计容量

$$设计容量(A \cdot h)=额定容量\times设计系数$$

式中，设计系数是为保证电池的可靠性和使用寿命而设定的，一般取 1.1～1.2。

（4）计算电池正负极活性物质的用量

a. 计算控制电极的活性物质用量。根据控制电极的活性物质的电化当量、设计容量及活性物质利用率来计算单体电池中控制电极的活性物质用量。

$$控制电极的活性物质用量=\frac{设计容量\times电化当量}{活性物质利用率}$$

b. 计算非控制电极的活性物质用量。

$$单体电池中非控制电极的活性物质用量=\frac{设计容量\times电化当量}{活性物质利用率}\times过剩系数$$

单体电池中非控制电极活性物质的用量，应根据控制电极活性物质的用量来定，为了保证电池有较好的性能，一般应过量，通常取过剩系数为 1～2。

（5）计算正负极板的平均厚度

a. 计算每片电极物质用量：

$$每片正负极极片物质用量=\frac{单体电池正负极物质用量}{单体电池正负极极板数目}$$

b. 计算每片电极厚度：

$$正负极活性物质平均厚度=\frac{每片正负极物质用量}{物质密度\times极板面积\times(1-孔率)}+集流体厚度$$

（6）隔膜的选择

镍氢电池隔膜一般采用 SO_3H 或 COOH 表面改性的聚乙烯无纺布或薄而致密的微纤维织物。

（7）确定电解液的组成和用量

根据选定的电池系列特征，结合具体设计电池的使用条件（如工作电流、工作温度等）或根据经验数据来确定电解液的组成和用量。

（8）确定电池的装配松紧度及单体电池容器尺寸

$$松紧度=\frac{单体电池中极板总厚度+隔膜总厚度}{电池内径}\times100\%$$

考虑到电池可能存在体积的类似偏摩尔效应，因而设计电池必须保证具有一定的装配松紧度，其值根据所选定的电池特征及设计电池的电极厚度等情况来确定，一般控制在80%～90%。

根据用电器对电池的要求选定电池后，再根据电池壳体材料的物理性能与力学性能，确定电池容器的宽度、长度及壁厚等。

【例 8-1】 设计容量为 1800mA·h 的 AA 型镍氢电池。电池额定电压为 1.2V，电池的直径 d 为 (13.9±0.2)mm，高度 H 为 (50±0.2)mm。

（1）电池性能设计

a. 电压。镍氢电池的电压由其活性物质的电化学性能决定，其额定电压为 1.2V。

b. 电池容量。设计容量与额定容量有以下关系：

$$C_{设}=C_{额}K_1$$

式中，$C_{设}$ 为电池的设计容量；$C_{额}$ 为电池的额定容量；K_1 为设计系数，一般取 1.1～1.2。这里取 1.1，则：$C_{设}=1800\times1.1=1980(mA\cdot h)$。

（2）电池结构设计

① 外形尺寸。采用国际上通用 AA 型电池的规格尺寸，尽可能取中下公差，以确保互换和配合。本设计采用 $d=(13.9\pm0.2)mm$，$H=(50\pm0.2)mm$。

② 极片高度。在考虑极片高度时，应考虑：a. 极片上要有足够的空气室，一般取 5～15mm 高；b. 隔膜通常比极片高出 2～4mm。

综合考虑上述两点，可以得出极片的高度 $H=50-10=40(mm)$。

③ 极片面积。对于镍氢电池，工作电流一般为 $I=600\text{mA}$，工作电流密度 J 为 $5\sim15\text{mA/cm}^2$，这里取 $J=9\text{mA/cm}^2$，则

$$S_+=I/J=600/9=66.7(\text{cm}^2);S_-=K_sS_+=1.3\times66.7=86.7(\text{cm}^2)$$

式中，K_s 为设计系数，这里取 $K_s=1.3$。

④ 极片长度的设计。正、负极片均为矩形，极片面积等于长乘高的 2 倍（$S=L\times2H$），因此，极片的长度为：

$$L_+=S_+/2H=66.7/(2\times40)\times100=0.81(\text{cm})=83(\text{mm});$$
$$L_-=S_-/2H=86.7/(2\times40)\times100=108(\text{mm})$$

⑤ 极片厚度。对于镍氢电池，在设计过程中，正极板厚度通常控制在 $(0.58\pm0.02)\text{mm}$ 范围内，负极板在 $(0.375\pm0.02)\text{mm}$ 范围内。

⑥ 活性物质用量的计算。活性物质用量

$$m=C_{设}\,q/\eta$$

式中，q 为活性物质电化学当量，g/(A·h)；η 为封口电池中活性物质利用率，这里取 80%。

则 $m_+=(1.98\times3.459)/0.8=8.56(\text{g})$。

注意在计算 m_- 时，由于负极是储氢合金粉，其电化学当量不能用 H_2 的电化学当量来计算，应根据活性物质粉料的电化学容量、利用率来计算，即

$$m_-=C_{设}/v\eta=1.98/(0.30\times0.7)=9.43(\text{g})$$

式中，v 为储氢材料的比容量，$v=0.30\text{A}\cdot\text{h/g}$；$\eta$ 为封口电池中负极活性物质利用率。

⑦ 电解液浓度和用量。电解液一般选用 1.25～1.30g/mL 的 KOH，添加 15g/L 的 LiOH 为宜，用量一般为电池活性物质量的 18%。

$$m_{\text{alk}}=(8.56+9.43)\times18\%=3.24(\text{g})$$

⑧ 隔膜尺寸。隔膜的长度一般为正负极长度之和，这里为 191mm，宽度比极片宽 2～4mm，本例取 44mm，厚度通常在 0.15～0.2mm，这里取 0.18mm。

⑨ 松紧度检验

$$松紧度=V_1/V_2\times100\%$$

式中，$V_1=V_++V_-+V_{隔}$；V_2 为电池壳体内空间体积。

$$V_1=83\times0.58h+108\times0.37h+191\times0.18h=122.48h$$
$$V_2=\pi r^2h=3.14\times(13.3/2)^2h=138.86h$$
$$松紧度=(122.48/138.86)\times100\%=88.2\%$$

计算时电池壳体内径取为 13.3mm。

以上数据是根据前面指定的 1800mA·h AA 型密封镍氢电池设计的。通过计算其装配比为 88.2%，在通常所说的 80%～90%之间，符合设计要求。

8.1.3 镍氢电池的制作

镍氢电池的制作主要包括正极制备、负极制备和电池组装三个部分。其中，电极制备主要是将活性物质、添加剂、导电剂、黏结剂和导电基板经过一系列工艺制作成电极，制成的电极再经过一定的工艺制成电池。

（1）正极制备

目前镍氢电池正极的制造主要有三种方式：烧结法、拉浆法、粉末压制成型法。烧结法制作的简要工艺是：把一定比例的镍粉和羧甲基纤维素钠水溶液充分搅拌均匀，然后在冲孔镀镍钢带两面沾上镍浆，经烘干失水处理使基板还保留约10%的水分，以保证基板的柔性。将烘干后的基板在氢气气氛中进行烧结，使基板的导电性良好，然后通过化学浸渍或电化学浸渍的方法将活性物质 $Ni(OH)_2$ 沉积在导电基体的孔隙中。最后经化成处理，使基板上沉积的 $Ni(OH)_2$ 在碱性介质中进行活化和晶粒细化，以增大活性物质的表面积，同时除去有害物质和电极表面的浮粉。烧结式镍电极的特点是力学强度高，温度适应性较强，可以高倍率放电。

拉浆法制作的简要工艺是：镍粉与黏结剂及水混合搅拌成镍浆，骨架穿过镍浆并由刮浆板调节基板厚度，拉浆基板经烘干后在850～1050℃的还原气氛中烧结。烧结前的烘干甚为重要，烘干过度，基板会产生大量裂纹；烘干不足则又会使基板与传动装置粘接。烧结温度与时间则直接影响基板的孔率与强度。烧结基板的本质特征是孔率高，表面积大，电导率高，而且力学性能良好。高孔率一方面可降低镍消耗，为活性物质和电解液提供较大的空间；另一方面可减轻电极质量。表面积大有利于电极的高倍率放电性能。

粉末压制成型法通常采用干法制备电极，所以一般无需胶黏剂和添加剂，增加了活性物质的利用率，有利于高容量电池的制造。同时也大大简化了工艺流程，降低了成本。

例如，MH-Ni电池电极的骨架为连续化泡沫镍，活性物质为 $Ni(OH)_2$ 和 CoO，其电池正极的制造步骤为：首先将球形 $Ni(OH)_2$ 和添加剂按一定比例混合，然后装入混粉机混粉，混粉机转速约为5000r/min，混粉约1h。然后将混好的粉料和泡沫镍装入拉片机制片。极片经过浸胶、烘干、软化、称重就可以流入下一步工序。浸胶的目的是让电极在活化过程中减少掉粉，增加电池寿命，胶液一般用聚四氟乙烯（PTFE）乳液和去离子水按1∶10的比例混合。烘干可采用烘箱或连续化烘干炉，温度在130℃左右。软化的目的是：电极可卷绕性差，经过软化机软化后电极柔韧性有较大提高。

（2）负极制备

目前电池负极的生产工艺基本上包括两种：拉浆负极生产工艺和烧结负极生产工艺。拉浆负极生产工艺的全部过程为：将储氢合金粉和导电剂、添加剂、黏结剂等混合制浆，然后在镍网上拉浆，经烘干和减薄整形过程，利用红外来测定厚度是否符合要求，最后切割成所需要的尺寸，必要的还可以进行包装。烧结负极生产工艺的过程是：将储氢合金粉末放入氩气保护下的储存槽中，经过粉末压片机，把储氢合金粉和镍网压在一起，再经过极带卷入机送入负极烧结炉中进行烧结，随后经过极带储氢和极带冷却，最后进行极带卷入工艺。

（3）电池组装

镍氢电池组装工艺流程如图8-1所示。

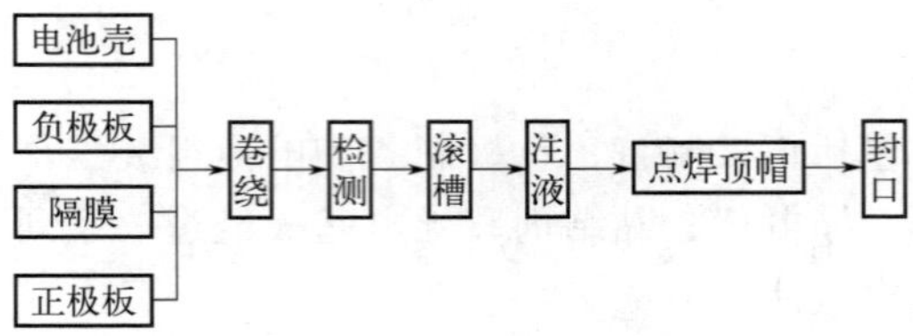

图 8-1 镍氢电池组装工艺流程

a. 卷绕工序　将正负极片用预先裁切好的隔膜隔开，调好卷绕机即可开始进行卷绕，卷绕后形成一个圆柱体套入电池钢壳，卷绕好的极组要求无凸心、凹心，平整，无短路。

b. 滚槽工序　卷绕好的极组经过检测并剔除短路的极组后装入滚槽机滚槽，在装好极组的电池钢壳开口端滚出一个 1mm 左右深的槽，方便以后电池的封口，然后在滚好槽的电芯内壁槽上涂上沥青油，起密封作用。

c. 注液工序　将涂好油的电芯注入配制好的电解液，注液分为直接注液、离心注液、真空注液。直接注液所需的时间较长，离心注液和真空注液效率较高。

d. 封口工序　注完液的电池将正极与电池的顶帽焊接在一起并盖好，放入封口机中冲压封口，封口机模具的精度和封口的效果关系很大。封好口的电池还需要清洗表面的油污碱液，涂上防锈油流入下一工序。

8.1.4 镍氢电池的性能评价

(1) 电池放电性能测试

电池的放电性能一般受放电时间、放电电流、环境温度、终止电压等放电制度的影响。电池的放电方法主要分为恒流放电法和恒阻放电法两种，此外还有恒电压放电法和定电压、定电流放电法，连续放电与间歇放电法。其中恒电流放电法是最常见的放电方法，一般由恒流源、电流和电压检测记录装置组成；恒流源可以由电子稳流电路组成，也可以由一个恒压源与大电阻构成（图 8-2）。电池电压在恒电流放电过程中随时间的变化，可以通过数据采集卡用计算机自动采集数据，也可采用专门的设备进行检测。这些检测设备一般都有多路恒流源，彼此之间互相独立，可同时互不干扰进行多只电池的检测。

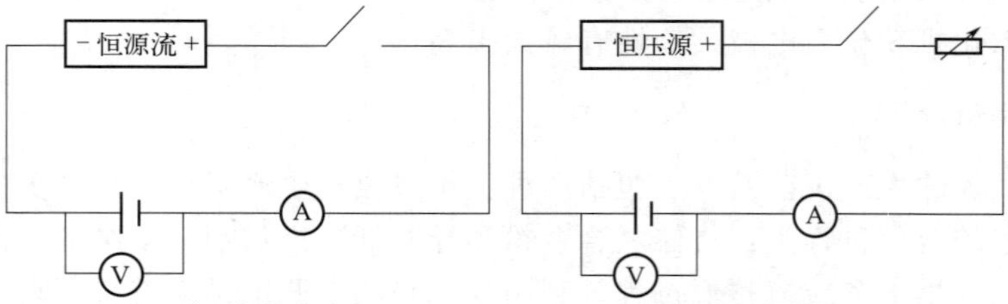

(a) 电子恒流电路　(b) 恒压源电路

图 8-2 恒电流放电电路

图 8-3 是镍氢电池在 25℃时不同倍率下的放电曲线。通常放电电流的大小直接影响电池的放电性能。放电电流增大，一方面电池释放出的实际容量降低，电池的循环寿命缩短；另一方面，电池在短时间内释放出大量的电能，即电池的功率和比功率提高。

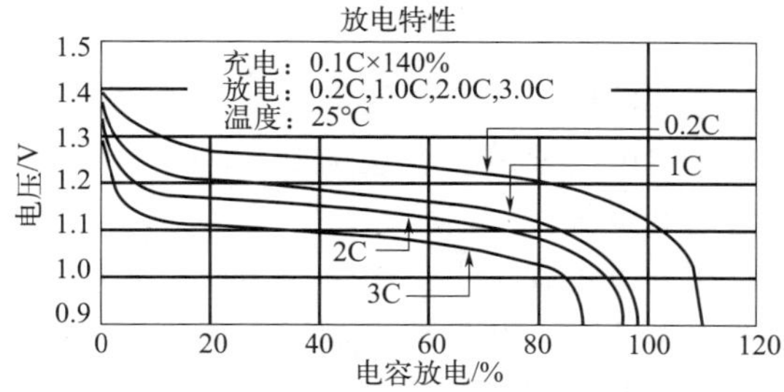

图 8-3 镍氢电池在 25℃时不同倍率下的放电曲线

（2）电池充电性能测试

镍氢电池一般采用恒流充电方式。电池充电测试的基本电路一般由电源（恒流源或恒压源）、电流电压检测设备、控制设备及记录设备组成，如图 8-4 所示。

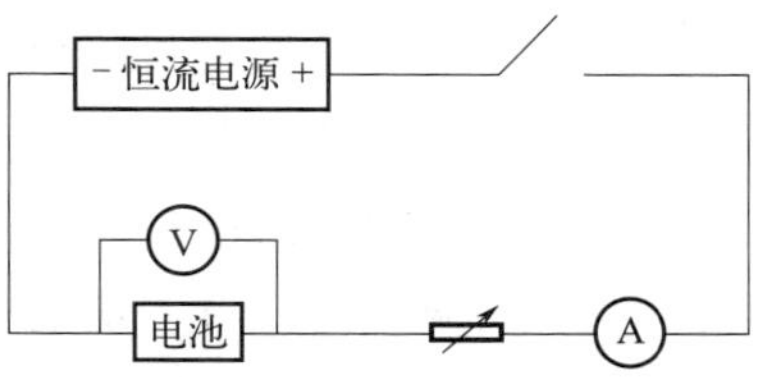

图 8-4 充电电路示意

记录工作可以采用电池性能测试仪来测试，将充电参数设定好后，即可自动进行检测。

电池在不同的测试条件下，其充电性能是不同的。这与电池本身的结构有密切的关系，同时，充电电流、环境温度等都会对充电性能产生影响。

充电效率是指电池在充电时用于活性物质转化的电能与充电时所消耗的总电能之比，以百分数表示。充电效率受充电速率、充电方式和环境温度等因素的影响。充电效率高表示电池接受充电的能力强，一般说来，充电初期充电效率较高，接近 100％；充电后期由于电极极化增加，充电效率较低，在电极上伴随有大量气体析出。

在充电过程中电池所达到的最高电压是电池的另一个重要特性。充电最高电压往往标志着整个充电过程的电压。充电电压越低，说明电池在充电过程中的极化就越小，电池的充电效率就越高，电池的使用寿命就可能越长。

充电过程的终点控制是一个非常实际的问题。无论从电池的检测，还是充电器的开发都必须考虑这一问题。充电终止方式是一种智能的充电保护机制，即在充电将满的时候，充电器能检测到电池的开路电压、温度等参数的显著变化来判断充电终点，从而及时终止充电过程或者改为涓流充电，防止过充的发生。充电终止控制的方式主要有以下几种：

a. 定时控制。充电过程由事先确定的时间来控制，一般设定要充进 130％标称容量所需的时间。

b. 温度控制。在充电过程中，当电池温度达到指定值时，充电过程即被终止。一般电池温度升高到 60℃时应当停止充电。

c. 电压峰值控制。充电过程中电池的电压达到峰值并保持，即 $\Delta V=0$，据此来判断充电的终点。

d. 温度变化率控制（$\mathrm{d}T/\mathrm{d}t$）。通过检测电池温度变化率峰值来判断充电的终点。

e. 温度差控制（ΔT）。电池充满电时温度与环境温度之差会达到最大。

f. 电压降控制（$-\Delta V$）。当电池充满电时，电压达到峰值后会下降一定的值，据此判断充电终点。

（3）电池容量的测定

电池容量的测定方法与电池放电性能检测的方法基本一致，有恒电流放电法、恒电阻放电法、恒电压放电法、定电压定电流放电法、连续放电法和间歇放电法等。根据放电时间与电流的大小就可以计算出电池的容量。

恒电流放电法的优点是在放电过程中电流稳定，因而可方便地计算其容量。恒电流放电法的放电容量与放电电流有很大关系，并且放电制度、充电制度、搁置时间等都会对容量有影响。在同样的放电制度下，不同的充电制度对电池的充电效率是不一致的，因此，电池的放电容量也会有区别。

在恒电阻法测试容量的放电过程中，放电电流不是定值。放电开始电流较大，随后逐渐变小；而且放电电阻越大，放电电流越小，产生的电压降越小，工作电压下降越缓慢，放电曲线越平坦，放电容量也越大。

（4）温度特性的测定

国家标准对镍氢电池低温（−18℃）下的放电性能和常温（20℃）下的放电性能提出了要求，但对高温性能没有明确的要求。在日常用的检测方式中，人们对40℃和60℃等高于20℃的温度区间也做了检测，这对于全面衡量电池的温度特性是必不可少的检测步骤。

进行高低温检测实验所需的电源设备与充放电性能测试基本是一致的，只是在恒温箱中测定不同温度下电池的性能。另外，高温或低温对电池的充电或放电性能都会带来影响，应分别对各温度下的充电性能和放电性能做出测试才算完成了一个完整的高低温性能测试。

（5）安全性能检测

安全问题是实际应用中必须注意的问题，也是电池工业生产的重要方面。因此国际电工委员会（IEC）标准和国家标准都对电池的安全性测试进行了严格的规定，安全性合格的电池才能进入实际应用。

对密封型二次电池来说，在过充和过放情况下，都会引起气体在密闭容器内的迅速积累，从而导致内压迅速上升，因此镍氢电池都设计了安全阀，即当电池内压上升到一定程度时安全阀就会自动打开，释放出一部分气体，从而减缓了内压的升高。如果安全阀不能及时开启，可能会使电池发生爆裂。

在通常情况下，安全阀在一定压力作用下会开启释放多余的气体。气体泄出后，通常会引起漏液，即电解液泄漏，严重时使电解液干涸，电池性能恶化直至失效。因此，一个性能优良的电池应有良好的耐过充能力，绝对不能有爆裂的现象出现，并且在一定的过充过放电下，不能出现泄漏现象，电池外形也不应发生变化。

电池安全性测试项目主要包括短路测试、过充电过放电测试、坠落测试、撞击实验、穿刺实验等。同时，对电池进行振动实验、碰撞实验、高温加速实验、高温高湿实验、温升实验、温度循环实验、温度振荡实验等热学和力学性能测试，考察电池在实际使用环境下的性能情况。一般来说，这些测试项目都是一些极端条件下的性能测试，基本上包含了实际应用中可能出现的各种情况。在工业生产中，电池的安全性能要经过严格的测试，合格的电池才能出厂。

8.2 锂离子电池

8.2.1 锂离子电池工作原理

锂离子电池实际上是 Li^+ 在阴阳两个电极之间进行反复嵌入和脱出的一种新型二次电池，是一种锂离子浓差电池。在充电状态时，电池的正极反应产生了锂离子和电子，电子即负电荷通过外电路从电池的正极向负极迁移，形成负极流向正极的电流。与此同时，正极反应产生的锂离子通过电池内部的电解液，透过隔膜迁移到负极区域，并嵌入负极活性物质的微孔中，结合外电路过来的电子生成 Li_xC_6，在电池内部形成从正极流向负极且与外电路大小一样的电流，最终形成完整的闭合回路，放电过程时则正好相反。充电时，嵌入负极中的锂离子越多，表明充电容量越高；电池放电时，嵌入负极活性物质间的锂离子脱出，又迁移到正极中去，返回到正极中的锂离子越多，放电容量则越高。在正常充电和放电过程中，Li^+ 在嵌入和脱出过程中一般不会破坏其晶格参数及化学结构。因此，锂离子电池在充放电过程中理论上发生的是一种高度可逆的化学反应和物理传导过程，故锂离子电池也常称为摇椅式电池（rocking-chair battery）。而且充放电过程中不存在金属锂的沉积和溶解过程，避免了锂枝晶的生成，极大地改善了电池的安全性和循环寿命，这也是锂离子电池比锂金属二次电池优越并取而代之的根本之处。以磷酸亚铁锂/石墨电池为例，其工作原理示意如图 8-5 所示。

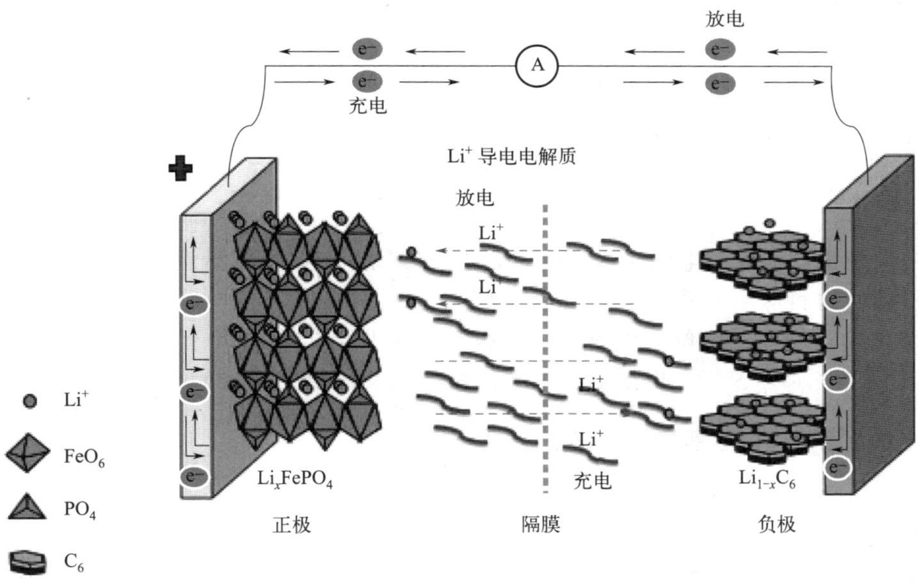

图 8-5 磷酸亚铁锂/石墨电池的工作原理示意

当锂电池充电时，Li^+ 从正极 $LiFePO_4$ 晶格中脱嵌出来，经过电解液嵌入负极，使正极成为贫锂状态而负极处于富锂状态。同时释放了一个电子，正极发生氧化反应，Fe 由 +2 价变为 +3 价。游离出的 Li^+ 则通过隔膜嵌入石墨，形成 Li_xC_6 的插层化合物，负极发生还原反应。放电则反之，Li^+ 从石墨中脱出，重新嵌入 Li_xFePO_4（$0 \leqslant x < 1$）中，Fe 由 +3 价降为 +2 价，同时电子从负极流出，经外电路流向正极从而保持电荷平衡。电极反应如下：

正极：
$$LiFePO_4 \longrightarrow Li_{1-x}FePO_4 + xe^- + xLi^+ \quad (8\text{-}1)$$

负极：
$$6C + xLi^+ + xe^- \longrightarrow Li_xC_6 \quad (8\text{-}2)$$

总电极反应：
$$6C + LiFePO_4 \longrightarrow Li_xC_6 + Li_{1-x}FePO_4 \quad (8\text{-}3)$$

从以上可知，锂离子电池的核心是正负极材料，这直接决定了锂电池的工作电压以及循环性能。

8.2.2 锂离子电池的结构

以电池的外形来区分，锂离子电池可分为圆柱电池、方型铝壳电池和方形软包电池。以电池装配工艺来区分，锂离子电池分为卷绕式和叠片式，卷绕式又有圆柱形卷绕和方形卷绕，结构如图 8-6。圆柱形卷绕式最典型的电池是市场上非常流通的 18650 电池。

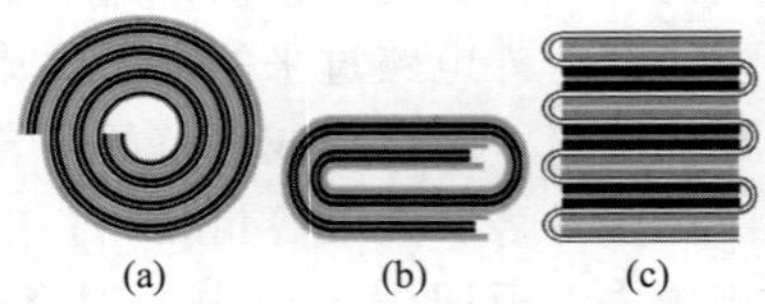

图 8-6 （a）圆柱形卷绕、（b）方形卷绕、（c）叠片式锂离子电池

正极 负极 隔膜

8.2.3 锂离子电池设计

8.2.3.1 设计术语

a. 面密度 G：涂覆在集流体（铝箔、铜箔）表面的单位面积上的物料量，单位一般为 mg/cm^2。涂布时先涂单面再涂双面，所以工艺文件中一般显示单面面密度。

b. 压实密度 ρ：辊压后极片上物料的表观密度，单位一般为 g/cm^3。

8.2.3.2 设计原则

a. 负极包正极：锂离子电池设计过程中，处于隔膜一侧的负极活性材料区域尺寸大于另一侧的正极活性材料区域尺寸。

b. 单位负极容量大于单位正极容量：负极单位面积上的容量大于隔膜另一侧单位面积上的容量，一般表示为 N/P。根据电池不同性能，N/P 的值大约在 1.02～1.15。

8.2.3.3 设计流程（以软包叠片为例）

a. 确定正负极材料总体配方，即活性材料、导电剂、黏结剂的比例。正极活性材料占比为 A，负极活性材料占比为 B。A 与 B 都为无量纲的百分数。

b. 根据电池的厚度、宽度、高度尺寸先确定正极片、负极片、隔膜的尺寸。一般来说，隔膜宽度大于负极片同一维度尺寸 2mm、大于正极片同一维度尺寸 4mm；在另一维度尺寸上负极片大于正极片 2mm；暂时不考虑正负极片厚度。

c. 设计正极面密度。对于不要求高倍率放电的电池（可满足 1C 放电），辊压后的正极片厚度约 145μm 即可满足性能要求。所以设计面密度时以辊压后厚度为 145μm 为目标，即 $G^+/\rho^+ = 145 - 15 = 130(\mu m)$（15 为铝箔厚度，单位为 μm）。

d. 设计负极面密度。根据正极面密度计算出正极单位面积对应的容量，再乘以 N/P 的值即为负极单位面积对应的容量。负极单位面积对应的容量再除以负极克容量和负极活性材料含量 B 即为负极面密度 G^-。

e. 设计负极厚度。负极面密度 G^- 除以负极压实密度 ρ^-，再加上负极铜箔厚度 8μm 即为负极厚度。

f. 计算正极片层数。根据电池容量求算正极片层数，即电池容量除以每片正极容量即为正极片数。

g. 负极片层数。由于负极包正极，所以负极比正极多一层。

h. 隔膜层数。隔膜层数比正极片层数与负极片层数之和多一层。

i. 电池厚度。所有正极片厚度之和、所有负极片厚度之和、所有隔膜厚度之和，三者相加后即为叠芯厚度。由于在电解液中浸泡后负极活性材料层会轻微膨胀，所以叠芯厚度乘以膨胀系数（比如 1.05）再加上两层铝塑膜厚度即为电池厚度。

j. 微调。比较计算结果与实际电池要求，根据差异对以上设计过程进行调整。

k. 设计定型。初次试验后，根据试验结果再对设计进行调整定型。

8.2.4 锂离子电池制作

电池制作分为扣式电池（半电池）制作和全电池制作。

8.2.4.1 扣式电池制作

8.2.4.1.1 电极的制备

以锂离子电池尖晶石锰酸锂（$LiMn_2O_4$）正极材料为例，将聚偏氟乙烯（PVDF）溶于 *N*-甲基吡咯烷酮（NMP）中，配制成质量分数为 10% 的溶液。将 0.4g 活性物质（$LiMn_2O_4$）、导电材料（乙炔黑）和 PVDF 按质量比 80∶10∶10 混合，再加入适量 NMP 调整黏稠度。搅拌均匀后，涂布到铝箔表面（如果是负极材料则涂在铜箔上），经真空烘干除去 NMP，油压机压制，使用专用模具冲切，得到直径为 14mm 的电极片，称重后放入真空烘箱中在 100～120℃下烘干 8～10h，放入充满氩气的手套箱中备用。将电极片重量减去空白铝箔的重量，再按照混合物料中的百分比计算，得到每个电极上的活性物质的质量。

8.2.4.1.2 电池组装

以 CR2025 扣式电池为例，先将电池壳用无水乙醇浸泡 20min，然后用无水乙醇洗涤，去除电池壳表面的痕量油污。之后，放到真空干燥箱烘干，备用。所制备的电极为研究电极，金属锂片为辅助电极，电解液为含有 1mol/L $LiPF_6$ 的碳酸乙烯酯（EC）+碳酸二乙酯（DEC）+碳酸甲乙酯（EMC）混合体系（体积比为 1∶1∶1），隔膜为微孔聚丙烯膜。将工作电极、浸满电解液的隔膜和辅助电极按顺序依次放入电池壳内，在专用封口模具上封口成型。具体过程如下：将洗好的电池壳放入充满氩气的手套箱中，将正极壳放在绝缘台面上，用绝缘镊子将极片放于正极壳中心（涂布层朝上），用移液枪取适量电解液滴加到极片表面，然后将隔膜平放于极片上层，再将金属锂片置于隔膜中心。然后，

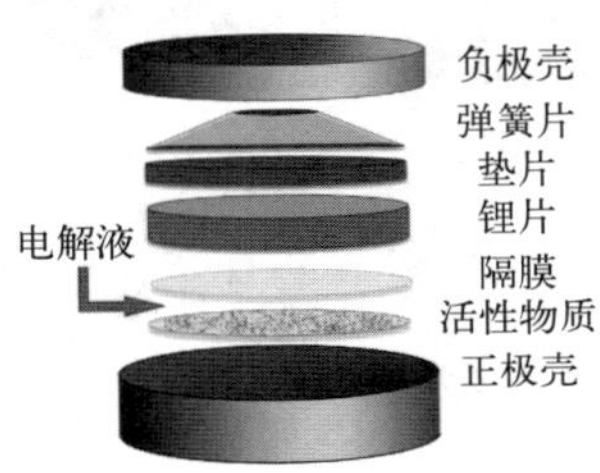

图 8-7　扣式电池组装示意图

用绝缘镊子依次将垫片（有毛刺一边向上）、弹簧片和负极壳置于金属锂片上层（图 8-7）。最后用绝缘镊子将扣式电池负极侧朝上置于扣式电池封口机模具上，调整压力（一般为 600～1000Pa）压制 5s 左右完成组装，用绝缘镊子取出，并用纸巾擦拭干净。

8.2.4.2 全电池制作

以工业化锂离子电池的不同形态来区分，锂离子电池可分为圆柱电池、方形铝壳电池、软包电池。以电池装配工艺来区分，锂离子电池分为卷绕式和叠片式。以下以软包叠片式电池为例说明制作过程，见图 8-8。

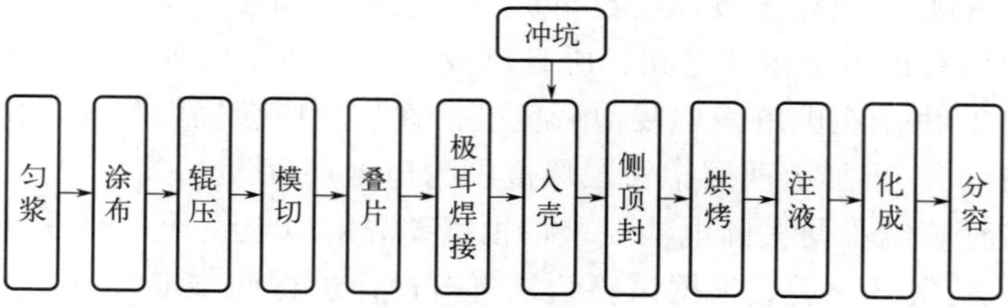

图 8-8 软包叠片式电池工艺流程

（1）匀浆

匀浆工序是把正负极的活性材料、导电剂、黏结剂等固相材料均匀分散在作为溶剂的液相中。活性材料为 Li^{+} 提供嵌入和脱嵌的宿主，是容量的提供者。导电剂为炭黑、碳纳米管、石墨烯等各种形态不同、导电路径不同的颗粒小、比表面积大的碳材料，连通各活性材料颗粒及活性材料颗粒与集流体，提供电子通道。黏结剂决定了正负极浆料的流变特性，为后道工序——涂布提供了便利，同时在涂布烘干后使相关成分紧密聚集在一起。在正极材料体系中，活性材料一般为钴酸锂、锰酸锂、磷酸铁锂以及三元材料中的一种或几种的组合；黏结剂一般为聚偏氟乙烯（PVDF）。在负极材料体系中，活性材料一般为石墨或硅碳负极；对于石墨负极，黏结剂一般为羧甲基纤维素钠（CMC）和丁苯胶乳（SBR）的复合黏结剂；对于硅碳复合负极，黏结剂一般与正极相同，为 PVDF。

图 8-9 匀浆机实物图

匀浆设备一般都采用双行星式搅拌机（图 8-9）。搅拌机中有两类搅拌桨：拐式桨和分散桨。在设备运行时，拐式桨和分散桨都在自转的基础上围绕设备搅拌中心公转，并且分散桨可以高速自转。桨叶的公转加自转，使物料可以上下及左右流动，从而受到强烈的剪切而混合，生产出均匀分散的浆料。

正极匀浆时，先把 PVDF 加入 *N*-甲基吡咯烷酮（NMP）中，用匀浆机溶解，溶解后成为胶液；向胶液中再加入导电剂，继续搅拌；待导电剂分散均匀后再分多次加入活性材料分散；活性材料分散均匀后测浆料黏度，根据黏度大小选择不加或补加 NMP 调节，直至黏度合格；黏度合格后即可出料转入下道工序。

（2）涂布

涂布工序是依据工艺要求（面密度、长度、宽度）把分散均匀的浆料均匀地转移到集流体上。图 8-10 为涂布机示意图，正极集流体为铝箔，厚度一般为 15μm；负极集流体为铜箔，厚度一般为 8μm。涂布机由三部分组成：涂布机头、烘箱、涂布机尾。在涂布机头部分，浆料被均匀地转移到集流体上；在烘箱部分，浆料随着集流体进入温度在 100℃左右的烘箱中，作为正极溶剂的 NMP 和负极溶剂的水逐渐挥发，出烘箱时干燥度须大于 99.7%。在浆料性能（固含量、黏度）稳定的情况下，干燥后极片厚度的稳定性能够反映极片面密度的稳定性，所以，在涂布机尾安装有监控极片厚度的设备，以随时反馈极片面密度，确保电池最终性能的一致性。

图 8-10　涂布机示意图（从左到右依次为涂布机头、烘箱、涂布机尾）

铝箔与铜箔分别作为正极与负极的集流体，具有电化学惰性，因此在保证足够机械强度进行加工的基础上尽可能减少厚度，以提高电池质量能量密度及成本。

依据把浆料转移到集流体表面的方式，涂布方式可以分为两种：转移式涂布与喷涂式涂布。

（3）辊压

涂布烘干过程中所有液体从浆料中逸出，从而在涂布工序得到的干燥极片具有大量的空隙。为了减少极片中空隙占比、增加电芯的能量密度以及增加材料之间的导电性，需要用强大压力对极片进行碾压。如图 8-11 所示为辊压机实物图，在辊压工序，可以通过上下辊之间的压力，使极片厚度达到设计厚度。在生产过程中，可以通过调节上下压辊之间的压力实现不同的压实密度，从而得到不同厚度。

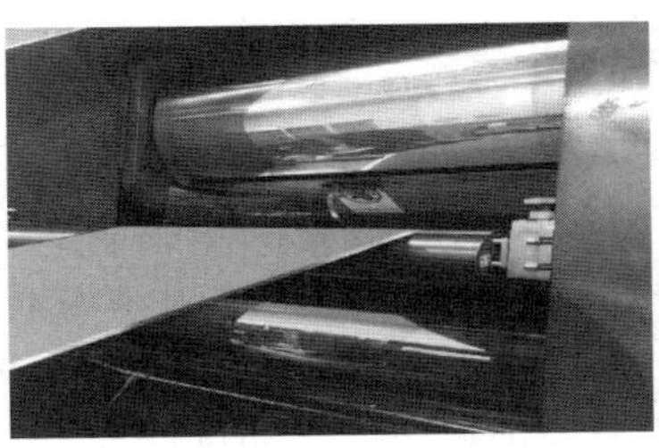

图 8-11　辊压机实物图

图 8-12　模切后的负极片（上）和正极片（下）

（4）模切

在模切工序，辊压后的极片被模切成符合电池组装要求的具体设计尺寸。由于负极的极片面积要大于正极极片面积，所以模切得到的负极极片尺寸要大于正极极片尺寸（图 8-12）。模切后的极片上带有一部分箔材，这部分箔材作为极片极耳用于与外接极耳焊接。模切过程对电池质量影响最大的因素为极片边缘的毛刺。毛刺不仅会影响电池自放电、容量衰减、内阻异常等性能，最重要的是会引起内短路及锂枝晶，从而导致安全事故，因此在模切过程中对边缘毛刺的管控是质量要求中的重中之重。

（5）叠片

由模切得到的每一极片的容量比较小，把这些极片相互叠加起来就会在给定体积中得到较大容量。图 8-13 为叠片后的叠芯实物图，基于负极包正极原则，叠片工序生产出来的叠芯最外层极片都为负极；正极与负极之间用隔膜分离，既能防止电池正负极片短路，又兼具锂离子通道的隔膜，是决定锂离子电池安全性与一致性的关键材料之一。隔膜的材料一般为聚乙烯（PE）、聚丙烯（PP）或 PE 与 PP 的复合。为了提高电芯的能量密度及倍率性能，在保证可满足工业化生产的机械强度下，应尽可能减薄隔膜厚度，最大限度减少 Li^+ 的扩散距离。

叠片过程中须保证负极包正极，以免影响电池的电性能（循环、内阻、倍率等）和安全性能。

（6）极耳焊接

把外部极耳与极片预留极耳焊接，以引出电池正负极。焊接的正极极耳为铝极耳，负极极耳为镍极耳，或者是铜镀镍极耳（图 8-14）。极耳的选择依据主要为流经极耳的电流大小，当电流小时用横截面较小（宽度和厚度较小）的极耳，当电流较大时用横截面较大的极耳。

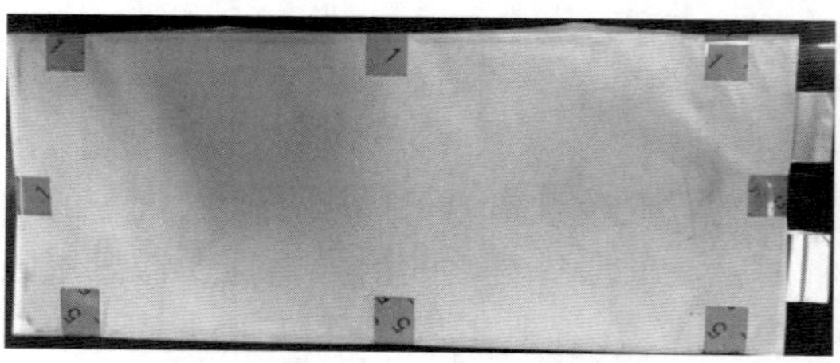

图 8-13　叠片后的叠芯实物图

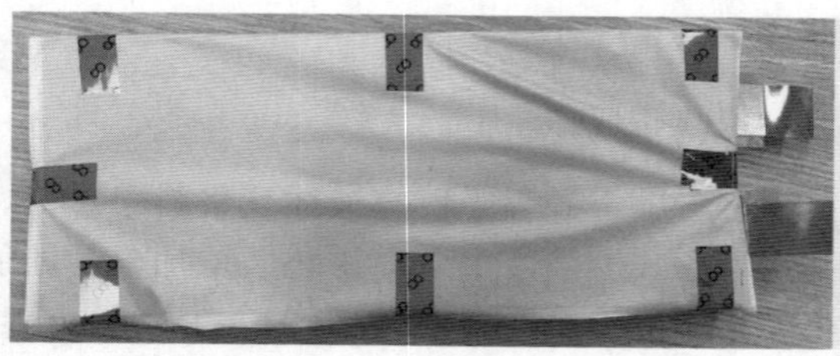

图 8-14　极耳焊接后的叠芯

（7）冲坑、入壳、侧顶封

软包电芯用到的外壳为铝塑膜［图 8-15（a）］，铝塑膜主要由三层黏合在一起的材料构成：外侧为尼龙层或尼龙与 PET 的复合层，主要起防止外部污染的作用；中间为铝层，主要起防水、阻隔和形态成型作用；内侧为树脂层（CPP），也是热封层，主要作用是封口粘接，并将铝层与叠芯隔开，防止包装的电解质泄漏而腐蚀铝箔。当冲坑深度较大、使用寿命较长时，一般使用厚度为 150μm 左右的铝塑膜，例如乘用车上用到的电池；生产使用寿命较短的电池时一般使用 130μm 或 100μm 厚度的铝塑膜。冲坑深度是要考虑的一个重要方面，由于较厚铝塑膜的中间铝层也较厚，所以冲坑深度相应也较大。在侧顶封工序，把极耳焊接好的叠芯放入冲坑好的铝塑膜中，再用热压方式对侧边及有极耳一侧的顶边进行封装［图 8-15（b）］。气囊一侧不封口，以便后段注液工序进行注液。

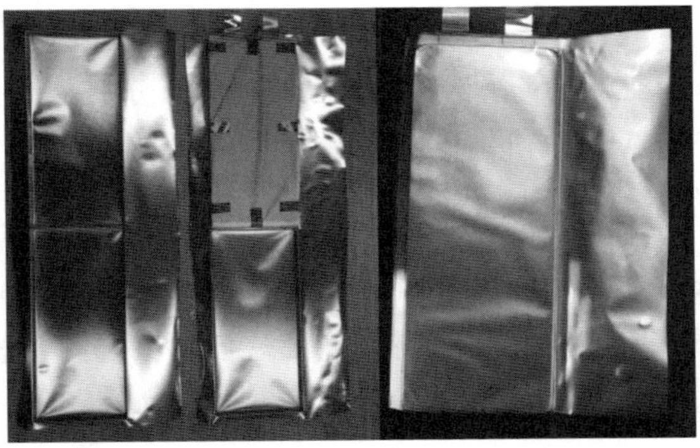

(a) (b)

图 8-15 (a) 冲坑后的铝塑膜和 (b) 侧顶封后的电池

图 8-16 烘烤设备

（8）烘烤

锂离子电池中的水含量会严重影响电池性能。随着水含量增大，电池性能会急剧衰减，严重时可引起安全事故。烘烤工序就是利用高温真空环境对电池进行干燥，使极片中的水分含量降到 300ppm（$1ppm=10^{-6}$）以下。对于高镍三元材料，水分要求更低，大约 100ppm 以下。烘烤设备如图 8-16 所示，尽管高温更有利于电池中水分的逸出，但是过高的温度会引起隔膜收缩，所以烘烤工序的温度设置要综合考虑各种材料的耐受性。

（9）注液

电解液为 Li^+ 在正负极之间迁移的介质，要求电导率高，电压稳定窗口较宽。注入电池中的电解液应该是足量的，以保证电池的循环寿命。依据工艺要求向干燥后的电池中注入定量电解液，然后进行数次抽真空、放空循环，以保证电解液进入电极极片内部（图 8-17）。在电解液进入电极极片内部后，在真空环境中对气囊开口一侧进行热封。由于水分对锂离子电池性能有负面作用，所以电池的注液环境也要保证为除湿环境，露点一般控制在−45℃以下。为了使电解液更充分地浸润到极片内部，通常热封后在室温或高温（45℃左右）环境下静置数小时后再进入下一工序。

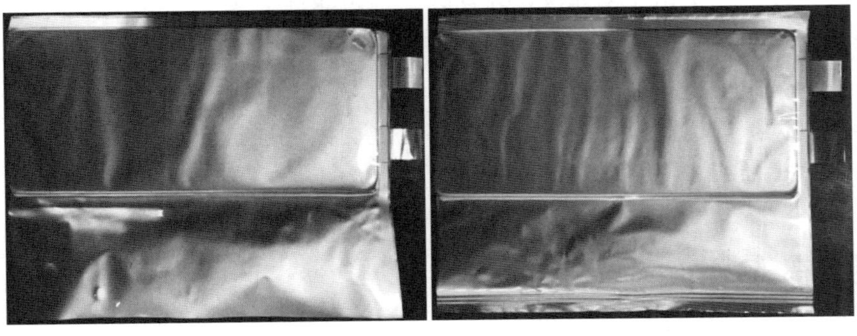

(a) (b)

图 8-17 (a) 注液前电池与 (b) 注液后电池

（10）化成

化成的作用是通过对电池充放电，一方面激活正负极活性材料，另一方面分别在正极表面和负极表面各自形成稳定的正极电解质界面（CEI）膜和固体电解质界面（SEI）膜。CEI膜和SEI膜对电池的循环性能、高低温性能、内阻影响比较大，所以在化成工序如何通过调节温度、电流形成稳定的CEI膜和SEI膜至关重要。在对电池首次充电过程中，电解液参与的、形成CEI膜和SEI膜的化学反应和电化学反应会生成部分气体，所以化成后电池的气囊中都有气体存在。再用抽气封口设备对化成后电芯进行真空抽气后切除气囊并热封（图8-18）。

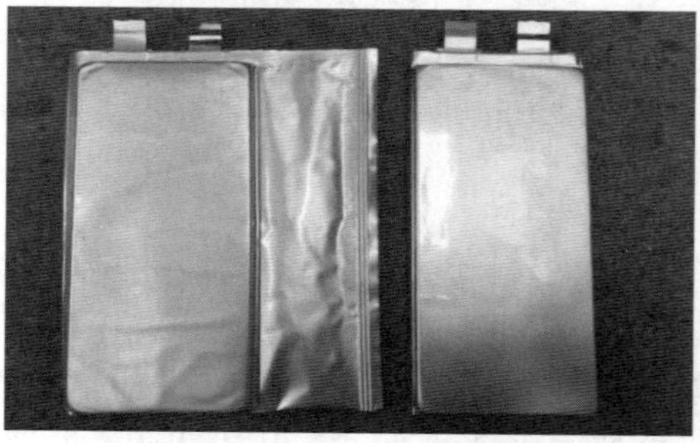

图8-18　化成后电芯与抽气封口后电芯

图8-19　分容柜

（11）分容

在分容工序，利用分容柜对电池进行再充电和再放电（图8-19），以放电容量来确定电池容量。由于放电容量与放电电流有相关性，一般来说，放电电流越大，电池容量越小，所以在确定电池容量之前需先确定电池的放电电流。

8.2.5 电池性能评价

电池制作完成后，必须通过各种测试方法来评价电池性能的优劣。最基本的性能测试项目有内阻、循环性能（常温下和高温下）、低温放电性能、倍率性能等。

内阻测试一般采用不引起电化学极化的交流内阻测试方法。一般情况下，小内阻电池的倍率放电能力强，大内阻电池的倍率放电能力弱。电池处于不同的荷电状态及不同的使用寿命状态下，它的内阻值也不一样。

循环性能测试、低温放电性能测试、倍率性能测试一般依次遵循国家标准、行业标准、地方标准、企业标准或客户要求。

8.3 锂硫电池

8.3.1 锂硫电池工作原理

20世纪60年代开始，以金属锂为负极、硫为正极的锂硫电池因理论能量密度高而备受关注。然而，受锂金属负极的安全隐患和锂离子电池快速发展的冲击，锂硫电池的研发曾一度陷入低谷。近年来，随着电动汽车、储能电站和电子产品等领域的快速发展，对于二次电池的能量密度提出了更高的要求，锂硫电池再次进入研究者视野，成为下一代高能量密度储能电池的有力竞争者。

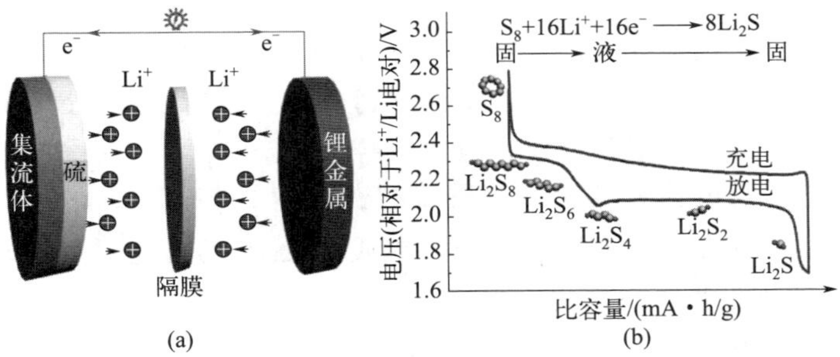

图 8-20 (a) 锂硫电池的工作原理与 (b) 硫正极的充放电机理

锂硫电池的工作原理如图 8-20 (a) 所示。放电时，金属锂负极发生氧化反应，失去电子生成锂离子，失去的电子经外电路转移至硫正极，锂离子则经电解质转移至正极。在正极，活性物质硫与来自负极的锂离子、电子结合还原为硫化锂。充电时，在外加电压作用下正极和负极反应逆向进行，在正、负极分别重新生成单质硫和金属锂。锂硫电池的反应机理为：

负极反应：

$$\text{放电:} Li \longrightarrow Li^{+} + e^{-}$$

$$\text{充电:} Li^{+} + e^{-} \longrightarrow Li \tag{8-4}$$

正极反应：

$$\text{放电:} S_8 + 16Li^{+} + 16e^{-} \longrightarrow 8Li_2S$$

$$\text{充电:} 8Li_2S \longrightarrow S_8 + 16Li^{+} + 16e^{-} \tag{8-5}$$

电池反应：

$$\text{放电:} 16Li + S_8 \longrightarrow 8Li_2S$$

$$\text{充电:} 8Li_2S \longrightarrow 16Li + S_8 \tag{8-6}$$

单质硫的理论放电比容量为 1675mA·h/g，金属锂的理论放电比容量为 3860mA·h/g。锂硫电池的理论放电电压为 2.287V，理论能量密度可高达 2600W·h/kg。实际上，目前锂硫电池的实际能量密度可达 500W·h/kg，几乎是常规锂离子电池能量密度的两倍。

8.3.2 锂硫电池面临的挑战

锂硫电池的反应机理看似简单，但实际上极为复杂。在正极，硫的还原要经历多步反应，单质硫经过生成一系列多硫化锂（Li_2S_8、Li_2S_6、Li_2S_4 和 Li_2S_2）的中间产物，最终还原为 Li_2S。如图 8-20 (b) 所示，锂硫电池放电过程存在两个放电平台，分别位于电位区间 2.4～2.2V 和 2.2～2.0V。第一个放电平台对应于环状单质硫还原为一系列高聚态多硫化锂（Li_2S_x，$4 \leqslant x \leqslant 8$），第二个平台则对应于高聚态多硫化锂进一步还原为低聚态多硫化锂（Li_2S_x，$1 \leqslant x \leqslant 4$）。基于目前研究的认识，锂硫电池主要面临以下问题。

a. 正极充放电中间产物多硫化锂的溶解与“穿梭效应”。在单质硫与 Li_2S 的转化过程中，部分中间产物多硫化锂（Li_2S_x，$4 \leqslant x \leqslant 8$）易溶解于电解液，引起正极活性物质的损失和容量衰减。同时，溶于电解液中的多硫化锂存在“穿梭效应”，导致锂金属负极的腐蚀和钝化，降低库仑效率。因此，通过加快中间产物的转化动力学、提升正极上多硫化物的吸附性、改善隔膜对多硫化物穿梭的阻隔性、采用新型固态电解质等措施，可有效防止多硫化锂的穿梭。

b. 单质硫及放电产物 Li_2S 的电子绝缘性。单质硫和放电产物 Li_2S 是电子绝缘体，不利于电极反应过程电子的快速转移，引起严重的欧姆极化。目前主要通过将硫与多孔碳等导电物质复合或采用导电性的金属硫化物代替硫单质解决。

c. 硫正极充放电过程的体积变化。单质硫的密度为 2.07g/cm^3，而正极放电产物 Li_2S 的密度则为 1.66g/cm^3。在充放电过程，即硫单质与 Li_2S 的转化过程中，正极的体积膨胀率约为 79%。严重的体积膨胀不仅引起硫的形貌发生不可逆变化，而且导致活性物质从集流体表面脱落和电池形变，影响电池的使用寿命。通过采用表面包覆硫、硫与多孔材料复合等电池结构的合理设计，可以缓解硫的体积变化及其影响。

d. 金属锂负极的枝晶生长。在锂还原沉积过程中，负极表面电场和锂离子的不均匀分布等引起不均匀的锂沉积，形成表面凸起并产生“尖端效应”，最终产生锂枝晶。锂枝晶的形成一方面容易引起电池短路，引发安全隐患，另一方面造成 SEI 的破裂和再生，且断裂后形成“死锂”，降低电池的库仑效率和循环稳定性。因此，通过设计三维亲锂性集流体、锂金属表面修饰改性和隔膜改性等途径，可促进锂的均匀沉积，抑制锂枝晶生长。

e. 金属锂负极的体积效应和不稳定 SEI 膜的影响。金属锂负极在锂沉积/溶出过程存在巨大的体积变化，引起负极形变和表面 SEI 膜破裂。SEI 膜破裂后裸露出的金属锂表面会重新与电解液反应生成 SEI 膜，引起电解液的消耗和库仑效率的降低，影响电池的使用寿命。因此，通过在锂金属负极表面制造稳定的人工 SEI 膜，或者通过电解液添加剂原位生成 SEI 膜，是应对上述问题的主要策略。

8.3.3 软包型锂硫电池

构建实用化的锂硫电池是锂硫电池研究的关键问题。在基础研究中，针对锂硫电池中多硫化物穿梭、正极导电性差和锂负极失效的问题，科研人员提供了众多解决方案，并在纽扣电池中进行了初步的验证和解决。然而这种解决是以低硫面载量、高电解液比例和超量锂金属负极为代价的，这种工况下，锂硫电池的实用化问题不能得到充分的暴露，因此要研究具有实用价值的锂硫电池。锂硫电池目前正处于研发的初期阶段，在电池设计时，应注重电池结构和组装工艺的简单化，使其易于规模化生产。软包电池设计较为灵活，在常规实验室中可进行小规模的组装，既能满足电池结构和组成的调控需求，又能方便解决锂硫电池的实用化问题。下面介绍软包型锂硫电池的设计原则与组装工艺。

8.3.4 软包型锂硫电池的设计原则

在实际应用时，为充分提高锂硫电池的能量密度，正极需要满足以下指标。

a. 硫面载量>6mg/cm^2。在电极极片有限的厚度要求下，只有在硫面载量大于 6mg/cm^2 时，才有机会实现电池能量密度高于 400W·h/kg 的要求。在如此高的硫面载量下，需要充分设计优化电极材料结构，提高活性物质的利用率。

b. 硫质量比>70%。在正极材料中，为充分提高硫的导电性和利用率，需要加入导电炭黑和黏结剂，因此降低了硫的占比，增加了电池自重，不利于电池能量密度的提升。为了保证锂硫电池的能量密度，在硫质量比＞70％的基础上，导电炭黑的种类、颗粒度、孔径的参数均需仔细筛选和优化。

c. 液硫比＜3mL/g。在液态电池中，锂离子扩散显著影响电池充放电的动力学过程。在较高的液硫比（即较高含量的电解液）下，电极材料的性能可以充分发挥，稳定性提升也较为显著。但是较高液硫比增加电池自重，降低了电池的能量密度。为提高能量密度，液硫比通常要小于 3mL/g。

高能量密度的软包锂硫电池需要满足上述所有要求。此外，降低锂硫电池中非活性物质材料的质量占比也是提升能量密度的重要途径。同时，作为一种实用器件，循环寿命和倍率性能也是锂硫电池极为重要的性能参数，在器件设计时也应该加以考虑。在产业化的器件组装过程中，浆料需要进行公斤级别的放大，这要求极片的均匀性和一致性要得到良好的保证。软包锂硫电池的组装工艺与软包锂离子电池基本一致，如图 8-21 所示。

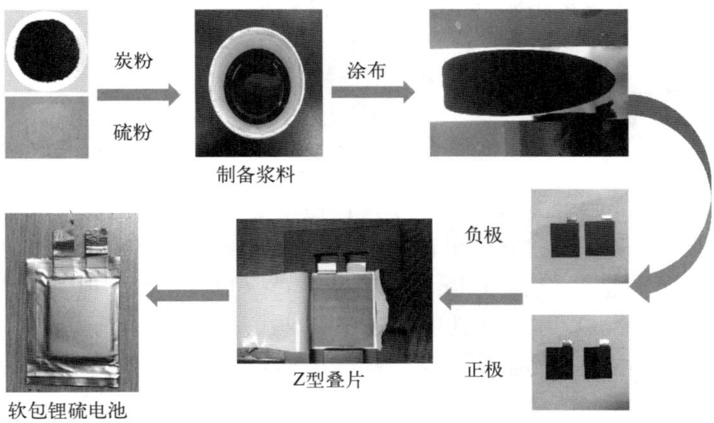

图 8-21　软包锂硫电池组装流程

目前，浆料的制备主要有如下流程：将硫粉和导电炭粉在干燥条件下充分机械混合，然后在一定温度下将硫熔融注入碳材料的孔结构中得到碳硫复合粉体；再将准备好的粉体与黏结剂的分散液充分混合搅拌，从而得到浆料。电极材料的涂布可以借鉴锂离子电池的制作工艺，通常可采用辊涂式、喷涂式和刮涂式等方式。在锂硫电池中，涂布工艺是决定电解液用量的关键步骤，通过调控涂布工艺，可以实现不同特性浆料的有序分布，从而有利于电解液的浸润，实现锂硫电池液硫比的降低。现阶段，软包电池的浆料制备、涂布工艺等均处于研发的初期阶段，相关的行业标准亟须建立。

与锂离子电池相比，锂硫电池电极体系和原理相对独特，这使得软包锂硫电池组装时，二者存在以下几个方面的差别：从组装工艺的角度来说，锂硫电池受到正负极材料的限制，在目前的条件下，叠片组装为主要方式；从工艺流程的角度，为降低电极活性物质的质量从而提高电池的能量密度，锂硫电池中选择金属锂作为负极，替代传统将活性物质涂敷在铜集流体作为负极的做法，然而相比于铜，金属锂与极耳的连接显得尤为重要。同时，金属锂对水更为敏感，因此也对组装的环境要求更加苛刻。

通过常规电化学测试手段，如循环伏安测试、恒流充放电测试、稳定性测试及阻抗测试等手段，可以对软包锂硫电池的性能进行评价，主要体现在以下几个指标上：a. 容量和能量密度，它直接影响到电池的最大工作电流和工作时间。b. 放电特性，可检测电池的负载能力。c. 内阻，包括欧姆电阻、电化学极化电阻和浓差极化内阻，大电流放电时，内阻对放电特性的影响尤为明显。d. 工作温度范围，即软包电池能够保持良好充放电性能的温度区间。e. 循环寿命，指软包锂硫电池按照一定的制度进行充放电，其性能衰减到某一程度时的循环次数。

软包型锂硫电池的能量密度可超过 400Wh/kg，这使得其非常适用于对质量和体积敏感的智能或移动设备，尤其是在宇航卫星、电动汽车和无人机等领域。早在 2010 年，Sion Power 公司就曾试飞装备锂硫电池的大型无人机，并一举创下了飞行高度最高、滞留时间最长和工作温度最低的三项无人机飞行世界纪录。目前，市面上电动汽车主要以磷酸铁锂和镍钴锰酸锂电池为主，这无法满足《中国制造 2025》对 2030 年单体电池能量密度达到 500Wh/kg 的要求，锂硫电池的高能量密度和硫的低成本，为未来其在商用动力电池领域占据一席之地创造了可能。然而，如何提升锂硫电池的安全性和循环寿命，并实现流水线化的生产，是未来规模化应用锂硫电池势必要解决的关键问题。

8.4 钠离子电池

钠离子电池的研究开始于 20 世纪 80 年代，但由于锂离子电池的开发与大规模应用，钠离子电池的开发进展缓慢。在锂离子电池商业化之前，部分美国和日本公司开发了钠离子全电池，电极材料分别是钠铅合金负极和 P2 型 Na_xCoO_2 正极，但是平均放电电压低于 3.0V，性能不及碳//$LiCoO_2$ 体系的性能。近年来，由于消费类电子设备、电动汽车及电网智能化的发展，锂离子电池的需求量逐年增加，但锂资源日益缺乏，成本增加。因此急需开发廉价的新一代储能设备。钠离子电池近年来由于其具备钠资源储量丰富、廉价环保、低温性能优良、安全性好等优点而成为研究的热点。

8.4.1 钠离子电池简介

钠离子电池由正极、负极、隔膜和电解液组成。常见的正极材料有层状结构的 Na_xMO_2（M=Fe、Mn、Co、V）及其二元、三元材料，以及聚阴离子类材料、普鲁士蓝类材料、有机分子和聚合物等；负极材料有硬碳、合金类材料；由于铝和钠在低电位不会发生合金化反应，钠离子电池正极和负极的集流体都可使用廉价的铝箔。电解液中，溶剂主要为碳酸丙烯酯（PC）、碳酸乙烯酯（EC）、碳酸二甲酯（DMC）、乙二醇二甲醚（DME）和碳酸二乙酯（DEC）等，溶质以 $NaClO_4$ 和 $NaPF_6$ 为主。隔膜主要为聚合物（聚乙烯、聚丙烯等）、玻璃纤维或无纺布等。钠离子电池与锂离子电池的工作原理基本类似，只是离子载体不同。在充放电过程中，钠离子在正极和负极之间往返嵌入与脱嵌，工作原理见图 8-22。

在充电过程中，Na^+ 在外电场的作用下从正极材料中脱出并通过电解液、隔膜嵌入负极材料中。此时，负极处于富钠状态，正极处于贫钠状态，电池电压升高。而放电过程正好相反，Na^+ 从负极脱出回到正极，外电路中电子流入正极，电压降低。在充放电过程中 Na^+ 在正负极间可逆地脱出嵌入，实现电能的可逆储存和释放。

虽然，钠离子电池的工作原理与锂离子电池类似，但由于钠离子与锂离子的离子尺寸、化学性质不同，钠离子电池的电极材料结构、电池性能与锂离子电池不同。如钠离子直径

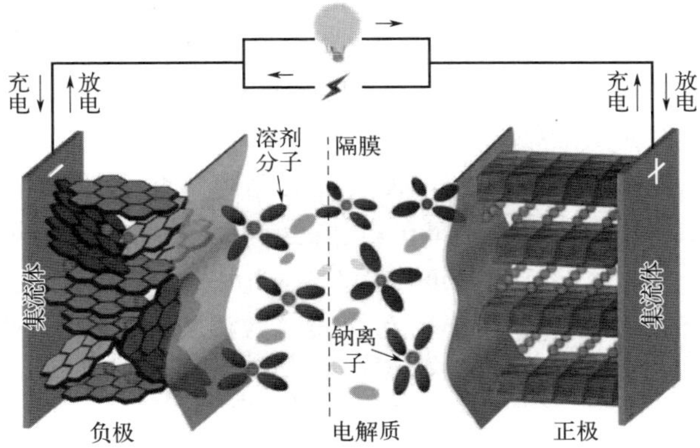

图 8-22　钠离子电池的工作原理

(0.204nm) 比锂离子 (0.152nm) 大，钠 (23g/mol) 比锂 (6.9g/mol) 重，且具有更高的标准电极电位，因此钠离子电池的能量密度相较于锂离子电池低。但是，这种差异对钠离子电池的影响并不一定是负面的：a. 钠离子的 Stokes 半径比锂离子的小，相同浓度的钠离子电池电解液具有更高的离子电导率。另外，钠离子在极性溶剂中具有更低的溶剂化能，在电解液中具有更快的动力学行为。b. 在充放电过程中钠离子不与铝形成合金，负极可采用铝箔作为集流体，可进一步降低成本，同时避免由于过放引起的集流体氧化，且允许电池过放电至零伏，有利于提升电池的安全性。c. 钠离子在电极材料中的扩散速率与电极材料的晶体结构密切相关，并非一定比锂离子差，钠离子半径大也对电极材料的体积形变无决定性影响。

表 8-1 中对比了铅酸电池、锂离子电池与钠离子电池的性能。目前铜基钠离子电池虽然在能量密度等方面与磷酸铁锂电池还有一定的差距，但在低温性能、安全性、环保等方面与磷酸铁锂相当甚至更好。而与铅酸电池相比，钠离子电池具有能量密度大、工作电压高、循环寿命长、环境友好等优点，在低速电动车、储能领域具有一定的竞争力。

表 8-1　铅酸电池、钠离子电池和锂离子电池性能对比

项目	铅酸电池	钠离子电池	锂离子电池
单体电芯能量密度	30～50W·h/kg	100～150W·h/kg	150～250W·h/kg
电压	2.1V	2.8～3.5V	3.0～4.5V
循环寿命	300～500 次	1000 次以上	3000 次以上
体积能量密度	60～100W·h/L	180～280W·h/L	200～350W·h/L
−20℃容量保持率	<60%	>80%	<70%
耐过放电	差	可放电至 0V	差
安全性	优	优	优
环保性	差	优	优

钠离子电池的产业化探索开始于中国科学院物理研究所陈立泉、胡勇胜团队。该团队陆续于 2015 年、2016 年完成 10 公斤级电极材料的生产及钠离子电池软包电池和圆柱电池的小批量制造，并在 2017 年成立北京中科海钠科技有限责任公司，致力于开发低成本、高性

能钠离子电池。该公司于2018年推出了全球首辆钠离子电池（72V，80A·h）驱动的低速电动汽车，2019年发布了世界首座30kW/100kW·h钠离子电池储能电站，为钠离子电池的商业化进程做出巨大贡献。2021年宁德时代新能源科技股份有限公司（CATL）发布了第一代钠离子电池。宁德时代的钠离子电池正极为改性的普鲁士白或层状氧化物，克容量可以达到160mA·h/g，负极为硬碳材料，其独特的孔隙结构可让大量钠离子存储、快速通行，材料克容量达到350mA·h/g。钠离子电池的制造工艺可与锂离子电池相兼容。虽然钠离子电池的能量密度（单体电芯能量密度为160W·h/kg）略低于目前的磷酸铁锂电池，但是低温（−20℃，放电保持率90%以上）和快充（常温充电15min，电量可达到80%）性能优势明显，尤其是在高寒地区。

8.4.2 钠离子电池的设计

（1）钠离子电池的设计基本原则

钠离子电池的设计基本原则与锂离子电池类似，遵循正负极容量匹配、负极包住正极、正负极隔离的设计基本原则。

a. 正负极容量匹配：设计钠离子电池时，一般负极容量适当过量，若负极容量低于正极容量，当电池充电时，从正极过来的钠离子不能全部嵌入负极材料中，会在负极表面析出形成不可逆容量。而负极容量过量太多，则影响电池库仑效率，造成材料容量损失。一般设计时，单位面积上的负极容量需高出正极容量的3%～5%。

b. 负极包住正极：电池设计时必须保证有正极敷料的地方对应有负极敷料，使负极片的宽度和长度能够大于正极片。

c. 正负极隔离：正负极若接触会造成电池短路，严重的话会引起爆炸等安全问题，因此电池设计时必须保证正、负极的完全隔离。隔膜的尺寸要比负极片宽，且在隔膜的使用上还必须考虑其收缩特性，留有足够余量，必要时需在易引起短路的位置用胶纸保护。

（2）钠离子电池的工艺参数设计

钠离子电池的工艺参数设计的核心是电极设计，包括电极活性物质配方参数、压实密度参数和正负极配比参数设计三大部分。

① 活性物质配方参数设计

活性物质配方参数设计主要是指活性物质的含量以及活性物质、黏合剂和导电添加剂之间的比例。合理设计活性物质的含量是保证电池容量的前提。一般情况下，首先需采用扣式电池测试材料比容量的发挥情况，再进一步制备成小型圆柱半电池形式对正负极极片的容量进行测量。根据测试得到的正负极活性物质比容量的实际发挥值进行后续活性物质含量设计。此外，导电添加剂与黏结剂的类型及其与活性物质之间的比例会影响电子、离子的传输，电极界面的电化学反应等，从而影响电池性能。

② 压实密度参数设计

压实密度是指极片涂层经辊压后的密度，压实密度影响极片的脆硬度、吸液量、封装松紧度，进而影响材料容量的发挥、首次充放电效率发挥等。合理的压实密度不仅可以减小极片的体积，在有限的空间内装入更多的材料以提高容量，也能够增强极片内部活性颗粒与导电添加剂之间的接触，提高电化学性能。因此，可以通过压实密度与材料性能的发挥建立对应关系，进一步通过软件拟合等手段，为压实密度参数的设计提供依据。

③ 正负极配比参数设计

正负极配比一般称 N/P 值，是指电池负极容量和正极容量的比值。N/P 值是电极设计的核心参数之一，是决定电池整体容量发挥、循环性能、安全性能等的主要依据之一。N/P 值的设计一方面依据经验积累，另一方面来源于大量的、不同的电池 N/P 值的数据总结，但是均存在一定的不足。在此基础上可以利用参比电极测量技术进一步提升 N/P 值的准确性。

(3) 钠离子电池的安全设计

在钠离子电池的设计过程中，安全设计至关重要，可主要从原材料选择、电池结构设计等方面入手。在选择材料时不仅需考虑性能，还要严格考察其一致性以及本身的热力学和电化学稳定性。在电池结构设计方面，需重点考虑正、负极和隔膜尺寸设计，内短路防护设计以及安全阀。在电极片和隔膜尺寸设计方面，遵循负极包住正极、正负极隔离的原则；在内短路防护设计方面，部分关键工序或关键部分需做防护设计，比如：正负极极耳间需保持必要的间距，正极铝箔和负极活性物质之间贴绝缘胶带，极耳焊接部位包绝缘胶带处理，电池顶部采用绝缘措施等；针对圆柱和方形硬壳电池设置安全阀，可以防止电池内部压力过大导致的安全事故。同时还可以根据实际需求选择铝塑膜作为外壳封装材料（软包电池），提升电池安全性。

(4) 钠离子电池的设计规范

① 电池容量设计

为保证电池的可靠性和使用寿命，根据客户需求的最小容量来确定设计容量。

$$\text{设计容量}(\text{mA}\cdot\text{h})=\text{要求的最小容量}\times\text{设计系数} \tag{8-7}$$

式中，设计系数一般取 1.03～1.1。

② 极片尺寸设计

以软包叠片电池为例，根据电池的尺寸及规格型号要求确定单个极片的长度和宽度。

极片长度 L_P：

$$L_P=1-A-2\times B \tag{8-8}$$

极片宽度 W_P：

$$W_P=W-2\times(B+C) \tag{8-9}$$

式中，L_P、W_P 为极片的长度和宽度；A 为电池顶部封边宽度；B 为铝塑膜厚度；C 为电池单边折边宽度。

③ 极片数和面密度

确定极片数量 N，并根据电池的设计容量来确定电极的面密度。电池的设计容量主要由正极容量决定，负极容量根据正极容量和 N/P 值来确定（用 N/P 值表示负极过量系数）。

$$T_P=C_d/(C_P\times L_P\times W_P\times \rho_P\times \omega_P) \tag{8-10}$$

$$T_N=T_P+1 \tag{8-11}$$

$$N/P 值=(C_N \times \rho_N \times \omega_N)/(C_P \times \rho_P \times \omega_P) \tag{8-12}$$

式中，T_P 为正极片层数，计算时向上取整数；C_d 为电池设计容量，mA·h；C_P 为正极活性物质的克容量，mA·h/g；ρ_P 为正极涂布面密度，g/m^2；ω_P 为正极片中活性物质的质量分数；T_N 为负极片层数；ρ_N 为负极片的涂布面密度，g/m^2；C_N 为负极活性物质的克比容量，mA·h/g；ω_N 为负极片中活性物质的质量分数。

④ 隔膜尺寸

钠离子电池可用的隔膜有聚乙烯隔膜（PE）、聚丙烯隔膜（PP）及这两种材料组成的双层或三层隔膜等，此外还会涉及陶瓷隔膜、涂胶隔膜等。隔膜的长度、宽度由下式确定：

$$L_S = W_P \times T_P + W_N \times T_N + 2 \times (T - 2 \times B) \tag{8-13}$$

$$W_S = L_P + \varphi_1 + \varphi_2 \tag{8-14}$$

式中，L_S、W_S 分别为隔膜的长度和宽度；W_N、T_N 分别为负极片的宽度和层数；T 为电池厚度；φ_2 为隔膜宽度超出负极片的长度值；φ_1 为隔膜宽度超出正极片的长度值。

⑤ 电解液用量

注液量可以根据电池正负极片和多孔隔膜材料的总孔体积以及电解液的密度计算获得理论值，即最低注液量。在此基础上根据电池使用条件来确定电解液的实际注液量。

8.4.3 钠离子电池的制造工艺

组装电池的基本步骤包括：制浆、涂布、烘干、裁片、组装。实验室纽扣电池和商业化软包叠片电池的组装工艺有所区别，以下分别展开介绍。

（1）实验室小批量制造纽扣电池的工艺

正极活性物质和负极活性物质一般为粉末材料，颗粒尺寸不宜过大，否则测试结果受到材料动力学的影响。选用碳基导电剂，包括乙炔黑、导电炭黑、Super P 等导电材料。黏结剂体系包括聚偏氟乙烯-有机体系、羧甲基纤维素钠-水性体系，一般先将黏结剂溶于溶剂体系中配制成溶液备用。隔膜采用玻璃纤维隔膜。

实验室制浆工艺主要包括手工研磨法和机械混浆法，一般依据活性物质的量确定。如活性物质的质量在 0.1～5.0g 时建议采用手工研磨法，活性物质的质量超过 5.0g 时，建议采用机械混浆法。对于正极材料，需将正极活性物质（普鲁士白或层状氧化物）与导电剂炭粉（Super P）混合研磨，随后将混合物加入黏结剂溶液中搅拌均匀制浆，搅拌时间不固定，以浆料黏稠状态为准。其中活性物质、导电剂与黏结剂的质量比为 80∶10∶10（可根据材料适当调整，一般正极材料不低于 75，导电剂和黏结剂不低于 5）。对于负极材料，负极活性物质（硬碳）研磨后加入黏结剂溶液中搅拌均匀制浆，无需添加导电剂，导电剂与黏结剂的质量比为 90∶10（可根据材料状态适当调整）。

钠离子电池的正负极集流体均可采用铝箔，涂覆工艺一般使用刮刀和流延涂覆机，过程简单。首先将铝箔均匀平铺于涂覆机上，用酒精清洁涂覆机平台及铝箔表面，尽量选择集流体粗糙的一面涂布，增加材料在集流体上的附着力。之后将浆料置于集流体表面，设置刮刀的厚度进行涂覆。

极片干燥的目的是去除浆料中大量的水系溶剂或有机溶剂及其中的水分，需考虑干燥温度、干燥时间和干燥环境。在保证完全干燥的前提下，尽量降低干燥温度，延长干燥时间。

对于有机溶剂，干燥温度不需要太高，可适当延长干燥时间；对于水系溶剂，由于水的沸点为 100℃，干燥时需要较高温度（100～120℃）。对于一些容易氧化或在高温空气中不稳定的材料，需要在惰性气氛或者真空环境中干燥。特别注意的是干燥温度过高、时间过长会导致掉粉行为。一般在实验室中采用真空条件下 100℃干燥 12h。

干燥后的极片需进一步压实，使活性物质与集流体紧密接触，提高电池的能量密度。压实后，极片的稳定性、牢固性和电化学性能均有一定的改善。实验室一般采用小型对辊机或压片机进行压片处理。制备好的电极片需用裁片机压制成直径为 12mm 或 14mm 的圆形电极片（对应 CR2032 型号纽扣电池）。挑选表面平整、边缘规则的极片进行称量，计算活性物质的量。

将准备好的极片转移到惰性气氛手套箱内，按照负极壳、垫片、负极极片、电解液、隔膜、电解液、正极极片、正极壳的顺序组装电池（也可以从正极壳开始）。特别要注意的是需保证正极与负极的对称，电解液的量需保证隔膜、极片的完全浸润。组装好的纽扣电池负极侧朝上置于纽扣电池封口机模具上，在一定压力下（一般为 800MPa）压制 5s，并用纸巾擦拭干净电解液，即完成纽扣电池的组装。

（2）商业化软包叠片电池的组装工艺

钠离子电池的制造工艺可与锂离子电池相兼容，不同的地方在于钠离子电池可采用铝箔作为负极集流体，正、负极片可采用相同的铝极耳，因此相关工序（如极耳焊接工序）可以更加简化。如图 8-23 所示，基本制造工艺可分为三个部分：前端电极制造工序（包括混料、涂布、辊压、真空干燥和模切）、后端装配工序（包括叠片、焊接、入壳封装、真空干燥和注液）和化成分选工序（包括预封、化成、二封和分容）。各个环节的具体过程在此不再赘述。

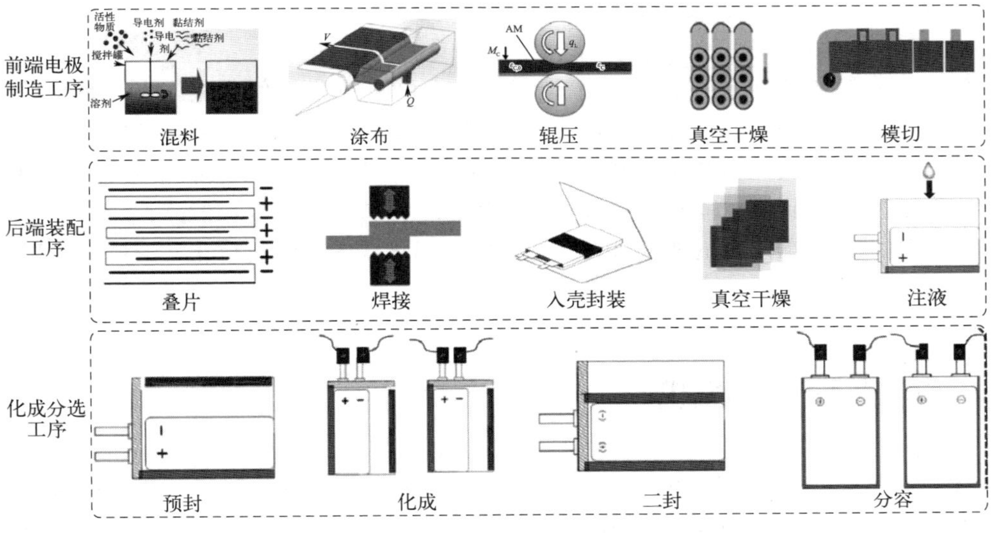

图 8-23　钠离子电池的组装过程示意图

V—涂布速度；Q—涂布浆料的送料流量；q_L—作用在极片上的线载荷；$\varepsilon_{C,0}$—涂层孔隙率初始值；ε_C—压实后涂层的孔隙率；AM—活性物质；M_C—涂层面密度

8.4.4 钠离子电池性能评价

目前，我国新制定了多项钠离子电池产品相关标准，包含国家标准、团体标准等。钠离子电池的性能包括电池容量、充放电特性、温度特性、循环寿命、自放电特性、安全性等。

a. 电池容量：电池容量是指在电池合理的最高、最低电压范围内，可以从电池获得的电量，即电流对时间的积分，一般用 mA·h 或 A·h 来表示，它直接影响到电池的最大工作电流和工作时间。

b. 充放电特性：电池在一定的放电制度下，其工作电压的平稳性、电压平台的高低以及大电流放电性能等，它表明电池带负载的能力。电压平台的高低取决于正负极材料的类型，例如 $Na_2MnFe(CN)_6$ 普鲁士白/硬碳体系电压平台 3.4V。另外，单体电压会随荷电量的变化而变化，并且是一一对应的关系。

c. 温度特性：在一定的工作环境和使用条件下，要求电池在特定的温度范围内保证良好的性能，分为高温、低温特性。钠离子电池可在−20～55℃温度范围内使用，其低温性能突出，在零下 20℃低温环境下，仍然有 90%以上的放电保持率。

d. 循环寿命：二次电池按照一定的制度进行充放电，其性能衰减到某一程度时的循环次数。中科海钠科技有限责任公司的产品在 3C 的电流密度、电池放电量与电池额定容量的百分比（*DOD*）为 100%的条件下充放电，循环 1000 次后容量保持率 91%。如若钠离子电池作为动力电池使用，根据国家相关规定，电动汽车动力电池如果衰减到新电池状态的 80%时，应更换下来进入梯次利用环节。

e. 自放电特性：在无使用情况下，容量自动减少或消失的现象称为自放电。首先将钠离子电池充足电，然后在一定温度、开路状态下搁置一定时间，之后将电池以恒定电流放电，计算电池容量。中科海钠科技有限责任公司的产品满电态电芯 60℃存储 7 天，荷电保持率为 92%，荷电恢复率为 99%；满电态电芯 85℃存储 3 天，荷电保持率为 94%，荷电恢复率为 99%。

f. 安全性：钠离子电池的安全性测试参考锂离子电池的相关标准（GB 38031—2025），包含针刺、热冲击、短路、过充、过放等测试。过充试验利用恒定电流持续给电芯充电，设定固定电压上限；短路试验是用小电阻的导线直接连接正负极，使电池形成超大电流回路，电池内部快速升温；针刺试验是用铁针垂直穿透电池，持续形成内部短路；热冲击是把电芯放入高温箱中，以标准规定的速度升温，持续的高温导致内部隔膜熔化，形成大面积内部短路，观察电池是否发生变形、燃烧、爆炸。

8.5 金属空气电池

金属空气电池是以活泼金属（锂、钠、镁、锌、铝等）为负极，以空气中氧气或者纯氧气为正极的一种新型电池体系，这种电池既有化学储能电池的特征，又有着类似于燃料电池的工作原理；既可以作为一次电池，也可以通过电池催化剂设计作为二次电池。金属空气电池正负极材料来源丰富，理论比容量高，是当今极具潜力的下一代电池技术方向。作为前沿的电池技术，其主要具有如下特点。

高比能量：在二次电池中，金属空气电池由于正极采用氧气（来源于空气或特殊供气系统），负极直接采用活泼金属，相比于其他嵌入式电极能量密度大幅度提升。在当前所有已知的储能电池，理论能量密度在500Wh/kg以上的二次电池，只有金属空气电池。

成本低廉：金属空气电池中正极催化材料不高度依赖于贵金属（铂、钯、铱）以及资源稀缺或高毒性的材料（钴、镍等），电解液可为普通水系或有机系电解液，负极为活泼金属，外包装也无特殊要求，因此在成本方面较燃料电池与其他储能电池更具优势。

设计性强：可以根据应用的需求，将金属空气电池设计成信号指示与传导、军事储备等用途的一次电池，也可以设计成动力、储能等领域的可充电电池等。同时，可以将金属空气电池设计成纽扣式、方形软包以及纤维状等不同结构类型，以满足其在不同场景中的应用需求。

体系开放：在充放电过程中，金属空气电池需要从电池体系外吸收氧气或者将产生的氧气释放出去，因此整个电池处于开放体系中，这一特殊电池构型能够降低整个电池质量，有利于能量密度提升。但同时值得注意的是，需要在电池正极侧构筑防水透气层，阻挡空气中水蒸气、二氧化碳等对电解液和金属负极的腐蚀，同时一定程度上抑制由于电解液挥发带来的电池性能衰减。

表8-2中列出了目前已经开发的典型金属空气电池性能，其中理论比能量是根据全部活性物质质量计算的，实际工作电压则根据已经报道的文献中有代表性数据总结而得。

表 8-2　典型金属空气电池性能对比

金属负极	负极容量/（mA·h/g）	开路电位/V	理论比能量/（W·h/kg）	工作电压/V
Li	3860	2.96	5210	2.3～2.7
Na	1166	2.30	1677	2.0～2.2
Mg	2205	2.93	2789	2.2～2.5
Al	2982	2.73	2290	1.2～1.6
Fe	1440	1.28	1080	0.7～0.9
Zn	820	1.65	1090	0.9～1.3

在以上所有金属空气电池中，金属锂空气电池具有最高的理论比能量，也是目前已知的所有储能电池中能量密度最高的电池体系。室温锂空气电池自1996年由美国东北大学Abraham教授等人报道之后，逐渐引起科学家的关注，相关领域科学家在双功能催化正极材料、无枝晶锂负极以及稳定电解液等方面展开研究，取得了一系列的成果。在器件开发方面，也已经开发了千瓦时级别的锂空气电池器件，可实现的能量密度较现有储能电池有2～3倍的提升，展现出良好的商业化发展价值。钠与锂性质极为类似，而地球上钠资源远远比锂丰富，因此钠空气电池似乎更具商业化潜力。但是金属钠更为活泼，在开放体系更容易被水蒸气、二氧化碳等气体腐蚀而损害电池寿命，需要科学家和工程技术人员通力合作解决上述相关科学与技术难题。

锌空气电池是最早受到关注的金属空气电池。金属锌在中性或弱酸弱碱条件下能保持较好的稳定性，因此可以采用水溶液作为电解液。由于锌离子在水溶液中有着较快的传导速率，因此锌空气电池具有较高的倍率性能，在实现电池高功率方面较其他电池更具优势。在可充电锌空气电池中，锌枝晶的生长与负极腐蚀、空气正极充放电效率，以及电极内气体扩散、放电产物容纳等是目前面临的问题，在一定程度上限制了其规模商业化。但是因其在性能、安全性以及成本等方面的综合优势，仍有大批研究人员对其进行研究，以推进其产业化进程。镁、铝空气电池与锌空气电池类似，可以采用水系电解液，具有较高的安全性，同时二者在地壳中丰度高于锌，大规模商业化后更具成本优势。但是二者充电电位较高，通常情况下容易造成电解液分解产气，直接损害电池寿命，因此目前这类电池主要用作一次电池。铁空气电池在原理上是可行的，但是其实际工作电压和能量密度相对较低，商业化价值有限。

8.5.1 锂空气电池

8.5.1.1 锂空气电池简介与工作原理

室温锂空气电池的研究报道最早见于 1996 年，其以金属锂为负极，凝胶态电解质、碳基材料作为正极催化剂，基于金属锂与氧气之间的可逆反应，首次实现了在纯氧气中的可逆充放电。基于金属锂负极，可获得容量为 3880mA · h/g，而基于有机系电解液中常见的放电产物 Li_2O_2 计算，锂空气电池的理论放电电位为 2.96V，理论比能量高达 3464W · h/kg，是目前成功商业化锂离子电池的十倍以上。即使包含催化剂、集流体、电解液以及外包装等，锂空气电池能量密度也将轻松达到 500W · h/kg 以上，因此自基本原理得到验证之后便受到了广泛的关注。然而，目前的锂空气电池仍然存在诸多问题，如金属锂负极的腐蚀与枝晶问题，电解液挥发与分解问题，正极放电产物沉积残余与不可逆分解等问题。此外，锂空气电池正极反应过程中，涉及氧气向电极表面的扩散与反应、电解液对电极的浸润、锂离子传输与扩散以及电化学反应过程中电子转移等，电极反应的复杂性决定需要通过系统研究提升电池综合性能。同时，目前有关锂空气电池的基础研究通常在采用较低活性物质涂覆量的超薄正极中实现，气体的传输与放电产物存储等问题不突出，但是无法发挥整个电池在能量密度方面的优势，而如何设计具有多孔结构的厚密正极，在厚密正极中构筑气体、离子与电子快速传输通道是锂空气电池器件化面临的首要问题。

锂空气电池根据电解液的不同，可以分为有机系、固态电解质以及有机/水组合电解液体系等电池类型。有机系锂空气电池中主要采用对金属锂稳定的醚基溶剂或离子液体基电解液，通常电池在纯氧气环境中工作，过氧化锂或超氧化锂作为主要放电产物。基于固态电解质的锂空气电池又包括无机陶瓷电解质和有机聚合物电解质两种类型，固态电解质能够较好地保护金属锂负极不被外界环境中气体杂质所腐蚀，因此电池可以在真实空气中工作，放电产生的过氧化锂很容易与空气中水蒸气、二氧化碳等反应生成氢氧化锂与碳酸锂，相较于过氧化锂，这两者的分解电位更高，影响了电池效率。在有机/水组合电解液体系中，金属锂负极采用有机电解液、空气正极侧采用水系电解液，中间用固态陶瓷电解质隔开，这一类型电池中氧气在正极的还原通常有水的参与，为典型四电子反应，放电电位也较有机系锂空气电池更高。

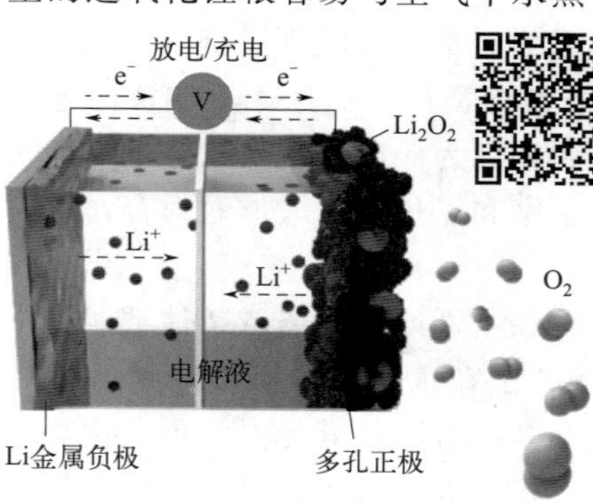

图 8-24 有机系锂空气电池结构

有机系锂空气电池结构如图 8-24 所示，跟其他电池类似，电池基本部件包括金属负极、电解液、多孔正极以及外包装。此外，由于要吸收外部环境中氧气或者释放充电产生的氧气到外部环境中，正极一侧的外壳处有气体孔道；根据电池是在纯氧气环境工作或者真实空气中工作的不同情况，决定是否增加防水透气层阻挡外部环境中水蒸气对于电池性能的影响。以典型的有机系锂空气电池工作过程为例，放电过程中负极金属锂发生氧化反应生成锂离子并扩散至正极处，氧气在正极表面还原，生成过氧根离子并与锂离子结合形成过氧化锂，过氧化锂储存于正极孔道中；电子则通过外电路流向正极，实现对外加负载的供电。充电过程中，沉积到正极中的过氧化锂分解，氧气释放到外界系统中，锂离子重新扩散到负极侧并沉积为金属锂。

有机系锂空气电池放电过程的反应方程式如下。

负极： $2Li \longrightarrow 2Li^{+} + 2e^{-}$

正极： $O_2 + 2e^{-} \longrightarrow O_2^{2-}$

电池反应： $2Li + O_2 \longrightarrow Li_2O_2$

将放电产物控制在稳定的结晶超氧化锂的阶段，替代普通锂空气电池循环过程中的过氧化锂。相比过氧化锂，超氧化锂更容易解离成锂和氧，电池具有更高的效率和更长的循环寿命。

有机/水组合电解液体系锂空气电池（图 8-25），最为突出的特征是正负极之间分别采用水系和有机系两种不同电解液，采用只能传输离子而能有效阻隔溶剂分子透过的陶瓷电解质将正负极阻隔开来。结合水系电解液高离子与氧传输特性，以及有机电解液对活泼金属负极的稳定性优势，实现高离子传输与高电压区间工作。在正极侧水系电解液中，水分子参与电化学反应，氧气与水共同作用生成氢氧根（为四电子反应），较通常有机系锂空气电池容量提升一倍。而充电过程中氢氧化锂发生分解反应，重新生成氧气并释放到空气中。在充电过程中应当注意避免水溶液的分解。而氢氧化锂阻塞正极孔道结构，是造成组合电解液体系锂空气电池性能下降的主要原因；同时，空气中二氧化碳与氢氧化锂反应生成更难分解的碳酸锂，也是造成充放电效率下降与电池性能衰减的重要原因。负极侧的有机电解液是维持电池高电压的关键。

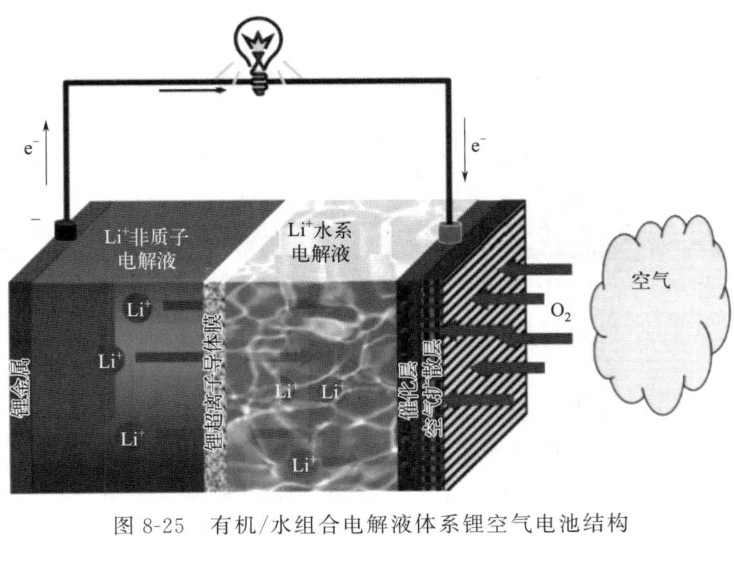

图 8-25　有机/水组合电解液体系锂空气电池结构

有机/水组合电解液体系锂空气电池放电过程反应方程式：

负极： $Li \longrightarrow Li^{+} + e^{-}$

正极：　　　　　　　　　　$O_2+2H_2O+4e^- \longrightarrow 4OH^-$

电池反应：　　　　　　　　$4Li+O_2+2H_2O \longrightarrow 4LiOH$

8.5.1.2　锂空气电池关键电极材料

锂空气电池中空气正极主要功能是催化氧气的还原与放电产物的分解，电极反应发生在表面气-液-固三相界面处，因此需要设计多孔电极结构。随着放电深度的增加，放电产物沉积到多孔电极表面，导致电极表面部分活性位点被覆盖与导电性逐渐下降，而放电产物阻塞孔道后会进一步阻碍氧气与电解液的扩散，电极被钝化并最终导致电池放电终止。因此，进一步提升锂空气电池性能，需要在电极材料开发与电极结构设计两个方面展开。

锂空气电池充电过程中电极极化大、倍率性能差等问题是电池效率低下的主要原因。钌、钯、铂等贵金属催化剂展现出良好的电池反应催化效果，过渡金属氧化物包括氧化钌、氧化钴、氧化锰等也被广泛研究。此外，碳基材料包括碳纳米管、石墨烯、超级炭黑、科琴黑等也被广泛应用于锂空气电池中，并且均在不同程度上展现出降低充电电位的效果。目前文献中报道的锂空气电池，绝大部分基于超薄电极实现，而推动锂空气电池走向应用的器件开发，必须提高电极的面积载量，因此电极的孔结构设计成为关键（图 8-26）。设计多孔超厚空气正极，是锂空气电池器件开发面临的主要工艺难题。

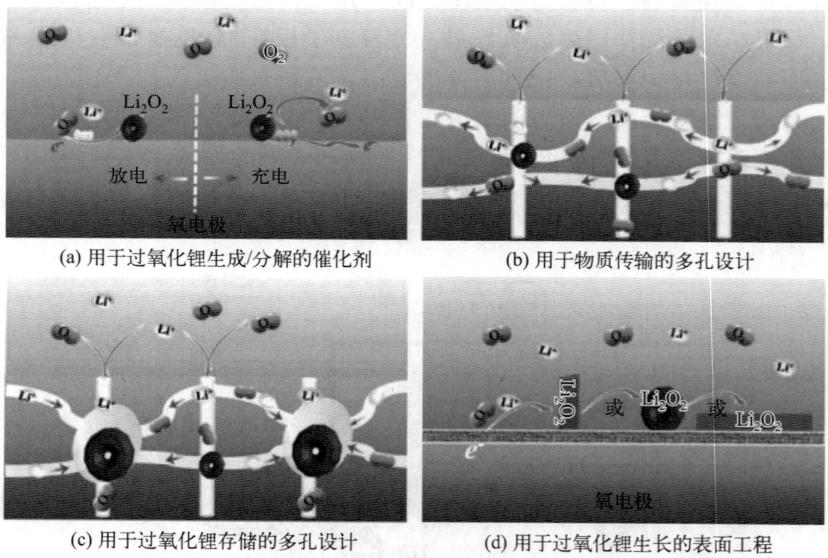

(a) 用于过氧化锂生成/分解的催化剂　(b) 用于物质传输的多孔设计

(c) 用于过氧化锂存储的多孔设计　(d) 用于过氧化锂生长的表面工程

图 8-26　锂空气电池正极多孔结构示意图

电解液在电池工作过程中承载着传输离子的重要作用，而与正负极的充分接触是降低离子传输阻力的首要条件。最早提出的室温锂空气电池采用凝胶态电解质实现，而基于有机电解液的锂空气电池研究在 2006 年开始有显著增长。应用于锂空气电池的有机电解液，除需要满足与锂离子电池类似的高离子传导率、成本低廉、安全环保等要求外，还应当满足：a. 宽电位窗口稳定，对金属锂与过氧化锂均能保持较好的稳定性，且不发生显著副反应；b. 挥发性低，在开放体系中不显著挥发造成电解液干涸；c. 具备一定的疏水性与氧气溶解性能，一方面避免强吸水性导致金属锂负极的腐蚀，另一方面通过提高氧气溶解能力增加电极表面的氧浓度。有机电解液的研究初期希望从锂离子电池领域借鉴经验，探索了碳酸酯类电解液的应用，发现此类电解液在锂空气电池循环过程中发生严重的分解反应，生成碳酸锂与有机酸锂等与放电产物混合到一起，导致电池无法正常循环。其主要原因是电池放电过程中氧气首先生成的过氧自由基或者超氧自由基极易攻击有机溶剂分子，进而发生副反应。当电池采用醚基溶剂、砜类溶剂与酰胺类溶剂时，电池循环稳定性显著提升。这表明充放电中间体与放电产物在一定程度上能够稳定存在。

无机陶瓷类固态电解质能够有效保护金属锂负极，可以在正极侧采用具有高离子传导效率的水系电解液，构筑有机/水系组合电解液锂空气电池。作为防水层的无机陶瓷电解质为钠超离子导体（NASICON）结构 $Li_{1.35}Al_{0.25}Ti_{1.75}P_{2.7}Si_{0.3}O_{12}$（LATP），最先由日本OHARA公司生产。金属锂与LATP长期接触过程中容易造成Ti的还原而导致电解质力学性能下降，通常在金属锂与固态电解质中间引入缓冲层，而正极侧则采用碱性或者中性水溶液为电解液。高分子类聚合物电解质与凝胶态电解质如聚氧乙烯类（PEO）、聚偏氟乙烯-六氟丙烯共聚物（PVDF-HFP）、聚甲基丙烯酸甲酯掺杂聚苯乙烯等也被探索用于锂空气电池中，并且实现了电池的稳定循环。而固态电池中，电解质与电极的固固界面接触造成的巨大界面电阻是提升电池性能最大的障碍。最新研究结果表明，通过小分子物质的原位交联反应，在组装好的锂空气电池内部实现电解质原位固态化，既能保持液态电解液的良好界面接触性能，又具有固态电解质的低挥发性与良好的金属锂负极保护能力，展现出良好的前景。

8.5.1.3 锂空气电池器件设计与性能评测

实验室测试锂空气电池器件与普通纽扣电池类似，在电池壳一侧开有孔洞以供气体扩散，电池组装一般在手套箱中完成，见图8-27。一般按以下顺序进行组装：负极壳—弹片—垫片—负极—隔膜—电解质—正极—多孔正极壳。直接采用金属锂作为负极，实验室多采用玻璃纤维作为隔膜。一方面玻璃纤维能够有良好的稳定性与绝缘性，另一方面能够有一定的吸液能力，提升锂空气电池的循环寿命。电池一般在封口机进行封装后，置于纯氧气环境或空气环境中静置，再进行相应电池性能测试评价。跟其他类型可充电电池相比，锂空气电池采用开放的多孔正极，在电池外侧设计防水透气层，以延长电池寿命。

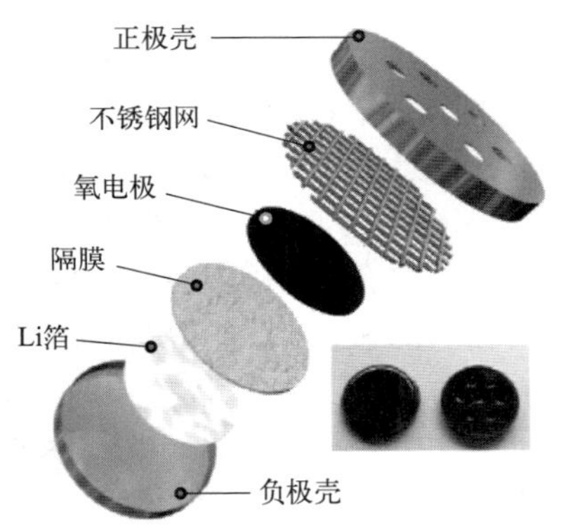

图8-27 锂空气电池组装过程

锂空气电池性能评价一般包括充放电容量、不同电流密度下放电电压以及在限定容量条件下的循环寿命等。图8-28（a）为典型有机系锂空气电池在不同电流密度（截止电压2.3V）下全放电曲线。在电流密度200mA/g条件下，放电容量可达11000mA·h/g以上，电压平台也接近2.8V。随着电流密度的增加，放电容量和电压平台均有不同程度下降。图8-28（b）为在限定容量1000mA·h/g条件下充放电循环性能测试。图中选取了一定圈数的充放电曲线进行对比。电池在前100圈循环过程中保持较好的稳定性，放电电压维持在2.7V，充电电压维持在4.4V。循环100圈后放电电压平台开始下降，充电电压开始上升，表明电池极化增加与电池充放电效率的降低。

钠空气电池与锂空气电池性质极为类似，但其主要放电产物 Na_2O_2 的充电分解电位较低，因此具有更高的能量利用效率；同时金属钠在资源方面较金属锂有更大优势，近年来引起了广泛的关注。但是具有更高活泼性的金属钠负极在开放电池体系中的腐蚀问题是推动此类电池商业化首先要解决的问题。面向柔性电子最新发展需求，最近几年开发的电缆状、层叠状柔性锂/钠空气电池，在耐弯折性、循环寿命等方面也取得了一定的进展，这也是锂/钠空气电池发展的新方向。

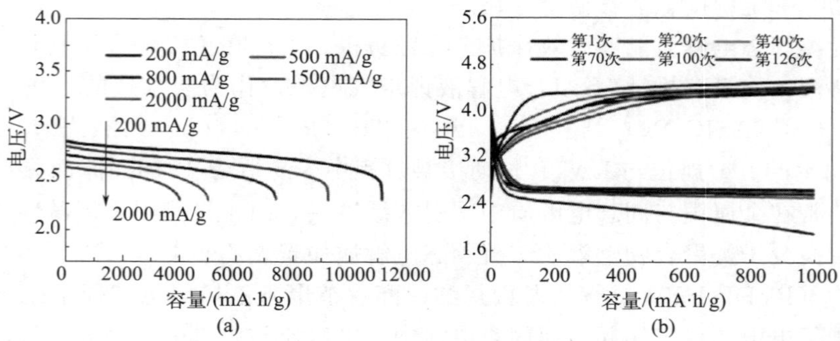

图 8-28 典型有机系锂空气电池在不同电流密度下全放电曲线与不同圈数充放电循环数据

8.5.2 锌空气电池

8.5.2.1 锌空气电池简介与工作原理

锌空气电池模型最早于 1879 年提出，以炭片为负极，以炭和铂粉作为正极活性物质，电解液采用氯化铵水溶液。最初的器件只能在小电流密度下工作，使用场景有限。以 20%氢氧化钠水溶液为电解液的碱性锌空气电池，对多孔碳正极利用石蜡进行防水处理，结合锌汞齐负极（图 8-29），工作电流密度得到大幅度提升，达到 $7\sim10mA/cm^2$，在铁路信号灯和航标灯电源中得到应用。20 世纪 60 年代后，随着电池技术和工艺的不断进步，尤其是催化剂制备与电极制造工艺的快速进步，锌空气电池性能进一步提升，工作电流密度可达 $100mA/cm^2$，使得高功率锌空气电池成为可能，锌空气电池也逐渐走向商品化。而锌空气电池采用水系电解液，具有本征安全的特性，在储能电站、电动汽车等领域快速发展的今天，锌空气电池重新成为新的热点，有望在新一轮的能源革命中发挥更大作用。

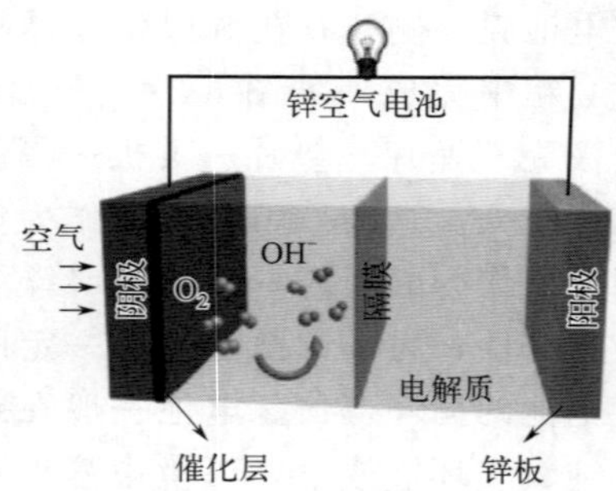

图 8-29 锌空气电池结构

负极：
$$Zn+4OH^- \longrightarrow Zn(OH)_4^{2-}+2e^-$$
$$Zn(OH)_4^{2-} \longrightarrow ZnO+H_2O+2OH^-$$

正极：
$$O_2+4e^-+2H_2O \longrightarrow 4OH^-$$

电池反应：
$$2Zn+O_2 \longrightarrow 2ZnO$$

副反应：
$$Zn+2H_2O \longrightarrow Zn(OH)_2+H_2\uparrow$$

锌空气电池工作原理如方程式所述。放电过程中，氧气在正极表面还原并与电解液中水分子作用，生成氢氧根，而锌负极中金属锌氧化成锌离子并扩散到空气正极。通常情况下，锌离子在正极会首先与高浓度氢氧根离子形成 $Zn(OH)_4^{2-}$，再发生分解反应生成氧化锌与水，其中氧化锌沉积到多孔正极中，待充电过程分解。

锌空气电池可以根据使用现场情况设计充电线路。第一类是电池使用后不再充电的一次锌空气电池，此类电池主要应用在便携式电子器件中，相对成本较低。第二类是采用电极置换方式实现充电的锌空气电池，早期主要应用于电动汽车。电池放电到一定程度后，锌负极全部消耗掉，可以采用更新锌负极和置换部分电解液的方式，恢复电池放电能力，实现电池的快速充电。可以利用风电、太阳能电池等电能从替换下来的电解液中重新通过电解的方式制备锌负极，实现高效绿色充电。但是这一方式存在电池密封不严、电解液需要补充、新置换电池中正负极匹配等问题。第三类是普通的电化学充电锌空气电池。此类设计方式需要空气正极具有较强的析氧功能，同时充电过程中空气正极对于电解液保持较高的稳定性。

8.5.2.2 锌空气电池关键材料

锌空气电池正极要求具有较高的氧还原与氧析出催化效果，同时结构方面能够满足氧气的快速扩散、电解液浸润等需求。图 8-30 中给出了空气正极的结构示意图、实物照片与材料扫描电镜照片。通常为进一步防止电解液挥发与 CO_2 对于电池性能的影响，在空气正极外侧加上一层气体扩散层。应用于锌空气电池正极的催化剂，从最初的碳基催化剂材料发展到现在的碳载贵金属、过渡金属催化剂。其中 Pt 和 Pd 对于氧还原催化活性高，稳定性好，但是贵金属资源稀缺、价格高等问题是限制其大规模应用的瓶颈。2015 年以来开发的过渡金属单原子材料，在锌空气电池氧还原与氧析出方面展现出良好的催化效果，同时其成本优势也有望实现大规模应用。

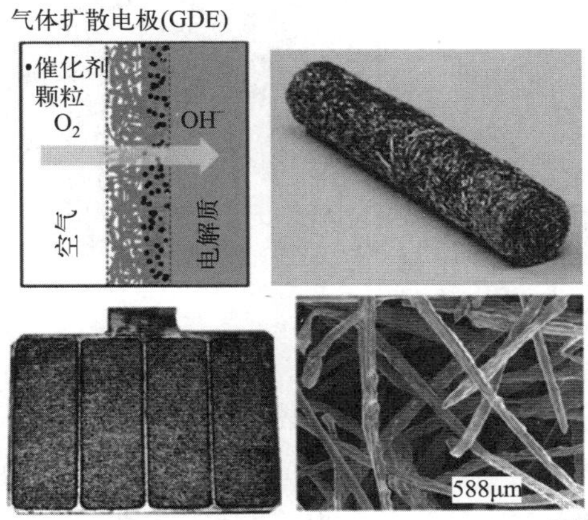

图 8-30 空气正极的结构示意图、实物照片与材料扫描电镜照片

锌空气电池正极中防水透气层呈多孔结构，通常由具有较强憎水性的聚四氟乙烯或者聚乙烯所构成。调节透气层中孔径大小，协同实现憎水与透气功能，抑制液体电解液的渗漏并保持较高的气体通透性。锌负极由于在碱溶液中的反应造成自放电，同时充放电过程中锌枝晶的产生也是电池性能衰减的重要原因。采用纯度更高的锌负极，或者在锌负极中加入对氢具有更高过电位的金属可以有效抑制锌负极的腐蚀问题。而通过合金化策略，引入稀土元素等制备锌合金负极能够有效抑制锌枝晶的产生，提高电池寿命。通过电解液添加剂策略，如引入无机或者有机添加剂，能够有效抑制 H_2 析出反应，提高电极利用效率，也是改善锌空气电池电化学性能的有效途径。此外，采用三维多孔锌负极提供良好的三维导电网络结构，利用高孔隙率提高电极微观表面积，可以有效降低真实电流密度，同时电解液充分浸润到电极孔道中，降低电极极化，也可以提高电池综合性能。锌空气电池隔膜主要阻挡正负极之间的直接接触，同时有效抑制锌枝晶的生成，从而提高电池寿命。经常采用的隔膜材料包括纤维素膜、PE 隔膜、聚乙烯醇（PVA）膜、有机-无机杂化膜等。由于锌空气电池通常采用碱性电解液，因此要求隔膜具有耐浓碱腐蚀与抗氧化能力。

8.5.2.3 锌空气电池器件设计与性能评价

锌空气电池是目前商业化最早也是进程最快的金属空气电池。器件单体设计与锂空气电池类似，实验室可以采用模型电池进行组装测试。主要组成部件包括锌负极、隔膜、电解液、空气正极、气体扩散层以及电池外包装。在正极一侧有孔道与外部环境进行气体交换。图 8-31 所示为不同规模的锌空气电池组照片。一般单片锌空气电池输出电压在 1V 左右，通常需要根据使用场景等进行电池组设计，通过先串联再并联的方式进行模组设计，满足用户需求。目前锌空气电池器件中存在氧气扩散到锌负极造成锌负极腐蚀，电解液在开放电池体系中挥发与从空气中吸潮，空气中二氧化碳导致电解质盐的碳酸盐化以及电池的密封与电解液泄漏等问题。在新一代锌空气电池大规模商业化过程中需要重点考虑并解决以上关键问题。

(a)　　(b)

图 8-31　不同规模的锌空气电池组照片

锌空气电池性能评价与其他电池体系类似。一般需要考察电池在充放电过程中电压平台、电池放电容量、倍率性能与循环寿命等。图 8-32 展示了典型锌空气电池充放电数据。如图 8-32（a）所示，随着充放电电流密度的增加，电池放电电位逐渐降低，充电电位逐渐升高，表明电极极化的增加与充放电能量效率的降低。图 8-32（b）的电压-时间曲线则表示了锌空气电池充放电循环稳定性。可以发现开发的新型催化剂在充放电循环过程中电压平台几乎不变，说明在电池循环过程中保持较好的稳定性，而商业化催化剂随着充放电的进行放电电位逐渐降低，充电电位逐渐升高，说明充放电过程中电极性能下降导致电池性能衰减。

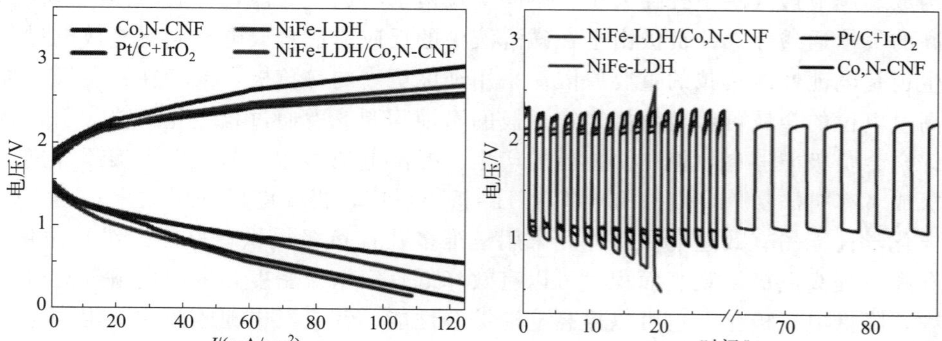

(a)　　(b)

图 8-32　典型锌空气电池充放电数据

CNF—碳纳米纤维；LDH—层状双金属氢氧化物

以金属镁或金属铝为负极，与空气正极组装的镁空气电池/铝空气电池，与锌空气电池类似，均可以采用中性盐溶液或弱碱性水溶液作电解液，具有本征安全与低成本的特性，但是其在水溶液中的析氢反应、二氧化碳与碱溶液反应产生碳酸盐等问题依然存在。同时，不同金属在电解液中过电位、反应活性等不同，会造成金属电极腐蚀、枝晶产生等问题。此外，铝空气电池中放电产物为絮状氢氧化铝，会影响电极内气体扩散并消耗电解液，严重影响电池性能。但以上电池在潜在成本等方面的优势，吸引了越来越多相关领域研究人员加入产品开发中来，相信不久的将来，金属空气电池将在大规模储能、电动汽车等领域大展异彩。

思考题

参考答案

1. 简单说明镍氢电池的工作原理。

2. 根据实际生产需要、易于操作和最优化的设计原则，设计容量为 1000mA·h 的 AA 型镍氢电池。所涉及电池的规格和性能为：电池额定电压为 1.2V，电池的直径 d 为 (13.9±0.2)mm，高度 H 为 (50±0.5)mm。

3. 正极和负极与阴极和阳极有什么关系？

4. 锂离子电池设计过程中为什么要负极包正极？

5. 陶瓷隔膜、阻燃电解液和锂负极保护技术是提升锂离子电池安全性的常用技术，请考虑：针对锂硫电池，是否可以借鉴或者升级这些技术？

6. 试从技术层面分析发展锂硫电池的重要性。

7. 简述钠离子电池与锂离子电池的异同点，并结合钠离子电池的特点分析其应用场景与优势。

8. 钠离子电池的设计原则有哪些？

9. 锂空气电池是目前已知的能量密度最高的储能电池，请根据锂空气电池中电解质种类对其进行分类，并简要描述不同类型锂空气电池的反应机制，结合反应机制总结产业化过程中可能面临的问题。

10. 根据锌空气电池充电方式，请分析总结不同类型锌空气电池需要解决的主要问题。

参考文献

[1] Chen Y, Wang T Y, Tian H J, et al. Advances in lithium-sulfur batteries: From academic research to commercial viability[J]. Advanced Materials, 2021, 33(29): e2003666.

[2] Hwang J Y, Myung S T, Sun Y K. Sodium-ion batteries: Present and future[J]. Chemical Society Reviews, 2017, 46(12): 3529-3614.

[3] Kwak W J, Rosy, Sharon D, et al. Lithium-oxygen batteries and related systems: Potential, status, and future[J]. Chemical Reviews, 2020, 120(14): 6626-6683.

[4] Zhang P, Zhao Y, Zhang X B. Functional and stability orientation synthesis of materials and structures in aprotic Li-O_2 batteries[J]. Chemical Society Reviews, 2018, 47(8): 2921-3004.

[5] Liu Q C, Chang Z W, Li Z J, et al. Flexible metal-air batteries: Progress, challenges, and perspectives

[J]. Small Methods, 2018, 2(2): 1700231.

[6] He P, Wang Y G, Zhou H S. Titanium nitride catalyst cathode in a Li-air fuel cell with an acidic aqueous solution[J]. Chemical Communications, 2011, 47(38): 10701-10703.

[7] He P, Zhang T, Jiang J, et al. Lithium-air batteries with hybrid electrolytes[J]. The Journal of Physical Chemistry Letters, 2016, 7(7): 1267-1280.

[8] Yang X Y, Xu J J, Chang Z W, et al. Blood-capillary-inspired, free-standing, flexible, and low-cost super-hydrophobic N-CNTs@SS cathodes for high-capacity, high-rate, and stable Li-air batteries[J]. Advanced Energy Materials, 2018, 8(12): 1702242.

[9] Li Y G, Dai H J. Recent advances in zinc-air batteries[J]. Chemical Society Reviews, 2014, 43(15): 5257-5275.

[10] Chen G B, Liu P, Liao Z Q, et al. Zinc-mediated template synthesis of Fe-N-C electrocatalysts with densely accessible Fe-N_x active sites for efficient oxygen reduction[J]. Advanced Energy Materials, 2020, 32(8): e1907399.

[11] Zhang X G. Fibrous zinc anodes for high power batteries[J]. Journal of Power Sources, 2006, 163(1): 591-597.

[12] Wang Q, Shang L, Shi R, et al. Zinc-air batteries: NiFe layered double hydroxide nanoparticles on Co, N-codoped carbon nanoframes as efficient bifunctional catalysts for rechargeable zinc-air batteries(adv. energy mater. 21/2017)[J]. Advanced Energy Materials, 2017, 7(21): 1700467.

第 9 章

超级电容器

导读

超级电容器（Supercapacitors），是一种介于常规电容器和化学电池之间的新型储能器件，既具备常规电容器高放电功率的优点，也具备化学电池高储电密度的优势，同时具有充电时间短、使用寿命长、使用温度范围宽等特点。根据储能机理不同，超级电容器可分为双电层电容器和赝电容器。实际上各种超级电容器的电容一般同时包含双电层电容和赝电容两部分，只是二者比例不同而已。

9.1 双电层电容器

双电层电容器（electrical double-layer capacitor）是建立在德国物理学家亥姆霍兹提出的界面双电层理论基础上的一种全新的电容器。

9.1.1 双电层电容器工作原理

在通电情况下，电解液中的正、负离子在电场下迅速向两极运动，并分别吸附在固体电极和电解液之间的表面上，从而在两固体电极之间产生电势差，进而实现能量的存储。双电层电容器的电容值与电极表面积成正比，与双电层厚度成反比。

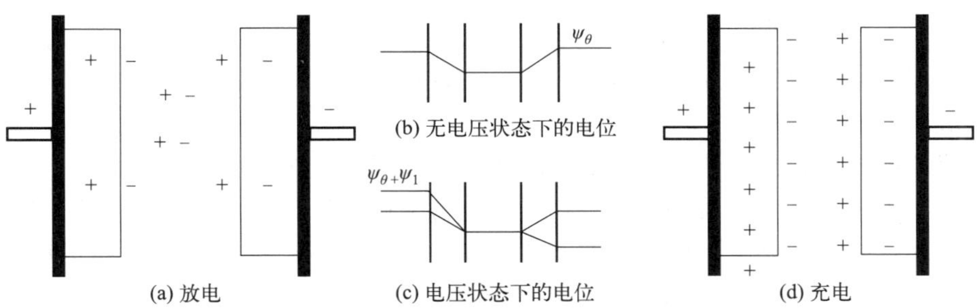

图 9-1　双电层电容器的工作原理

如图 9-1 所示，双电层电容器充电时，在固体电极上电荷引力的作用下，电解液中的阴、阳离子分别聚集在两个固体电极的表面。放电时，阴、阳离子离开固体电极的表面，返回电解液本体。

双电层电容器中的双电层间距极小，致使耐压能力很弱，一般不会超过 20V，所以其通常用作低电压直流或者是低频场合下的储能元件。其储能过程是典型的物理过程，没有化学反应且过程完全可逆，这与蓄电池的电化学储能不同。

9.1.2 双电层电容器的结构

如图 9-2 所示，双电层电容器主要由集流体、电极材料、隔膜和电解液组成。

集流体在超级电容器中的作用主要有两点：一是汇聚电流，形成较大的对外电流输出；二是起到承载电极材料的作用。常用的集流体包括铝箔、铜箔、不锈钢网、泡沫镍、碳纤维等。

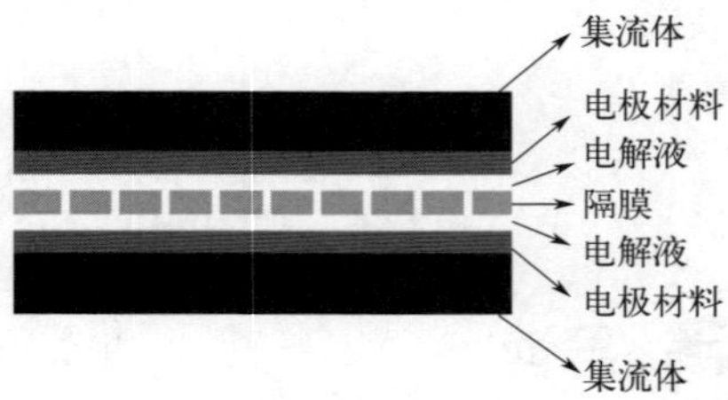

图 9-2　双电层电容器基本结构

作为吸附正、负离子的电极材料是超级电容器的核心组成部分之一，其性能直接决定了器件的整体性能。电极材料一般要选择多孔隙、高比表面积的材料。常用的电极材料主要是碳材料，包括活性炭、碳纳米管、碳气凝胶、石墨烯等。碳材料具有原料丰富、价格低廉、比表面积大、导电性好、化学稳定性高等优点，但是也存在比电容相对较小、能量密度不高等缺点。目前研究热点主要集中在活化活性炭、高度有序的碳纳米管阵列修饰石墨烯等复合材料。

电解液的分解电压决定了电容器的电势窗口，同时其离子电导率影响电容器的内阻，进而影响到电容器的性能。电解液主要包括无机电解液、有机电解液、离子电解液。

隔膜是超级电容器的一个重要组成部分，其性能也在很大程度上决定了超级电容器的性能。在超级电容器中，隔膜位于两电极之间，浸在电解液中，起到阻止两电极之间的电子传导、防止内部短路的作用，同时能够使电解液中离子尽量自由地通过。

9.1.3 双电层电容器的特点

双电层电容器的优点十分明显，包括：a. 寿命长，能维持数百万次充电循环；b. 每个周期的平均成本低；c. 良好的可逆性；d. 充电和放电效率非常高；e. 内部电阻非常低，具有高循环效率（95%以上）和极低的放热；f. 高输出功率；g. 比功率高；h. 使用无腐蚀的电解质和低毒性的材料，提高了安全性；i. 充电方法简单，不必进行过充检测，因为没有过充的可能。

同时，双电层电容器也存在自身的一些不足，包括：a. 标准超级电容器的单位重量储存的能量一般较低，即储能密度较低；b. 自放电率高，大大高于电化学电池；c. 内部电阻极低允许极快速放电，但极快速放电容易导致隔膜破裂从而发生短路。

双电层电容用途广泛。其用作起重装置的电力平衡电源，可提供超大电流；用作车辆启动电源，启动效率和可靠性都比传统的蓄电池高，可以全部或部分替代传统的蓄电池；用作车辆的牵引能源可以生产电动汽车、替代传统的内燃机、改造现有的无轨电车；用在军事上，可保证坦克车、装甲车等战车的顺利启动（尤其是在寒冷的冬季），并可作为激光武器的脉冲能源。此外还可用于其他机电设备的储能能源。

9.2 赝电容器

赝电容器也被称为法拉第赝电容器，其中的“赝”是相对于静电电容而言，其具有不同于双电层电容器的储能机理。

9.2.1 赝电容器的工作原理

赝电容器采用导电高聚物或过渡金属化合物作电极材料，电极活性物质在电极表面的二维空间或体相中的三维空间内发生高度可逆的法拉第氧化还原过程，进而储存或释放能量。

赝电容器上发生的法拉第氧化还原过程主要有三种情况：欠电位沉积、表面氧化还原反应和快速的离子嵌入或插入。欠电位沉积是指在比能斯特或热力学平衡电位更负的电势下发生的电沉积，但由于其受限的性质和容量，目前欠电位沉积尚未应用于储能；表面氧化还原反应通过涉及电极/电解质界面上电荷转移的化学反应来存储电荷，在此过程中电极材料的化合价发生了改变，如 RuO_2 作为活性电极时，Ru 的化合价在 +4 价和 +3 价之间改变，进行能量存储和释放；通过快速的离子嵌入或插入来存储电能的赝电容材料需要具有离子传导通道或层状结构，以容纳来自电解质的客体离子，导电聚合物、正交相 Nb_2O_5、青铜相 TiO_2 和六方相 WO_3 在插层赝电容中具有潜在应用价值，与锂离子电池中的反应不同，在充放电过程中不会触发相变，但这些赝电容的电荷存储过程会引起某些赝电容材料的固有不稳定性，从而破坏超级电容器的耐用性，使电能存储不稳定且不可靠。此外，最近锂离子电池的负极或正极材料也被用于超级电容器的电极材料，也是利用快速的离子嵌入或插入进行能量的存储和释放。

在以上三种情况中，表面氧化还原反应是应用和研究最多的情况，本节也主要讨论此种情况。对于过渡金属氧化物电极来说，充电时，电解液中的离子在外加电场的作用下由溶液中扩散到电极/溶液界面，再通过界面的电化学反应进入活性氧化物电极的体相中，界面上电化学反应的进行导致大量电荷被存储在电极中，如图 9-3 所示；在放电过程中，充电时进入氧化物中的离子又会重新返回到电解液中，同时所存储的电荷通过外电路而释放出来。

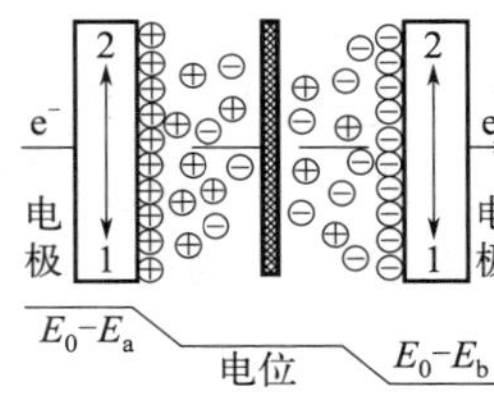

图 9-3 赝电容器充电状态时电极电位分布图

E_0-E_a 为充电状态时正极的电位；E_0-E_b 为充电状态时负极的电位

赝电容器与普通二次电池具有相似的工作原理，充电时都是将电能转化为化学能进行能量存储，但和普通二次电池也存在明显区别，体现在：电压与电极上的电量几乎呈线性关系；若放电时系统电压随时间呈线性变化，则电容器会产生恒定或几乎恒定的电流，此过程与传统电容器类似。法拉第赝电容存储的能量可深入电极内部，因而可获得比双电层电容更高的比电容。

根据正、负电极构成与电极上发生反应的情况，赝电容器可以分为对称型赝电容器和非对称型赝电容器，其中对称型赝电容器的两个电极的组成相同且电极反应相同，反应方向相反；非对称型赝电容器的两个电极的组成不相同或者电极上发生的反应不同，比如有 N 型和 P 型掺杂的导电聚合物作为两个电极构成的赝电容器就是非对称赝电容器。

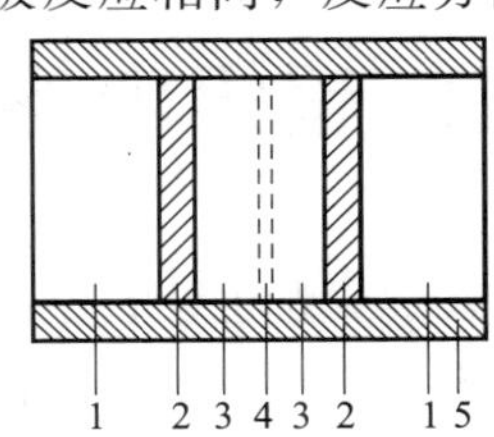

图 9-4 赝电容器的基本结构

1—集流体；2—电极；3—电解液；4—隔膜；5—外壳

9.2.2 赝电容器的结构

赝电容器的基本结构主要由电极、电解液、隔膜和外壳等组成，如图 9-4 所示，其中外壳用于封装超级电容器。赝电容器中的电极活性物质是导电聚合物或过渡金属氧化物。

电极活性物质是电极中起关键作用的物质，其发生的氧化还原反应是赝电容器的储能根源。电极活性物质一般需要满足以下特点：具有良好的电化学活性，具有大的比表面积，不与电解液反应（不进行充放电时不发生反应），有良好的导电性能。

赝电容器电极的制备工艺流程如图 9-5 所示。首先将活性电极材料、导电剂和添加剂均匀混合，再添加黏结剂进行和浆处理，和浆处理后所得浆料的黏度十分关键，最后将浆料与集流体进行键合，再在一定的压力下压制成型，真空干燥后即得到电极片。

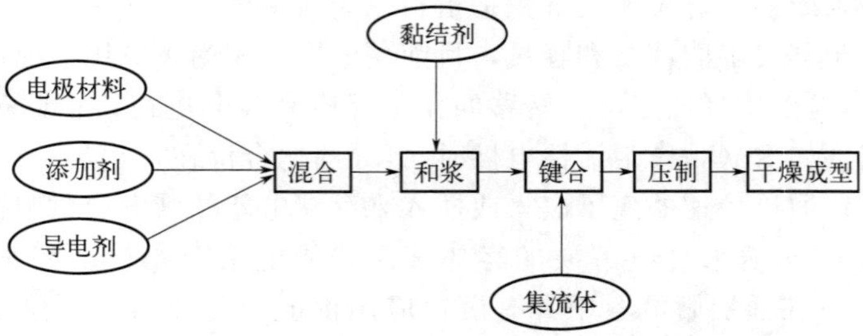

图 9-5　电极制备的工艺流程

在制备电极过程中，为了增加电极的强度和提高其力学性能，防止活性物质在循环过程中发生脱落变形，需要在电极制备过程中加入黏结剂。常用的黏结剂包括聚四氟乙烯（PTFE）、羧甲基纤维素钠（CMC）、聚偏氟乙烯（PVDF）等。为了增加电极的导电性，还需要在电极制备过程中加入导电剂，促进电极的充放电过程，从而增大其容量，常见的导电剂有炭黑、乙炔黑和导电石墨等。

电极制备过程中，压制压力的大小对电极性能有重要的影响，适当的压力可以让活性物质之间有较好的接触，同时也能改善电极物质与集流体的接触性能，降低接触电阻。如果压力太小，电极活性物质颗粒间的内阻较大，电极材料和集流体之间的接触电阻也会较大，同时电极的力学性能也会较差，导致整个电极的比电容不高，在循环过程中也容易发生电极活性物质的脱落。

集流体是超级电容器中电极活性物质的载体，可以增大电极活性物质与电解液的接触面，同时又通过导线与外界相连，起着汇集电子的作用。集流体的电化学稳定性对电容器的耐压性和循环稳定性有重要的影响。常见的集流体有金属箔、金属网、金属纤维、金属纤维布、金属纤维毡、石墨、导电橡胶等，其中金属材料的集流体通常为铝、钛、镍、铜、不锈钢等。质轻价廉的铝和不锈钢等适用于有机电解液的超级电容器，而镍箔或泡沫镍则适用于 KOH 电解液的超级电容器，导电橡胶则适用于 H_2SO_4 电解液的超级电容器。

9.3 超级电容器的组装

图 9-6 为超级电容器的组装工艺流程。一般的工艺操作是：将正极、隔膜、负极按照顺序组合在一起，并焊上极柱，装壳，注入电解液，经活化、测试分选后将组件组合起来，包装入库。

按照电极与隔膜的组合方式不同，超级电容器主要有叠片型和卷绕型两种结构类型，如图 9-7 所示。叠片型的特点是结构简单、质量小、体积小，但相应的电压和电容量也较低，

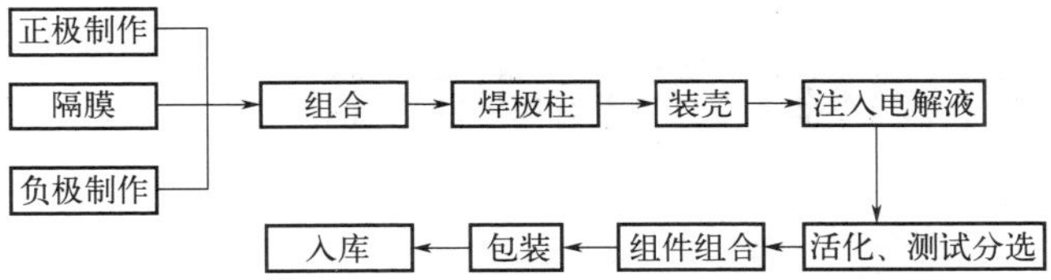

图 9-6　超级电容器的组装工艺流程

适合微小型超级电容器，一般实验室研究多采用该种结构，见图 9-7（a）。图 9-8 所示的模拟超级电容器的结构示意图就是一个叠片型的超级电容器，其主要由电极材料、集电极及引线、电解质溶液、隔膜和封装元件等部分组成。

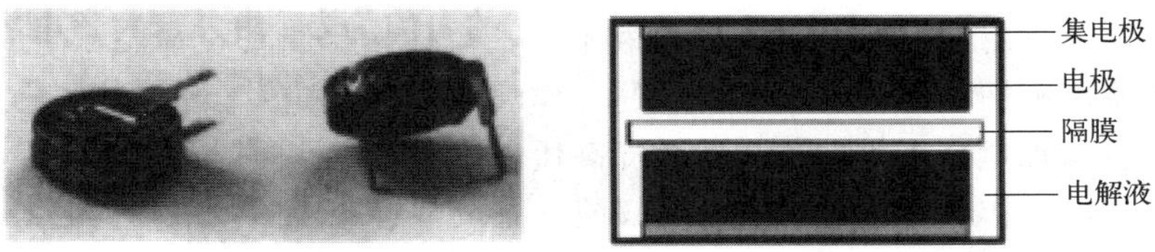

(a) 叠片型

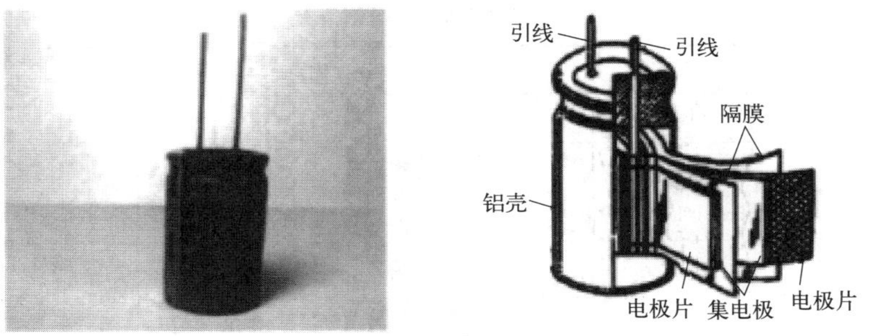

(b) 卷绕型

图 9-7　超级电容器的基本结构

电极和电解液的界面大小直接影响电容器的容量，为了提高超级电容器的比容量，需要提高单位质量电容器中电极/电解液的界面面积，而卷绕型结构就是按照这个思路设计的，其结构示意图如图 9-7（b）所示。在卷绕型结构中，按照电极、隔膜、电极、隔膜的顺序将它们对齐放好，然后进行卷绕，形成圆柱状，并将正负极分别焊接在引线柱上以将电容器的正极和负极引出，装壳，最后注入适宜的电解液并活化。

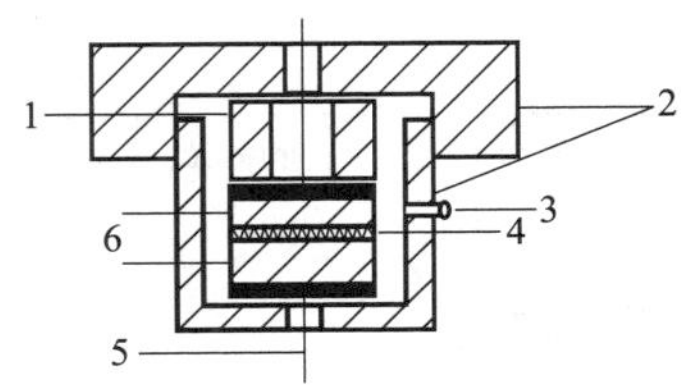

图 9-8　模拟超级电容器的结构示意图

1—聚四氟乙烯压环；2—聚四氟乙烯外壳；3—注液小孔；4—隔膜；5—集电极和引线；6—电极

以上获得的仅是超级电容器的单体，而单个电容器单体往往无法在一些场合下直接使用，还需要对其进行模组设计。将单个的电容器通过并联或串联连在一起，多个单元的串联可以获得更高的电压，多个单元的并联则能获得更高的电流，进而提高能量输出。模组的主要参数集中在热管理、单元组装、连接、电子元件和电路平衡等方面。

9.4 组成部件对材料的性能需求

9.4.1 电解液

电解液是超级电容器的重要组分，其由溶剂、电解质和添加剂构成。电解液对超级电容器的性能有着重要的影响。

电解液的选择和设计遵循以下原则：a. 电解质溶液中溶剂化阴离子具有高的极化率，有利于形成高的电容量；b. 电解液具有高的电导率，有利于提高电容器大电流放电性能；c. 电解质具有较高的溶解度，离子浓度能满足电极形成电容的需求；d. 电解液具有高的分解电压，可以提高电容器的储存能量；e. 电解液不与集流体发生化学反应；f. 使用温度范围宽，电容器的工作温度范围主要由电解质溶液的工作温度范围决定；g. 纯度高，以减少漏电流；h. 浸润性好，以增加电极有效面积，进而提高比电容。

超级电容器的工作电解液包括水系电解液、有机电解液、固体电解液和胶体电解液。表 9-1 列出了几类电解液的实例及优缺点。

表 9-1 几类电解液的实例及优缺点

<table>
<tr><th colspan="3">类别</th><th>实例</th><th>优点</th><th>缺点</th></tr>
<tr><td rowspan="5">液体</td><td rowspan="3">水系</td><td>酸性</td><td>1mol/L H_2SO_4/H_2O</td><td rowspan="3">电导率高</td><td rowspan="3">电化学稳定窗口窄</td></tr>
<tr><td>碱性</td><td>6mol/L KOH/H_2O</td></tr>
<tr><td>中性</td><td>2. 8mol/L $LiClO_4/H_2O$</td></tr>
<tr><td rowspan="2">非水系</td><td>有机</td><td>1mol/L Et_4NBF_4/PC</td><td>电化学稳定窗口宽，工作温度范围宽</td><td>电导率低，介电常数低，溶剂安全性差</td></tr>
<tr><td>温室熔融盐</td><td>EMITFSI①</td><td>电化学稳定窗口宽，安全性高</td><td>成本较高，室温下电导率欠佳</td></tr>
<tr><td>固体</td><td colspan="2">有机</td><td>LiTFSI/PEO</td><td>无电解液泄漏，高比能量，可实现超薄形状</td><td>电极/电解质之间的接触较差，内阻高</td></tr>
</table>

①指 1-乙基-3-甲基咪唑啉双(三氟甲基磺酰基)亚胺。

9.4.2 隔膜

为了防止超级电容器中两个电极发生短路，往往在两个电极之间额外加一个绝缘材料而将其分开，这个起隔离作用的材料被称为隔膜。可作为隔膜的材料有尼龙膜、聚丙烯膜、电容器纸等。隔膜的厚度、大小及孔隙度会对电容器的性能造成影响，比如会影响到电容器的内阻、漏电流以及由其引起的电压不稳定性。一般要求隔膜满足以下要求：a. 电阻尽量小，使得离子通过隔膜的能力强，即隔膜对电解质离子运动的阻力小；b. 隔膜是电子绝缘体；c. 在电解液中化学性能稳定；d. 具有一定的机械强度，隔离性能好；e. 组织成分均匀，厚度一致；f. 材料资源丰富，价格低廉。

9.4.3 电极材料

电极材料是超级电容器的核心组成部分之一，其性能直接决定了器件的整体性能。一般要求电极材料满足以下要求：a. 高比电容，宽电势窗口；b. 大的比表面积，意味着有更多的反应活性位点；c. 合适的孔分布、孔网络以及孔长度，这些有利于离子的高速率传输；d. 电荷传输电阻要低；e. 较高的电化学稳定性和机械稳定性；f. 高纯度，减少自放电；g. 价格低，便于推广使用。

未来电极材料的发展有两个重要的方向：a. 复合材料，碳材料导电性好，金属氧化物比电容大，二者复合有望实现优势互补；b. 材料纳米化，纳米结构的材料具有高比表面积，能够为电子和离子的传输扩散提供短通道，从而增加与电解液离子的接触面积，进而提高器件的充放电性能。

9.4.4 集流体

在超级电容器中，对集流体材料的要求有：a. 良好的电子导体，内阻要低；b. 具有一定的孔隙，能够充分与电极材料接触；c. 不与电解液发生反应，稳定性高，抗腐蚀能力强。常用的集流体包括铝箔、铜箔、不锈钢网、泡沫镍、碳纤维等。

思考题

参考答案

1. 简述双电层电容器的工作原理。
2. 简述双电层电容器的优缺点。
3. 简述赝电容器与普通二次电池工作原理的差别。
4. 简述超级电容器的组装工艺流程。
5. 简述超级电容器中电极的作用及其选择原则。

参考文献

[1] 肖谧，宿玉鹏，杜伯学. 超级电容器研究进展[J]. 电子元件与材料，2019，38(9)：1-12.

[2] Wang Y G，Song Y F，Xia Y Y. Electrochemical capacitors：Mechanism，materials，systems，characterization and applications[J]. Chemical Society Reviews，2016，45(21)：5925-5950.

[3] Simon P，Gogotsi Y. Materials for electrochemical capacitors[J]. Nature Materials，2008，7(11)：845-854.

[4] Wang W，Liu W Y，Zeng Y X，et al. A novel exfoliation strategy to significantly boost the energy storage capability of commercial carbon cloth[J]. Advanced Materials，2015，27(23)：3572-3578.

[5] Ogoshi T，Yoshikoshi K，Sueto R，et al. Porous carbon fibers containing pores with sizes controlled at the Ångstrom level by the cavity size of pillar [6] arene[J]. Angewandte Chemie International Edition，2015，54(22)：6466-6469.

[6] Wang G P，Zhang L，Zhang J J. A review of electrode materials for electrochemical supercapacitors[J]. Chemical Society Reviews，2012，41(2)：797-828.

[7] Li L，Hui K S，Hui K N，et al. Ultrathin petal-like NiAl layered double oxide/sulfide composites as an advanced electrode for high-performance asymmetric supercapacitors[J]. Journal of Materials Chemistry A，2017，5(37)：19687-19696.

[8] Brezesinski T，Wang J，Tolbert S H，et al. Ordered mesoporous α-MoO_3 with iso-oriented nanocrystalline walls for thin-film pseudocapacitors[J]. Nature Materials，2010，9(2)：146-151.

[9] Wei W F，Cui X W，Chen W X，et al. Manganese oxide-based materials as electrochemical supercapacitor electrodes[J]. Chemical Society Reviews，2011，40(3)：1697-1721.

[10] Muzaffar A，Ahamed M B，Deshmukh K，et al. A review on recent advances in hybrid supercapacitors：Design，fabrication and applications[J]. Renewable and Sustainable Energy Reviews，2019，101：123-145.

[11] Zhong C，Deng Y D，Hu W B，et al. A review of electrolyte materials and compositions for electrochemical supercapacitors[J]. Chemical Society Reviews，2015，44(21)：7484-7539.

第 10 章

燃料电池

导读

燃料电池是一种将燃料中储存的化学能直接转化为电能的装置，具有效率高、无污染、噪声小等多种优点而被视为二十一世纪最有希望的绿色能源动力系统。常规电池是一种集能量存储与转换于一体的装置，先储存能量然后在需要使用的时候释放能量。燃料电池并非能量存储装置，其属于转化装置，反应物并非预先存储于电池内部，而是在发生反应时通入燃料气和氧化气体进行反应后排出生成物，只要有燃料的不断输入，就可以有源源不断的电流产生。在这个过程中燃料电池的电极不参与化学反应，只起到提供电化学反应发生场所的作用，因此燃料电池可以依靠补充燃料实现快速充电。燃料电池技术有望大规模应用在汽车、便携式发电和固定发电站等领域，也是航空航天飞行器、船舶推进系统的重要技术备选方案。燃料电池已应用于汽车工业、能源发电、船舶工业、航空航天、家用电源等行业。

10.1 固体氧化物燃料电池

固体氧化物燃料电池（solid oxide fuel cell，SOFC）是一种在中高温下直接将储存在燃料中的化学能高效清洁转化成电能的全固态化学发电装置。相比于其他电池具有以下特点：电化学过程不受卡诺循环的限制，化学能直接转化为电能，简单高效；采用陶瓷电解液，为全固态结构，不存在电极腐蚀和电解液泄漏等问题；可适用于多种燃料，可使用氢气、碳氢化合物甚至固态炭等为燃料；能量转换效率高，使用热电联供装置可以进一步提高综合效率。因此，固体氧化物燃料电池是未来能源发展的主要方向之一。

10.1.1 SOFC 的工作原理

以氢气作为燃料为例，SOFC 的示意图见图 10-1，工作原理是 O_2 在阴极发生还原反应生成 O^{2-}，O^{2-} 利用空穴在电解质中实现传递，然后与 H_2 在阳极发生氧化反应生成水，电极反应如下。

阳极反应：$H_2+O^{2-} \longrightarrow H_2O+2e^-$

阴极反应：$1/2O_2+2e^- \longrightarrow O^{2-}$

总反应：$2H^+ + O^{2-} + 2e^- \longrightarrow H_2O$

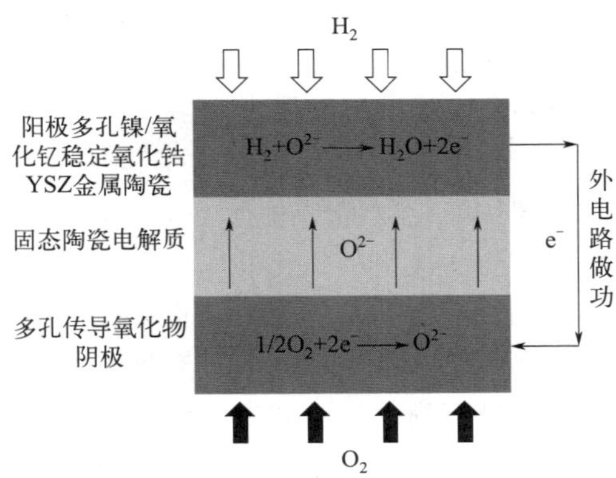

图 10-1 H_2-O_2 固体氧化物燃料电池示意图

10.1.2 SOFC的组成部件和部件作用

固体氧化物燃料电池的组成部件主要包括电解质、阳极、阴极、双极板、密封件、气体扩散层、流场、外壳、热管理系统和控制系统。其作用如下。

电解质：电解质是SOFC的核心部分，它允许氧离子（O^{2-}）从一个电极移动到另一个电极，同时阻止电子的直接传输，迫使电子通过外部电路流动，从而产生电流。电解质通常由氧化钇稳定氧化锆（YSZ）制成，这种材料在高温下具有良好的离子导电性。

阳极（anode）：阳极是燃料（如氢气或甲烷）进入电池的地方，在这里燃料分子被氧化，释放出电子和质子（H^+）。这些电子通过外部电路流动，而质子则通过电解质移动到阴极。阳极材料需要具有良好的催化活性以促进燃料的氧化反应。

阴极（cathode）：阴极是氧气被还原的地方，氧气在这里获得电子，与来自阳极的质子结合形成水。阴极材料需要具有良好的催化活性以促进氧气的还原反应。

连接体或双极板（interconnect/bipolar plate）：连接体用于连接单个电池单元，构成电池堆。它们允许电流从一个电池单元流向另一个电池单元，并且分隔不同的电池单元中的气体。连接体需要具有良好的导电性和耐热性，以承受SOFC的高温工作环境。

密封件（seals）：密封件用于密封电池单元，防止气体泄漏和交叉污染。它们需要能够在高温下保持密封性能，并且对电池内部的气体和液体具有良好的化学稳定性。

气体扩散层（gas diffusion layers，GDL）：气体扩散层位于电极和流场之间，其主要作用是均匀分布气体，同时允许产生的水蒸气和未使用的气体排出。GDL通常由多孔碳材料制成，具有良好的气体透过性和电子导电性。

流场（flow fields）：流场是电池单元表面的通道，用于引导燃料和氧化剂进入电池，并帮助排出反应产物。流场设计对于电池的性能至关重要，需要优化以实现高效的气体流动和热管理。

外壳（housing）：外壳保护电池内部的组件，提供结构支持，并保持电池内部的密封环境。外壳需要具有良好的机械强度和热绝缘性能。

热管理系统（thermal management system）：由于SOFC在高温下工作，需要有效的热管理系统来控制和维持电池的温度，同时回收废热，提高系统的整体效率。

控制系统（control system）：控制系统监控和调节电池的操作条件，如温度、压力和气体流量，确保电池在最佳状态下运行，并保护电池免受损坏。这些部件共同工作，使得SOFC能够高效、稳定地将化学能转换为电能。

SOFC主要由电解质、阳极、阴极和连接体四部分构成。根据电解质的传导类型，固体氧化物燃料电池可以分为氧离子传导型（O-SOFC）和质子传导型（H-SOFC）。以氧离子传导型固体氧化物燃料电池（O-SOFC）为例，电解质的作用是传输氧离子和隔绝阳极室的燃料气体与阴极室的氧化性气体，则要求电解质结构致密并具有高的氧离子导电性和低的电子导电性。阴极和阳极的作用是电化学催化、传递电子、扩散气体并提供氧化还原反应场所，那么就要求电极材料应具有良好的催化性能，结构疏松多孔有利于气体扩散和提供反应场所，并具有高的离子和电子电导率。连接体材料是用于连接单体燃料电池、构筑大功率电池组的材料，要求高电子电导率以减少输出损耗，并具有较低的离子电导率。稳定性要求上，一是各部分组元在工作气氛下，保持材料晶体结构稳定，二是相邻组元之间不会发生化学反应，三是相邻组元之间的热膨胀系数匹配，以保持工作温度下的结构稳定。

10.1.3 SOFC的组成部件对材料的性能需求

各部件的具体要求如表10-1所示，按各自性能参数设计部件将有利于组装制备优异电化学性能的固体燃料电池。

表10-1 SOFC各部件要求及代表材料

部件	部件要求	代表材料
电解质	①离子电导率高，电子电导率低； ②在燃料和氧化气氛中的稳定性好； ③和相邻组元间不发生化学反应； ④致密，和相邻组元热膨胀系数匹配	掺杂 Y_2O_3 的 ZrO_2 材料（YSZ）
阴极	①电子电导率高； ②在氧化气氛中的稳定性较好； ③和相邻组元间不发生化学反应； ④多孔隙，和相邻组元热膨胀系数匹配	$La_{1-x}Sr_xMnO_{3-\delta}$
阳极	①电子电导率高； ②在燃料气氛中的稳定性较好； ③和相邻组元间不发生化学反应； ④多孔隙，和相邻组元热膨胀系数匹配	Ni/YSZ金属陶瓷
连接体	①电子电导率高，离子电导率低； ②在燃料气氛中的稳定性较好； ③和相邻组元间不发生化学反应； ④致密，和相邻组元热膨胀系数匹配	$LaCrO_3$

10.1.4 SOFC的器件设计、组装、性能评价

SOFC的器件设计、组装和性能评价是确保其高效运行和长期稳定性的关键环节。以下是对这些方面的详细介绍。

（1）器件设计

电堆和辅助单元：SOFC系统可分为电堆（stack）和外围辅助单元（BOP）。电堆是燃料电池的核心，负责将化学能直接转化为电能。辅助单元包括空气供给预热单元、燃料供给（重整）单元、尾气回收单元、电管理单元以及控制单元。

单元组件设计形式：SOFC的单元组件设计形式大体分为管式结构和平板式结构。管式结构具有良好的密封性能和长期运行稳定性，而平板式结构具有高的功率密度，见图10-2。

（2）组装

电化学转换装置：包括固体电解质和阴、阳双极，其中添加钇的氧化锆是最成熟的电解质材料。燃料的重整器：包含催化剂、载体及容器，使燃料转换为小的燃气分子，如甲烷，并附加于电池堆的前端，和燃料电池运行所产生的热量进行交换。气体与燃料输送通道：通常使用金属作为输送管材料，以使反应物具有较佳的扩散性与输送性。电流收集端子：俗称电刷，通常由金属或电子导电性佳的氧化物或石墨制成，需要具有良好的导电性。传感器：用于监测电池的温度、电流、化合物种类和输出电压值。热量控制装置：包括隔热层、冷却

器、热交换器和通风系统。金属或玻璃陶瓷外壳：用于保护电池内部的组件，提供结构支持，并保持电池内部的密封环境。以管式 SOFC 为例，其单电池组装过程如下：

a. 向管体内注入阳极集电浆料润湿管壁；

b. 将包裹好阳极电极材料的燃料气体进气管塞入单电池的管体内；

c. 将上步电池体插入合金基座的腔体内，并在单电池与合金基座的空隙内填充玻璃浆料至无缝隙，在连接部分套上玻璃环；

d. 将上步得到的电池体送入炉内加热，使得玻璃浆料和玻璃环烧结成为密封玻璃环；

e. 将燃烧尾气出气管插入上步得到的电池体，并采用钎焊焊接将燃料气体进气管和燃烧尾气出气管与合金基座连接；

f. 在单电池阴极表面刷 Pt 浆形成网格并烘干后，包裹集电银网，用镍铬丝扎紧，完成发电单元的装配。

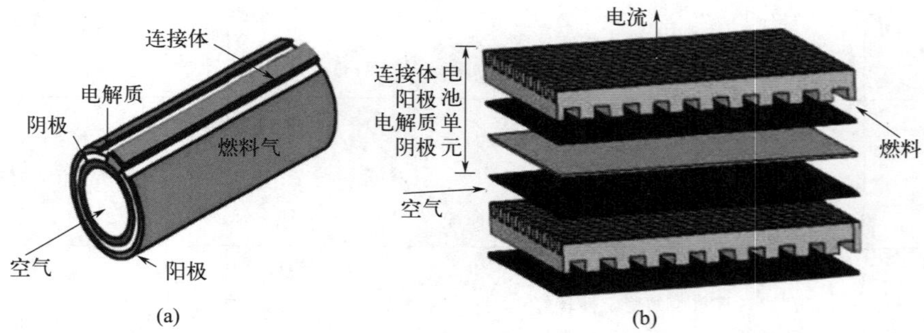

图 10-2 （a）管式与（b）平板式固体氧化物燃料电池的结构

（3）性能评价

性能衰减问题：SOFC 的大规模商业化受性能衰减问题的制约，需要诊断出导致性能衰减的原因，如毒化、微结构变化和疲劳等。

电化学交流阻抗谱（EIS）：用于研究电极动力学过程、氧化还原反应活性、双电层电容、晶界扩散等过程。EIS 可以在开路电压（OCP）或者放电状态下测试，用于评估 SOFC 在不同操作模式下前后对比的衰减行为。

国家标准：《固体氧化物燃料电池单电池和电池堆性能试验方法》（GB/T 34582—2017）提供了 SOFC 性能评价的标准方法。等同采用 IEC 国际标准：IEC TS 62282-7-2：2014。

通过这些设计、组装和性能评价的方法，可以确保 SOFC 的高效运行和长期稳定性，为实现其商业化提供了重要的技术支持。SOFC 性能评价涉及电池各部件材料的性能评价、电池封接性能的评价以及电池堆发电性能的评价等。电池各部件材料的性能评价主要指标参考各部件材料设计要求。目前，对于 SOFC 的研究已经进入电池堆的组装和发电试验阶段，其测试评价主要依靠固体氧化物燃料电池综合测试系统（SOFC-ITS）。该系统的设计能实现三个方面的测试评价功能：封接性能、单电池性能、电池堆性能。

气体泄漏对电池测试的影响分为两个部分：一是漏入的 O_2 与 H_2 反应产生 H_2O，导致电动势 E 降低；二是由于相对环境压力梯度导致燃料体积减小，影响燃料利用率。这突出了封接材料测试和电池气密性测试的必要性。单电池或者电池堆的电压效率 ζ、燃料利用率 μ 及电池堆电效率 ε，是判断电池堆设计成功与否的重要依据。

借鉴以上性能评价指标，对 SOFC 器件进行系统评价，进一步研发电化学性能优异的 SOFC。

10.2 质子交换膜燃料电池

质子交换膜燃料电池（PEMFC）是以氢气、甲醇等为燃料，直接将其化学能转换为电能的一种燃料电池。主要包括双极板、质子交换膜、阴极气体扩散层、阴极催化层、阳极催化层和阳极气体扩散层，其中质子交换膜、阴极气体扩散层、阴极催化层、阳极催化层和阳极气体扩散层共同组成膜电极（membrane electrode assembly，MEA），并为电化学反应发生提供场所，因此，膜电极作为燃料电池和电解池最为核心的部件，其性能起着至关重要的作用。

10.2.1 工作原理和特性

PEMFC 基本原理是：燃料（如氢气、汽油）在阳极通过催化剂被氧化，产生电子和离子，电子经外电路流向阴极，离子通过质子交换膜（PEM）流向阴极，在阴极经催化剂将氧化剂还原，产生水蒸气。电子和离子的流动，使得燃料电池产生电能。以氢燃料电池为例（图 10-3），阴极和阳极反应可表述为：

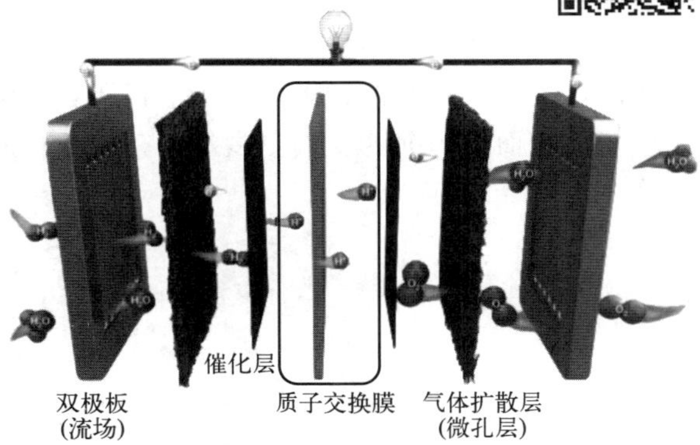

图 10-3　氢燃料电池的工作原理

阳极反应：$H_2 \longrightarrow 2H^+ + 2e^-$

阴极反应：$1/2O_2 + 2H^+ + 2e^- \longrightarrow H_2O$

总反应式：$1/2O_2 + H_2 \longrightarrow H_2O$

总体来说，燃料电池具有以下优点：a. 能量转换效率高；b. 环境友好，可实现“低排放”或“零排放”，是环保型能源；c. 运行噪声低，可靠性高；d. 维护方便；e. 发电效率受负荷变化影响小；f. 所用燃料易得。同时也具有以下缺点：a. 膜的价格高，生产所需技术要求高；b. 对 CO 敏感，需要尽可能降低燃料中 CO 的浓度，以避免催化剂中毒；c. 催化剂成本高。

10.2.2 组成部件及应用

质子交换膜只能传导质子，因此具有传导质子和阻隔电子的双重作用。在质子交换膜燃料电池中，质子直接穿过质子交换膜到达阴极，而电子只能通过外电路才能到达阴极，当电子通过外电路流向阴极时就产生了直流电。在质子交换膜电解池中，膜充当着固体电解质的作用，在电解时，水在阳极分解产生质子，膜内质子迁移到阴极后被还原，完成整个电解过程。

理解质子在膜内的迁移机制对燃料电池和电解水过程都非常重要。一种认为是 Grotthus 机理，也叫质子跳跃机理（proton hopping mechanism），此观点认为质子以水合氢离子的状态存在（如图 10-4 所示），紧靠着支链中磺酸根基团，质子从一个磺酸基团的水分子上跳跃到下一个磺酸基团的水分子上，磺酸基团上的水分子组成一座桥，质子在上面跳跃从而实现迁移。当磺酸基团上的水分子越多时，“水桥梁”便会更加通畅，质子迁移也会越快。

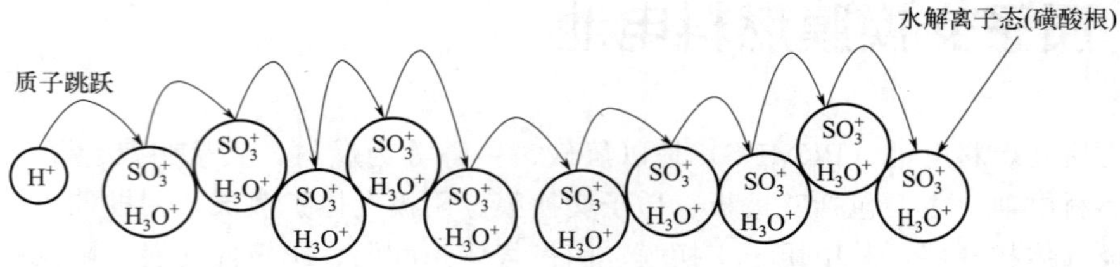

图 10-4 质子跳跃机理

另外一种机制为扩散机制（diffusion mechanism），此机制中水作为载体，所以又被称为载体机制（vehicular mechanism）。此机理认为在膜的两侧，水分子的化学势不同，从而促使水的迁移。由于电渗阻力的存在，与水相连的质子携带一个或多个水分子通过膜，并且自身也随之转移。形成载体机制的主要原因是质子交换膜中聚合物链内自由体积的存在，这允许水合质子通过膜转移。图 10-5 中显示了原始和聚合物/纳米颗粒复合膜中质子传导的载体机制，其中水也有两种可能的传输机制：电渗阻力和浓度梯度驱动的扩散。

相比较而言，前者受到更多的支持，且将质子的传递表述得更为具体。

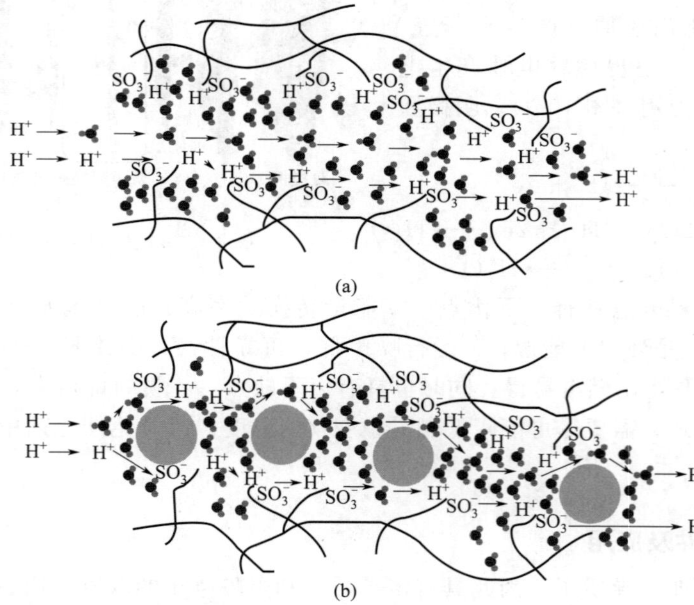

图 10-5 （a）原始膜和（b）聚合物/纳米颗粒复合膜中质子传导的载体机制

—水；—纳米颗粒；—水合氢离子

双极板又称集流板，是燃料电池的重要部件之一。主要功能有：分配电池中的燃料和氧化剂、分离电池组中的单电池、传导电流、传输生成水/湿气、冷却电池组。其流场形式主要包括蛇形流道、平行流道、平行蛇形流道、交指流道、螺旋流道和网格流道等。双极板作为 PEMFC 的主要结构和功能部件，目前其成本太高是制约燃料电池商业化的一个重要因素。一个典型的双极板占整个电池质量和体积的 60%～80%，成本的 20%～40%。因此，对双极板材料及其制作工艺的开发是提高性能、降低制造成本的主要途径之一。

气体扩散层在燃料电池中起到支撑催化层、收集电流、传导气体和排出反应产物水的重要作用。常用于质子交换膜燃料电池电极中的气体扩散层材料为碳纤维纸、碳纤维编织布、非织造布及炭黑纸等。

催化剂的主要作用是加速电极上的电化学反应，提升反应效率，降低电能消耗。包括阳极催化剂和阴极催化剂两种。其中，阳极催化剂早期采用镍、钯，后来使用铂黑，但铂黑的粒度较大、分散度较低，导致铂的利用率低。现在多采用 Pt/C 作为阳极反应的催化剂。阴极催化剂一般采用 Pt，因为在所有的元素中，Pt 对氧还原的电催化性能最好。过渡金属与 Pt 的二元和三元复合催化剂催化性能要高于 Pt 催化剂，如 Pt-Co、Pt-Fe、Pt-Cr-Cu、Pt-Co-Ga 等。具有特殊形状和超高活性的新型催化剂实现了高功率密度和较低的催化剂负载（$Pt_{1.5}Ni$ 纳米笼、PtCo 芯壳、PtNi 纳米框架、Pt 纳米线、过渡金属掺杂的 Pt_3Ni 八面体）。Pt 与过渡金属氧化物的复合催化剂也有很高的电催化活性，如 Pt-WO、Pt-TiO_2、Pt-Cu-MO_x。碳载体的改性使离聚物分布均匀，催化剂利用率高（如碳载体的氮掺杂和具有可接近介孔的碳材料）。

10.2.3 组成部件对材料的性能需求

质子交换膜的要求有：电导率高（选择性的离子导电而非电子导电）；化学稳定性好（耐酸碱和抗氧化还原能力）；热稳定性好；良好的力学性能（强度和柔韧性）；反应气体的透气率低；水的电渗系数小；作为反应介质要有利于电极反应；价格低廉。

根据氟含量，可以将质子交换膜分为全氟质子交换膜、部分氟化聚合物质子交换膜、非氟聚合物质子交换膜、复合质子交换膜。其中，由于全氟磺酸树脂分子主链具有聚四氟乙烯（PTFE）结构，因而带来优秀的热稳定性、化学稳定性和较高的力学强度；聚合物膜寿命较长，同时由于分子支链上存在亲水性磺酸基团，具有优秀的离子传导特性。非氟聚合物质子交换膜要求比较苛刻的工作环境，否则将会很快被降解破坏，无法具备全氟磺酸质子交换膜的优异性能。几类质子交换膜的性能比较如表 10-2 所示。

表 10-2 几类质子交换膜的性能比较

质子交换膜类型	性能优势	性能劣势
全氟磺酸质子交换膜	机械强度高，化学稳定性好，在湿度大的条件下导电率高，低温时电流密度大，质子传导电阻小	高温时膜易发生化学降解，质子传导性变差；单体合成困难，成本高；用于甲醇燃料电池时易发生甲醇渗透
部分氟化聚合物质子交换膜	工作效率高，单电池寿命高，成本低	氧溶解度低
新型非氟聚合物质子交换膜	电化学性能与 Nafion 相似；环境污染小，成本低	化学稳定性较差；很难同时满足高质子传导性和良好的力学性能
复合膜质子交换膜	可改善全氟磺酸质子交换膜导电率低及阻醇性能差等缺点，可赋予特殊功能	制备工艺有待完善

双极板的要求有：高的电导率和热导率；耐腐蚀，包括 5～85℃ 的外部大气环境及 65～85℃、0.2MPa 的电池内部环境下的耐腐蚀能力；低的透气率；重量轻；生产成本低。

气体扩散层的要求有：均匀的多孔质结构，透气性能好；结构紧密且表面平整，减小接触电阻，提高导电性能；具有一定的机械强度，适当的刚性与柔性；适当的亲水/憎水平衡，防止过多的水分阻塞空隙而导致气体透过性能下降；具有化学稳定性和较强的热稳定性，能耐化学腐蚀、耐电化学腐蚀；制造成本低，性能价格比高。未来气体扩散层可能朝着孔径梯度结构发展，通过调控碳纤维排列实现，或采用泡沫材料集成的双极板-膜电极设计或无气体扩散层的设计。

催化剂的要求有：高的电催化活性，抑制副反应；高的电催化稳定性，尤其防止 CO 中毒；大的比表面积；适当的载体；好的导电性。

10.2.4 器件化应用功能材料的选择和设计原则

理想的质子交换膜是一种在低湿度条件下具有高质子传导性以及良好的电化学和机械稳定性的膜。根据以上描述，用作质子交换膜的材料应该满足以下条件。

a. 良好的质子传导率。通过提升质子交换膜的质子传导率的形式提高 PEMFC 的功率输出。

b. 水分子在膜中的电渗透作用小。

c. 气体在膜中的渗透性尽可能小。在 PEMFC 中，氢气渗透使氢气和氧气在阴极催化剂上直接反应燃烧，会降低燃料电池开路电压，加速膜电极老化，缩短电池寿命。

d. 电化学稳定性好。化学降解是膜降解的主要因素，膜的降解会导致膜变薄，也意味着气体穿透率上升，长期使用导致膜破裂，引发短路现象或者更为严重的安全隐患。

e. 干湿转换性能好。根据质子在膜内的迁移机制，当膜不含水时，质子是无法移动的，所以在 PEMFC 中强调温度和湿度的影响，低温时膜的含水量低，质子传递不佳，温度太高时，膜内水挥发加快，即膜的质子传导和膜的含水量有密不可分的联系。

f. 具有一定的机械强度。膜在受到外界不均匀的应力时，会造成膜的机械磨损，组装电解器及不合理的组件可能会导致这一情况，这可以通过合理的操作及设计改变。此外，膜的溶胀和收缩也会对膜的力学性能造成影响。制备电极过程中，如果有机溶剂未除尽，则会让膜发生不规则溶胀；膜的水分分散不均匀也会产生类似问题，这对 PEMFC 的影响更为严重。

g. 可加工性好、价格适当。材料的可加工性好，简单快捷的加工工艺、廉价易得的材料等都可降低质子交换膜的成本，从而可降低质子交换膜燃料电池和电解池的价格。

催化剂设计原则主要可以分为三点：

a. 提高活性位点的本征催化活性，通过构筑异质结结构、杂原子掺杂、缺陷位调控、合金化等方式调节催化剂活性位点的电子结构，从而优化电催化剂与反应物、中间体、产物之间的吸/脱附能，加速反应的热力学过程。

b. 增加催化剂的活性位点数量及种类，研究发现三维结构可以有效地暴露更多的活性位点，同时，构筑多种类活性位点协同作用可以有效加速反应动力学。

c. 通过原位表征观测催化剂在反应过程中的动态变化，确定催化剂在反应中的活性相，降低活性相的形成能垒，进而提高电催化剂的催化活性。

10.3 熔融碳酸盐燃料电池

熔融碳酸盐燃料电池（molten carbonate fuel cell，MCFC）是一种工作于 650℃左右的高温燃料电池，具有可不使用纯 H_2 作为燃料、可不使用贵金属催化剂、余热利用价值高等优点，而且能够以空气和 CO_2 为原料参与电化学反应，系统产生的 CO_2 可以循环利用，温室气体排放量大大降低，特别适合于做分布式电站，实现热电联供，对节能减排、提高能源利用效率、实现发电领域的碳达峰和碳中和具有重大的现实意义，具有良好的发展前景。

10.3.1 MCFC 结构和工作原理

如图 10-6 所示是 MCFC 的工作原理。MCFC 采用碳酸盐作为电解质，其中的载流子是碳酸根离子。二氧化碳和氧气一起在阴极催化剂作用下被还原成碳酸根离子，在熔盐电解质中迁移到阳极，与氢气作用生成二氧化碳和水。其电极反应和总反应如下：

阴极侧反应：　$CO_2+\frac{1}{2}O_2+2e^- \longrightarrow CO_3^{2-}$

阳极侧反应：　$H_2+CO_3^{2-} \longrightarrow H_2O+CO_2+2e^-$

总的反应方程式：　$H_2+\frac{1}{2}O_2+CO_2$（阴极）$\longrightarrow H_2O+CO_2$（阳极）

从图 10-6 可以看出，在 MCFC 的整个电池反应中，阴极消耗 CO_2 而阳极生成 CO_2，为了维持系统中 CO_2 的平衡，需要在阴极反应中加入 CO_2，可以采用阳极的尾气与阴极反应气混合后进气或者外加 CO_2 气源，这一点是 MCFC 与低温型的质子交换膜燃料电池和高温型的固体氧化物燃料电池最大的不同，也是 MCFC 发电系统较为复杂的原因所在。

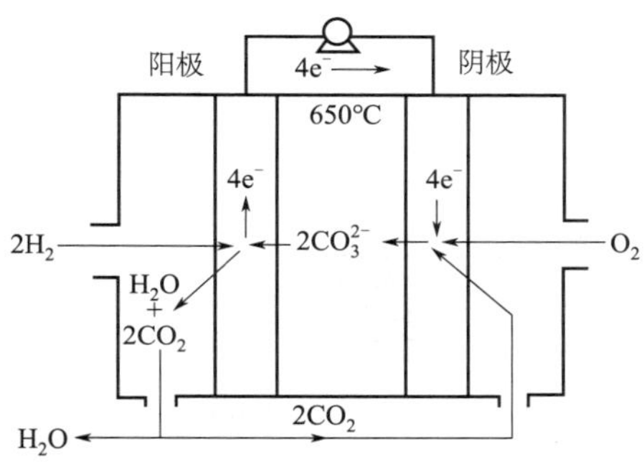

图 10-6　MCFC 的工作原理

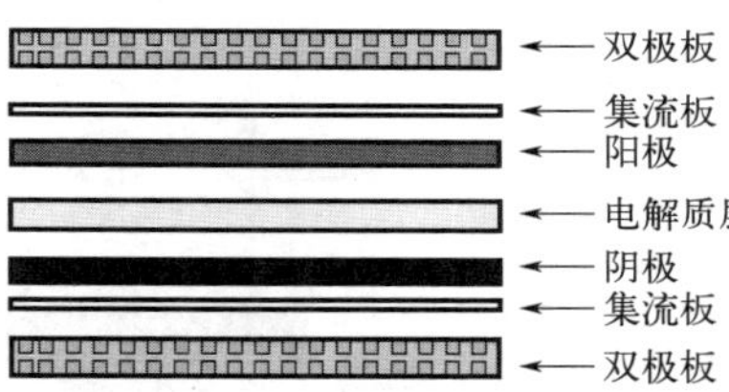

图 10-7　MCFC 单电池及电池堆结构

10.3.2 MCFC 组成部件及部件作用

MCFC 的单电池及电池堆结构如图 10-7 所示。

由图 10-7 可以看出，MCFC 的单电池由阳极端板、阳极、电解质层、阴极、阴极端板组成，而电池堆是通过双极板将单电池进行串联组成的。

MCFC 的阳极和阴极是发生电化学反应的场所，要求具有合理的孔隙结构以保证良好的电极反应三相界面，具有较高的电导率以降低电池内耗。MCFC 的阳极通常采用 Ni-Cr、Ni-Al 合金，阴极则普遍采用 NiO。

MCFC 最中央的电解质层是浸润了电解质的电解质基板（隔膜），它是 MCFC 的核心部件，在电池中起到电子绝缘、离子导电、阻气密封等作用，因此制备的基板必须具备强度高、耐高温熔盐腐蚀、浸入熔盐电解质后能阻挡气体通过的功能，并且具有良好的离子导电性能。MCFC 的电解质由 Li_2CO_3-Na_2CO_3 或者 Li_2CO_3-K_2CO_3 的混合物熔盐，浸在用 $LiAlO_2$ 制成的多孔隔膜中制成。

双极板具有分隔氧化剂气体和燃料气体、集电和导电的作用，并构成气体流动的通道。由于在高温熔盐腐蚀条件下运行，要求双极板具有抗氧化和还原以及抗电解质腐蚀的作用，并与其他组件之间有较好的热膨胀匹配特性，以防止密封不好而导致燃料泄漏。MCFC 的端板和双极板通常用不锈钢或镍基合金制成。

10.3.3 MCFC 组成部件对材料的性能需求

10.3.3.1 MCFC 电极

电极是燃料电池的关键部件之一，它在燃料电池发电中起到以下重要的作用：a. 提供气相和离子反应的场所；b. 传导离子和电子；c. 起屏障作用，使电解质和气相反应物分离。由于 MCFC 的主要特点是阳极和阴极活性物质都是气体，电化学反应需要合适的固-液-气三相界面，因此，电极必须采用具有特殊结构的三相多孔扩散电极，以利于气相传质、液相传质和固相电子传递过程的进行。同时，由于 MCFC 的工作温度为 650℃左右，而且有熔盐电解质参与，因此要求电极材料具有很高的耐腐蚀性和较高的电导率。烧结式镍电极具有电导率高和力学性能好的特性，在 MCFC 中被广泛使用。目前，对于 MCFC 的电极的研究重点集中在开发高效环保的制备电极的方法、阳极腐蚀改善问题及阴极溶解难题。

MCFC 的电极均以 Ni 为基本材料烧结而成，在电池的启动过程中通过原位氧化或还原成为 Ni 电极（阳极）和 NiO 电极（阴极）。MCFC 电极的制备方法大致有带铸法、流延法、干粉辊轧法等，制备流程如图 10-8 所示。制备的电极主要从厚度、孔径分布、孔隙率等方面衡量其性能的优劣，MCFC 的电极物性和几何参数见表 10-3。

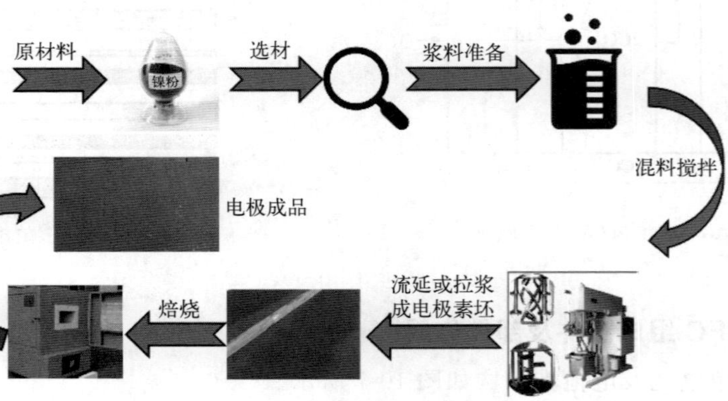

图 10-8　MCFC 电极制备工艺流程

表 10-3　MCFC 电极物性及几何参数

电极	材质	电解质-电极接触角/(°)	孔径/μm	孔隙率/%	电解质充满率/%	厚度/mm
阳极	Ni	30	约 5	50～70	50～60	0.8～1.0
阴极	NiO	0	5～10	70～80	15～30	0.4～0.6

10.3.3.2 MCFC 电解质基板（隔膜）

电解质基板（也叫隔膜）是 MCFC 的重要组成部件，它的使用也是 MCFC 的特征之一。隔膜既是离子导体，又是阴、阳极隔板。其塑性可用于电池的气体密封，防止气体泄漏，即所谓的“湿密封”。当电池的外壳是金属时，湿密封是唯一的气体密封方法。为了保证碳酸盐电解质在650℃工作温度下能够充分浸满隔膜，隔膜的制备工艺就成为MCFC最为核心和关键的环节。

MCFC隔膜的制备方法有：热压法、电泳沉积法、真空铸造法、冷热滚压法和带铸法等。其中以带铸法较为主流，技术的关键在于制备出高质量的浆料。目前，主要选用 $LiAlO_2$ 作为隔膜的载体材料。为了增强隔膜的强度和阻气性能，一般是将多张单膜在一定的温度和压力条件下热压成为最终的隔膜，带铸法制备MCFC隔膜的工艺流程如图10-9所示。

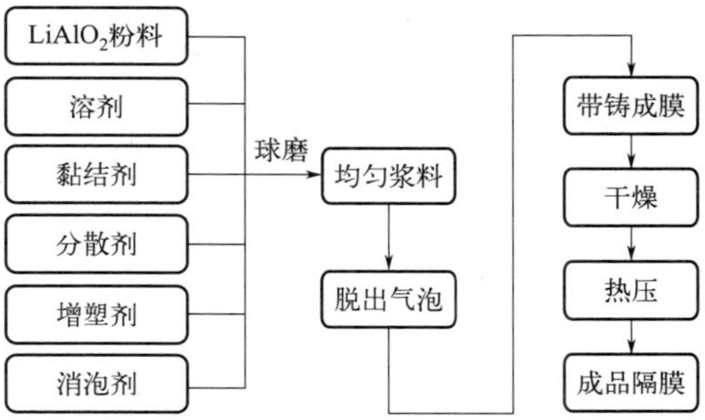

图 10-9　带铸法制备 MCFC 隔膜的工艺流程

MCFC隔膜的性能表征主要从厚度、孔径分布、孔隙率等方面进行评价。隔膜的厚度主要对MCFC的内阻有影响，会引起较大的欧姆损失，进而影响电池的工作电压。隔膜的孔隙率越小，其穿透压越大，能够起到较好的阻气性能，但里面能存储的电解质会减少，导致隔膜的电阻率增大；反之，隔膜的孔隙率越大，浸入的电解质就越多，隔膜的电阻率也就越小，但由于平均孔径大，容易发生阴阳极窜气的危险。为了能够同时满足承受较大的穿透压以及尽量降低电阻率的目标，隔膜一般有一个理想的孔径和孔隙率的范围，经过大量的实验数据验证，MCFC采用 $LiAlO_2$ 制备的隔膜理想的物性与几何参数如表10-4所示。

表 10-4　MCFC 采用 $LiAlO_2$ 制备的隔膜理想的物性与几何参数

物性和几何参数	厚度/mm	孔隙率/%	平均孔径/μm
参数范围	0.5～0.8	50～60	0.3～0.8

选用MCFC电解质时一般考虑以下几个方面：a.离子导电性；b.反应物和产物的溶解性；c.电解质的表面张力和黏度；d.反应物和产物的扩散性；e.阴离子、阳离子的反应速率；f.电解质的蒸气压；g.腐蚀性；h.NiO溶解度和阴极稳定性；i.支持体的稳定性及热膨胀的影响。经过多年的研究发展，目前用作MCFC的电解质通常有两种，分别为 Li_2CO_3-K_2CO_3 和 Li_2CO_3-Na_2CO_3，两种碳酸盐电解质均存在最低共熔点，综合考虑电解质的电导率，最终确定电解质的组成（摩尔分数）为62% Li_2CO_3-38% K_2CO_3 和52% Li_2CO_3-48% Na_2CO_3。20世纪70年代以前，大多选择 Li_2CO_3-Na_2CO_3 电解质，但由于Li/Na体系的蒸气压低，热膨胀系数也略低于Li/K体系，所以近些年来，Li_2CO_3-K_2CO_3 体系被作为MCFC的电解质。

目前，MCFC电解质的研究重点主要集中在如何解决电解质的损失问题以及对电池堆进行及时的补盐，电解质的改性研究主要以降低阴极NiO的溶解度、提高气体扩散速率以及提高电解质的电导率为目的。

10.3.3.3　MCFC隔膜和电极的微观匹配特性

MCFC属于高温燃料电池，多孔气体扩散电极中无憎水剂，熔盐电解质在隔膜与电极间的分配是依靠毛细力来实现平衡的，该平衡服从以下方程：

$$\sigma_c \cos\theta_c / r_c = \sigma_e \cos\theta_e / r_e = \sigma_a \cos\theta_a / r_a$$

式中，r 为孔半径；θ 为接触角；σ 为表面张力；下标 c 为阴极；下标 e 为电解质基板；下标 a 为阳极。

在 MCFC 工作过程中，首先要确保隔膜中充满熔融碳酸盐电解质，所以它的平均孔径 r_e 应最小。为减少阴极极化，促进阴极内氧气的传质，防止阴极被电解质“淹死”，阴极的孔半径应最大，而阳极的孔居中。MCFC 隔膜-电极结构如图 10-10 所示。

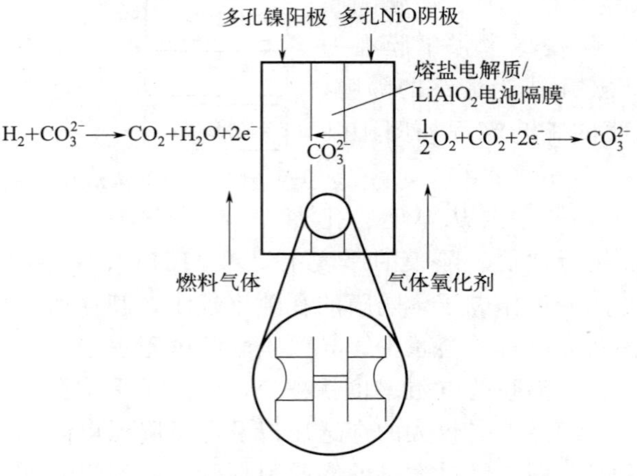

图 10-10　MCFC 隔膜-电极结构

10.3.3.4　MCFC 双极板

双极板在 MCFC 中主要起三种作用：一是将阳极气和阴极气分离；二是提供单体电池之间的电接触，起到集电、导电作用，实现电池堆之间的串联；三是提供一个密封区，并构成气体流动的通道。据此，双极板就要求具有很好的导电性、耐腐蚀性、高的机械强度以及高的平整度等特性，并要求与其他 MCFC 组件之间有很好的热膨胀匹配特性，以防止气体泄漏而导致电池性能下降。

目前，MCFC 双极板通常采用不锈钢或镍基合金钢制成，最常用的为 316L 不锈钢。MCFC 双极板目前面临的最大问题是熔盐电解质对其的腐蚀问题。

10.3.4　MCFC 设计、组装、性能评价

10.3.4.1　MCFC 单电池及电池堆的设计与组装

MCFC 单电池的设计是基于平面矩形的组合，包括阳极端板、多孔阳极、隔膜（包括熔盐电解质）、多孔阴极和阴极端板。此外电池要实现运行，还需要加热部件、绝热材料、云母片、施压装置等辅助部件，MCFC 单电池组装如图 10-11 所示。

对于 MCFC 电池堆的组装，核心在于双极板的引入。为保证电池堆的性能一致性，需要保证双极板的平整度。同时，由于电池堆节数和高度的增加，在首次启动焙烧过程中会发

生较大的沉降，需要及时对电池堆进行压力补偿，保证电池堆内部三相界面的结合以及密封面的气密性，MCFC 电池堆组装如图 10-12 所示。

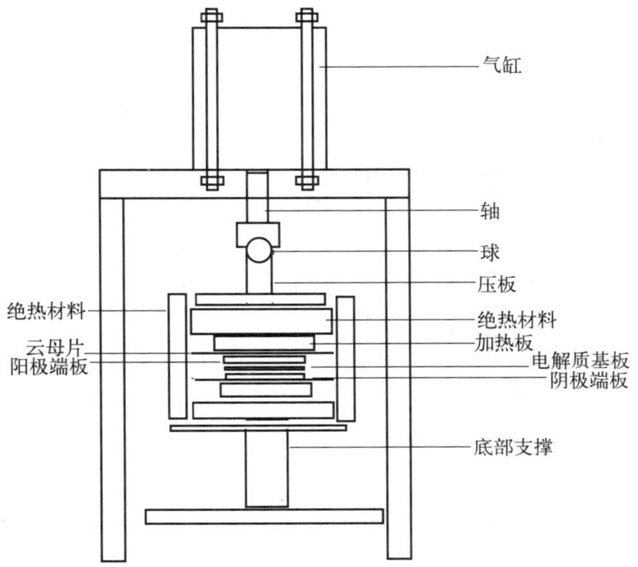

图 10-11　MCFC 单电池组装

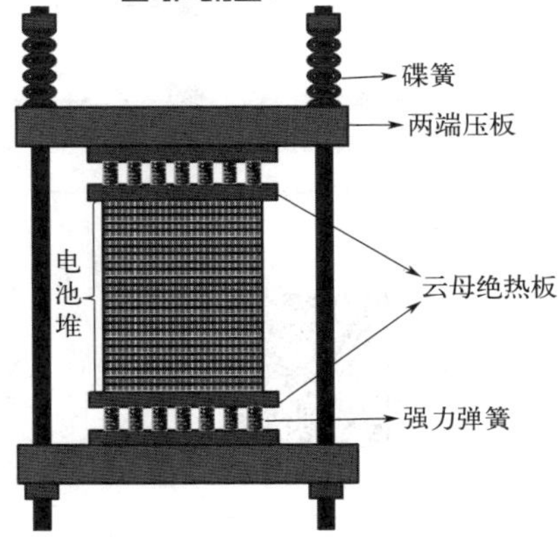

图 10-12　MCFC 电池堆组装

10.3.4.2　MCFC 性能测试

MCFC 单电池或电池堆的性能测试研究，与其他类燃料电池如质子交换膜燃料电池或固体氧化物燃料电池有很大的不同，主要体现在以下几个方面：a. MCFC 的隔膜是在电池首次升温过程中原位焙烧定型的，因此，MCFC 的首次升温过程非常关键，需要按照隔膜的热失重曲线（DTG）制定较为严格的升温程序，防止隔膜中的有机物燃烧速度过快而破坏隔膜的孔结构，同时要保证隔膜内的有机物焙烧完全；b. 由 MCFC 的电极反应可知，CO_2 在 MCFC 的阴极和阳极之间需要循环反复利用，因此，对单电池或节数较少的电池堆进行测试的时候，一般采用 CO_2 与 O_2 或 H_2 的配气方法；c. 由于 MCFC 在 650℃的高温下运行，对单电池或短堆进行性能测试时，一般选用外加热或者置于高温热箱内。当电池堆置于高温热箱内时，为防止氢气泄漏与高温热箱内的空气混合产生爆炸事故，一般要在高温热箱内充满氮气进行保护，并加置氢气报警器。图 10-13 为 MCFC 单电池或短堆性能测试评价流程。

当电池按照图 10-13 组装完成后，准备好周边的供气、排气、测试等设备，维持一定的组装压力后，接通阳极气源和阴极气源，即可将电池启动升温，组装中要保证电池系统绝热、绝缘。电池启动升温过程实质是将隔膜中的有机物质除掉，以防止高温下有机物碳化导致电池发生短路。电池的升温程序依据隔膜的热失重曲线（DTG）制定，图 10-14 为有机隔膜的典型 DTG 曲线。

由图 10-14 的 DTG 曲线可以看出，从室温到 350℃过程中，隔膜失重约 29.2%，主要变化过程为隔膜中的水分和有机溶剂的挥发，DSC 曲线表现为吸热过程；而 350～540℃，隔膜失重约 5.8%，主要变化为隔膜中黏结剂的氧化过程，DSC 曲线表现为放热过程；从

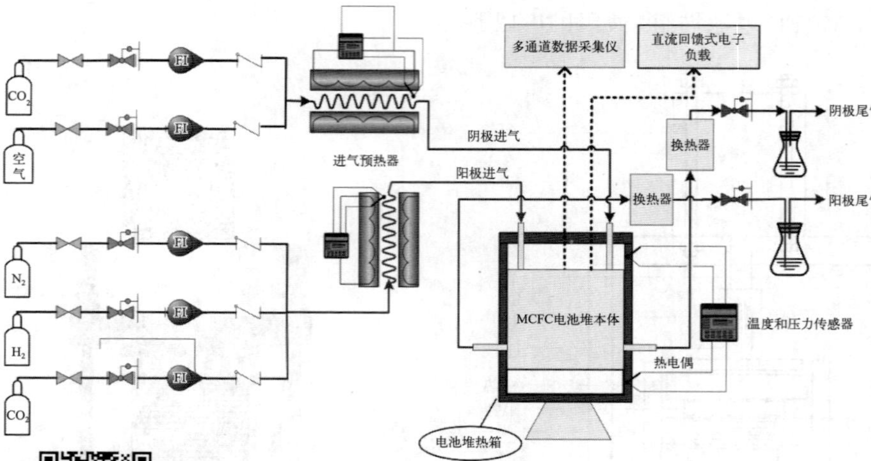

图 10-13　MCFC 单电池或短堆性能测试评价流程

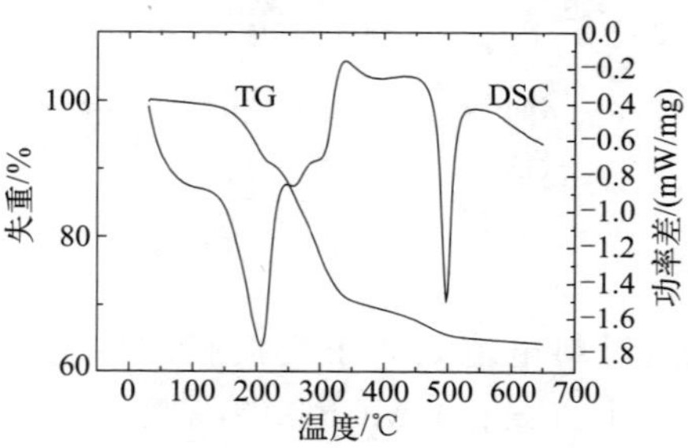

图 10-14　MCFC 隔膜的典型热失重（DTG）曲线

TG—热重分析；DSC—差示扫描量热

540～650℃，隔膜失重仅为 0.77%，隔膜重量基本趋于稳定，少量的重量减少为熔盐的挥发。通过 DTG 曲线分析说明，在对电池进行升温时，100～350℃和 350～540℃范围内应该缓慢上升，以便基板中的溶剂挥发和黏结剂氧化，充分发挥电解质基板的性能。410℃之前按照一定的升温程序向阴极和阳极通入空气，烧掉电解质基板中的有机成分，使隔膜形成具有一定孔隙率的多孔结构；410℃保温结束后将阳极空气改通为 N_2 进行保护，防止阳极镍被转变为粉末状的 NiO 而失去强度和活性，阴极进气仍为空气。在 450℃左右时，隔膜中的有机物基本完全烧除；温度升至 485～500℃时，电解质基板中熔盐电解质逐渐开始熔融，待熔融完全后，熔盐即开始渗透。由于隔膜的孔径最小，借助于毛细管作用，熔融的碳酸盐首先渗透浸入偏铝酸锂隔膜的微孔中，待温度达到 540℃时，熔盐电解质基本完全浸入隔膜中，形成了具有一定阻气性能和离子导电性能的隔膜。此时可以对其阻气性能进行测试。先关闭阳极 N_2，提高阴极空气压力，用肥皂泡水检测阳极出气口是否有气体流出；同理，关闭阴极进气，提高阳极进气压力，检测阴极出气口是否有气体流出，若二者都没有，说明隔膜具有良好的阻气性能，可以进行接下来的发电试验。

从 540℃开始，将阳极 N_2 改通为 H_2，阴极中同时通入空气和 CO_2，并调节阳极气体压力，使之高于阴极气体压力，直至温度升至 650℃，待电池开路电压稳定后即可测试 MCFC 的发电性能。此外，从 540℃开始，由于阳极燃料气（H_2）和阴极氧化剂（O_2+CO_2）的加入，电池内开始发生电化学反应，逐渐开始产生开路电压，通过万用表记录开路电压的变化，也可以表征电池内部的电化学反应进行的程度。图 10-15 为 MCFC 单电池的 *I*-*V* 曲线，可以看出 MCFC 开路电压一般在 1.1～1.2V 之间，放电电流密度一般在 120～150m·A/cm^2。

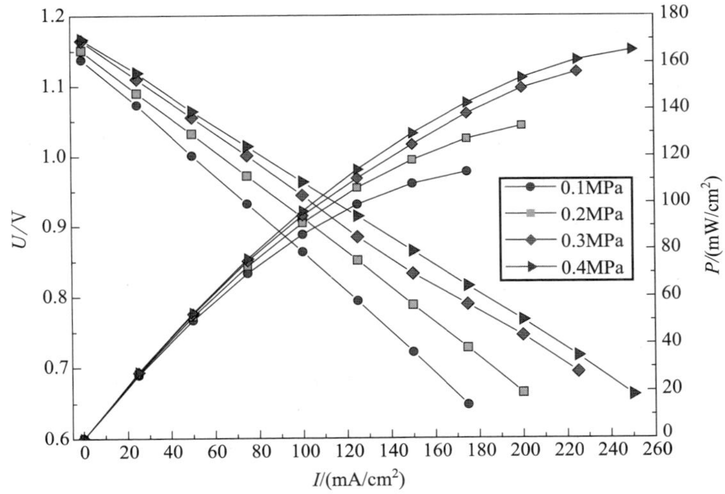

图 10-15　MCFC 单电池的 *I-V* 曲线

10.3.5　MCFC 的应用与发展前景以及面临的挑战

MCFC 作为一种高温燃料电池，从它诞生那一刻起就决定其应用主要面向固定式或分布式电站、热电联供系统等。从目前的商业化应用来看，单电池面积已达到 1m^2 以上，单电池功率在 1kW 以上，单堆功率已突破 250kW，最大的发电单元功率为 2.8MW。韩国于 2015 年建成世界上最大的 59MW 级 MCFC 发电系统，系统发电效率大于 47%，热电综合效率大于 80%，应该说 MCFC 在面积和功率放大方面已经过了市场的检验，但是，MCFC 长期工作在高温和熔盐这种强腐蚀的环境下，也带来了诸多的问题与挑战，这些问题与挑战也影响到 MCFC 的进一步商业化推广应用进程，为了加快 MCFC 的产业化发展，还需要解决如下具体难题。

a. 降低成本。燃料电池发电与传统的火力发电竞争的关键在于成本的降低，对于 MCFC 来说，必须把价格从目前的 3500～4000＄/kW 降低至 1500＄/kW 左右，才能具有较强的市场竞争力。

b. 提高 MCFC 系统的性能与可靠性，必须将电池的寿命进一步延长，只有达到 4 万～5 万小时，才能与现行的发电相竞争，进而实现商业化。

c. 燃料的来源与存储，对于大功率发电的 MCFC 系统，其燃料来源主要是天然气、煤制合成气、甲醇、化工厂含氢弛放气等，研究新型燃料转化技术以及煤气化技术是建立 MCFC 电站的必要条件。

d. MCFC 发电系统体积的小型化，MCFC 和 BOP 设备的小型化和布置紧凑化可进一步减少占地面积，尤其是 MCFC 特有的 CO_2 循环再利用系统的复杂性，需要进一步做优化改进，这一点在城市人口密集区的分布式 MCFC 电站尤其关键。

10.4 直接甲醇燃料电池

10.4.1 原理和结构

直接甲醇燃料电池（direct methanol fuel cell，DMFC）的阴极反应与 PEMFC 一致，为氧气的电化学还原。与 PEMFC 不同的是，DMFC 的阳极反应是 CH_3OH 的电化学氧化。图 10-16 是 DMFC 的工作原理，甲醇在阳极表面进行电催化氧化反应，生成二氧化碳和氢离子，并释放电子，电子通过外电路传导到阴极，氢离子通过质子交换膜扩散到阴极表面，与空气中的氧气及通过外电路传导过来的电子结合生成水。DMFC 的工作温度从室温到 130℃，电极反应为：

阳极反应：
$$CH_3OH+H_2O \longrightarrow CO_2+6H^++6e^-$$

阴极反应：
$$\frac{3}{2}O_2+6H^++6e^- \longrightarrow 3H_2O$$

总反应：
$$CH_3OH+\frac{3}{2}O_2 \longrightarrow 2H_2O+CO_2$$

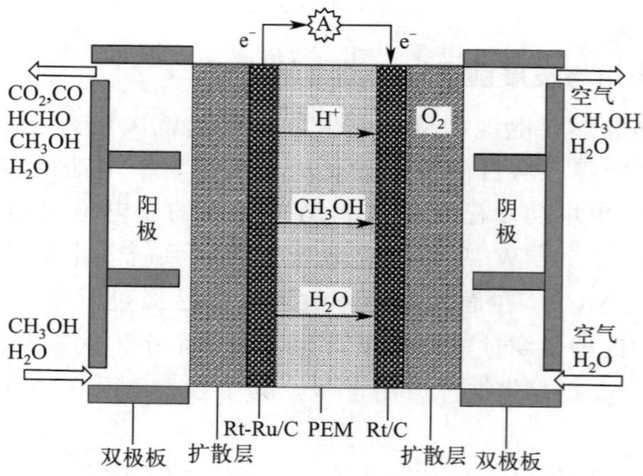

图 10-16 DMFC 的工作原理

在 DMFC 系统中，影响直接甲醇燃料电池性能的因素包括电催化剂设计、膜电极制备方法、电解质膜材料与甲醇渗透的关系和电池工作条件等。

10.4.2 电催化剂设计

10.4.2.1 阳极材料

DMFC 阳极催化剂主要是 Pt 基阳极催化剂，它包括负载型的 Pt 催化剂，例如 Pt/C 催化剂等，以及在 Pt 基础上研发的二元或多元复合催化剂。甲醇在阳极电催化氧化过程中会产生 CO，由于 CO 在 Pt 上有很强的吸附能力，CO 的毒化作用会影响 Pt 的催化脱氢，从而使 Pt 中毒，降低催化活性。

在 Pt 基的基础上加入第二种金属，可以降低 Pt 的中毒程度。目前，二元 Pt 基合金催化剂的研究主要集中在 Pt-Ru、Pt-Sn 和 Pt-Mo 合金。除了这些二元合金外，其他二元合金如 Pt-W、Pt-Re、Pt-Pb、Pt-Ni 等对甲醇的氧化也表现出一定的催化活性，但公认的在二元合金体系中活性最高的还是 Pt-Ru 合金。Pt-Ru 合金的催化活性通过双功能机理实现，Ru 的加入一方面会影响 Pt 的 d 电子状态，减弱了 Pt 和 CO 之间的化学键；另一方面 Ru 原子容易形成活性的 Ru-OH，可以促进甲醇解离吸附的中间体在 Pt 表面的氧化，从而提高 Pt 对甲醇氧化的电化学催化活性和抗中毒性能。但由于 Ru 的氧化物在酸性介质中易溶解，其稳定性不太好。

目前甲醇电化学氧化的催化剂基本上都是铂基催化剂，但由于铂的储量有限，价格比较高，所以希望用其他催化剂代替 Pt。非铂催化剂主要分为金属和钙钛矿型稀土氧化物两大类。甲醇在碱性溶液中的非铂贵金属催化剂主要是 Au、Ag、Pd。具有高导电性、高催化活性和高氧含量的 ABO_3 型金属氧化物也可以作为甲醇氧化的阳极催化剂。当前，A 位上的金属有 Sr、Ce、Pb、La 等，B 位上的金属有 Co、Pt、Pb、Ru 等，这类金属氧化物的优点是对甲醇氧化具有较高的电催化活性且无中毒现象。

10.4.2.2 阴极材料

在直接甲醇燃料电池中，需要额外考虑的一点就是甲醇对于交换膜的渗透作用对阴极反应造成的影响。Pt 基催化剂是目前 DMFC 主要使用的阴极催化剂，其还原活性和稳定性较高，但耐甲醇能力较差。Pt 基催化剂的改进集中在提高催化剂利用率、催化活性和耐甲醇能力。提高 Pt 基催化剂的利用率主要通过选择合适的载体和合理的负载方法，提高催化活性和耐甲醇能力，主要方法还是将 Pt 颗粒纳米化以及设计 Pt 基合金催化剂。目前主要的载体材料是活性炭，将 Pt 颗粒分散在具有高比表面积的活性炭上，能够提高催化剂的利用率，并在一定程度上提高催化活性。此外，通过设计 Pt 基合金催化剂也可以提高催化活性和耐甲醇能力。为了降低成本，非铂系催化剂，如过渡金属大环化合物、过渡金属原子簇物、金属氧化物等也是研究的方向，但大多数的催化剂对氧还原的电催化活性不高或稳定性不好。向一些 Pt 基催化剂中添加 Cr、Ni、杂多酸等，可同时提高 Pt 的氧还原电催化活性和耐甲醇性，因此，这些 Pt 基复合催化剂作为阴极催化剂具有较好的应用前景。

10.4.3 膜电极制备

在 DMFC 中 MEA 的制备工艺与 PEMFC 近似，但由于甲醇水溶液为燃料，阴极排水量大于电化学反应生成水，以及受膜溶胀因素的影响，欧姆极化增加，电池性能降低。因此，一般在催化层表面涂覆一层微米级的 Nafion 层，或先将 Nafion® 膜和薄催化层内的 Nafion 树脂转化为 Na^+ 型，再进行热压，从而增加亲水催化层与 Nafion® 膜的结合强度。

DMFC 的性能与膜电极的制备方法密切相关。目前常用的膜电极制备方法是热压法，其基本过程是：将电催化剂粉料与聚合物乳液混合，经超声波处理成均匀的电极浆，然后将电催化剂浆料涂布在多孔碳纸上，再将多孔碳纸与电解质膜热压在一起，形成膜电极。制备膜电极的主要控制条件是电极浆料调制时聚合物乳液用量、混合分散度、涂布均匀性和热压温度、压力及热压时间等。膜电极制备工艺的改进主要体现在电极制备上，电极制备方法还有丝网印刷法、催化剂直接还原法、喷涂法和一次滚压成型法。

10.4.4 性能影响因素

（1）催化剂的颗粒大小

对于 Pt 催化剂，粒径大小对催化剂有很大的影响，在相同的反应物和催化剂条件下，催化剂的比表面积越大，表观电流密度越大，甲醇的电催化氧化效果越好。然而，如果粒径太小，则 Pt 颗粒不稳定并且易于氧化，可能失去催化活性。如果粒径太大而比表面积小，则催化活性会降低。因此，粒径需要控制在最佳范围内。

（2）催化剂的表面形貌

表面形态越粗糙，表面缺陷增多，这些位置上的原子对甲醇具有更强的离解和吸附能力，因此增加了催化剂的特定活性中心的数量并改善了催化性能，提高了催化活性。

（3）催化剂的晶体结构

Pt 基催化剂的晶体结构影响催化剂的催化活性和稳定性。Pt 的不同晶面对甲醇的电催化活性不同。在 Pt 的（111）晶面上，甲醇不易发生解离吸附，而（100）（110）和阶梯晶面则易于进行，并且当达到平衡时，CO 的覆盖率大。

（4）电解质膜

DMFC 性能还与其所采用的电解质膜的内阻有关。电解质膜越薄，内阻越低。但电解质膜太薄，易导致膜穿孔，甲醇将从阳极渗透到阴极，这是 DMFC 性能衰减的主要原因。甲醇的渗透率还与 Nafion® 的结构有关，离子交换基团越多，导电性能越高，但甲醇渗透率也越高。

10.4.5 DMFC 测试与评价方法

（1）气密性检测

DMFC 单电池装配好后，即需进行气密性检测，且在电池每次拆装后，均需要进行，此外，长期运行的单电池也要定期检漏。气密性检测具体分为外部检测和阴阳极内部检测。外部检测主要是为了防止 DMFC 单电池出现漏气情况，降低电池性能。内部检测主要是为了防止阴阳极密封性不严导致甲醇流入阴极或空气进入阳极现象出现。气密性可以采用给单电池或阴阳极充氮气后气压的变化进行分析。

（2）MEA 活化

MEA 制备过程中，经热压处理后大量失水，导致其电导率非常低，若不通过激活，会严重影响 MEA 的性能，因此需要在试验前对 MEA 进行活化。活化的主要目的是使 MEA 充分湿润，并形成完好的传质通路和传荷通路。

（3）电池性能测试

DMFC 的 *I-V* 曲线，需要在不同的电流（或电压）下测量出电池的输出电压（或电流）。在试验中，利用电子负载及测量系统，使电子负载在恒电流模式下工作，并且不断地以等差值增大电流（或电压），分别测量各个电流下电池的输出电压（或电流），便可得到表

征电池输出性能的 I-V 曲线。

（4）甲醇渗透检测

甲醇渗透是指甲醇由阳极透过质子交换膜渗透到阴极的现象。甲醇渗透会导致阴极出现混合电位使得电池输出性能下降，因此需采用电化学方法对阴极侧的甲醇渗透量进行检测分析。

思考题

参考答案

1. 以氢气作为燃料为例，阐述固体氧化物燃料电池的工作原理。
2. 固体氧化物燃料电池如何组装？
3. 质子交换膜燃料电池对双极板的要求有哪些？
4. 质子交换膜燃料电池对气体扩散层的要求有哪些？
5. 质子交换膜燃料电池对催化剂的要求有哪些？
6. 质子在质子交换膜内的迁移机制有哪些？
7. 质子交换膜燃料电池中质子交换膜应满足哪些要求？
8. 质子交换膜燃料电池中催化剂的设计原则是什么？
9. 熔融碳酸盐燃料电池电解质隔膜的孔径与电极之间的匹配如何控制？
10. 在高温条件下，如何在线监测隔膜焙烧情况以及如何判断碳酸盐电解质浸满隔膜的孔道结构？
11. 熔融碳酸盐燃料电池放电性能影响因素有哪些？
12. 简述直接甲醇燃料电池的结构与工作原理。
13. 什么是甲醇渗透？对 DMFC 有哪些影响？

参考文献

[1] Liu K, Lu F, Jia X S, et al. A high-performance thermal expansion offset composite cathode for IT-SOFCs[J]. Journal of Materials Chemistry A, 2022, 10(45): 24410-24421.

[2] Zhang Y, Knibbe R, Sunarso J, et al. Recent progress on advanced materials for solid-oxide fuel cells operating below 500℃[J]. Advanced Materials, 2017, 29(48): 1700132.

[3] Shimada H, Yamaguchi T, Kishimoto H, et al. Nanocomposite electrodes for high current density over 3A cm^{-2} in solid oxide electrolysis cells[J]. Nature Communications, 2019, 10(1): 5432.

[4] Gao Z, Mogni L V, Miller E C, et al. A perspective on low-temperature solid oxide fuel cells[J]. Energy & Environmental Science, 2016, 9(5): 1602-1644.

[5] Tian X L, Zhao X, Su Y Q, et al. Engineering bunched Pt-Ni alloy nanocages for efficient oxygen reduction in practical fuel cells[J]. Science, 2019, 366(6467): 850-856.

[6] Chong L N, Wen J G, Kubal J, et al. Ultralow-loading platinum-cobalt fuel cell catalysts derived from imidazolate frameworks[J]. Science, 2018, 362(6420): 1276-1281.

[7] Chen C, Kang Y J, Huo Z Y, et al. Highly crystalline multimetallic nanoframes with three-dimensional

electrocatalytic surfaces[J]. Science, 2014, 343(6177): 1339-1343.

[8] Li M F, Zhao Z P, Cheng T, et al. Ultrafine jagged platinum nanowires enable ultrahigh mass activity for the oxygen reduction reaction[J]. Science, 2016, 354(6318): 1414-1419.

[9] Huang X Q, Zhao Z P, Cao L, et al. High-performance transition metal-doped Pt_3Ni octahedra for oxygen reduction reaction[J]. Science, 2015, 348(6240): 1230-1234.

[10] Ott S, Orfanidi A, Schmies H, et al. Ionomer distribution control in porous carbon-supported catalyst layers for high-power and low Pt-loaded proton exchange membrane fuel cells[J]. Nature Materials, 2020, 19(1): 77-85.

[11] Yarlagadda V, Carpenter M K, Moylan T E, et al. Boosting fuel cell performance with accessible carbon mesopores[J]. ACS Energy Letters, 2018, 3(3): 618-621.

[12] Jiao K, Xuan J, Du Q, et al. Designing the next generation of proton-exchange membrane fuel cells [J]. Nature, 2021, 595(7867): 361-369.

[13] 衣宝廉. 燃料电池——原理·技术·应用[M]. 北京：化学工业出版社，2003.

[14] 肖钢. 燃料电池技术[M]. 北京：电子工业出版社，2009.

[15] 曹殿学，王贵领，吕艳卓，等. 燃料电池系统[M]. 北京：北京航空航天大学出版社，2009.

[16] 毛宗强. 燃料电池[M]. 北京：化学工业出版社，2005.

[17] 詹姆斯·拉米尼，安德鲁·迪克斯. 燃料电池系统[M]. 朱红，译. 北京：科学出版社，2006.

[18] 黄振江，刘凤君. 燃料电池及其应用[M]. 北京：电子工业出版社，2005.

[19] 隋智通，隋升，罗冬梅. 燃料电池及其应用[M]. 北京：冶金工业出版社，2004.

[20] 许世森，程健. 燃料电池发电系统[M]. 北京：中国电力出版社，2006.

[21] Kamarudin S K, Hashim N. Materials, morphologies and structures of MEAs in DMFCs [J]. Renewable and Sustainable Energy Reviews, 2012, 16(5): 2494-2515.

[22] 冯玉杰，李晓岩，尤宏，等. 电化学技术在环境工程中的应用[M]. 北京：化学工业出版社，2002.

[23] 黄国勇. 氢能与燃料电池[M]. 北京：中国石化出版社，2020.

[24] 朱继平. 新能源材料技术[M]. 北京：化学工业出版社，2015.

第 11 章

先进能源器件

导读

随着时代的发展，新世纪需要发展高性能电池技术，这不仅要求在电池性能上有较大的突破，还要求适应社会可持续发展，同时给人们的生活带来更多便利。高性能电池具有以下特点：环保、可循环（二次化）、高能高功率。因此高性能电池的发展方向应分为三类：a. 容量型电池，电池倍率小于 0.5C，应用于容量型储能，例如调峰；b. 功率型电池，电池倍率大于 2C，应用于功率型储能，例如调频；c. 能量型电池，介于 0.5~2C（1C 左右）之间，应用于复合储能场景。根据电池器件发展历程，主要分为传统型电池、锂离子电池、超级电容器、燃料电池等二次电池，以及正在发展的先进能源器件。先进能源器件的设计通常涉及高性能新型能源关键材料，如新型碳材料、半导体材料、无机电子功能材料等。这些材料需要从材料设计、性能、制备、失效分析及推广应用等角度进行系统性研究。目前，先进能源器件大多应用在高精密电子设备、电动工具、军事、工业牵引及可再生能源利用的储能装备，未来先进能源将朝着提高能源效率、降低成本和推动绿色能源发展方面进行突破。随着技术的进步和成本的降低，预计这些应用将进一步扩展和深化。本章节重点介绍三类先进能源器件。

11.1 柔性可穿戴电池

移动设备、互联网技术、现代化农业畜牧业的快速发展推动了便携式电子产品的不断进步，智能手机、红外传感器、智能手表和智能手环等不断更新换代，未来智能便携式电子产品将朝着时尚化、柔性化和小型化方向发展。柔性电子器件因其可在弯折、扭曲、折叠、拉伸等情况下仍能保持稳定的电学性能而成为当下科学研究的热点之一。相比常规硬质器件，柔性电子器件在诸如柔性传感器、可穿戴设备、能源存储、植入医疗等领域有着广泛的应用。与高导热复合纳米材料类似，柔性电子器件的制备也多是将导电纳米材料（如纳米线、纳米管、石墨烯等）与柔性高分子基体复合，但在柔性电子器件领域此方面的应用研究却极少。探寻应用于柔性电子器件领域的热管理材料与结构，对其机理深入研究，对于新一代柔性可穿戴电子器件的发展显得尤为重要，如柔性显示器、可穿戴传感器、柔性发光二极管和印刷射频识别卡等，研发这些柔性电子设备必须研发与之相匹配的柔性电池。

原则上来讲，柔性电池需要满足外部形变的要求，还要能承受在充放电过程中电池内部的体积变化。因此，理想的柔性电池材料需要同时具备导电柔性和机械柔性，如新型碳基材料、高分子材料等，其主要包括碳纳米管、石墨烯、碳纸和碳纤维布等。一般来说，碳纳米管、石墨烯构建柔性电极有如下三种方式：a. 碳纳米管、石墨烯自组装构成柔性电极；b. 碳纳米管、石墨烯作为活性材料附着在纺织布等构建的柔性骨架上；c. 用碳纳米管或石墨烯制备柔性基底取代传统的金属集流体。香港城市大学的李洪飞等利用双螺旋的碳纳米管纱线作为 Zn 正极和 MnO_2 作为负极的柔性基底，成功制备了性能良好的纱线锌离子电池，该电池表现出 300%以上的拉伸性能和优异的防水性能。另外，Liu 等通过在碳纸上生长 ZnO 和 NiO，成功制备了 Ni-Zn 系柔性电池，能量密度高达 356W·h/kg。北京大学潘锋团队在著名期刊上介绍了学术界柔性电池研究的最新动态。柔性电池需要新颖的材料和设计来使电池具有柔性，否则，会损坏电池部件，不仅造成故障，还可能造成热失控和安全隐患。另外，由于这些新型材料和设计的部署，能量密度不会显著降低，因为体积和重量是上述便携式设备的首要考虑因素。然而，高柔性和高能量密度通常是相互权衡的，因为高柔性通常需要在体积上引入冗余来释放电池的压力。除了同时具有高柔性和高能量密度外，柔性电池面临的另一个关键挑战是在变形过程中输出功率的动态稳定性，这就要求电池阻抗在动态弯曲时尽可能保持稳定。实际上，在工作电流下，由此产生的过电位变化应小于 100mV，或者粗略地说，在机械变形下，电池阻抗变化不应超过两倍。

为了应对这些挑战，近年来报告了各种策略，可分为以下四种。

a. 研制多孔结构可变形的电池组件，如多孔集流体、多孔电极、柔性固态电解质等。柔性的多孔结构目前已广泛用于电池组件中，以缓冲当电池装置经受弯曲和扭曲时产生的应变。见图 11-1（a）。

b. 超薄电池设计，如单对片（或双对片）的正极/隔膜/负极结构［图 11-1（b）］。相比于策略 a，策略 b（超薄电池设计）需要从整体的器件层面进行电池设计。

c. 几何拓扑的电池设计，如线形和折纸（Origami）、基里伽米（Kirigami）结构等［图 11-1（c）］。其除了提高电池组件材料本身的柔性，还可以降低形变过程中电池内部产生的应力变化。

d. 解耦电池的柔性和储能部分，如脊柱状电池、Zigzag 电池等［图 11-1（d）］。

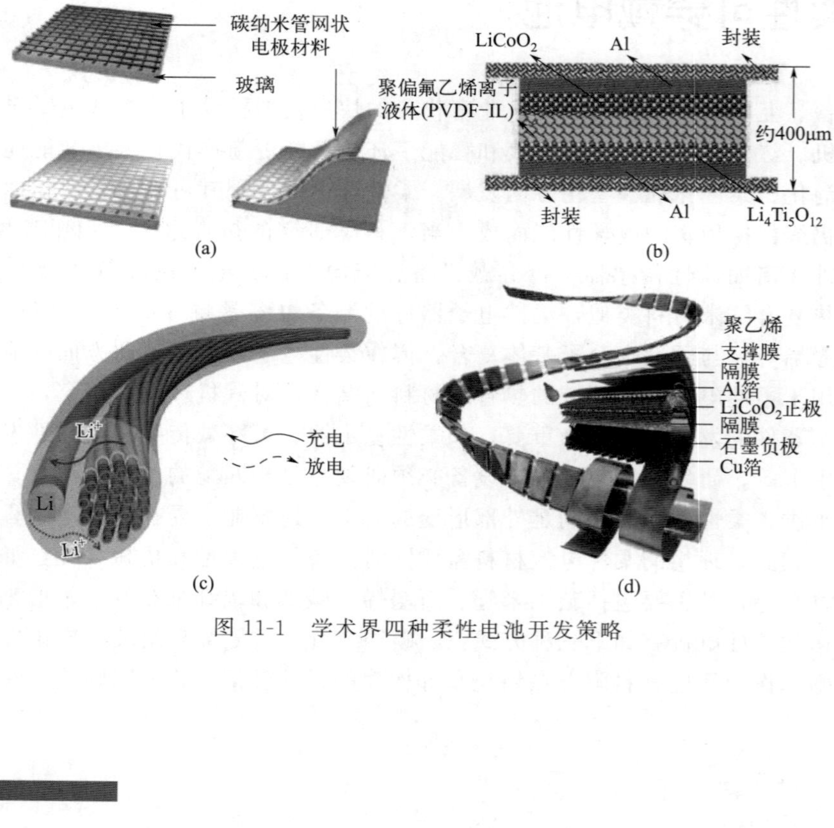

图 11-1　学术界四种柔性电池开发策略

对于上述的柔性电池设计，在复杂变形过程中仍然会发生活性材料和集流体之间的错位、剥离、脱落。由于接触不良而增加的过电位与电池内阻，将降低全电池的容量保持率和库仑效率，不利于电池的循环性能。解决方案是重新设计电池架构，分离能量存储和提供柔性的部分。

在柔性电池中，电解质填充于电池正负极之间，起到传输离子和隔绝电子的作用，对电池的充放电循环性能、高低温性能和倍率性能等具有很大影响。用固态电解质制备的柔性电池结构简单、耐高温性能稳定、可加工性能好、装配方便，且可以制造成非常薄的薄膜电池，因此研发各类固态电解质是目前柔性电池研究的热点。现阶段研究的固态电解质主要有聚合物电解质、无机固态电解质、有机/无机复合固态电解质等。无机固态电解质、有机/无机复合固态电解质的化学性质稳定，具有较高的电导率和离子迁移率，主要可分为非晶体型和晶体型两种。非晶体型固态电解质主要包括磷酸锂（如 LiPON）类、氧化物玻璃态电解质等，晶体型固态电解质主要包括锂超离子导体、钠超离子导体、石榴石、钙钛矿等。聚合物电解质的电化学稳定，安全性高，具有很好的柔性和可塑性，因而用聚合物电解质替代液态电解质是柔性电池发展的一个方向。

柔性电池的结构形式分为以下两种：a. 叠层结构。叠层结构是指逐层叠加电池材料而形成的一种类似三明治的电池结构。叠层结构是柔性电池最典型的结构，这种形式的柔性电池能够进一步制作成超薄的薄膜柔性电池，增加了其在智能服装、便携式智能电子设备等方面实用的可能性。b. 线缆型结构。线缆型结构是指以中间电池材料为中心，环形包裹电池材料而形成的圆柱体型电池结构。与薄膜结构电池相比，线缆型柔性电池易用、轻便，不仅可以根据需要纺成二维织物或织成不同形状，而且可以作为供能零件整合到各种电子元器件中。

柔性电池的制备工艺主要有以下三种：a. 涂覆、喷涂与打印。涂覆、喷涂与打印的制备工艺与浸渍、浸渗等方法原理相近，主要是利用液体浆料把活性物质沉积到自支撑的基底上，然后进一步除水得到复合材料。打印工艺常见的方法是丝网印刷，该方法具有成本低、速度快、适合大规模生产等优点。b. 物理/化学沉积。物理/化学沉积是通过物理或化学途径，将活性材料生长在预处理后的基底上，制备薄膜状的材料或电子器件。此种方法制备的活性物质薄膜均匀致密，与基体结合力强，但缺点是成本高、效率低、不适合大规模工业化生产。目前物理/化学沉积工艺主要有物理气相沉积、化学气相沉积和电化学沉积。c. 纺织。纺织工艺是一种低成本的传统工艺，在柔性电子器件领域，它适用于把柔性材料制备成一维纤维或将线缆型材料编织成二维织物，甚至可以制备二维的多功能柔性储能织物，未来在柔性可穿戴设备上具有非常大的发展前景。

柔性可穿戴电池对材料的性能需求主要体现在以下几个方面。

a. 机械柔韧性：材料需要具备良好的机械柔韧性，以适应可穿戴设备的弯曲、拉伸、扭曲等形变要求。例如，柔性锌电池可以弯折卷曲，弯曲角度最高可达 60°，且在弯折状态下能稳定供电。

b. 导电性：电极材料需要同时具备电子和离子的导电特性，以保证电池的充放电性能。常用的电极材料包括导电聚合物、金属氧化物及有机小分子等。

c. 结构稳定性：在结构设计上，需要创新以确保在弯曲和折叠操作时，电池性能不会受到损害，同时保证电池的安全性和稳定性。柔性电池主要使用二维阵列或一维叠层方式来实现这些功能。

d. 电化学性能：材料需要具备优异的电化学性能，包括高的电荷储存能力和迅速的充放电性能。柔性电池具有比表面积大、导电性好等优点。

e. 环境适应性：材料需耐受环境温度、湿度等因素的影响，以保护电池不受内外环境的影响。常用的封装材料以聚合物为主，如 PET、聚氨酯（PU）、聚二甲基硅氧烷（PDMS）和热缩管、铝塑膜等。

f. 安全性：材料需要具备安全环保的特性，以确保电池的使用安全。

g. 能量密度：材料需要具备高能量密度，以实现电池的轻量化和小型化。例如，柔性锌电池的标准理论能量密度可以达到 1086W·h/kg，为锂离子电池的 2～3 倍。

柔性可穿戴电池的器件设计、组装和性能评价是确保其实用性和市场竞争力的关键环节。柔性可穿戴电池器件设计组成部件要求如下：柔性电池的组成部件包括集电器、电解质和隔膜，这些部件需要满足柔性和电化学性能的要求。同时，柔性电池的化学系统包括锂离子电池、非锂离子电池和高能金属电池等，不同的化学系统决定了电池的性能和应用场景。此外，柔性电池的器件配置包括一维纤维状、二维薄膜状和三维结构电池，这些配置影响电池的形状和应用方式。柔性电池可以通过柔性连接件串联或并联常规电池单元，柔性连接件可以具有折叠结构，以适应可穿戴设备的形状变化。为了满足可穿戴设备的柔性要求，柔性电池通常使用凝胶或固体电解质，以替代传统的液体电解质。柔性电池的性能评价主要包括柔性和穿戴舒适性，在设计柔性储能器件时，需要平衡柔度与能量密度的关系，而对于可拉伸储能器件，残余应变是评价其性能的重要指标。柔性可穿戴电池的评价还包括在多次循环后仍然保持较好的能量密度、可靠性和安全性，以供电给各种可穿戴设备。通过这些设计、组装和性能评价的方法，可以确保柔性可穿戴电池的高效运行和长期稳定性，为实现其商业化提供了重要的技术支持。

目前柔性可穿戴电池在设计时最大的局限性在于安全性和电池寿命。在反复形变过程中，导电纳米材料之间较大的接触电阻，以及纳米材料与高分子基体之间的不良接触等，均会使得柔性电子器件内部积聚大量热量。这些热量如果不能及时从器件中消散，势必会影响器件的性能和寿命，甚至会危及整个系统的安全。因此对于柔性电子器件，除了优异的力学性能和电学性质，稳定的热学性能同样重要，这也将是未来科研工作者需要密切关注的重点。柔性可穿戴电池因其独特的灵活性和便携性，在智能硬件领域中扮演着越来越重要的角色，其应用范围正在不断扩大，市场前景广阔。

11.2 生物电池

所谓生物电池，是指将生物质能直接转化为电能的装置。从原理上来讲，生物质能能够直接转化为电能的主要原因是生物体内存在与能量代谢关系密切的氧化还原反应。这些氧化还原反应彼此影响、互相依存，形成代谢网络，驱动生物的能量代谢过程。有些反应是在单个酶的催化下完成的，有些反应相互联系，上一步反应的产物是下一步反应的底物，形成流水线，有关的酶组织在一起形成多酶体系共同催化进行。这些氧化还原反应形成的代谢网络可以从不同层次上看成是生物体内存在的“生物电池”，甚至可把生物个体看成“生物电池”。因此人们可以从不同的层次上模仿或者直接利用生物的氧化还原反应研制生物电池。

与传统化学电池相比，生物电池在操作上和功能上有它的独特优点：a. 原料广泛，可以利用一般电池所不能利用的多种有机、无机物质作为原料，甚至可利用光合作用或直接利用污水等。b. 由于酶的催化作用，操作条件温和，能在常温常压甚至是低温的环境条件下有效运作，电池维护成本低，安全性强。c. 对环境友好，不含普通电池常见的酸、碱、重金属等污染物，不需要进行废气处理，因为它所产生的废气的主要组分是二氧化碳，不会对环境造成危害，是典型的绿色电池。d. 在汽车、航空航天、仿真机器人、污水处理等领域或是缺乏电力基础设施的局部地区具有广泛应用的潜力。

生物电池根据其反应场所不同，可分为以下三种类型：a. 单步反应型生物电池。它指利用生物体内的氧化还原物质发生氧化还原反应制成的生物电池。生物体内的糖、脂肪、蛋白质在生物体内彻底氧化之前，都先经过分解代谢，在不同的分解代谢过程中都伴有代谢物的脱氢过程，以及辅酶氧化型烟酰胺腺嘌呤二核苷酸（NAD^+）或黄素腺嘌呤二核苷酸（FAD）的还原。人们把有机分子在机体内氧化分解成二氧化碳和水并释放能量的过程称为生物氧化。生物氧化实际上是细胞呼吸作用中的一系列氧化还原反应，因此有氧化还原电势产生。生物体内一些重要氧化还原物质的氧化还原电势见表 11-1。b. 多步反应型生物电池。它指利用生物体外的氧化还原物质发生氧化还原反应制成的生物电池。三磷酸腺苷（ATP）是生物通用的能量载体。ATP 的合成是依靠电子传递所产生的电化学电势作为动力的，这种电化学电势就是生物体内的“生物电池”。c. 细胞型生物电池。它指利用生物体细胞外的氧化还原物质发生氧化还原反应制成的生物电池。细胞新陈代谢反应有些在细胞内进行，有些在细胞外进行，特别是细胞膜电势的存在，又对环境的氧化还原电势产生影响，利用这种电势及其变化可以制成细胞型生物电池。

表 11-1　生物体内一些重要氧化还原物质的氧化还原电势

氧化还原对反应式	标准电势 E^*/V
乙酸 + CO_2 + $2H^+$ + $2e^-$ $\longrightarrow$ 丙酮酸 + H_2O	−0.70
琥珀酸 + CO_2 + $2H^+$ + $2e^-$ $\longrightarrow$ α-酮戊二酸 + H_2O	−0.67
乙酸 + $2H^+$ + $2e^-$ $\longrightarrow$ 乙醛 + H_2O	−0.58
细胞色素α_3(OX) + e^- $\longrightarrow$ 细胞色素α_3(red)	+0.55
O_2 + $2H^+$ + $2e^-$ $\longrightarrow$ H_2O	+0.82
Fe^{3+} + e^- $\longrightarrow$ Fe^{2+}	+0.77

注：E^* 值是在 pH=7.0、25℃的条件下和标准氢电极构成的化学电池的电势测定值。

美国密歇根大学 Thomas B. H. Schroeder 等人从自然界电鳗身上获得灵感，电鳗的发电组织器官表明，生物体内部的有机电源可以利用代谢可用的能量以理想的功率特性运行。

电鳗能够放电的关键在于其体内串联着的放电肌肉薄片。电鳗尾部两侧的肌肉由规则排列着的 6000～10000 枚肌肉薄片组成，薄片之间有结缔组织相隔，并有许多神经直通中枢神经系统。肌肉薄片的前后膜通过绝缘结缔组织被束缚在顶部和底部，并对钠、钾两种离子具有选择性，使得两个膜之间的细胞电位累加。每枚肌肉薄片像一个小电池，只能产生 150mV 的电压，但近万个“小电池”串联起来，放电时的电压便高达 600～800V，短路电流可达到 1A，如图 11-2 所示。研究人员通过将数以千计的隐形眼镜状水凝胶片串联，使得这些材料能够产生超过 100V 的电压。这些水凝胶包括高盐度的水凝胶、阳离子选择性水凝胶、低盐度水凝胶和阴离子选择性水凝胶，它们按照一定顺序排列接触，依次形成离子导电通路。由于反向电渗析的作用，这些“四聚体水凝胶细胞”中的每一个会产生 130～185mV

的电压。如图 11-3 所示。

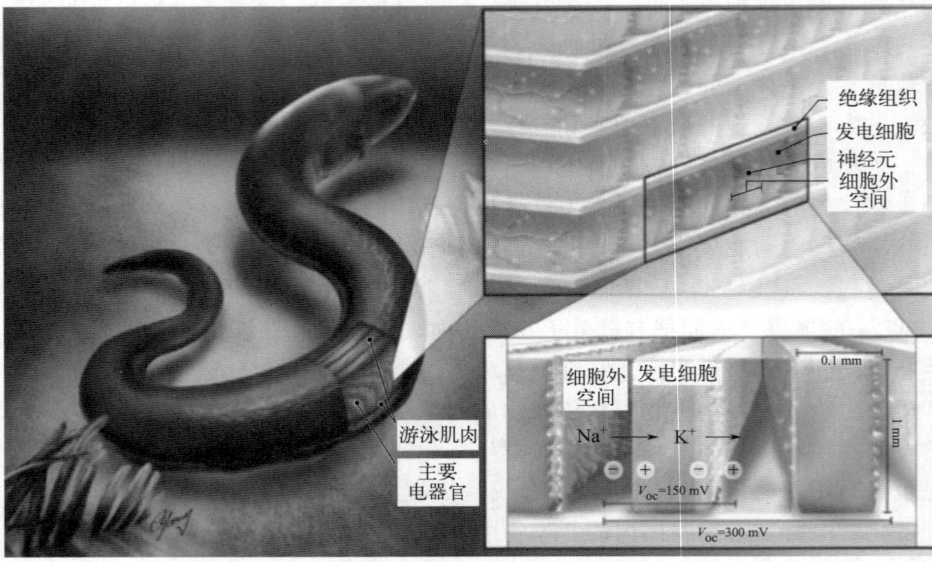

图 11-2　电鳗放电器官

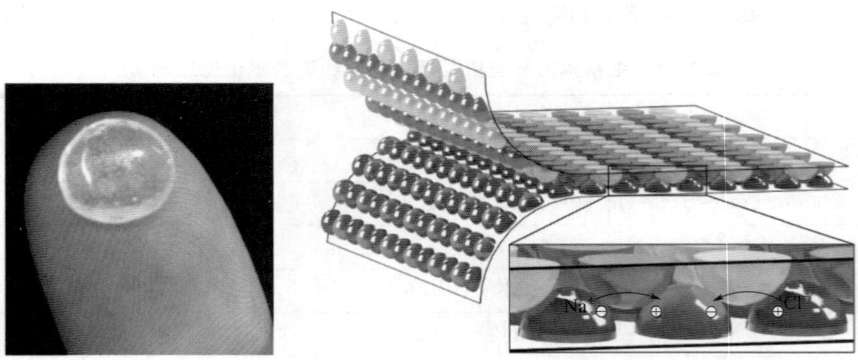

图 11-3　（a）隐形眼镜状水凝胶片和（b）仿生电池离子交换示意图

此项工作于 2017 年发表在 *Nature* 杂志上，将下一代人工和自然电子器官之间的性能差距缩小一到两个数量级，为人造电子器官开启新的可能性，在自供能心脏起搏器等人体应用电子设备领域有望实现新突破。

生物电池的组成部件对材料的性能需求包括生物相容性、电化学性能、稳定性和耐久性、环境适应性、机械柔韧性、可拉伸性、环境友好性和安全性。生物电池材料需要具备优异的生物相容性，以确保在生物体内或与生物组织接触时不引起免疫反应或毒性反应，这对于可穿戴和可植入电子器件尤为重要。生物电池在生物环境中需要能够长期稳定工作。这包括在体液中防止腐蚀和钝化，以及在生物环境下维持正极的催化性能。材料需要能够适应复杂的生物环境，包括离子和分子的输运和扩散，以及局部物质浓度的变化。对于可穿戴设备，生物电池材料需要具备一定的机械柔韧性，以适应身体的运动和形变。电极材料需要具备良好的电化学性能，包括高效的电子转移和电荷储存能力。电活性细菌（EAB）和电极材料之间的相互作用对系统性能至关重要。对于某些应用场景，如可拉伸的微生物燃料电池，材料需要能够在高达一定百分比的拉伸条件下稳定运行，且不出现结构断裂或细菌泄漏等问题。生物材料在材料丰富度、环境友好性、低成本以及结构和成分多样性方面具有优势，适合用于制造或修改电池组件，如电极和电解质。生物电池材料需要具备安全性，特别是在与人体直接接触的应用中，材料需要能够保护电池，防止泄漏和其他潜在的安全风险。

11.3 军用电池

所谓军用电池，即具有高能量密度、极小的重量和尺寸、理想形状因子，并能在恶劣条件下可靠使用的充电电池。随着国家军事现代化领域的不断发展，军用电池将是植入式医疗设备、无人驾驶飞行器、卫星通信、天基侦察和监视系统、无人地面战车（UGCV）、无人机和其他战场应用最理想的选择。

其配套电池主要分成以下三个类型：锂原电池、储备型电池和二次（可充电）电池组。

锂原电池是为了增加单兵作战能力，便于士兵携带，减轻士兵负重而设计，是指以金属锂为负极的一次电池，具备单体电压高、能量密度高、工作电压平稳、工作温度范围宽广、储存性能好、携带使用方便等特点。目前成熟的锂原电池主要包括锂/二氧化硫、锂/二氧化锰等体系。锂原电池的形式包括圆柱形、软包装和方形，一般通过串并联的方式组成电池组。

储备型电池是一种在储备期间，活性物质不与电解质直接接触或电解质不导电，使用时注入电解液或熔融电解质，从而使其具有活性的原电池。在储存期间，活性物质组分间几乎不发生化学反应，电池可以长时间储存而仅有很小的衰降，其主要用于短时间内需要提供高功率的场合，种类包括热电池、锌银储备电池、锂/亚硫酰氯电池等。其中，热电池贮存寿命长，基本不用维护，但在高速率放电条件下，电解质容易冻结或者在阳极-隔板界面发生沉淀，大大降低电池寿命。银锌储备电池广泛应用在战略导弹、水陆两用巡航导弹、鱼雷等军事武器上。在使用时，电解液通过储液器迅速、均匀地注入每只单体中。电池的激活速率绝大部分受到电池结构的影响，电池激活参数测量、结构件加工周期、实验验证成本等都成为银锌储备电池设计的难点。锂/亚硫酰氯（$Li/SOCl_2$）电池是实际应用的电池系列中比能量最高的一种电池，不可充电，比能量可达590W·h/kg和1100W·h/m^3。美军研究表明，锂/亚硫酰氯体系电池的全面性能优于其他体系储备电池。锂/亚硫酰氯电池在电压、能量密度、低温性能上都具有很大的优势。其额定电压可达3.5V以上，能量密度可高达150W·h/kg，电池储存寿命长，低温性能好，负载电压平稳，能耐高冲击和振动，放电时间长。

二次电池组与原电池组非常相似，区别在于其能再充电。电池组的充电装置可以设计在电池组内，也可以设计在外面。与原电池一样，在长搁置武器系统中，二次电池组的缺点是温度适应性差和搁置衰降，其主要为遥感勘测和飞行末端供电，在储存要求较高的武器系统中应用较少。

军用电池的组成部件对材料的性能需求非常严格，主要体现在以下几个方面。

a.高能量密度：军用电池需要具有高比能，以满足现代战争中智能化、无人化、信息化武器装备对高能量的需求。例如，现有的铅酸和磷酸铁锂电池能量密度较低，难以满足未来武器装备对高比能的苛刻需求。

b. 高安全性和可靠性：军用电池必须具备高安全性和可靠性，以确保在各种恶劣环境下都能稳定工作。这包括在极端温度、湿度、振动和冲击等条件下的性能稳定性。

c. 环境适应性：军用电池需要能够在极端的温度范围内工作，如－40～130℃，并且具有较小的自放电率和长达10年以上的储存寿命。

d. 高电压和高比能：对于一次电池，如锂/氟化碳（Li/CF_x）电池，其实际比能量高达900W·h/kg，工作电压在2.5V，这些特性使其有望成为下一代重要的军用一次电池。

e. 材料稳定性：军用电池的材料需要具备稳定性，以应对电池在长期使用过程中可能出现的膨胀和应力问题，尤其是在锂金属固态电池中，开发低膨胀的锂金属固态电池体系成为未来发展的主流方向。

f. 符合军用标准：军用电池的设计、生产、测试等都需要符合国家系列军用标准（GJB），这些标准涵盖了军用电池的结构设计、电池单体的选型、安全性能、质量控制、可靠性试验和测试方法等方面的要求。

g. 应急技术要求：军用电源电池在紧急情况下的应急技术要求，包括应急充电、应急放电等，以确保在紧急情况下电池能够提供必要的电力支持。

军用电池的设计、组装和性能评价包括以下几个方面。

（1）设计

工程设计规范：军用电池的设计需要遵循GJB 239A—2006《电池工程设计规范》，该标准规定了军用电池的结构设计、电池单体的选型、安全性能等方面的要求，确保电池在军事应用中的可靠性和安全性。

质量控制规范：GJB 430A—2005《电池质量控制规范》涵盖了军用电池在生产制造过程中的质量控制要求，包括原材料采购、生产工艺、检测测试等方面的要求，确保电池质量符合军事要求。

电池可靠性试验规范：GJB 509A—2007《电池可靠性试验规范》规定了军用电池的可靠性试验要求，包括环境适应性测试、振动测试、冲击测试等方面的要求，确保电池在各种恶劣环境下的可靠性和稳定性。

（2）组装

单体电池质量一致性：在武器装备和电子信息装备中大量使用的是电池组，电池组中单体电池质量的一致性对电池组的性能至关重要。为了保证电池组中电池质量的一致性，从生产到使用，都应采取有效措施，包括严格执行标准、增强质量意识、认真按工艺规程操作。组装技术：组装技术涉及对构成电池组的单体电池的筛选要求、测试分类、组合方式，还有对组装后的电池组性能、可靠性的测试与评估。对于这些类型的电池组来说，次品率很高，这会导致生产过程中产生额外的成本，因此需要研究先进的组装技术，尤其是无损检测技术。

（3）性能评价

综合服役性能评测：军用电源的综合服役性能包括基本电性能、环境适应性能和安全可靠性能等。军用电源应确保在实际复杂苛刻的服役工况下具有良好的环境适应性能，并安全可靠地输出电能。

电化学性能评测平台：针对锂电池、氢燃料电池、金属空气电池、金属燃料电池和海水激活电池等，研制了多套电池电化学性能评测平台、服役工况模拟平台和测控系统，并已交付军方使用。

应急技术要求：参考 GJB 443A—2003《电源电池应急技术规范》。

随着武器系统需求的持续扩展和性能的不断提高，对电池技术的要求越来越高。电池工程师面对的困境是尽管这些年电池技术呈线性提高，但用户要求电池容量与能量呈指数增加，即电池技术的更新速度难以满足日益增长的使用需求，须持续开发新型电化学体系与电池技术，为各武器系统的升级与进步提供技术支撑。

思考题

参考答案

1. 柔性电池的主要结构形式有哪些？在设计时应该考虑哪些方面？

2. 柔性电池的制备工艺有哪些？

3. 相比于传统电池，生物电池有哪些优势？

4. 电鳗的放电原理及过程是什么？

5. 目前军用电池主要有哪几类？战场环境瞬息万变，各类型军用电池是如何根据环境设计的？

参考文献

[1] Xiong J Q, Chen J, Lee P S. Functional fibers and fabrics for soft robotics, wearables, and human-robot interface[J]. Advanced Materials, 2021, 33(19): e2002640.

[2] Ray T R, Choi J, Bandodkar A J, et al. Bio-integrated wearable systems: A comprehensive review[J]. Chemical Reviews, 2019, 119(8): 5461-5533.

[3] Someya T, Bao Z N, Malliaras G G. The rise of plastic bioelectronics[J]. Nature, 2016, 540(7633): 379-385.

[4] Ling Y Z, An T C, Yap L W, et al. Disruptive, soft, wearable sensors[J]. Advanced Materials, 2020, 32(18): e1904664.

[5] Chen X H, Yin L, Lv J, et al. Stretchable and flexible bucky paper-based lactate biofuel cell for wearable electronics[J]. Advanced Functional Materials, 2019, 29(46): 1905785.

[6] Gwon H, Kim H S, Lee K U, et al. Flexible energy storage devices based on graphene paper[J]. Energy & Environmental Science, 2011, 4(4): 1277-1283.

[7] Li H F, Liu Z X, Liang G J, et al. Waterproof and tailorable elastic rechargeable yarn zinc ion batteries by a cross-linked polyacrylamide electrolyte[J]. ACS Nano, 2018, 12(4): 3140-3148.

[8] Liu J P, Guan C, Zhou C, et al. A flexible quasi-solid-state nickel-zinc battery with high energy and power densities based on 3D electrode design[J]. Advanced Materials, 2016, 28(39): 8732-8739.

[9] Schroeder T B H, Guha A, Lamoureux A, et al. An electric-eel-inspired soft power source from stacked hydrogels[J]. Nature, 2017, 552(7684): 214-218.

第 12 章

功能器件失效分析与寿命预测

导读

功能元器件在服役条件下，受环境温度、湿度、光照、空气化学组成成分等诸因素作用，其性能将发生衰减或者失效，失去使用价值。科学分析和诊断元器件失效机理，并预测其使用寿命，对功能器件设计、功能材料开发和元器件的安全使用都具有重要意义。本章结合机器学习和大数据技术研究领域的新成果，介绍了功能器件失效分析理论与方法，并以典型锂电池、太阳能电池、电子器件、发光器件和红外传感器为实例，介绍了典型功能元器件的失效分析与寿命预测方法。本章内容涉及多学科理论、知识和方法的交叉融合，旨在帮助大学生在前期学习功能材料基本理论、方法的基础上，提升解决复杂工程问题的能力。

12.1 功能器件失效分析理论与方法

12.1.1 功能器件失效现象及研究意义

(1) 功能器件失效现象

国防尖端武器、航空航天、空天探测、深海探测等高技术领域发展过程中，小概率灾难性事故的发生往往与功能器件系统失效密切相关。事实上，功能材料性能，以及器件设计、生产工艺，都会直接影响功能器件性能和服役寿命。根据功能器件产品开发所处的不同阶段，产品发生失效的形式也会呈现不同特点。

(2) 功能器件失效分析的作用和意义

在失效分析中，通常将人工经验、物理设备和化学分析与功能器件运行数据、异常报告、技术文档等配合使用。其目的在于对失效的整个过程进行精准定位和定点分析。一个完善的失效分析模式不仅能够定位失效产生的环节，还可以深层解析失效的原因，从而找到对应的方法指导进一步的工作，如排查失效模式、改进物理器件可靠性等。如图 12-1 所示，失效分析在从失效原因到改进措施的各个生产环节中都发挥着作用。

12.1.2 功能器件失效分析理论概要

根据功能器件产品生产所处的阶段和失效特点，可以选用不同的失效分析理论模型或者方法。在生产初期，由于器件产品的数据积累较少，可以采取基于经验数据的模糊理论、不确定理论或者品质工学理论进行分析；而在生产相对稳定期和市场成熟稳定期，由于积累的各种数据比较丰富，可以基于大数据统计理论进行失效分析。

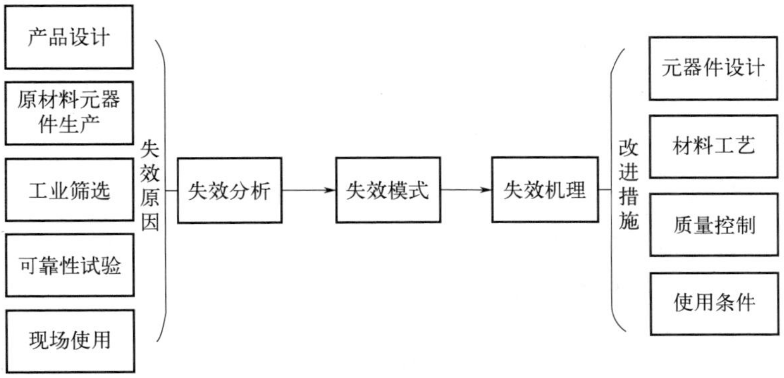

图 12-1　失效分析的流程

（1）生产初期器件产品失效分析

由于生产初期产品的数据积累比较少，在这一阶段，模糊理论方法应用最为广泛。模糊集合的核心理念是通过将集合中的相互独立和相互依存的关系灵活地表达出模糊性概念，以便更好地理解和应用这些概念。通常，模糊数学中提供了一些用于评估功能器件可靠性的函数，例如线性、正态和抛物线等。最终根据这些参数，结合先验知识和人工经验，就能够对生产初期的功能器件进行较为准确的失效分析。

（2）生产相对稳定期与市场成熟稳定期器件产品失效分析

在生产相对稳定期与市场成熟稳定期，依托大量的产品运行数据，大数据概率分析理论在产品失效分析中表现优异。在可靠性大数据概率分析理论研究中，描述某功能器件产品特性的一个可靠性指数就叫作产品可靠性特征量，该特征量既可以是量化性的，也可以是定性化的，可靠性指数的一个数值指标本身便是产品可靠性特征的度量。设失效时间为 X，假定功能器件产品在指定时刻 t，随机变量 X 的分布函数是：

$$F(t)=P\{X\leqslant t\},t\geqslant 0 \tag{12-1}$$

12.1.3　功能器件失效分析主要流程

失效研究通常要求对设备进行各项性能参数试验，并用物理、冶金和化工等领域新方法探究失效原因。对一个功能部件的失效分析，大致可分为四个任务，分别是：明确分析对象、确定失效模式、判断失效原因以及研究失效机理。

（1）明确分析对象

失效分析工作者必须知道失效产生后的现象，确定问题出在设计、制造、检验、流程或运行的哪个环节。如有可能，明确失效前后现象对比，有助于重现失效过程。

（2）确定失效模式

失效模式分为表面现象与深层具体形式。通过确定这两种失效模式，能更深刻了解失效流程。电学检测以及显微镜观察是最为常见的两种方式。通过对检查、观测到的实际情况和影响因素做出进一步研究，可以判断产生上述问题的可能原因，或确认失效样品的相关部位。例如，通过观察表面标识完整性，推断是否出现机械磨损；通过是否存在锈蚀迹象等推断是否受外部环境因素影响。再者，利用光电特性测试可以确定电参数是否前后一致。最后，通过金相显微镜观测失效区域的形状、尺寸等物理特征，可以更加准确描述失效模式的特征。

（3）判断失效原因

通过研究失效器件相应的外形、尺寸等物理结构及其相关的化学结构，并依据失效发生的实际环境条件以及出现的具体阶段，指出可能的造成失效的因素。由于失效由多种因素所引起，包括材料的品质、贮存不良、设计相关问题和操作错误等，因此大多数的器件都会在失效的时候出现一些其他的问题。针对复杂的失效情况，通常需要按照失效发生的具体阶段或参考模型，列出所有的可能造成失效的因素，制定具体的分类次序，同时标出这些可能原因所需要的数据支持。通过对不同的可能结果逐一分类，最终定位失效原因。

（4）研究失效机理

首先通过试验和相应检测设备对失效样品进行详细分析，检验故障原因，并确定现象是否真实，从而可以准确对应故障顺序和现象。还需要使用相应的合格设备进行破坏性对照试验，判断是否存在相同问题，从而可以判断失效的相应原因。经过多次试验，确认失效现象的真实原因及其相关理论。根据材料的结构特点进行相应的理论研究和实践，对失效问题作出科学推导，能够提出在特定情况下造成故障模式的根源及其具体物理化学步骤。如果有可能的话还应该以分子、原子尺度相应观点对其进行进一步说明。

12.1.4 功能器件失效分析常用方法

根据是否使用辅助仪器，失效分析方法常分为观察法与仪器辅助检测法。前者采用感官辨别法的人工方式进行失效分析，通过用眼来观测功能器件的形状、用手触摸来感知器件的温度，判别是否存在失效。人工方式进行失效分析判断只对一些较大的功能器件有用，而对于小型功能器件，则需要借助专业仪器和技术手段来进行失效分析。表 12-1 总结了各类仪器辅助检测法涉及的辅助仪器及其应用范围。

表 12-1 各类仪器辅助检测法涉及的辅助仪器及其应用范围

仪器辅助检测法	应用范围
光学显微镜分析	光学显微镜由于相对低廉的成本与广泛的使用范围，常为失效分析的首选方案。不同倍数的焦距可以配合大小、形状不同的精密功能器件，具有良好的自适应性。但其光学特性有时也会阻碍如发热异常等状态的检测
红外显微镜分析	红外显微镜分析在功能器件失效分析中的运用很普遍，它避免了对功能器件进行拆分的处理，不会对功能器件造成损伤，还能够直接观测到功能器件内部芯片的状态，从而更方便地找到功能器件的故障问题，准确性比较高
X 射线光谱仪分析	X 射线光谱仪也被广泛地应用于失效分析中，它充分利用 X 射线的特性，可以对功能器件进行精确的失效分析
声学显微镜分析	声学显微镜利用超声波检测功能器件中相关部件的完整性，在不破坏功能器件的前提下，对功能器件的缺陷问题进行检查

12.2 典型锂电池失效分析与寿命预测

12.2.1 典型锂电池失效分析

12.2.1.1 锂电池失效分析介绍

近年来电动汽车产业的快速发展给锂电池产业带来了巨大的市场。但商业化锂电池在使用或储存过程中会出现某些失效现象，从而降低锂电池的使用性能、一致性、可靠性、安全性。即便单一电池出现失效，也会影响到整个电池组的性能和可靠性，甚至会导致电池组停止工作或引发其他安全问题。近年来国内外发生了多起与电池相关的起火爆炸事故，如特斯拉 Model S 汽车起火爆炸事故、波音飞机辅助电源起火事故等。为避免出现电池性能衰减和安全问题，开展锂电池失效分析势在必行。

锂电池的失效是指由某些特定的本质原因导致电池性能衰减或使用性能异常。如图 12-2 所示，锂电池的失效主要包括性能失效和安全性失效两类。性能失效指的是锂电池的性能达不到使用要求和相关指标，主要有容量衰减、倍率性能差、一致性差、内阻过大等；安全性失效指的是锂电池由于使用不当或者滥用出现的具有一定安全风险的失效，主要有热失控、析锂、短路等。

锂电池是一个复杂的物理化学体系，内部的微观结构和物化反应十分复杂。其失效也是一个十分复杂的过程，影响因素众多且相互交联。失效后的电池，在电芯宏观结构上、材料微观结构上、电池内部体系上都会发生变化，这些变化就是电池失效的原因。图 12-3 为锂电池内部失效情况。从图中可发现电池的宏观失效与微观失效密不可分。

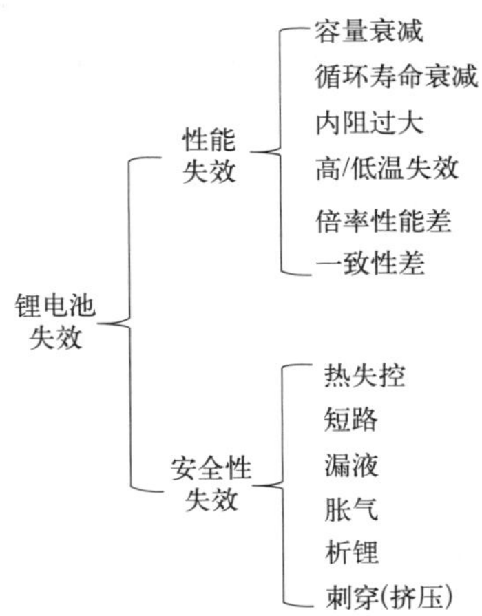

图 12-2　常见锂电池失效的分类

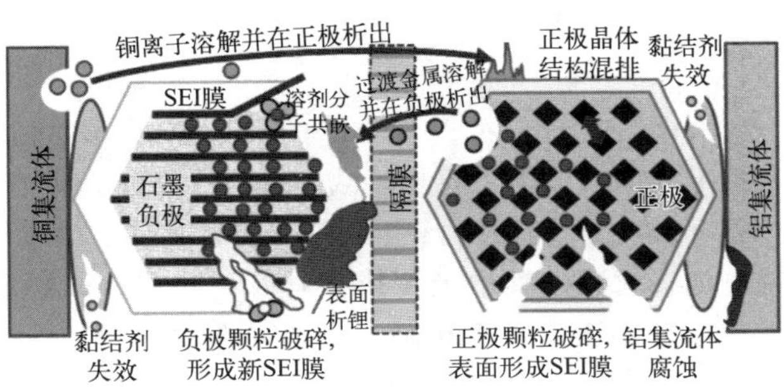

图 12-3　锂电池内部失效情况

12.2.1.2 锂电池失效表现及失效机理

如前所述，锂电池失效表现形式很多，本节将重点介绍几种最常见也是最重要的失效表现形式。

(1) 容量衰减

GB/T 31484—2015 中对标准循环寿命的描述："进行标准循环寿命测试时，循环次数达到 500 次时放电容量应不低于初始容量的 90%，或者循环次数达到 1000 次时放电容量应不低于初始容量的 80%。"如果锂电池在标准循环过程中发生放电容量急剧下降的现象，可以判定锂电池发生了容量衰减失效。容量衰减失效的根源在于材料的失效，同时与电池制造工艺、电池使用环境等客观因素也有关。从材料角度看，造成失效的原因主要包括正极材料结构失效（包括正极材料颗粒破碎、不可逆相变、材料无序化等）、负极材料表面 SEI 过度生长（硅类负极材料的失效主要在于充放电过程中巨大的体积膨胀）、电解液分解、集流体腐蚀等。

一般来说，目前电动汽车用锂离子电池通常表现出非线性容量衰减特性，大致可分为三个阶段，如图 12-4 所示。第一阶段，负极表面 SEI 层的生成消耗了可用锂离子，导致在前几个循环中，尤其是首次充电过程中，电池容量快速衰减。第二阶段，由于电池内 SEI 层持续生成、正极材料结构转变、电解液持续损失等副反应，容量稳步衰减。第三阶段，在接近寿命末期，容量迅速衰减，阻抗升高。原因可能是锂沉积引起的锂离子快速消耗，和/或电解液损失、黏结剂失效和体积变化导致的活性材料接触损失。

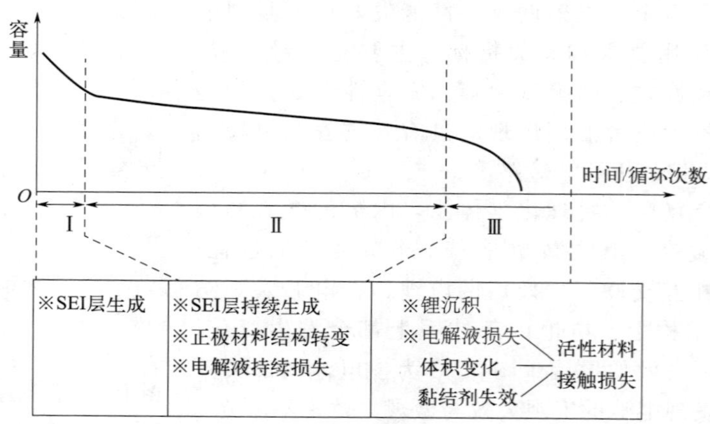

图 12-4　不同阶段的电池容量衰减和可能的内部机制

(2) 内短路

内短路往往会引起锂电池的自放电、容量衰减、局部热失控，甚至引发安全事故。内短路的表现包括：a. 铜/铝集流体之间的短路，主要是由于电池在生产或使用过程中未修剪的金属异物刺穿隔膜，或电池在封装过程中极片或极耳发生位移；b. 隔膜失效，主要是由于隔膜老化、塌缩、腐蚀等，造成正负极微接触，出现局部发热严重，在进一步充放电过程中，可能向四周扩散，形成热失控；c. 正极浆料中过渡金属杂质未除干净，刺穿隔膜或促使负极锂枝晶生成，导致内短路；d. 锂枝晶，电池在长期循环过程中，局部电荷不均匀导致锂枝晶的生成，随着锂枝晶的不断生长，一旦刺穿隔膜即造成内短路。此外，在电池设计制造或电池组组装过程中，不合理的设计和局部过大的压力也会导致内短路。电池过充和过放诱导下，也会出现内短路。

（3）热失控

热失控是锂电池内部发生一系列连锁反应，产生大量热量，使电池温度急剧升高的结果。由于电池内部的电化学反应，产生热量是不可避免的。在正常运行器件中，产生的热量可随时间消散，电池温度可控。但当电池在异常模式（如过充电、外部加热和刺穿）下工作时，发热量会显著增加。自然散热不能及时释放所产生的热量，电池温度会显著升高。

当电池温度接近 130～150℃时，锂离子电池内部组件很容易分解。例如，负极上 SEI 层在 80℃左右开始分解，电解液在 100～120℃开始分解，而聚乙烯（PE）/聚丙烯（PP）基隔膜的坍塌温度约为 135℃。电解液分解会产生大量易燃碳氢化合物气体，包括 H_2、CH_4、C_2H_6 和 C_2H_4，并可能在高温下引燃。如果隔膜坍塌并发生内部短路，电池内储存的电能将会瞬间释放，产生更多的热量和气体。这些副反应加剧了温度异常升高，进而促进链式反应，导致热失控。

锂电池热失控的诱因大致分为三类：机械滥用、电滥用和热滥用。如图 12-5 所示，机械滥用指的是电池使用时受到冲击、针刺、挤压等外力作用造成电池结构破坏，甚至刺破隔膜；电滥用由电压管理不当或电器元件故障引起，包括外短路、过充电和过放电等；热滥用则由温度管理不当引起的过热引起。三种诱因相互关联，机械滥用一般会引起电池隔膜的变形或破裂，导致电池内部正负极直接接触短路，引发电滥用；而电滥用下，短路部位焦耳热等产热增加，使得电池温度上升，发展为热滥用，进一步触发电池内部的链式产热副反应，最终导致电池热失控。

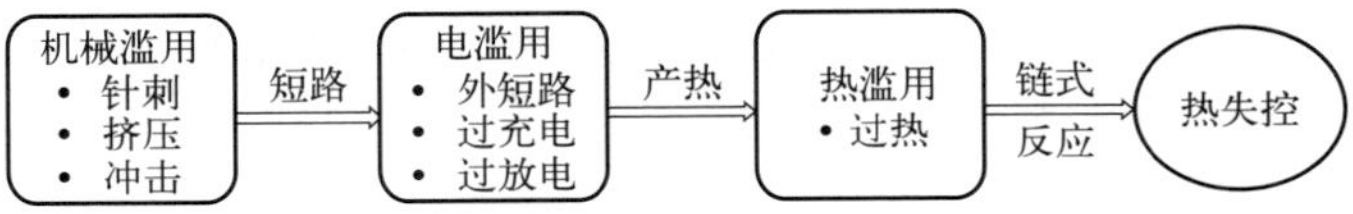

图 12-5　锂离子电池热失控的不同诱发方式

（4）析锂

析锂也是锂电池老化和发生安全事故的一个主要原因。通常，当锂离子嵌入石墨变得缓慢，导致阳极极化增大时，就会发生负极析锂。锂离子插层过程包括三个连续步骤：溶剂化锂离子在电解液中的扩散、界面电荷转移过程和 Li^+ 在固体电极材料中的扩散。任何步骤的减慢都会导致负极析锂。影响锂离子插层过程的因素包括低温充电、过充电、快速充电、不均匀充电以及长时间循环。a. 低温充电：低温下极化的增大使阳极电位降至 0V 以下，导致在充分利用负极插层位置之前发生析锂。b. 快速充电：使用中等电流对锂电池充电可确保锂离子顺利插入石墨层中［图 12-6（a）和（b）］。快速充电时，由于锂在固体中的扩散远低于锂在电解液中的扩散，大量锂离子积聚在电极/电解液界面，当界面上的锂离子浓度达到饱和时就会发生负极析锂［图 12-6（c）］。c. 过充电：过充电时，负极/电解液界面上的锂离子浓度超过负极可容纳的锂离子浓度，从而导致负极析锂［图 12-6（d）］。d. 不均匀充电：不均匀充电会导致电流密度和温度分布不均匀，从而导致负极局部析锂。除石墨外，硅或锡等负极材料也具有接近金属锂的工作电压，也会发生析锂。

锂电池负极析锂的不利影响主要有性能快速衰退和安全问题。发生负极析锂时，沉积的锂容易与电解液反应，消耗可用锂离子和电解液，造成容量衰减和库仑效率降低。同时，生成的 SEI 层增加了电池内阻，造成 Li^+ 脱嵌过程中更大的极化。此外，放电时，部分沉积的

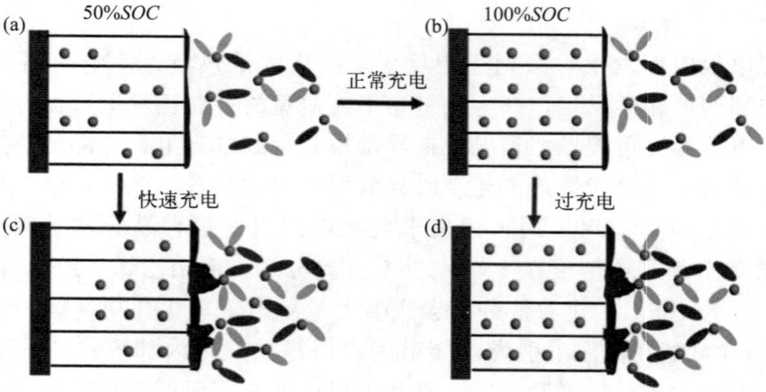

图 12-6 不同充电制度下负极嵌锂：(a) 低倍率充电至 50%*SOC*（荷电状态）；(b) 低倍率充电至 100%*SOC*；(c) 高倍率充电；(d) 过充电

锂会发生消融生成锂离子重新迁回正极，但消融优先从锂枝晶的“根部”开始。当析锂与负极表面失去连接时，因传递不了电子而形成“死锂”。“死锂”的生成是电池容量降低和老化的重要原因之一。需强调的是，负极析锂是一个自加速过程，因为金属锂与电解液的反应会由于 SEI 层增厚和电解液的消耗，内阻增加。内阻增大提高了随后充电过程中负极进一步析锂的可能性。负极析锂通常会引发以下两个安全问题：其一是沉积的锂常以树枝状或针状形式存在，树枝状或针状锂的持续生长容易刺穿隔膜，导致电池内部短路，进而导致热失控；其二是沉积的锂与电解液之间的反应放出大量热，使电池温度升高，加速电池热失控。

12.2.1.3 案例分析

（1）容量衰减失效案例分析

Zhu 等人结合 dV/dQ 和 AC 阻抗谱分析了镍钴锰酸锂＋镍钴铝酸锂（NCM＋NCA)/石墨 18650 型 2.5Ah 圆柱形电池的衰减机理。其认为容量衰减分三个阶段，如图 12-7 所示。第一阶段（快速衰减）：负极石墨上 SEI 膜的形成会消耗可用锂离子，并导致负极活性物质损失，此阶段 SEI 膜阻抗和欧姆阻抗增加。第二阶段（稳定衰减）：主要特征是正极活性物质损失和可用锂离子损失。正极活性物质损失包含可用锂离子位点的损失，颗粒破碎后导致的损失。颗粒破碎后新界面的生成会导致可用锂离子的损失。这些损失会伴随电荷转移阻抗和离子扩散阻抗的增加。第三阶段（加速衰减）：电解液的消耗以及 SEI 膜的不断增厚会加速可用锂离子的损失，同时在电荷转移阻抗和离子扩散阻抗增加的基础上，SEI 膜阻抗和欧姆阻抗也明显增加。

Lang 等研究了 NCA＋NCM＋锰酸锂（LMO)/石墨锂离子电池在不同温度（25℃、40℃）和充放电倍率下（1C/2C、2C/3C）循环后的衰退机制，揭示了电池容量损失的两个主要原因：a. 负极表面 SEI 生成导致可用锂离子损失，进而导致容量衰减。且当充放电倍率从 1C/2C（充电/放电）提高到 2C/3C 或者循环温度从 25℃提高到 40℃时 SEI 的生长会加剧。b. 复合正极材料中的层状氧化物倾向于形成微裂纹以及表面结构发生变化，导致阻抗增加，且裂纹的产生会引发颗粒新鲜表面与电解液的反应，也会造成可用锂离子损失。而在 40℃下循环时 $LiMn_2O_4$ 存在 Mn 溶解，会影响电池容量。

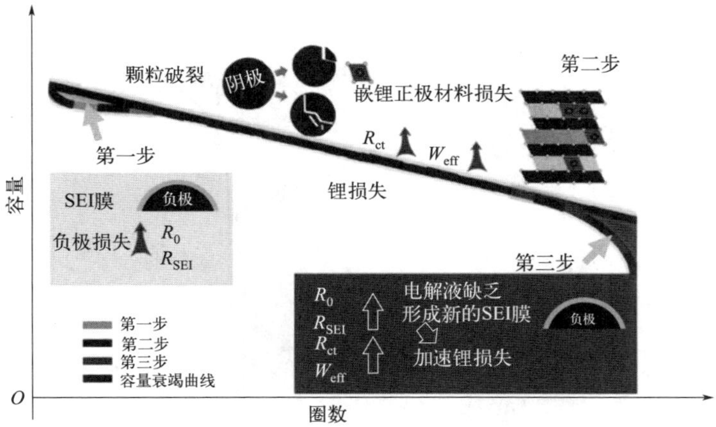

图 12-7　NCM＋NCA/石墨圆柱形电池容量衰减过程中的衰减机理

R_0—欧姆内阻；R_{SEI}—SEI 膜阻抗；R_{ct}—电荷转移阻抗；W_{eff}—离子扩散阻抗

蒋欣等人分析了 $LiMn_{0.6}Fe_{0.4}PO_4$ 软包电池（额定容量 3Ah）的容量衰减机理，发现该材料会发生 Jahn-Teller 效应，导致锰离子的溶出。溶出的锰离子在负极表面沉积，导致 SEI 层破坏再生，消耗大量可用锂离子。同时，随着锰溶出，正极生成缺锰相，锂离子脱嵌受阻，电池极化增大，导致电池容量衰减。之后由于正极嵌锂能力降低，负极存在低嵌锂态石墨，石墨无序化程度提高，反过来又会促进 SEI 层再生，从而消耗更多的锂离子，因此循环中后期电池容量衰减加快。

（2）热失控案例分析

电池热失控发生的根本原因是热量积累和温度上升而引发的内部一系列不可逆产热副反应，这些反应相继发生，放出大量的热量，形成链式反应。图 12-8 是某款商业锂离子电池的热失控机理。在热失控过充中，电池负极的副反应首先开始进行，包括 SEI 膜分解与重生反应（70～130℃）、嵌锂石墨负极与溶剂反应（120～130℃）等。电解液中的溶质 $LiPF_6$ 在高温下也会发生分解。当温度上升至 200℃左右时，正极材料开始分解，并释放出氧气。正极材料的分解温度取决于正极的组成和嵌锂状态，对常用的镍钴锰三元正极，镍含量越高、锂含量越低，正极材料的分解温度越低。高温下，正极材料及其产生的氧气均为强氧化物，会与电解液和负极材料发生强烈的氧化还原反应，释放出大量的热，引发电池剧烈升温，并进一步引起黏结剂反应、电解液燃烧等反应，导致电池发生热失控。热失控过程中，SEI 膜分解、PE 基质熔化、NCM 正极分解、电解液分解等过程会依次发生。一旦隔膜的陶瓷涂层崩溃，电池内部便会出现大量内部短路，热量快速积聚，触发热失控。热失控在短时间内产生大量的热能，引发电解液沸腾甚至起火。

目前对机械滥用引起的热失控的研究大多采用模拟试验的方法，其中最常采用的是针刺试验。王庆松等在不同针刺位置（中心、靠近负极、靠近正极）、针刺深度（6mm、9mm、12mm）和针刺速度（10～40mm/s）条件下，对具有不同 *SOC*（0%、50%、75%、100%）的 98%Li（$Ni_{0.5}Co_{0.2}Mn_{0.3}$）O_2-2%$LiMn_2O_4$ 正极与天然石墨负极组成的 18650 圆柱形电池进行了一系列针刺试验，分析电池在针刺过程中的失效机理。提出了“微短路单元”结构来解释针刺引起的内部短路。在针刺过程中，热失控的可能性和严重性随着 *SOC* 的增加而增大。当针刺位置在电池中心时，由于热失控传播速度较快，随着温度的升高和升温速率的

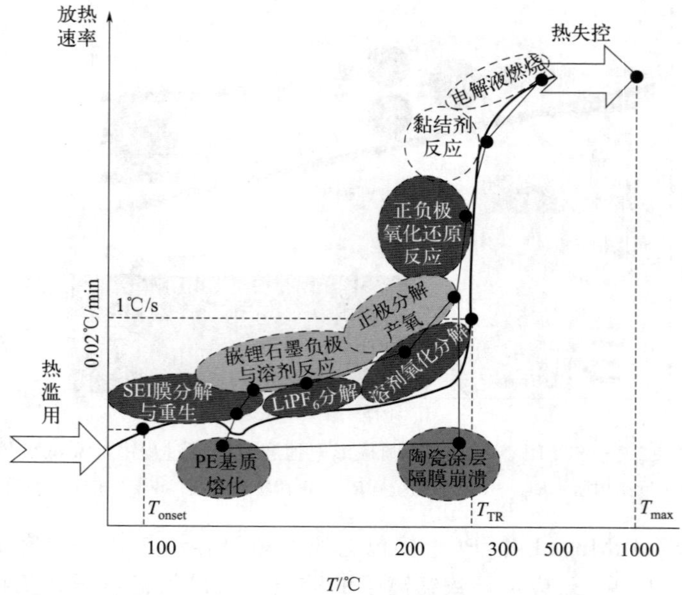

图 12-8 锂离子电池热失控机理

增大，热失控反应更加严重。电池表面温度与针刺深度不成正比，电池表面温度分布的不均匀性随针刺速度的增加而增大。电池的着火行为是由针刺引起的，最高表面温度通常位于靠近正极或中心的位置。当温度超过 233℃时，由于隔膜收缩以及正极与电解液之间反应的触发，电池会进入热失控状态。活性物质的放热反应和分解释放出大量热量和易燃气体，最终导致热失控，产生火花和喷射火焰。

电滥用主要指对电池进行过充过放。其中，过充电是研究最多的一种电滥用形式。过充电引起的热失控过程伴随着欧姆热、气体生成和一系列放热反应。欧阳明高等人对 NCM+LMO/石墨 20Ah 商用软包电池进行了过充电研究，过充电造成电池容量损失及电池损坏可分为四个阶段：在 *SOC* 为 120%以下时，没有明显的容量损失；当 *SOC* 大于 120%，负极开始出现锂沉积，并且由于生成较厚的 SEI 层，内阻变大并造成可用锂离子的损失；当 *SOC* 达到 140%后，正极由于可用锂离子的缺乏出现不可逆的结构改变，负极则由于 SEI 层分解、电极与电解液的副反应等原因引起活性材料的损失，同时，电解液氧化释放出气体导致电池开始膨胀；随着电压的升高，电池继续膨胀，当压力达到极限后电池破裂，空气进入破裂的电池并与电解液发生反应导致温度升高至 120℃，引起隔膜熔融进而出现内部短路，电池发生热失控。此外，他们还研究了不同测试条件（充电电流、约束板和散热）下，NCM+LMO/石墨 40Ah 商用软包锂离子电池的过充电性能。发现采用减压设计（约束板和软包上开口）以及良好的散热性能可显著改善电池的过充电性能，使其能够承受较大的过充电容量和热失控前较高的温度。他们认为过充电过程中软包电池破裂和隔膜熔化是导致热失控的两个关键因素。合理的泄压设计和高热稳定性隔膜是改善锂电池过充电性能的有效途径。

过放电是另一种可能的电滥用情况。Guo 等人研究了 NCM/石墨 25Ah 软包电池的过放电过程，如图 12-9 所示。当负极电位达到铜的溶解电位（3.5V）时，铜会从集流体上以 Cu^{2+} 形式电解到电解液中，溶解的 Cu^{2+} 通过隔膜迁移，在电位较低的正极侧形成铜枝晶

(从 $SOC=-20\%$时的正极片可以明显观察到)，严重时会刺穿隔膜，导致内部短路，进而发生热失效。

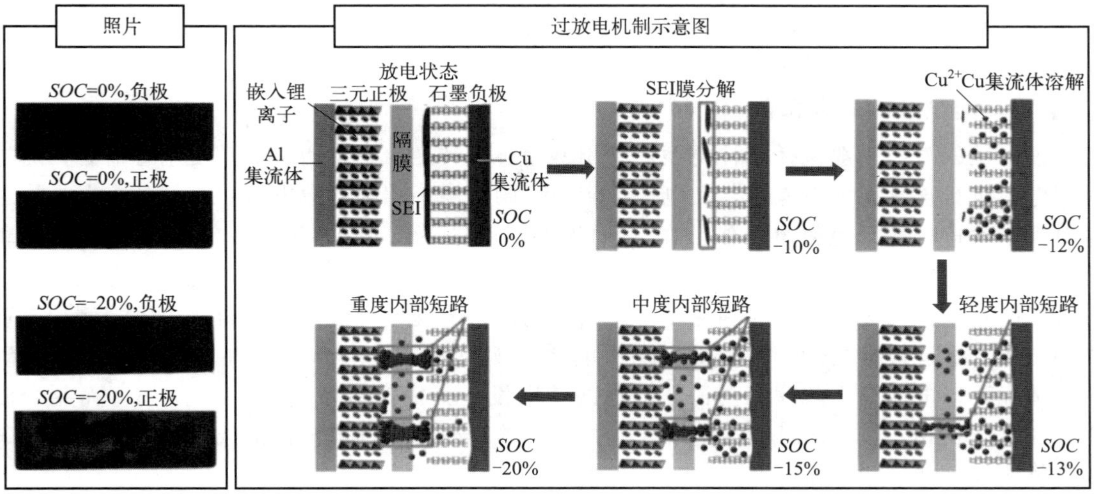

图 12-9 过放电诱导的铜溶解/沉积以及内短路的形成

与单个电池不同，电池组具有热失控传播的危险，即一个或多个电池的热失控将传播到相邻的电池，从而导致灾难性后果。在传播过程中，热危害会加剧，因此，必须注意电池组内的热失控传播问题。Ouyang 等人在 3×3 的 18650 电池组中进行了一系列失效传播试验。发现热失效在电池组内传播会产生多米诺骨牌效应。此外，他们还研究了 *SOC*、电池间隙、失效位置和电池组尺寸等几个关键因素对失效传播的影响。结果表明，较高的 *SOC* 会恶化电池组的热失控传播行为；增加电池间隙可大大降低失效传播的风险；电池组中心的电池发生热失效会最大范围影响周围的电池，并在较短时间内引起整个电池组的热失效；增大电池组尺寸会延迟热失效的传播。因此，降低电池组内热失效传播的概率可采取以下措施：a. 降低电池组的 *SOC*；b. 避免多个电池同时发生热失效；c. 在电池之间，特别是在电池组之间，添加隔热层；d. 改善散热条件。

(3) 析锂案例分析

在高电压、高比能量体系中，循环过程中如果充电截止电压设置不当，也会导致电池析锂。Zhang 等研究了 $LiCoO_2$/中间相碳微球（MCMB）电池体系在不同充电截止电压下的容量衰减机制。采用深充浅放制度，充电截止电压分别为 4.4V、4.5V、4.6V、4.7V。发现不同的充电截止电压下，电池表现出不同的衰退机制。充电截止电压为 4.4V 或 4.5V 时，电池容量衰减主要由 MCMB 负极引起，即过充电和长期循环在 MCMB 负极表面形成锂枝晶和 SEI 层消耗可用锂离子。而当充电截止电压为 4.6V 或 4.7V 时，电池容量衰减主要归因于 $LiCoO_2$ 正极，与钴的还原和溶解有关。

Waldmann 等研究了 NCM+LMO/石墨 1.5Ah 18650 电池在 −20～70℃下析锂对电池容量衰减的影响。发现低于 25℃时，负极析锂是造成电池容量衰减的主要原因，析出的锂与电解液反应，导致可用锂离子的损失。而高于 25℃时，容量衰减的主要原因是负极 SEI 层的生长及正极材料的老化，且高温下 Mn 溶解明显，并沉积在负极，导致负极 SEI 层变厚，消耗更多的可用锂离子。

总之，在电池使用过程中，为了防止析锂造成电池性能衰退，甚至短路等引发安全事故，需要同时注意电池使用温度、电流密度、充放电制度等，完善对电池析锂的实时监测制度。

12.2.2 锂电池的寿命预测

锂电池的寿命一般包括三种类型：使用寿命、循环寿命和日历寿命。使用寿命是指通过对锂电池进行连续充放电操作，在电池达到失效阈值前，累计的放电时长。循环寿命是指通过对锂电池进行连续充放电操作，在电池的健康状态（state of health，SOH）达到失效阈值前的总循环次数，其中一次循环定义为一次完全充电和一次完全放电的过程。电池的日历寿命指的是电池从生产之日起到寿命终止的时间。影响锂电池寿命的因素有很多，例如不正当的使用方式、极端的运行环境等。在锂电池长期使用过程中，电池的 SOH 会不断下降，一般情况下，电池的失效阈值会根据电池的不同设定为额定容量的 70%～80%。而剩余使用寿命（remaining useful life，RUL）是指从当前时刻开始锂电池性能或健康状态衰退到失效阈值所经历的时间或循环次数。

锂电池在使用过程中的性能衰退是导致电池健康和寿命变化的主要原因。而锂电池性能衰退是一个复杂的电化学过程，包括 SEI 层生长、电解液氧化、电解质盐分解、颗粒破碎和活性物质溶解等许多副反应。这些副反应将导致电池的性能衰退，从宏观上表现为容量衰减和内阻增加，从而降低了电池的使用寿命。准确预测锂电池在不同使用条件下的剩余使用寿命不仅能保证系统的安全可靠运行，而且能实现电池剩余价值的最大化利用。因此剩余寿命预测对于电池管理和梯次利用至关重要。

12.2.2.1 锂电池使用寿命的影响因素

锂电池性能衰减主要有两种形式：容量衰减和功率衰减。图 12-10 展示了造成电池性能衰减的一些外部因素以及内部衰减机理和对应衰减模式之间的关系。可以看出，内部老化衰减机理包括正负极活性材料损失、可用锂离子损失等。其中，正极活性物质损失主要由过渡金属离子溶解、材料晶体结构混排、材料颗粒破裂、不可逆相变等引起。正极的过渡金属离子溶解不仅仅会导致正极活性物质损失，溶解的过渡金属离子还会穿过隔膜，在负极表面析出，加速负极 SEI 层的形成。正极集流体和黏结剂在使用过程中会发生分解或腐蚀，造成正极材料颗粒接触不良，也会引起正极材料损失。除此之外，正极材料还有可能在高电压或高温下与电解液发生反应，表面生成钝化膜，并消耗电解液，引起正极活性物质损失，并会造成电解液减少和可用锂离子的损失。

负极材料老化衰减过程中发生的反应主要为 SEI 膜的破裂/重新生成和溶剂分子共嵌等。石墨负极颗粒在充放电循环过程中会有一定程度的膨胀/收缩，造成颗粒表面的 SEI 膜破裂。SEI 破裂后，负极材料与电解液接触，又会生成新的 SEI 膜。SEI 膜的破裂和重生会导致负极活性物质损失，并消耗可用锂离子和电解液，造成电池内阻增加。在低温充电或大倍率充电下，负极表面还可能有金属锂析出。析出的金属锂非常活泼，与电解液发生反应，引起可用锂离子损失和内阻增加。与正极类似，负极集流体和黏结剂在使用过程中也会发生分解和腐蚀。其中，在过放电等情况下，负极对锂电位会升高到 3V 以上，高于铜的溶解电位，造成铜集流体的溶解。溶解的铜离子会在正极表面析出形成铜枝晶，铜枝晶会刺穿隔

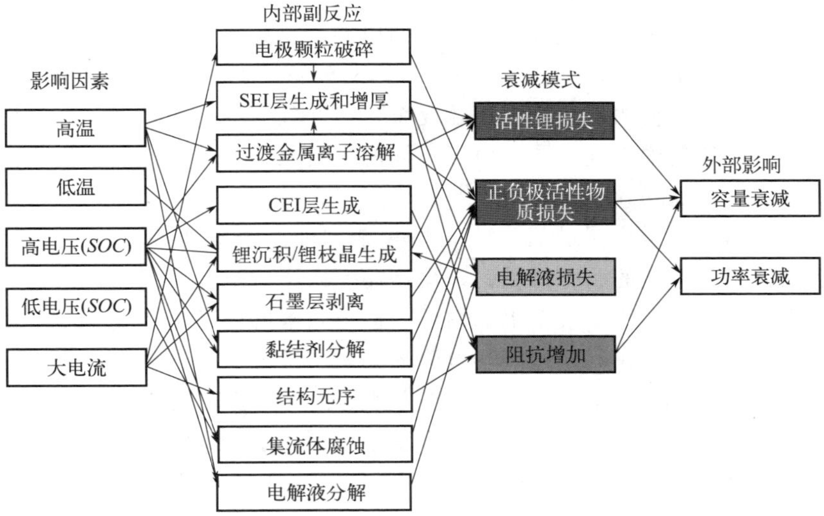

图 12-10 锂电池性能衰减机制及相关衰减模式的因果关系

膜，造成内短路，严重影响电池的安全性能。

此外，电池性能衰减机制还包括电解液损失和内阻增加。电解液损失可能是由 SEI 层增厚、高电压引起的电解液分解等副反应消耗电解液引起的。过多的电解液损失会直接导致电池寿命结束时的容量下降。内阻增加可能由 SEI 层生成和持续增厚、电解液损失等引起。内阻增加可能直接导致电池功率衰减，随着充放电截止电压保持不变，电池可用容量也会降低。

12.2.2.2 锂电池使用寿命的预测方法

锂电池的剩余使用寿命（RUL）通常表示为从当前状态到寿命终止时，电池充放电周期数或者汽车行驶里程。RUL 计算公式为：

$$N_{\text{RUL}}=N_{\text{EOL}}-N_{\text{ECL}} \tag{12-2}$$

式中，N_{ECL} 表示电池当前状态下已经经历的充放电循环周期数，即电池剩余寿命预测起始点；N_{EOL} 为电池总寿命，即寿命终止时电池经历的充放电循环周期数；N_{RUL} 表示电池剩余的充放电循环周期数。从式（12-2）可以看出锂电池 RUL 预测过程是：首先利用电池已知的状态信息，从当前时刻对电池总寿命进行估计，再计算出电池剩余寿命。

目前，锂电池 RUL 预测方法主要分为三类：基于模型、基于数据驱动和基于融合技术的方法。

（1）基于模型的方法

基于模型的方法：根据一定的经验知识或物理化学知识，将电池健康状态（SOH）衰退显式地表达出来，进而递推电池老化轨迹获得 RUL。具体可分为三类：电化学模型、等效电路模型和经验模型。

电化学模型通过分析锂离子电池的电化学性质来建立衰退模型，从而实现 RUL 预测。Prasad 等建立了一个取决于电池内阻和 Li^+ 在正极的固相扩散时间这两个关键参数的简化的电化学模型。对新鲜和老化锂离子电池的电压电流数据进行离线线性最小二乘和在线自适应梯度更新处理，估计得到的老化参数随时间的单调变化趋势与公认的衰退机制（SEI 层生长和接触损失）一致。基于电化学模型的 RUL 预测能够给出模型的实际物理化学意义，预测精度较高。但锂离子电池的退化机理比较复杂，因此建立的模型精度越高，模型携带的参数就会越多，从而增加建模难度。同时由于不同的电池其物理化学性质不尽相同，对于每种电池都需要重新建模，这导致工作量较大。

等效电路模型通过分析大量状态数据，将复杂的锂离子电池等效为一个简化的电路模型，以此来近似锂离子电池的动态特征。该模型需深入了解电池内部机理结构后对电池数据进行分析。该模型相比于电化学模型更加简单，但等效电路模型不能完全反映锂离子电池内部的电化学反应特性，因此在反映锂离子电池的动态特性方面存在局限性。

基于经验模型的 RUL 预测方法通过经验模型拟合锂离子电池的历史退化数据来构建退化模型，采用滤波方法更新模型参数，最后实现电池的 RUL 预测。常见的经验模型主要有指数模型、多项式模型和容量再生模型，滤波方法主要有卡尔曼滤波（Kalman filter，KF）、粒子滤波（particle filter，PF）和它们的改进算法。相比于前两种方法，该方法不需要分析电池的内部电化学反应，适用范围更广泛。

（2）基于数据驱动的方法

数据驱动的预测方法主要是根据试验数据总结电池性能参数的变化规律来预测电池 RUL。在一定程度上可以突破基于模型方法动态精度低、通用性差的局限性。预测流程为：先通过各种传感器采集电池的不同参数数据，并选择相应的算法对电池数据进行预处理，然后利用提取的特征对所建立的模型进行训练，最终得到相应的预测结果。

自回归（autoregressive，AR）模型是一种经典的时间序列预测方法，具有良好的实时预测性，适用于小样本，计算量小。但预测精度较低，不适用于非线性信号。因此，AR 模型通常与其他优化算法结合来预测 RUL。支持向量机（support vector machine，SVM）可提高算法的泛化能力，在处理小样本非线性问题上表现良好，因此在锂离子电池 RUL 预测中得到广泛应用。李赛等采用相关向量机（relevance vector machine，RVM）实现了锂离子电池 RUL 预测并给出了预测结果的置信区间。人工神经网络（artificial neural network，ANN）及其改进算法广泛用于非线性预测，具有优良的非线性拟合能力，Andre 等人利用人工神经网络模型把电池的电流、温度和 *SOC* 作为模型的输入，电压为模型输出，通过估计电池的阻抗，从而间接进行寿命预测。高斯过程回归（Gaussian process regression，GPR）是一种基于贝叶斯学习框架的机器学习方法，在处理高维、非线性和小样本等复杂问题上具有较好的效果，具有容易实现、非参数推断灵活和输出具有概率分布等优点，但计算量相对较大。与大多数只能进行短期预测的算法相比，GPR 能对电池进行长期预测。

基于数据驱动的方法根据具体需要对电池数据进行检测从而得到相应的退化数据，获取数据时间相对较短，缺点是同一型号的不同电池和同一电池的不同退化状态的模型都不一致。

（3）基于融合技术的方法

通过融合或集成多种算法形成的混合模型可以弥补单一模型的不足，充分利用不同算法的优势，从而获得更好的性能。融合方法分为两类：基于模型和数据驱动方法的融合及不同数据驱动方法的融合。基于模型与数据驱动的融合方法融合了基于模型方法的高精度和基于数据驱动方法的强稳健性，具有更高的预测精度。杜净彩等人通过融合双指数经验模型和粒子滤波算法，提高了电池寿命的预测精度，同时还能预测拐点后的电池寿命。基于多种数据驱动方法融合的 RUL 预测方法可以提高算法的稳健性，获得更高的预测精度。刘月峰等提出了一种融合 RVM、PF 和 AR 模型的锂离子电池 RUL 预测方法，采用 RVM 构建的退化模型作为 PF 的状态转移方程，并采用 AR 模型的长期容量预测值作为 PF 的测量值来优化 PF 的预测结果，试验结果表明，提出的方法具有较高的 RUL 预测精度和稳健性。基于融合技术的寿命预测极大提高了电池寿命预测的精度，具有一定的工程应用价值，但融合模型也存在着模型参数复杂且计算量较大等问题。

总之，基于模型的方法需要较少的数据，对外部不确定性不太敏感，因而更加稳定；但是基于模型的方法依赖于专业知识来建立物理模型，且建模过程复杂。相比之下，数据驱动方法更灵活，预测精度高；但易受数据不确定性和不完全性的影响，泛化能力和适应性较差。融合方法在提高预测表现方面展现出巨大潜力，成为未来发展的趋势；但其计算量大、融合不确定性等局限性仍需克服。

12.2.2.3 RUL 预测技术的关键挑战与发展趋势

目前，电池 RUL 预测技术取得了较大进展。但是，现有研究多基于单一工况下（如恒温、恒电流）的电池单体寿命预测。为了实现工程应用，以下四大关键技术问题有待突破。

a. 更加贴近实际工况的电池数据集：现有文献多利用恒定温度和恒流充电（CC）/恒压充电（CV）工况循环下的电池老化数据进行算法建立和验证。然而，大多数电池储能应用中，电池将经历动态变化的工况。此外，随着电池储能系统的广泛应用，电池在快速充电等极端工况下的寿命预测技术变得愈发重要。

b. 融入机理的电池寿命预测技术：拥有低计算复杂度的机理模型可准确预测电池在不同工况下的剩余寿命。然而，电池内部复杂的非线性电化学行为使得上述模型的建立变得极为困难。因此，将机理融入预测算法，并将计算复杂度降至可在线应用的水平是主要挑战之一。

c. 早期预测算法：基于少量数据进行早期寿命预测的算法对预防电池失效十分重要。然而，大多数预测算法的训练数据量占总数据的 40%～70%。此外，电池的一些老化行为在早期并不明显，如电压曲线发生变化而容量保持不变。因此，开发小样本训练算法，提取更加有效的电池健康特征因子是实现早期预测的关键和挑战。

d. 面向工程应用的 RUL 技术：电池 RUL 预测的工程应用存在四大挑战。一是针对大型储能电池应用，开发大规模电池组的 RUL 预测技术。由不同串并联方式构成的电池组存在不一致性和温度梯度，预测模型的复杂度将大大增加。二是开发基于云计算技术的电池寿命预测技术。通过引入云计算以提高计算速度，从而实现更为复杂的预测算法（如机理模型）的应用。三是开发基于区块链技术的电池数据共享生态系统。通过所有用户共享电池使用数据，更加高效地训练 RUL 预测算法，提升预测算法在不同地域和工况下的预测精度。四是开发电池梯次利用的 RUL 预测技术。随着电池老化，其衰减机理会发生变化，并且会出现容量骤降的老化转折点。此外，电池历史使用工况对其二次寿命有很大影响。因此需开发面向电池全寿命周期的 RUL 预测技术，以实现电池剩余价值的充分利用。

12.3 太阳能电池失效分析与寿命预测

有机/无机卤化铅杂化钙钛矿材料因其优异的光电特性，如缺陷容忍度高、带隙可调以及可通过溶液或蒸发工艺制备等，已成为当今最具前景的半导体材料之一。这些特性使其在材料科学、物理学、化学、工艺工程及半导体器件等多个领域表现出广泛的应用潜力。目前，研究的重点集中在提升钙钛矿太阳能电池（PSCs）的光电转换效率、降低制造成本以及实现大面积制备。尽管钙钛矿材料具有理想的光伏特性，但其固有的离子迁移特性导致运行中的可靠性问题较为突出，这给其未来的商业化应用带来了不确定性。因此，深入研究PSCs的失效机理和寿命预测显得尤为重要，同时亟须建立统一的可靠性测试标准。

评估PSCs的可靠性和解析其失效机理是推动其商业化的关键。然而，目前钙钛矿领域缺乏一个统一的可靠性定义，其涵盖范围可以从钙钛矿吸收层的晶体结构稳定性到器件整体的光电性能及封装后随时间推移的功率保持能力。尽管已有研究逐渐关注可靠性表征，但采用的测试方法和标准化程度差异较大，导致试验数据难以进行横向比较。尤其对于具有 ABX_3 结构的钙钛矿材料体系，其可靠性评估可能需要建立通用的测试标准。当前，不同研究中关于可靠性测试的试验细节和条件缺乏一致性，这不仅造成结果的差异性，也给数据比较带来了挑战。在新兴领域中，这些问题显得尤为突出。

在本书中，我们系统分析了各种环境因素，如光照、水分、氧气、温度、封装方式和加速失效测试（图12-11），对PSCs失效行为的影响。在此基础上，我们提出了避免试验结果难以重复的策略以及常见的试验误区。希望这一分析以及寿命预测方法能够帮助研究领域达成共识，推动PSCs可靠性测试标准的发展。

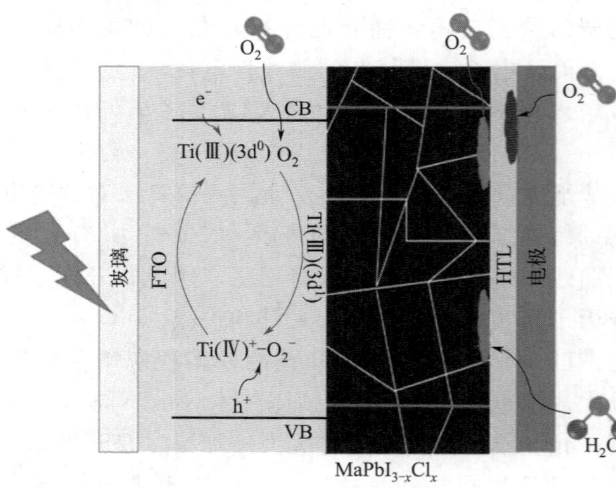

图12-11 PSCs中常见失效过程

12.3.1 太阳能电池失效分析

12.3.1.1 光照对器件失效的影响

光照是影响光伏材料性能的关键因素之一。评估光伏材料在长时间光照下的降解行为是判断其适用于光伏应用的首要步骤。研究表明，不同光源条件（如氙灯和 LED 灯）下的 PSCs 器件的 *PCE* 呈指数级衰减［图 12-12（a）］。这表明，只有在光照条件下对 PSCs 进行可靠性测试，才能准确模拟其实际工作环境并表征其使用寿命。

早期研究中，尽管封装后的 $MAPbI_3$ 薄膜在 AM 1.5G 光谱下照射 1000h 后未显示明显的分解迹象，但光电流输出和吸收光谱的稳定性并不代表材料未发生光致变化。钙钛矿薄膜在光照过程中可能会发生卤化物偏析、离子迁移及组分失效等问题。Bryant 等人的研究指出，光照和氧气共同诱导的降解是导致 $MAPbI_3$ 基 PSCs 在实际环境中可靠性低下的主要原因。如图 12-12（b）所示，未封装的 $MAPbI_3$ 太阳能电池在光照和干燥空气环境中几分钟至几小时内迅速降解。此外，即便在黑暗条件下进行电偏置测试，若存在氧气，也观察到快速的性能衰减。相比之下，$MAPbI_3$ 器件仅暴露于湿气中时，降解速度显著减缓。

研究表明，通过在钙钛矿薄膜与环境之间加入中间层，可减缓光和氧诱导的降解。中间层能够在电子与氧反应形成氧负离子（O^{2-}）之前，从钙钛矿薄膜中去除电子。然而，光致变化并非总是有害的；在某些情况下，光照可引起电荷载流子的亚稳态缺陷反应，从而提高开路电压（V_{oc}）、电导率和填充因子（FF）。研究显示薄膜光伏器件中光电流的缓慢衰减可能是由于光激活的亚稳态能级与陷阱能级的形成所致。如图 12-2（c）所示，通过将器件放置在黑暗环境中或在低温（如 0℃）下运行，可以有效防止器件退化。

12.3.1.2 光诱导钙钛矿中离子重新分布

早期对 PSCs 在光照下可靠性的研究最早始于 $MAPbI_3$ 材料。研究发现，在 1 个太阳辐射强度下，$MAPbI_3$ 的光致发光强度在几分钟内显著增加。这一现象与碘离子的迁移有关，提供了金属卤化物钙钛矿薄膜中碘化物迁移的最早直接物理证据。然而，发光强度增强效应的具体机制尚未完全明确，可能与点缺陷，尤其是卤化物空位相关。

进一步研究发现，在光照条件下结合氧气和湿度，薄膜的光致发光强度可以进一步提高，其光致发光量子产率可接近 90%。基于此，研究者提出了一种利用超氧化物分子钝化钙钛矿薄膜的策略：分子氧能吸附表面俘获的电子，形成钝化的超氧化物缺陷复合物，从而将缺陷能级移出带隙。这一过程有助于减少非辐射复合的发生，从而提高材料的光电性能。

此外，当钙钛矿薄膜同时暴露于潮湿空气和光照条件下时，会形成钝化的无定形 PbI_2 壳层，从而实现长期的表面钝化。这种钝化机制不仅提高了钙钛矿薄膜的稳定性，也为 PSCs 在实际应用中的长期可靠性提供了潜在的解决方案。

（1）光致阴离子偏析

研究发现，X 位点用 Br 取代可以调控钙钛矿带隙；在光照条件下，$APb(Br_yI_{1-y})_3$ 会经历可逆相分离，形成富含 Br 和 I 的钙钛矿相，表明光会诱导钙钛矿薄膜中的卤化物迁移，带隙较小的富 I 相能够有效俘获载流子，这种现象通常仅在 Br 含量大于 20%的复合体系中展现得比较明显。

（2）光致阳离子偏析

基于三元阳离子钙钛矿 $(FA_{0.79}MA_{0.16}Cs_{0.05})_{0.97}Pb(I_{0.84}Br_{0.16})_{2.97}$ 的 PSCs 器件在使用数小时后会发生光诱导的组分变化。经过 25h 的照射后，在整个器件中 Cs^+ 会从钙钛矿扩散到空穴传输层中，而 FA 和 MA 阳离子也重新分布。基于不含有 Cs 的 $FA_{0.83}MA_{0.17}Pb(I_{0.83}Br_{0.17})_3$ 的

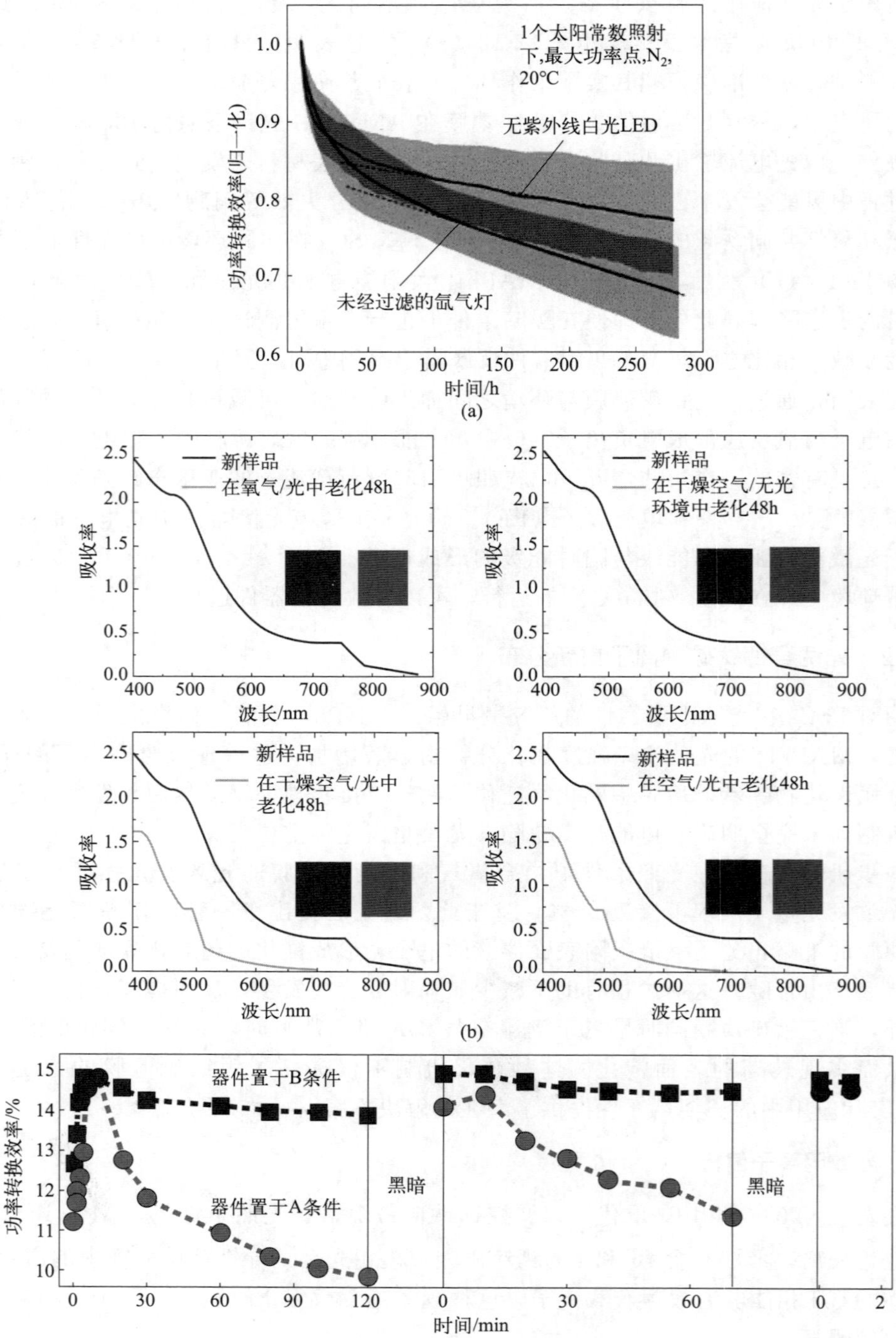

图 12-12　不同光源条件下的 PSCs 器件表现

(a) 未经过滤的氙气灯和无紫外线白光 LED 灯下的失效比较。实线代表器件的平均行为，而阴影区域代表标准偏差。

(b) $MAPbI_3$ 在不同条件下失效前（黑色）和失效后（灰色）的吸收光谱。

(c) 在恒定 1 个太阳常数照射下和将器件放置在黑暗中后，器件性能和品质因数的时间演变

太阳电池在光照下运行数小时后，其 A 位阳离子组分分布也会发生变化。因此，现有研究提出优化钙钛矿 A 位阳离子可提高钙钛矿的光照稳定性。

12.3.1.3 光化学反应

光诱导 A 位和 X 位离子在器件内部发生迁移是光致离子迁移的直接证据，但光致化学反应过程和机制仍未完全明了。金属卤化物会发生光分解，特别是卤化银在光激发下会被分解成银和卤素。该过程在缺陷位置捕获载流子，以便有足够数量的激发电子群发生 Ag^+ 的还原。在 PbI_2 中也表现出类似的现象，其中在碘化物空位处捕获的载流子将 I^- 氧化为 I_2，并将 Pb^{2+} 还原为 Pb^0。Kim 等人的研究表明，光照会显著增加卤化物空位浓度，从而提高离子电导率。金等人提出，晶格中的 I 离子被光生空穴氧化，引起 I_2 间隙和 I 空位的耦合。由于 I_2 的尺寸比碘化物小，可以从晶格中迁出并填充到间隙位置。该过程如式（12-3）所示：

$$I_I^X + h^+ \longrightarrow I_i^X + V_I^+ \tag{12-3}$$

最终生成的 I_2 如果通过升华的方式去除，则会引起钙钛矿不可逆地分解为金属 Pb_0 和 I_2 等。X 射线光电子能谱（XPS）表征发现，太阳光照后钙钛矿中往往会出现 Pb_0。当移除光照时，Pb_0 强度部分减弱，这可能是因为超高真空下的测试条件，会蒸发一部分的 I_2。目前尚不清楚这一过程对于含有多种卤化物或金属的钙钛矿复合材料有何影响。如果其中一个成分更容易形成光致空位和间隙对，那么该成分可能变得比其他成分更具迁移性，并且可能引发伴随带隙空间变化的成分分离。尽管尚未完全探索，但光致卤化物空位的产生与太阳电池中广泛研究的光致离子迁移之间存在着密切联系。

12.3.1.4 水分对器件失效的影响

研究人员已经证实水分会引起钙钛矿薄膜发生严重的降解。水分子易穿透钙钛矿的晶体结构，形成中间体单水合物和二水合物钙钛矿［图 12-13（a）］。当把钙钛矿水合物放置在干燥空气中 48h 后，水合物结构又会转变成钙钛矿，显示出一定程度的可逆性。钙钛矿晶体中的水分子与有机阳离子形成强氢键，削弱了有机阳离子和 PbI_6 之间的键合，进而使得有机阳离子在热量或电场等外部压力源的作用下发生严重的去质子化，分解成挥发性氢碘酸和黄色的 PbI_2 产物，这个过程是不可逆的。其具体反应过程如下：

$$PbI_2 + CH_3NH_3I \rightleftharpoons CH_3NH_3PbI_3 \tag{12-4}$$

$$CH_3NH_3PbI_3 + H_2O \rightleftharpoons CH_3NH_3PbI_3 \cdot H_2O \tag{12-5}$$

$$(4-n)CH_3NH_3PbI_3 + nCH_3NH_3PbI_3 \cdot H_2O + (2-n)H_2O \rightleftharpoons (CH_3NH_3)_4PbI_6 \cdot 2H_2O + 3PbI_2 \tag{12-6}$$

$$(CH_3NH_3)_4PbI_6 \cdot 2H_2O \rightleftharpoons PbI_2 + 4CH_3NH_3I + 2H_2O \tag{12-7}$$

通过组分调控可以显著提升钙钛矿材料的抗水性能，尤其是通过 X 位卤化物的取代来增强水稳定性。研究表明，当 $MAPb(I_{1-x}Br_x)_3$ 薄膜中溴含量在 20%到 29%之间时，其光伏性能和稳定性优于低溴含量的钙钛矿薄膜。这可能是由于溴取代引起的晶格收缩加强了有机阳离子与卤化铅之间的键合，进而降低了水分对钙钛矿的渗透性。此外，通过引入赝卤素离子 SCN^- 替代 I^- 也可以提高 PSCs 的抗水性，这是由于 Pb^{2+} 与 SCN^- 之间的相互作用更强，使得水更难以在硫氰酸盐-钙钛矿晶体结构中形成水合物相。

A 位阳离子的替代同样能够增强钙钛矿的水分稳定性。例如，$CsPbBr_3$ 太阳能电池在 60%～70%相对湿度的环境下保持 15 天时，其性能下降较小，而 $MAPbBr_3$ 电池的性能下降高达 80%。然而，$CsPbI_3$ 或 $FAPbI_3$ 电池在存在水分的条件下，容易从黑色钙钛矿相转变为其他相。为此，研究人员提出了对 A 位阳离子进行多组分合金化策略，通过部分用较大的 FA^+ 替代 MA^+，可最大限度地减少水分引起的有机阳离子挥发。由于 FA 的偶极矩比 MA 的低得多，其氢键较弱，去质子化的可能性较小，因此更加稳定。

在 ABX_3 钙钛矿中，将 A 位阳离子替换为更大尺寸的长链有机阳离子可将三维钙钛矿转变为二维结构 $(A)_m(MA)_{n-1}MX_{3n+1}$。与三维结构相比，二维钙钛矿的最大优势在于其出色的水分稳定性，这得益于其大尺寸阳离子的疏水性和高度取向性，能有效防止水合物的形成。然而，由于二维钙钛矿具有更宽的带隙和定向电荷传输的特性，其光电性能相对受到限制。

此外，开发或使用疏水性顶部电荷传输层也可以防止水分进入钙钛矿。目前常用的空穴传输层是 Li 掺杂的 Spiro-OMeTAD，但其吸水性强，导致钙钛矿在不到 48h 内发生严重的水分诱导降解。Chen 等人引入了一种疏水的空穴改性层——锌酞菁（ZnPc），以增强平面异质结结构 PSCs 的防潮性能。基于 ZnPc 的器件在存储 2400h 后依然维持了初始效率的 91%［图 12-13（b），图 12-13（c）］。封装工艺对提升钙钛矿电池的水分稳定性也至关重要。Fu 等人使用三种不同的热熔薄膜材料［聚氨酯（PU）、聚烯烃（POE）、乙烯醋酸乙烯酯（EVA）］与玻璃板封装 PSC。研究发现，尽管 POE 和 EVA 是常用的太阳电池封装材料，但由于其高层压温度（>130℃）或对钙钛矿层的腐蚀效应，并不适合用于 PSC 封装［图 12-13（d）］。相比之下，PU 封装在较低的 80℃下即可进行，并显著提高了 PSCs 的热稳定性和水分稳定性。

总之，组分调控、表界面调控、疏水功能层以及封装工艺在提升 PSCs 的水分稳定性方面各自发挥重要作用。未来的实际应用应关注这些策略的协同效应，以进一步提高 PSCs 的长期可靠性。

12.3.1.5 O_2 对器件失效的影响

研究表明，铅基钙钛矿在黑暗环境中对氧气具有相对较高的稳定性。然而，当氧气和光共同存在时，钙钛矿会迅速分解。Haque 等人的研究指出，缺陷，尤其是由碘化物引起的空位缺陷，在钙钛矿的光分解过程中起着关键作用。在光照条件下，环境中的氧分子会扩散到 $MAPbI_3$ 中，并优先吸附在表面及多数微晶的碘化物空位上，通过这些空位进一步扩散。光照会加速碘化物空位的生成，这些空位与氧分子大小相近，为氧气进入钙钛矿晶格提供了通道。一旦氧气在空位处吸附，分子氧会捕获光激发的钙钛矿导带中的电子，形成带电的超氧化物 O^{2-}，这种超氧化物具有高反应活性，会引发与钙钛矿中酸性 A 位阳离子的酸碱反应，生成水、去质子化的 A 位气体（如甲胺气体）和 PbI_2。因此，控制钙钛矿薄膜中碘化物空位的密度对其稳定性至关重要。

在锡基钙钛矿中，氧气的影响同样显著。以 Sn^{2+} 为 B 位金属的钙钛矿对氧气的稳定性明显低于铅基钙钛矿，即使在黑暗中也容易发生氧化反应，这是由于 Sn^{2+} 容易被氧化为 Sn^{4+}。研究显示，$MASnI_3$ 器件暴露在空气中仅几秒钟便会迅速失效。尽管如此，无铅特性使锡卤化物钙钛矿仍然备受关注，且当 Sn 与 Pb 合金化时，可以实现更窄的带隙（1.18～1.4eV），从而有望用于钙钛矿-钙钛矿叠层电池。因此，稳定锡基钙钛矿材料成为当前研究的

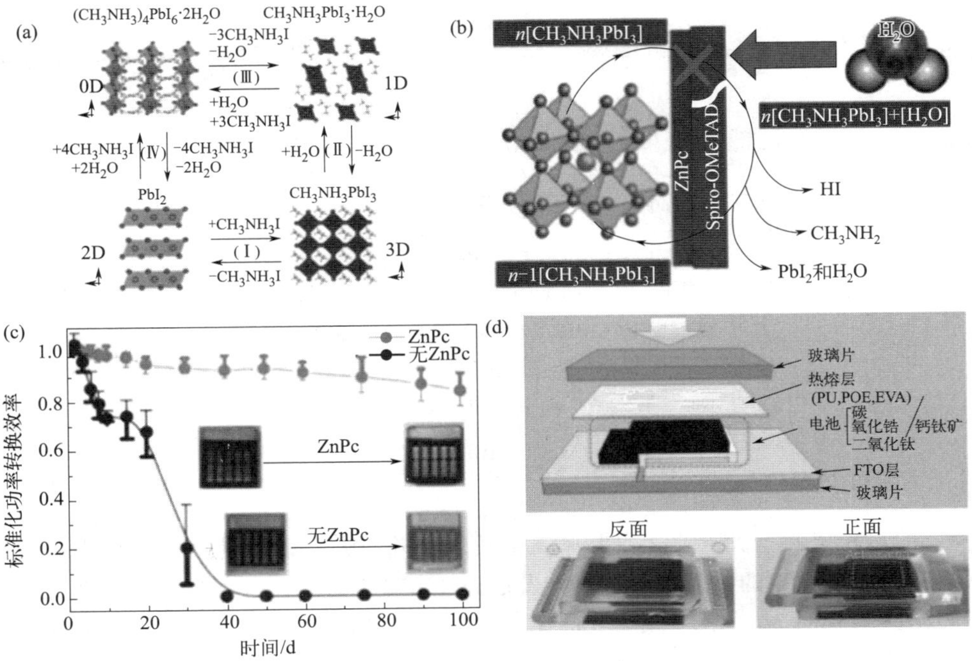

图 12-13 PbI_2-MAI-H_2O 体系中的相平衡示意图

(a) $MAPbI_3$ 的形成和分解、干燥与一水钙钛矿之间的水合和脱水，以及 PbI_2、二水合物、MAI 和水之间的化学反应平衡式；(b) $MAPbI_3$ 的降解机制和基于 ZnPc 的 PSCs 器件的可靠性增强效果；(c) ZnPc 修饰提升器件在环境气氛中的可靠性；(d) 基于热熔膜和玻璃板的可印刷 PSC 封装方案，下方是封装电池的正反面实物图像

重点。研究人员揭示了 $ASnI_3$ 钙钛矿的氧化机制，该过程会生成等物质的量的 SnI_4 和 SnO_2：

$$2ASnI_3 + O_2 \rightleftharpoons 2AI + SnO_2 + SnI_4 \tag{12-8}$$

研究人员发现，SnI_4 的形成在锡基钙钛矿的氧化过程中起到促进作用。当存在多个相邻的 Sn(Ⅱ)I_2 八面体时，碘原子可以从一个锡原子迁移到另一个，从而导致 SnO_2 和 SnI_4 的生成。然而，当 B 位由如 Pb^{2+} 等以（Ⅱ）氧化态存在的元素占据时，相邻的 Sn(Ⅱ)I_2 较少，氧化过程的速度会显著降低，SnI_4 的形成概率也随之降低。这一机制揭示了钙钛矿材料中元素选择对稳定性的关键影响，为开发更稳定的 PSCs 材料提供了重要指导。I_2 会与 SnO_2 和 PbI_2 一起形成：

$$2ASn_{0.5}Pb_{0.5}I_3 + O_2 \rightleftharpoons 2AI + SnO_2 + PbI_2 + I_2 \tag{12-9}$$

与纯锡钙钛矿相比，在 150℃下含 50%锡的钙钛矿材料其氧化寿命几乎延长了 5 倍，而含 25%锡的钙钛矿则延长了 50 多倍（图 12-14）。令人鼓舞的是，最有效且带隙较小的钙钛矿材料在 50% Sn 和 50% Pb 的比例范围内，因此可以在不显著降低叠层太阳能电池效率的情况下提高其可靠性。此外，通过引入大尺寸有机阳离子（如苯乙基铵，PEA^+），在三维钙钛矿晶界处形成二维片状晶体结构，也可以有效减缓锡基钙钛矿的氧化。这些二维材料层在结构上更为稳定，可以显著提升钙钛矿抵抗氧化的能力。同时，大尺寸阳离子有助于阻碍环境中扩散质（如氧气和水分）的渗透，进一步提升材料的抗氧化性能。这些策略为开发更稳定、高效的锡基 PSCs 提供了新的方向。

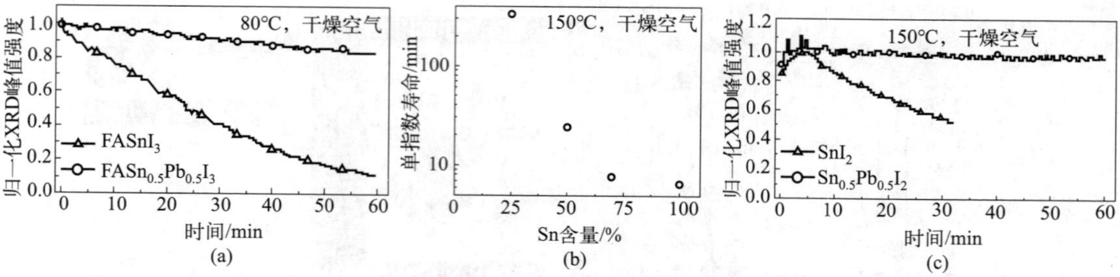

图 12-14 （a）在干燥空气中不同时间下的归一化 XRD 特征峰。这用于比较 $FASn_xPb_{1-x}I$ 在干燥空气中作为时间函数的峰值强度衰减。（b）25%、50%、70%和 100% Sn 钙钛矿在 150℃干燥空气中的单指数寿命绘制。（c）在 150℃下监测干燥空气中 $Sn_{0.5}Pb_{0.5}I_2$ 和 SnI_2 的降解

12.3.1.6 温度对器件失效的影响

PSCs 的热稳定性至关重要，主要原因包括以下几点：a. 钙钛矿结晶过程中需要进行退火步骤；b. 钙钛矿模组的封装过程通常涉及超过 140℃的高温；c. 太阳能电池在炎热天气中需长时间暴露于光照下，温度可达到 65℃以上。本文将首先讨论钙钛矿材料本身的热稳定性，即薄膜或单晶的结构可靠性，然后进一步探讨整个 PSCs 器件的热稳定性。在热平衡状态下，太阳能电池的温度 T_s 可以通过以下公式表示：

$$T_s = \left[T_0^4 + \frac{1-\eta}{2\sigma_s} P_{sun}\right]^{1/4} \tag{12-10}$$

式中，T_0 为环境温度；η 为效率；σ_s 为玻尔兹曼常数；P_{sun} 为太阳光谱的积分功率。

忽略对流影响时，T_s 由玻尔兹曼常数 σ_s、效率 η、太阳光谱的积分功率 P_{sun} 和环境温度 T_0 决定。对于效率 $\eta=20\%$且室外温度 $T_0=45$℃的太阳能电池，T_s 约为 83℃。因此，在典型的环境条件下，太阳能电池需承受此高温。

一般而言，钙钛矿材料会随温度变化发生相变。例如，$MAPbI_3$ 在约 160K 时从正交相（Pnma）转变为四方相（I4/mcm），而在约 330 K 时则从四方相转变为立方相（Pm3m）。对于特定的晶体结构，带隙能量随着温度的升高而降低，并且在相变温度处会发生突变。由于这些高温相变温度正处于太阳能电池的工作温度范围内，再加上从夜间到白天，太阳能电池温度在−40℃到 85℃之间波动，因此温度变化和相变对太阳能电池的长期稳定性有重要影响。此外，相变过程中光伏特性的变化会导致器件关键参数如 J_{SC}、V_{OC} 和 FF 的下降。目前已经商业化的光吸收材料，如晶体硅、非晶硅、Cu(In,Ga)Se_2、CdTe、GaInAs 和 GaInP 等半导体光伏材料，在上述温度范围内均未出现相变现象。因此，与这些成熟的光伏材料相比，钙钛矿材料的相变特性使其热稳定性成为影响其商业化应用的一个关键因素。

图 12-15 展示了温度对 PSCs 失效的影响。在 20℃时，器件的失效曲线表现为初始的指数衰减，随后进入缓慢的线性损耗阶段。在−10℃下，器件的降解曲线类似，但初始降解速度较慢，且线性损耗较低。考虑到高温下的降解通常更为迅速，研究人员进一步测量了 20℃和 65℃下的器件稳定性，见图 12-15（a）。图 12-15（b）显示，当器件在−10℃至 65℃之间循环 80 次时，其失效速率低于持续在 65℃下工作的器件，这表明温度循环本身不会引发“温度疲劳”。失效曲线还表明，只有器件维持在 65℃（水平虚线）时才会发生持续失

效，而每次将其冷却至－10℃时会出现瞬态行为，这种现象可能是由活化的离子迁移引起的。暗热可靠性测试因能够筛选出最有潜力进行长期测试的太阳能电池器件，而被视为一种有效的评估工具。

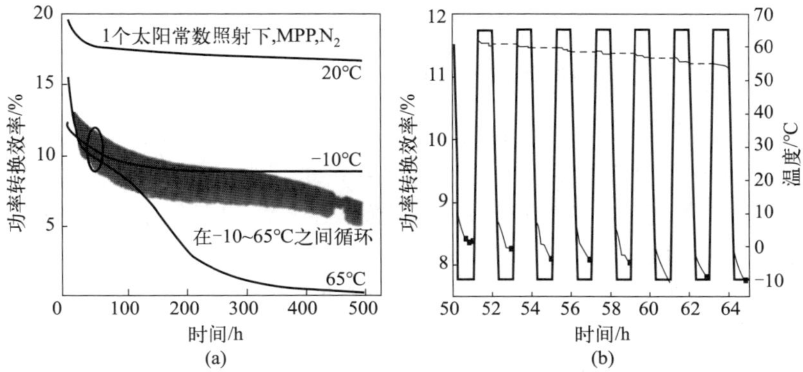

图 12-15 (a) 温度和温度循环对光照 PSCs 可靠性的影响；
(b) 温度循环器件的轨迹放大图。循环的温度斜率是 5K/min

通过组分工程可以有效提高钙钛矿的热稳定性。例如，用 Cs^+ 或 FA^+ 替代 MA^+ 已被证明是一种有效调控温度稳定性的策略。$CsPbI_3$ 在高达 300℃ 的温度下保持相稳定，而 $FAPbI_3$ 则在至少 200℃下仍能维持稳定。A 位阳离子通过与卤化铅八面体的相互作用，以及有机化合物相较于无机盐的较高挥发性，对热稳定性有着重要影响。FA/MA、FA/Cs 和 FA/MA/Cs 化合物在室温下展现出更广泛的结构稳定性，且比单阳离子材料具有更佳的光伏性能。最新研究显示，引入 Rb 也能增强材料稳定性。萨利巴等人制备的四重阳离子钙钛矿 $FA_{0.75}MA_{0.15}Cs_{0.05}Rb_{0.05}Pb(I_{0.83}Br_{0.17})_3$ 实现了 21.6%的 *PCE* 及 500h 的稳定性。这种稳定性归因于混合熵的增加及挥发性 MA 阳离子的减少。Rb 的具体作用机制仍在研究中，有些研究发现 Rb 掺入可能形成非光敏次级相。

B 位混合不如 A 位混合常见，通常涉及 Sn-Pb 混合物以实现低带隙太阳电池或合金以完全替代 Pb。然而，含锡化合物需要克服 Sn 阳离子的氧化问题。迄今为止，用于替代铅的合金（例如 $Cs_2AgBiBr_6$ 等）还无法重现基于铅钙钛矿的光电特性。Chen 等人研究 Bi^{3+} 掺杂对钙钛矿 $FA_{0.83}MA_{0.17}Pb(I_{0.83}Br_{0.17})_3$ 的晶体结构、电学和光学性能的影响以及相应 PSC 的性能。结果表明，Bi^{3+} 掺杂的器件可以实现更好的热可靠性、光伏响应和再现性，这是由于晶界减少、结晶增强和钙钛矿薄膜的电子提取得到改善。与优化控制太阳能电池器件的 18.3%相比，改进后的 PSC 表现出 19.4%的效率，同时在 100～180℃下具有更好的耐热能力。这可以归因于钙钛矿光敏层中的有效结构缺陷改性使得器件的失效速率降低了一个数量级，在 60℃下可以保持两个多月的稳定性。这些结果阐明了钙钛矿薄膜的结晶起源和热可靠性。

阴离子混合比 B 位混合更常见，并且已证明可以提高所得化合物的结构可靠性，尤其是 Br 和 I 的混合。例如，将 Br 添加到 $CsPb(Br_xI_{1-x})_3$ 化合物可缩小 A 位的空间，从而更好地适合 Cs，并允许它们在远低于 315℃的 δ 到 α 转变温度的情况下合成 $CsPbI_3$。这些化合物在室温下保持稳定。$FA_{0.83}Cs_{0.17}Pb(I_{1-x}Br_x)_3$ 化合物在整个 Br-I 组成范围内形成单相，并表现出良好的热可靠性。

除了从光敏相到非光敏相（α 到 δ）的相变之外，几种钙钛矿化合物在使用温度下还会在光敏相（α 到β）之间发生相变。常见的 $MAPbI_3$ 在大约 55℃时从其室温四方相转变为立方相，而混合的 A 位阳离子 $FA_xMA_{1-x}PbI_3$ 具有略低于室温的低温四方相向高温立方相的转变温度。虽然四方到立方的相变仅引起非常轻微的重排，对光伏性能的影响很小，但在太阳能电池的整个生命周期内，重复相变是否会产生任何长期后果仍有待确定。

12.3.1.7 器件的封装工艺对器件失效的影响

为了应对 PSCs 在寿命和可靠性方面的问题，除了开发新型稳定的钙钛矿材料和优化器件结构外，采用具有高阻隔性能的材料进行有效封装是其中一种最有效的方法。封装是提升 PSCs 可靠性的重要工具之一，它能够限制器件暴露在氧气和湿气中，防止光和热引起的有机物和卤化物的不可逆损失，并减少热波动期间的机械失效。此外，封装还需确保太阳电池的可见光高透射率，便于清洁，能够承受外部机械冲击（如冰雹），并为太阳电池提供物理和电绝缘保护。

成功的商业封装方案通常包括如下几个组件：面向太阳的顶板、底板、填充顶底板之间的密封聚合物、封边、太阳电池、金属丝带和接线盒。封边的主要功能是阻挡空气和湿气的渗透。理想的密封材料应将各组件固定在一起，提供电绝缘，允许光线良好地耦合到太阳电池中，同时保护组件免受腐蚀，并减少湿气通过边缘的渗透。

封装的类型和质量在阻止氧气和水分子渗透方面至关重要，这直接影响光电器件的可靠性和整体寿命。封装类型大致可分为两类：覆盖封装和薄膜封装。这两种类型的主要区别在于是否使用黏合剂来密封太阳能电池器件。具体而言，覆盖封装可进一步分为边缘覆盖封装［图 12-16（a）］和全覆盖封装［图 12-16（b）］，区别在于黏合剂是否完全覆盖活跃区域。在薄膜封装中，水和氧气主要从上方渗透到太阳电池器件［图 12-16（c）］，而在覆盖封装中，气体主要通过两侧的黏合剂渗透到密封腔内。此外，还有一种将覆盖封装与薄膜封装相结合的混合封装方式［图 12-16（d）］。图 12-16（a）～（d）分别展示了这四种封装方式的器件结构。这些封装方案各有优缺点，选择合适的封装方案需综合考虑器件的工作环境、机械强度和光电性能，以实现最优的可靠性和寿命表现。

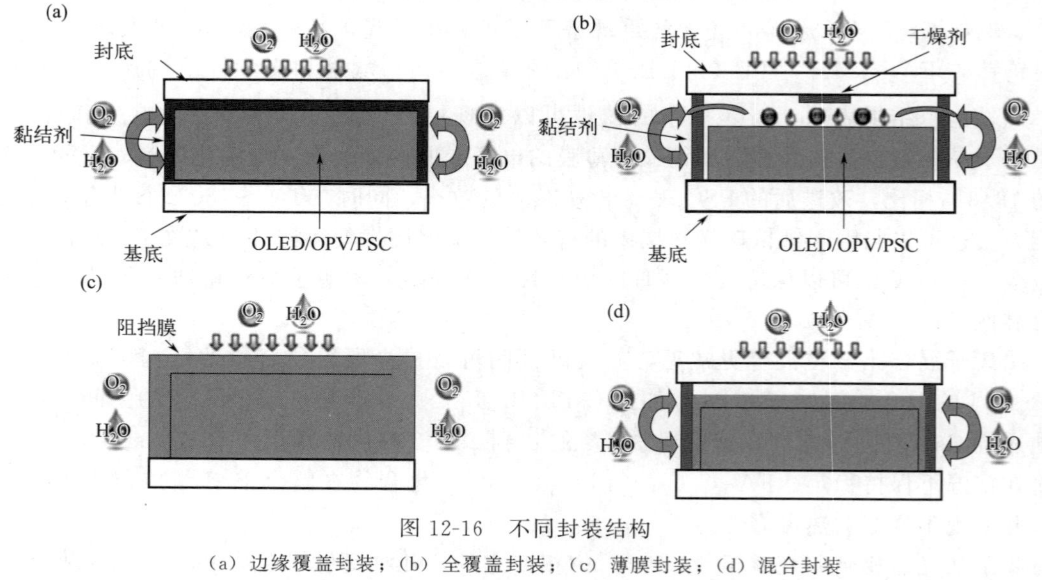

图 12-16　不同封装结构

（a）边缘覆盖封装；（b）全覆盖封装；（c）薄膜封装；（d）混合封装

早期的 PSCs 封装通常采用薄膜或疏水层封装工艺，例如使用 Al_2O_3 或多层无机/有机薄膜与黏合剂进行封装。薄膜或疏水层封装可以通过低温沉积工艺实现，这有助于抑制钙钛矿中挥发性有机物的逸出。含氟聚合物作为一种高端工程材料，具有优异的耐化学性、耐热性和绝缘性。凭借其固有的疏水性和绝缘性，含氟聚合物已广泛应用于各种基于半导体的技术中。

黄等人采用聚四氟乙烯（PTFE）作为钙钛矿器件顶部的疏水钝化层，显著提高了表面的疏水性。如图 12-17 所示，这种封装策略使得太阳能电池在周围环境中放置 30 天后，依然能够承受 60s 的流水冲洗，并保持其初始效率的 95%。这一研究表明，采用含氟聚合物进行封装，不仅能够有效保护钙钛矿材料免受环境因素的影响，还能显著提升器件的稳定性和耐用性。

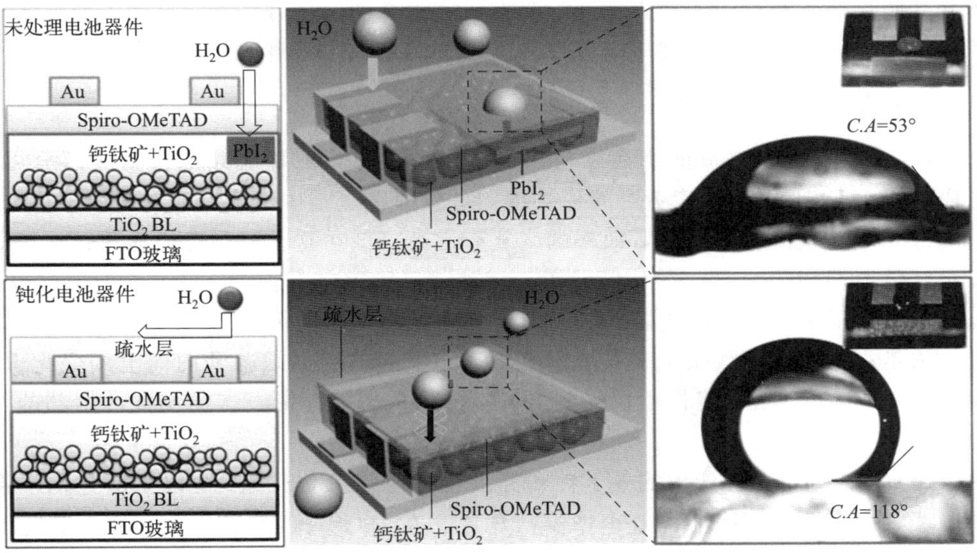

图 12-17　从左开始，分别为疏水钝化原理的示意图，未处理电池器件（顶部）和钝化电池器件（底部）的接触角，两个电池器件接触角（C.A）的数码照片。插图还显示了电池器件表面上的水滴。未经处理的电池上的黄色水滴是由钙钛矿被水溶解引起的

12.3.2　太阳能电池寿命预测

12.3.2.1　太阳能电池可靠性测试

尽管 PSCs 在效率方面取得了显著进展，但当前仍面临可靠性方面的挑战。为了在提高效率的同时快速提高可靠性，找到加速寿命测试的方法以获得快速反馈至关重要。PSCs 的可靠性超过 25 年是实现商业化的必要条件。而这需要大量的实验来快速揭示材料和加工技术，这些材料和加工技术能够对加热、光、湿度、温度循环、机械应变、反向偏压和这些压力源的组合保持稳定。

12.3.2.2　太阳能电池可靠性测试标准及寿命评估

光伏组件的预期寿命标准为 20～25 年。目前，有机太阳能电池（OPV）、染料敏化太阳能电池（DSSC）和 PSCs 等新兴技术的可靠性并未达到这一目标。国际电工委员会

(IEC）开发了地面光伏组件标准来筛选光伏组件的可靠性。然而，这些测试并不适合OPV、DSSC和PSCs，因为它们的材料特性和器件结构有很大差异。现阶段，钙钛矿光伏组件的评估方法和方案缺乏一致性，这严重限制了不同课题组、不同研究重点之间的数据比较，从而阻碍了对各种失效因素和机制的深入认识。

PSCs失效受多个参数的影响，这些参数包括暴露于可见光、紫外线、高温、周围环境中的氧气、湿度和偏压。然而，由于各研究者对这些参数的控制和报告方式不同，以及对可靠性数据的统计应用不一致，数据之间难以进行对比。2018年10月在中国苏州举行的第11届有机与钙钛矿太阳电池稳定性国际会议中，研究人员讨论了现有ISOS失效协议对PSCs失效行为的适用性，还提出了附件的测试方案以解释对PSCs可靠性具有影响的因素，例如电偏置和光暗循环。与会专家还强调，应当在研究论文中标注可靠性测试的关键技术和程序信息，以提高该领域的透明度和可重复性，并最终确定太阳能电池器件的失效机制。

（1）光暗循环（ISOS-LC）

PSCs的失效过程多次被证实在黑暗条件下（通常称为亚稳态）是完全或部分可逆的。例如，PSCs表现出明显的“疲劳”效应，即器件效率在黑暗中下降，而在光照下可以恢复。然而，随着每个连续的明暗循环，效率的恢复率逐渐降低。这种亚稳态行为与钙钛矿器件内部的离子迁移密切相关。

可逆的性能损失通常归因于阳离子再分布、亚稳态缺陷的形成以及可逆化学反应。这种效应被认为是由光生电荷载流子中和了因离子迁移引起的界面缺陷和内建电场变化引起的，表明PSCs的长时间性能稳定性不仅受到材料本身的化学特性影响，还与器件内部的离子动态行为密切相关。

为了提升PSCs可靠性测试的科学性和标准化，建议ISOS测试协议中应包括一系列明暗循环协议，以表征和阐明器件效率恢复的现象。在ISOS-LC实验中，研究人员将太阳能电池暴露于模拟阳光下，并实施周期性开关操作，周期可以为2h、8h或24h，占空比（亮∶暗）设置为1∶1或1∶2。为了更好地模拟自然昼夜交替的太阳光照条件，通常建议使用24h周期（例如，12h光照和12h黑暗，或8h光照和16h黑暗）。然而，由于实际条件下电池的降解与恢复相互作用的复杂性，以及这种相互作用可能依赖于电池的当前性能状态，因此采用不同的循环持续时间和占空比可以提供有关可逆性和充分恢复时间的额外信息。

在ISOS-LC-1级别，太阳能电池在环境条件下进行测试，同时监测但不主动控制温度和相对湿度。在ISOS-LC-2级别，电池在环境空气中，维持65℃或85℃的固定温度设定点，以模拟不同温度下的性能变化。在ISOS-LC-3级别测试中，环境相对湿度被控制在50%，并在高温条件下进行测试，这是最为严苛的测试条件，典型地用于加速老化测试，以评估电池在恶劣条件下的长期稳定性和可靠性。

（2）黑暗中的电偏压（ISOS-V）

为了更加系统地研究电偏压对PSCs可靠性的影响，建议在ISOS测试协议中引入黑暗中的电偏压测试（ISOS-V）。电偏压会通过触发离子迁移或导致电荷载流子在材料中的累积，进而引发PSCs的降解。这种降解过程可能会形成热激活的陷阱态或引发有害的电化学反应。此外，电场作用下的湿气进入也会加速钙钛矿的降解，因为湿气会促进离子的流动，导致降解速度加快，并可能形成水合钙钛矿相。无论是正偏置还是负偏置，均有可能对电池造成潜在危害，并在太阳能电池板的实际运行中发生。因此，研究人员建议通过 ISOS-V 测试来分析 PSCs 在特定电偏压下的行为，从而深入理解和解决电偏压引起的离子迁移和材料降解问题。

在实际测试中，PSCs 通常保持在其最大功率点（MPP）附近的电压范围内（即正偏置电压，$V<V_{oc}$）。然而，如果电池在光照条件下断开连接，它们会处于 V_{oc} 下偏置（对于单结 PSCs，这一电压通常约为 1V）。因此，建议施加等于 V_{MPP} 或 V_{oc} 的电压作为正偏置条件进行测试。考虑到偏置引起的失效效应可能具有阈值特性，研究人员还建议将偏置电压设置为低于带隙能量与电子电荷之比的值，以避免出现不符合实际工况的过渡失效行为。这种方法将有助于更准确地模拟和预测 PSCs 在实际应用中的可靠性表现。

(3) 本质可靠性测试 (ISOS-I)

为了更系统地研究 PSCs 的可靠性测试，对器件进行老化测试过程施加的压力因素可以分为内在和外在两类。内在因素包括光照、温度和电偏压，这些因素与电池器件的封装或保护环境无关。外在因素则受电池器件与环境物质（如氧气和水分）相互作用的控制，特别是在封装不完善的情况下。

封装通常是指通过隔离材料保护电池，以延迟其与环境空气，尤其是湿气的接触。封装技术可以通过玻璃-玻璃密封、刚性或柔性阻气材料层压、保护层直接沉积或这些方法的组合来实现。外在可靠性取决于太阳能电池对空气的敏感性以及封装材料的阻隔特性，包括与电池的化学兼容性。理解封装电池失效机制需要深入了解气体屏障的性能和可靠性。现有的工具能够表征气体阻隔特性并测量水分的渗透量。对于封装边缘的横向渗透，应尽可能模拟实际使用条件，以考虑到界面渗透对整体气体阻隔性能的影响。

控制封装的电阻率尤为关键，因为涉及高温、高湿和紫外线照射的失效测试可能会降低封装材料的阻气性能，从而导致光伏性能的急剧下降。因此，建议在与实际封装器件相同的失效条件下测试封装材料，并评估其失效后的气体阻隔能力。

在大多数研究中，封装材料的阻隔特性尚未完全阐释清晰，限制了对内在和外在电池可靠性的区分能力。即使电池被认为是“未封装”的，顶部导电电极（通常为金、银、铜等）也可能起到一定的屏障作用。因此，许多研究通过在惰性气氛中对电池施加压力，专注于内在 PSCs 的可靠性测试，例如在密封袋中或使用惰性气氛手套箱或环境室中的电池。这种方法有助于深入了解 PSCs 的失效机制，有助于区分热失效、光失效、电偏压及其循环对电池失效的影响。

研究人员建议制定标准协议来测试太阳电池在惰性气氛（如氮气或氩气）中的内在可靠性。例如，ISOS-L-1I 代表在室温下的内在光可靠性（类似于 ISOS-L-1，但在惰性气氛中进行），而 ISOS-L-2I 则代表在高温下的内在光可靠性。制定这些协议至关重要，因为它们通常用于评估研究中特定钙钛矿电池的寿命。特别需要关注的是，新协议包括单一失效因子的实验（如 ISOS-D-2I 中的仅加热，ISOS-V-1I 中的仅电偏置，ISOS-L-1I 中的仅光照），从而简化失效模式的分析。

(4) PSCs 可靠性评价

研究人员特别建议在每次失效测试中明确规定研究样本的数量。根据对 PSCs 可靠性研究质量的分析，近一半的研究仅考虑每种类型的单个样本，这种可靠性数据难以重复，且不具有代表性。理想情况下，应提供统计数据以说明样本间和批次间的差异。可靠性数据通常以归一化参数的形式报告，作为失效时间的函数，同时仅指定代表太阳能电池器件性能的新样本（“冠军”或平均值）。因此，报告的可靠性和效率可以在不同的太阳能电池器件上测量。任何具有归一化参数变化的图都应包括每个参数被归一化的值。

降低到初始效率的80%所需的时间通常表示为T_{80}，并且通常用作太阳能电池可靠性的品质因数。因此，T_{80}可以视为最低失效测试时间。失效数据（或容易实现的T_{80}寿命）的外推可用于评估电池寿命能量产量，这是计算投资回报和生命周期分析的重要参数。如果T_{80}未达到，由于可能的曲线形状多种多样，因此很难根据观察到的“效率随时间变化”趋势来预测寿命。在这种情况下，可以将样品在1000h失效后使用效率（η_{1000}，作为初始效率的百分比）作为可靠性品质因数。如果研究人员选择应用外推法来确定T_{80}，则必须将其与测量数据明确区分开来。研究人员建议将外推时间限制在超出实际失效时间的一个数量级以内。随着PSCs可靠性的提高，引用T_{95}（即在失效测试后模组>95%初始性能所需的时间）可能会变得普遍。

综上所述，了解太阳能电池失效机理对于PSCs至关重要，因为它们仍处于技术开发的早期阶段。未来的研究成果中，理想情况下的可靠性研究至少包括一项或多项ISOS测试，提高可靠性测试的透明度、可重复性以及可对比性。目前已知的主要失效因素包括大气参数、温度、电偏置和光。对于光照和电偏置的每种组合，可能会针对温度（环境、升高或循环）和大气（如惰性、环境或受控湿度）建议九种类型的失效协议。除了确定特定条件下的器件寿命外，还可以通过比较不同失效过程的结果来理解失效影响因素。

12.4 典型电子器件失效分析与寿命预测

电子器件的失效分析对于提升其性能以及设计新结构起着至关重要的作用。只有把握器件的失效状况，查明其原因，反馈给设计或者制造者，才能防止失效的再次发生。而电子器件的失效种类复杂多样，这里选取两种典型的第三代半导体器件对其进行不同的失效分析。选取GaN肖特基势垒二极管（GaN SBD）和GaN HEMT电子器件，分别从工艺和器件物理两方面分析引起失效的原因，并介绍一些电子器件寿命预测的模型。

12.4.1 典型器件GaN SBD失效分析

GaN SBD主要应用在高频领域。它的结构如图12-18（a）所示，主要部分是阳极金属与GaN层形成的肖特基结构，而阴极形成的是欧姆接触。其工作原理如下：当阳极不加电压（$V=0$）时，从半导体一侧流向金属一侧的载流子与金属一侧流向半导体一侧的载流子数量相同，达到动态平衡，净流量为0，也就是没有电流的形成。当外加电压为正（$V>0$），也就是阳极一侧接电源的正极，此时半导体一侧的势垒高度降低，导致从半导体一侧流向金属一侧的载流子浓度大于金属一侧流向半导体一侧的载流子浓度，净载流子不为零，形成从金属流向半导体的电流，且随着电压的增大，电流增大。即接正向电压时，二极管导通。当外加电压为负（$V<0$），也就是阳极一侧接电源的负极，因半导体一侧的势垒高度增加，导致从半导体一侧流向金属一侧的载流子浓度小于从金属一侧流向半导体一侧的载流子浓度，

而因金属一侧的势垒高度不发生变化，越过金属一侧势垒高度的载流子很少，基本可以忽略。即 SBD 接反向电压时，二极管截止。如图 12-18（b）所示。

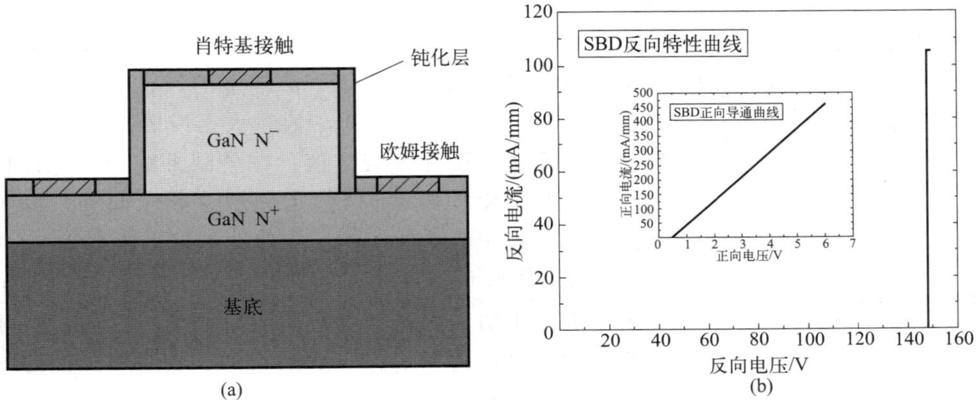

图 12-18 （a）GaN SBD 结构与（b）正、反向特性曲线

GaN SBD 制作工艺一般有以下工序：a. 衬底制备；b. 外延生长；c. 氧化和光刻；d. 掺杂；e. 钝化；f. 中测；g. 划片；h. 键合；i. 封装；j. 成品检测。在制作工艺过程中，如果不严格控制工艺条件的话，很容易引入一些缺陷，导致器件失效。下面从不同工序角度，分析该过程引入的缺陷，总结归纳如下。

（1）外延生长造成的缺陷

器件制备在衬底外延生长的 GaN 层上，主流的衬底有 Si、SiC。表 12-2 是目前常用于生长 GaN 基材料的衬底及其物理特性。由于 GaN 与衬底材料的晶格常数以及热膨胀系数不同，容易造成晶格失配和热失配，在外延生长的 GaN 层中存在着很大的应变以及高密度（$10^8 \sim 10^{10}\,cm^{-2}$）的位错，甚至在 GaN 层表面出现龟裂问题。在此层上制备的器件，其电学性能严重减弱，漏电流增大，击穿电压降低。在器件使用过程中，会出现电流不均匀现象，电流主要集中在位错等缺陷的地方，从而引起器件局部发热，若热量不能及时散去，会促使漏电流进一步增大，形成恶性循环，使器件结构性能逐渐退化，以致器件失效甚至烧毁。

表 12-2 用于生长 GaN 基材料的衬底及其物理特性

衬底	晶格常数 a，c/Å	热膨胀系数（$\times10^{-6}$/K）	热导率/（W/cm）
GaN	3.189，5.186	5.59	1.3
AlN	3.112，4.982	4.2	2.0
Si（111）	4.758，12.991	7.5	0.5
6H-SiC（0001）	3.080，15.12	4.2	3.8

注：$1Å=1\times10^{-10}m$。

（2）氧化光刻引起的缺陷

氧化层一般容易出现针孔、毛刺、钻蚀、裂缝以及厚度不均匀等现象。光刻是将掩膜版（mask）上的图形转移到芯片上的一种工艺，在此工艺过程中，当尘埃粘在掩膜版表面上，它就如同不透明的掩膜版图形被转移到氧化层上，掩膜版上的尘埃微粒可能造成氧化层产生

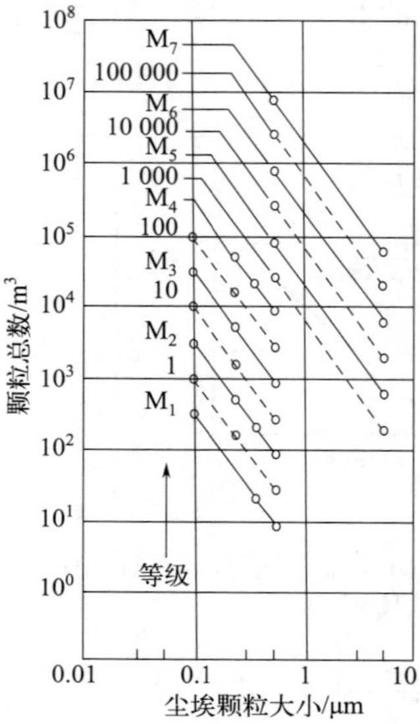

图 12-19　尘埃粒子大小的分布曲线与洁净室等级

针孔。针孔破坏了二氧化硅的完整性，减弱了它的绝缘作用，丧失或降低了它的掩蔽能力，从而造成不希望出现的“虚假”扩散或者“尖端扩散”，这些均会导致器件参数的退化或失效。因此，光刻需要在洁净室进行，洁净室有两种系统定义其等级，在英制系统，洁净室的设计等级数值是以每立方英尺（1ft=0.3048m）中直径大于或等于 0.5μm 的尘埃粒子总数不超过设计等级数值；在公制系统中，统计标准是以每立方米中尘埃粒子总数。图 12-19 表示两种不同等级的洁净室及其粒子分布曲线图。一般图形曝光需要 10 等级或者 1 等级的工作区域。在工艺过程中，出现的毛刺、钻蚀通常是由于表面不清洁、光刻胶黏附不牢、腐蚀时间过长或温度高使氧化层窗口边缘不齐等而引起的。它对器件的影响类似于针孔，也会使击穿电压降低，漏电流增加，甚至出现短路。若氧化层过薄、厚度不均匀、不致密，均可使绝缘强度降低，也会发生上述问题。若氧化层出现裂缝，容易造成表面金属连线与衬底短路，也是一种隐患较大的失效方式。在氧化层缺陷中，有些缺陷反常区域是很小的，用光学显微镜甚至扫描电镜有时也观察不出来，为了避免这种缺陷的产生，首先要严格控制工艺过程，然后在不影响后续其他工艺的情况下，确保氧化层足够厚。

（3）钝化过程造成的缺陷

钝化是对器件表面进行保护的一种方式，可以减少外来离子的污染，有利于控制和稳定器件表面的电特性以及防止器件受到机械和化学的损伤，还可以作为横向 SBD 电极的隔离层。在常规工艺生长的热氧化层中，可动电荷的密度约为 $10^{11}\sim10^{13}\text{cm}^{-2}$，经过良好的钝化措施之后，可以降低到 10^{10}cm^{-2} 以下，有利于提高器件的稳定性。选择合适的钝化层不仅能阻挡环境中的湿气和离子性物质对器件表面的污染，还可以缓和表面附着的离子或树脂的极化等引起的电场对器件电性能的影响。表 12-3 是 MOS 结构采用不同钝化薄膜对可动离子（如 Na^+）阻挡能力的实验结果，该实验使用相同浓度 Na^+ 去污染不同钝化薄膜 MOS 器件的表面后，制作上铝电极，并进行 200℃、10V 以及 17h 的温偏处理后，测量的 V_B 发生了显著的变化。从表中可以看出氮化硅薄膜具有最佳的钝化效果。具有良好钝化层的器件，即使器件长时间工作在高温、高湿度、强电场等苛刻的条件下，仍然能够稳定地工作且性能退化的程度在可接受的范围内。钝化层选择不合适的话，器件工作时容易受外界环境的影响，可能导致器件的漏电流增大、击穿电压降低或者变成软击穿等等。

表 12-3　不同钝化薄膜阻挡可动离子实验结果

不同薄膜结构	可动离子 Q_0/cm^2
SiO_2-Si	$>10^{13}$
P_2O_5-SiO_2-Si	4.3×10^{12}
Si_3N_4-Si	6.5×10^{10}
Si_3N_4-SiO_2-Si	6.5×10^{10}

（4）引线键合缺陷

引线键合是指器件芯片的电极通过焊接工艺与管脚引线连接起来。在此过程中，工艺参数、材料的处理都会造成连接不良，引起器件的失效。键合丝的长短选择不合理会引起短路失效，以及键合压力不当造成的键合开路失效。下面从几个方面详细介绍一下键合过程造成失效的原因。

① 键合工艺造成的失效

尾丝不一致是锲形键合时最容易发生的问题，可能产生的原因有引线表面或者使用的工具有污染，或者锲通孔部分堵塞以及金属丝拉伸不合理。尾丝太短导致键合点上的力分布不均匀，主要集中在一个很小的面积上，容易造成过量的变形。而尾丝太长［见图 12-20（a）］，则可能造成焊盘间短路，也可能断裂形成空腔元器件的可动、导电的多余物，造成瞬间短路失效；潮湿的环境下或者有污染物最容易造成键合点和焊盘腐蚀，从而导致引线一端或两端完全断开，引线在封装内自由活动造成短路，腐蚀还会增加键合点处的电阻，当有电流通过时，键合点处的温度就会升高直至器件失效。

② 内引线断裂

内引线断裂的方式一般分为三类：第一类是引线中间断裂，键合时使用受到机械损伤或者化学腐蚀的键合丝，导致键合面积变小，从而使电流密度增大，损伤的部位容易被烧坏，该部位的抗机械能力减弱，容易造成内引线损伤处断裂，或者键合丝已熔断形成断路失效［见图 12-20（b）］。第二类是键合丝在近键合点的根部变形或断裂［见图 12-20（c）］，主要是由于铊（Tl）污染源造成的，在键合点形成的过程中，Tl 快速扩散并在球颈以上的晶界处富集共晶相，形成的共晶相熔点较低。在塑性密封或者温度循环时，容易导致球颈断裂，从而引起器件的失效。第三类是键合点脱键［见图 12-20（d）］，引起键合点脱键的因素很多，如芯片键合处的光刻胶或钝化膜未去除干净、金属化层缺陷、表面沾污或者材料间的接触应力不当等。

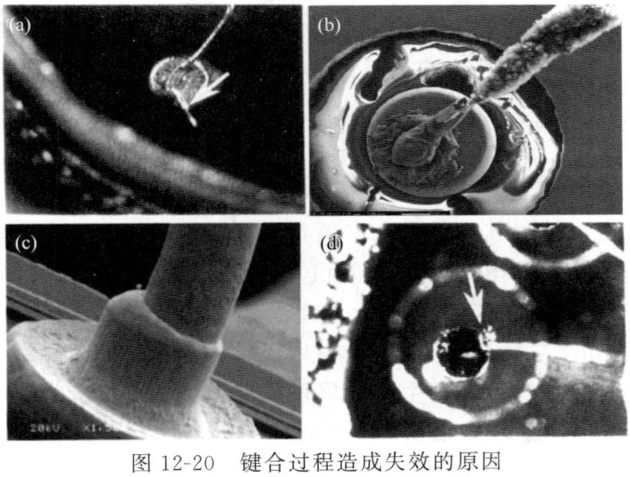

图 12-20　键合过程造成失效的原因

（a）尾丝太长；（b）键合丝熔断；（c）键合根部变形；（d）键合点脱键

③ 键合力造成的失效

键合应力过小会造成键合不牢，而键合应力过大又会影响键合点的力学性能，不仅会造成键合点根部损伤、根部断裂失效，而且还会损伤键合点下面的器件材料，甚至出现裂缝等。这些缺陷有时用肉眼就可以观察到，更多的是不可见的材料结构损伤，这种损伤严重影响了器件的性能。造成这种失效的原因可能是：声波能量过高导致晶格层错，球键合时焊球太小从而使坚硬的键合工具接触到焊盘金属化层，焊盘厚度太薄，Al 丝超声波键合时金属丝太硬导致芯片表面出现凹坑。

（5）封装失效

封装是将器件芯片用绝缘的塑料或者陶瓷材料进行保护的过程。良好的封装不仅可以更好地保护芯片，而且可以提升芯片的散热能力，降低芯片温度。封装也是很重要的环节。下面分析封装失效的主要原因：第一，分层。分层是指塑封材料在粘接界面处与相邻的材料分离。通常引起分层的原因是封装界面的湿气，其容易弱化并降低界面的化学键合；表面清洁是保证良好黏结的关键，并且表面氧化常常导致分层的发生；润滑剂虽然可以促进模塑料与模具型腔分离，但也会增加界面分层的风险。第二，气相诱导裂缝（爆米花现象）。当水汽诱导的分层进一步发展，就会发生气相诱导裂缝。水汽通过气相诱导的裂缝逃逸时常常伴随着爆裂声，所发出的爆裂声和爆米花的声音非常像，因此又被称为爆米花现象，如图 12-21 所示。对于采用塑封的器件，气相诱导裂缝通常起源于引线框架上的应力集中区（如边缘和毛边），并且在最薄塑封区域内扩展。而毛边是在冲压工艺中引线框架表面发生微小变形产生的，通过改变冲压方向使毛边位于引线框架顶部，或者刻蚀引线框架都可以减少裂缝。第三，疲劳断裂，在外界环境下，塑封材料上的湿、热、机械或综合载荷，都会产生循环应力。当塑封材料遭受的周期性应力达到极限强度时，就会因累积疲劳而断裂。断裂一般会在间断点或缺陷位置萌生。疲劳断裂机理包括三个阶段：裂纹萌生（阶段Ⅰ）；稳定的裂缝扩展（阶段Ⅱ）；突发的、不确定的、灾难性失效（阶段Ⅲ）。在周期性应力下，阶段Ⅱ的疲劳裂缝扩展指的是裂缝长度的稳定增长。

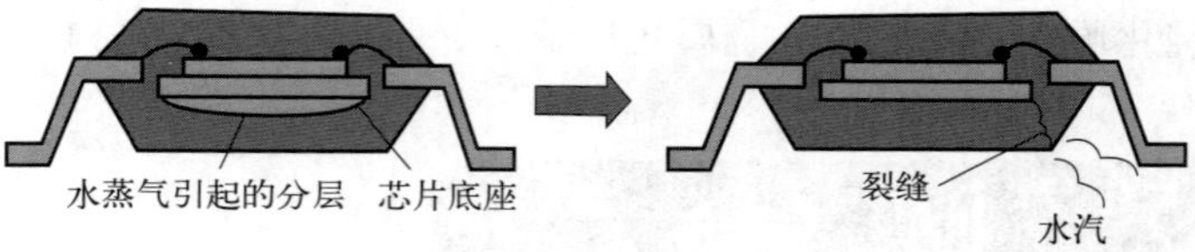

图 12-21　爆米花现象产生过程：分层和裂缝

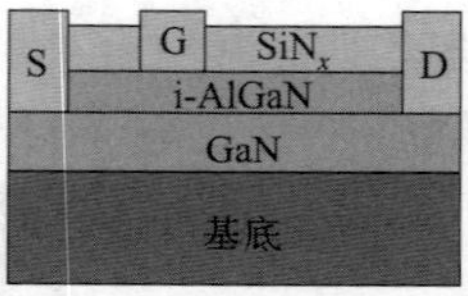

图 12-22　GaN HEMT 截面结构
S—源极；G—栅极；D—漏极

12.4.2　典型器件 GaN HEMT 失效分析

电子器件的失效直白地说其实就是电参数超出了规定标准，为了更好地理解，需要了解其结构、理解其原理以及不同电参数的失效机理。以 AlGaN/GaN HEMTs 为例进行说明，图 12-22 为用Ⅲ-Ⅴ族化合物 GaN 作为有源沟道层的 HEMT 的截面图。在衬底上面利用外延工艺生长有源沟道 GaN 层，通常为了消除 GaN 层与衬底之间因晶格常数不同造成的热失配和晶格失配的影响，会在二者之间生长一层很薄的 AlN 缓冲层。在 GaN 层上面生长一层宽带隙的 AlGaN 层，通常称为势垒层或者控制层。由于二者互相接触形成了异质结，在 GaN 表面形成了近似三角形的电子势阱，电子被限制在势阱之中，构成了二维电子气（2DEG）。从控制层 AlGaN 引出电极栅，通过栅极电压来控制 2DEG 的浓度，进而控制 HEMT 的输出电流。通过光刻欧姆接触窗口，利用电子束蒸发制作多层电极结构形成良好的源、漏欧姆接触。

HEMT 器件的工作原理如下。由异质结以及材料的极化效应产生的 2DEG，可以通过栅极电压控制其浓度大小。在一定的漏极电压下，把刚好产生输出电流所对应的栅极电压值称为开启电压 V_{th}。若不加漏极电压时，沟道中沿源漏方向没有电流流动，沟道各点的电位均相等；若外加漏极电压时，沟道中的 2DEG 沿沟道流动，形成漏电流，也就是输出电流 I_D。现详细讨论施加不同栅极电压的输出电流情况：a. 栅极电压（V_{GS}）一定（$V_{GS}>V_{th}$）时，随着 V_{DS} 的增大，源漏电流会在电场的作用下逐渐增大，若满足 $V_{DS}<V_{GS}-V_{th}$，电流随漏极电压的增长近似呈线性增长，器件工作在线性区。b. 当 $V_{GS}>V_{th}$，且 $V_{DS}=V_{GS}-V_{th}$ 时，漏极输出电流达到最大值，通常将 $V_{DS}=V_{GS}-V_{th}$ 时的漏极电压值称为与 V_{GS} 相对应的膝点电压。膝点电压是 HEMT 器件线性区和饱和区的分界点，一般希望膝点电压 V_{knee} 越小越好。c. 当 $V_{GS}>V_{th}$，且 $V_{DS}>V_{GS}-V_{th}$ 时，电子漂移速度达到饱和，器件工作在饱和区，输出电流不随漏极电压的变化而变化。把栅极电压一定时，漏极电流随漏极电压变化的曲线叫作输出特性曲线，如图 12-23（a）所示。d. 栅极增加负栅压，耗尽层加深，2DEG 浓度减小，漏极无电流输出。此时，源漏之间仅存在很小的泄漏电流，器件处于截止状态，把输出电流随栅极电压变化的曲线叫作转移特性曲线，如图 12-23（b）所示。

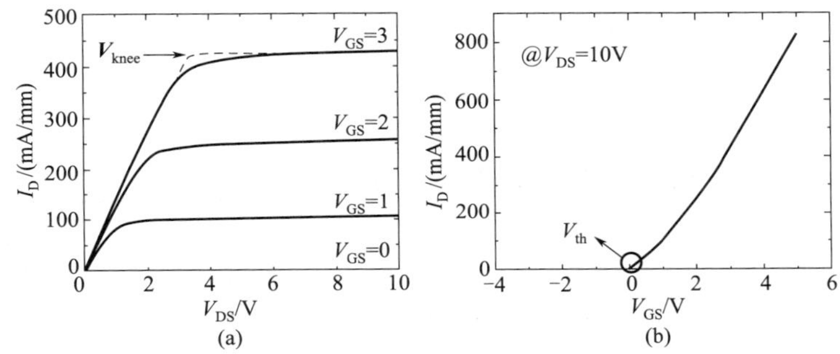

图 12-23　（a）HEMT 的输出特性曲线和（b）HEMT 的转移特性曲线

上述介绍了 HEMT 器件的基本结构以及器件的工作原理，下面简单介绍一些电参数失效的机理。

(1) 引起栅极泄漏电流的不同机制

关于 HEMTs 器件栅极泄漏电流机制的解释有许多模型。这里只介绍其中最主要的三种模型，分别为热电子发射（thermionic emission，TE）机制，包括直接隧穿和 Fowler-Nordheim（FN）隧穿的隧穿机制以及 Poole-Frenkel（PF）陷阱辅助发射机制。三种不同的栅极泄漏电流机制如图 12-24 所示。

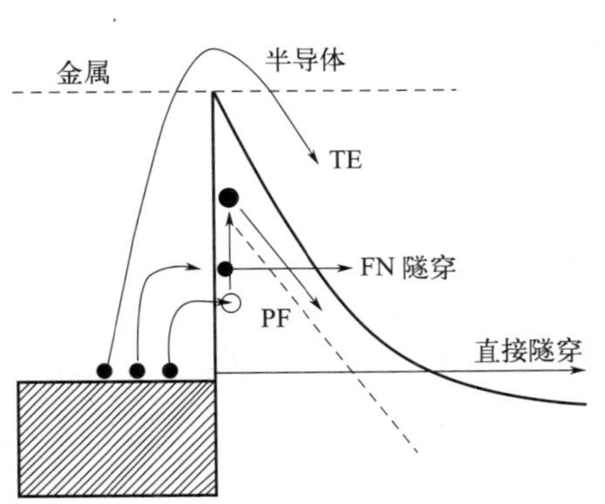

图 12-24　三种不同泄漏电流路径

① 热电子发射机制

基态电子在一定的外部作用下，会吸收能量，当能量达到一定程度后变成热电子，该热电子的能量足以使其越过整个金-半势垒高度，从而该电子可以自由地从 AlGaN 半导体材料一侧达到金属栅或者从金属栅直接进入 AlGaN 半导体材料。通过热电子发射机制形成的栅极泄漏电流大小取决于势垒高度以及获得足够能量的热电子的数量，而与势垒的几何形状几乎无关。

② 隧穿机制是指势垒厚度较薄时，电子直接穿透势垒的过程

根据电子隧穿的路径不同可以分为直接隧穿和 FN 隧穿。直接隧穿一般是由于 AlGaN 的厚度较薄，电子直接穿过整个势垒层，其隧穿概率取决于势垒层的厚度。而 FN 隧穿是借助于 AlGaN 势垒层中电场的辅助作用，穿过部分一定厚度的势垒宽度。FN 隧穿概率主要随势垒层中电场强度的变化而变化，也就是电场强度越大，FN 效应越显著，几乎不受外部环境温度的影响。

③ PF 发射是一种与半导体材料中陷阱密切相关的泄漏电流机制

在 AlGaN 势垒层中被陷阱俘获的载流子在电场辅助的作用下，被发射到与势垒层本征位错相关的连续态上，进一步发生定向运动形成泄漏电流。PF 发射机制与热电子发射的最大区别在于载流子借助陷阱能级通过缺陷穿过势垒层，而不是通过直接跃迁的方式。该发射机制的强弱受温度和电场强度的影响，温度升高导致陷阱中被激发的电子越多，也就是 PF 发射概率随温度的升高而增加，这一点与 FN 隧穿机制明显不同。同时电场强度的增大会降低电子从陷阱能级发射到位错相关连续能级的势垒高度，从而增加了 PF 发射概率。

(2) 引起电流崩塌现象的不同机制

HEMTs 器件的电流崩塌现象，是指器件在施加长时间的直流电压应力或在栅上加交流信号时，输出电流大大降低或者输出功率密度降低。以直流偏置应力下的电流崩塌为例，定义电流崩塌参数 $\Delta I = \Delta I_D / I_{D0}$ 以量化电流崩塌程度，其中 ΔI_D 是施加应力前后输出电流的变化量，I_{D0} 表示应力前的最大输出电流。下面从不同的角度来分析电流崩塌的机理以及削弱方法。一般将电流崩塌机制归于两类。一类是 AlGaN 势垒层表面存在的表面态。当漏极施加较大的电压时，栅漏之间产生强电场，沟道热电子受激发隧穿到 AlGaN 表面，被表面态所俘获，导致表面积累大量的负电荷形成虚栅。根据电中性条件，总的空间电荷的极性为零，所以沟道里面电子浓度下降，导电沟道耗尽层增加，如图 12-25 所示，使器件输出电流减小，膝点电压增加，出现电流崩塌现象。另一类是 GaN 缓冲层中的深能级位错陷阱，位错陷阱俘获电子从而引起沟道电阻增加，减少了沟道中 2DEG 的浓度，造成了电流崩塌效应。

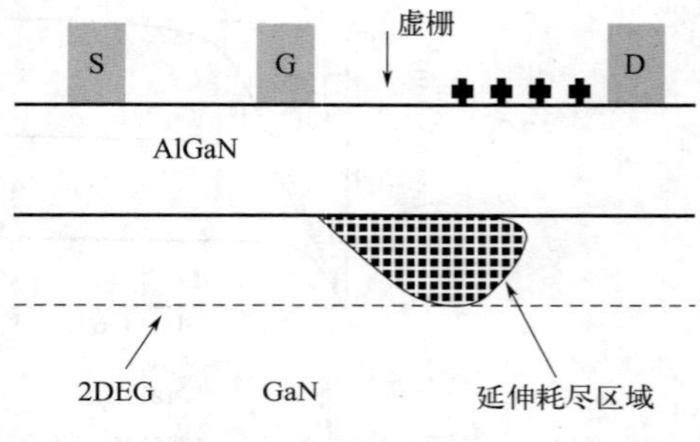

图 12-25　表面态电荷导致沟道耗尽层增加

为了削弱电流崩塌效应，常用的方法有：AlGaN 调制掺杂［见图 12-26（a）］和 AlGaN/GaN 层之间插入 AlN 层［见图 12-26（b）］。AlGaN 层中进行掺杂，表面态吸引电子时，就可以先耗尽 AlGaN 层的电子，当 AlGaN 层完全耗尽时，才开始消耗沟道 2DEG 的电子；其次，AlGaN 层电离后的正电离子，可以进一步屏蔽表面态的作用，减小表面态对沟道电子浓度的影响。在 AlGaN/GaN 之间插入 AlN 层，其具有高势垒，电子不易越过这个势垒到达 AlGaN 势垒层，阻止沟道电子的减小；同时，其还可以降低 GaN 导带，使其能级接近费米能级，增强 2DEG 的浓度，从而可以减小器件的崩塌效应。

(3) 击穿电压的不同机制

GaN HEMTs 的击穿方式有很多种，按引起击穿的原因大致可以分为两种，一种是电场强度达到一定值时，引起载流子的急剧增加导致击穿；另一种是泄漏电流引起的击穿，一

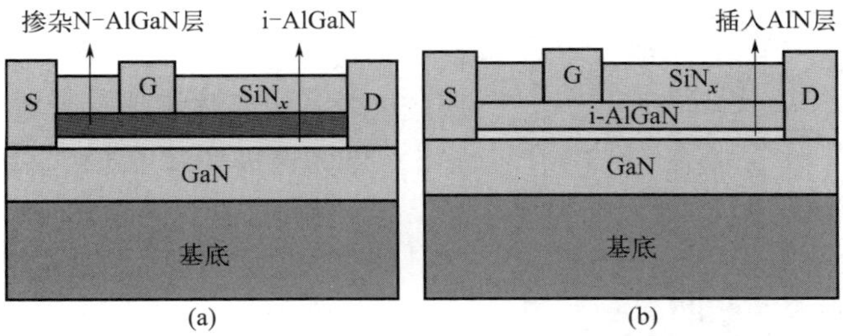

图 12-26　削弱电流崩塌的方法：(a) AlGaN 调制掺杂；(b) 插入 AlN 层

般规定泄漏电流为 1mA/mm 时，则认为器件达到了击穿。将 HEMT 的击穿路径分为如下几种，如图 12-27 (a) 所示。

① 栅漏极之间空气击穿

若 GaN HEMTs 采用横向器件结构时，其电极位于材料之上，随着漏极电压不断增大，栅极和漏极之间的电压差也不断增大，当电压达到某一临界值时，微小的电压增加就会引起电流的急剧增加，导致栅、漏电极之间发生空气击穿，如图 12-27 (a) 路径 a，器件失效。

② AlGaN 势垒层表面隧穿

AlGaN 表面由于晶格周期性破坏，使其表面出现很多悬挂键、缺陷等表面态，随着漏极电压的不断增大，栅漏之间的电压差也不断增加。当电场强度达到电子在表面态中发生隧穿时，表面处的泄漏电流增大至击穿的标准，使器件提前击穿，如图 12-27 (a) 中路径 b 所示。Nakajima 等人结合实验测试与数值仿真，得出未钝化器件击穿电压 V_B 与表面陷阱浓度 N_t 之间的关系，如图 12-27 (b) 所示。

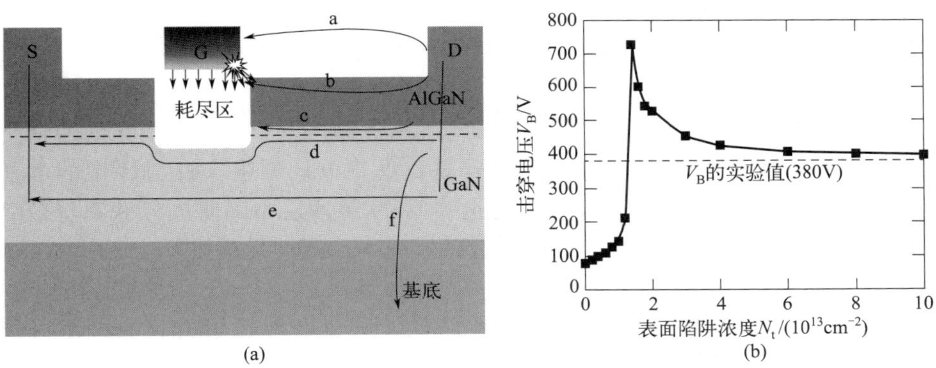

图 12-27　(a) 不同击穿路径；(b) 击穿电压与表面陷阱浓度的关系

③ 栅漏之间的击穿路径

栅漏之间的击穿路径可以分为高电场导致的碰撞电离击穿和栅泄漏电导致的热击穿。漏极施加电压时，漏栅极会形成电势差，栅极正下方耗尽层出现平行的电场线，而栅极靠近漏极一侧边缘处因曲率增大造成电场线聚集。在电压相同的情况下，栅极边缘处的电场强度最大，随着漏极电压的增加，电场强度达到一定强度时，栅极电流因倍增效应急剧增大，导致栅极雪崩击穿。或者 AlGaN 势垒层因电场强度达到它的临界击穿电场强度时，也会形成雪崩击穿，如图 12-27 (a) 路径 c 所示。另外，栅泄漏电流会产生热量，使器件局部温度升高，高温促进栅泄漏电流的增加，这种正反馈导致器件出现热失控，最终造成器件失效。在

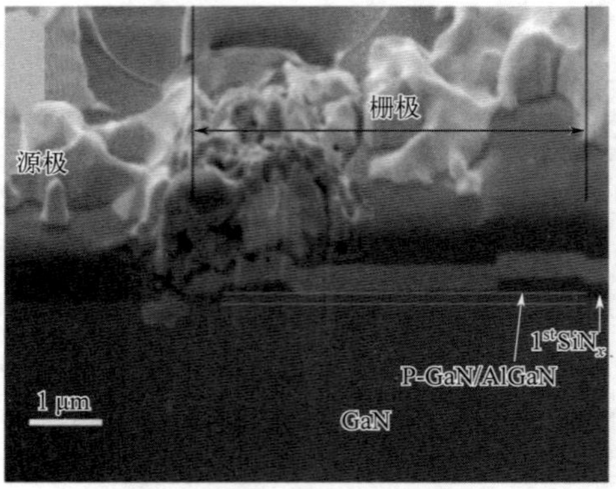

图 12-28　栅极结构发生击穿损伤 SEM 图

常关型 HEMT 器件中，由 P 型 GaN 构成的栅极，栅极处会附加形成 PIN 结构，当反向栅极电压较大时，容易在栅极处发生击穿，烧坏栅极端，图 12-28 为栅极处发生击穿后损坏的 SEM 图。

④ 源漏之间缓冲层击穿

图 12-27（a）中路径 e 是缓冲层内部的击穿，d 是沿着耗尽区边沿的缓冲层击穿。正如前面所述，在衬底外延层中制造的 HEMTs 器件，因材料的晶格常数、热膨胀系数不同，引起晶格失配等，蓝宝石（Al_2O_3）、碳化硅（SiC）和硅（Si）衬底与 GaN 相比，其晶格失配分别为 13％、3.4％和 17％，使得生长的 GaN 材料具有高的位错密度和缺陷密度。同时，在工艺生长过程中会引入氧杂质以及氮空位等缺陷，这些杂质起到施主的作用。在未掺杂的情况下，外延生长的 GaN 材料中的载流子浓度可以高达 $10^{15}\sim10^{18}cm^{-3}$。因此在漏极加高电压的情况下，漏极和原极之间存在导电通道，导致缓冲层中泄漏电流非常严重，当泄漏电流达到击穿标准时，HEMTs 发生 GaN 缓冲层内部击穿。另一种是沿着耗尽层边缘的泄漏电流引起的击穿，源漏电压差大部分分布在耗尽层两侧，使得耗尽区两侧的电场强度较高。由于靠近 AlGaN 势垒层一侧的势垒很高，电子跃迁比较大，而另一侧对电子的限制能力就比较弱，在漏极电压的作用下，沟道内电子向下溢出，当泄漏电流达到击穿标准时，器件发生击穿。为了降低缓冲层泄漏电流，目前常用的方法有：缓冲层掺 C 或掺 Fe 和 AlGaN 背势垒结构等。在缓冲层中掺 C 或掺 Fe 也就相当于引入受主陷阱，不同的陷阱浓度 n_T 以及陷阱能级 E_T 对器件缓冲层泄漏电流影响不同，随 n_T 和 E_T 的增大，缓冲层中被捕获的电子增多，从而减小了泄漏电流，避免器件因缓冲层泄漏电流导致的提前击穿。

⑤ 垂直击穿

如图 12-27（a）中 f 路径所示，尤其在 Si 衬底上外延生长 GaN 层制作的器件更容易出现衬底泄漏电流的现象。随着漏极电压逐渐升高，垂直电场增强，Si 衬底中的电子不断向接触界面积累，并且电子隧穿过 AlN 层，通过被 GaN 缓冲层中陷阱的俘获和释放，从而形成了垂直泄漏电流路径，当该泄漏电流达到击穿标准时，器件发生击穿。采用 AlN/GaN 超晶格缓冲层等技术可以进一步提升击穿电压。

以上详细分析了 GaN HEMT 不同的击穿路径，导致器件发生击穿的机制可能不止一种，可能是多种机制的共同耦合作用。因此要解决器件的耐压问题，需要分析器件击穿中起主导作用的击穿机制。

12.4.3　典型电子器件寿命预测

一般通过寿命预测来评估器件的使用年限。正常情况下半导体器件失效周期很长，会达到十几到几十年，所以一般会进行加速老化试验，使试验条件比正常工作条件更加严苛以加速老化，并根据统计数据和失效机理建立相应的模型对器件进行寿命预测。目前对电子器件进行寿命预测的模型分为解析寿命模型和物理寿命模型。

（1）解析寿命模型

解析寿命模型是仅利用统计原理进行寿命预测的模型，并没有考虑器件失效具体的物理过程。应用较多的有以下几种：简单 Coffin-Manson 模型、Lesit 模型、Norris-Landzberg 模型、Bayerer 模型。各模型简要描述如下。

简单 Coffin-Manson 模型主要考虑器件循环中结温波动量 ΔT_j 对寿命的影响，从而模拟失效时的循环次数 N_f，其模型为：

$$N_f = \alpha(\Delta T_j)^{-n} \tag{12-11}$$

式中 α——通过数值仿真或者循环试验进行数据拟合获得的常数；

n——通过数值仿真或者循环试验进行数据拟合获得的常数。

该模型只适用于温度波动小于 120℃的情况，且考虑因素单一，精度不高。

Lesit 模型是在 Coffin-Manson 模型的基础上增加一个与激活能和平均温度 T_m 有关的指数项，其模型为：

$$N_f = \alpha(\Delta T_j)^{-n} e^{E_a/(kT_m)} \tag{12-12}$$

式中 k——玻尔兹曼常量；

E_a——芯片的激发能。

Norris-Landzberg 模型不仅考虑了平均温度和激活能对其的影响，而且进一步考虑了老化循环周期对器件寿命的影响，该模型为：

$$N_f = Af^{-n_2}(\Delta T_j)^{-n_1} e^{E_a/(kT_m)} \tag{12-13}$$

式中 f——循环频率；

n_1——由试验数据拟合的常数；

n_2——由试验数据拟合的常数；

A——模型参数，可由试验数据拟合得到。

目前考虑影响因素最多的模型是 Bayerer 模型。除了涉及基本因素、最大温度与温度波动量外，还考虑了升温时间 t_{on}、负载直流电流 I、键合线直径 D 和模块耐压值 V，其模型为：

$$N_f = K(\Delta T_j)^{-\beta_1} e^{-\beta_2/(T_{jmax}+273K)} t_{on}^{\beta_3} + I^{\beta_4} + V^{\beta_5} + D^{\beta_6} \tag{12-14}$$

式中 T_{jmax}——结温最大值；

K——模型参数；

β——模型参数。

虽然解析模型能预测器件的寿命，但是由于芯片工艺和器件结构存在差异，且模型没有考虑器件物理特性引发的失效机制，所以其准确度还有待提高。

(2) 物理寿命模型

解析寿命模型没有考虑具体的失效模式和失效机理，通过试验数据得到的模型对具有不同设计和工艺模块的预测偏差很大。物理模型是结合器件的失效机理和材料的变形机理，反映了器件本身的一些结构特性和物理特性，同时将失效机理看作是一个物理或者化学过程。再利用试验或有限元方法对材料进行应力分析，得到电子器件在一定条件下的寿命。目前电子器件的物理寿命模型大致如下。

塑性应变模型是从循环周期温度波动的角度，全面衡量电子器件在循环过程中的弹塑性应变疲劳，其模型为：

$$\frac{\Delta\varepsilon}{2}=\frac{\sigma_f}{E}(2N_f)^b+\varepsilon_f(2N_f)^c \tag{12-15}$$

式中 $\Delta\varepsilon$——应变范围；

σ_f——疲劳强度系数；

E——弹性模量；

b——疲劳强度指数；

ε_f——疲劳延性系数；

c——疲劳延性指数。

Syed 蠕变模型是考虑焊料颗粒边界蠕变和基体蠕变两种情形的一种寿命预测模型。蠕变一般最容易出现在焊料层，同时也是一种很重要的形变机理，应力大小的不同是造成焊料颗粒边界蠕变或者基体蠕变的原因。其模型如下：

$$N_f=[(0.022D_{gbs})+(0.063D_{mc})]^{-1} \tag{12-16}$$

式中 D_{gbs}——颗粒边界移动蠕变在每个循环内累积的等效蠕变；

D_{mc}——基体蠕变在每个循环内累积的等效蠕变。

研究结果表明，在温度变化率增大时，主要失效机理从颗粒边界移动蠕变转变为基体蠕变。

Pan 能量模型是基于塑性应变能和蠕变能对于金属疲劳进行寿命预测，其模型如下：

$$C=N_f(aE_p+bE_c) \tag{12-17}$$

式中 C——应变能在温度循环过程中不断积累达到的一个临界值；

a——利用有限元分析确定的常数；

b——利用有限元多元线性回归分析而确定的常数；

E_p——从有限元分析得到的塑性应变能；

E_c——从有限元分析得到的蠕变能。

Stolkarts 疲劳损伤模型是在蠕变和塑性应变的基础上，再考虑温度、温度上升率等不同的功率循环条件，提出的一种寿命预测模型，其模型如下：

$$N_f=\frac{1-(1-d_f)^{k-1}}{(k+1)L} \tag{12-18}$$

式中 d_f——失效损坏总数；

k——材料常数；

$$L=\int f dt\approx 常数$$

其中，f 为还没有损坏的材料上损坏的初始速率。

12.5 发光器件失效分析与寿命预测

12.5.1 白光发光二极管（白光 LED）简介

发光二极管（LED）作为一种新型半导体照明光源器件，凭借其使用寿命长、发光效率高、节能环保和易于微型化等优点，已经逐步取代了传统的卤钨灯、白炽灯、荧光灯而成为第四代“绿色照明光源”。1962 年，美国 GE 公司 Holonyak 等人基于半导体晶体的电致发光现象，利用气相外延法在砷化镓（GaAs）衬底上生长磷砷化镓（GaAsP），首次研制出真正意义上的可见红光 LED，奠定了现代 LED 发光器件的雏形。磷化镓（GaP）绿光 LED 和碳化硅（SiC）黄光 LED 的随后问世使得以半导体材料为基础的 LED 发光器件得以快速发展，其发光谱段也由红外光、红光扩展至橙光、黄光和绿光范围。1993 年，日本日亚公司中村修二在突破氮化镓（GaN）基蓝光 LED 制备技术难题的基础上，将蓝光 LED 与石榴石黄色荧光粉（YAG：Ce^{3+}）组合封装成白光 LED，从此开启了白光 LED 实用化和产业化的序幕。随着目前白光 LED 发光效率的进一步提升，白光 LED 已经在高清显示、背光照明、通用照明、汽车用灯等多种显示和照明领域得到广泛应用，相关经济和产业前景十分广阔。

白光 LED 是一种半导体电致发光器件，属于固态照明冷光源。如图 12-29 所示，白光 LED 主要由 PN 结、引线、支架、固定胶、荧光粉、硅胶、环氧树脂透镜等材料封装而成，PN 结和荧光粉对 LED 发光起主要作用。PN 结是由 P 型和 N 型氮化镓半导体组成，二者在界面处接触形成发光层，其发光原理是：当无外加电压时，PN 结处于热平衡状态，即在 P 区和 N 区均具有相同的费米能级，导致电子从 N 区流向 P 区，空穴从 P 区流向 N 区。当施加正向电压时，PN 结中内部势垒降低，电子和空穴（即载流子）扩散运动加强，从而在 PN 结发光层出现非平衡少子，这些非平衡少子与多子发生复合并以光子的形式释放能量使 PN 结发光。涂敷于 LED 管芯内的荧光粉吸收 PN 结发射的光子而引发荧光粉发光，该发光可以是红绿蓝三基色单色光复合成白光，或者与 PN 结的发射光互为补色而复合成白光。

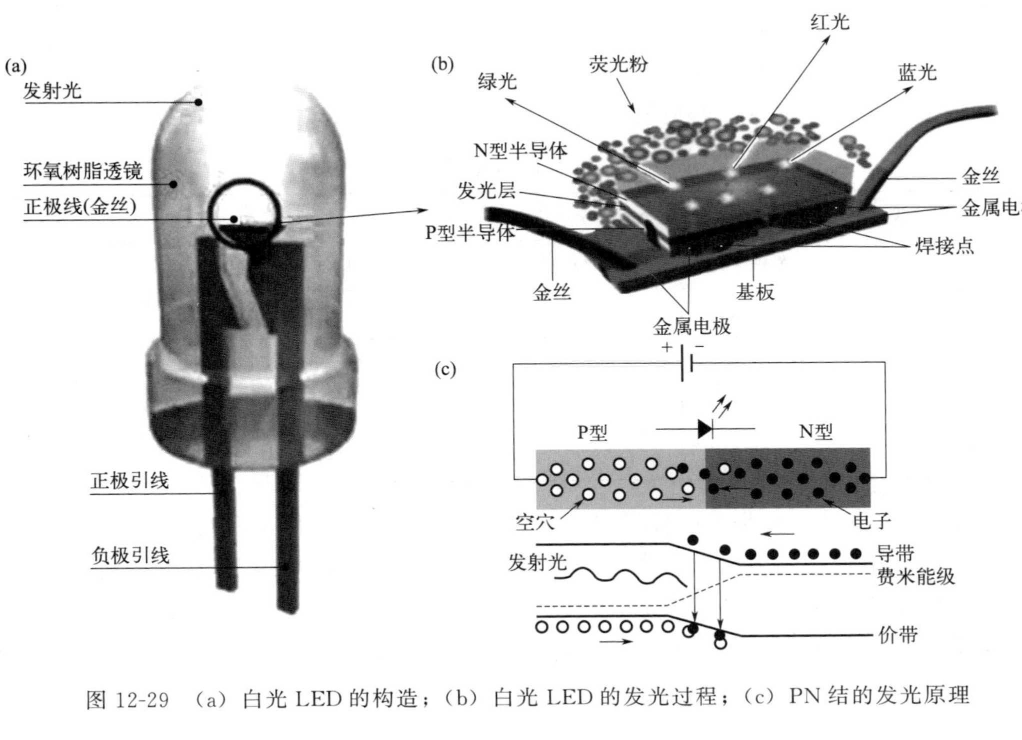

图 12-29 （a）白光 LED 的构造；（b）白光 LED 的发光过程；（c）PN 结的发光原理

12.5.2 白光LED的失效分析

失效是指功能器件在使用过程中受到破坏导致其功能降低甚至完全丧失功能，它是功能器件老化后产生的结果。随着近年来白光LED在多个领域中的广泛应用，针对白光LED器件进行可靠性和失效分析已经成为学术和产业界共同关心的问题。从时间维度上看，白光LED失效通常可以分为早期失效（early failures）、随机失效（random failures）、耗尽失效（wear-out failures）三个阶段（图12-30）。早期失效主要由产品本身的设计缺陷造成，可以通过合理的方法将早期失效的白光LED筛选出来以降低失效率。在随机失效阶段，白光LED的失效率较低，失效具有偶然性，大部分白光LED都处于此工作阶段。耗尽失效阶段即白光LED出现器件老化、疲劳、磨损、腐蚀等损耗性问题，该阶段失效率明显上升，器件寿命接近终止。从失效程度上看，白光LED失效模式可以分为灾难性失效和参数失效。灾难性失效是指白光LED在工作电流下只能发出微弱光线，或者白光LED完全不能点亮。参数失效是指白光LED关键光电参数由初始数值发生变化并偏离出正常范围的失效，包括白光LED器件的光通量退化、色温漂移、电参数退化、闪烁、光指向性变化、开路和短路等现象。参数失效具体又分为芯片失效、封装失效、电过应力失效、热过应力失效、装配失效五种模式，如表12-4所示。其中，芯片失效和封装失效模式在白光LED失效过程中最为常见，主要影响器件固有可靠性；电过应力失效、热过应力失效、装配失效则影响白光LED的应用可靠性。在实际工作环境中，当白光LED的光通量下降至初始值的50%以下时，即判定该器件已经失效。

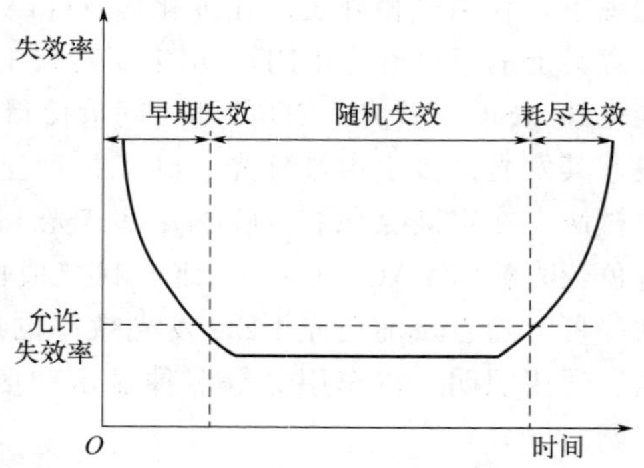

图12-30 白光LED失效率与时间的关系

表12-4 白光LED参数失效模式

参数失效模式	失效原因
芯片失效	芯片材料缺陷、电极材料劣化、PN结受损、芯片电极欧姆接触不良、芯片污染
封装失效	支架锈蚀、连接线断裂、封装材料退化或结构变化、荧光粉失效
电过应力失效	过电流、过电压冲击、静电损伤
热过应力失效	结温过高、环境温度过高
装配失效	结温过高、恶劣环境

白光LED的失效分析是指通过物理、化学、电学等测试分析手段获得器件失效机理与原因的过程，一般遵循先进行无损分析，再进行破坏性分析的原则，基本分析流程如图12-31所示。根据此原则，白光LED的失效分析可分为外观检查、电性能检测、X射线透射检查、开封和金相切片分析、扫描电镜和能谱分析等方面，具体检测分析及相关技术手段如表12-5所示。下文对白光LED的典型失效分析检测进行介绍。

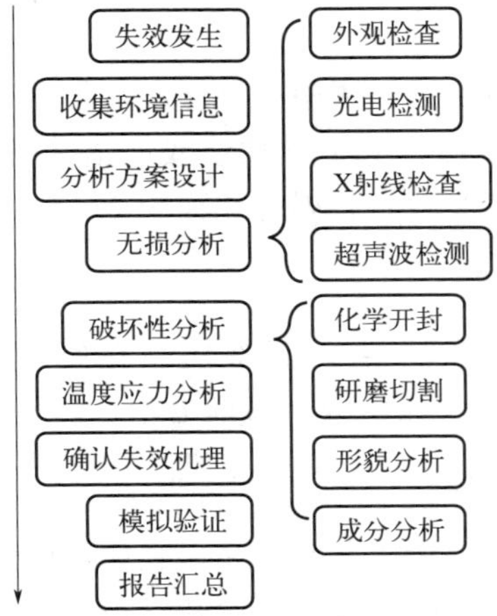

图 12-31　白光 LED 失效分析检测流程图

表 12-5　白光 LED 失效分析技术

检测类型	检测技术	检测内容
无损检测	目检、显微镜	白光 LED 外观，是否黄化、碳化、变形、开裂等
	X 射线检测仪、超声扫描仪	白光 LED 内部空隙、劣化、变形、脱层等缺陷
	积分球、探针台	光、色、电参数变化
有损检测	X 射线衍射仪、红外光谱仪、质谱仪、拉曼光谱仪	分析材料物相结构和成分变化
	超景深显微镜、扫描透射电子显微镜	确定失效位置和失效形式
	热失重-差热分析仪	分析材料热稳定性、含水量、比热容、熔点、玻璃化温度等

(1) 外观检查

外观检查以目检和显微镜检测为主，目的是清楚直观地检查白光 LED 器件的外观真实情况，以便收集白光 LED 器件的失效环境信息，排除后续分析中引起的其他变化。

(2) 光电性能检测

白光 LED 的主要光电性能参数包括正向电压、正向电流、反向漏电流、反向电压等。通过对上述参数的测试能够发现白光 LED 在工作状态中是否出现光电参数异常，进而可以反推导致白光 LED 器件失效的潜在原因。

(3) X 射线检查

由于 X 射线对器件不同部位材料的吸收和透射率不同，可以利用 X 射线通过器件各部位材料衰减后的强度检测白光 LED 的引线键合和外部焊接情况。采用 X 射线检测仪对失效白光 LED 进行无损检测，往往可以发现并排查引线损坏以及位置未对准的线路或者焊盘等异常因素。

（4）化学开封检查

化学开封是利用蓝药水等特殊溶液去除白光 LED 的塑封胶并保持器件内部结构和功能的完整性，进一步利用光学显微镜、电子显微镜或能谱仪深入分析器件内部结构成分等信息，以检查确定芯片外延层和荧光粉是否因劣化而失效。

（5）金相切片分析

金相切片属于破坏性分析方法，它是观察样品界面组织结构常用的制样方法。白光 LED 经金相切片后同样需要用金相显微镜、扫描电镜、能谱仪进行拍照和成分分析。

（6）扫描电镜和能谱分析

扫描电镜常与能谱搭配测试以观察器件表面形貌和对所选区域进行成分分析，进而判断白光 LED 芯片外延层是否出现异常元素，这是判断白光 LED 器件因大电流、静电放电等因素导致器件失效的重要依据。

12.5.3 白光 LED 的寿命预测

随着半导体材料气相外延和 LED 封装技术的不断成熟，白光 LED 的使用可靠性也在不断提升。白光 LED 的理论使用寿命可达 10^5h，但在实际使用过程中始终存在着器件实际寿命和理论寿命的差距。因此，根据白光 LED 老化过程中的各项指标预测其实际使用寿命就成为了必需的手段。由于白光 LED 无法通过正常应力下的传统寿命试验进行预测，在通常情况下主要利用加速寿命试验，即通过在高应力下的寿命测试外推到正常应力下的寿命来预测白光 LED 寿命。加速寿命试验是指利用与失效规律相关的统计模型对在高应力水平下获得的可靠性信息进行转换从而得到在额定应力水平下可靠性特征数值估计的试验方法，其试验寿命模型主要有阿伦尼乌斯（Arrhenius）模型、艾林（Eyring）模型、逆幂律（inverse power law）模型等。加速寿命试验发展迅速，所衍生出的多应力试验、一步下降应力试验、步加和序加复合试验、高加速试验等多种试验方法已经广泛应用于工程优化设计和工程分析精度等多个领域。在目前白光 LED 的寿命预测过程中，采用温度作为恒定加速应力，通过测试高温下白光 LED 芯片的寿命并结合阿伦尼乌斯模型预测其常温下的工作寿命已经具有比较好的可靠性和合理性。

12.5.3.1 阿伦尼乌斯模型

白光 LED 在长期工作过程中会逐渐出现老化而导致器件特性参数退化，当该退化过程超过某一界限时，白光 LED 将发生失效。白光 LED 输出光功率 P 与器件通电时间 t 呈指数关系：

$$P=P_0\mathrm{e}^{-\beta t} \tag{12-19}$$

式中，β 为某一温度下的退化系数；P_0 为初始功率。白光 LED 的使用寿命则定义为：在工作电流 I_f 下，器件输出光功率下降到初始功率 P_0 的 50%时的时间，以 L_c 表示。对于白光 LED 器件，其退化系数 β 与 LED 芯片结温 T_j 符合阿伦尼乌斯模型：

$$\beta=\beta_0 I_\mathrm{f}\mathrm{e}^{-E_\mathrm{a}/kT_\mathrm{j}} \tag{12-20}$$

式中，β_0 为常数；k 为玻尔兹曼常数；T_j 为芯片结温。对于结温处于 T_i 的白光 LED，根据式（12-19）可求出输出光功率变化为：

$$\ln(P_i/P_0)=-\beta_t t_i \tag{12-21}$$

式中，P_i 为经过时间 t_i 后的输出光功率；β_t 为时间相关的衰减系数；t_i 为光传输时间。

式（12-21）可以进一步变换成：

$$\ln(P_{0.5}/P_0)=\ln 0.5=-\beta_t L_{ci} \tag{12-22}$$

式中，L_{ci} 为特征长度。

从而可得到白光 LED 的使用寿命为：

$$L_{ci}=t_i\ln 0.5/\ln(P_i/P_0) \tag{12-23}$$

由式（12-22）可知，在另一结温 T_{i+1} 下白光 LED 的使用寿命与输出光功率关系为 $-\beta_{t+1}L_{ci+1}=\ln 0.5$，所以有 $-\beta_t L_{ci}=-\beta_{t+1}L_{ci+1}=\ln 0.5$。进一步根据式（12-20）可以推导得出：

$$L_{ci}e^{-E_a/kT_i}=L_{ci+1}e^{-E_a/kT_{i+1}} \tag{12-24}$$

由式（12-24）可知，激活能 E_a 可以通过测量两个不同结温下白光 LED 的使用寿命来确定：

$$E_a=[k\ln(L_{ci+1}/L_{ci})]/(1/T_{i+1}-1/T_i) \tag{12-25}$$

由于室温下白光 LED 的性能退化速率缓慢，所以需选择测量随温度退化速率变化较快特性的白光 LED 的使用寿命，采用外推法推测室温下白光 LED 的使用寿命：

$$L_c=L_{ci}e^{E_a(1/T_c-1/T_i)/k} \tag{12-26}$$

12.5.3.2 结温测算

由上述公式可知，白光 LED 使用寿命预测是否可靠的关键是需要精确测算器件在不同工作环境下的结温。结温对白光 LED 器件退化的影响很大，其遵循如下关系：

$$T_j=T_k+V_f I_f R_{j\text{-}c} \tag{12-27}$$

式中，$R_{j\text{-}c}$ 为白光 LED 芯片 PN 结到外壳的热电阻；T_k 为器件的外壳温度；V_f 为正向电压。在恒定电流工作条件下，白光 LED 的正向电压与 PN 结温 T_j 为线性关系：

$$V_{f1}=V_{f0}+K(T_j-T_0) \tag{12-28}$$

式中，V_{f1}、V_{f0} 分别是 T_j、T_0 时的正向电压；K 为热敏温度系数。图 12-32 是白光 LED 结温测算原理，DUT 是被测白光 LED 器件，K 是切换开关（0 代表未加电，1 代表测试状态，2 代表加电工作状态），V_f 是正向电压，I_0 和 I_t 分别是工作、测试恒流源，T_c 是被测白光 LED 的环境温度。将被测白光 LED 器件连接至电路中，不通电并置于特定温度下，待热平衡后，将开关调至 1 以测试正向电压 V_f；再在不同温度条件下重复测试 V_f，即可获得白光 LED 器件 V_f 与 T_j 的关系。再以 350mA 电流通电，使待测白光 LED

图 12-32 白光 LED 结温测算原理

处于相应工作温度下，待热平衡后将开关 2 切换成 1 以测得正向电压并进行换算，进而得到器件在此状态下的结温 T_j 和热阻 $R_{j\text{-}c}$。确定热阻 $R_{j\text{-}c}$、结温 T_j、壳温 T_k 的对应关系后，即可在上述试验过程中利用壳温 T_k 控制热应力的大小。

12.5.3.3 高温加速寿命试验

采用高温恒定应力加速寿命试验预测白光 LED 的使用寿命时，试验步骤为：先拟定白光 LED 的老化时间，将其分为多组；然后对器件样品分别进行预处理、热阻和初始光电参数检测、加速试验、恢复和最后检测后，分别获得温度 T_i 和 T_{i+1} 的试验数据（P_0,0）、（P_i,t_i）和（P_0,0）、（P_{i+1},t_{i+1}）。根据式（12-23）即可得到白光 LED 器件对应结温下的寿命，进一步根据式（12-25）可以计算出白光 LED 器件的激活能 E_a。对于某种确定的失效机理，激活能代表晶体中晶格点阵上原子运动到另一点阵或间隙位置时所需的能量，是反映温度应力对白光 LED 器件产品寿命影响的一项指标。激活能越小，越容易产生失效老化现象。高温加速寿命试验的白光 LED 器件试验电路如图 12-33 所示。多个白光 LED 器件可采用串联、并联等连接形式，但因并联形式具有线路复杂、工作电流差别大、不适用不同工作电压的白光 LED 等缺点，因此在实际白光 LED 器件的高温加速试验中多采用串联形式进行器件连接，其试验测试装置如图 12-34 所示。

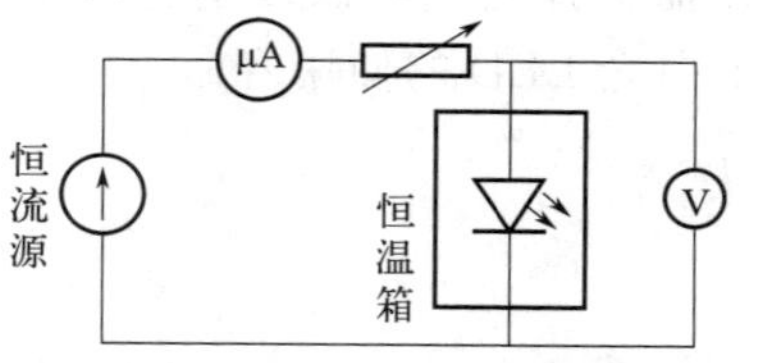

图 12-33　白光 LED 高温加速寿命试验电路图

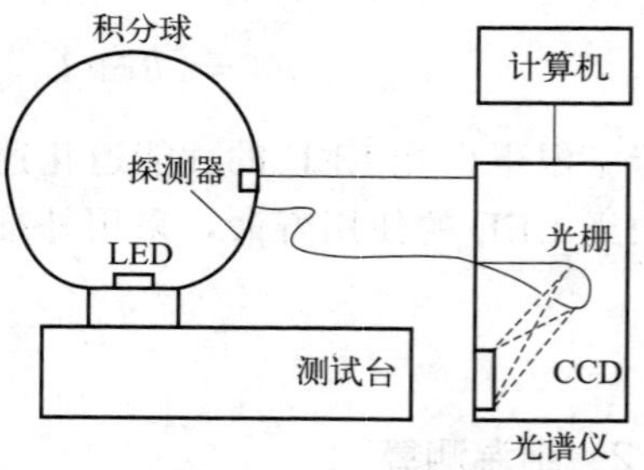

图 12-34　白光 LED 试验测试装置

CCD—电荷耦合器件

白光 LED 的失效分析与寿命预测往往面临失效机理不明确、数据处理复杂、试验时间较长等问题，所以针对白光 LED 的寿命预测需要在试验测试模型具有广泛适用性的基础上，要求对试验模型设计具备更高的精确度。在进行白光 LED 失效分析与寿命预测的实际过程中，首先要进行器件精简试验步骤，缩减试验数据点；其次在对白光 LED 进行高温加速试验时，应对应力进行适当控制以缩短试验时间，全面评估可能的失效因素并详细考察不同失效机理在同一应力下的失效情况，最终建立相关失效机理对应的应力方程模型，以期揭示白光 LED 的真实失效机制并更加准确预测白光 LED 的使用寿命。

12.6 典型红外传感器失效分析与寿命预测

12.6.1 红外传感器

红外辐射与可见光相比，可以折射和反射，这便形成了红外技术。红外探测以其独特的优势广泛应用在工业生产设备监测、环境安全监察、救灾、军事遥感等方面。

在科学技术高度发达的今天，自动控制和自动检测技术在人类的生产生活和工业控制中所占的比重也愈来愈大，人类的生活更加舒适，工业生产制造产品的工作效率也愈来愈高。通过传感器把接收或反馈的被测量转变成可以产生或测量的信息（通常为电信号），而后再通过计算机系统和电路等对它所产生的信息进行数据处理，进而达到自动控制。由于工业传感器产品的反应时间通常都比较短暂，因此能够利用计算机对工业生产过程提供实时控制。

红外传感器是常用的一种感应器，其用于测量红外线辐射。在大自然中，所有高于热力学零度的物体都将形成红外辐射，所以红外传感器是十分有用的一种感应器。使用它可设计出许多实用的感应模块，如红外测温枪（图 12-35）等。

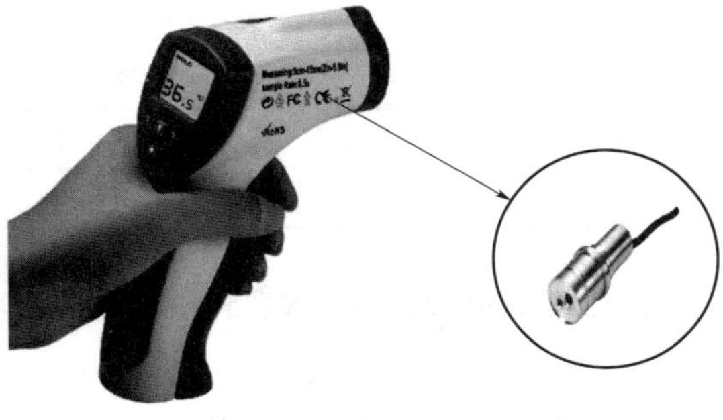

图 12-35　红外测温枪

12.6.2　典型红外传感器失效分析及处理

(1) 红外传感器主要部件及失效原因

红外传感器主要部件及失效原因见表 12-6。

表 12-6　红外传感器主要部件及失效原因

部件	阶段	失效模式	加速应力
制冷机	存储	泄漏	高温
			温度循环
		漏气	高温
	运输	泄漏	振动和冲击的强度和持续时间
		轴承和运动部件磨损或断裂	振动和冲击的强度和持续时间
	运行	轴承和运动部件磨损或断裂	焦平面阵列温度
			高环境温度
			杜瓦热负荷
真空杜瓦	存储	泄漏	温度循环
		漏气	高温
	运输	机械磨损（泄漏）	振动和冲击的强度和持续时间
		机械断裂（真空全损）	振动和冲击的强度和持续时间
	运行	泄漏	温度循环
			振动和冲击的强度
		漏气	高温

续表

部件	阶段	失效模式	加速应力
焦平面阵列	存储	二极管退化（缺陷像素的增加）	高温
	运输	无	无
	运行	连接中断（缺陷像素的增加）	冷却循环次数
连接	存储	键合老化	高温
	运输	键断	振动和冲击的强度和持续时间
	运行	键断	振动和冲击的强度和持续时间

（2）典型红外传感器失效现象分析及处理

① 失效现象 1：红外误告警

a. 失效分析：红外传感器的检测探头的检测范围内出现遮挡物、物体振动、外来光源干扰，或传感器本身故障失效。

b. 失效处理：前往现场检测红外传感器的安装是否符合工艺要求，如不存在振动源或面向窗户玻璃，经过仔细排查后，替换旧的红外传感器进行测试。

c. 日常测试：到达目的地后对红外传感器进行振动处理，设备的警示灯出现红色光，立刻向有关部门上报异常，然后离开红外传感器的检测范围，和有关部门取得联系确定异常是否消失。

② 失效现象 2：红外一直告警

a. 失效分析：采样电路信号丢失、采样电路板物理损伤。

b. 失效处理：进行实地检测，看红外传感器的红色警报灯是否闪烁，进而进一步判断是否是红外传感器本身发生故障。

③ 失效现象 3：红外不告警

a. 失效分析：采样电路信号丢失、红外传感器供电失效等。

b. 失效处理：对红外传感器进行振动处理，看红色信号灯是否发生变化。如红色信号灯不发生变化，则设备的线路可能存在故障，用电压表进行测试判断设备是否有电压；如果不存在电压则设备的线路出现了断路，进行相应的修复处理或者更换新的设备。

12.6.3 红外传感器的寿命

当催化燃烧原理传感器或者电化学传感器周围长时间存在目标气体时，会出现寿命减少的问题。对于气体检测器而言，其传感器的使用寿命理应由检测器的自身特性所决定，但是实际上，它仍会受到路况、温湿度以及行走距离的影响。想要更好地延长红外传感器的使用寿命，就必须做好它的日常维护。

气体红外传感器作为一种典型红外传感器在我们的日常生活中非常常见，它可以在很大程度上帮助我们检测工作环境中相应的气体浓度，从而保证我们的安全。电子元件和传感头是气体红外传感器的两大主要部件，而根据资料显示，传感器头的平均失效时间会低于电子元器件。

12.6.4 红外传感器寿命预测

（1）元件寿命预测模型

元件寿命预测指的是对红外传感器中各构成器件寿命的预测，而非红外传感器整体寿命的预测，这样做的依据在于，构成器件的寿命往往反映原件的寿命。剩余使用寿命（RUL）的引入，在帮助使用者、开发者、销售者对产品寿命有整体的把控中发挥着重要作用。

① RUL 的计算方法取决于可用数据的类型：

a. 相似机器的运行至失效的历史数据；

b. 检测失效所用状态指标的已知阈值。

② Predictive Maintenance Toolbox™ 提供的模型可基于不同数据类型对 RUL 进行评估。

（2）寿命预测试验方法

红外传感器寿命长，导致试验周期长，试验中需要监测和记录探测器的状态、参数等信息。利用寿命数据分析的软件通常有 Reliasoft Webull＋＋、ALT7 等。

（3）寿命预测模型

① 漏气的扩散模型：

$$m = K_1 e^{BT} + K_2 \tag{12-29}$$

式中 m——总漏气量；

T——环境温度；

B、K_1、K_2——常量。

之后，总漏气量与时间的关系可以表述为：

$$m = m_0 e^{BT}(1 - e^{-t/A}) \tag{12-30}$$

式中 t——时间；

T——温度；

A、B——常量；

m_0——初始漏气量。

可以建立一个由冷端温度退化表示的寿命模型：

$$T_C = T_{C0} + T_{CE} \times (1 - e^{-t/\tau}) \tag{12-31}$$

式中 T_C——冷端温度；

T_{C0}——初始冷端温度；

T_{CE}——冷端最终温度退化；

t——时间；

τ——一个特征时间常数，表示低温冷却器的性能退化速率。

② 寿命数据分析的 Weibull 模型：

$$f_W(t;\beta,\eta) = \frac{\beta}{\eta}\left(\frac{t}{\eta}\right)^{\beta-1} e^{-\left(\frac{t}{\eta}\right)^{\beta}}, t > 0 \tag{12-32}$$

$$f(t;\theta_i)=\sum_{j=1}^{m_i}W_j f_W(t;\beta_{ij},\eta_{ij}) \tag{12-33}$$

式中　f_W——Weibull 的概率密度函数；

β、η——该分布的形状参数和尺度参数 $\beta>0$，$\eta>0$；

t——寿命；

m_i——应力水平 S_i 下亚种群数目；

f——m_i 个亚种群的混合种群；

θ_i——应力水平 S_i 下混合种群的参数集合；

W_j——权重，即第 j 个亚种群在混合种群中所占的比例。

思考题

参考答案

1. 举例说明进行功能器件失效分析的意义。
2. 简述功能器件失效分析的主要理论和适用范围。
3. 简述常见的锂电池失效现象及其失效机理。
4. 简述锂电池寿命的类型及锂电池剩余寿命预测的主要方法。
5. 简述钙钛矿太阳能电池失效的影响因素。
6. ISOS 协议根据施加的失效源不同，具体可以分为哪四类？
7. GaN SBD 在制作过程中可能会引入哪些缺陷导致器件失效？
8. 简述 GaN HEMT 的击穿路径与机制。
9. 简述电子器件进行寿命预测的常见模型。
10. 白光 LED 失效分析与检测的具体流程是什么？
11. 通过高温加速试验预测白光 LED 使用寿命的主要试验步骤是什么？
12. 简要介绍红外传感器寿命预测的主要理论方法。

参考文献

[1] 茆诗松，王玲玲．可靠性统计[M]．上海：华东师范大学出版社，1984.

[2] 丁燕．品质工程学基础[M]．北京：北京大学出版社，2011.

[3] 恩云飞，来萍，李少平．电子元器件失效分析技术[M]．北京：电子工业出版社，2015.

[4] 罗国勋．质量管理与可靠性[M]．北京：高等教育出版社，2005.

[5] Reddy T B. 电池手册[M]. 4 版. 汪继强，刘兴江，译. 北京：化学工业出版社，2013.

[6] Domanski K，Alharbi E A，Hagfeldt A，et al. Systematic investigation of the impact of operation conditions on the degradation behaviour of perovskite solar cells[J]. Nature Energy，2018，3(1)：61-67.

[7] Bryant D，Aristidou N，Pont S，et al. Light and oxygen induced degradation limits the operational stability of methylammonium lead triiodide perovskite solar cells[J]. Energy & Environmental Science，2016，9(5)：1655-1660.

[8] Song Z N，Abate A，Watthage S C，et al. Perovskite solar cell stability in humid air：Partially reversible

phase transitions in the PbI_2-CH_3NH_3I-H_2O system[J]. Advanced Energy Materials，2016，6(19)：1600846.

[9] Chen C，Li H，Jin J J，et al. Highly enhanced long-time stability of perovskite solar cells by involving a hydrophobic hole modification layer[J]. Nano Energy，2017，32：165-173.

[10] Fu Z Y，Xu M，Sheng Y S，et al. Encapsulation of printable mesoscopic perovskite solar cells enables high temperature and long-term outdoor stability[J]. Advanced Functional Materials，2019，29(16)：1809129.

[11] Chen C，Liu D L，Zhang B X，et al. Carrier interfacial engineering by bismuth modification for efficient and thermoresistant perovskite solar cells[J]. Advanced Energy Materials，2018，8(20)：1703659.

[12] Monkowski J R. Particulate surface contamination and device failures[M]. US：Springer，1987.

[13] 管绍茂，王迅. 半导体表面钝化技术及其应用[M]. 北京：国防工业出版社，1981.

[14] 姚立真. 可靠性物理[M]. 北京：电子工业出版社，2004.